Jörg Freiling • Tobias Kollmann (Hrsg.)

Entrepreneurial Marketing

Besonderheiten, Aufgaben und Lösungsansätze für Gründungsunternehmen

2., vollständig überarbeitete und erweiterte Auflage

Springer Gabler

Herausgeber
Jörg Freiling
Inhaber des Lehrstuhls für Mittelstand,
Existenzgründung und Entrepreneurship
(LEMEX)
Universität Bremen
Bremen, Deutschland

Tobias Kollmann
Inhaber des Lehrstuhls für BWL und
Wirtschaftsinformatik, insb. E-Business
und E-Entrepreneurship
Universität Duisburg-Essen
Essen, Deutschland

ISBN 978-3-658-05025-2 ISBN 978-3-658-05026-9 (eBook)
DOI 10.1007/978-3-658-05026-9

Die Deutsche Nationalbibliothek verzeichnet diese Publikation in der Deutschen Nationalbibliografie; detaillierte bibliografische Daten sind im Internet über http://dnb.d-nb.de abrufbar.

Springer Gabler

Springer Fachmedien Wiesbaden ist Teil der Fachverlagsgruppe Springer Science+Business Media
(www.springer.com)

Vorwort zur 2. Auflage

Seit der ersten Auflage von „Entrepreneurial Marketing" ist das Bewusstsein um die Bedeutung des Marketings für den Gründungskontext deutlich gestiegen. Vor allem in der Forschung mehren sich die Beiträge, die sich mit diesem noch immer weit unterentwickelten Themenfeld befassen. Dies ist ein klarer Indikator dafür, dass sich der forschungsbasierte Erkenntnisgrundstock dieser Teildisziplin merklich erweitert und damit auch – mit entsprechendem zeitlichen Nachlauf – in die Lehre und damit in Lehrbücher Eingang finden wird. Dies wird sich nicht nur, aber auch in Standardwerken zum Entrepreneurship niederschlagen, die diesem Thema kaum noch ausweichen können. Verstärkt wird aber zudem die Notwendigkeit, das Spezialwissen zum Entrepreneurial Marketing zu erweitern, wozu Fachbücher sicherlich ein probates Mittel sind.

Insofern ist es erforderlich, dieses Buch in zweiter Auflage auf dem Markt zu platzieren, wobei – insbesondere im angelsächsischen Bereich – nun auch weitere Werke hinzutreten und das Feld verbreitern. Betrachtet man als Vergleichsmaßstab jedoch die Behandlung der Entrepreneurial Finance, so wird unmittelbar ersichtlich, dass noch viel Platz für weitere Schriften zum Marketing im Gründungskontext besteht, zumal das Gründungsmarketing im Vergleich zur Gründungsfinanzierung nicht als nachrangig zu betrachten ist. Dieser Eindruck wird zum Beispiel erhärtet durch Studien zum Scheitern von Jungbetrieben, bei denen die Ursachen des Scheiterns sehr oft im Marketingbereich zu sehen sind.

Die zweite Auflage wurde gegenüber der Ursprungsversion erheblich geändert. Neben einigen Kürzungen (z. B. im Bereich der Gründungstypen) wurden mehrere Erweiterungen vorgenommen, um aktuellen Entwicklungen Rechnung zu tragen oder Lücken zu füllen. Was etwa bislang in der allgemeinen und in der Marketingliteratur im Gründungskontext zu kurz gekommen ist, sind Ausführungen zu Geschäftsmodellen, die ein unverzichtbarer Bestandteil modernen Marketings und Managements geworden sind. Auch ist die wichtige Marketingfrage nach dem zu wählenden Geschäftstyp bislang nahezu konsequent ausgeblendet worden, was mit Blick auf die Bedeutung dieser Frage als bedenklicher weißer Fleck zu sehen ist. Hier setzt ein spezieller Beitrag dieses Bandes explizit an. Zudem hat das Opportunity-Konzept die Gründungsforschung und speziell das Entrepreneurial Marketing in jüngerer Zeit stark beschäftigt, sodass auch hier eine Ergänzung durch einen Spezialbeitrag zu diesem Thema geboten erschien.

Ein gänzlich neuer Teil wurde dem Werk zugefügt. Es handelt sich hierbei um die Marketing-Assets, die der Gründungskontext in spezifischer Weise abverlangt. Es liegt nahe, hier der stark gestiegenen Bedeutung von Marken Rechnung zu tragen. Daneben ist aber auch ersichtlich, wie wichtig gerade die Kategorie des „sozialen Kapitals" für Gründungen ist. Diese beiden Aspekte, ergänzt um eine gründungsgerechte Marketing Intelligence-Lösung, stellen die Säulen dieses Bereich dar.

Darüber hinaus wurden die verbliebenen Beiträge aus der ersten Auflage einer gründlichen Überarbeitung unterzogen. Insofern ist die zweite Auflage weder revolutionär neu noch annähernd auf dem Stand der Altauflage geblieben. Kleinere und größere Änderungen gehen Hand in Hand, lassen aber auch erkennen, dass das Entrepreneurial Marketing als Sammelwerk seinen Grundsätzen treu zu bleiben versucht, dabei aber mit der veränderten Situation Rechnung tragenden Themen und Schwerpunkten antritt.

Herausgeberseitig danken wir herzlich Frau Jutta Hinrichsen von Springer Gabler für die vorzügliche Zusammenarbeit sowie allen beteiligten Autoren an dieser Stelle für ihren Einsatz für diesen Band. Ohne die Mithilfe und die große Disziplin der Autoren wäre eine Fertigstellung im gedachten Rahmen unmöglich gewesen. Unser Dank gilt auch allen Lesern dieses Buches, die mit dazu beigetragen haben, dass überhaupt hinreichend Nachfrage für eine Neuauflage bestehen konnte. In besonderer Weise danken wir Frau Dipl.-Sozialwirtin Anika Peschl und Herrn Martin Krikken, M. Sc., für ihr aufopferungsvolles Engagement bei der Koordination der Beiträge dieses Buches und den Editierungsarbeiten, die sie in vorzüglicher Weise übernommen haben. Ohne diese tatkräftige und wertvolle Unterstützung wäre eine Fertigstellung des Buches in diesem Rahmen undenkbar gewesen. Ihnen gebührt daher unser besonderer Dank.

Erneut freuen wir uns als Herausgeber über jegliche Form von Rückkopplungen. Sie können uns wie folgt erreichen: Prof. Dr. Jörg Freiling über freiling@uni-bremen.de und Prof. Dr. Tobias Kollmann über tobias.kollmann@uni-due.de.

Jörg Freiling, Bremen

Tobias Kollmann, Essen

Vorwort zur 1. Auflage

Die Entrepreurshipforschung und das akademische Marketing stellen zwei betriebswirtschaftliche Disziplinen dar, die bislang noch wenig aufeinander bezogen worden sind. Gleichwohl weisen die Bereiche zahlreiche Berührungspunkte auf. Aus Sicht des Gründungsmanagements ist eine erfolgreiche Etablierung des betreffenden Ventures ohne ein Marketing kaum denkbar. Ein auf den Venture-Kontext ausgerichtete und ausgefeilte Marketing-Konzeption hilft, Potenziale zu erschließen und die Grundlage für rentables Wachstum zu schaffen. Umgekehrt kann auch die Marketingwissenschaft von der Entrepreneurshipforschung profitieren. Vor allem das kreative, opportunitätsgetriebene und zugleich marktbezogene Denken kann wichtige Impulse setzen.

Im vorliegenden Sammelband stehen Marketingfragen im Gründungskontext im Vordergrund. Da dieses praxeologisch hochgradig relevante Thema bislang nur sehr unvollständig bearbeitet wurde, haben sich die Herausgeber entschlossen, zur Schließung dieser Lücke beizutragen. Wir freuen uns über den großen Zuspruch, den wir autorenseitig erhalten haben, und danken in diesem Zusammenhang allen beteiligten Autoren herzlich. Es wird unmittelbar ersichtlich, dass viele Personen zum Gelingen dieses Bandes beigetragen haben. Unser besonderer Dank gilt Frau Heidrun Sobing für die unermüdliche Arbeit an der redaktionellen Optimierung der Manuskripte. Frau Dipl.-Ök. Julia Vesshoff und Frau Dipl.-Ök. Anja Sohn sei ebenfalls für die Unterstützung des redaktionellen Prozesses gedankt. Herr Dr. Michael Welling hat den Prozess der Entstehung dieses Werkes entscheidend mitangestoßen und zur Ausarbeitung des Rahmens maßgeblich beigetragen. Ein weiterer Dank gilt Herrn Dr. Andreas Kuckertz, Herrn Dipl.-Wirt.-Inf. Christoph Stöckmann und Frau Christina Suckow, M.Sc. Allen sei für die diesbezüglichen Impulse herzlich gedankt. Für die gute Zusammenarbeit mit dem Gabler-Verlag und die Initiative bei der Projektbetreuung danken wir Frau Barbara Roscher.

Als Herausgeber würden wir uns über jede Form von Rückkoppelung freuen und von den Überlegungen und Anregungen der Leser gerne profitieren. Sie erreichen uns am einfachsten über folgende E-Mail-Adressen:

freiling@uni-bremen.de und tobias.kollmann@uni-due.de

Jörg Freiling und Tobias Kollmann

Inhaltsverzeichnis

Teil VIII: Entrepreneurial Marketing: Die Instrumente

Teil IX: Ausblick

Autorenverzeichnis

ACHLEITNER, ANN-KRISTIN, Prof. Dr. Dr., Inhaberin des Lehrstuhls für Entrepreneurial Finance,Technische Universität München.
E-Mail: ann-kristin.achleitner@wi.tum.de.

ADLER, JOST, Prof. Dr., Inhaber des Lehrstuhls für Marketing,Universität Duisburg-Essen.
E-Mail: jost.adler@uni-due.de.

BACKHAUS, KLAUS, Prof. Dr. Dr. h.c., Inhaber einer Senior-Professur und Direktor des Instituts für Anlagen und Systemtechnologien,Westfälische Wilhelms-Universität Münster.
E-Mail: backhaus@wiwi.uni-muenster.de.

BAUMGARTH, CARSTEN, Prof. Dr., Professur für Marketing, insb. Markenführung, Hochschule für Wirtschaft und Recht, Berlin.
E-Mail: carsten.baumgarth@hwr-berlin.de.

BECKMANN, CORINNA S., M. Sc., Wissenschaftliche Mitarbeiterin am Lehrstuhl für innovatives Markenmanagement,Universität Bremen.
E-Mail: c.s.beckmann@uni-bremen.de.

BERNECKER, MICHAEL, Prof. Dr., Professor für Marketing an der Hochschule Fresenius;Geschäftsführer des Deutschen Instituts für Marketing in Köln.
E-Mail: mb@marketinginstitut.biz.

BRINK, SIEGRUN, Dr., Wissenschaftliche Mitarbeiterin am Institut für Mittelstandsforschung, Bonn.
E-Mail: brink@ifm-bonn.org.

BRUHN, MANFRED, Prof. Dr., Ordinarius für Betriebswirtschaftslehre, insb. Marketing und Unternehmensführung am Wirtschaftswissenschaftlichen Zentrum der Universität Basel und Honorarprofessor an der Technischen Universität München.
E-Mail: manfred.bruhn@unibas.ch.

BUR AM ORDE, MICHAEL, Dipl.-Wirt.Inform., Geschäftsführer der Werbeagentur BLmedia
E-Mail: m.buramorde@blmedia.de.

BURMANN, CHRISTOPH, Prof. Dr., Inhaber des Lehrstuhls für innovatives Markenmanagement,Universität Bremen.
E-Mail: burmann@uni-bremen.de.

DUMMER, RITA, MMag., Senior Consultant, Strategyn iip inovation in progress GmbH.
E-Mail: rita.dummer@strategyn.at.

EHRET, MICHAEL, Dr. habil., Reader in Technology Management, Division of Marketing, Nottingham Trent University.
E-Mail: michael.ehret@ntu.ac.uk.

EMES, JUTTA, Prof. Dr., Professur für Marketing und Medien, Bauhaus-Universität Weimar.
E-Mail: jutta.emes@uni-weimar.de.

ESCH, FRANZ-RUDOLF, Prof. Dr., Inhaber des Lehrstuhls für Markenmanagement und Automobilmarketing an der Internationalen Universität Schloss Reichartshausen (EBS), EBS Universität für Wirtschaft und Recht O-estrichWinkel/Wiesbaden.
E-Mail: franz-rudolf.esch@ebs.edu.

FALLGATTER, MICHAEL J., Prof. Dr., Inhaber des Lehrstuhls für BWL, insb. Personalmanagement und Organisation, Bergische Universität Wuppertal.
E-Mail: fallgatter@wiwi.uni-wuppertal.de.

FISCHER, ALEXANDER, Jun.-Prof. Dr., Juniorprofessor am Lehrstuhl für Marketing, Bergische Universität Wuppertal.
E-Mail: afischer@wiwi.uni-wuppertal.de.

FREILING, JÖRG, Prof. Dr., Inhaber des Lehrstuhls für Mittelstand, Existenzgründung und Entrepreneurship (LEMEX), Universität Bremen.
E-Mail: freiling@uni-bremen.de.

GEIßLER, MARIO, Jun.-Prof. Dr., Inhaber der Juniorprofessur für Entrepreneurship in Gründung und Nachfolge an der Technischen Universität Chemnitz, Stiftungsprofessur der Sparkasse Chemnitz.
E-Mail: mario.geissler@wirtschaft.tu-chemnitz.de.

GERSCH,MARTIN, Prof. Dr., Inhaber der Professur für Betriebswirtschaftslehre und Leiter des Competence Center E-Commerce, Freie Universitat Berlin.
E-Mail: martin.gersch@fu-berlin.de.

GOEKE, CHRISTIAN, Dr., Stabstelle Strategische Planung & Health Care Projekte, Medice Arzneimittel Pütter GmbH & Co. KG.
E-Mail: christian.goeke@rub.de.

GRUBER, MARC, Prof. Dr., Inhaber des Lehrstuhls für Entrepreneurship and Technology Commercialization, College of Management of Technology, Eidg. Techn. Hochschule Lausanne (EPFL).
E-Mail: marc.gruber@epfl.ch.

HEISTER, PETER, Dr., Lehrstuhl für Entrepreneurial Finance, Technische Universität München.
E-Mail: peter.heister@wi.tum.de.

JACOB, FRANK, Prof. Dr., Inhaber des Lehrstuhls für Marketing, ESCP Europe Campus Berlin.
E-Mail: fjacob@esceurope.eu.

KLEIN, ANDREAS, Dr., Wissenschaftlicher Assistent am Lehrstuhl für Marketing, Universität Duisburg-Essen.
E-Mail: andreas.klein@uni-due.de.

KOLLMANN, TOBIAS, Prof. Dr., Inhaber des Lehrstuhls für Betriebswirtschaftslehre und Wirtschaftsinformatik, insb. E-Business und E-Entrepreneurship, Universität Duisburg-Essen.
E-Mail: tobias.kollmann@uni-due.de.

KRAJGER, INES, Dr., Senior Scientist am Institut für Innovationsmanagement und Unternehmensgründung (IUG), Alpen-Adria-Universität Klagenfurt.
E-Mail: ines.krajger@aau.at.

KUCKERTZ, ANDREAS, Prof. Dr., Leiter des Fachgebiets Unternehmensgründungen und Unternehmertum (Entrepreneurship), Universität Hohenheim.
E-Mail: andreas.kuckertz@uni-hohenheim.de.

MERMANN, MARINA, Dipl.- Kffr., Wissenschaftliche Mitarbeiterin am Lehrstuhl für Informations- und Kommunikationsmanagement, Deutsche Universität für Verwaltungswissenschaften Speyer.
E-Mail: mermann@uni-speyer.de.

MICHEL, MANUELA, Senior Marketing Consultant, GfK SE, Consumer Panels.
E-Mail: manuela.michel@gfk.com.

MÖHRLE, MARTIN G., Prof. Dr. habil., Leiter des Lehrstuhls für Innovation und Kompetenztransfer an der Universität Bremen.
E-Mail: moehrle@uni-bremen.de.

MÖLLER, ROMY, Ehemalige Mitarbeiterin am Stiftungslehrstuhl Unternehmensgründungen und Unternehmertum, Universität Hohenheim.

MÜLLER, CHRISTOPH, Prof. Dr., Co-Leitung, Henri B. Meier Unternehmerschule der Universität St. Gallen Executive School of Management, Technology and Law
E-Mail: christoph.mueller@unisg.ch.

NAHR-ETTL, CHRISTINA, Dipl.-Kffr., Ehemalige Mitarbeiterin am Stiftungslehrstuhl Unternehmensgründungen und Unternehmertum, Universität Hohenheim.

OGUACHUBA, JANE S., Dr., Geschäftsführerin Younicom Media GmbH.
E-Mail: jane.oguachuba@younicommedia.com.

PECHLANER, HARALD, Prof. Dr., Inhaber des Lehrstuhls Tourismus/Zentrum für Entrepreneurship, Katholische Universität Eichstätt-Ingolstadt.
E-Mail: harald.pechlaner@ku-eichstaett.de.

PESCHL, ANIKA, Dipl.-Soz.-wirtin. Wissenschaftliche Mitarbeiterin und Doktorandin am Lehrstuhl für Betriebswirtschaftslehre und Wirtschaftsinformatik, insb. E-Business und E-Entrepreneurship, Universität Duisburg-Essen.
E-Mail: anika.peschl@icb.uni-due.de.

PIEHLER, RICO, Dr., Habilitand am Lehrstuhl für innovatives Markenmanagement, Universität Bremen.
E-Mail: rico.piehler@uni-bremen.de.

POPPE, XENIA-ISABEL, M. Sc., Wissenschafltiche Mitarbeiterin am Lehrstuhl Tourismus/Zentrum für Entrepreneurship, Katholische Universität Eichstätt-Ingolstadt.
E-Mail: xenia.poppe@ku-eichstaett.de.

PÖPPELBUß, JENS, Prof. Dr., Juniorprofessor für Industrienahe Dienstleistungen, Universität Bremen.
E-Mail: jens.poeppelbuss@uni-bremen.de.

RECKENFELDERBÄUMER, MARTIN, Prof. Dr., Inhaber des Lehrstuhls für Allgemeine Betriebswirtschaftslehre/Marketing, WHL Wissenschaftliche Hochschule Lahr.
E-Mail: martin.reckenfelderbäumer@whl-lahr.de.

SCHADE, MICHAEL, Dr., Habilitand am Lehrstuhl für innovatives Markenmanagement, Universität Bremen.
E-Mail: mschade@uni-bremen.de.

SCHOBERT, EVA-MARIA, geb. Hammann, Dr., Head of Projects & Processes Business Unit Medium Speed, MAN Diesel & Turbo SE, Augsburg.
E-Mail: eva-maria.schobert@man.eu.

SCHWARZ, ERICH J., Univ.-Prof. Dipl.-Ing. Dr., Vorstand des Instituts für Innovationsmanagement und Unternehmensgründung, Alpen-Adria-Universität Klagenfurt.
E-Mail: erich.schwarz@aau.at.

SPECHT, GÜNTER, Prof. Dr., Emeritus des Fachgebiets Technologiemanagement & Marketing, Technische Universität Darmstadt.
E-Mail: guenter.specht@bwl.tu-darmstadt.de.

SPIESS-KNAFL, WOLFGANG, Dr., Civil SocietyCenter (CiSoC), Zeppelin Universität.
E-Mail: wolfgang.spiess-knafl@zu.de.

STELZER, FRANZISKA, Dr., Mitarbeiterin im Bereich Qualitätssicherungstransdisziplinärer Wissenschaftsprozess; Präsidialbereich, Wuppertal Institut für Klima, Umwelt, Engergie
E-Mail: franziska.stelzer@wupperinst.org.

SUCKOW, CHRISTINA, Dr. rer. pol., Manager Customer & Market Insights C&A Mode GmbH & Co KG, Düsseldorf
E-Mail: christina.suckow@canda.com.

SUNDERMEIER, JANINA, M. Sc., Wissenschaftliche Mitarbeiterin an der Professur Gersch, Freie Universität Berlin.
E-Mail: janina.sundermeier@fu-berlin.de.

WIRTZ, BERND W., Univ.-Prof. Dr.; Inhaber des Lehrstuhls für Informations- und Kommunikationsmanagement, Deutsche Universität für Verwaltungswissenschaften Speyer.
E-Mail: ls-wirtz@uni-speyer.de.

WITT, PETER, Prof. Dr., Inhaber des Lehstuhls für Technologie- und Innovationsmanagement und Jackstädtzentrum, Bergische Universität Wuppertal.
E-Mail: witt@wiwi.uni-wuppertal.de.

ZANGER, CORNELIA, Univ.-Prof. Dr., Inhaberin der Professur für Marketing und Handelsbetriebslehre, Technische Universität Chemnitz.
E-Mail: zanger@wirtschaft.tu-chemnitz.de.

Teil I: Einleitung

Jörg Freiling und Tobias Kollmann

Besonderheiten und Ausgestaltungsmöglichkeiten

Jörg Freiling, Prof. Dr.
Inhaber des Lehrstuhls für Mittelstand,
Entrepreneurship und Existenzgründung
Universität Bremen
E-Mail: freiling@uni-bremen.de.

Tobias Kollmann, Prof. Dr.
Inhaber des Lehrstuhls für E-Business
und E-Entrepreneurship
Universität Duisburg-Essen
E-Mail: tobias.kollmann@uni-due.de.

1 Zur Relevanz dieses Buches

Im Rahmen einer Unternehmensgründung kommt dem Marketing eine besondere – und oftmals etwas verkannte – Bedeutung zu. Hintergrund ist die Tatsache, dass die **Marktorientierung eines jungen Unternehmens**, ihres Produktangebotes sowie der zugehörigen Interaktion und Kommunikation mit den Marktteilnehmern elementar zu seiner Überlebensfähigkeit beiträgt und damit zum zentralen Erfolgsbaustein wird. Schaut man diesbezüglich in die Literatur, so stellt man jedoch fest, dass sich die Ausführungen zum „klassischen" Marketing in der Regel auf größere bzw. bereits etablierte Unternehmen beziehen. Inwieweit sich diese Inhalte auf die besondere Situation einer Unternehmensgründung übertragen lassen, ist jedoch noch weitgehend unklar und zumindest in Teilen anzuzweifeln. Diese Ausgangslage ist der unmittelbare Anlass, die Herausgabe dieses Buches anzugehen, dass sich als Lehrbuch für Studierende, Handbuch für Gründende und Gründungsberatende oder schlicht als Sammelband für an der Materie Interessierte nutzen lässt.

„A small business is not a little big business" (*Welsh/White* 1981, S. 18) - diese gut belegbare elementare Erkenntnis legitimiert zum einen die Gründungs- und Mittelstandsforschung an sich, zum anderen formuliert sie die Forderung an die Wissenschaft, sich mit den Besonderheiten derartiger Unternehmen auseinanderzusetzen und spezifische Ansätze, Methoden und Instrumente zu entwickeln, die den besonderen Herausforderungen Rechnung tragen. Diese spezifischen Belange wurden in der Vergangenheit in verschiedenen Teilbereichen wie beispielsweise Investor Relations bzw. Communications (*Kollmann* 2005) oder Entrepreneurial Finance (*Kuckertz* 2006) bereits adressiert. In dem Bereich des Marketings, dem für den Erfolg junger Unternehmen eine große Bedeutung beizumessen ist (*Hills* 1984, *Hills/LaForge* 1992, *Lodisch/Morgan/Kallianpur* 2001), decken die existenten Werke die für junge Unternehmen relevanten Aspekte jedoch nicht in zufriedenstellender Breite und Tiefe ab (*Gruber* 2004a), wobei in jüngerer Zeit das Interesse an diesem Bereich erkennbar zunimmt (z. B. *Bjerke/Hultman* 2002; *Buskirk/Lavik* 2003; *Rufo* 2007; *Crane* 2010; *Nwankwo/Gbadamosi* 2011; *Kraus et al.* 2011; *Ionită* 2012; *Konečnik Ruzzier et al.* 2013). Es dominieren jedoch immer noch die Inhalte der klassischen Marketinglehre, welche die spezifischen Herausforderungen junger Unternehmen in ihren Marketingaktivitäten unbeachtet oder zumindest unterbelichtet lassen. Es ist daraus zweifelsohne eine Notwendigkeit an Forschungsarbeiten abzuleiten, die sich in detaillierter Weise mit den verschiedenen Phänomenen des Marketings für junge Unternehmen und deren Besonderheiten auseinandersetzen (*Freiling* 2006).

Sowohl aufgrund des identifizierten Mangels an Fachliteratur als auch wegen der großen Bedeutung für den Erfolg junger Unternehmen ist eine fundierte wissenschaftliche Auseinandersetzung mit dem Entrepreneurial Marketing notwendig. Das Ziel dieses Buches besteht folglich darin, ein Rahmengerüst für das Entrepreneurial Marketing aufzubauen. Diesem Ziel entsprechend werden im nachfolgenden Abschnitt zunächst die besonderen

Herausforderungen, denen sich junge Unternehmen hinsichtlich ihrer Marketingaktivitäten ausgesetzt sehen, dargelegt und damit einhergehend die Unterschiede zur allgemeinen Marketinglehre verdeutlicht. Zudem werden in dem nachfolgenden Abschnitt Ausgestaltungsmöglichkeiten für das Marketing in jungen Unternehmen dargestellt, bevor in Detailkonzepten – repräsentiert durch einzelne Beiträge von Persönlichkeiten an der **Schnittstelle von Marketing, Innovationsmanagement und Entrepreneurship** – das Entrepreneurial Marketing konkretisiert wird. Dabei geht es insbesondere darum, für Gründende die speziellen Möglichkeiten und Anforderungen an eine marktorientierte Unternehmensführung aufzuzeigen und auf diese Zielgruppe zugeschnittene Empfehlungen zu vermitteln. Abschnitt 4 dieses Beitrags dient der Verbindung dieser Detailkonzepte und ihrer Einordnung in die hier verwendete Entrepreneurial Marketing-Architektur. Durch eine Kurzcharakterisierung soll dem Leser gleichzeitig die Logik und die Struktur des vorliegenden Buches insgesamt offen gelegt werden. Die ausführliche inhaltliche Darlegung erfolgt dann in den jeweiligen Einzelbeiträgen, wobei der Stellenwert eines jeden Beitrags durch seine Position in der Entrepreneurial Marketing-Architektur (vgl. Abb. 4.1) verdeutlicht wird.

2 Besonderheiten des Entrepreneurial Marketings

2.1 Spezifika junger Unternehmen

Aus der Entrepreneurship-Forschung ist bekannt, dass junge Unternehmen eine Reihe von Charakteristika aufweisen, die sie von etablierten Unternehmen unterscheiden und sie mit besonderen Herausforderungen konfrontieren. Diese Eigenschaften können als Ansatzpunkt herangezogen werden, um sich den Spezifika des Entrepreneurial Marketings zu nähern. Nachfolgend werden daher zunächst diese Besonderheiten vorgestellt und die Implikationen für das Marketing diskutiert. Die Betrachtung junger Unternehmen führt zu einer Reihe spezifischer Merkmale (*Gruber* 2004b, *Hommel/Knecht* 2002; *Achleitner/Bassen* 2002; *Küting* 1980; *Engel* 2002; *Bessler* 2001; *Labhard* 1999; *Müller* 1998):

- Das Unternehmen existiert erst seit Kurzem („liability of newness", vgl. u. a. *King* 2006), d. h. es verfügt über keine längere Unternehmenshistorie und hat daher auch keine etablierten Strukturen für fundamentale Unternehmensdaten (*Hayn* 2000).
- Die Entscheidungsprozesse im Unternehmen sind durch die Person des Unternehmers/Gründers stark geprägt (*Mugler* 1998).
- Das Unternehmen findet sich einer dynamischen, sich ständig verändernden Umwelt ausgesetzt und weist gerade am Anfang ein überproportionales, quantitatives Wachstum auf (*Hallbäck/Gabrielsson* 2013; *Heil* 1999; *Lieberman/Montgomery* 1998), das

nicht selten mit wachstumsbedingten Krisenerscheinungen in der Frühentwicklung einhergeht („liability of adolescence“, vgl. u. a. *King* 2006).

- Ressourcen innerhalb des Unternehmens sind oft sehr knapp verfügbar; sowohl finanzielle als auch personelle Ressourcen stellen einen Engpass dar („liability of smallness“).
- Hohe Aufbauinvestitionen in immaterielle Vermögensgegenstände – beispielsweise zur Technologieentwicklung oder zum Markenaufbau – erscheinen notwendig.
- Noch erwirtschaftet das Unternehmen negative Cashflows und keinerlei Gewinne.
- Externe Kapitalgeber schließen die Eigenkapitallücke und üben über ihre Rechte als Investoren oftmals einen zentralen Einfluss auf das Unternehmen aus.
- Durch die kurze Historie verfügt das Unternehmen über keine Marke; folglich fehlt dem Unternehmen ein „Türöffner“ zum Erfolg (*Kollmann/Suckow* 2007).

Aus dieser Charakterisierung der Situation von jungen Unternehmen ergeben sich für das Marketing einerseits Restriktionen hinsichtlich der Ausgestaltungsmöglichkeiten, die z. B. die finanzielle Knappheit mit sich bringt. Andererseits sieht sich das Venture keinen nennenswerten Festlegungen der Vergangenheit gegenüber, die im Marketingauftritt zu berücksichtigen wären, um z. B. Brüche zu vermeiden. Somit können besondere Ziele und Aufgaben, die dem Marketing in jungen Unternehmen zukommen, abgeleitet werden. Dazu gehört z. B. der Aufbau von Bekanntheit der Marke und Akzeptanz für das Unternehmen und die Produkte. Das Marketing von Gründungsunternehmen unterscheidet sich somit sowohl hinsichtlich der Möglichkeiten als auch der Ziele deutlich von den Marketingaktivitäten etablierter Unternehmen. Der nächste Abschnitt thematisiert die Unterscheidung verschiedener Marketingaktivitäten und insbesondere die Herausforderungen des Entrepreneurial Marketings.

2.2 Ziele und Herausforderungen des Marketings in jungen Unternehmen

Marketingmaßnahmen können mitunter anhand der Neuheit des Unternehmens sowie der Innovativität des Produkts unterschieden werden (*Meffert et al.* 2012). Überträgt man diese in Dimensionen einer Matrix, so lassen sich idealtypisch vier Ansätze für Marketingmaßnahmen identifizieren (vgl. Abb. 2.1). In Sektor I finden sich Aktivitäten wieder, die der Vermarktung eines bestehenden Produkts eines etablierten Unternehmens dienen. Die Herausforderung an das Marketing besteht in diesem Fall darin, dass – da keine Innovation zugrunde liegt – kein zusätzlicher Mehrwert für den Kunden geschaffen wird, der kommunizierbar wäre, aufgrund von externen Einflüssen jedoch eine wettbewerbspolitische Reaktion erforderlich ist. Das Ziel des „klassischen Marketings“ liegt in der Regel nicht in der weiteren Erhöhung, sondern eher in der Wiedergewinnung oder Verteidigung des Marktanteils. So ist z. B. auf Vorstöße des Wettbewerbs zu reagieren, um durch Gegenangebote einen Wechsel möglichst unattraktiv für den eigenen Kunden erscheinen zu lassen (*Kotler et al.* 2006).

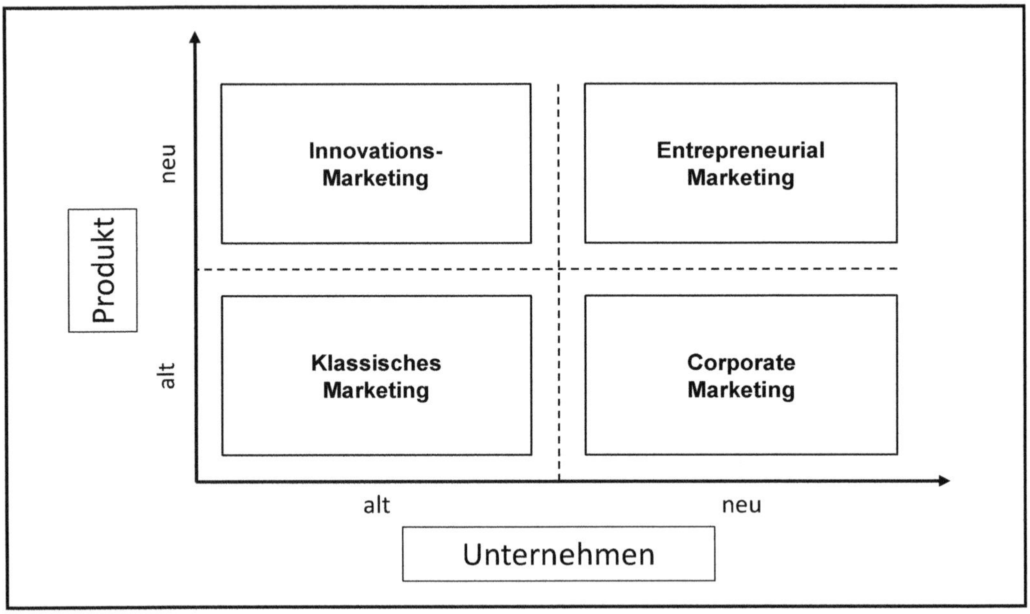

Abb. 2.1: Marketingansätze in Abhängigkeit der Unternehmens-/Produkt-Neuheit
Quelle: *Eigene Darstellung*

In Sektor II, dem Bereich des „Innovations-Marketings", bildet eine Innovation im Schumpeterschen Sinne (*Schumpeter* 1997) den Ausgangspunkt der Einführung eines Produkts in den Markt. Das etablierte Unternehmen kann seine in der Vergangenheit aufgebaute Bekanntheit und Markenakzeptanz nutzen, um den Weg für das neue Produkt zu ebnen. Ebenfalls verfügt das Unternehmen über Erfahrungen hinsichtlich der Bedürfnisse der Kunden, sodass bereits die Erstellung auf den Nutzen bzw. Mehrwert für den Kunden abgestimmt erfolgen kann. Das „Corporate Marketing" in Sektor III zielt darauf ab, dass ein neues Unternehmen mit einem bereits bestehenden und ggf. bekannten Produkt auf einem Markt aktiv wird. Beispiele wären hier in Relaunches von Produkten zu sehen, die nicht wegen des zu geringen Nutzens bzw. Wertes des Produkts für den Kunden, sondern vielmehr wegen unternehmensspezifischer Fehlentwicklungen, z. B. in den Bereichen Management oder Prozesse, gescheitert sind (*Kollmann* 2006, S. 18 ff.). Auch im Falle von Mergers & Acquisitions sind derartige Konstellationen denkbar. Im Zentrum der Marketingaktivitäten steht hierbei, Vertrauen (*Kollmann/Herr* 2005) bei den Kunden für das neue Unternehmen aufzubauen. Ein weiteres Einsatzgebiet des Corporate Marketings besteht in der Schaffung von Akzeptanz im Falle von Übernahmen oder Umfirmierungen.

Das **Marketing von Gründungsunternehmen** steht dabei im Gegensatz zum Marketing etablierter Unternehmen oder Produkte vor einer doppelten Herausforderung (Sektor IV): Gleichzeitig muss ein neues Unternehmen und ein neues Produkt in den Markt eingeführt werden. Dabei operieren insb. innovative Gründungsunternehmen in der Regel in Märkten, die üblicherweise gerade erst im Entstehen begriffen sind oder erst durch das innovative Angebot selbst entstehen. Weiterhin sind die Märkte nicht selten durch einen rapiden Wandel hinsichtlich der Wettbewerbsbedingungen im Allgemeinen, der Konkurrenzverhältnisse im Besonderen sowie der Kundenbedürfnisse gekennzeichnet, was den Kern der Marketingaktivitäten im Entrepreneurial Marketing-Kontext prägt (*Sherman/Black* 2006). Zusätzlich erschwerend wirken sich die in Abschn. 2.1 herausgestellten Besonderheiten junger Unternehmen und die damit verbundenen Restriktionen aus, die z. B. die finanzielle Knappheit mit sich bringt. Daraus ergibt sich für das Marketing des jungen Unternehmens die besondere Herausforderung als **neues Unternehmen** ein **neues Produkt** und damit eine **neue Idee** in den Markt zu transportieren (vgl. Abb. 2.2).

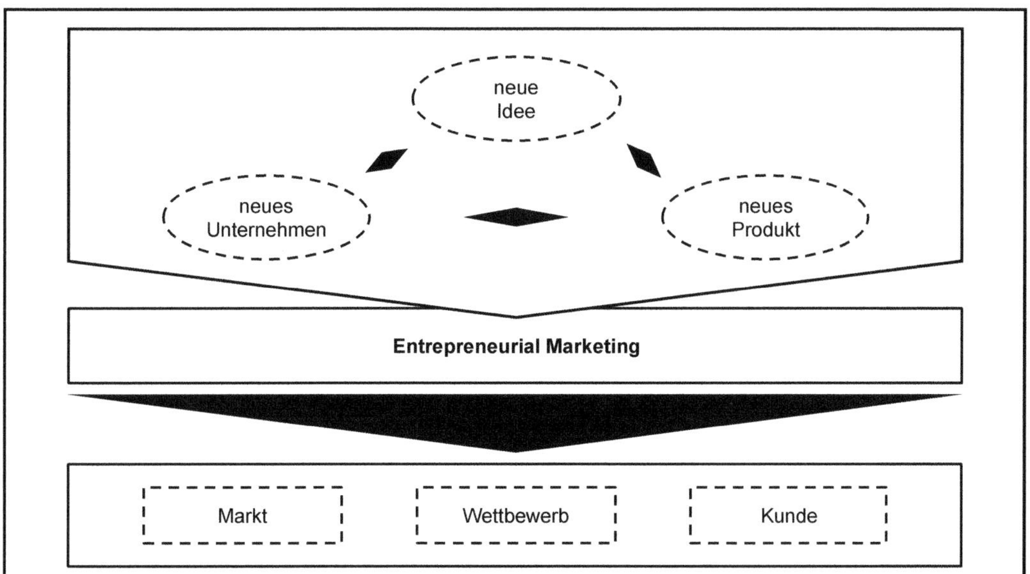

Abb. 2.2: Ordnungsrahmen des Entrepreneurial Marketings
Quelle: *Eigene Darstellung*

Das Entrepreneurial Marketing muss dem Rechnung tragen und vor dem Hintergrund der jungen Organisation und deren dynamischer Umwelt stets adäquate Instrumente zur Analyse von Märkten, zur Angebotsentwicklung, zur Preisstrategie und zur Kommunikation mit Kunden bereitstellen.

Somit wird dem Begriff Entrepreneurial Marketing folgende Definition zugrunde gelegt:

Unter Entrepreneurial Marketing ist die Vermarktung eines neuen Produkts bzw. Sortiments für ein neues Unternehmen unter der Berücksichtigung des absatzpolitischen Instrumentariums für die Schaffung neuer Märkte bzw. neuer Wettbewerbsstrukturen zu verstehen.

3 Ausgestaltungsmöglichkeiten des Entrepreneurial Marketings

Auf der Basis der spezifischen Restriktionen und Aufgaben des Entrepreneurial Marketings sollen in diesem Abschnitt die Funktionen, die dieses Marketingkonzept bedient, thematisiert werden. In dem letzten Abschnitt wurde festgehalten, dass Gründungsunternehmen in der Regel neue Märkte bzw. neue Wettbewerbsstrukturen schaffen, also in Strukturen operieren, die gerade erst im Entstehen begriffen sind und durch Ungewissheit und einen rapiden Wandel gekennzeichnet sind. Darüber hinaus ist auch das Gründungsunternehmen selbst auf dem Weg von den ursprünglich ungeordneten Anfängen hin zum etablierten Unternehmen durch vielfältige Änderungen und Anpassungen gekennzeichnet (*Kollmann/Häsel/Stöckmann* 2007). Das Entrepreneurial Marketing muss beide Entwicklungen unterstützen und verfolgt somit gleichzeitig externe und interne Ziele. Die externe Ausrichtung dient der **Bekanntmachung** von Unternehmen und Produkt bei Markt, Kunden und dem Wettbewerb. Neben der intendierten Außenwirkung verfolgt das Entrepreneurial Marketing den intern orientierten Zweck der **Prüfung** des Geschäftsmodells, womit gleichfalls der Grundstein für die Weiterentwicklung gelegt wird.

Vor diesem Hintergrund können drei **Funktionen** des Entrepreneurial Marketings benannt werden, die sowohl externe als auch interne Ziele adressieren (*Bruhn* 2005, *Kollmann* 2006, *Benkenstein* 2002):

- Reflektionsfunktion: Die Reflektionsfunktion dient der Prüfung der Idee bzw. des Produkts hinsichtlich der marktlichen Machbarkeit und des Mehrwertes. So gilt es erstens die Frage zu klären, ob der Kunde für den Nutzen bzw. den Wert, den das neue Produkt erbringt, zu zahlen bereit ist. Zweitens muss sichergestellt werden, dass die Idee mit den zur Verfügung stehenden Ressourcen bzw. mit zu akquirierenden Ressourcen umsetzbar ist. Dazu wird die Idee in einer internen Analyse mit verschiedenen Entscheidungsträgern diskutiert. Insbesondere bei technologieorientierten Gründungen kann es zu Differenzen zwischen betriebswirtschaftlichen und technologischen Interessen kommen. Das interne Entrepreneurial Marketing dient hier der Reflektion von technologischer Machbarkeit und der betriebswirtschaftlichen Sinnhaftigkeit. Selbst wenn innerhalb des Gründerteams Einigkeit besteht, ist es sinnvoll, die Idee verschiedenen externen Stakeholdern und dabei insb. potenziellen Kunden vorzustellen, da letztlich ihre Akzeptanz, die über die externe Reflektion überprüft werden kann, über den Erfolg des Produkts entscheidet.

- Katalysatorfunktion: Bei der Katalysatorfunktion steht die Anpassung der Idee bzw. des Produkts an die Anforderungen von Markt, Wettbewerb und Kunde im Mittelpunkt der Betrachtung. Aspekte der Idee, die von den potenziellen Kunden als uninteressant oder von beteiligten Kooperationspartnern oder Investoren als nicht durchführbar angesehen werden, sollten neu durchdacht werden. Dabei handelt es sich um einen iterativen Prozess zwischen – internem und externem – Review und darauf folgender Anpassung. Im Ergebnis steht ein Produkt, welches einen klar zu kommunizierenden Mehrwert enthält.
- Kommunikationsfunktion: „Aus Unbekanntem Bekanntes zu machen", hat die Kommunikationsfunktion – insbesondere im Gründungskontext – zum Ziel. Dies bezieht sich in erster Linie auf die externe Sichtweise, in der die Idee bzw. das Produkt den potenziellen Kunden vorzustellen ist. Wie bei der Überprüfung und Anpassung der Idee sollte der Prozess nicht unidirektional vom Gründungsunternehmen nach außen verlaufen, sondern ebenfalls multidirektional zwischen dem Gründungsunternehmen und Kunden sowie Kooperationspartnern und Investoren orientiert sein. Um die Reichweite der Kommunikation zu erhöhen, können neben klassischen realen Kommunikationsinstrumenten (*Meffert et al.* 2012) auch neue, internetbezogene Instrumente wie Online- und Viral-Marketing (*Kollmann* 2002) als Teil der Kommunikationsstrategie herangezogen werden. Zwar besteht in der Bekanntmachung des Unternehmens und seiner Produkte eine bedeutsame Herausforderung für das junge Unternehmen, doch gerade das externe Feedback kann in dem Unternehmen interne Lernprozesse initialisieren, die dem Gründungsunternehmen bei seiner Entwicklung helfen. Teil der internen Kommunikation ist darüber hinaus der Transport der Unternehmensvision und -ziele. Für die Zukunftsfähigkeit der Unternehmung ist es von großer Bedeutung, dass Vision und Ziele jedem Organisationsmitglied bekannt sind, dieser sich damit identifiziert und sein Handeln danach ausrichtet.

4 Struktur und Aufbau des Buches sowie Synopsis der Einzelbeiträge

Die Notwendigkeit der Erweiterung der klassischen Marketinglehre um die spezifischen Marketingaktivitäten junger Unternehmen sowie die in Abschn. 2 und 3 dieses Beitrags vorgetragenen Überlegungen zu den besonderen Herausforderungen junger Unternehmen und der Ausgestaltungsmöglichkeiten ihrer Marketingaktivitäten bilden die Leitidee bei der Konzeption des vorliegenden Buchs. Da eine reine Übertragung der Erkenntnisse aus der klassischen Marketingforschung vor dem Hintergrund der in Abschn. 2 dargestellten Besonderheiten junger Unternehmen zu kurz greifen würde, werden im zweiten

Teil des Buchs theoretische Grundlagen der Marketingforschung für junge Unternehmen gelegt, die für das Verständnis der nachfolgenden Überlegungen als elementar anzusehen sind (vgl. Abb. 4.1).

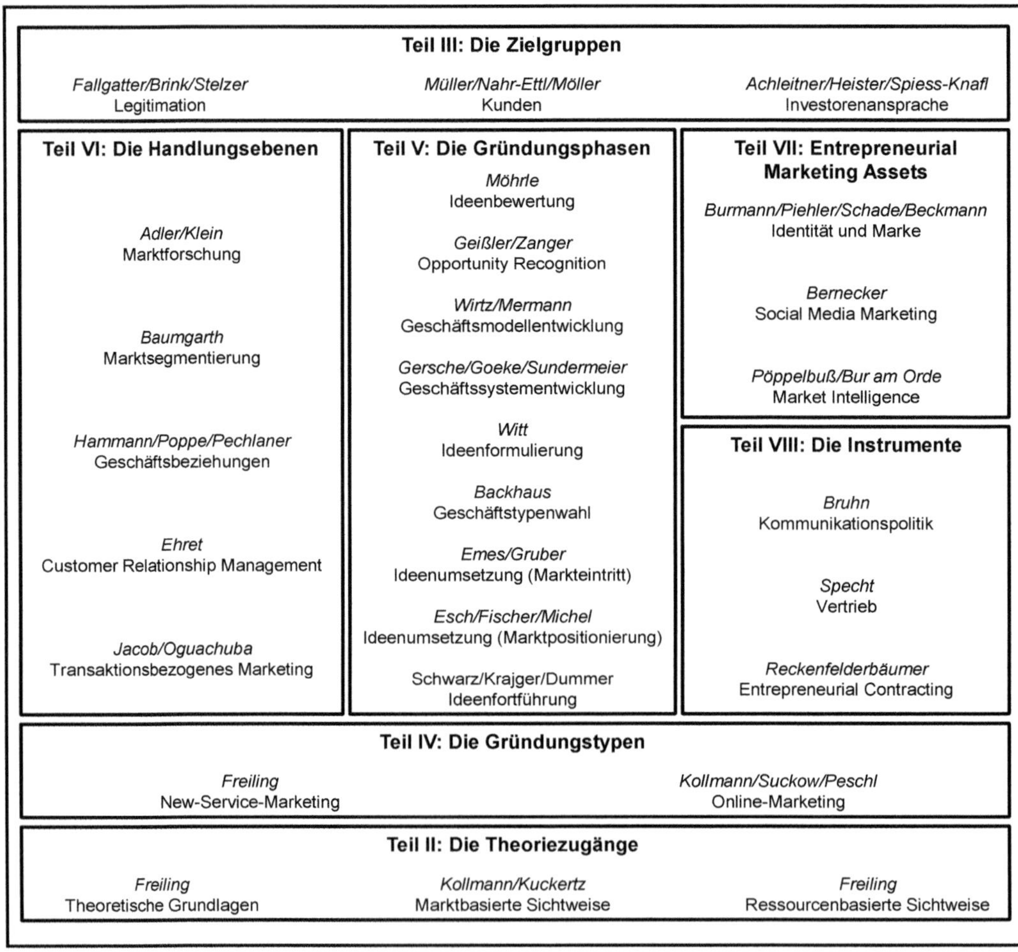

Abb. 4.1: Entrepreneurial Marketing-Architektur des Handbuchs
Quelle: *Eigene Darstellung*

Auch im dritten Teil des Buches, in dem die Zielgruppen des Entrepreneurial Marketings adressiert werden, zeigt sich, dass die klassische Marketingforschung nicht ausreicht, um den Bedürfnissen und Anforderungen junger Unternehmen gerecht zu werden, wie exemplarisch die gründungsspezifische Investorenansprache deutlich macht. Mit den marketingorientierten Besonderheiten bei verschiedenen Gründungstypen vertiefen die Beträge im vierten Teil die Herausforderungen des Gründungsmarketings. Umgeben von diesem Rahmenwerk bilden vier Bereiche zentrale Aspekte des Entrepreneurial Marketings ab. Die erste Säule bildet Teil fünf mit einer differenzierten Betrachtung der einzelnen Gründungsphasen von der Ideengenerierung über die -umsetzung bis hin zur langfristig orientierten -fortführung. Die weiteren Säulen werden durch Teil sechs, der die Handlungsebenen des Entrepreneurial Marketings konkretisiert, Teil sieben, in dem Entrepreneurial Marketing Assets vorgestellt werden, und Teil acht, in dem verschiedene Marketing-Instrumente für Gründungsunternehmen diskutiert werden, gebildet. Abgeschlossen wird das Buch mit einem Ausblick in Form von zentralen *„Thesen zur Entwicklung des Entrepreneurial Marketing in Wissenschaft und Praxis“* von *Freiling/Kollmann*.

Obwohl jeder Beitrag eine in sich geschlossene und allein verständliche Abhandlung darstellt, entfaltet sich der vollständige Nutzen der Beiträge erst durch deren Integration in der hier gewählten „Entrepreneurial Marketing-Architektur“ (vgl. Abb. 4.1). Die nachfolgenden Erläuterungen zu den einzelnen Fachbeiträgen dienen deshalb auch vor allem der Einordnung der Beiträge in das hier vorgestellte Entrepreneurial Marketing-Gesamtkonzept und erst in zweiter Linie der Kurzbeschreibung der inhaltlichen Schwerpunkte.

4.1 Teil II: Die Theoriezugänge des Entrepreneurial Marketings

Mit den Theoriezugängen bildet der zweite Teil des Handbuches die elementare Grundlage der Forschung zum Marketing junger Unternehmen. Unabhängig von der Art der Generierung wissenschaftlicher Erkenntnis stellt sich zunächst die Frage nach geeigneten Theorieansätzen zu einer soliden Fundierung der Forschungsarbeit. Den Ausgangspunkt des Beitrags *„Die theoretischen Grundlagen des Entrepreneurial Marketings“* von *Freiling* bildet die Frage nach den theorierelevanten Besonderheiten des Entrepreneurial Marketings. Daraus leitet der Autor Anforderungen bezüglich der Auswahl geeigneter Theorieansätze ab, um auf dieser Basis dann die Theorien auszuwählen, die für das gründungsbezogene Marketing als Fundament dienen können. Zur theoretischen Fundierung kommen demnach akteurbezogene Ansätze, tauschbezogene Ansätze, Markt- und Branchentheorien sowie integrierte Ansätze in Betracht.

Kollmann/Kuckertz widmen sich in dem Beitrag *„Implikationen des Market-Based-View für das Entrepreneurial Marketing“* unter Rückgriff auf das Konzept des Market-Based-View und Erkenntnisse der Entrepreneurship-Forschung der Frage, wie sich Gründungsunternehmen durch Entrepreneurial Marketing nicht nur in bestehenden Märkten etablieren können, sondern darüber hinaus neue Märkte basierend auf innovativen Geschäftsmodellen entwickeln können. Dabei zeigen die Autoren, dass Entrepreneurial Marketing nicht nur eine weitere Unternehmensfunktion in Gründungsunternehmen beschreibt, sondern in weiten Teilen deckungsgleich mit dem Kern unternehmerischen Handelns ist.

Der Beitrag „*Die ressourcenbasierte Sichtweise des Entrepreneurial Marketings*" von *Freiling* greift die Ideen des ersten Beitrags auf und detailliert das ressourcen- und kompetenzbasierte Marketing im Gründungskontext. Dabei erstellt der Autor zunächst ein gedankliches Grundmodell, welches einen Referenzrahmen für das Gründungsmarketing im Kontext des Wettbewerbs abliefern kann. Ferner identifiziert er mit einem zusätzlichen Blick auf den Open System View letztendlich fünf Aufgabenkomplexe im Hinblick auf Entrepreneurial Marketing und kompetenzbasiertes Anbieterhandeln.

4.2 Teil III: Die Zielgruppen des Entrepreneurial Marketings

Ein junges Unternehmen steht im Spannungsfeld verschiedenster Bezugsgruppen, die im Sinne des Marketings angesprochen werden können und müssen. Dazu gehören insb. Kapitalgeber, Kooperationspartner, Lieferanten, Mitarbeiter sowie Kunden. Anders als bei etablierten Unternehmungen stehen hier aber im Regelfall kaum Routinen oder erprobte Prozesse zum Umgang mit den unterschiedlichen Interessen zur Verfügung. Teil drei des Buches setzt sich daher mit diesen Zielgruppen und ihrer Ansprache im Rahmen des Marketings junger Unternehmen auseinander.

Die Aufnahme von Geschäftsbeziehungen in jungen Branchen behandelt der Beitrag „*Entrepreneurial Marketing und Organisationale Legitimation*" von *Fallgatter/Brink/Stelzer*, der auf die Frage der Legitimation junger Unternehmen und junger Branchen fokussiert. Der Beitrag führt Legitimitäts- und Entrepreneurial Marketing-Forschung zusammen und identifiziert den Legitimierungsprozess als eine den typischen Marketingfragen vorgelagerte Aktivität und somit als bedeutende Herausforderung junger Unternehmen. Im Ergebnis steht die Feststellung, dass im Rahmen des Entrepreneurial Marketings die strategische Erzeugung von Legitimität eine zentrale Aufgabe bilden sollte. Die Kunden als Zielgruppe des Gründungsmarketings adressiert der Beitrag „*Kundensegmentierung als Kernaufgabe*" von *Müller/Nahr-Ettl/Möller*. Die Autoren stellen die Kundensegmentierung als zentrale Aufgabe für ein erfolgreiches Marketing bei Unternehmensgründungen heraus. Dabei trifft das in der Marketingliteratur intendierte Vorgehen der Kundensegmentierung auf die Gründerpraxis und im Ergebnis entsteht eine Mischform zwischen theoretisch korrekter und stärker direkt kunden- sowie umsetzungsorientierter Vorgehensweise.

Das Ziel des Beitrags „*Kapitaleinwerbung aus Sicht eines Sozialunternehmens*" von *Achleitner/Heister/Spiess-Knafl* besteht in der Darstellung der Besonderheiten, denen sich Social Entrepreneurs bei der Suche nach Finanzierungsmöglichkeiten, speziell bei der Ansprache von Investoren, gegenübersehen. Nach der Vorstellung verschiedener Finanzierungsinstrumente sowie Finanzierungsquellen wird auf Kapitalgeber und deren Auswahlkriterien, die für einen effizienten Kapitaleinsatz angelegt werden, eingegangen. In diesem Zusammenhang wird auch das Problem der Erfolgsmessung im Social-Entrepreneurship-Bereich diskutiert.

4.3 Teil IV: Die Gründungstypen des Entrepreneurial Marketings

Neben den Besonderheiten des Marketings, die sich aus der speziellen Situation von jungen Unternehmen ergeben, entstehen weitere Anforderungen durch branchen- und marktspezifische Problemlagen. Die nachfolgenden Ausführungen befassen sich daher mit den marketingorientierten Besonderheiten verschiedener Gründungstypen.

Das New-Service-Marketing thematisiert *Freiling* in dem Beitrag „*Die Besonderheiten des Gründungsmarketings von Dienstleistungsunternehmen*". Ausgehend von einer Lücke in der Gründungsforschung hinsichtlich des Marketings von Service Ventures unternimmt der Beitrag den Versuch, die spezifische wertschöpfungsbezogene Ausgangssituation, die bei der Vermarktung von Dienstleistungen jedweder Art besteht, kompakt aufzuarbeiten, die Zuspitzung der Marketing-Problematik im Gründungskontext zu benennen, um darauf aufbauend fokussierte Ansatzpunkte für das Dienstleistungsmarketing im Gründungskontext aufzuarbeiten. Überlegungen zum Online-Marketing von *Kollmann/Suckow/Peschl* in dem Beitrag „*Die Besonderheiten des Gründungsmarketings für Internet-Unternehmen*" verdeutlichen, dass eine einfache Übertragung traditioneller Marketing-Instrumente nicht ausreicht, um den veränderten Kommunikationsbedingungen im Internet gerecht zu werden. Neue Formen der Kundenansprache und Kundengewinnung durch Suchmaschinen-Marketing oder Social-Media-Marketing, aber auch das E-Mail- und Couponing-Marketing greifen auf ganz andere technische Rahmenbedingungen zurück als das klassische Marketing und machen bei Internet-Unternehmen eine Modifikation und Anpassung des gesamten Marketing-Mix erforderlich.

4.4 Teil V: Die Gründungsphasen des Entrepreneurial Marketings

Der Gründungsprozess lässt sich idealtypisch in die Phasen Ideengenerierung, Ideenformulierung, Ideenumsetzung und Ideenfortführung unterteilen. In jeder dieser Phasen entstehen spezifische Anforderungen innerhalb des Marketings. Die folgenden Ausführungen zu den Gründungsphasen im Entrepreneurial Marketing adressieren diese Besonderheiten.

Im Rahmen der Ideengenerierung ist die Identifikation einer unternehmerischen Chance grundlegend für die Entwicklung eines Geschäftsmodells. Die Bedeutung des Erkennens von unternehmerischen Gelegenheiten im Rahmen des Gründungsmarketings thematisiert der erste Beitrag „*Opportunities und Opportunity Recognition als Aufgabe des Gründungsmarketings*" von *Geißler/Zanger*. In diesem Beitrag werden zunächst das Konzept „Entrepreneurial Opportunities" als neuartige Mittel-Zweck-Verbindung vorgestellt und der Prozess „Opportunity Recognition“ aufgezeigt. Darauf aufbauend ermitteln die Autoren Möglichkeiten der Förderung von Opportunity Recognition und gehen in diesem Kontext auf die Handlungsfelder des Gründungsmarketings unter anderem im Hinblick auf den Austauschprozess zwischen Kunden, Gründungsteam und Stakeholdern näher ein.

Als Ausgangspunkt einer jeden Unternehmensgründung gilt die Idee. Der zweite Beitrag „*Ideenexploration und -bewertung im Rahmen der Gründungsplanung*“ von *Möhrle* widmet sich der Erforschung und Bewertung der Geschäftsidee als Aktivität der Pre-Seed-Phase. Hierzu wird ein Überblick über geeignete Instrumente vermittelt, der sich neben Kreativitätstechniken und dem Business-Plan(ning) im Schwerpunkt der Funktionsanalyse sowie mit den ihr verwandten Instrumenten widmet. Die Funktionsanalyse ist im Gegensatz zu den anderen Instrumenten weitaus weniger bekannt und verbreitet, gleichwohl aber im Kontext der Ideenexploration und -bewertung von großem Nutzen, was anhand konzeptioneller Überlegungen zur Vorgehensweise, eines damit verzahnten Fallbeispiels und begleitender Fragen zur methodischen Einbettung beschrieben wird.

Die Umsetzung einer Geschäftsidee oder einer unternehmerischen Gelegenheit erfolgt im Rahmen des Geschäftsmodell-Konzepts in der Seed-Phase der Unternehmensgründung. Der Beitrag „*Entwicklung von Geschäftsmodellen*“ von *Wirtz/Mermann* widmet sich zunächst der Darstellung verschiedener Ansätze, auf denen das Geschäftsmodell-Konzept beruht, sowie einer möglichen Strukturierung von Geschäftsmodellen. Im Anschluss daran wird ein Entwicklungsprozess von Geschäftsmodellen aufgezeigt und Erfolgsfaktoren bei der Entwicklung von Geschäftsmodellen identifiziert. In diesem Zusammenhang weisen die Autoren darauf hin, dass eine systematische Vorgehensweise bei der Geschäftsmodellentwicklung die Erfolgwahrscheinlichkeiten bei der unternehmerischen Zielerreichung erhöhen kann.

Der Beitrag „*Die Geschäftssystementwicklung in der Vorgründungsphase*“ von *Gersch/Goeke/Sundermeier* adressiert die konkrete Realisierung eines allgemeinen Geschäftsmodells im Rahmen eines Geschäftssystems. Dabei steht die Geschäftssystemanalyse im Mittelpunkt dieses Beitrags. Die Autoren zeigen einen Partialmodell-Ansatz zur Strukturierung relevanter Dimensionen des Geschäftssystems und formulieren Flexibilitätsanforderungen in den verschiedenen Phasen der Geschäftssystementwicklung, deren Notwendigkeit sich insbesondere aus den sich ständig verändernden Umweltbedingungen ergibt. Ihre Ausführungen verdeutlicht das Fallbeispiel einer Versandapotheke.

Der Beitrag „*Die Ideenformulierung in Businessplänen*“ von *Witt* beschreibt zunächst wie aus einer Geschäftsidee ein Geschäftsmodell hervorgeht und wie dieses im Rahmen eines Businessplans schriftlich fixiert wird. Dabei geht der Autor auch auf die verschiedenen Adressaten sowie den marktorientierten Aufbau und die Qualitätsmerkmale von Businessplänen ein. Die Wahl des Geschäftstyps stellt einen wichtigen Bestandteil der Markteinführungsentscheidung dar und soll damit vor dem nächsten Meilenstein, dem Markteintritt, thematisiert werden.

Backhaus gibt in seinem Beitrag „*Geschäftstypenwahl im B2B-Bereich*" einen Einblick in den Geschäftstypenansatz von *Backhaus/Voeth* als Typologisierungsansatz. In diesem Zusammenhang werden Faktoren identifiziert, die berücksichtig werden können, um eine zielkonforme Geschäftstypenwahl im B2B-Bereich zu treffen. Dabei finden verschiedene theoretische Begründungskonzepte Anwendung. Im Anschluss geht der Autor auf die relevanten Teilentscheidungen im Rahmen der Geschäftstypenwahl ein, die Unternehmer bei einer Neugründung zu treffen haben.

Emes/Gruber zeigen in dem Beitrag „*Die Ideenumsetzung im Rahmen von Markteintrittsstrategien*", wie sich die Phase der Ideenumsetzung in den Gründungskontext eingliedern lässt und welche Anforderungen sich aus Marketingsicht für Zielfindung, Strategie und operativtaktischen Handelns ergeben. Der Planungskreislauf zur Entwicklung einer Markteintrittsstrategie von Gründern wird theoretisch aufgearbeitet und anhand der Befunde empirischer Analysen diskutiert. Die Autoren identifizieren weiteren Forschungsbedarf im Bereich der Markteintrittsformen von Gründungsunternehmen.

Im Mittelpunkt des Beitrags „*Die Ideenumsetzung im Rahmen der Marktpositionierung (Start-up Phase)*" von *Esch/Fischer/Michel* steht die identitätsorientierte Markenführung, die im Rahmen der Marktpositionierung eine bedeutende Rolle einnimmt. Demenstprechend erläutern die Autoren den Managementprozess der identitätsbasierten Markenführung sowie die zentralen Größen einer erfolgreichen identitätsorientierten Markenführung in Form der Markenidentität, der Markenpositionierung und des Markenimages sowie den Zusammenhang zwischen diesen Konstrukten.

Der Beitrag „*Prozesse der Geschäftsmodell- und Produktentwicklung in Gründungs- und Jungunternehmen*" von *Schwarz/Krajger/Dummer* orientiert sich an der besonderen Ausgangssituation innovativer, technologieorientierter Gründungen, die ein überdurchschnittlich hohes Wachstums- und Risikopotential aufweisen. In diesem Zusammenhang wird ein Geschäftsmodellentwicklungsprozess aufgezeigt, der bereits in der Gründungsphase seinen Ausgangspunkt nimmt und mit seinen Erneuerungsimpulsen in die Wachstumsphase reicht. Den einzelnen Phasen werden ausgewählte Instrumente zugeordnet. Abschließend wird auf den Produktentwicklungsprozess im Zuge des betrieblichen Innovationsmanagements in jungen Unternehmen eingegangen.

4.5 Teil VI: Die Handlungsebenen des Entrepreneurial Marketings

Das Entrepreneurial Marketing kann hinsichtlich verschiedener Handlungsfelder untergliedert werden. Diesen verschiedenen Handlungsebenen widmen sich die Beiträge in Teil sechs des Buches.

In dem ersten Beitrag dieses Teils „*Marktforschung als Aufgabe für Gründungsunternehmen*" beschäftigen sich *Adler/Klein* mit grundlegenden Marktforschungstechniken, die jedem Gründer dabei behilflich sein können, das Potenzial seines anvisierten Geschäftskonzeptes besser einschätzen zu können. Nach einer Abgrenzung der Inhalte des Informationsbedarfs für Gründungsunternehmen und einem kurzen Abriss des Marktforschungsprozesses werden die beiden zentralen Informationsquellen der Sekundär- und der Primärforschung vorgestellt und einer Vorteilhaftigkeitsbetrachtung in Bezug auf Gründungsunternehmen unterzogen. Darauf aufbauend wird exemplarisch die Conjoint-Analyse vorgestellt und im Hinblick auf die Möglichkeiten zur Marktanteilsschätzung sowie zur Angebots- und Preisgestaltung für Gründungsunternehmen untersucht.

In dem folgenden Beitrag „*Marktsegmentierung für Gründungsunternehmen*" thematisiert *Baumgarth* unter dem Begriff Marktsegmentierung die Bestimmung der zu bearbeitenden Absatzmärkte sowie die Ausrichtung der Marketinginstrumente auf die ausgewählten Absatzmärkte als Handlungsebene mit hoher Relevanz für den (Überlebens-) Erfolg der Gründungsunternehmen. In diesem Zusammenhang geht der Autor auf die Besonderheiten der Markterfassungs- und Marktbearbeitungsseite der Marktsegmentierung ein.

Das Relationship Management und damit den Aufbau von Geschäftsbeziehungen als Aufgabe für Gründungsunternehmen behandelt der Beitrag „*Soziales Kapital und Netzwerke als Kompetenz des Gründungsunternehmens*" von *Schobert/Poppe/Pechlaner*. Die Autoren zeigen, dass Aufbau, Entwicklung und Management von Geschäftsbeziehungen eine große Bedeutung für junge Unternehmen haben, um ihr Größen-, Ressourcen- und Reputationsdefizit auszugleichen. Networking kann sogar zur Kernkompetenz eines Unternehmens werden. Dadurch, dass Gründungsunternehmer zunächst auf ihr persönliches, egozentrisches Netzwerk zurückgreifen und sich erst nach und nach daraus ein organisationales Netzwerk entwickelt, an dem der Gründer ebenfalls maßgeblich beteiligt ist, werden der Gründungsunternehmer und seine Kompetenzen in den Fokus dieses Beitrags gestellt.

Ebenfalls mit dem Relationship Management beschäftigt sich der Beitrag „*Entrepreneurial Customer Relationship Management*" von *Ehret*. Der Autor weist auf einen Graben zwischen den Konzepten des Geschäftsbeziehungsmanagement und den Anforderungen, die sich ihnen bei der Navigation ihres Unternehmens auf den Wachstumspfades stellen, hin. Das Ziel dieses Beitrags ist es, die Lücke in der Beziehungsliteratur zu schließen und jungen Unternehmen eine Orientierungshilfe für das wachstumsorientierte Management von Geschäftsbeziehungen zu bieten. Um dies zu erreichen geht der Autor auf Geschäftsbeziehungen als Wachstumstreiber sowie auf das dynamische Geschäftsbeziehungsmanagement ein.

Ziel des Beitrags „*Transaktionsbezogenes Marketing für Gründungsunternehmen*" von *Jacob/Oguachuba* ist es, das Transaktionsmarketing für Gründungsunternehmen unter besonderer Berücksichtigung der endogenen Unsicherheit bzw. Marktunsicherheit näher zu beleuchten. Unternehmerisches Handeln bzw. Markttransaktionen sind zwangsläufig mit Unsicherheit behaftet und stellen sowohl an den Anbieter als auch an den Nachfrager erhöhte Anforderungen. In diesem Kontext werden ausgewählte Maßnahmen des Transaktionsmarketings zum Abbau von Unsicherheit präsentiert.

4.6 Teil VII: Entrepreneurial Marketing Assets

Marketing Assets – Vermögenswerte, die mit einem Unternehmen oder einer Marke assoziiert werden – spielen auch für Existenzgründer eine entscheidende Rolle. In Teil sieben des Buches wird aufgezeigt, dass sowohl die Etablierung der Marke als auch die Kundenpflege in diesem Zusammenhang zu berücksichtigen sind.

In dem ersten Beitrag „*Identität und Marke im Entrepreneurial Marketing*“ geben *Burmann/Piehler/Schade/Beckmann* Handlungsempfehlungen für den Markenaufbau zur Überwindung der „liability of newness“, mit der sich zumeist junge Unternehmen konfrontiert sehen. Ihm Rahmen dessen werden Grundlagen der identitätsbasierten Markenführung und der Markenaufbau bei Gründungsunternehmen aufgezeigt. Mit der Etablierung einer Marke geht auch die Notwendigkeit einer regelmäßigen Kundenpflege einher. Um dies zu bewerkstelligen bieten sich im Zuge der fortschreitenden Digitalisierung Kommunikationskanäle an, durch die Kundenkontakte hergestellt werden können.

Vor diesem Hintergrund setzt sich *Bernecker* in dem zweiten Beitrag mit dem Thema „*Social Media Marketing als Asset für Existenzgründer*“ auseinander, indem er Social Media Marketing Assets vorstellt und das Online Asset Management Konzept zur Umsetzung von Vermögenswerten aufzeigt. Neben begrenzten finanziellen und personellen Ressourcen, stehen vor allem junge Unternehmen im Online-Handel vor der Herausforderung hoher Dynamiken, insbesondere im Hinblick auf Online-Marketing-Maßnahmen, gerecht zu werden.

In diesem Kontext widmen sich *Pöppelbuß/Bur am Orde* in ihrem Beitrag „*Market Intelligence für E-Commerce-Gründungsunternehmen*“ einem Instrument zur Beschaffung und Auswertung von Informationen über Marktbedingungen, die eigene Marktposition und Nachfrager. Diese Entscheidungsunterstützung für Betreiber von Online-Shops ist im Kontext des Entrepreneurial Marketings insbesondere bei der Auswahl und Steuerung von Maßnahmen, die der Kundengewinnung und Kundenbindung dienen, notwendig.

4.7 Teil VIII: Die Instrumente des Entrepreneurial Marketings

Im Rahmen des Entrepreneurial Marketings können bzw. müssen verschiedene Aktivitäten unternommen werden, um die Zielerreichung des jungen Unternehmens zu ermöglichen. Dabei kann das junge Unternehmen sowohl auf bewährte als auch auf speziell auf seine Bedürfnisse ausgerichtete Instrumente zurückgreifen. Der achte Teil des Buchs setzt sich somit mit den Instrumenten auseinander, mit denen Entrepreneurial Marketing betrieben wird.

Der Beitrag „*Kommunikationspolitik für Gründungsunternehmen*“ von *Bruhn* behandelt die Kommunikation als elementares Instrument im Entrepreneurial Marketing. Der Beitrag spezifiziert den Planungsprozess der Kommunikation für Gründungsunternehmen und benennt zentrale Erfolgsfaktoren der Entrepreneurial Communication.

Die Entrepreneurial Distribution thematisiert der Beitrag „*Vertrieb in Gründungsunternehmen*“ von *Specht*. Dieser setzt sich zum Ziel, die Besonderheiten des Vertriebs in Gründungsunternehmen herauszuarbeiten und darauf aufbauend Schlussfolgerungen für die Gestaltung des Vertriebs in Gründungsunternehmen abzuleiten. Der Autor behandelt in diesem Kontext die Gestaltungsdimensionen im Vertrieb, die Ziele und strategischen Basisentscheidungen sowie Überlegungen zu spezifischen Vertriebsfragen in einzelnen Stadien eines Gründungsunternehmens.

Den Abschluss dieses Buchteils bildet der Beitrag „*Die Preis- und Kontrahierungspolitik für Gründungsunternehmen – Entrepreneurial Contracting*“ von *Reckenfelderbäumer* zum Entrepreneurial Contracting. Im Beitrag wird betont, dass ohne eine fein dosierte Gestaltung der Konditionen die Potenziale einer noch so ausgereiften Leistungspolitik (insbesondere Produktgestaltung einschließlich der damit verbundenen Services, Vertrieb, Kommunikation) nicht ausgeschöpft werden können. Jungbetrieben fehlt es jedoch oftmals am Erfahrungswissen bezüglich des Einsatzes preis- und kontrahierungspolitischer Instrumente. Ausgehend von typischen Fehlern im Preis-Management wird der Preisbildungsprozess unter Berücksichtigung preispolitischer Instrumente beschrieben und die Relevanz der Kontrahierungspolitik betont.

Literaturverzeichnis

Achleitner, A.-K., Bassen, A.: Controlling in jungen Wachstumsunternehmen – terra incognita. Betriebs-Berater 57, 1192–1198 (2002)

Benkenstein, M.: Strategisches Marketing: Ein wettbewerbsorientierter Ansatz. Kohlhammer, Stuttgart (2002)

Bessler, W.: Dividendenpolitik bei Wachstumsunternehmen. In: Achleitner, A.-K., Bassen, A. (Hrsg.) Investor Relations am Neuen Markt, 291–318. Schäffer-Poeschel, Stuttgart (2001)

Bjerke, B., Hultman, C.: Entrepreneurial Marketing – The Growth of Small Firms in the New Economic Era. Edward Elgar Publishing Ltd, Cheltenham (2002)

Bruhn, M.: Unternehmens- und Marketingkommunikation – Handbuch für ein integriertes Kommunikationsmanagement. Vahlen, München (2005)

Buskirk, B., Lavik, M.: Entrepreneurial Marketing – Real Stories and Survival Strategies. South-Western, Nashville (2003)

Crane, F.G.: Marketing for Entrepreneurs. Sage Pupn Inc, Los Angeles (2010)

Engel, R.: Seed-Finanzierung wachstumsorientierter Unternehmensgründungen. Wissenschaft & Praxis, Sternenfels (2002)

Freiling, J.: Entrepreneurship. Vahlen, München (2006)

Gruber, M.: Entrepreneurial Marketing. Die Betriebswirtschaft 64(1), 78–100 (2004a)

Gruber, M.: Marketing in new ventures. Schmalenbach Business Review 56(2), 164–199 (2004b)

Hallbäck, J., Gabrielsson, P.: Entrepreneurial marketing strategies during the growth of international new ventures originating in small and open economies. International Business Review 22, 1008–1020 (2013)

Hayn, M.: Bewertung junger Unternehmen. NWB Verlag, Herne (2000)

Heil, A.H.: Erfolgsfaktoren von Wachstumsführern. Wissenschaftliche Reihe der DtA (Hrsg.) Band 11. Dt. Ausgleichsbank, Bonn (1999)

Hills, G.E.: Market analysis and marketing in new ventures – venture capitalists' perceptions. In: Hornaday, John A., Tarpley, Fred Jr., Timmons, Jeffry A., Vesper, Karl H. (Hrsg.) Frontiers of Entrepreneurship Research, 43–54. Babson College Center, Wellesley (1984)

Hills, G.E., LaForge, R.W.: Research at the marketing interface to advance entrepreneurship. Entrepreneurship Theory and Practice 16(3), 33–59 (1992)

Hommel, U., Knecht, T.C.: Wertorientiertes Start-up Management – Grundlagen, Konzepte, Strategien. Vahlen, München (2002)

Ionitã, D.: Entrepreneurial Marketing – A New Approach for Challenging Times. Management & Marketing 7(1), 131–150 (2012)

King, C.: Erfolgreiche Marketingstrategien für technologieorientierte Unternehmensgründungen. Eul, Lohmar (2006)

Kollmann, T.: Viral-Marketing – ein Kommunikationskonzept für virtuelle Communities. In: Mertens, K., Zimmermann, R. (Hrsg.) Handbuch der Unternehmenskommunikation, 60–66. Hermann Luchterhand Verlag, Neuwied (2001)

Kollmann, T.: Investor Relations für Start-up-Unternehmen – Eine Analyse der Kommunikationsbedürfnisse von Venture-Capital-Gebern. Marketing-ZFP 27(3), 155–167 (2005)

Kollmann, T.: E-Entrepreneurship. Springer Gabler, Wiesbaden (2006)

Kollmann, T., Häsel, M., Stöckmann, C.: Change Management in der Net Economy – Teamkompetenzen im oszillierenden Spannungsfeld von Markt und Technologie. In: Keuper, F., Groten, H. (Hrsg.) Nachhaltiges Change Management – Interdisziplinäre Fallbeispiele und Perspektiven, 381–411. Gabler, Wiesbaden (2007)

Kollmann, T., Suckow, C.: eBranding – Auswahlprozess und Bewertungskriterien zum Unternehmensnamen in der Net Economy. Universität Duisburg-Essen Lehrstuhl für E-Business, Essen (2007)

Konečnik Ruzzier, M., Ruzzier, M., Hisrich, R.D.: Marketing for Entrepreneurs and SMEs – A Global Perspective. Edward Elgar Publishing Ltd, Cheltenham (2013)

Kotler, P., Keller, K.L., Bliemel, F.: Marketing-Management – Analyse, Planung, Umsetzung und Steuerung. Addison-Wesley Verlag, München (2006)

Kraus, S., Eggers, F., Harms, R., Hills, G., Hultman, C.: Diskussionslinien der Entrepreneurial Marketing-Forschung – Ergebnisse einer Zitationsanalyse. Zeitschrift für Betriebswirtschaft 81, 27–58 (2011)

Kuckertz, A.: Der Beteiligungsprozess bei Wagniskapitalfinanzierungen – Eine informationsökonomische Perspektive. Deutscher Universitätsverlag, Wiesbaden (2006)

Küting, K.: Unternehmerische Wachstumspolitik – Eine Analyse unternehmerischer Wachstumsentscheidungen und die Wachstumsstrategie deutscher Unternehmen. Erich Schmidt Verlag GmbH & Co., Berlin (1980)

Labhard, P.A.: Value Reporting - Informationsbedürfnisse des Kapitalmarktes und Wertsteigerung durch Reporting. Versus, Zürich (1999)

Liebermann, M.B., Montgomery, D.B.: First-Mover (Dis)Advantages – Retrospective and Link with the Resource-Based-View. Strategic Management Journal 19(12), 1111–1125 (1998)

Lodisch, L., Morgan, H.L., Kallianpur, A.: Entrepreneurial Marketing. John Wiley & Sons, New York (2001)

Meffert, H., Burmann, C., Kirchgeorg, M.: Marketing – Grundlagen marktorientierter Unternehmensführung. Springer Gabler, Wiesbaden (2012)

Mugler, J.: Betriebswirtschaftslehre der Klein- und Mittelbetriebe. Springer, Wien (1998)

Müller, M.: Shareholder Value Reporting – ein Konzept wertorientierter Kapitalmarktkommunikation. In: Müller, M. (Hrsg.) Shareholder Value Reporting, 123–144. Ueberreuter Wirt.,Wien (1998)

Nwankwo, S., Gbadamosi, A.: Entrepreneurship Marketing. Routledge Chapman & Hall, New York (2011)

Rufo, M.: Entrepreneurial Marketing and Strategic Network Theory – Corporate Positioning for Successful Network-Resource Leverage. Hampp, München (2007)

Schumpeter, J.: Theorie der wirtschaftlichen Entwicklung – eine Untersuchung über Unternehmergewinn, Kapital, Kredit, Zins und den Konjunkturzyklus. Duncker & Humblot, Berlin (1997)

Sherman, W.S., Black, J.A.: Proactive reification – Shifting market structure and entrepreneurship. SAM Advanced Management Journal 71(2), 29–38 (2006)

Welsh, J.A., White, J.F.: A small business is not a little big business. Harvard Business Review, 59(4), 18–32 (1981)

Teil II:
Entrepreneurial Marketing:
Die Theoriezugänge

Jörg Freiling

Die theoretischen Grundlagen des Entrepreneurial Marketings

Jörg Freiling, Prof. Dr.
Inhaber des Lehrstuhls für Mittelstand,
Existenzgründung und Entrepreneurship
Universität Bremen
E-Mail: freiling@uni-bremen.de

1 Problemstellung

Nahezu unabhängig vom Weg der Generierung wissenschaftlicher Erkenntnis stellt sich die Frage nach geeigneten Theorieansätzen zum Zwecke einer Fundierung von Forschung (und Lehre). Das Marketing ist in seiner Entwicklungsgeschichte häufiger bezüglich der Existenz bzw. Adäquanz einer Theoriefundierung kritisiert worden. Insbesondere der äußerst kritische Beitrag von *Schneider* (1983) hat eine Vielzahl darauf Bezug nehmender Beiträge ausgelöst, die zeitlich weit in die 1990er Jahre hineinreichen, wobei die Diskussion dort aber auch ein Ende zu finden scheint. Die damit verbundenen Diskussionen sollen nicht bzw. hier allenfalls am Rande nachgezeichnet werden. Stattdessen steht die Beantwortung folgender Fragen im Mittelpunkt des vorliegenden Beitrags:

- Welche theorierelevanten Besonderheiten weist das Entrepreneurial Marketing auf?
- Welche Anforderungen ergeben sich aus dieser Kennzeichnung bezüglich der Auswahl geeigneter Theorieansätze für das gründungsbezogene Marketing?
- Welche Theorien kommen vor diesem Hintergrund bevorzugt in Betracht?

Entlang dieser Fragen ist der vorliegende Beitrag organisiert. Er beginnt mit einer kurzen Konturierung des gründungsbezogenen Marketings (Abschn. 2). Sodann erfolgt eine Strukturierung relevanter Theorieansätze des Marketings (Abschn. 3), die zur Identifikation von vier Gruppen von Marketing-Theorien führt. Diese Theorien werden in den vier Folgekapiteln im Überblick vorgestellt (Abschn. 4 bis 7), um deren Ansatzpunkte und deren Potenzial skizzieren zu können.

2 Besonderheiten des Entrepreneurial Marketings

An dieser Stelle sollen weder die Inhalte des Marketing-Konzepts (z. B. *Homburg* 2012) noch die Spezifika des Gründungsmarketings vertiefend behandelt werden (vgl. hierzu *Freiling/Kollmann* 2014). Stattdessen ist kurz zu skizzieren, welche Faktoren das Entrepreneurial Marketing von anderen Spielformen des Marketings unterscheiden, um daraus Ansatzpunkte zur Identifikation geeigneter Theorien für das (gründungsbezogene) Marketing zu generieren. Dabei wird Marketing als Konzept verstanden, durch das der Anbieter versucht, über die Orientierung an den Bedürfnissen seiner Zielkundschaft zu Wettbewerbsvorteilen zu gelangen und auf diesem Wege zu einer zielgerichteten Gestaltung von Tauschakten beizutragen. Das Marketing in einem derart verstandenen Sinne trägt dazu bei, (insbesondere absatz-) marktliche Engpässe zu beseitigen (*Freiling/Reckenfelderbäumer* 2010). Das Marketing im Gründungskontext sieht sich speziellen Herausforderungen gegenüber, die wie folgt zu skizzieren sind (*Freiling* 2006; *Rüggeberg* 2003):

- Das Marketing ist aus einem institutionellen Kontext heraus zu gestalten, der sich in der Findungs- bzw. Aufbauphase befindet. Eingespielte Strukturen und Prozesse liegen zumindest in der Frühphase der Entwicklung des Ventures noch nicht vor. Das hat zweierlei Konsequenzen: Erstens gestalten sich Marketingmaßnahmen schwierig, die sich auf das Unternehmen als Gesamtheit beziehen (z. B. Aufbau einer Dachmarke), weil die Institution selbst oftmals durch den frühen Entwicklungsstand („liability of newness", z. B. *Brüderl et al.* 1998) noch nicht klar umrissen ist. Zweitens weist das Unternehmen zumeist noch keine leistungsfähige Infrastruktur auf, auf die das Entrepreneurial Marketing zurückgreifen könnte. Eine Theoriebasis sollte nach Möglichkeit in der Lage sein, die institutionellen Besonderheiten zu berücksichtigen.
- Damit in enger Verbindung stehend, ist gründungsbezogenes Marketing eine Aufgabe, die in einem Transitionsprozess wahrgenommen werden muss, der durch eine ausgeprägte Phasenstruktur gekennzeichnet ist. So ist zumindest zwischen einer Pre-Seed-, einer Seed-, einer Start-up- und einer Etablierungsphase zu trennen (*Freiling* 2006). Die Phasenstruktur ist für das Entrepreneurial Marketing deswegen zentral, weil sich die Marketingaufgaben in Abhängigkeit der jeweils erreichten Phase deutlich unterscheiden. Vor der Gründung steht die Schaffung einer günstigen akquisitorischen Ausgangssituation im Vordergrund, während nach vollzogener Gründung forcierte Kundengewinnungs- und danach Kundenbindungsanstrengungen erforderlich sind. Eine geeignete Theorie für das Entrepreneurial Marketing sollte der Phasenstruktur und der organisationalen Entwicklung Rechnung tragen können.
- Das Marketing im Gründungskontext ist – wie das Gründungsmanagement – allgemein sehr stark durch die gründenden Personen geprägt. Dieser Personenbezug kann unter akquisitorischen Gesichtspunkten eine Hilfestellung sein, um etwaige Nachteile im Kontext der „liabilities of newness", die sich auf das Unternehmen beziehen, kompensieren zu können. Personelle Faktoren seitens der Gründer können einen Identifikationsanker für die Nachfragerseite repräsentieren und damit die Vermarktung erleichtern. Dies gilt z. B. für charismatische Persönlichkeiten, die ein Unternehmen gründen. Allerdings gehen mit der Personenfokussierung auch Probleme einher, die sich bei weitem nicht nur auf die kapazitative Inanspruchnahme der Gründer beziehen, sondern auch etwa Qualifikationsdefizite im Marketingbereich sowie verengte Wahrnehmungs- und Entscheidungsmuster betreffen. Auch diese Aspekte sollten von einer geeigneten Theoriebasis erfasst werden können.
- Marketing im Gründungskontext ist durch eine spezifische Informationssituation gekennzeichnet: Das Unternehmen verfügt über ein geringes Niveau an Informationen über externe Gegebenheiten sowie über sehr wenige Erfahrungen. Umgekehrt kann auch der Markt über das Venture noch kaum informiert sein. Dies betrifft neben der Konkurrenz auch und vor allem die Nachfrager. Der fehlende Bekanntheitsgrad kann zu einer ernsten Akquisitionsbarriere werden. Insofern sollte die Referenztheorie eines Entrepreneurial Marketings in der Lage sein, die spezifische Informations- und Wissenssituation zu erfassen.

- Eine weitere Hürde lässt sich im Kontext der in der Entrepreneurship-Literatur als „liability of smallness“ beschriebenen Problematik identifizieren (z. B. *Brüderl et al.* 1998): Ventures verfügen zumeist über eine nur begrenzte Mittelausstattung. Diese Mittelknappheit betrifft in erster Linie die begrenzte Verfügbarkeit von Finanzmitteln, Kapazität/Zeit, Wissen, Kompetenzen, Technologien und Systemen. Die begrenzten Potenziale schränken auch und vor allem die Möglichkeiten des Marketings ein, was ebenfalls bei Überlegungen zu einer Theorieauswahl zu berücksichtigen ist. Noch grundsätzlicher ist dabei die häufig anzutreffende Tatsache, dass eine marktorientierte Denkweise für Gründer keinesfalls selbstverständlich ist und oftmals daher auch fehlt bzw. viel zu schwach ausgeprägt ist, um den Besonderheiten des Kaufverhaltens adäquat gerecht werden zu können.

Vor dem Hintergrund dieser spezifischen Ausgangsbedingungen und der damit in Verbindung stehenden Anforderungen an eine Theoriebasis für das Marketing ist nunmehr das „Angebot“ an zur Verfügung stehenden Theorien zu sichten. Dabei ist zusätzlich zu berücksichtigen, dass das Marketing generell im Kontext von Nachfrage, Konkurrenz und marktlichem Umfeld zu betreiben ist.

3 Theoriefundierung des gründungsbezogenen Marketings – ein strukturierender Überblick

Die Marketingtheorie als Forschungszweig im Marketing blickt – ungeachtet des Arguments der unzureichenden Theoriefundierung gemäß Abschn. 1 – auf eine längere Tradition zurück. So haben vor allem *Sheth et al.* (1988) einen Überblick über Theorieschulen des Marketings vorgelegt. *Meffert* (2001) differenziert mit Blick auf die Entwicklung der Marketingtheorie epochal zwischen:

- der „klassischen Absatztheorie“, die sich aus dem institutionen-, waren-, verbraucher-, funktionenorientierten und modelltheoretischen Ansatz zusammensetzt und etwa bis in die 1960er Jahre als theoriebestimmend angesehen werden kann,
- den Ansätzen der sog. „modernen Marketingtheorie“, die an Entwicklungen in der allgemeinen Betriebswirtschaftslehre ansetzen und darüber eine Theoriegrundlage für das Marketing eröffnen (systemorientierter Ansatz, verhaltenswissenschaftliches Programm, entscheidungsorientierter Ansatz, situativer Ansatz),
- den sog. „neuen“ Paradigmata der Marketingtheorie, zu denen *Meffert* (2001) unter anderem die Neue Institutionenökonomie und den Kompetenzansatz zählt.

Ein Überblick über die Theorieentwicklung des Marketings findet sich überdies bei *Hansen und Bode* (1999), die mit Blick auf die jüngere Entwicklung insbesondere auf die noch immer hohe Relevanz der verhaltenswissenschaftlichen Theorie sowie auf den gestiegenen Stellenwert der Informations- und Institutionenökonomie verweisen. *Freiling und Köhler* (2014) stellen in ihrem Buch zur Marketing-Organisation Theorien vor, die zum Verständnis und zur Gestaltung von Organisationsfragen im Marketing-Kontext hilfreich sein können. Sie schlagen dabei einen Rahmen, der ökonomische, verhaltenswissenschaftliche, aber auch soziologische Theorien erfasst.

Für die Zwecke des vorliegenden Beitrags stellt sich in Anbetracht der vielen Theoriezugänge des Marketings die Frage nach einer sinnvollen Systematisierung. Eine erste wichtige Schnittlegung ergibt sich unter erkenntnistheoretischen Gesichtspunkten anhand folgender Fragen:

1. Wie sollten Menschen verfahren (Kaufentscheidungen, Vermarktung), um vernünftige Entscheidungen zu treffen? Die Fragestellung umfasst eine Eingrenzung menschlichen Handelns anhand des Rationalitätskriteriums. Eine derartige Reduktion menschlichen Handelns erlaubt die Anwendung ökonomischer Theorien, auf die weiter unten ausführlicher eingegangen wird. Anders gestaltet sich die Betrachtung, wenn folgende Frage gestellt wird:

2. Wie kommen Wahlhandlungen einzelner Menschen (oder Gruppen von Menschen) tatsächlich zustande? Die Fragestellung lässt die Berücksichtigung unterschiedlichster Verhaltensweisen zu, und zwar auch derjenigen, die außerhalb des rationalen Handelns liegen. Rein emotionale oder ausschließlich traditionsbasierte Handlungen geraten so unter anderem mit ins Blickfeld. Das verhaltenswissenschaftliche Theorieprogramm setzt sich mit dieser Frage auseinander und bedient sich unter anderem psychologischer und soziologischer Theorien, um menschliches Handeln erklären und prognostizieren zu können. Für die Marketingtheorie ist das verhaltenswissenschaftliche Programm in erster Linie genutzt worden, um das Kaufverhalten zu erklären, wobei wesentliche Impulse aus der Schule um Kroeber-Riel entstanden sind (*Kroeber-Riel et al.* 2013). Primär mit Blick auf Industriegütermärkte wird aber auch deutlich, dass neben einzelnen und gruppenbezogenen Kaufentscheidungen das Anbieterhandeln – auch und insbesondere – in Interaktion zum Nachfrager von einer verhaltenswissenschaftlichen Durchdringung profitieren kann (*Backhaus/Voeth* 2010). Das gilt ungeachtet der zum Teil geäußerten Sichtweise, dass Industriegütertransaktionen aufgrund der Beteiligung geschulter Fachkräfte als professioneller und somit „rationaler“ gelten als Handlungen im Konsumgüterbereich (*Plinke* 1991). Auch wenn die Übertragung verhaltenswissenschaftlicher Erkenntnisse auf die Ökonomie ohne geeignete Übernahmekriterien auf Basis wissenschaftstheoretischer Überlegungen in Zweifel gezogen wird (z. B. *Elschen* 1982), so kann der verhaltenswissenschaftlichen Theorie ihre Relevanz für das (Entrepreneurial) Marketing wohl kaum abgesprochen werden (vgl. hierzu auch den Beitrag von *Esch et al.* 2014 in diesem Band). Sowohl zum Zwecke eines Verständnisses von Kaufhandlungen auf Märkten als auch zur Betrachtung der marktbezogenen Handlungen von Entrepreneuren bietet sie einen Reigen nützlicher Erkenntnisse.

3. Wie handeln Organisationen wie Unternehmen in Gesellschaften, wenn nicht mehr eindeutig zu erkennen ist, was eine rationale Entscheidung kennzeichnet? Dies ist insbesondere dann der Fall, wenn in tendenziell unsicheren, volatilen und komplexen Umfeldern gehandelt wird. Entscheidungen müssen dann u. a. in Antizipation unklarer gesellschaftlicher Erwartungen getroffen werden, um eine Legitimation als Akteur zu erreichen und sich etwaigem sozialen Druck entziehen zu können. Der soziologische Institutionalismus (z. B. *Scott* 1995) stellt ein Theoriegebäude zur Verfügung, das diesen Überlegungen Rechnung trägt.

An diese Fragen anknüpfend, ist festzustellen, dass sich die wissenschaftlichen Ziele der Beschreibung, Erklärung, Vorhersage und Gestaltung grundsätzlich auf unterschiedliche Ebenen beziehen: Wie oben beschrieben, kann der einzelne wirtschaftliche Akteur (Anbieter oder Nachfrager) mit Blick auf sein Verhalten und seine damit in Verbindung stehenden Entscheidungen zur Diskussion stehen. Hierbei handelt es sich um akteurfokussierte Theorieansätze, die sich auf die so genannte „decision-making unit" konzentrieren, die sowohl eine Einzelperson als auch eine Personengruppe sein kann. Daneben und damit in Verbindung steht die theoretisch basierte Betrachtung eines Anbieters und eines Nachfragers im Kontext von Austauschprozessen, wobei bezüglich der Häufigkeit und der institutionellen Einpassung zwischen transaktionalen (Fokus: einzelner Tauschakt) und relationalen Kontexten (Fokus: Geschäftsbeziehung) unterschieden wird. Theorien, die auf diese Betrachtungsebene fokussieren, können als tauschbezogene Ansätze eingeordnet werden. Auf höherer Aggregationsebene setzen die Markt- und Branchentheorien an, die zum Teil ebenfalls zur Theoriefundierung des Marketings genutzt werden und dann aus einer übergeordneten Ebene das Marketing beleuchten. Darüber hinaus existieren Theorieansätze, die über das Potenzial verfügen, die einzelnen Betrachtungsebenen miteinander zu verbinden. Sie sollen in diesem Beitrag als integrierte Theorieansätze bezeichnet werden.

Es sei betont, dass die Abgrenzung der Ansätze zur Theoriefundierung des Marketings nicht beabsichtigt, scharfe Trennlinien zu ziehen: So sind akteurbezogene Ansätze auf einzelne Entscheidungsträger ausgerichtet, erlauben aber zugleich auch einen Blick auf deren Handeln in der Interaktion mit Dritten. Wohl aber soll die Abgrenzung zur Erkennung von Betrachtungsschwerpunkten und damit in Verbindung stehenden Perspektiven beitragen. Hierzu ist es erforderlich, Zuordnungen zu den einzelnen Rubriken zu treffen. Dies erfolgt in Tab. 3.1. Dabei reklamiert die Nennung von Theoriegrundlagen des Marketings keinen Anspruch auf Vollständigkeit im Sinne der Erfassung aller über die Marketinghistorie relevanten Ansätze. Es sollen aber solche Strömungen erfasst werden, die in der jüngeren Zeit bevorzugt als Referenzrahmen zur Anwendung gekommen sind und überdies auch für das Marketing im Gründungskontext diskutiert werden sollen. Die Beschreibung der einzelnen Kategorien orientiert sich an ausgewählten Kriterien, welche die Verschiedenartigkeit der Ansätze unter Berücksichtigung der Besonderheiten des Entrepreneurial Marketings erkennen lassen.

Kriterien \ Theorien	Akteurbezogene Ansätze	Tauschbezogene Ansätze	Markt- und Branchentheorien	Integrierte Ansätze
Zugehörige Ansätze	verhaltenswissenschaftliche Ansätze i.w.S.	Informationsökonomie Neue Institutionenökonomie Interaktions- und Netzwerktheorien	Marktprozesstheorie Industrieökonomik	Ressourcen- und kompetenzbasierter Ansatz Market-based View Soziologischer Neo-Institutionalismus
Perspektive	Unilateral	Bilateral	Multilateral	Multilateral
Dominierende Wissenschaftsziele	Deskription, Erklärung, Prognose	Deskription, Erklärung, Prognose	Deskription, Erklärung	Deskription, Erklärung, Gestaltung

Tab. 3.1: Theorien zur Fundierung des Marketings
Quelle: *Eigene Darstellung*

4 Akteurbezogene Theorieansätze des Marketings

Zur theoriebasierten Betrachtung und Erforschung des Verhaltens einzelner Marktteilnehmer sind insbesondere seitens der Verhaltenswissenschaft maßgebliche Beiträge geleistet worden. Zur Verhaltenswissenschaft sind mit *Kroeber-Riel et al.* (2013) ein breites Spektrum von Theorien psychologischer, soziologischer, sozio-psychologischer, verhaltensbiologischer und verhaltensphysiologischer Provenienz zu zählen. Mittels dieser Ansätze ist es gelungen, die menschlichen Hintergründe marktbezogenen Handelns – auch jenseits der Annahme streng rationalen Handelns – zu beleuchten, was letztendlich auch zur Einordnung der Theorie in diese Rubrik geführt hat. In der Marketingwissenschaft wurden die Ansätze bislang insbesondere genutzt, um das Nachfragerverhalten im Kontext marktlicher Interaktion zu analysieren. Eine Systematisierung von Kaufverhaltenstheoremen in solche zur Erklärung des Erstkauf und Wiederholungskaufverhaltens, wie sie z. B. von *Hammann et al.* (2001, S. 281 ff.) vorgestellt wird, ist auch für das Entrepreneurial Marketing belangvoll: Wie bereits in Abschn. 2 betont wurde, ist gründungsbezogenes Marketing in Abhängigkeit von der Gründungsphase in besonderer Weise auf Aufgaben der Kundenakquisition und Kundenbindung ausgerichtet. Um diese Aufgaben wahrnehmen zu können, ist ein Verständnis der Bedingungen erforderlich, unter denen Nachfrager von neu gegründeten Unternehmen bereit sind, Leistungen zu beziehen. Während die Bestimmungsfaktoren im allgemeinen Marketingkontext als gut erforscht gelten, bietet das Kaufverhalten im Kontext von neu gegründeten Betrieben und deren Leistungen noch viel Entfaltungsspielraum. Hier ist exemplarisch zu fragen, wie Käufer reagieren, wenn sie im Wettbewerb auf neue Anbieter treffen. So ist etwa vertiefend zu erforschen, wie sich eine Aufgeschlossenheit gegenüber Neuem (auch im Sinne eines „variety seeking behavior") auf die Wahrnehmung und Beurteilung im Kontext habitualisierter Verhaltensweisen auswirkt. Auf diese Weise lassen sich spezifische

Zugangsbarrieren von Ventures zu den Zielkunden erfassen. Auch stellt sich in Anbetracht der speziellen Mittelsituation von Ventures und den damit in Verbindung stehenden kapazitativen und kompetenzbedingten Restriktionen die Frage, wie Kunden reagieren, wenn sie mit Gründern als Verkaufspersonal interagieren, die oftmals über keine umfangreiche Schulung im Bereich der Kundenakquisition verfügen. Ein anderer Aspekt, der in der Gründungspraxis von Belang ist, betrifft die Kaufphase, in der sich ein potenzieller Käufer befindet. Je nach Kaufphase sind Äußerungen des Kunden zum Interesse an Leistungen eines Ventures unterschiedlich zu deuten. In Frühphasen ohne deutlichen Wettbewerbskontext beinhalten Interessensbekundungen von Kunden oftmals noch keine konkrete Kaufabsicht. Dies kann in weitaus späteren Phasen grundsätzlich anders sein, wenn sich der Kunde bereits eingehender mit dem Venture unter Berücksichtigung relevanter Alternativen auseinandergesetzt hat. Allein schon vor diesem hier nur äußerst knapp skizzierten Hintergrund ist das Potenzial verhaltenswissenschaftlicher Ansätze für das Gründungsmarketing gerade zum Verständnis der Hintergründe menschlichen Handelns als hoch einzustufen.

Diese Erkenntnis gilt nicht nur für die Erforschung des Käuferverhaltens, sondern in gleicher Weise zum Zwecke einer Betrachtung des Verhaltens der Anbieterseite im Vermarktungskontext. Ähnlich wie beim Kauf von Leistungen zumindest zwischen dem Verhalten einzelner Menschen sowie dem Interaktions- und Entscheidungsverhalten von Gruppen zu differenzieren ist, kann anbieterseitig das Verhalten der Gründer oder/und des Verkaufspersonals einzeln sowie in Teams betrachtet werden. Verhaltensbezogene Besonderheiten im Gründungskontext ergeben sich zumindest in psychologischer Hinsicht, wie dies die Traits School der Entrepreneurshipforschung erkennen lässt (*Fallgatter* 2002; *Hisrich et al.* 2005), sowie unter soziologischen Gesichtspunkten (*Gartner* 1985). Die psychologischen Besonderheiten betreffen u. a. die spezifische Risikosituation eines Ventures und vor allem seiner Gründer (im Haftungskontext insbesondere außerhalb des Bereichs von Kapitalgesellschaften) sowie das besondere Aktivierungsmoment von Gründern. Unter soziologischen Aspekten sind situative Faktoren der gründenden Person zu beachten (z. B. Arbeitslosigkeit, Migrationshintergrund der Gründung, weitere Erwerbstätigkeit, familiäre Situation), die nicht nur die spezifische Gründungsmotivation beeinflussen, sondern auch das Venture-Vorhaben in eine besondere Richtung lenken.

Verhaltenswissenschaftliche Ansätze zur Theoriefundierung des Marketings erweisen sich somit grundsätzlich als nützlich und weiterführend – speziell zum Verständnis des Verhaltens einzelner wirtschaftlicher Akteure/Aktionseinheiten. Dies gilt ungeachtet ihrer Grenzen bei der Erfassung von Marketingaspekten jenseits der alleinigen Betrachtung der Akteure – einzeln oder in Interaktion zueinander (z. B. *Sheth* 1976; *Bonoma et al.* 1977; *Bagozzi* 1978). Wie weit deren Potenzial für ökonomische Zwecke abrufbar ist, hängt stark davon ab, in welcher Weise ein Transfer der Erkenntnisse über die Grenzen der Wissenschaftsdisziplinen vorgenommen wird (*Elschen* 1982).

5 Tauschbezogene Ansätze

Während die Verhaltenstheorie in der Lage ist, den Blick ins „Innere" der Akteure zu richten und verhaltensbezogene Aussagen zu deren Zusammenspiel auf Märkten zu treffen, verfügen tauschbezogene Ansätze über einen Fokus, der die Interaktion von Wirtschaftssubjekten und dabei insbesondere die damit verbundenen Koordinationsprobleme beleuchtet. Wie in Tab. 3.1 aufgezeigt, sind unter den im Marketing gebräuchlichen Theorien vor allem die Informationsökonomie, die Neue Institutionenökonomie und die Interaktions-/Netzwerktheorie dieser Perspektive zuzuordnen. Während die beiden erstgenannten Theorien über wichtige Gemeinsam-keiten verfügen und zum Teil gar nicht mehr voneinander getrennt werden (z. B. *Wolf* 2012), hebt sich der letztgenannte Bereich deutlich von dieser Ausrichtung ab, weswegen eine getrennte Behandlung beider Stränge erfolgt.

In der jüngeren Vergangenheit ist mehrfach das Potenzial der Informationsökonomie (jüngst *Weiber* 2007, daneben z. B. *Adler* 1996) und der Neuen Institutionenlehre für die Marketingtheorie betont worden (u. a. *Aufderheide* 2004; *Backhaus/Voeth* 2010). Vom beabsichtigten Rationalhandeln der Wirtschaftssubjekte ausgehend und somit eine im Vergleich zur Verhaltenstheorie andere Perspektive einnehmend, wird auf die Probleme unvollständiger Information abgestellt. Dadurch, dass die Wirtschaftssubjekte nicht über alle relevanten Sachverhalte im Kontext ihrer Entscheidung informiert und zudem die Informationen unter den Menschen ungleich verteilt sind, ergeben sich erhebliche Koordinationsprobleme vor allem auf Basis der Annahme, dass rationales Verhalten eigennutzorientiert ist und somit die mögliche Übervorteilung von Tauschpartnern mit einschließt. Die Überlegungen fußen auf der – realitätsnahen – entscheidungstheoretischen Konstellation der Unsicherheit, die in Abgrenzung zu Zuständen der Sicherheit, des Risikos und der Ungewissheit (*Schneider* 1995) beinhaltet, dass das Feld entscheidungsbedingter Konsequenzen vom Entscheidungsträger nicht vollständig überblickt werden kann. Insofern besteht jederzeit die Möglichkeit, dass sich Handlungskonsequenzen ergeben, die der Entscheider in seiner Planung nicht berücksichtigt hat. Man spricht von der Möglichkeit der sog. „Ex-post-Überraschungen".

Vor diesem Hintergrund fokussiert die informationsökonomische Forschung primär auf Tätigkeiten der Informationsbeschaffung (Screening) und Informationsübertragung (Signaling) und betrachtet dabei die Auswirkungen unterschiedlicher Informationskonstellationen von Wirtschaftssubjekten im Wettbewerb. *Kaas* (1991) arbeitet in diesem Kontext die Bedeutung von Screening und Signaling aus Sicht des Marketings von Anbietern heraus und diskutiert hierzu in Betracht kommende Instrumente. Aus Sicht des Entrepreneurial Marketings sind diesbezügliche Überlegungen insofern zentral, als die Nachfrageseite – wie in Abschn. 2 herausgestellt – mit Blick auf Ventures über einen im Regelfall allenfalls geringen Informationsstand verfügt und anbieterseitig somit ein ausgeprägter Signaling-Bedarf besteht, dem aber mittelbedingt nur begrenzt Rechnung getragen werden kann. In diesem Spannungsfeld geeignete Signaling-Instrumente für das Gründungsmarketing zu entwickeln, stellt demnach eine zentrale Aufgabe dar. Umgekehrt verfügt das Venture nur über wenige Informationen bezüglich der Nachfrage und der potenziellen Kunden. Dies wiederum erfordert eine spezifische Screening-Tätigkeit, die ebenfalls unter Mittelrestriktionen zu erfolgen hat. Die typische Konstellation im Gründungsmarketing besteht demnach aus einer bilateralen Informationsarmut, die zur Herbeiführung von Tauschakten aus Anbietersicht ein zentrales Problem für dessen Behauptung im Wettbewerb darstellt.

Innerhalb der Informationsökonomie (*Bayón* 1997) eignen sich vor allem die Suchkosten- und Qualitätsunsicherheitsansätze für weiterführende Überlegungen zum gründungsbezogenen Marketing. Unter Suchkostenaspekten wird u. a. zwischen Such-, Erfahrungs- und Vertrauenseigenschaften bezüglich des Betrachtungsobjekts unterschieden: Bei Sucheigenschaften ist eine Beurteilung der Eigenschaften vor der Transaktion, bei Erfahrungseigenschaften erst nach der Transaktion möglich, während bei Vertrauenseigenschaften eine verlässliche Beurteilung weder vor noch nach der Transaktion möglich ist. Die informationsbezogenen Aktivitäten im Sinne von Suchbemühungen unterscheiden sich maßgeblich in Abhängigkeit dieser auch für den Gründungskontext relevanten Kategorien. Aus Sicht des Ventures sind die Such-, Erfahrungs- bzw. Vertrauenseigenschaften zumindest auf die angebotenen Leistungen sowie auf die qualitätsrelevanten Merkmale des Anbieters zu beziehen. Im Bereich der Qualitätsunsicherheitsansätze werden Informationsdefizite behandelt, die sich auf vor der Transaktion nicht beobachtbare Eigenschaften beziehen: Qualitätsunsicherheit i.e.S. (hidden characteristics) beziehen sich auf vor dem Tausch feststehende Eigenschaften des Betrachtungsobjekts (v.a. Tauschpartner und dessen Leistung), die sich im Nachgang aus Sicht des Handelnden offenbaren. So können sich etwa aus Kundensicht Faktoren wie Begabung und Talent eines neu in den Markt eingetretenen Anbieters nach Erstkauf beurteilen lassen (*Spremann* 1990). Qualitätsbezogene Unsicherheit i.w.S. kann sich ferner auch auf das Verhalten der anderen Marktseite beziehen und damit eine Verhaltensunsicherheit darstellen (*Welling* 2006, S. 171). „Hidden intention" bezeichnet dabei den Fall eines zum Zeitpunkt des Tauschaktes noch offenen Verhaltens, das sich im Nachhinein der anderen Marktseite offenbart und für Überraschungen sorgen kann („hold-up"). Kulanz oder Fairness eines Ventures einschließlich seiner Mitarbeiter sind dieser Kategorie zuzuordnen. Mitunter noch prekärer ist der Fall von „hidden action": Hier offenbart sich das zum Tauschabschluss noch variable Verhalten des Marktpartners auch nach der Transaktion nicht, so dass sich der handelnde einem moralischen Wagnis („moral hazard") aussetzt. Die tatsächliche Anstrengung des Gegenübers fällt mangels Beobachtbarkeit nicht selten in diese Kategorie.

Die Informationsökonomie belässt es nicht mit einer Behandlung dieser informationsbedingten Probleme, sondern bietet im Kontext des Screenings und Signalings Instrumente an, welche die Wirtschaftssubjekte zur Lösung der auftretenden Probleme einsetzen können. So ist z. B. die Garantie ein sinnvolles Instrument eines Anbieters im Falle von Erfahrungseigenschaften, weil sich ein Garantiefall im Nachhinein feststellen lässt und überdies im Vorfeld die nachfragerseitigen Zweifel durch das Aussprechen von Garantien reduziert bzw. beseitigt werden können. Im Falle von Vertrauenseigenschaften scheitert das Instrument der Garantie hingegen, weil es erhebliche Probleme gibt, das Eintreten des Garantiefalls festzustellen. Zu weiteren Implikationen sei auf *Spremann* (1990), *Kaas* (1991), *Bayón* (1997) und *Welling* (2006) verwiesen.

Die Neue Institutionenökonomie baut ihre Grundargumentation – ähnlich wie die Informationsökonomie – auf den Problemen unvollständiger und ungleich verteilter Information im Kontext eigennützigen Handelns der Wirtschaftssubjekte auf (*Williamson* 1990). Sie setzt sich aus unterschiedlichen Theorieansätzen zusammen, unter denen im Marketing auf die Transaktionskostentheorie, die Principal-Agent-Theorie (Agency-Theorie) und – mit Abstrichen – den verfügungsrechtlichen Ansatz (Property-Rights-Theorie) sowie die Neue Vertragstheorie am häufigsten rekurriert wurde. Ein wichtiges Grundprinzip transaktionskosten- und agencytheoretischer Überlegungen ist die Minimierung koordinativer Kosten im Kontext von Unsicherheit, die sich auf das Verhalten des Tauschpartners sowie die Rahmenbedingungen im Umfeld bezieht. Je nach Art und Umfang der geltenden Rahmenbedingungen gilt es, institutionelle Lösungen zu finden, die eine Minimierung von Koordinationskosten sicherstellen (vgl. hierzu auch den Beitrag von *Backhaus* 2014). Damit wird in der Tat eine zentrale Aufgabe benannt, die auch das Marketing von Ventures betrifft. So müssen für die jeweiligen Transaktionen bei geringem Informationsstand über die Tauschpartner und das Umfeld passende Tauschformen gefunden und umgesetzt werden. Generell tragen sowohl Informationsökonomie als auch Neue Institutionenökonomie maßgeblich zu einem Verständnis der auftretenden Probleme im Transaktionskontext bei und betonen insbesondere Aufgaben im marktbezogenen Risikomanagement von Ventures. Zur Erfassung der Marketing-Konstellation im Kontext der Etablierung des Ventures unter Berücksichtigung der Interaktion mit Wettbewerbern eignet sich dieser Strang jedoch wenig: Ausgerichtet auf die Anbieter-Nachfrager-Dyade, wird die Konkurrenz im Umfeld modelliert, was ihrer Bedeutung nicht gerecht wird. Marketingrelevante Aspekte des Gründungsprozesses in seiner spezifischen Entwicklung lassen sich ebenfalls kaum erfassen.

Einen anderen Zugang zur Interaktion von Anbieter- und Nachfragerseite in Tauschprozessen bieten die Interaktions- und Netzwerkansätze, die im Rahmen der Arbeiten der Industrial Marketing and Purchasing Group (IMP Group) entstanden sind (*Turnbull/Valla* 1986) und die in den weiteren Kontext der sozialen Netzwerkansätze gestellt werden können (*Scott* 2000). Ausgehend von der typischen Marktkonstellation von Business-to-Business-Märkten werden die Organisationen der Marktteilnehmer als Systeme modelliert, die sich aus eigenen Elementen, Beziehungen zwischen den Systemelementen und Beziehungen zur Außenwelt rekrutieren. Anbieter und Nachfrager sind gemäß Abb. 5.1 über den Interaktionsprozess miteinander verbunden, der wiederum in eine bestimmte Transaktionsatmosphäre und ein Makro-Umfeld der Interaktion eingebettet ist. Die Atmosphäre ergibt sich aus dem Beziehungsgeflecht, welches durch die Interaktionsprozesse zwischen beiden Seiten begründet wird. Die Interaktion wiederum wird von den Zielen, Einstellungen und Erfahrungen sowie den Strukturen, verwendeten

Technologien, verfügbaren Mitteln und den Strategien der beiden Marktpartner beeinflusst.

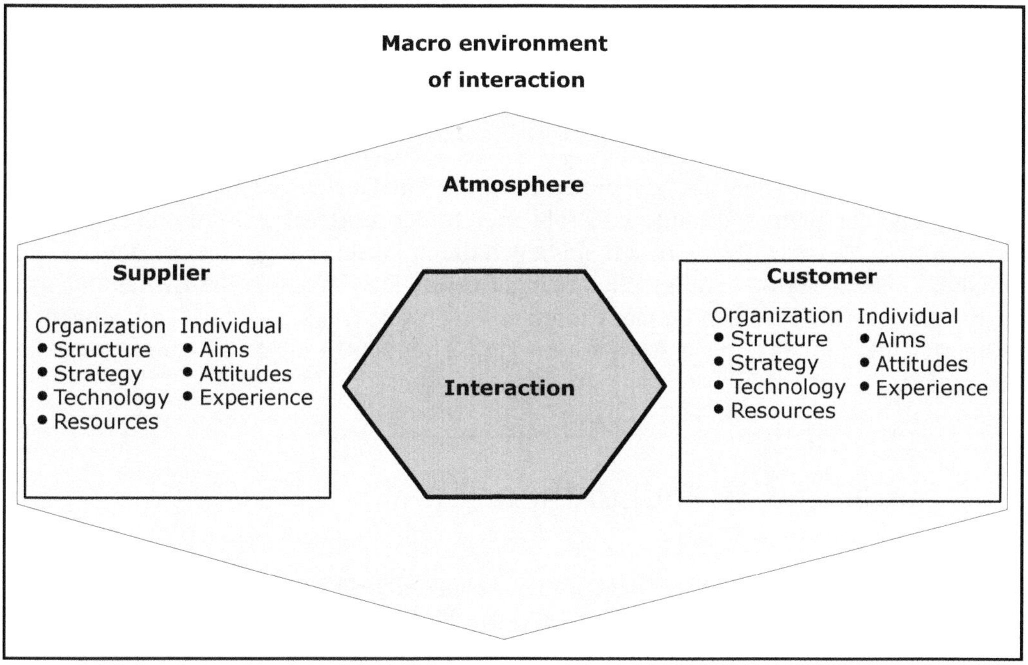

Abb. 5.1: Der Interaktionsansatz der IMP Group
Quelle: *Turnbull/Valla* 1986, S. 5

Ein derartiger Bezugsrahmen ermöglicht ein Verständnis der Einbindung des Ventures in den Marketingkontext. Die Bedeutung der Interaktion zum Kunden wird betont, womit sich der spezifischen Situation im Entrepreneurial Marketing Rechnung tragen lässt. Auch lassen sich Entwicklungen in Richtung auf die Entstehung einer Transaktionsatmosphäre nachvollziehen – auch wenn dies nur ein kleiner Baustein des organisationalen Entwicklungsprozesses ist, der für das Gründungsmarketing relevant ist. Die Mittelrestriktion von Ventures lässt sich der Sache nach erfassen. Problematisch ist, dass sich für das Gründungsmarketing nur in Grenzen Aussagen treffen lassen, die auf Basis von abgesicherten Ursache-Wirkungs-Beziehungen eine Überführung in Ziel-Mittel-Relationen zulassen. Die Mittelknappheit von Ventures lässt sich allerdings in dem o.g. Rahmen näher spezifizieren. Zudem zeigt der Ansatz auf, dass über eine bestimmte Beziehungs- und Interaktionsqualität sowie einer entsprechenden „Atmosphäre" durchaus Möglichkeiten bestehen, Beziehungen zu Drittparteien aufzubauen, durch die Ressourcenengpässe aufgelöst werden können. Auch kann mit Blick auf Ventures davon ausgegangen werden, dass anfänglich dünn besetzte Netzwerke und noch „brüchige" Beziehungen durch Interaktionen mit der Umwelt ausgebaut werden können. *Granovetter* (1973) spricht etwa von der Stärke schwacher Beziehungen, wenn sie erst einmal etabliert sind. Durch diese eher losen, dafür aber flexiblen Beziehungen, wie man sie etwa in Technologieparks antrifft, lassen sich Probleme durch Vermittlung an Dritte oft schnell und informell lösen. Daneben entscheidet die Gestaltung der Interkationen mit Akteuren auf Absatzmärkten maßgeblich darüber, ob durch entstehende Kundenbindung Geschäftsbeziehungen etabliert werden können, die für das Gründungs-Marketing, ja nach Geschäftstyp (vgl. *Backhaus* 2014, in diesem Band) von entscheidender Bedeutung sein können.

Im Gesamtblick vermögen die genannten Ansätze, ein facettenreiches Bild von der Interaktion und den damit verbundenen Problemen im Kontext von Austauschbeziehungen zu vermitteln. In dieses Gesamturteil sind auch die in Abschn. 4 genannten Beiträge der verhaltenswissenschaftlichen Forschung eingeflossen. Der Dynamik der Beziehungen zu entsprechen, ist als Problem genannt worden. Auch der Blick auf die Beziehungen zu Drittparteien kommt – je nach Ansatz – zu kurz. Hier setzen die Markt- und Branchentheorien an.

6 Markt- und Branchentheorien

Mit Blick auf die in den Abschn. 4 und 5 behandelten Theorieansätze rangieren die Markt- und Branchentheorien auf einer Metaebene: Aus dieser übergeordneten Perspektive tragen sie zu einem Verständnis des Ablaufs von Marktprozessen unter Berücksichtigung mehr oder weniger aller Teilnehmer eines Marktes dar. Sie ergänzen damit in gewisser Weise das durch die Abschn. 4 und 5 geschaffene Bild. Im Bereich der Markttheorien, zu denen *Fließ* (2002) einen Überblick gibt, ist in den vergangenen Jahren die Marktprozesstheorie der Neuen Österreichischen Schule mehrfach als Ausgangspunkt einer Theoriefundierung des Marketings gewählt worden (*Meyer* 1997; *Marra* 1999; *Ehret* 2000; *Rese* 2004). Die genannten Beiträge vermitteln zugleich tiefer gehende Grundlagen der Marktprozesstheorie und lassen deren allgemeine Relevanz für das Marketing erkennen. Durch die Betonung unternehmerischen Denkens und Handelns, einem zentralen Element dieser Theorie, ist ihre Eignung im Entrepreneurship-Kontext eher noch größer, wie auch dem Beitrag von *Kollmann und Kuckertz* (2014 in diesem Band) zu entnehmen ist.

Die Marktprozesstheorie versteht den Marktprozess als die Zusammenfassung der Tätigkeiten, die auf ungleichgewichtigen Märkten der Sammlung und Verbreitung von Wissen, den Verhandlungen zur Herbeiführung einer Übereinkunft zwischen Anbieter und Nachfrager sowie dem damit verbundenen Transfer von Verfügungsrechten an Wirtschaftsgütern dienen (*Schneider* 1995). Verfügbarkeit und Umgang mit Wissen werden somit für die Marktteilnehmer zu zentralen Bestimmungsfaktoren einer erfolgreichen Tätigkeit. Speziell muss der Anbieter in der Lage sein, die sich bietenden Chancen im Marktprozess zu erkennen. Das setzt im Einzelnen nachfragerbezogen voraus,

- mit den bisherigen Angeboten unzufriedene Nachfrager zu identifizieren,
- vorhandene, noch völlig unbefriedigte Bedürfnisse zu erkennen,
- Verschiebungen in der Bedürfnisstruktur zu identifizieren bzw. zu erahnen und
- (vermutlich) aufkommende Bedürfnisse zu antizipieren.

Dies erfordert die Verfügbarkeit und Nutzung marktbezogenen Wissens, das im Kontext dieser Theorie zur zentralen Ressource des Gründungs-Marketings wird. Daneben wird dem Anbieter eine marktorientierte Denk- und Handlungsweise abverlangt, die auf einer gründlichen Erforschung der echten Kundenbedürfnisse fußt. Dies schließt ein, etwaige Bedarfsäußerungen des Kunden bezüglich der faktischen Situation kritisch zu hinterfragen und ggfs. zusammen mit dem Kunden zu einer Präzisierung beizutragen. Allein auf dieser Basis wird eine aktivkreative und vorausblickende Sichtweise erkennbar, die das Marketing prägen sollte. In diesem Zusammenhang sind aber nur diejenigen Bedürfnisse für den Anbieter relevant, die ihm auch eine Aussicht auf die Erzielung ökonomischer Vorteile verschaffen. Dies öffnet den Blick auf die Angebotsbedingungen. Beschaffungsseitig wird vom Anbieter verlangt, auf die o.g. Bedürfniskategorien bezogen diejenigen Angebote im Beschaffungsmarkt zu orten, die eine bessere Befriedigung erwarten lassen, oder/und durch eigene produktive Tätigkeit derartige Angebote zu schaffen. Der Anbieter sieht sich somit in einer Rolle, die ihm durch kreatives Denken und Handeln einen Brückenschlag zwischen der Angebots- und Nachfrageseite abverlangt (*Kirzner* 1978, *Freiling/Reckenfelderbäumer* 2010). Diesen marktbezogenen Ausgleich vollzieht er auf Basis seiner Findigkeit, die ihn als Unternehmer auszeichnet.

Mit der Marktprozesstheorie wird dem Marketing somit eine spezifische Rolle zugewiesen, die tendenziell zu einem Abbau von Ungleichgewichten im Markt beiträgt. Mit der Marktprozesstheorie lässt sich zu einem Grundverständnis der Funktionsweise von Märkten und der Rolle des Marketings gelangen. Zur Generierung konkreter Handlungsempfehlungen hat sich die Marktprozesstheorie hingegen nur als bedingt weiterführend erwiesen (*Rese* 2004). Für den Gründungskontext bietet sie insofern interessante Einblicke, als sie (a) den Blick über die Gründungsperson hinaus auf das gesamte Venture zu richten vermag, (b) die Notwendigkeit der Entwicklung von Findigkeit hervorhebt und (c) eine vorausschauende marktbezogene Denkweise betont. Generell wird der allmähliche, aufgrund unvollständigen Wissens zumeist eher diskontinuierliche Prozess des Aufbaus marktrelevanter Faktoren nachvollziehbar, dem auch und vor allem Ventures ausgesetzt sind. Auf der Metaebene Markt mit Erklärungskraft ausgestattet, fehlt es der Marktprozesstheorie in erster Linie an detaillierten Aussagen zur Unternehmung, um für das (Entrepreneurial) Marketing eine umfassende Bezugsbasis zu bieten.

Während sich Märkte durch ihren Bezug zu Bedürfnissen auszeichnen, ist die Abgrenzung einer Branche an technisch-funktionale Gemeinsamkeiten im Bereich der Angebotsbedingungen gekennzeichnet. Hier setzt die „Industrial Organization“-Forschung an (Industrieökonomik). Sie ist als Theorierahmen für das Marketing mitunter auch deswegen (mittelbar) relevant, weil auf ihrer Basis der so genannte „Market-based View“ (Abschn. 7) entwickelt wurde, der wiederum einen Referenzrahmen für die Theoriefundierung des Marketings abzugeben versucht. Beachtenswert für das Marketing ist erstens die Art, wie der Erfolg eines Anbieters erklärt wird: Es wird die „Structure-Conduct-Performance"-These vertreten (*Mason* 1939). Sie geht davon aus, dass die Branchenstruktur und damit die Branchenverhältnisse vorgegeben sind (Structure-Komponente), wobei sich dies insbesondere auch auf die Märkte bezieht. Wenn jedoch eine anbieterseitige Einflussnahme darauf nicht möglich ist, so kann nur derjenige Anbieter erfolgreich sein, der sich möglichst perfekt an die geltenden Rahmenbedingungen anpasst (Conduct-Komponente). Damit wird eine „Outside-in"-Orientierung deutlich, die für die Entwicklung des Marketing-Konzepts grundlegend war. Insofern ist auch ersichtlich, dass das in den USA geprägte Marketing-Verständnis durch industrieökonomisches Gedankengut erstmals eine theoretische Fundierung erfahren konnte. Zweitens ist die Industrieökonomik für die Marketing-Theorie belangvoll, weil sie – ebenfalls aus einer Metaperspektive – zu einem Verständnis des Wettbewerbs und seiner Determinanten beiträgt. Hier sei etwa an die vielzitierten fünf Wettbewerbskräfte („Five Forces of Competition") von *Porter* (1999) erinnert, die sich auch zur Analyse der Markt- und Wettbewerbssituation von Ventures eignen.

7 Integrierte Theorieansätze

Die Ebene des Wirtschaftssubjekts, der „decision-making unit", mit der Marktebene zu verbinden, kann als Schlüssel für eine umfassende und strategiegerechte Theoriefundierung des (Entrepreneurial) Marketings angesehen werden. Der „Market-based View" bietet von der Grundausrichtung hierzu ebenso die Möglichkeit wie die ressourcen- und kompetenzbasierte Forschung. Abbildung 7.1 verdeutlicht die Argumentationsmuster dieser Ansätze und lässt dabei erkennen, dass beide über eine (nahezu) identische Argumentationskette verfügen, sich allerdings in der Richtung der Argumentation unterscheiden. Die Unterschiede im Annahmengefüge lässt Abb.7.1 nur erahnen. Vorbehaltlich einer ausführlicheren Aufarbeitung beider Ansätze in den beiden nachfolgenden Beiträgen sollen an dieser Stelle nur Grundlagen vermittelt werden, die zudem noch um Ausführungen zum soziologischen Neo-Institutionalismus ergänzt werden.

Der marktbasierte Ansatz legt in seiner allgemeinen Form eine Anpassungsmentalität an die Kundenwünsche nahe, die mit der Marketing-Philosophie einhergeht. *Porter* (1986, 1996) hat herausgestellt, dass eine marktbasierte Strategie dann zum Erfolg führt, wenn eine attraktive Position im Markt bezogen wird (und verteidigt werden kann), die wiederum über effektivitäts- und/oder effizienzbedingte Prozesse zur Erlangung von Wettbewerbsvorteilen führt. In der Wertkette *Porters* (1986) findet die Bedeutung aufeinander abgestimmter und kundenorientierter Prozesse ihren Niederschlag. In seinen Überlegungen zur Produktivitätsgrenze (*Porter* 1996, kritisch: *Freiling* 2002) wird deutlich, dass die Prozesse durch verfügbare Ressourcen unterstützt werden. Dies erklärt die spezifische Argumentationsweise des Market-based View gemäß Abb. 7.1, die sich auch in Marketing-Konzeptionen niederschlägt – so etwa besonders deutlich in dem „Segmenting-Targeting-Positioning-Approach" von *Kotler und Keller* (2012).

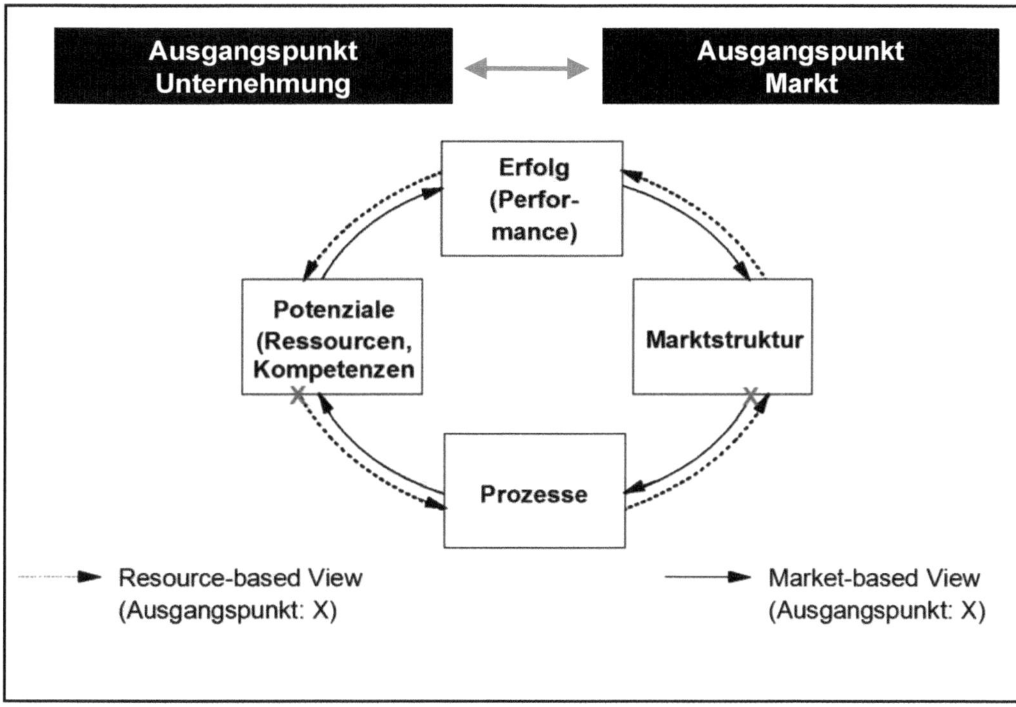

Abb. 7.1: Markt- und Resource-based View
Quelle: *Eigene Darstellung*

In seiner Grundform verleiht der Market-based View dem Marketing eine Theoriebasis, die Mikro- und Makroebene integriert zu betrachten erlaubt und auf die Entstehung von Wettbewerbsvorteilen fokussiert. Mit Blick auf den Gründungskontext ist der Ansatz in seiner Grundform nicht in vollem Umfang geeignet. Seine Anpassungsmentalität wird der Intention von Gründungen nur sehr bedingt gerecht. Das dynamisch-kreative Element, das sich auch und vor allem in den gründenden Personen manifestiert, wird fast ausgeblendet, die spezifische Informationssituation im Venture-Kontext nur rudimentär erfasst. Auch kann die Evolution des Anbieters kaum adäquat nachvollzogen werden. Insofern bedarf es Erweiterungsüberlegungen im Gründungskontext, die von *Kollmann und Kuckertz* (2014) in diesem Band vorgetragen werden, sowie konzeptioneller Alternativen. Eine solche stellt die ressourcenbasierte Forschung dar.

Der Resource-based View (u. a. *Barney* 1991; *Grant* 1991) und der daraus entstandene kompetenzbasierte Ansatz (Dynamic Capabilities Approach nach *Teece et al.* 1997 und Competence-based View gemäß *Sanchez et al.* 1996) erklären den (Marketing-) Erfolg eines Anbieters auf Basis potenzialbedingter Stärken. Es wird argumentiert, dass durch die internen Veredelungsprozesse von verfügbaren Faktoren Ressourcen und Kompetenzen entstehen, die der Unternehmung ein individuelles Profil und ein spezifisches Leistungsvermögen verleihen (*Freiling* 2004; *Freiling et al.* 2006). Dieses spezifische Potenzial muss im Sinne von Abb. 7.1 in den betrieblichen Prozessen in strategiegerechter Weise aktiviert werden, damit die Möglichkeit besteht, Wettbewerbsvorteile zu erringen, die Märkte nach eigenen Vorstellungen zu gestalten und auf diesem Wege zum (Marketing-) Erfolg beitragen zu können. Der Gedanke, durch eigene Stärken und profilbildende Elemente Märkte zu formen statt sich den Gegebenheiten anzupassen, stellt den wesentlichen Unterschied zum Market-based View dar. Daneben ist der Ausgangspunkt der Planung zunächst nicht der Markt, sondern die Unternehmung des Anbieters- und speziell ihre Ressurcen. Daraus darf aber nicht der Schluss abgeleitet werden, der ressourcen- und kompetenzbasierte Ansatz lege eine nicht marktorientierte Vorgehensweise nahe. Vielmehr trifft das Gegenteil zu: Mit Blick auf eine langfristige Gestaltung der Märkte steht die Frage im Vordergrund, wie es durch weitsichtiges unternehmerisches Handeln möglich ist, aufkommende Bedürfnisse und Problemstellungen der Nachfrager zu antizipieren, um zu einer im Vergleich zur Gegenwart deutlich besseren Befriedigung beizutragen.

Auch im kompetenzbasierten Ansatz werden sowohl die anbietende Unternehmung (Mikroperspektive) als auch die Märkte (Makroperspektive) betrachtet (*Freiling et al.* 2006, 2008). Demnach ist auch diese Theorieströmung den integrativen Ansätzen zuzuordnen. Die spezifische Relevanz für das Entrepreneurial Marketing bezieht der Ansatz aus folgenden Elementen:

- Aus der Verfügbarkeit von Ressourcen und Kompetenzen rekrutiert sich die spezifische Ausgangssituation für das Marketing des Ventures. Potenzialbedingte Stärken und Schwächen, insbesondere auch die „liabilities of smallness and newness", werden erfasst. In diesem Zusammenhang ist auch die Personenbezogenheit von Ventures thematisierbar.
- Der (allmähliche) Aufbau von Ressourcen und Kompetenzen im Zuge der organisationalen Entwicklung wird erfasst, da der Ansatz der evolutorischen Ökonomik zuzurechnen ist, die eben diese Phänomene zu erklären versucht.
- Da der Ansatz von Unsicherheit im wirtschaftlichen Handeln ausgeht, werden zugleich die informationsbedingten Probleme von Ventures evident und legen entsprechende Schwerpunkte im Gründungsmarketing nahe.

Details dieses Ansatzes werden in dem übernächsten Beitrag ausführlicher dargestellt.

Eine Verbindung zwischen Umwelt und Unternehmen in anderer Weise stellt der soziologische Neo-Institutionalismus her (*Meyer/Rowan* 1977; *Scott* 1995). Er geht davon aus, dass Organisationen wie Unternehmen in der Lage sein müssen, in der Gesellschaft Legitimität nachzuweisen. Ein solcher Nachweis ist nicht im rechtlichen Sinne zu verstehen, sondern bezieht sich auf gesellschaftliche Erwartungen, Vorstellungen und Werte, die als allgemein akzeptiert gelten. Um zu einem anerkannten Teil der Gesellschaft zu werden, ist es damit notwendig, diesen Legitimationsanforderungen zu entsprechen. Dies kann etwa durch reine „Legitimationskulissen“ erfolgen, indem Organisationen zum Beispiel einen Teil ihrer formalen Strukturen daran orientieren (bspw. die Einrichtung und Zertifizierung von Qualitäts- oder Umweltmanagementsystemen), ohne jedoch diese Prinzipien vollumfänglich und konsequent zum Gegenstand des eigenen Handelns zu machen. Dann kann es sein, dass die informellen Strukturen nach davon entkoppelten Prinzipien betrieben werden. Es kann aber auch eine vollständige Internalisierung dieser Vorstellungen innerhalb der betrachteten Organisation erfolgen. Für Ventures und deren Marketing ist diese Diskussion in mehrfacher Weise wichtig. Erstens müssen Ventures als junge, strukturarme Gebilde Strukturen schaffen und stehen dann exakt vor der Frage, wie und nach welchen Prinzipien institutionelle Strukturen anzulegen bzw. weiterzuentwickeln sind. Zweitens kann die Legitimationsfrage im gesellschaftlichen Raum auf das Auftreten in Absatzmärkten (und Finanzmärkten) projiziert werden: auch hier herrschen gesellschaftlich geprägte Vorstellungen, die es im Handeln zu berücksichtigen gilt. Wie tief soll ein Jungunternehmen auf die vielfältigen und nicht selten variablen Erwartungen von Absatz- und Finanzmärkten eingehen? Die Antwort darauf hat maßgebliche Auswirkungen auf die Grundausrichtung des Marketings. So kann das Prinzip der Markt- und Kundenorientierung von allen Beteiligten des Ventures „gelebt“ und damit umgesetzt werden. Es kann aber auch sein, dass besonders kreative Akteure im Jungbetrieb sich gerade diesen spezifischen Legitimationsanforderungen nicht unterwerfen wollen, um dadurch ihre Kreativitätspotenziale vollumfänglich zu wahren. Dann wäre eine solche Entkopplung, wie sie oben beschrieben wurde, durchaus eine Option in der Grundausrichtung des Gründungs-Marketings. Im Übrigen wirft der Neo-Institutionalismus die interessante Isomorphismus-Debatte auf, die auf das Entrepreneurial Marketing übertragen werden kann und dort eine Ambivalenz aufdeckt: Durch die Erfüllung von Legitimationsanforderungen in der Gesellschaft werden Organisationen in einem bestimmten interorganisationalen Feld vergleichbarer, mitunter sogar ähnlicher (*DiMaggio/Powell* 1983). Dies kann, muss aber nicht Alleinstellungsmerkmale erodieren, die für das Marketing zentral sind. Insofern müssen gerade auch Jungunternehmen in ihren strategischen Marketingansätzen Wege finden, Legitimationsanforderungen und Wettbewerbsvorteilsstreben in Einklang zu bringen.

Literaturverzeichnis

Adler, J.: Informationsökonomische Fundierung von Austauschprozessen. Gabler, Wiesbaden (1996)

Aufderheide, D.: Institutionenökonomische Fundierung des Industriegütermarketing. In: Backhaus, K., Voeth, M. (Hrsg.) Handbuch Industriegütermarketing, 49–78. Gabler, Wiesbaden (2004)

Backhaus, K.: Geschäftstypenwahl im B2B-Bereich. In: Freiling, J., Kollmann, T. (Hrsg.) Entrepreneurial Marketing. 2. Aufl., Springer Gabler, Wiesbaden (2015)

Backhaus, K., Voeth, M.: Industriegütermarketing. 9. Aufl., Vahlen, Wiesbaden (2010)

Bagozzi, R.P.: Exchange and Decision Processes in the Buying Center. In: Bonoma, T.V., Zaltman, G. (Hrsg.) Organizational Buying Behavior, 100–125. American Marketing Association, Chicago (1978)

Barney, J.B.: Firm Resources and Sustained Competitive Advantage. Journal of Management 17, 99–120 (1991)

Bayon, T.: Neuere Mikroökonomie und Marketing. Gabler, Wiesbaden (1997)

Bonoma, T.V., Zaltman, G., Johnston, W.J.: Industrial Buying Behavior, Report No. 77–117. Marketing Science Institute, Cambridge (1977)

Brüderl, J., Preisendörfer, P., Ziegler, R.: Der Erfolg neugegründeter Betriebe. 2. Aufl., Duncker & Humblot, Berlin (1998)

DiMaggio, P.J., Powell, W.W.: The Iron Cage Revisited: Institutional Isomorphism and Collective Rationality in Organizational Fields. American Sociological Review 48, 147–160 (1983)

Ehret, M.: Innovative Kapitalnutzung. Deutscher Universitätsverlag, Wiesbaden (2000)

Elschen, R.: Betriebswirtschaftslehre und Verhaltenswissenschaft. Thun u. a., Frankfurt am Main (1982)

Esch, F.R., Fischer, A., Michel, M.: Die Ideenumsetzung im Rahmen der Marktpositionierung (Start-up Phase). In: Freiling, J./Kollmann, T. (Hrsg.): Entrepreneurial Marketing. 2. Aufl., Springer Gabler, Wiesbaden (2015)

Fallgatter, M.: Theorie des Entrepreneurship, Deutscher Universitätsverlag, Wiesbaden (2002)

Fließ, S.: Dienstleistungsmanagement I. Lehrbrief der FernUniversität Hagen, Hagen (2002)

Freiling, J.: Strategische Positionierung auf Basis des „Produktivitätsgrenzen-Ansatzes". Die Betriebswirtschaft 62, 377–395 (2002)

Freiling, J.: A Competence-based Theory of the Firm. Management Revue 15, 27–52 (2004)

Freiling, J.: Entrepreneurship. Theoretische Grundlagen und unternehmerische Praxis. Vahlen, München (2006)

Freiling, J., Gersch, M., Goeke, C.: Eine „Competence-based Theory of the Firm" als marktprozesstheoretischer Ansatz. In: Schreyögg, G., Conrad, P. (Hrsg.) Managementforschung 16 – Management von Kompetenz, 37–82. Gabler, Wiesbaden (2006)

Freiling, J., Gersch, M., Goeke, C.: On the Path Towards a Competence-based Theory of the Firm. Organization Studies 29, 1143–1164 (2008)

Freiling, J., Köhler, R.: Marketing-Organisation. Kohlhammer, Stuttgart (2014)

Freiling, J., Kollmann, T.: Entrepreneurial Marketing: Besonderheiten und Ausgestaltungsmöglichkeiten. In: Freiling, J., Kollmann, T. (Hrsg.) Entrepreneurial Marketing. 2. Aufl., Springer Gabler, Wiesbaden (2015)

Freiling, J., Reckenfelderbäumer, M.: Markt und Unternehmung. 3. Aufl., Gabler, Wiesbaden (2010)

Gartner, W.B.: A Conceptual Framework for Describing the Phenomenon of New Venture Creation. Academy of Management Review 10, 696–706 (1985)

Granovetter, M.S.: The Strength of Weak Ties. American Journal of Sociology 78, 1360–1380 (1973)

Grant, R.M.: The Resource-based Theory of Competitive Advantage. California Management Review 33, 114–135 (1991)

Hammann, P., Palupski, R., Gathen, A. von der, Welling, M.: Markt und Unternehmung. 4. Aufl., Shaker Verlag, Aachen (2001)

Hansen, U., Bode, M.: Marketing & Konsum. Vahlen, München (1999)

Hisrich, R.D., Peters, M.P., Shepherd, D.A.: Entrepreneurship. 6. Aufl., McGraw-Hill, Boston u. a. (2005)

Homburg, C.: Marketingmanagement. 4. Aufl., Gabler, Wiesbaden (2012)

Kaas, K.P.: Marktinformationen – Screening und Signaling unter Partnern und Rivalen. Zeitschrift für Betriebswirtschaft 61, 357–370 (1991)

Kirzner, I.M.: Wettbewerb und Unternehmertum. Mohr Siebeck, Tübingen (1978)

Kollmann, T., Kuckertz, A.: Implikationen des Market-Based-View für das Entrepreneurial Marketing. In: Freiling, J., Kollmann, T. (Hrsg.) Entrepreneurial Marketing. 2. Aufl., Springer Gabler, Wiesbaden (2015)

Kotler, P., Keller, K.L.: Marketing Management. 14. Aufl., Pearson, Boston u. a. (2012)

Kroeber-Riel, W., Weinberg, P., Gröppel-Klein, A.: Konsumentenverhalten. 10. Aufl., Vahlen, München (2013)

Marra, A.: Standardisierung und Individualisierung im Marktprozeß. Deutscher Universitätsverlag, Wiesbaden (1999)

Mason, E.S.: Economic Concentration and the Monopoly Problem. Harvard University Press, Cambridge (1939)

Meffert, H.: Marketing-Theorie. In: Diller, H. (Hrsg.) Vahlens Großes Marketinglexikon, 1020–1024, 2. Aufl., Vahlen, Wiesbaden (2001)

Meyer, M.: Der Marketing-Gedanke in der Wettbewerbsprozeßtheorie der österreichischen Schule. In: Backhaus, K. et al. (Hrsg.) Marktleistung und Wettbewerb, 63–79. Gabler, Wiesbaden (1997)

Plinke, W.: Investitionsgütermarketing. Marketing ZFP 13, 172–177 (1991)

Porter, M.E.: Wettbewerbsvorteile. Campus Verlag, Frankfurt am Main (1986)

Porter, M.E.: Wettbewerbsstrategie. 10. Aufl., Campus Verlag, Frankfurt am Main (1999)

Porter, M.E.: What is Strategy?. Harvard Business Review 74(6), 61–78 (1996)

Rese, M.: Marktprozesstheoretische Fundierung des Industriegütermarketing. In: Backhaus, K., Voeth, M. (Hrsg.) Handbuch Industriegütermarketing, 119–145. Wiesbaden (2004)

Rüggeberg, H.: Marketing für Unternehmensgründer. Gabler, Wiesbaden (2003)

Sanchez, R., Heene, A., Thomas, H.: Towards the Theory and Practice of Competence-based Competition. In: Sanchez, R., Heene, A., Thomas, H. (Hrsg.) Dynamics of Competence-based Competition – Theory and Practice in the New Strategic Management, 1–35. Pergamon, Oxford u. a. (1996)

Schneider, D.: Marketing als Wirtschaftswissenschaft oder Geburt der Marketingwissenschaft aus dem Geiste des Unternehmensversagens?. Zeitschrift für betriebswirtschaftliche Forschung 35, 197–223 (1983)

Schneider, D.: Betriebswirtschaftslehre, Band 1: Grundlagen. 2. Aufl., Oldenbourg, Mün-chen/Wien (1995)

Scott, J.: Social Network Analysis: A Handbook. 2. Aufl., Sage, Newberry Park (2000)

Scott, W.R.: Institutions and Organizations. Sage, Thousand Oaks (1995)

Sheth, J.N.: Buyer Seller Interaction. Advances in Consumer Research 3, 382–386 (1976)

Sheth, J.N., Gardner, D.M., Garrett, D.E.: Marketing Theory – Evolution and Evaluation, Wiley, New York u. a. (1988)

Spremann, K.: Asymmetrische Information. Zeitschrift für Betriebwirtschaft 60, 561–586 (1990)

Teece, D.J., Pisano, G., Shuen, A.: Dynamic Capabilities and Strategic Management. Strategic Management Journal 18, 509–533 (1997)

Turnbull, P.W., Valla, J.-P. (Hrsg.): Strategies for International Industrial Marketing. Croom Helm, London u. a. (1986)

Weiber, R.: Elemente einer allgemeinen informationsökonomisch fundierten Marketingtheorie. In: Büschken, J., Voeth, M., Weiber, R. (Hrsg.): Innovationen für das Industriegütermarketing, 67–108. Schäffer-Poeschel, Stuttgart (2007)

Welling, M.: Ökonomik der Marke. Deutscher Universitätsverlag, Wiesbaden (2006)

Williamson, O.E.: Die ökonomischen Institutionen des Kapitalismus. Mohr, Tübingen (1990)

Wolf, J.: Organisation, Management, Unternehmensführung. 5. Aufl., Gabler, Wiesbaden (2012)

Tobias Kollmann und Andreas Kuckertz

Implikationen des Market-Based-View für das Entrepreneurial Marketing

Andreas Kuckertz, Prof. Dr.
Inhaber des Lehrstuhls für Unternehmensgründungen
und Unternehmertum (Entrepreneurship)
Universität Hohenheim
E-Mail: andreas.kuckertz@uni-hohenheim.de.

Tobias Kollmann, Prof. Dr.
Inhaber des Lehrstuhls für E-Business und E-Entrepreneurship
Universität Duisburg-Essen
E-Mail: tobias.kollmann@uni-due.de.

1 Einleitung

Gerade technologieorientierte Unternehmensgründer des Hightech-Sektors vernachlässigen oftmals ein effektives Marketing ihres innovativen Angebotes. Internationale Vergleichsstudien zeigen, dass es sich hierbei insbesondere um ein deutsches Phänomen handelt (*Kollmann/Kuckertz* 2006). Gleichzeitig hat sich jedoch die **Orientierung an Kunden- und Marktbedürfnissen** sowohl für etablierte, als auch für Gründungsunternehmen in etlichen Studien als ausgesprochen erfolgswirksam erwiesen. Die Beschäftigung mit Fragestellungen des Marketings in Gründungsunternehmen (**Entrepreneurial Marketing**) ist für Unternehmensgründer also durchaus erfolgversprechend – eine reine Übertragung der Erkenntnisse aus der breiteren Marketingforschung würde jedoch zu kurz greifen.

„A small business is not a little big business" (*Welsh/White* 1981, S. 18); über diese grundsätzliche Erkenntnis legitimiert sich nicht nur die Gründungsforschung als Ganzes (*Kollmann et al.* 2012), sondern auch etliche ihrer Teildisziplinen wie beispielsweise Entrepreneurial Finance (*Kuckertz* 2006), Unternehmensgründungen in der digitalen Ökonomie (sog. E-Entrepreneurship, *Kollmann* 2014), High Tech Entrepreneurship (*Kuckertz* 2008) oder eben das Entrepreneurial Marketing. Das **Marketing von Gründungsunternehmen** steht dabei im Gegensatz zum Marketing etablierter Unternehmen vor einer doppelten Herausforderung: Zum einen operieren insbesondere innovative Unternehmensgründer in der Regel in Märkten, die üblicherweise gerade erst im Entstehen begriffen sind und durch einen rapiden Wandel gekennzeichnet sind. Zum anderen ist auch das Gründungsunternehmen selbst auf dem Weg von den ursprünglich ungeordneten Anfängen hin zum etablierten Unternehmen durch vielfältige Änderungen und Anpassungen gekennzeichnet (*Kollmann/Häsel/Stöckmann* 2007). Das Entrepreneurial Marketing muss dem Rechnung tragen und vor dem Hintergrund der jungen Organisation und deren dynamischer Umwelt stets adäquate Instrumente zur Analyse von Märkten, zur Angebotsentwicklung, zur Preisstrategie und zur Kommunikation mit Kunden bereitstellen.

Sie wird in ihrer Bedeutung klarer, wenn man sich vergegenwärtigt, dass Studien zum Entrepreneurial Marketing vor dem Hintergrund der begrenzten Ausstattung von Gründungsunternehmen mit finanziellen und anderen Ressourcen vielfach auf sogenanntes „Low-Cost-Marketing" oder (in der populären Literatur) „Guerilla-Marketing" abzielen und dabei den aus den Charakteristika von Gründungsunternehmen erwachsenden Chancenaspekt vernachlässigen. In jüngerer Vergangenheit können in diesem Zusammenhang auch die Formen „Viral Marketing" und „Social Media Marketing" beobachtet werden (*Kollmann* 2013).

In diesem Beitrag berücksichtigen wir vorzugsweise den zweiten Teil der genannten Unterscheidung von Gründungsunternehmen und Umwelt: den Markt. Unter Rückgriff auf das Konzept des **Market-Based-View** und Erkenntnisse der Theorie des Entrepreneurship widmen wir uns dabei vor allem der Beantwortung der Frage, wie sich Gründungsunternehmen durch Entrepreneurial Marketing nicht nur in bestehenden Märkten etablieren können, sondern darüber hinaus neue Märkte basierend auf innovativen Geschäftsmodellen entwickeln können. Dabei wird sich zeigen, dass Entrepreneurial Marketing nicht nur eine weitere Unternehmensfunktion in Gründungsunternehmen beschreibt, sondern in weiten Teilen deckungsgleich mit dem Kern unternehmerischen Handelns ist.

2 Vom Market-Based-View zum Entrepreneurial Marketing

In der Literatur aufzufindende Sichtweisen auf das Entrepreneurial Marketing können einerseits einem engen Begriffsverständnis, andererseits einem weiten Begriffsverständnis zugeordnet werden. In der engen Auslegung wird unter Entrepreneurial Marketing das Marketing nur in jungen Wachstumsunternehmen verstanden; Autoren, die dem weiten Begriffsverständnis folgen, sehen im Entrepreneurial Marketing demgegenüber eher eine Geisteshaltung, die ebenfalls in etablierten Unternehmen verankert werden sollte und das Marketing insbesondere auf Chancen fokussiert (*Gruber* 2004a, S. 80; für die weite Sichtweise *Chaston* 2000, S. 152 ff). Beide Perspektiven sind sicherlich berechtigt. Für die Zwecke dieses Beitrags folgen wir jedoch dem engen Begriffsverständnis und diskutieren insbesondere die marktbasierte Sichtweise auf das Entrepreneurial Marketing. Diese Sicht scheint nur auf den ersten Blick tautologisch. Sie wird in ihrer Bedeutung klarer, wenn man sich vergegenwärtigt, dass Studien zum Entrepreneurial Marketing vor dem Hintergrund der begrenzten Ausstattung von Gründungsunternehmen mit finanziellen und anderen Ressourcen vielfach auf sogenanntes **„Low-Cost-Marketing“** oder (in der populären Literatur) **„Guerilla-Marketing“** abzielen und dabei den aus den Charakteristika von Gründungsunternehmen erwachsenden Chancenaspekt vernachlässigen. In jüngerer Vergangenheit können in diesem Zusammenhang auch die Formen **„Viral Marketing“** und **„Social Media Marketing“** beobachtet werden (*Kollmann* 2013, S. 201 ff.)

Grundsätzlich ist eine marktbasierte Sichtweise auf das Management von Unternehmen (auch Market-Based-View) all denjenigen theoretischen Ansätzen gemein, die danach streben, den Unternehmenserfolg aus der korrekten Positionierung eines Unternehmens auf bestehenden Märkten abzuleiten. Das Konzept ist zurückzuführen auf *Mason* (1957) und *Bain* (1957) und hat breite Wirkung nicht nur in der akademischen Literatur, sondern auch in der strategischen Praxis der Unternehmen beispielsweise mit dem Wettbewerbsmodell der „Five-Forces“ von *Porter* (1980) gefunden. Im Zentrum des Market-Based-View steht das Structure-Conduct-Performance-Paradigma (SCP-Paradigma), welches Unternehmen nahelegt, ein aus der gegebenen Marktstruktur abgeleitetes Marktverhalten an den Tag zu legen, das möglichst kongruent mit der Unternehmesumwelt ist (strategischer Fit), um derart überdurchschnittliche Marktergebnisse zu erzielen.

Zwar wird das SCP-Paradigma zwischenzeitlich nicht mehr strikt linear interpretiert und berücksichtigt Rückkopplungen derart, dass beispielsweise eine gute Performance am Markt den Unternehmen vermehrt Freiräume zur Anpassung ihres Verhaltens einräumt und dass insbesondere innovatives Marktverhalten dazu beitragen kann, neue Marktstrukturen zu schaffen (*Schmidt* 2000, S. 84). Im Falle innovativer Unternehmensgründungen verändert sich diese Sicht jedoch gänzlich. Innovative Unternehmensgründer folgen gerade nicht dem SCP-Paradigma, sondern generieren durch ihr Angebot oftmals vollkommen neue Märkte, sodass mit einiger Berechtigung davon ausgegangen werden kann, dass Entrepreneurial Marketing einem Conduct-Structure-Performance-Paradigma folgt. Entrepreneurial Marketing berücksichtigt nicht nur Rückkopplungen innerhalb des SCP-Paradigmas. Die Herausforderung besteht gerade darin, mittels einer neuen Organisation noch nicht existierende Märkte anzusprechen und neue Märkte zu schaffen. Die Herausforderung besteht weniger darin, neue Organisationen an bestehende Rahmenbedingungen anzupassen, wie es die klassische Sicht des Market-Based-View nahelegt.

Selbstverständlich passt sich in der Regel die Mehrzahl der neugegründeten Unternehmen, beispielsweise im Einzelhandel, an bestehende Marktverhältnisse an; es ist dabei jedoch davon auszugehen, dass das etablierte Marketing-Instrumentarium beispielsweise zur Marksegmentierung unter Berücksichtigung der extremen Knappheit der zur Verfügung stehenden Ressourcen ausreichend und zielführend ist. Eine Minderheit extrem innovativer Unternehmen jedoch schafft neue Märkte mit innovativen Angeboten, die mindestens überlegene Substitute für bestehende Lösungen, wenn nicht sogar Angebote zur Befriedigung vollkommen neuer Bedürfnisse darstellen. Marketingaktivitäten dieses Unternehmenstyps können demzufolge als der Kern des Entrepreneurial Marketing begriffen werden: „Market structure is an endogenous variable in entrepreneurial thinking, and determination of market structure is a conscious entrepreneurial choice" (*Sherman/Black* 2006, S. 32). Analog zum engen und weiten Begriffsverständnis des Entrepreneurial Marketing existiert damit auch für das Marketing von Gründungsunternehmen basierend auf dem Market-Based-View eine weite und eine enge Definition. Während die Mehrzahl der (meist imitierenden) Gründungsunternehmen eine Anpassung an bestehende Märkte vollziehen muss, liegt die eigentliche Herausforderung des Entrepreneurial Marketing in der **Schaffung vollkommen neuer Märkte** mit bislang noch nicht erkannten Bedürfnissen. Typische Instrumente zur Erreichung solcher Ziele finden sich beispielsweise im **Innovationsmarketing** – diese müssen jedoch immer vor dem Hintergrund der Besonderheiten junger Unternehmen verwendet werden.

2.1 Unternehmerische Gelegenheiten als Basis des Entrepreneurial Marketing

Notwendige Vorbedingung der Schaffung neuer Märkte ist die Wahrnehmung einer Möglichkeit zum unternehmerischen Handeln. Das Erkennen derartiger Gelegenheiten („**Opportunities**") ist essentiell, um überhaupt marktorientiert aktiv werden zu können (*Gruber* 2004b, S. 175). Dabei hat sich die sogenannte „Opportunity School" in den letzten Jahren zu einem zentralen Strang innerhalb der Entrepreneurshipforschung entwickelt; vielfach besteht sogar Konsens, dass unternehmerische Gelegenheiten den Kern von Entrepreneurship ausmachen (*Kirzner* 1973 für den Ursprung, *Shane/Venkataraman* 2000 für eine erste Synthese, Fallgatter 2004 für eine Einordnung in das umgebende Forschungsfeld sowie *Grichnik* 2006 für mögliche weitere Entwicklungen). Folgt man dieser Schule, so entstehen neue Märkte aufgrund der „kreativen Zerstörung" bestehender Marktverhältnisse durch einen Unternehmer (*Schumpeter* 1934/1997), der dabei eine Koordinationsfunktion ausübt (*Say* 1803/2001) und in der Konsequenz Risiken zu tragen hat (*Cantillon/Hayek/Hayek* 1931). Die durch den innovativen, schumpeterschen Unternehmer ins Ungleichgewicht gebrachten Märkte werden in der Folge von weniger innovativen Folgern (Arbitrageuren) wieder ins Gleichgewicht zurückgeführt (*Kirzner* 1973).

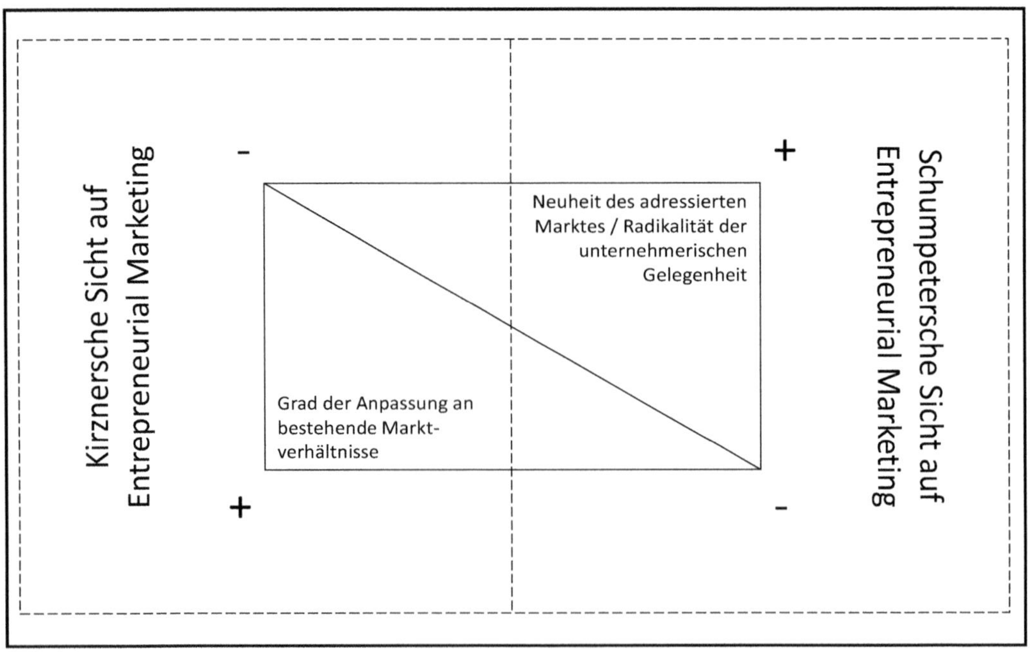

Abb. 2.1: Schumpetersche und Kirznersche Sicht auf Entrepreneurial Marketing
Quelle: *Eigene Darstellung*

Die Theorie des Entrepreneurship legt nahe, dass folglich mindestens zwei Typen von Unternehmern existieren, die Märkte einerseits ins Ungleichgewicht bringen und andererseits das Gleichgewicht wiederherstellen. Diese beiden Unternehmertypen entsprechen gleichzeitig dem engen und dem weiten Verständnis des Entrepreneurial Marketing (vgl. Abb. 2.1). Während der ***Schumpetersche* Unternehmer** neue Märkte schafft und sich weniger an gegebenen Marktverhältnissen orientiert, agiert der ***Kirznersche* Arbitrageur** als Folger, der auf das innovative Verhalten seines *Schumpeterschen* Gegenspielers reagiert und sich damit analog dem klassischen Market-Based-View an bestehende Verhältnisse auf bestehenden Märkten anpasst.

Insbesondere die unternehmerische Gelegenheit, die Raum zur Schaffung neuer Märkte gibt, basiert auf einem Vorwissen des Unternehmers, das nicht nur zu einer zutreffenden Bewertung des Status quo, sondern auch zur visionären Vorausschau möglicher zukünftiger Marktverhältnisse befähigt. Dies muss einhergehen **mit Markt- und Marketingkenntnissen**, um nicht nur durch „entrepreneurial alertness" (*Gruber* 2004b, S. 177) Gelegenheiten zum unternehmerischen Handeln zu identifizieren, sondern auch um diese adäquat zu bewerten. Die Gründungs- und Innovationsforschung stellt eine Reihe von Methoden beispielsweise zur Eingrenzung des Suchfelds, zur Ideenfindung (Kreativitätstechniken) und zur ersten Bewertung von Ideen bereit, welche den Prozess der Wahrnehmung unternehmerischer Gelegenheiten unterstützen und Ergebnisse forcieren können (*Kollmann* 2014).

2.2 Die Schumpetersche Perspektive auf Entrepreneurial Marketing

2.2.1 Entrepreneurial Marketing und neue Märkte

Entrepreneurial Marketing verstanden als *Schumpetersche* kreative Zerstörung bestehender Verhältnisse und deren Überführung in neue Märkte ist sicherlich nicht der Regelfall, kann jedoch im Erfolgsfall zu wirklich bedeutsamen Umwälzungen führen. In den nächsten Abschnitten soll daher diskutiert werden, wie genau Gründungsunternehmen neue Märkte schaffen. Tabelle 2.1 versammelt dazu etliche Beispiele von Unternehmensgründungen aus den letzten 100 Jahren, die mit ihrer Idee vollkommen neue Märkte geschaffen haben, wie beispielsweise *Nolan Bushnell* und *Ted Dabney*, die mit der Gründung von Atari Inc. und der Veröffentlichung von PONG den Markt für Computerspiele in den 1970er Jahren geprägt haben. Jedes der beispielhaft aufgeführten Unternehmen hat radikale Veränderungen ausgelöst – wenngleich die Schaffung eines neuen Marktes selbstverständlich nicht zwangsläufig mit langfristigem unternehmerischem Erfolg gleichgesetzt werden darf. Der **Akt der kreativen Zerstörung** und die Schaffung eines neuen Marktes ist dabei nach dem ursprünglichen *Schumpeterschen* Verständnis ein singuläres Ereignis (*Schumpeter* 1934/1997, S. 115 f.):

„*...halten wir fest, dass jemand grundsätzlich nur dann Unternehmer ist, wenn er eine 'neue Kombination durchsetzt' – weshalb er den Charakter verliert, wenn er die geschaffene Unternehmung dann kreislaufmäßig weiter betreibt –, und dass daher jemand ebenso selten durch die Jahrzehnte seiner Kraft immer Unternehmer bleibt, wie es selten einen Geschäftsmann geben wird, der niemals einen, wenn auch noch so bescheidenen Unternehmermoment hätte...*"

Unternehmen	Gründer	Markt
Ford Motor Company (1903)	Henry Ford	Automobile als Massenprodukt
McDonald's (1955)	Ray Kroc	Fast Food Franchising
Atari (1972)	Nolan Bushnell und Ted Dabney	Computerspiele
Genentech (1976)	Herbert W. Boyer und Robert A. Swanson	Biotechnologie
Apple (1979)	Steve Jobs und Steve Wozniak	Personal Computer
Starbucks (1987)	Howard Schultz	Coffee Shop Franchising
Ebay (1995)	Pierre Omidyar	Online-Auktionen
DocMorris (2000)	Jacques Waterval und Ralf Däinghaus	Versand von Arzneimitteln (online)
Skype (2003)	Niklas Zennström und Janus Friis	Internettelefonie basierend auf Peer-to-Peer-Technologien
Facebook (2004)	Mark Zuckerberg, Dustin Moskovitz, Chris Hughes, Eduardo Saverin	Soziales Netzwerk
YouTube (2005)	Chad Hurley, Steve Chen und Jawed Carim	Internetvideoportale

Tab. 2.1: Beispiele für durch Unternehmensgründungen neu geschaffene Märkte
Quelle: *Eigene Darstellung*

Dieser Unternehmermoment erlaubt es dem Gründer, den neuen Markt mental vorzustrukturieren, d. h. die elementaren Faktoren, welche Gütererstellung und Dienstleistungsangebot ausmachen, zu erkennen, die bestehenden Beziehungen zwischen diesen Faktoren einzuschätzen und darauf aufbauend neu zu strukturieren. Das Entstehen eines neuen Marktes ist folglich als ein Wahrnehmungsphänomen zu begreifen, das in einem ersten Schritt beim Unternehmensgründer stattfinden muss und dann in einem zweiten Schritt – aufgrund von konkreten Instrumenten des Entrepreneurial Marketing – auch beim Kunden in einer vergleichbaren Art und Weise zu geschehen hat. Erst wenn die Wahrnehmung der Kunden annähernd deckungsgleich mit der **Marktwahrnehmung des Unternehmensgründers** geworden ist, lässt sich sinnvoll von einem neu geschaffenen Markt sprechen. D. h., Kunde und Unternehmensgründer konstituieren gemeinsam einen Markt; wird hingegen nur der erste Schritt vollzogen, existiert allenfalls ein visionäres und innovatives Angebot, dass mangels Nachfrage an der Schaffung eines neuen Marktes scheitert.

Gelingen beide Schritte, so ist durch kreative Zerstörung eine neuartige Marktstruktur geschaffen worden; dieses Strukturieren von Märkten ist neben der Anpassung an bestehende Märkte „a unique entrepreneurial opportunity" (*Sherman/Black* 2006, S. 29). Der *Schumpetersche* Unternehmensgründer unterscheidet sich damit deutlich vom Strategen in etablierten Unternehmen. So ist im Gegensatz zum institutionalisierten strategischen Management der Unternehmermoment von den kognitiven Prozessen lediglich einer einzigen Person abhängig. Darüber hinaus folgt der größere Teil der Strategieliteratur in der Betrachtung externerer Phänomene dem klassischen Market-Based-View und zeichnet damit ein verhältnismäßig statisches Bild der externen Unternehmensumwelt (*Sherman/Black* 2006, S. 31). Demgegenüber zerstören und schaffen Entrepreneure Märkte und tragen derart zu ihrer Dynamik bei.

2.2.2 Möglichkeiten der Schaffung neuer Märkte

Orientiert man sich an den in Tab. 2.1 aufgeführten Beispielen, so fällt auf, dass grundsätzlich drei Möglichkeiten für Unternehmer bestehen, neue Märkte zu schaffen. Dazu zählen

- die Aufdeckung und Befriedigung latenter Bedürfnisse des Marktes,
- die neuartige Befriedigung existierender Bedürfnisse durch unternehmensinterne Neustrukturierung sowie
- die neuartige Befriedigung existierender Bedürfnisse durch unternehmensexterne Neustrukturierung.

Während beispielsweise *Atari* mit dem erstmaligen Angebot von Computerspielen das Bedürfnis nach Unterhaltung auf eine vollkommen neuartige Weise konkretisiert und somit ein latentes beziehungsweise sogar bislang nicht existierendes Bedürfnis befriedigt, schafft *Ebay* mittels einer Mitte der 1990er Jahre neuartigen Onlineplattform basierend auf einem eigenständig (unternehmensintern) entwickelten Angebot einen Markt für private Onlineauktionen. So wird das bereits konkrete Bedürfnis befriedigt, nicht mehr gebrauchte Gegenstände privat weiterzuveräußern. Die letzte Möglichkeit der Schaffung neuer Märkte stellt zugleich die am meisten herausfordernde dar: So sieht sich der Onlineversender von Arzneimitteln *DocMorris* aufgrund der extremen Widerstände etablierter Apotheker mit einer Vielzahl von Prozessen konfrontiert (*Kuckertz/Schröder* 2010) – die neuartige Befriedung des lange existierenden Bedürfnisses, Arzneimittel zu erwerben, muss so im Erfolgsfall zwangsläufig dazu führen, dass institutionelle (unternehmensexterne) Rahmenbedingungen aufgrund dieses Angebots umstrukturiert werden.

Sherman und Black (2006, S. 29) geben ein drastisches Beispiel dieser Art der Marktschaffung durch Veränderung des institutionellen Rahmens. Ihnen zufolge *gründet Dallas Perkins* im Jahr 1960 im sogenannten amerikanischen Bible Belt auf einer abgelegenen Geflügelfarm eigens die neue Stadt Impact, zu deren erstem Bürgermeister er sich wählen lässt – einzig und allein um den Verkauf von Spirituosen in einer Umgebung zu ermöglichen, die ansonsten aufgrund strenger lokaler Gesetzgebung durch Prohibition geprägt ist.

2.2.3 Herausforderungen bei der Schaffung neuer Märkte

Unabhängig davon, welche Art der Marktschaffung ein Gründungsunternehmen verfolgt, steht das Entrepreneurial Marketing vor einer Reihe von Herausforderungen. *Gruber* leitet diese besonderen Herausforderungen des Entrepreneurial Marketing aus den typischen Charakteristika junger Unternehmen ab und weist dabei insbesondere auf drei Problembereiche hin (2004b, S. 167 ff.). Dies sind die Neuheit des Gründungsunternehmens (Problem der „Liabilities of Newness"), dessen geringe Größe (Problem der „Liabilities of Smallness") sowie die Unsicherheit, die einhergeht mit den turbulenten Umwelten, in denen sich insbesondere innovative, junge Unternehmen bewegen, die darauf zielen, neue Märkte zu generieren. Während die ersten beiden (internen) Herausforderungen des Entrepreneurial Marketing dazu führen, dass eine vollständige Marktpenetration nur sehr schwer möglich ist, und am besten aus einer **ressourcenbasierten Sicht** zu erklären sind, ist es insbesondere die dritte (externe) Herausforderung des Entrepreneurial Marketing, zu dem **die marktbasierte Sichtweise** Erklärungen bieten kann. Schwierigkeiten für das Marketing junger Unternehmen, die aus turbulenten Umwelten resultieren, äußern sich beispielsweise durch (*Gruber* 2004b, S. 169 für eine umfassende Diskussion):

- begrenzte Verlässlichkeit der Daten der Marktforschung,
- fehlende „Best Practices" der Marktbearbeitung und
- ein fehlendes „Dominant Design" als Antwort auf in neuen Märkten neu entstandene Bedürfnisse.

Weiterhin ist gerade bei technologischen Innovationen nicht von vorneherein klar, ob Kunden bereit sind, diese zu verwenden und zu akzeptieren (*Kollmann* 1998). D. h., da Kunden in neuen Märkten aufgrund des hohen Innovationsgrades des Angebotes noch gar nicht gelernt haben können, wie das **Angebot des Gründungsunternehmens** einzuschätzen ist (fehlendes „Dominant Design"), verbieten sich viele klassische Instrumente der Marktforschung, wie beispielsweise kausalanalytische Betrachtungen basierend auf großzahligen Erhebungen. *Akio Morita*, Mitbegründer der Sony Corporation drückt dies folgendermaßen aus (zitiert nach *Ryans/Shanklin* 1989, S. 79): „I believe that in the case of an entirely new product, a market must be created, not surveyed." Instrumente des

Entrepreneurial Marketing, welche sich aus dem Market-Based-View herleiten, müssen dies berücksichtigen und dabei vor allem das Ziel verfolgen, externe Unsicherheiten, welche aus der Nutzung einer unternehmerischen Gelegenheit resultieren, für den Unternehmensgründer handhabbar zu machen.

Wenn quantitative Marktforschungsmethoden angesichts eines noch nicht entstandenen Marktes versagen, so besteht für Unternehmensgründer immer noch die Möglichkeit, qualitative Marktforschung beispielsweise in Testmärkten zu betreiben. Qualitative Methoden (hier vor allem Focus Groups und Delphibefragungen unter Experten) können außerordentlich hilfreich sein, zusammen mit den Kunden eine geeignete Marketingbotschaft zu entwickeln. So zeigt sich auch, dass gerade Hightech-Gründungen, die auf derartige Methoden zurückgreifen, erfolgreicher am Markt agieren (*Ryan/Shanklin* 1989, S. 82).

3 Entrepreneurial Marketing und Unternehmenserfolg

Unabhängig davon, ob Unternehmensgründer eine *schumpetersche* oder eine *kirznersche* Opportunität im Markt verfolgen, besteht die Herausforderung, sich nicht nur zu Beginn des Unternehmenslebenszyklus am Markt auszurichten beziehungsweise diesen zu schaffen, sondern auch im Laufe der Unternehmensentwicklung (*Kollmann/Kuckertz/Stöckmann* 2009) eine **marktorientierte Organisation** aufzubauen. Den vielfältigen Definitionen der Marktorientierung in der Literatur ist gemein, dass derart ausgerichtete Unternehmen sich durch einen klaren Kundenfokus auszeichnen, den Kundenmehrwert in das Zentrum sämtlicher Bemühungen stellen und sich über die Grenzen der eigenen Organisation hinaus extern ausrichten (*Claas* 2006, S. 12 f.). Damit ist Marktorientierung eine Querschnittsaufgabe, die sich auf sämtliche funktionalen Bereiche eines Unternehmens bezieht und die Generierung, Verteilung sowie die Reaktion auf relevante Marktinformationen umfasst (*Claas* 2006, S. 19). Eine derartige Marktorientierung in innovativen Gründungsunternehmen herzustellen ist generell schwierig, da zahlreiche dieser Unternehmen mit dem Ziel der Verwertung einer Technologie gegründet werden. Diese Technologieorientierung kann zulasten der Marktorientierung gehen – in den Worten *Rod Canions*, des Gründers von *Compaq* (*Canion* 1989, S. 46):

„*In an entrepreneurial environment, it is usually a technologist who really understands the technology and most often has an idea burning within him. As a result, the marketing component is either weak or missing.*"

Zur Erklärung des Unternehmenserfolgs darf man zwar nicht so weit gehen, die Marktorientierung als alleinigen, entscheidenden Erfolgsfaktor einzustufen, da beispielsweise die Konzentration auf die Bedürfnisse der Mitarbeiter oder aber auch auf Kosten ebenfalls erfolgswirksam sind (*Botschen* 1999, S. 3; für einen umfassenden Überblick über Erfolgsfaktoren der Unternehmensgründung s. *Herr* 2007). Dennoch beeinflusst die

Marktorientierung den Gründungserfolg beträchtlich; beispielsweise reduziert eine eingehende Marktanalyse im Vorfeld der eigentlichen Unternehmensgründung deren Risiko deutlich. Venture Capitalisten als zentrale Finanziers innovativer Geschäftsmodelle wissen dies ebenfalls (*Gruber* 2004b, S. 164) und werden eine solche Analyse von jedem potenziellen Portfoliounternehmen als Teil ihrer Entscheidungsfindung erwarten (*Kuckertz* 2006, S. 72 ff.). Gerade Gründungsunternehmen sollten marktorientiert sein; während etablierte Unternehmen bereits gelernt haben, wie ihre Märkte funktionieren und ein tieferes Verständnis von den Bedürfnissen ihrer Kunden gewonnen haben, sind gerade gestartete Unternehmer erst gefordert, dieses Wissen aufzubauen. Marktorientierung darf also erst in späteren Unternehmensphasen durch andere Ausrichtungen wie beispielsweise die Orientierung an Wettbewerbern ersetzt werden (*Claas* 2006, S. 4).

Geschaffen werden kann Marktorientierung innerhalb einer jungen Organisation (*Claas* 2006, S. 228 ff.) durch vermehrte Berücksichtigung von Marktdaten in der Planung, durch eine Organisation, die den Austausch von Informationen zwischen allen Mitarbeitern ermöglicht, marktorientierte Weiterbildung sowie Beurteilung und Vergütung der Mitarbeiter anhand von marktbezogenen Kennzahlen und eine Führung, welche der Marktorientierung eine hohe Priorität einräumt. Positiv für Gründer mit begrenzten Ressourcen ist dabei der Umstand, dass empirisch gerade diejenigen Faktoren den stärksten Einfluss ausüben, die sehr gut auch ohne umfangreiche finanzielle Mittel zu realisieren sind: Dies ist einerseits die explizite Berücksichtigung von Marktdaten in der Planung des Unternehmens und andererseits die deutliche Betonung der Marktorientierung des Unternehmens durch das Management in allen führungsbezogenen Situationen.

4 Fazit

In diesem Beitrag haben wir gezeigt, dass die marktbasierte Sicht auf das Entrepreneurial Marketing in Verbindung mit der Entrepreneurshiptheorie dazu führt, dass insbesondere zwei Möglichkeiten des Umgangs mit Märkten ins Zentrum des Interesses rücken. Dazu zählt einerseits die Anpassung des Gründungsunternehmens an bestehende Marktverhältnisse (*Kirznersche* Perspektive) und andererseits die Schaffung vollkommen neuartiger Marktverhältnisse (*Schumpetersche* Perspektive). Auch wenn ein Schwerpunkt in der Diskussion auf die letzte Sichtweise gelegt wurde, so haben selbstverständlich beide Perspektiven beziehungsweise Strategien zur Ausrichtung des Entrepreneurial Marketing ihre Berechtigung. Die Anpassung des Gründungsunternehmens an externe Verhältnisse ist sicherlich vor dem Hintergrund der Zunahme von Käufermärkten bedeutsam (*Botschen* 1999, S. V). Unternehmensgründer sollten jedoch ebenfalls beachten, dass eine zu starke Ausrichtung an externen Konstellationen, also ein „demand-side marketing carried to extreme“ (*Ryans/Shanklin* 1989, S. 80) dazu führen kann, Innovationsfähigkeit und Unternehmergeist in der noch jungen Organisation zu untergraben.

Literaturverzeichnis

Bain, J.S.: Barriers to new competition – their character and consequences in manufacturing industries. Harvard University Press, Cambridge (1956)

Botschen, M.: Marketingorientierung und Unternehmenserfolg – Integration austausch- und beziehungstheoretischer Ansätze. Deutscher Universitätsverlag, Wiesbaden (1999)

Canion, R.: America's Fastest Growing Company – Compaq's Market Creation Strategy. In: Smilor, R.W. (Hrsg.) Customer-Driven Marketing – Lessons from Entrepreneurial Technology Companies, 45–53. The Free Press, Lexington (1989)

Cantillon, R., Hayek, F.A., Hayek, H.: Abhandlung über die Natur des Handels im Allgemeinen. Fischer Verlag, Jena (1931)

Chaston, I.: Entrepreneurial Marketing – Competing by Challenging Conventions. Palgrave Macmillan, Basingstoke (2000)

Claas, S.: Marktorientiertes Management in Wachstumsunternehmen. Deutscher Universitätsverlag, Wiesbaden (2006)

Fallgatter, M.J.: Entrepreneurship – Konturen einer jungen Disziplin. Zeitschrift für Betriebswirtschaftliche Forschung 56(2), 23–44 (2004)

Grichnik, D.: Die Opportunity Map der internationalen Entrepreneurshipforschung: zum Kern des interdisziplinären Forschungsprogramms. Zeitschrift für Betriebswirtschaft 76(12), 1303–1333 (2006)

Gruber, M.: Entrepreneurial Marketing. Die Betriebswirtschaft 64(1), 78–100 (2004a)

Gruber, M.: Marketing in New Ventures. Schmalenbach Business Review 56(2), 164–199 (2004b)

Herr, C.: Nicht-lineare Wirkungsbeziehungen von Erfolgsfaktoren der Unternehmensgründung. Deutscher Universitätsverlag, Wiesbaden (2007)

Kirzner, I.M.: Competition and Entrepreneurship. University of Chicago Press, Chicago (1973)

Kollmann, T.: Die Akzeptanz innovativer Nutzungsgüter und -Systeme – Konsequenzen für die Einführung von Telekommunikations- und Multimediasystemen. Gabler, Wiesbaden (1998)

Kollmann, T.: Online-Marketing – Grundlagen der Absatzpolitik in der Net Economy. Kohlhammer, Wiesbaden (2013)

Kollmann, T.: E-Entrepreneurship. Springer Gabler, Wiesbaden (2014)

Kollmann, T., Häsel, M., Stöckmann, C.: Change Management in der Net Economy – Teamkompetenzen im oszillierenden Spannungsfeld von Markt und Technologie. In: Keuper, F., Groten, H. (Hrsg.) Nachhaltiges Change Management – Interdisziplinäre Fallbeispiele und Perspektiven, 381–412. Gabler, Wiesbaden (2007)

Kollmann, T., Kuckertz, A.: Venture Archetypes and the Entrepreneurial Event – Cross-Cultural Empirical Evidence. Journal Of Enterprising Culture 14(1), 27–48 (2006)

Kollmann, T., Kuckertz, A., Stöckmann, C.: Continuous Innovation in Entrepreneurial Growth Companies – Exploring the Ambidextrous Strategy. Journal Of Enterprising Culture 17(3), 297–322 (2009)

Kollmann, T., Kuckertz, A., Stöckmann, C., Krell, P.: Die Entrepreneurshipforschung in Deutschland, Österreich und der Schweiz – Eine Resonanzanalyse. Zeitschrift Für KMU und Entrepreneurship 60(1), 53–76 (2012)

Kuckertz, A.: Der Beteiligungsprozess bei Wagniskapitalfinanzierungen – Eine Informationsökonomische Perspektive. Deutscher Universitätsverlag, Wiesbaden (2006)

Kuckertz, A.: High-Tech-Entrepreneurship. In: Kraus, S., Fink, M. (Hrsg.) Entrepreneurship – Theorie und Fallstudien zu Gründungs-, Wachstums- und KMU-Management, 109–120. Facultas, Wien (2008)

Kuckertz, A., Schröder, K.: Legitimizing Innovative Ventures Strategically – The Case Of Europe's First Online Pharmacy. In: Kollmann, T., Kuckertz, A., Stöckmann, C. (Hrsg.) E-Entrepreneurship and ICT Ventures – Strategy, Organization And Technology, 89–103. Business Science Reference, Hershey (2010)

Mason, E.S.: Economic Concentration and the Monopoly Problem. Harvard University Press, Cambridge (1957)

Porter, M.: Competitive Strategy – Techniques for analyzing Industries and Competitors. Free Press, New York/London (1980)

Ryans, J.K., Shanklin, W.L.: Marketing to nonexistent Markets, In: Smilor, R.W. (Hrsg.) Customer-Driven Marketing – Lessons from Entrepreneurial Technology Companies 79–89. Free Press, Lexington (1989)

Say, J.B.: A Treatise on Political Economy. Forgotten Books, New Brunswick (1803/2001)

Schmidt, F.: Strategisches Benchmarking. Josef Eul Verlag GmbH, Lohmar/Köln (2000)

Schumpeter, J.: Theorie der wirtschaftlichen Entwicklung – Eine Untersuchung über Unternehmergewinn, Kapital, Kredit, Zins und den Konjunkturzyklus. Duncker & Humblot, Berlin (1997)

Shane, S., Venkataraman, S.: The Promise of Entrepreneurship as a Field of Research. Academy of Management Review 25(1), 217–226 (2000)

Sherman, W.S., Black, J.A.: Proactive Reification: Shifting Market Structure and Entrepreneurship. Sam Advanced Management Journal 71(2), 29–38 (2006)

Welsh, J.A., White, J.F.: A Small Business is not a little big Business, Harvard Business Review 59(4), 18–32 (1981)

Jörg Freiling

Die ressourcenbasierte Sichtweise des Entrepreneurial Marketings

Jörg Freiling, Prof. Dr.
Inhaber des Lehrstuhls für Mittelstand,
Existenzgründung und Entrepreneurship
Universität Bremen
E-Mail: freiling@uni-bremen.de

1 Einleitung

In den 1980er Jahren stand die japanische Firma Sony vor einer Entscheidung, die in gleicher Weise typisch für innovative Unternehmensgründer ist: Nach einer Zeit der Ideen- und Konzeptfindung hatte Sony die klare Perspektive, ein portables Miniaturgerät zum Abspielen von Musik zu produzieren. Wenngleich schon seinerzeit die Gesellschaft recht mobil und musikalische Unterhaltung auf Reisen oder bei „Outdoor Activities" durchaus vorstellbar war, so stellte die neue Produktkonzeption doch einen recht radikalen Wandel bezüglich der Gewohnheiten dar, Musik zu hören. Nicht nur deswegen war Sony sehr darauf bedacht, die Marktfähigkeit der neuen Konzeption zu testen. Auf Basis sorgsamer Marktforschung gelangte Sony zu einem enttäuschenden Ergebnis: Es stellte sich heraus, dass – zumindest aktuell – kein wesentlicher Bedarf bestand, der eine Fortführung der Entwicklung und eine anschließende Vermarktung rechtfertigen würde. Sony stand nun vor einer schweren Richtungswahl. Unter Marketing-Gesichtspunkten wäre die Entscheidung zum Abschluss der Entwicklungsarbeiten sowie zur Produktion und Vermarktung ein höchst riskantes Unterfangen. Allerdings konnte man der Alternative, das Projekt abzubrechen oder zumindest zu unterbrechen, auch nicht viel abgewinnen, da man von den produktbezogenen Vorteilen überzeugt war. Man hoffte, durch die Schaffung eines Angebots das Interesse auf die neue Lösung zu lenken, um damit allmählich die Verbrauchergewohnheiten in eine für Sony günstigere Richtung zu lenken. Vor allem aber spekulierte man darauf, bei einer entsprechenden Entwicklung einen neuen Standard im Markt zu setzen, an dem sich viele Verbraucher und vor allem die Konkurrenz zu orientieren hätten. Dass man die entwickelte Technologie auch auf andere Anwendungen übertragen könnte, war eine zusätzliche Hoffnung Sonys, die aber nicht unmittelbar handlungsleitend war. Wichtiger ist indes, dass sich die Hoffnungen Sonys nicht nur erfüllten, sondern weit übertroffen wurden. Getragen von marktbezogener Intuition und technologischer Kompetenz im Bereich der Miniaturisierung von Elektronik gelang es Sony, zahlreiche Märkte zu besetzen und über lange Jahre zu dominieren.

Das Beispiel schildert die Geschichte vom mittlerweile schon legendären Sony-Walkman, die auch in der Literatur häufig als Anschauungsmaterial genutzt wird (z. B. *Hamel und Prahalad* 1995), um die grundlegende Denkweise einer ressourcen- und kompetenzbasierten Unternehmungsführung zu verdeutlichen. Wenig anders ist auch der Launch von iPod, iPhone oder iPad durch Apple verlaufen. Auch hier weigerte sich Steve Jobs beharrlich, den Ergebnissen der Marktforschung zu folgen, und entschloss sich, durch diese Produkte die Nutzungswelten komplett zu verändern. Andere, allerdings weniger bekannte Beispiele aus der Gründerszenerie ließen sich beisteuern. Offenbar setzt ein Marketing im Sinne dieser Theorieströmung etwas andere Akzente als die klassische Marketing-Lehre. Diese Grundpfeiler eines ressourcen- und kompetenzbasierten Marketings sollen im vorliegenden Beitrag im Gründungskontext näher vorgestellt werden. Damit wird über erste viel versprechende Arbeiten hinausgegangen, die bereits eine

Verbindung zwischen dem Resource- und Competence-based View sowie der Gründungsforschung herstellen (*Alvarez und Barney* 2002; *Dollinger* 2003; *Shepherd und Wiklund* 2005; *Foss et al.* 2006), aber den – hier relevanten strategischen – Marketingkontext bislang noch weitgehend ausgeklammert haben.

Die Überlegungen sind wie folgt aufgebaut: Zunächst wird das gedankliche Grundmodell eines Gründungsmarketings im Kontext ressourcen- und kompetenzbasierten Wettbewerbs eingehender vorgestellt (Abschn. 2). Hierbei wird aus der Makroebene des Wettbewerbs argumentiert. Sodann werden die Implikationen für das Marketinghandeln auf der Mikroebene vorgestellt, wobei ausgehend vom allgemeinen Marketing der Gründungskontext behandelt wird (Abschn. 3). Ein kurzes Fazit beschließt den Beitrag (Abschn. 4).

2 Entrepreneurial Marketing und kompetenzbasierter Wettbewerb

Wenn von einer ressourcenbasierten Sichtweise auf das Entrepreneurial Marketing die Rede ist, so könnte angenommen werden, dass damit vor allem die wenigen vorhandenen Potenziale und die oftmals immensen Engpässe in der Mittelausstattung im Vordergrund der Marketing-Aktivitäten stehen. Wenngleich Potenziale und Mittelrestriktionen in der Tat von zentraler Bedeutung allgemein und auch speziell für den vorliegenden Beitrag sind, so ist der Fokus dennoch ein anderer und erklärt sich aus der spezifischen Theorieperspektive, die der Resource-based View und der damit in enger Verbindung stehende Competence-based View vorgeben. Diese Perspektive ist dadurch gekennzeichnet, dass eine integrierte Sichtweise von Unternehmungs- und Marktebene erfolgt.

Zum Verständnis kompetenzbasierten Wettbewerbs (*Makroebene*) haben *Hamel und Prahalad* (1995) ein Modell entwickelt (s. Abb. 2.1), das es kurz vorzustellen gilt, um es im Entrepreneurship-Kontext behandeln zu können. Dem Modell zufolge greift es zu kurz, den Blick auf den grau hinterlegten Bereich des so genannten Wettbewerbs um Marktanteile zu richten. In dieser Wettbewerbsphase sind – wie Abb. 2.1 mit Blick auf die vorlaufenden Phasen erkennen lässt – wichtige Strukturen bereits geformt, (insbesondere produktbezogene) Standards gesetzt und Nachfrager(-wünsche) festgelegt. Mit Blick auf das Sony-Beispiel kann gesagt werden: Die Untersuchung der Marktchancen des Walkman erfolgte in einem Markt mit geformten, stabilen Neigungen und Bindungen an etablierte Produkte und Anbieter der traditionellen Unterhaltungselektronik. Dadurch war das Ergebnis wenig überraschend, da sich die Äußerungen der Kunden vornehmlich an den seinerzeit herrschenden Verhältnissen orientierten, grundlegende und das Verbraucherverhalten einschneidend ändernde Lösungen aber kaum ins Blickfeld gerieten.

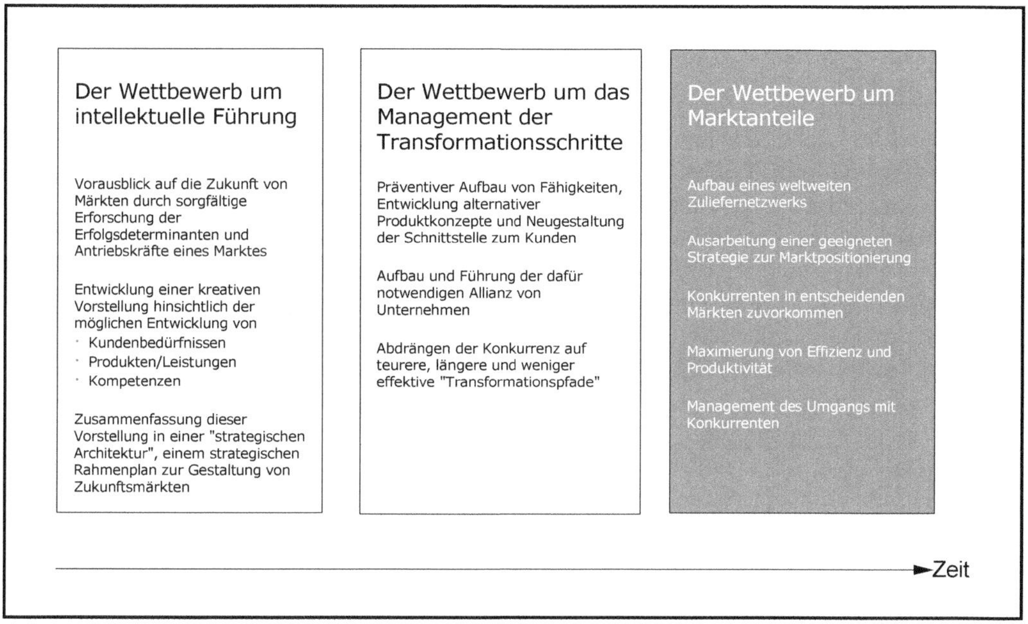

Abb. 2.1: Das kompetenzbasierte Wettbewerbsmodell
Quelle: *Hamel/Prahalad* 1995, S. 86

In dem dreiphasigen Modell von *Hamel und Prahalad* beginnt der Wettbewerb mit dem Abschnitt des „Wettbewerbs um intellektuelle Führung“ (und somit in der vormarktlichen Phase), der zugleich für die Erklärung des außerordentlichen Erfolgs von Sony maßgeblich ist: Dieser Wettbewerbsabschnitt stellt auf die zentrale Aufgabe des Marketings ab, die Entwicklung von Kundenbedürfnissen und -problemen gedanklich vorwegzunehmen und ggfs. zu formen, was eine intensive Auseinandersetzung mit der Entwicklung von Märkten und Technologien im langfristigen Kontext erfordert. Sowohl die Analyse von Entwicklungsverläufen der Vergangenheit (einschließlich der aufgetretenen Trendbrüche) als auch (insbesondere Szenario-gestützte) Projektionen der Bedarfskonstellationen in der ferneren Zukunft sind erforderlich, um die Antriebskräfte marktlicher Entwicklungen auf der Nachfragerseite zu erfassen. Damit ergeben sich für das (Entrepreneurial) Marketing informations- und interpretationsbezogene Herausforderungen, die vor allem unternehmerische Intuition erfordern. Diese Anforderungen im Bereich der „Market Intelligence“ stehen jedoch nicht allein, sondern werden begleitet durch ein System der „Technological Intelligence“, durch welches technologische Entwicklungen erkannt, ausgewertet und zu den eigenen Möglichkeiten und Grenzen in Beziehung gesetzt werden, und eine „Competitive Intelligence“, durch die der Blick auf die Erzielung von Wettbewerbsvorteilen gerichtet wird. Durch die letztgenannte Komponente wird sichergestellt, nur diejenigen Entwicklungen zu verfolgen, bei denen berechtigte Hoffnung besteht, eine marktrelevante Führungsposition aufbauen zu können. Die drei Intelligence-Bereiche korrespondieren mit dem so genannten „Marketing-Dreieck“ zur Erzielung von Wettbewerbsvorteilen, welches sich aus den Eckpunkten: Unternehmung, Nachfrager und Konkurrenz rekrutiert.

Diese Aufgabe einer integrierten Betrachtung von Vergangenheit, Gegenwart und Zukunft lässt eine wichtige Besonderheit der ressourcen- und kompetenzbasierten Ansätze erkennen: die evolutorische Analyse. Es wird versucht, Handlungen in ihren zeitlichen Kontext einzuordnen und dabei zu berücksichtigen, dass Entscheidungen der Vergangenheit den Handlungsspielraum in der Gegenwart und in der Zukunft beeinflussen. Dies führt nicht selten dazu, dass durch eine vorherige Handlung der Spielraum für die nächste Handlung eingeschränkt wird, wie das Beispiel Sony belegt: Mit der Entscheidung für den Walkman legte sich Sony nicht nur auf ein neues Produkt fest, sondern zugleich auf eine neue Technologie. Der Einstieg in die neue Technologie eröffnete aber zugleich den Weg in Richtung auf eine Vielzahl neuer Märkte für miniaturisierte Elektronikgeräte, die ohne die Richtungsentscheidung möglicherweise nicht zugänglich gewesen wären. Insofern können sich durch weitsichtige Entscheidungen auch neue Handlungsspielräume für das Marketing eröffnen. Grundsätzlich dient eine derartige zeitpfadbezogene Analyse der Entwicklungen dazu, (bisherige) Entwicklungen besser zu verstehen und aus diesem besseren Verständnis heraus Anhaltspunkte für die zukünftigen Entwicklungen zu erhalten. Dies wiederum erfordert, Entwicklungen auf der Mikro- und Makroebene zu erfassen und sich ihrer Zusammenhänge bewusst zu werden, was den Blick auf co-evolutionäre Prozesse öffnet.

Zurückkommend auf die Aufgaben für das Entrepreneurial Marketing in der Phase des Wettbewerbs um die intellektuelle Führung, ist somit festzustellen, dass eine reine Orientierung an der Entwicklung marktlicher Gegebenheiten nicht ausreicht, um sich von Beginn des Wettbewerbs an in eine vorteilhafte Position zu bringen. So müssen gerade Gründer in diesem Abschnitt einen markt- und branchenbezogenen Vorausblick (*Hamel und Prahalad* 1995) auf Basis der o.g. Intelligence-Komponenten aufbauen, der die Co-Evolution von Markt-, Technologie-, Konkurrenz- und eigener Entwicklung umfasst („Industrial Foresight"). Dass es sich hierbei um Überlegungen handelt, die aufgrund begrenzter Datenlage noch recht vage erscheinen, liegt in der Natur der Sache: Bezüglich der Formung derartiger Märkte in ihrer Entstehungsphase sind von den Akteuren noch wenige Handlungen ergriffen worden, deren Wirkungen auch zumeist noch begrenzt sind. *Hamel und Prahalad* (1995) sprechen in dieser Phase des Wettbewerbs noch von Märkten als „unstrukturierten Arenen". Damit sprechen sie an, dass es aufgrund des frühen Entwicklungsstandes des Marktes und der Branche noch an klaren Festlegungen mangelt. Diese Ambivalenz der Entwicklungen stellt unter unternehmerischen Gesichtspunkten die Grundlage dar, um Entwicklungen noch im eigenen Sinne gestalten zu können, was vor allem beinhaltet, sich zu einem späteren Zeitpunkt nicht an die dann bereits geformten Standards und Gewohnheiten anpassen zu müssen. Dieser Aspekt ist zu betonen, weil er von dem traditionellen Marketing-Verständnis im Sinne des Market-based View (*Freiling* 2014, in diesem Band, vgl. zu einer Weiterentwicklung des Market-based View im Kontext des Gründungsmarketings aber *Kollmann und Kuckertz* 2014, in diesem Band) abweicht: Auf Basis eines soliden und weitsichtigen Verständnisses der Bedarfskomplexe relevanter Kunden(-gruppen) und einer Kenntnis anbieterbezogener Möglichkeiten wird eine Leistungskonfiguration („Strategische Architektur" im Sinne von *Hamel und Prahalad* 1995 gemäß Abb. 2.1) geplant, welche über eine im Wettbewerb überlegene Form der Kundenorientierung verfügen soll. Setzt sich eine solche Strategische Architektur im Wettbewerb durch, so spricht man in Anlehnung an *Jacobides et al.* (2007) von einer Branchenarchitektur (industry architecture). Dies setzt Interpretationen voraus, in welche Richtung sich die Bedarfskomplexe verändern werden, da – wie die Beispiele von Sony und Apple eingangs ebenfalls gezeigt heben – die Kundenseite über derart lange Zeiträume und in Unkenntnis vieler technologischer Möglichkeiten nicht in der Lage ist, sich hierzu bereits präzise zu äußern. Eine derart geschaffene Strategische Architektur beinhaltet erste Marketing-Entscheidungen bezüglich relevanter Kundenbedürfnisse, anzubietender Leistungskonzepte in grober Form sowie dazu erforderlicher Ressourcen und Kompetenzen. Sie mit Inhalt zu füllen, ist die Kernaufgabe der zweiten Phase des o.g. Modells kompetenzbasierten Wettbewerbs um Märkte.

Die Phase des Wettbewerbs um das Management der Transformationsschritte beinhaltet mit Blick auf die Aufgaben im Entrepreneurial Marketing unter Bezug auf Abb. 2.1 und ausgehend von den Eckpunkten des o.g. Marketing-Dreiecks folgende Schwerpunkte:

- Im Mittelpunkt steht die Entwicklung von Ressourcen und Kompetenzen, durch welche die später zu vermarktende Leistungskonzeption umgesetzt werden kann. Ressourcen gelten als das Ergebnis durch Veredelungsprozesse weiter entwickelter Faktoren, die wesentlich zur Differenzierung des Anbieters im Wettbewerb und zum Angebot marktgerechter Leistungen beitragen sollen. Kompetenzen sind wiederholbare, wissensbasierte, nicht auf Zufall, sondern auf geschaffenen Regeln und Routinen basierende Handlungspotenziale eines Anbieters, die zielgerichtete und marktbezogene Leistungserstellungsprozesse ermöglichen sollen und der Weiterentwicklung des Anbieters dienen (*Freiling* 2004; *Freiling et al.* 2006, 2008). Mit Blick auf noch zu konkretisierende und umzusetzende Leistungskonzepte treten mitunter große Lücken im Ressourcen- und Kompetenzgefüge auf, weswegen o.g. Transformationsschritte zum Zwecke der oft lang andauernden Weiterentwicklung der betreffenden Potenziale erforderlich sind. Dies schließt ein, externe Ressourcenquellen zu erschließen und intern eine produktive Spannung aufzubauen, die eine möglichst umfassende Weiterentwicklung der Ressourcenbasis ermöglicht.
- Eine externe Flankierung der Ressourcenentwicklung ist erforderlich, da sich im Wettbewerb nicht alle festgestellten Lücken vom Anbieter selbstständig schließen lassen, zumal er seine Stärke maßgeblich aus der Fokussierung seiner verfügbaren Mittel beziehen muss. Entsprechend ist es erforderlich, weitsichtig und strategisch motiviert Partnerschaften mit anderen Unternehmungen aufzubauen. Dies verlangt eine sorgfältige Identifikation leistungsfähiger, kooperationswilliger und verlässlicher Partner. Da derartige Partner nicht nur selten zu finden, sondern zugleich auch aus Sicht von Wettbewerbern begehrt sind, ist eine frühzeitige Anbahnung von Beziehungen erforderlich, auf deren Basis dann ein gemeinsames Vorgehen und mitun-

ter auch eine gemeinsame Marketing-Strategie zu vereinbaren ist. Durch den frühzeitigen Zugang zu derartigen Partnern besteht begründete Aussicht, Wettbewerber langfristig auf ungünstigere und andere Pfade abzudrängen und vor allem Leistungsschübe im Potenzialbereich zu bewirken.

- Schließlich ist mit Blick auf die Nachfrage die Schaffung einer Plattform für das Marketing erforderlich. In diesem Sinne gilt es, ausgewählte Nachfrager frühzeitig in die Entwicklung der neuen Leistungskonzeptionen einzubeziehen, um die Marktnähe zu gewährleisten. Dass hierzu nicht alle Nachfrager in gleicher Weise geeignet sind, hat *von Hippel* (1986) mit dem Lead-User-Konzept nachgewiesen. Lead User sind diejenigen Nachfrager, die früher als andere auf die betreffenden Problemstellungen stoßen, von deren Lösung profitieren und insgesamt für den Gesamtmarkt in ihrer Bedarfskonstellation als repräsentativ gelten. Ihre Einbeziehung kann sich überdies deswegen als sinnvoll erweisen, weil sie in ihrer Rolle zugleich auch Meinungsführer sein können (allerdings nicht müssen). Daher sind gerade meinungsführende Lead User für eine Einbeziehung besonders geeignet, weil sie Kooperations-, Synergie- und Akquisitionspotenzial in die Beziehung mit einbringen. Zusätzlich zur Einbindung derartiger Pilotkunden in den Transformationsprozess kann der Aufbau einer Marketing-Plattform bereits weiterführende akquisitorische Schritte beinhalten, die auf eine breitere Vorbereitung des Marktes auf die spätere Vermarktungsphase hinwirken. Derartige Schritte werden unter das so genannte „Prä-Marketing" (*Möhrle* 1995) gefasst. Deren Einsatzmöglichkeiten sind im Entrepreneurial Marketing aufgrund vorhandener Mittelrestriktionen (vgl. *Freiling* 2014 in diesem Band) zumeist begrenzt. Allerdings können z. B. elektronisch gestützte Marketing-Maßnahmen vor allem im kommunikativen Bereich erwogen werden, um den Markt auf das Leistungsangebot oder/und den Anbieter einzustimmen.

Die dritte und letzte Wettbewerbsphase gemäß Abb. 2.1 stellt der oben bereits beschriebene Wettbewerb um Marktanteile dar (Marktphase). Auch wenn *Hamel und Prahalad* (1995) in ihrem Modell darauf hinweisen, dass gerade in diesem Abschnitt des Wettbewerbs Fragen der marktlichen Positionierung mit im Vordergrund stehen, um das Potenzial der Märkte nutzen zu können, darf diese grundsätzlich zutreffende Feststellung den Blick nicht darauf verstellen, dass positionierungsrelevante Weichenstellungen bereits in der zweiten Phase erfolgt sein sollten. Ebenso sollte auf Maßnahmen zur Durchsetzung eines marktlichen Standards aufgebaut werden, um die Etablierung erfolgreich abschließen zu können. Generell können in dieser Phase „Treiber" und „Getriebene" unterschieden werden. Welcher Anbieter sich in welcher Rolle befindet, ist maßgeblich von den ressourcen- und kompetenzbezogenen Schritten der beiden ersten Phasen abhängig. Für das Entrepreneurial Marketing muss spätestens in dieser Phase des Wettbewerbs um Marktanteile festgelegt werden, mit welcher Marketing-Strategie die Wettbewerbsvorteilspotenziale genutzt werden sollen. Dies erfordert Festlegungen sowohl bezüglich der Ansprache der relevanten Kunden als auch mit Blick auf das Verhalten gegenüber der Konkurrenz (*Freiling* 2006, S. 255 ff.).

Vor dem aufgezeigten Hintergrund wird das unternehmerische Element deutlich, welches der ressourcen- und kompetenzbasierten Perspektive zu Grunde liegt. Auf Basis eines ständigen Abgleichs eigener Entwicklungsmöglichkeiten mit den langfristigen Veränderungen der Nachfrage sind Opportunitäten zu identifizieren und zu evaluieren. Durch diese Gegenüberstellung interner und externer Gegebenheiten ergeben sich Optionen zur Gestaltung einer noch zu schaffenden Geschäftsgrundlage. Dabei ist das Entrepreneurial Marketing im ressourcen- und kompetenzbasierten Kontext immer nachfrage- und stärken-/schwächenorientiert. Zur Ergänzung der bislang primär markt- und branchenbezogenen Betrachtung wird im nachfolgenden die Mikroperspektive des einzelnen Anbieters eingenommen, die auch in den bisherigen Überlegungen schon mehrfach angeklungen ist.

3 Entrepreneurial Marketing und kompetenzbasiertes Anbieterhandeln

Der ressourcen- und kompetenzbasierte Ansatz zielt darauf ab, mittels der gegenwärtig und zukünftig verfügbaren Ressourcen und Kompetenzen des Anbieters die Position im Markt zu verbessern, was die Aktivierung dieser Potenziale zwecks Abschluss von erfolgreichen Transaktionen im Rahmen werttreibender Kundenbeziehungen voraussetzt. Damit verbunden ergibt sich ein Wechselspiel von Potenzialnutzung (Exploitation) und Potenzialentwicklung (Exploration). Durch das Management der marktrelevanten Potenziale (Ressourcen und Kompetenzen) wird eine Zufuhr von Leistungen in den Markt ermöglicht (Marktzufuhr), die eine erfolgreiche Teilnahme an Marktprozessen bewirken soll. Marktzufuhr und Marktprozess (*Schneider* 1995) greifen somit ineinander. Diese Verzahnung lässt sich auch anhand von Abb. 3.1 nachvollziehen, wie nachfolgend erläutert wird. Dabei wird mit Blick auf die Ressourcen und Kompetenzen auf das in Abschn. 2 bereits vorgestellte Begriffsverständnis verwiesen.

In der Abbildung lässt sich die Marktbezogenheit der anbieterbezogenen Tätigkeit in zweierlei Weise erkennen: Erstens ist das gesamte Wertschöpfungssystem im Sinne der Ausführungen von Abschn. 2 dadurch gekennzeichnet, dass es der Realisierung von Leistungskonfigurationen dient, die auf Basis visionärer Gestaltung zu einer im Zeitablauf besseren Bedürfnisbefriedigung der relevanten Kundschaft dienen. Dies setzt einen Abgleich mit den Marktanforderungen auf zukünftigen Märkten voraus und führt zu ständigen Aufbau- und Anpassungsprozessen im Potenzialbereich: Homogene Inputgüter müssen mit Blick auf die Marktanforderungen mit anderen kombiniert und vor allem markt- bzw. kundenspezifisch ausgerichtet werden. Diese Koppelung von Faktoren geht mit Lernprozessen seitens der betroffenen Mitarbeiter einher und trägt zu den in Abb. 3.1 beschriebenen Veredelungsprozessen bei, für die der Aufbau und die Weiterentwicklung einer Veredelungskompetenz aus Sicht eines Ventures erforderlich ist.

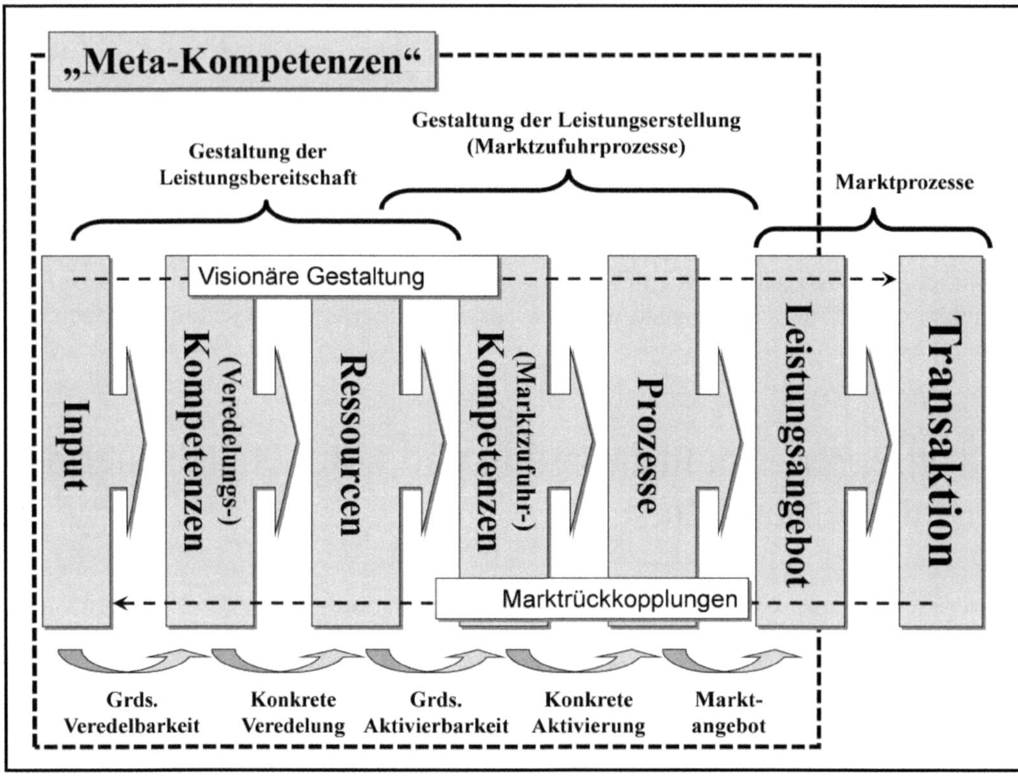

Abb. 3.1: Argumentationslogik kompetenzbasierter Ansätze
Quelle: *Freiling et al.* 2006, S. 54

Die dadurch geschaffenen Ressourcen verleihen der Unternehmung ein individuelles und marktrelevantes Profil sowie ein Leistungspotenzial, das zur Teilnahme an Marktprozessen aktiviert werden muss. Dazu bedarf es der so genannten Marktzufuhrkompetenzen, die wertschöpfende Prozesse auslösen und somit zur Schaffung eines Leistungsangebots führen, das in Marktprozessen zum Abschluss günstiger Transaktionen führen soll. Der visionsgesteuerte Aufbau eines derartigen Systems gehört zu den zentralen marktbezogenen Aufgaben eines Ventures.

Da nicht jede visionäre Vorstellung von Leistungskonzepten für zukünftige Märkte auch geplant umgesetzt werden kann, sind zweitens permanente Anpassungsprozesse zwischen der Anbieter- und der Nachfragerseite erforderlich. So erhält der Anbieter durch die Teilnahme an Marktprozessen eine Rückkoppelung, ob und wie weit seine Vorstellungen zutreffend sind. Aus Sicht des Ventures sind derartige transaktionsbezogene Rückkoppelungen streng genommen erst möglich, wenn die Gründung bereits erfolgt ist (Start-up- und Etablierungsphase). Unter Berücksichtigung der Ausführungen von Abschn. 2 ist aber deutlich geworden, dass auch vor der ersten Transaktion – und somit bereits während der Seed-Phase (zur Phasenstruktur: *Freiling* 2006) – eine intensive Abstimmung zwischen beiden Marktseiten möglich und sinnvoll sein kann. Mittels der in Abb. 3.1 beschriebenen Metakompetenzen wird dazu beigetragen, die organisationale Entwicklung des gesamten Wertschöpfungssystems des Anbieters in marktbezogener Weise unter Berücksichtigung interner und externer Impulse anzustoßen und zu lenken. Die Frage nach dem Inhalt dieser Metakompetenzen kann am besten durch Verweis auf die Diskussion um die sog. „Dynamic Capabilities" (*Teece* 2007, 2014) beantwortet werden. Dynamic Capabilities setzen sich aus drei ineinander greifenden Bausteinen zusammen: dem „Sensing", dem „Seizing" und dem „Reconfiguring" (*Teece* 2007). Das Sensing dient der Identifikation von Opportunitäten – auch und gerade auf Märkten. Das Seizing stellt auf den Prozess der Abwägung zu ergreifender Maßnahmen und der anschließenden Durchführung ab. Um ein Unternehmen an sich über die Zeit hinweg anzupassen und zukunftsgerecht aufzustellen, ist das Reconfiguring erforderlich.

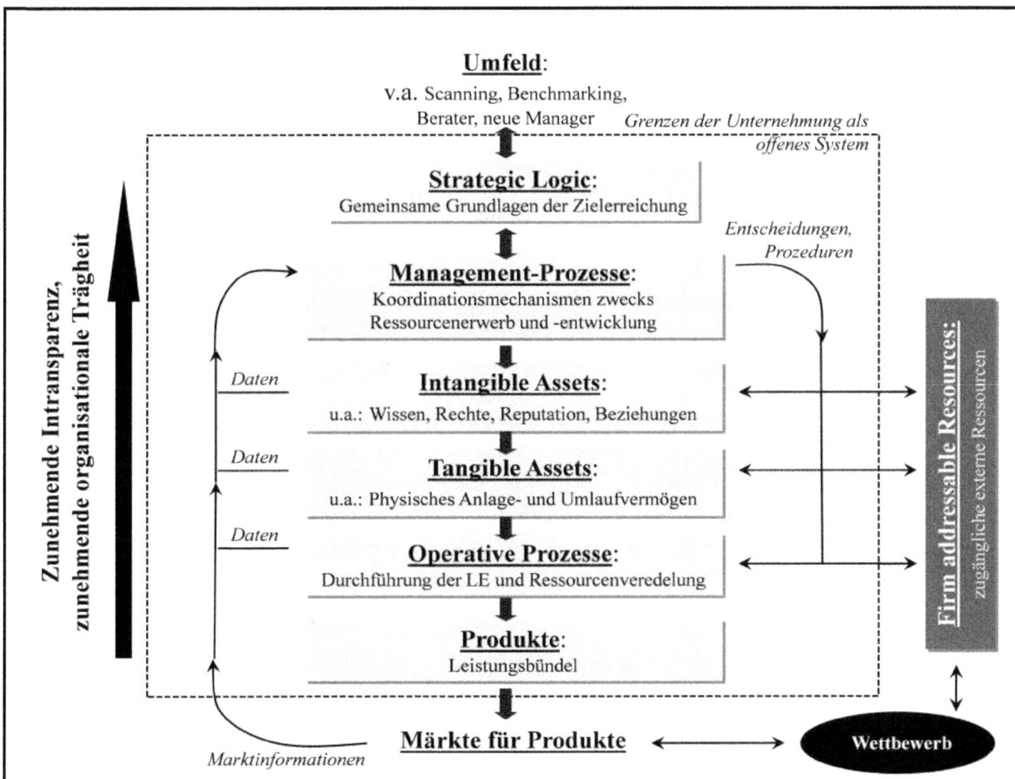

Abb. 3.2: Open System View
Quelle: in Anlehnung an *Sanchez und Heene* 1996, S. 41

Die vorgetragenen Überlegungen gehen mit einer Modellierung von Unternehmen konform, die auf dem systembasierten Denken beruht und diese als grundsätzlich gegenüber der Außenwelt offene Einheiten versteht, die in permanenter Interaktion mit der Umwelt stehen. Dies findet Niederschlag in dem sog. „Open System View“, der nachfolgend ausführlicher dargelegt wird, weil auch er einen Bezugsrahmen für das Entrepreneurial Marketing abgibt.

Auf dieser Basis lassen sich nunmehr die Anforderungen eines ressourcen- und kompetenzbasierten Entrepreneurial Marketings entlang des Open System View von *Sanchez und Heene* (1996) in Abb. 3.2 konkretisieren. Versteht man die anbietende Unternehmung als ein offenes wertschöpfendes System, so ist dieses eindeutig durch die Systemelemente gekennzeichnet, die sich innerhalb der gepunkteten Linie von Abb. 3.2 befinden. Es handelt sich hierbei um folgende Elemente:

- Strategic Logic: *Prahalad und Bettis* (1986, S. 490) kennzeichnen eine derartige steuerungsrelevante Logik als „(...) the way in which managers conceptualize the business and make critical resource allocation decisions (...)“. *Sanchez et al.* (1996, S. 10) präzisieren die Vorstellung wie folgt: „Strategic logic [i.O. fett] refers to the rationale(s) employed (explicitly or implicitly) by decision makers in the firm as to how specific deployments of resources are expected to result in an acceptable level of attainment of the firm's goals.” Derartige Wahrnehmungsfilter und Interpretationsschemata, die im Gründungskontext besonders eng mit den Gründern verknüpft sind, entscheiden maßgeblich über die Offenheit des Ventures gegenüber der Kundenseite sowie der Umwelt. Sie beinhalten überdies führungsrelevante Ansätze, wie das Geschäft zu betreiben ist. Damit wirken sie zugleich beeinflussend auf das nachfolgend beschriebene Systemelement.
- Managementprozesse: Sie geben die Richtung vor, in die sich der Anbieter – insbesondere mit Blick auf die Zielmärkte – bewegt. In die Managementprozesse finden die Vorstellungen über die Gestaltung der Geschäftsbasis und die Rolle der (zu gründenden bzw. gegründeten) Unternehmung Eingang. Daneben werden auch die verfügbaren Potenziale berücksichtigt. Die Managementprozesse befinden sich in Wechselwirkung zur Strategischen Logik im o.g. Sinne.
- Die verfügbaren Potenziale intangibler und tangibler Art bestimmen den Handlungsrahmen und verleihen dem Anbieter für seinen Auftritt im Markt ein spezifisches Profil. Dieses Profil wird bestimmt durch die Koppelung und Nutzung vorhandener Faktoren. Daneben tragen vor allem die Mitarbeiter, das verfügbare Wissen und die erworbenen Fähigkeiten zu dem spezifischen Profil bei, was sich wiederum in marktbezogenen Potenzialen, wie z. B. der Marke, niederschlagen kann.
- Die Prozesse und die daraus entstehenden Produkte stellen die beiden nachgelagerten Systemelemente dar, die im Marketing üblicherweise als Gestaltungsobjekte im Mittelpunkt stehen. Durch den Open System View lässt sich deren Stellung einordnen,

gleichzeitig aber auch die Marketingrelevanz der anderen Systemelemente herausstellen.

Anknüpfend an die bislang geführte Diskussion und mit Blick auf den Open System View ergeben sich folgende fünf Aufgabenkomplexe im Entrepreneurial Marketing:

- Gründungsmarketing als Entdeckungsaufgabe: Ganz im Sinne der Vorstellung des Wettbewerbs als Entdeckungsverfahren im Sinne von von *Hayek* (1969) ist das Entrepreneurial Marketing insbesondere als eine Suchaufgabe nach zum Potenzialprofil passenden, ergiebigen und auf lange Sicht tragfähigen geschäftlichen Gelegenheiten (Opportunitäten) zu verstehen. Dies schließt die Berücksichtigung der langfristigen Entwicklung von Kundenwünschen und eigenen Potenzialen (repräsentiert durch alle Elemente im Sinne des Open System Views) mit ein und lenkt den Blick auf ein im Wettbewerbsvergleich besseres Verständnis der Kundenseite. Gerade wenn es auf Basis vorhandener Informationen und deren Interpretation gelingt, die Entwicklungsprozesse im Nachfragerbereich besser zu orten und einzuordnen, wird die Grundlage zur Erzielung nachhaltiger Wettbewerbsvorteile auf Märkten gelegt. Gründungsbezogenes Marketing ist in diesem Sinne in besonderer Weise auf die Aufnahme und Verarbeitung von Information in Richtung auf Wissen und Kompetenzen zu verstehen.
- Gründungsmarketing als visionäre Gestaltungsaufgabe: Wenngleich es Situationen gibt, in denen das Marketing vor allem eine möglichst umfassende Anpassung an die Kunden gewährleisten muss (so z. B. im Wettbewerb um Marktanteile gemäß Abb. 2.1), so ist es dennoch das Ziel, durch ein aktives, kreatives, präventives, die Entwicklungen antizipierendes Handeln Freiheitsgrade auf Märkten zu erzielen. Die entsprechenden Handlungen und Angebote können daher – wie das Sony-Beispiel zeigt – mit Blick auf die jeweils aktuellen Bedürfnisse der Nachfrager nicht immer vollständig konform gehen, sondern müssen zur Erschließung neuer Märkte auch vorübergehende Unstimmigkeiten im Sinne eines Entwicklungsvorlaufs mit einschließen. Dies wirkt sich im Open System View durch temporäre Disharmonien an der unteren Schnittstelle der Unternehmung zum Absatzmarkt aus. Es ist aber gerade mit Blick auf das Marketing im Gründungskontext die Frage zu beantworten, ob und wie durch den Marktauftritt des Ventures neue Marktgrundlagen geschaffen werden können. Zwar wird nicht jede Gründung mit einem derartigen marktorientierten Innovationsanspruch antreten können, was jedoch nicht von der Aufgabe entbindet, die entsprechenden Möglichkeiten aus Venture-Sicht gründlich zu prüfen.
- Gründungsmarketing als Koordinationsaufgabe: Im Mittelpunkt von Abb. 3.2 stehen die Systemelemente der anbietenden Unternehmung. Sie sind in marktgerechter Weise zu gestalten, um Transaktionsgrundlagen im o.g. Sinne zu schaffen. Dies erfordert die Wahrnehmung unterschiedlicher Koordinationsaufgaben, die im Kontext des ressourcen- und kompetenzbasierten Ansatzes wie folgt zugespitzt werden können: (a) Spezifizierung der Potenziale in Richtung auf die definierte Zielkundschaft zwecks Erhöhung der Kundennähe, (b) Erhöhung der Schlagkraft eigener Potenziale durch

Integration so genannter „firm-addressable resources“, die im rechten Bereich der Abbildung aufgelistet sind und die sowohl von Kooperationspartnern als auch von Kunden stammen können sowie (c) Entwicklung der auf diese Weise verfügbaren Potenziale in Richtung auf marktliche Assets. In dieser Hinsicht ist mit *Moldaschl* (2005) festzustellen, dass grundsätzlich zwischen erschöpflichen, regenerativen und generativen Mitteln zu differenzieren ist. Auffällig ist, dass bestimmte marktliche Assets wie Marken oder Interaktionsfähigkeiten mit Kunden zur letztgenannten Kategorie zählen können und sich diese Faktoren durch den Einsatz anreichern: Eine Marke kann z. B. an Wert und Schlagkraft zulegen, wenn sie über einen hohen Bekanntheitsgrad verfügt und durch die Nutzung in Marktprozessen an Profil gewinnt. Aufgrund der üblichen Mittelrestriktionen von Ventures, von denen gerade der Marketingbereich betroffen ist, kann deren Aufbau und gezielte Nutzung zur Beseitigung von Engpässen beitragen. Die Koordinationsaufgaben beschränken sich allerdings nicht nur auf die Nutzung vorhandener Potenziale in der ursprünglich vorgesehenen Verwendung, sondern auch auf die Erkennung neuer Verwendungsmöglichkeiten einschließlich des damit verbundenen Transfers im Sinne eines Resource Leveraging bzw. Competence Leveraging (*Sanchez et al.* 1996). Dies geht mit der o.g. Entdeckungsaufgabe des Entrepreneurial Marketings einher.

- Gründungsmarketing als Akquisitionsaufgabe: Die mitunter selbstverständlichste Aufgabe ist im unteren Bereich von Abb. 3.2 abgetragen und betrifft den schwierigen Prozess der Gewinnung erster Kunden und der anschließenden Bindung. Die rasche Bindung gewonnener Kunden ist gerade für das Entrepreneurial Marketing zentral, weil die Akquisitionskosten für ein bestimmtes Geschäftsvolumen mit einem gebundenen Kunden mehrfach oberhalb der Kosten für einen noch zu gewinnenden Kunden liegen. Entsprechend ist das gründungsbezogene Marketing in besonderer Weise auf den Einstieg in Geschäftsbeziehungen und weniger auf einmalige Transaktionen angelegt.

- Gründungsmarketing als Justierungsaufgabe: Im linken Bereich von Abb. 3.2 ist schließlich en Aufgabenkomplex beschrieben, der zum Zwecke einer nachhaltigen Etablierung des Ventures von zentraler Bedeutung ist. Es handelt sich hierbei um das Management der kundenseitigen Rückkoppelungen, mit denen der Anbieter im Rahmen von Marktprozessen in Kontakt gerät. Insbesondere in Anbetracht der Aufgaben im Bereich der visionären Gestaltung von Leistungsangeboten und Märkten ist je nach deren Ausübungsgrad ein besonderer Abstimmungsbedarf zwischen Anbieter und Zielkundschaft gegeben, da ein Jungbetrieb allein schon informations- und erfahrungsbedingt kaum in der Lage sein kann, die kundenbezogene Adäquanz eigener Angebote, aber auch eigener Prozesse und Leistungsbereitschaften (Potenziale) hinreichend genau abzuschätzen. Dann aber ist der Anbieter umso mehr auf Rückkoppelungen seitens der Kunden angewiesen, um sein Wertschöpfungssystem entsprechend anpassen und justieren zu können.

4 Fazit

„Nur der kann Unternehmer werden und Unternehmer bleiben, der sich täglich von neuem als vollkommenster Vollstrecker der Befehle der Verbraucher bewährt. Wer diese Prüfung nicht besteht, erleidet Verluste und wird, wenn er nicht, dadurch belehrt, sein Verhalten ändert, in seiner Unternehmerstellung beschränkt und schließlich ganz aus seiner Unternehmerstellung gedrängt. Die Notwendigkeit, Gewinne zu erzielen, zwingt den Unternehmer, sich den Wünschen der Verbraucher, die auf dem Markt geäußert werden, so schnell und so vollkommen wie möglich anzupassen. Wenn er das nicht vermag, oder sich dagegen auflehnt, wird er über kurz oder lang aufhören, Unternehmer zu sein.“ Dieses Zitat von *Ludwig von Mises* (1940, S. 271) kann auf den ersten Blick als ein deutliches Plädoyer für ein Marketing im Sinne des traditionellen Market-based View verstanden werden. Die perfekte Anpassung sollte jedoch nicht dahingehend missverstanden werden, dass hierin die einzige unternehmerische Aufgabe zu sehen ist, die demnach auch das Marketing bestimmen muss. Vielmehr hat gerade *von Mises* (1940) an anderer Stelle die unternehmerische Rolle betont, die darin besteht, Märkte ständig neu zu erschaffen – in ständiger Beobachtung der Erfordernisse von Märkten. Insofern ist das hier vorgestellte Konzept des ressourcenbasierten Marketings im Gründungskontext ein in der Tat sehr marktorientiertes und weist überdies viele Gemeinsamkeiten mit dem marktbasierten Konzept auf, wie es *Kollmann und Kuckertz* (2014) in diesem Band vorgestellt haben.

Literaturverzeichnis

Alvarez, S.A., Barney, J.B.: Resource-based Theory and the Entrepreneurial Firm. In: Hitt, A., Ireland, R.D., Camp, S.M., Sexton, D.L. (Hrsg.) Creating New Mindset: Integrating Strategy and Entrepreneurship Perspectives. Wiley-Blackwell, New York (2002)

Dollinger, M.J.: Entrepreneurship. Strategies and Resources. 3. Aufl., Prentice Hall, Upper Saddle River, N.J. u. a. (2003)

Foss, N.J., Klein, P.G., Kor, Y.Y., Mahoney, J.T.: Entrepreneurship, Subjectivism, and the Resource-based View. Working Paper. University of Illinois at Urbana-Champaign, Urbana-Champaign, Ill (2006)

Freiling, J.: A Competence-based Theory of the Firm. Management Revue 15, 27–52 (2004)

Freiling, J.: Entrepreneurship. Theoretische Grundlagen und unternehmerische Praxis. Vahlen, München (2006)

Freiling, J.: Die theoretischen Grundlagen des Entrepreneurial Marketings. In: Freiling, J., Kollmann, T. (Hrsg.) Entrepreneurial Marketing. 2. Aufl., Springer Gabler, Wiesbaden (2015)

Freiling, J., Gersch, M., Goeke, C.: Eine „Competence-based Theory of the Firm" als marktprozesstheoretischer Ansatz. In: Schreyögg, G., Conrad, P. (Hrsg.) Managementforschung, Band 16: Management von Kompetenz, 37–82. Gabler, Wiesbaden (2006)

Freiling, J., Gersch, M., Goeke, C.: On the Path Towards a Competence-based Theory of the Firm. Organization Studies 29, 1143–1164 (2008)

Jacobides, M.J., Knudsen, T., Augier, M.: Benefiting from Innovation – Value Creation, Value Appropriation and the Role of Industry Architectures. Research Policy 35, 1200–1221 (2006)

Hamel, G., Prahalad, C.K.: Wettlauf um die Zukunft. Ueberreuter Wirt., Wien (1995)

Kollmann, T., Kuckertz, A.: Implikationen des Market-Based-View für das Entrepreneurial Marketing. In: Freiling, J., Kollmann, T. (Hrsg.) Entrepreneurial Marketing. 2. Aufl., Springer Gabler, Wiesbaden (2015)

Möhrle, M.: Prämarketing. Gabler, Wiesbaden (1995)

Moldaschl, M.: Kapitalarten, Verwertungsstrategien, Nachhaltigkeit. In: Moldaschl, M. (Hrsg.) Immaterielle Ressourcen, 47–68. Rainer Hampp, München (2005)

Prahalad, C.K., Bettis, R.A.: Dominant Logic. Strategic Management Journal 7, 485–501 (1986)

Sanchez, R., Heene, A.: A Systems View of the Firm in Competence-based Competition. In: Sanchez, R., Heene, A., Thomas, H. (Hrsg.) Dynamics in Competence-based Competition, 39–62. Pergamon, Oxford u. a. (1996)

Sanchez, R., Heene, A., Thomas, H.: Towards the Theory and Practice of Competence-based Competition. In: Sanchez, R., Heene, A., Thomas, H. (Hrsg.) Dynamics of Competence-based Competition, 1–35. Pergamon, Oxford u. a. (1996)

Schneider, D.: Betriebswirtschaftslehre, Band 1: Grundlagen. 2. Aufl., Oldenbourg, München, Wien (1995)

Shepherd, D.A., Wiklund, J.: Entrepreneurial Small Business. A Resource-based Perspective. Edward Elgar, Cheltenham, Northampton (2005)

Teece, D.J.: Explicating dynamic capabilities: The nature and microfoundations of (sustainable) enterprise performance. Strategic Management Journal 28, 1319–1350 (2007)

Teece, D.J.: A dynamic capabilities-based entrepreneurial theory of the multinational enterprise. Journal of International Business Studies 45, 8–37 (2014)

Von Hayek, F.A.: Wettbewerb als Entdeckungsverfahren. In: Von Hayek, F.A. (Hrsg.): Freiburger Studien, 249–265. Mohr, Tübingen (1969)

Von Hippel, E.: Lead Users: A Source of Novel Product Concepts. Management Science 32, 791–805 (1986)

Von Mises, L.: Nationalökonomie. Editions Union, Genf (1940)

Teil III:
Entrepreneurial Marketing:
Die Zielgruppen

Michael J. Fallgatter, Siegrun Brink und Franziska Stelzer

Entrepreneurial Marketing und Organisationale Legitimation

Michael J. Fallgatter, Prof. Dr.
Inhaber des Lehrstuhls für BWL
insb. Personalmanagement und Organisation
Bergische Universität Wuppertal
E-Mail: fallgatter@wiwi.uni-wuppertal.de.

Siegrun Brink, Dr.
Wissenschaftliche Mitarbeiterin
Institut für Mittelstandsforschung, Bonn
E-Mail: brink@ifm-bonn.org.

Franziska Stelzer, Dr.
Mitarbeiterin im Bereich
Qualitätssicherungstransdisziplinärer Wissenschaftsprozess
Wuppertal Institut für Klima, Umwelt, Energie
E-Mail: franziska.stelzer@wupperinst.org.

1 Einführung

Statistiken zu den Überlebenschancen junger Unternehmen zeigen, dass die Sterbensrate junger Unternehmen in den ersten drei bis fünf Jahren besonders hoch ist (*Zimmerman/Zeitz* 2000, S. 416). Es wird von einem Wert zwischen 40-50 % ausgegangen (*Forsyth* 2005, S. 429; *van Praag* 2003, S. 1; *Bates* 1995, S. 29). Allerdings gibt es im Gegenzug auch Hinweise darauf, dass einige Vorgehens- und Handlungsweisen dazu beitragen, diese zu verringern. Ein Beispiel hierfür sind Marketingaktivitäten (*Gruber* 2004b, S. 164). Im Speziellen wird mit diesem Kap. die Thematik Entrepreneurial Marketing angesprochen, das hier als Marketing von nicht etablierten Unternehmen definiert wird.

Ergänzend zu den etablierten und viele handlungsorientierte Maßnahmen illustrierenden Arbeiten (z. B. *Gruber* 2004a, 2004b; *Rüggeberg* 2003; *Gierl/Helm* 2003; *Faix* 2001; *Koppelmann* 2001), fokussiert der Beitrag einen bislang nicht im Vordergrund stehenden Aspekt. Es geht um die wichtige Frage der Legitimation junger Unternehmen und junger Branchen. Das Ziel besteht darin, die spätestens seit Mitte der 90er Jahre etablierte sog. Legitimationsforschung für das Entrepreneurial Marketing zu nutzen. Es rücken neue Facetten des Marketings in den Vordergrund, die den Ausgangspunkt für Einzelmaßnahmen bieten können.

Der Argumentationsgang besteht aus drei Schritten: Zum Ersten wird das Entrepreneurial Marketing als Gegenstandsbereich dargestellt. Dazu werden drei bedeutende Modelle des Entrepreneurial Marketing exemplarisch vorgestellt (Abschn. 2). Zum Zweiten werden die Herausforderungen junger Unternehmen beleuchtet und die Thematik organisationaler Legitimität aufgegriffen (Abschn. 3). Vor diesem Hintergrund erfolgt zum Dritten die Zusammenführung der beiden Themenbereiche, welche zu grundlegenden Hinweisen für das Entrepreneurial Marketing führt (Abschn. 4).

2 Zum Entrepreneurial Marketing

Um eine Basis für die folgenden Ausführungen zu schaffen, wird in diesem Kap. gezeigt, was der Begriff „Entrepreneurial Marketing“ umfasst und auf welche Aktivitäten er sich richtet. Diese bilden im weiteren Verlauf Anknüpfungspunkte für die Diskussion der Legitimation junger Unternehmen.

2.1 Begriffsverständnis des Entrepreneurial Marketing

Nach *Gruber* (2004a, S. 79) sollten unter den Begriff „Entrepreneurial Marketing" nur Marketingaktivitäten junger potentialreicher Unternehmen gefasst werden. Der vorliegende Beitrag greift diese Sichtweise auf. Zwar könnte Entrepreneurial Marketing auch unmittelbar an Ergebnissen und Modellen der allgemeinen Marketingliteratur ansetzen, es ist aber festzustellen, dass es einige spezifische Herausforderungen für junge Unternehmen hinsichtlich ihrer Marketingaktivitäten gibt, die mit der Durchsicht der bekannten Literatur nicht beantwortet werden können. Unter diesen Herausforderungen werden z. B. Ressourcenmangel, Vorherrschen großer Unsicherheit und eine geringe Unternehmensgröße verstanden (s. Abschn. 3.1). Mit Spezifität der Herausforderungen ist weniger gemeint, dass etablierte Unternehmen mit jenen nicht konfrontiert sind, sondern vielmehr, dass junge Unternehmen allen Herausforderungen gleichzeitig begegnen müssen, was sich auf ihre Marketingaktivitäten auswirkt. Daher gilt es, zum besseren Verständnis des Themenspektrums Entrepreneurial Marketing, nicht nur Informationen aus der allgemeinen Marketingliteratur zu betrachten, sondern auch aus verwandten Bereichen wie z. B. dem Innovationsmanagement oder dem Strategischen Management.

Themenbereiche, die bereits umfassend von der allgemeinen Marketingliteratur abgedeckt werden, sind z. B. Marktsegmentierung, Marketingstrategien und Preispolitik (s. dazu z. B. *Gierl/Helm* 2003, S. 73 f.; *Rüggeberg* 2003; *Faix* 2001, S. 207 f.; *Meffert et al.* 2012). Neben dieser sozusagen regulären Problematik sind junge Unternehmen mit grundlegenderen Aufgaben konfrontiert wie z. B. der Entdeckung, Bewertung und Ausschöpfung von Handlungsfeldern (*Shane/Venkataraman* 2000, S. 218-221), der Etablierung basaler Marketingfunktionen (*Gruber* 2004b, S. 177), dem Aufbau eines „Namens" und einer Unternehmensidentität (*Gruber* 2004b, S. 177; *Goldberg et al.* 2003, S. 169). Folglich sollte sich Entrepreneurial Marketing primär mit den Aspekten des Aufbaus und der Strukturierung der Organisation z. B. in Form einer Etablierung von Marketingfunktionen befassen (*Gruber* 2004b, S. 176). Zur weiteren Klärung des Gegenstandsbereichs werden nachfolgend drei bekannte Prozessmodelle des Entrepreneurial Marketing vorgestellt.

2.2 Entwicklung von Marketingaktivitäten

Die Entwicklung der Marketingaktivitäten in einem jungen Unternehmen kann als ein Prozess betrachtet werden, der sich über mehrere Stufen hinweg bewegt (*Gruber* 2004b, S. 173). Einflussreiche Modelle sind hierbei das Modell von *Tyebjee et al.* (1983), das Modell von *Carson (*1985) und das *Modell von Boag* (1987).

Das Modell von *Tyebjee et al.* (1983) basiert auf einer Interviewstudie mit Gründern von Hochtechnologie-Unternehmen und kann vier verschiedene aufeinander folgende Phasen identifizieren, nach denen sich das Marketing in jungen Unternehmen entwickelt (s.

Tyebjee et al. 1983, S. 62-66). Als besonders bedeutend bzw. erfolgserklärend wurde das persönliche Netzwerk des Gründers bzw. der Gründer angesehen. Anstatt im Rahmen ihrer Marketingaktivitäten nur zu reagieren, sollte sich der wachsende Marketingapparat junger Unternehmen nach Meinung der Autoren in einer geordneten Form entwickeln. Dies vermeidet einen „traumatischen Übergang" von einer Wachstumsphase in die nächste (*Tyebjee et al.* 1983, S. 62).

Auch das Modell von *Carson* (1985) basiert auf einer empirischen Studie über junge Unternehmen in Nordirland. Junge Unternehmen durchlaufen einen Entwicklungsprozess, der von reaktivem zu proaktivem Marketing führt (s. *Carson* 1985, S. 10-14). Nach Ansicht *Carsons* (1985, S. 7) sind Marketingaktivitäten junger Unternehmen eher instinktiv und intuitiv. Dies liegt darin begründet, dass junge Unternehmen oftmals nicht über einen Marketing-Spezialisten verfügen. Das Fehlen eines solchen Spezialisten kann unter die allgemeine Problematik junger Unternehmen, qualifiziertes Personal zu erhalten und zu beschaffen, gezählt werden (vgl. hierzu auch Abschn. 3.1).

Das Modell von *Boag* (1987) basiert ebenfalls auf einer Interviewstudie und fokussiert Aspekte der Marketingkontrolle in jungen Unternehmen, wobei ebenfalls vier verschiedene Phasen der Marketingentwicklung identifiziert wurden. *Boag* (1987, S. 375) stellte fest, dass junge Unternehmen in der Gründungsphase ihre Marketingaktivitäten betreffend, konstruktiv vorgehen und keine Elemente der Marketingkontrolle anwenden. Dieses ungeplante Vorgehen führt nach *Boag* (1987, S. 375) dazu, dass die Leistungen und Anstrengungen hinsichtlich des Marketings unkoordiniert und wenig effektiv sind.

Jedes der dargelegten Modelle nimmt vier Entwicklungsstadien an, die junge Unternehmen in Bezug auf die Ausbildung ihrer Marketingaktivitäten durchlaufen. In allen drei Modellen wird darüber hinaus angenommen, dass Marketing in jungen Unternehmen zu Beginn nur rudimentär existent ist. Das heißt, durch die Etablierung von dauerhaften Strukturen und der Ansammlung von Marketingwissen werden die Marketingaktivitäten über mehrere Ebenen hinweg zunehmend professioneller. Die wesentlichen Herausforderungen junger Unternehmen werden in den drei Modellen in den spezifischen situativen Bedingungen für unternehmerisches Handeln gesehen. Allerdings muss einschränkend hinzugefügt werden, dass die Modelle ihre Schlussfolgerungen rein auf empirische Ergebnisse stützen und nicht auf eine theoretische Basis. Zudem beziehen sie in ihre Überlegungen die wichtige Phase der Entdeckung von Handlungsfeldern nicht mit ein und thematisieren nicht, dass Gründer eines jungen Unternehmens schon zu Beginn eine professionelle Herangehensweise an Marketingaufgaben zeigen können (*Shane /Venkataraman* 2000, S. 217).

Zusammenfassend kann festgehalten werden, dass junge Unternehmen im Laufe ihrer Unternehmenstätigkeit geeignete Strukturen und Vorgehensweisen hinsichtlich des Marketings aufbauen müssen, um mit den sich ergebenden Veränderungen umgehen zu können und langfristig erfolgreich zu sein. Äußerst problematisch ist, dass den Unternehmensgründern zu Beginn oftmals die Erkenntnis und das Verständnis für die Wichtigkeit und den Umgang mit Marketing fehlen. Folglich sollte das Entrepreneurial Marketing besonders diese kritischen Felder beleuchten und versuchen, einen wertvollen Beitrag zu leisten. Neben dem fehlenden Wissen über Marketing und dem Mangel an Fachkräften zur Umsetzung möglicher Marketingmaßnahmen, stellen die besonderen situativen Bedingungen junger Unternehmen eine ganz spezifische Problematik im Rahmen des Marketings derartiger Unternehmen dar.

Im Zusammenhang mit den Bedingungen, mit denen insbesondere junge Unternehmen konfrontiert sind, taucht in der Wissenschaft der Begriff ‚Legitimität' bzw. ‚Legitimation' auf. Nachdem zunächst eine intensive Auseinandersetzung mit den Herausforderungen junger Unternehmen erfolgt, wird im Folgenden auf das Konstrukt der Legitimität und seine Bedeutung für junge Unternehmen Bezug genommen.

3 Zur Bedeutung von Legitimation junger Unternehmen

3.1 Herausforderungen für junge Unternehmen

Welsh und White (1981, S. 18) formulieren treffend: „a small business is not a little big business". Ausgehend von diesem Zitat kann es nicht Ziel junger Unternehmen sein, Marketingmaßnahmen etablierter Unternehmen zu imitieren oder in kleinerem Maßstab zu übernehmen – dies entspricht dem oben betonten Verständnis. Entsprechend rücken die spezifischen Bedingungen und Herausforderungen in den Mittelpunkt.

Als erste Herausforderung kann die Neuheit einer Unternehmensgründung angeführt werden. Diese Neuheit spiegelt sich innerhalb des Unternehmens vor allem in fehlenden organisatorischen Strukturen und einer nicht existenten Unternehmensgeschichte in Form von fehlenden Erfahrungswerten bereits durchgeführter unternehmerischer Handlungen wider. Aus unternehmensexterner Perspektive können speziell fehlende unternehmerische Beziehungen zu Kunden, Lieferanten und Kapitalgebern als problematisch betrachtet werden (*Aldrich/Fiol* 1994, S. 646). Diese Ausgangsbedingungen sind hauptsächlich dafür verantwortlich, dass sich junge Unternehmen mit der „Liability of Newness" (*Stinchcombe* 1965) konfrontiert sehen. Neben der Neuheit stellt die meist geringe Größe, als ein wesentliches Merkmal junger Unternehmen, diese vor zusätzliche Herausforderungen. Da eine geringe Unternehmensgröße auch geringe Mitarbeiterzahlen beinhaltet, haben diese Unternehmen oftmals mit Personalengpässen und relativ begrenzten Fähigkeiten sowie Fertigkeiten zu kämpfen.

Die Situation junger Unternehmen wird dabei zusätzlich durch die vorherrschenden Bedingungen im Unternehmensumfeld verschärft. So liegt meist eine durch erhebliche Unsicherheit geprägte Umwelt vor (*Gruber* 2004a, S. 81; *Aldrich/Fiol* 1994). Somit besteht ein kaum einschätzbares Entscheidungs- und Informationsrisiko, welches eine entscheidungstheoretische Handhabbarkeit nahezu unmöglich macht. Folglich wird nicht nur die Planung eines Unternehmens erschwert, sondern auch die Entwicklung der Wettbewerbsbedingungen auf den relevanten Märkten ist extrem schwer prognostizierbar (*Fallgatter* 2002).

Weiterhin ist davon auszugehen, dass junge Unternehmen über geringe bis keine Erfahrungen hinsichtlich des Marketings verfügen (*Gruber* 2004b, S. 168). Folglich sind Fehler in der Planung und Ausführung wahrscheinlich. Diese können aufgrund der bereits genannten geringen Ressourcenausstattung fatale Konsequenzen haben. Darüber hinaus erfordert die geringe Ausstattung an Ressourcen eine hohe Effizienz und Effektivität der durchgeführten Marketingaktivitäten, worin ein Grund liegen kann, dass junge Unternehmen sogenannte imaginative Formen des Marketings zu Beginn bevorzugen, wie z. B. Guerilla Marketing, Radical Marketing, Expeditionary Marketing u. a. (*Gruber* 2004b, S. 168; *Morris et al.* 2002, S. 1). Ebenso sind Strategien von Bedeutung, die bei der Akquirierung von Ressourcen unterstützen wie z. B. der Abschluss strategischer Allianzen.

Eine entscheidende Erweiterung erfährt diese Auflistung von Herausforderungen durch die Legitimationsforschung. Dies lenkt den Blick auf bislang beim Entrepreneurial Marketing nicht im Vordergrund stehende Zusammenhänge.

3.2 Legitimität junger Unternehmen

Der Erfolg eines jungen Unternehmens wird zu einem hohen Maße davon bestimmt, inwiefern es ihm gelingt, die notwendigen Ressourcen zu akquirieren. Das unternehmerische Handeln eines Unternehmens in einem übergeordneten sozialen System und die dafür erforderliche Erwerbung von Ressourcen machen es notwendig, dass die Nutzung dieser Ressourcen von der Gesellschaft als legitim eingestuft wird. Neben den üblicherweise als erfolgsbeeinflussend betrachteten technologischen und materiellen Imperativen werden gesellschaftliche Werte und Normen als wesentliche Bestandteile der Unternehmensumwelt angesehen. Diese Verknüpfung wird unter dem Konstrukt bzw. Begriff „organizational legitimacy" subsumiert, wobei ein überaus großer Facettenreichtum kennzeichnend für die Legitimationsforschung ist (*Suchman* 1995, S. 571 f.). Trotz der Unterschiedlichkeit der verschiedenen Begriffsbestimmungen weisen sie eine hohe Übereinstimmung dahingehend auf, dass die Deckungsgleichheit mit gesellschaftlichen Werten und Normen als zentrales Element von Legitimität angesehen wird (zu einem Überblick s. *Fallgatter/Brink* 2006). Als besonders geeignete Begriffsdefinition wird die von *Dowling und Pfeffer* (1975) angesehen, der hier in weiten Teilen gefolgt wird. Bei dieser Begriffsbestimmung handelt es sich um eine möglichst umfassende und dennoch nicht zu allgemeine Begriffsdefinition, auf die sich eine Vielzahl von wissenschaftlichen Beiträgen beruft (z. B. *Ashford/Gibbs* 1990; *Suchman* 1995).

Ein Unternehmen gilt als legitimiert, wenn: „...congruence between the social values associated with or implied by their [organizational] activities and the norms of acceptable behaviour in the larger social system of which they [organizations] are a part" (*Dowling/Pfeffer* 1975, S. 122) herrscht. Folglich muss ein Unternehmen zwischen dem gesellschaftlich begründbaren und anerkannten System aus Werten, Normen und Erwartungen auf der einen Seite und der Organisation selbst sowie deren unternehmerischen Aktivitäten auf der anderen Seite Kongruenz herstellen. Ein Unternehmen kann dann als legitim eingestuft werden, wenn sowohl das Unternehmen als auch dessen Ziele und Mittel zur Zielerreichung mit denen von relevanten Anspruchsgruppen vertretenen, allgemein anerkannten gesellschaftlichen Werten und Normen übereinstimmen (*Schreyögg und Koch* 2010, S. 34). Die Überlebenswahrscheinlichkeit einer Organisation wird demnach maßgeblich von deren Legitimität beeinflusst. Demzufolge kann Legitimität selbst als Ressource betrachtet werden, welche den Zugriff auf weitere Ressourcen ermöglicht (*Dowling/Pfeffer* 1990, S. 123).

Wird diesem Argumentationsgang gefolgt, so besteht ein Zusammenhang zwischen der Legitimität eines Unternehmens, dessen Ressourcenverfügbarkeit bzw. -zugriff und dessen Überlebenswahrscheinlichkeit. Aufgrund dieses Zusammenhangs ist die herausragende Bedeutung des Legitimitätserwerbs bzw. -aufbaus vor allem in den ersten Jahren nach der Gründung eines Unternehmens leicht erkennbar. Ein weiterer wichtiger Maßstab für die unternehmerische Leistung ist neben dem reinen Überleben dessen Wachstum. In diesem Zusammenhang kann die Verbindung zwischen dem Wachstum eines Unternehmens und dessen Möglichkeiten der Ressourcenakquirierung als offensichtlich betrachtet werden (*Zimmerman/Zeitz* 2002, S. 416 f.). Zusammenfassend kann festgehalten werden, dass Legitimität vor allem für Unternehmensgründungen – aber auch für bereits etablierte Unternehmen – eine sehr bedeutende Rolle für ihr Überleben und Wachstum spielt (*Aldrich/Fiol* 1994, S. 646).

Wird der Legitimität eine derart zentrale Rolle für das Überleben und das Wachstum junger Unternehmen zugewiesen, stellt sich in logischer Konsequenz die Frage danach, wie Unternehmen Legitimität erreichen können. Lange Zeit wurde innerhalb der Forschung davon ausgegangen, dass es sich um ein dichotomes Phänomen im Sinne von ‚vorhanden' oder ‚nicht vorhanden' handelt. Das beinhaltet, dass Unternehmen nicht in der Lage sind, sie durch den bewussten Einsatz bestimmter unternehmerischer Strategien zu beeinflussen (*Suchman* 1995, S. 572). Neuere Forschungen gehen jedoch davon aus, dass durch eine bewusste strategische Ausrichtung und bewusstes unternehmerisches Handeln Legitimität aufgebaut bzw. gesteigert werden kann (*Zimmerman/Zeitz* 2002, S. 421 f.).

3.3 Prozess der Legitimierung

Die Legitimierung eines Unternehmens wird mittlerweile als ein kontinuierlich verlaufender Prozess eingestuft. Der Begriff „Legitimation“ verdeutlicht dabei den prozessualen Verlauf des Legitimitätserwerbes (*Aldrich/Fiol* 1994; *Zimmerman/Zeitz* 2002). Während also der Begriff Legitimität ein bestimmtes Niveau an Legitimation bezeichnet, das einen – zwar veränderbaren – Zustand beschreibt, wird mit Legitimation oder Legitimierung der Prozess des Erwerbs von Legitimität charakterisiert (*Suchman* 1995, S. 571).

In Anlehnung an *Aldrich und Fiol* (1994, S. 645 f.) wird Legitimität in die Dimensionen „kognitiv“ und „soziopolitisch“ unterteilt. Ein Unternehmen hat demnach kognitive Legitimität erlangt, wenn breit geteiltes Wissen vorhanden und die Funktionsweise der Geschäftsidee bekannt ist (*Aldrich/Fiol* 1994, S. 648). Es wird angenommen, dass kognitive Legitimität dann am höchsten ist, wenn die Aktivitäten, Ziele und Strukturen eines Unternehmens so vertraut sind, dass sie als selbstverständlich betrachtet werden. Diese Art der Legitimität bezieht sich ausschließlich auf die Funktionsweise bzw. den Wissensstand bezüglich eines Geschäftskonzeptes und nicht auf die Funktionsfähigkeit bzw. Erwartungen, die an diese Geschäftskonzeption gestellt werden.

Mit der Beurteilung der Güte der Leistung beschäftigt sich die sog. soziopolitische Legitimität. Ein Unternehmen hat soziopolitische Legitimität erlangt, wenn die Personengruppe, mit der das Unternehmen im Austausch steht, das Unternehmen akzeptiert und als richtig bzw. wünschenswert erachtet. Im Vordergrund stehen hier die Übereinstimmung mit gesellschaftlichen Werten und Normen sowie die Einhaltung allgemeiner Regeln. Zentral ist hierbei, dass angenommen wird, dass ein Unternehmen nicht akzeptiert oder angenommen werden kann, wenn kein Wissen über das Unternehmen und somit keine kognitive Legitimität vorhanden ist. Allerdings gilt ebenso, dass Akzeptanz „verweigert“ werden kann, auch wenn die Funktionsweise des Konzeptes bekannt ist. Der Legitimierungsprozess verläuft nach *Aldrich und Fiol* (1994, S. 649) auf vier Ebenen: der Unternehmensebene, der brancheninternen Ebene, der branchenexternen Ebene und der institutionellen Ebene. Auf jeder Ebene gilt es jeweils erst kognitive Legitimität zu entwickeln, um soziopolitische Legitimität aufbauen zu können. Eine übersichtliche Zusammenschau des idealtypischen Verlaufs des Legitimierungsprozesses eines jungen Unternehmens in einer bis dahin nicht existenten Branche bietet Tab. 3.1.

Auf der ersten Ebene, der Unternehmensebene, müssen junge Unternehmen im Rahmen der Erreichung kognitiver Legitimität eine Wissensgrundlage schaffen. Mit Wissensgrundlage ist in diesem Zusammenhang die Schaffung von Verständnis für ein Geschäftskonzept und die Verbreitung von Wissen über dessen Funktionsweise angesprochen (*Aldrich/Fiol* 1994, S. 648). Zum Aufbau dieser Wissensbasis sollten Informationen gut „verpackt“ werden, indem z. B. symbolische Sprache bei der Kommunikation mit den Austauschpartnern verwendet wird. Nach Aufbau der Wissensbasis muss das Unternehmen versuchen, Vertrauen zu erzeugen, was in den Bereich soziopolitischer Legitimität fällt. Das Fehlen von Informationen, Erfahrungen und einer Unternehmensgeschichte führt zu mangelndem Vertrauen und fehlender Glaubwürdigkeit; gerade Vertrauen wird jedoch als fundamentale Basis allen unternehmerischen Handelns und als Voraussetzung für den Zugang zu Ressourcen wie Arbeit und Kapital angesehen. Da Vertrauen bei jungen Unternehmen nicht durch objektive Daten erreicht werden kann, sollten die Informationen beispielsweise in konsistente Geschichten eingebettet werden.

		Legitimitätsdimensionen	
		Kognitive Legitimität	Soziopolitische Legitimität
Prozessebene	Unternehmensintern	Entwicklung einer Wissensbasis durch Verwendung symbolischer Sprache und Verhaltensweisen.	Aufbau von Vertrauen durch Verwendung konsistenter Darstellungen bzw. sog. „Storytelling".
	Branchenintern	Entwicklung einer Wissensbasis durch Verwendung eines einheitlichen Designs.	Aufbau von Verlässlichkeit durch gemeinsame Branchenaktivitäten.
	Branchenextern	Entwicklung einer Wissensbasis über unternehmensförderliche Aktivitäten durch Dritte.	Aufbau eines „guten Rufes" durch unternehmerische Aktivitäten mit anderen Branchen in Form von Verhandlungen und Kompromissen.
	Institutionell	Entwicklung einer Wissensbasis durch Aufbau einer Verbindung mit existierenden Ausbildungssystemen.	Aufbau von Legitimität durch kollektives Marketing und Lobbyismus.

Tab. 3.1: Legitimierungsprozess
Quelle: in Anlehnung an *Aldrich/Fiol* 1994, S. 649

Auf der zweiten, brancheninternen Ebene muss die direkte Umgebung, in der das neue Unternehmen agiert, geformt werden. Nachdem ein gewisses Verständnis und Vertrauen auf der Unternehmensebene entwickelt wurden, müssen stabile Interaktionsmuster mit Organisationen aus derselben Branche aufgebaut werden. Kognitive Legitimität kann nach *Aldrich und Fiol* (1994, S. 654) dadurch entwickelt werden, dass der Wissensaufbau dahingehend betrieben wird, dass eine Angleichung in Form eines dominanten Designs angestrebt wird. Der Aufbau soziopolitischer Legitimität wird durch kollektive Aktionen oder beispielsweise durch den Zusammenschluss zu einem Verband gefördert. Dies ist zu Beginn äußerst schwierig und hängt vor allem davon ab, ob der „industry champion" gültige Regeln und Standards aufstellen kann (*Aldrich/Fiol* 1994, S. 655). Insgesamt tragen diese Aktivitäten dazu bei, das Unternehmen zuverlässig erscheinen zu lassen.

Auf der dritten Ebene, der branchenübergreifenden Ebene, soll besonders der Ressourcenzugang und die -verteilung innerhalb der Branche beeinflusst werden. Kognitive Legitimität kann dadurch erlangt werden, dass Netzwerke mit angrenzenden oder relevanten Branchen aufgebaut werden. Auch in diesem Zusammenhang muss zunächst die Wissensbasis erweitert werden, da verstanden werden soll, was das neue Unternehmen oder die neue Branche macht. Durch die Interaktion und den Umgang mit anderen Branchen soll nachfolgend soziopolitische Legitimität in Form von Reputation aufgebaut werden. Über den Aufbau von Netzwerken mit bereits etablierten Unternehmen und über zuverlässige Partnerschaften ist es einem neu gegründeten jungen Unternehmen möglich, den Versuchen anderer, sich in ihrer Existenz bedroht fühlender Unternehmen ihren Legitimitätserwerb zu be- bzw. verhindern, entgegenzuwirken.

Auf der letzten Ebene, der institutionellen Ebene, geht es darum, institutionelle Legitimität zu erreichen. Hierbei wird kognitive Legitimität dadurch erlangt, dass eine Anbindung an bestehende Ausbildungssysteme und Curricula angestrebt wird, so dass entweder bestehende Ausbildungsberufe genutzt oder neue unterstützt oder initiiert werden. Hierfür können Partnerschaften mit Universitäten oder Gemeinden eingegangen werden. Die Erreichung soziopolitischer Legitimität auf der institutionellen Ebene muss als kritisch bezeichnet werden. Gerade Gesetzgeber oder Regierungsbehörden stellen sich oftmals gegen neue und unbekannte Technologien. Deshalb müssen sich insbesondere Unternehmen in neuen Branchen mit den Behörden arrangieren. Dies kann beispielsweise durch kollektive Marketingaktivitäten oder Lobbyismus geschehen.

Ausgehend von den Herausforderungen junger Unternehmen (Abschn. 3.1), den Überlegungen zum Konstrukt der Legitimität und dessen herausragender Bedeutung für die erfolgreiche Entwicklung junger Unternehmen (Abschn. 3.2 und 3.3) erfolgt nun eine Verknüpfung von Entrepreneurial Marketing und den Überlegungen zur Legitimität.

4 Zum Zusammenhang von Legitimation und Entrepreneurial Marketing

Die voran stehende Skizze der Legitimationsforschung und insbesondere der beschriebene Legitimierungsprozess lassen deutliche Anknüpfungspunkte zum Entrepreneurial Marketing erkennen. Es handelt sich dabei in erster Linie um den typischen Marketingfragen vorgelagerte Aktivitäten.

Unter einer vorgelagerten Aktivität kann die Überwindung der Neuheit des jungen Unternehmens gefasst werden. Im Rahmen des Entrepreneurial Marketing wird betont, dass das Unternehmen als unbekannter Akteur bei Kunden und anderen Interaktionspartnern eingeführt, Vertrauen in das Unternehmen aufgebaut, Interaktionen mit Kunden, Lieferanten, anderen Unternehmen eingegangen und Austauschbeziehungen aufgebaut sowie

Strukturen etabliert werden müssen (*Gruber* 2004a, S. 82). Folgende Übereinstimmungen zu Legitimierungsaktivitäten können festgehalten werden: *Aldrich und Fiol* (1994, S. 650) geben ebenfalls an, dass junge Unternehmen im Zuge ihrer Legitimierung Vertrauen erlangen müssen. Dieses könne vor allem über den Einsatz konsistenter Darstellungen und Projektionen geschehen. Wesentlich ist zudem die vorangestellte Aktivität der Wissensvermittlung und des Wissensaufbaus über das Unternehmen unter Verwendung von gut verständlicher symbolischer Sprache. Weiterhin kann ein Unternehmen über den Aufbau kognitiver Legitimität versuchen, seinen Bekanntheitsgrad zu steigern.

Die Etablierung organisationaler und institutioneller Strukturen kann ebenfalls als eine vorgelagerte Aktivität im Rahmen des Entrepreneurial Marketings verstanden werden. Auch *Aldrich und Fiol* (1994, S. 651) betonen im Zusammenhang mit der Legitimierung junger Unternehmen die Notwendigkeit der Etablierung eines dominanten Designs. Dies beinhaltet, dass eine Imitation der Geschäftsidee stattfindet bzw. zugelassen oder sogar gefördert wird. Soziale Interaktionen und Austauschbeziehungen können im Rahmen der organisationalen Legitimierung über den Aufbau von Zuverlässigkeit auf der Branchenebene gefördert werden. Branchenübergreifend kann die Förderung kollektiver Aktionen zu einer Wahrnehmung von Reputation führen und hierdurch helfen, weitere Strukturen aufzubauen sowie Ressourcenaustauschbeziehungen zu etablieren.

Bezogen auf die Aktivität der Überwindung vorherrschender Unsicherheit kann organisationale Legitimierung helfen, „best practices" zu etablieren, indem – wie bereits erwähnt – mimetischer Isomorphismus, also z. B. die Imitation der Geschäftsidee, gefördert und ein dominantes Design durchgesetzt wird. Weiterhin könnten junge Unternehmen zur Überwindung der Unsicherheit vorgeben, ihre Aktivität sei bereits Realität, was durch die Verwendung eines sehr hohen Abstraktionsgrades ihrer Vision gefördert wird. Es ist zu erkennen, dass die Aufgaben, die im Rahmen des Entrepreneurial Marketings angesprochen werden, auch Aufgaben sind, die der Prozess der organisationalen Legitimierung umfasst. Sollte nun davon gesprochen werden, dass Legitimation eine Aufgabe des Entrepreneurial Marketings ist oder eher, dass Aufgaben des Entrepreneurial Marketing zum Aufbau organisationaler Legitimität gehören und somit ein Bestandteil dieses Prozesses sind?

Im vorliegenden Beitrag wird die Annahme vertreten, dass Entrepreneurial Marketing als eine Aufgabe im Rahmen der Legitimierung junger Unternehmen angesehen werden kann. Dies lässt sich wie folgt begründen: Die Überbrückung der Vertrauenslücke kann als eine der wesentlichen Aufgaben im Rahmen des Entrepreneurial Marketing bezeichnet werden (*Ali/Birley* 1998, S. 749). Das Konzept der organisationalen Legitimität umfasst diese Problematik, da die Erzeugung von Vertrauen ein elementarer Bestandteil des Legitimierungsprozesses ist. Die Zielsetzungen, die im Rahmen der Legitimation auf den verschiedenen Ebenen verfolgt werden, bieten demzufolge mögliche Anknüpfungspunkte für die Entwicklung von speziellen Maßnahmen im Rahmen des Entrepreneurial Marketings. Legitimität umfasst über die Vertrauensbildung hinaus die Beachtung und Etablierung von Austauschbeziehungen, die Überwindung von Unsicherheit und die Verringerung der Mortalität. Aus diesem Grund könnte der Begriff und die Aufgabe „organisationale Legitimierung“ als Überbegriff der spezifischen Problematik und der Herausforderungen junger Unternehmen verwendet werden, so dass im Rahmen des Entrepreneurial Marketings die strategische Erzeugung von Legitimität einen Mittelpunkt bilden sollte.

Literaturverzeichnis

Aldrich, H.E., Fiol, C.M: Fools rush in? The institutional context of industry creation. Academy of Management Review 19(4), 645–670 (1994)

Ali, H., Birley, S.: The role of trust in the marketing activities of entrepreneurs establishing new ventures. Journal of Marketing Management 14(7), 749–763 (1998)

Ashforth, B.E., Gibbs, B.W.: The double-edge of organizational legitimation. Organizational Science 1(2), 177–194 (1990)

Bates, T.: Analysis of survival rates among franchise and independent small business startups. In: Journal of Small Business Management 33(2), 26–36 (1995)

Boag, D.A.: Marketing control and performance in early-growth companies. Journal of Business Venturing 2(4), 365–379 (1987)

Carson, D.J.: The evolution of marketing in small firms. European Journal of Marketing 19(5), 7–16 (1985)

Dowling, J., Pfeffer, J.: Organizational legitimacy: Social values and organizational behavior. Pacific Sociological Review 18(1), 122–136 (1975)

Faix, A.: Markt- und Konkurrenzanalysen als Instrumente des Gründungsmarketings. In: Koch, L.T., Zacharias, C. (Hrsg.) Gründungsmanagement, 207–218. Oldenbourg, München (2001)

Fallgatter, M.J.: Theorie des Entrepreneurship. Perspektiven zur Erforschung der Entstehung und Entwicklung junger Unternehmungen. Gabler, Wiesbaden (2002)

Fallgatter, M.J., Brink, S.: Zum Einfluss der Legitimation auf die Entwicklung junger Unternehmen – Das Beispiel DocMorris. Forschungsbericht des Fachbereichs Wirtschafts- und Sozialwissenschaften, Bergische Universität Wuppertal, Wuppertal (2006)

Forsyth, G.D.: A note on small business survival rates in rural areas – The case of Washington State. Growth and Change 36, 428–440 (2005)

Gierl, H., Helm, R.: Marktexploration, Marketingstrategie und Preisfindung. In: Dowling, M., Drumm, H.J. (Hrsg.) Gründungsmanagement, 73–90. Springer, Berlin u. a. (2003)

Goldberg, A.I., Cohen, G., Fiegenbaum, A.: Reputation building – Small business strategies for successful venture development. Journal of Small Business Management 41(2), 168–186 (2003)

Gruber, M.: Entrepreneurial Marketing. Die Betriebswirtschaft 64(1), 78–100 (2004A)

Gruber, M.: Marketing in new ventures: theory and empirical evidence. Schmalenbach Business Review 56(2), 164–199 (2004B)

Koppelmann, U.: Gründungsmarketing. In: Koch, L.T., Zacharias, C. (Hrsg.) Gründungsmanagement, 233–241. Oldenbourg, München (2001)

Meffert, H., Burmann, C., Kirchgeorg, M.: Marketing. Grundlagen marktorientierter Unternehmensführung. 11. Aufl., Gabler, Wiesbaden (2012)

Morris, M.H., Schindehutte, M., Laforge, R.W.: Entrepreneurial marketing: a construct for integrating emerging entrepreneurship and marketing perspectives. Journal of Marketing Theory & Practice 10(4), 1–19 (2002)

Rüggeberg, H.: Marketing für Unternehmensgründer. 1. Aufl., Gabler, Wiesbaden (2003)

Schreyögg,G., Koch, J.: Grundlagen des Managements – Basiswissen für Studium und Praxis. 2. Aufl., Gabler, Wiesbaden (2010)

Shane, S., Venkataraman, S.: The promise of entrepreneurship as a field of research. Academy of Management Review 21(1), 217–226 (2000)

Stinchcombe, A.L.: Social structure and organizations. In: March, J.G. (Hrsg.) Handbook of organizations, 142–193. Rand McNally, Chicago (1965)

Suchman, M.C.: Managing legitimacy: Strategic and institutional approaches. Academy of Management Review 20(3), 571–610 (1995)

Tyebjee, T.T., Bruno, A.V., McIntyre, S.H.: Growing ventures can anticipate marketing stages. Harvard Business Review, 62–66 (1983)

Van Praag, M.C.: Business survival and success of young small business owners. Small Business Economics 21(1), 1–17 (2003)

Welsh, J.A., White, J.F.: A small business is not a little big business. Harvard Business Review 59, 18–32 (1981)

Zimmerman, M.A., Zeitz, G.J.: Beyond survival: Achieving new venture growth by building legitimacy. Academy of Management Review 27(3), 414–431 (2002)

Christoph Müller, Christina Nahr-Ettl und Romy Möller

Kundensegmentierung als Kernaufgabe

Christoph Müller, Prof. Dr.
Co-Leitung, Henri B. Meier Unternehmerschule
Universität St. Gallen Executive School
of Management, Technology and Law
E-Mail: christoph.mueller@unisg.ch.

Christina Nahr-Ettl
Ehemalige Mitarbeiterin am Stiftungslehrstuhl
Unternehmensgründungen und Unternehmertum
Universität Hohenheim

Romy Möller
Ehemalige Mitarbeiterin am Stiftungslehrstuhl
Unternehmensgründungen und Unternehmertum
Universität Hohenheim

1 Die Bedeutung des Marketing für Unternehmensgründungen

Die Beschäftigung mit marketingspezifischen Fragen dear Unternehmensgründung hat sich seit Ende der 80er Jahre intensiviert (*Fallgatter* 2004, S. 3). Marketing ist dabei ein Fachbegriff, der zwar von Existenzgründern und Jungunternehmern häufig gebraucht, selten aber in seiner Komplexität vollständig realisiert wird. Es fängt damit an, dass ‚Marketing sehr oft mit Werbung gleichgesetzt wird', meldet sich das Bundesministerium für Wirtschaft und Technologie in der Zeitschrift *GründerZeiten* zu Wort (November 2006, Nr. 20). Zudem ist zu beobachten, dass Marketinginstrumente eingesetzt werden, ohne sich zuvor über die Kundenbedürfnisse, die Kundensegmentierung, das angebotene Leistungssystem (Produkte und Dienstleistungen) oder generell eine Marketingstrategie Gedanken gemacht zu haben. Marketingaktionen werden vielfach spontan gestartet, aber relativ selten grundlegend durchdacht. Unnötige Ausgaben und Verwirrung im Markt sind die Folge.

Vor allem der Funktionsbereich Marketing spielt aber für eine erfolgreiche Unternehmensgründung eine herausragende Rolle. Gerade Unternehmensgründungen sind mit spezifischen Herausforderungen im Marketing konfrontiert. Die charakteristischen Merkmale Neuheit, Innovationen sowie geringe Größe und beschränkte Ressourcen bilden hierbei den zu beachtenden Rahmen für Existenzgründungen und KMU (*Gruber* 2005, S. 56). Hinzu kommt die prägende Rolle der Gründerpersönlichkeit bzw. des Gründerteams.

Die Schwierigkeit besteht bei den Unternehmensgründungen darin, Kunden zu gewinnen, bevor ein Markenname etabliert, eine Identität geschaffen und Vertrauen aufgebaut ist (*Boersch/Elschen* 2002, S. 279 f.). Dies zusammen spielt aber für den Kunden und die Kundenbeziehung eine essentielle Rolle. Im Unterschied zu etablierten Unternehmen stehen nur begrenzt finanzielle und personelle Ressourcen zur Verfügung – auch ein Rückgriff auf bestehende unternehmensspezifische Marketingerfahrungen ist nicht möglich (*Gruber/Harhoff* 2002, S. 320). Interne Marketingstrukturen und Marketingcontrolling existieren nicht oder nur rudimentär.

Grundsätzlich lässt sich ein erfolgreiches Agieren im Markt gemäss „St.Galler Marketingplanung'' auf die konsequente Umsetzung von sechs Schritten im Markt zurückführen: „1. Die relevanten Bedürfnisse, 2. einer wirtschaftlich attraktiven Kundengruppe, 3. mit einer massgeschneiderten Problemlösung, 4. besser als die Konkurrenz, 5. aus Sicht des Kunden, 6. dauerhaft zufriedenstellen." (*Schögel* 2014, S. 56). Für das Thema Segmentierung sind entsprechend die Punkte 1 und vor allem 2 relevant.

2 Entrepreneurial Marketing

2.1 Ein kurzer Rückblick

Der Begriff ‚Entrepreneurship' steht seit dem 18. Jahrhundert [...]für zahlreiche Facetten der Phänomene ‚Unternehmensgründung' und ‚Unternehmertum' (*Fallgatter* 2004, S. 24). Cantillon als Pionier befasste sich näher mit der Person des Entrepreneurs und betont die Elemente Risiko und Unsicherheit in Markttransaktionen (*Fallgatter* 2004, S. 23). In Schumpeters ökonomischen Analysen in den 40er Jahren des 20. Jahrhunderts stehen die Vermarktung von innovativen Produkten und ihr Markterfolg gegenüber Konkurrenzangeboten im Mittelpunkt (*Gruber* 2005, S. 61).

Steven/Jarillo (1990, S. 18) teilen die Forschungsansätze zu Entrepreneurship in drei Theorieströmungen ein. Neben *Cantillon* (1725) und *Schumpeter* (1934) befassen sich die Studien von *Knight* (1921), *Sombart* (1916) sowie *Heuss* (1965), *Shackle* (1966), *Leibenstein* (1966), *Kirzner* (1978) oder *Casson* (1982) mit der gesamtwirtschaftlichen Bedeutung unternehmerischer Betätigung. *McClelland* (1961) und *Collins et al.* (1964) prägen Untersuchungen zur psychologischen und soziologischen Perspektive der Unternehmensgründer (*Fallgatter* 2002, S. 23). Die dritte Theorieströmung befasst sich mit betriebswirtschaftlichen Einzelfragen wie gründungsbezogene Strategien, Strukturen und Prozesse. Die Thematik Marketing von Unternehmensgründungen hat eine relativ kurze Tradition in der Forschung, obwohl schon erste Beobachtungen zum Marketingverhalten in sehr frühen Arbeiten zum Entrepreneurship zu finden sind (*Gruber* 2006, S. 60 f.). So gewann Cantillon seine Erkenntnisse über die Gründerperson aus dem Kauf- und Verkaufsverhalten von Händlern und Selbständigen und bildete bereits einen wichtigen Grundstein für Beobachtungen zum Marktverhalten. Auch aus Schumpeters ökonomischen Analysen der Vermarktung innovativer Produkte und ihr Markterfolg gegenüber Konkurrenzprodukten sind Erkenntnisse über das Marketing von Unternehmensgründungen ableitbar. Jedoch setzt sich die Wissenschaft erst seit Ende der 80er Jahre intensiver mit dem Marketing von Unternehmensgründungen auseinander (*Chaston* 2000, S. 7 ff.). Geprägt ist dieser Forschungsbereich durch vielfältige Arbeiten eingeschränkt auf einige wenige Themenkreise wie z. B. Bewertung und Entdeckung von Geschäftsmöglichkeiten, Marketingstrategie und –planung, Kooperationen im Marketing, Marketing-Mix, etc., zu denen erst ansatzweise theoretisches und empirisches Wissen aufgrund der kurzen Forschungstradition vorliegen (*Gruber* 2005, S. 60 ff.).

2.2 Die Notwendigkeit der Zielgruppensegmentierung

Eine zentrale Frage des Marketing ist neben der Größe und Entwicklung des zu bearbeitenden Marktes und der zur Verfügung stehenden finanziellen, personellen und technischen Ressourcen die Zusammensetzung des bearbeitenden Marktes – also die Identifikation der Zielgruppe(n), um Marktbearbeitungsstrategien abzuleiten (*Berndt* 2005, S. 279). Bestärkt wird diese Forderung durch die Erkenntnis, dass es nur eine gruppenspezifische Wirksamkeit kommunikativer Maßnahmen gibt. Notwendigerweise muss die Ausgestaltung der Kommunikationspolitik den spezifischen Bedürfnissen der Zielgruppe gerecht werden (*Nieschlag et al.*1997, S. 581).

‚Das Prinzip Gießkanne hat ausgedient' (*Kalka/Allgayer* 2006, S. 9). Gerade bei der direkten Ansprache der Zielgruppe müssen die Unternehmen wissen, wer ihr Kunde ist – welche Lebenswelten er repräsentiert, welche Werte er vertritt, wie seine Wünsche, Bedürfnisse und Gewohnheiten sind. Die falsche Ansprache, die geprägt ist durch die Interaktivität der Medien und der Intensivierung des Dialogs zwischen Marke und Kunde, kann fatale Folgen haben – von der Neukundengewinnung, zum Cross-Selling bis hin zur Kundenbindung (*Kalka/Allgayer* 2006, S. 9). Ein Problem bei der Gründung besteht darin, zuerst einmal bedienen zu wollen, wer sich als Interessent zu erkennen gibt. Im Endergebnis resultieren dann aber viele Einzellösungen für verschiedene Zielgruppen, das Unternehmensprofil wird unscharf und das Unternehmen verzettelt sich.

Die unterschiedlichen Bedürfnis- und Bewertungskonstellationen bestimmen dabei eine Zielgruppe bzw. ein Marktsegment. Innerhalb einer Zielgruppe sind die Kunden homogen in ihrer Bedürfnisstruktur, ihre Anzahl ausreichend groß, sie sind eindeutig einem Segment zuzuordnen und die Segmente lassen sich deutlich voneinander abgrenzen. Zudem müssen sie wirtschaftlich interessant sein. Es sollten auch deutliche Unterschiede im Kundenverhalten zwischen den Segmenten existieren. Die Kriterien der Segmentierung sollten gut messbar sein und eine zeitliche Stabilität aufweisen. Die Bearbeitung der Segmente sollte mit vertretbarem wirtschaftlichem Aufwand durchgeführt werden können (*Homburg/Krohmer* 2003, S. 314).

Die Marktsegmentierung ermöglicht die gezielte Fokussierung auf besonders viel versprechende Käufergruppen. Zu unterscheiden sind hierbei die Konsum- und Industriegütermärkte. Während bei Konsumgütermärkten die demographischen, geographischen, psychographischen und verhaltensbezogenen Kriterien im Mittelpunkt stehen, orientieren sich die Industriegütermärkte stärker an operativen Variablen, Beschaffungskonzepten der Kunden und situativ bedingten Faktoren (*Kotler/Blieml*, S. 283 ff.). Zudem kommt die Interaktion mehrerer Personen mit unterschiedlichen Rollen (Technik, Einkauf, Strategie, Anwendung, Beratung etc.) ins Spiel.

Unterschiedliche Marktsegmente bzw. Zielgruppen sind in Folge auch differenziert zu bearbeiten. Denn gerade für junge Unternehmen ist es nicht sinnvoll, am Markt vorhandene unterschiedliche Bedürfnisse mit einem Durchschnittsangebot, das jeden Nachfrager in gewisser Weise befriedigt, bedienen zu wollen. Es wird kein Bedürfnis exakt befriedigt und somit keine Präferenz seitens der Kunden entwickelt, ‚und man wird sich mit seinem Angebot – bildlich dargestellt – zwischen die Stühle setzen' (*Gierl/Helm*, S. 57). Die Herausforderung des Marketing besteht darin, eine Verzettelung der Ressourcen und des Marktauftritts zu vermeiden und sich auf diejenigen Kundensegmenten zu konzentrieren, mit denen eine dauerhaft profitable Geschäftsbeziehung aufgebaut werden kann (*Belz/Bieger* 2000, S. 200 f.).

Gerade für neugegründete und kleine Unternehmen ist es erforderlich, die attraktivsten Marktsegmente zu bestimmen. Es können nicht alle potentiellen Kunden bedient werden, da diese oft zu zahlreich, zu weit verstreut und zu unterschiedlich in ihren Ansprüchen sind. Die bereits am Markt vorhandenen Konkurrenten haben sich bereits auf bestimmte Segmente spezialisiert und können diese in ihrem Segment unter Umständen besser bedienen. Um eine sehr gute Leistung erbringen zu können, muss sich das junge Unternehmen daher zu Beginn auf einzelne, vielversprechende Kunden fokussieren (*Grulms* 2000, S. 149).

Eine Untersuchung von jungen Technologieunternehmen in den USA zeigt, dass die Festlegung einer anzuvisierenden Kundengruppe keine Selbstverständlichkeit darstellt. Es bestanden bei der Gründung keine Erkenntnisse darüber, wer die wichtigsten Kundengruppen für den Markteinstieg sein könnten und somit fehlte eine konkrete Vorstellung über die potentiellen Kunden (*Roberts* 2001, S. 166).

2.3 Ansätze des Entrepreneurial Marketing

Der Vergleich von Marketing in Großunternehmen und in Gründungsunternehmen sowie kleineren und mittleren Unternehmen (KMU) führt zu widersprüchlichen Aussagen. Einerseits wird der Erfolg von Marketing in KMU auf die Vorrangstellung der Umsetzung vor der Planung zurückgeführt (*Hills/Hultman* 2006, S. 222), andererseits ist es empirisch bestätigt, dass gerade eine vollständige Marketingplanung im Rahmen eines Business Plans die Erfolgsaussicht eines Gründungsprojekts klar erhöht (*Willer et al.* 2006). Allerdings dürften hier auch grundlegende Dilemmata der Erfolgsfaktorenforschung hereinspielen: Zu allgemein gefasste Erfolgsfaktoren, denn gerade das Brechen bestehender Wettbewerbsregeln kann zu Erfolgen führen, und das Herausfiltern der zentral wirkenden Einflussfaktoren im Gesamtkonstrukt „Markterfolg". Des Weiteren fällt die Abgrenzung zwischen einem Start Up, einem KMU und einem unternehmerisch geführten Großunternehmen schwer, da kaum klare Kriterien angelegt werden können und die Literatur ohnehin eine Vielzahl von Vorschlägen anbietet. Vorgenommene Unterteilungen in KMU-Marketing und Entrepreneurial Marketing in Abhängigkeit von Umweltkonstellationen können ebenfalls nicht überzeugen, da beide vielfach in denselben Märkten operieren. Zudem existieren Start Ups, die mit einer sauberen Marketingkonzeption auf Basis einer Zielgruppensegmentierung Erfolg haben, aber auch solche, die darauf verzichtet haben, weil sie intuitiv richtig gelegen haben. Eine Hypothese hierzu lautet: Beide Wege können zum Erfolg führen, jedoch sind die Streuverluste und Kosten bei einer gezielten, durchdachten Vorgehensweise mit Sicherheit geringer als mit einer Strategie, die auf die Breite setzt, um dann nach mehreren erfolglosen Versuchen in die Tiefe zu dringen. Es werden jedoch zwei Charakteristika miteinander verbunden, diejenigen des unternehmerischen Entscheidungsverhaltens (kreativ, informal, opportunistisch, persönlichkeitsorientiert, ressourcenbegrenzt, aktiv und reaktiv je nach Situation, risikobereit, kundennah) und diejenigen des Marketingplanens (formal, sequentiell, systematisch, strukturiert, diszipliniert) (*Hills/Hultmann* 2006, S. 233; *Carson* 1993). Dabei ist aber von einer schrittweise fokussierten und strukturierten Vorgehensweise auszugehen. Als Fazit dieser Überlegungen muss festgehalten werden, dass die Wissenschaft mit einer Vielzahl an Stimmen spricht, die insgesamt betrachtet wichtige Aspekte beleuchten, in der Summe vielfältig sind, aber längst kein geschlossenes Theoriegebäude darstellen. Stattdessen zeichnet sich Entrepreneurial Marketing durch eine Sammlung von Definitionen, Einstellungen und empirischen Ergebnissen ab. Somit ist es nicht verwunderlich, dass in diesem Umfeld eine Fülle „bunter Marketingansätze" entstanden ist. Bei *Hills/Hultman* (2006) werden diese aufgeführt.

- Neo-Marketing mit dem Ziel bestehende Regeln zu brechen.
- Subversives Marketing von Bonoma mit dem Ziel in bestehende Strukturen und Prozesse innovative Marketingstrukturen einzufügen.
- Environmental Marketing von Zeithamel und Zeithamel zur proaktiven Beeinflussung der Kunden, Märkte und deren Rahmenbedingungen.
- Proaktives Marketing von Davis, Morris und Allen, das in Abhängigkeit von der Dynamik der Umweltzustände ein inkrementelles oder stärker proaktives Marketing erforderlich macht.
- Expeditionary Marketing von Hamel und Prahalad zum aktiven Führen der Kunden, zum Aufzeigen von neuen Horizonten und zum Positionieren vor dem Wettbewerber.
- Chaos Marketing von Nilson zum Umgang mit turbulenten Märkten.
- Radikales Marketing von Hill und Rifkin zur Überwindung bestehender Gesetze im Marketing selbst.
- Guerilla Marketing von Levinson mit einer Fülle von kreativen Ansätzen, um mit keinem oder wenig Kapital eine große Wirkung im Markt zu erzielen.

Kritisch betrachtet bieten diese Ansätze zwar neue Aspekte und Schwerpunkte des Marketings und heben einen bestimmten Aspekt wie Ressourcenknappheit oder hohe Umweltdynamik prominent heraus, revolutionieren aber nicht das konzeptionelle Marketingdenken, sondern fügen ihm neue Facetten, Sichtweisen und aktive Handlungselemente hinzu.

2.4 Das Instrument Kundensystem als Erfolgsfaktor

Ein Instrument, um diesen genannten Herausforderungen systematisch begegnen zu können, sind die Kundensysteme (*Belz/Bieger* 2004, S. 43 ff.) als Pendant zu den Leistungssystemen (Kombination von Produkt, Sortiment und allgemeinen bis kundenspezifischen Dienstleistungen).

Abb. 2.1: Kundensystem
Quelle: *Belz/Bieger* 2004, S. 43

Dabei findet ein Voranschreiten vom allgemeinen Marketing hin über das segmentspezifische Marketing bis zum individuellen Marketing eines jeden einzelnen Kunden statt. Idealerweise wird dieses Kundensystem dem dazu passenden Leistungssystem (Produkt > Produktsysteme > Sortimente > Kerndienstleistungen > Zusatzdienstleistungen > Integriertes Projektmanagement / Managementleistungen > emotionales Profil und Kundenerlebnis) gegenübergestellt. Denn durch die Verbindung der Nutzen-, mit der Leistungs- und Kundenansprache-Ebene werden alle drei Dimensionen des Kundenvorteils (Customer Value) adressiert.

Die Vorgehensweise beim Denken in Kundensystemen lässt sich anhand eines Beispiels darstellen: Ein junges IT-Service-Unternehmen will eine Universität als Kunden gewinnen. Dabei sind innerhalb und außerhalb des Kundensystems der Universität verschiedene Personengruppen zu differenzieren.

Die Gründung eines IT-Serviceunternehmens bedingt neben den fachlichen Kompetenzen und der Erschließung der Beschaffungsquellen vor allem einer systematischen Bearbeitung der Kundensysteme. Im vorliegenden Fall nimmt das Unternehmen die klassische Segmentierung in Privatkunden, Unternehmenskunden und öffentlich-rechtliche Kunden vor. Damit der Einstieg in den letzteren Bereich gelingt, muss das Unternehmen das Kundensystem der öffentlichen Universität durchdringen. Dieses sieht wie folgt aus:

Der Rechnungskunde ist zwar letzten Endes die Universität, im Mittelpunkt der Bedürfnisanalyse steht jedoch der einzelne Wissenschaftler / Angestellte, der eine IT-Lösung wie einen neuen Laptop benötigt. Auf seine Anforderungsartikulation (Rechnerleistung, Bedienungsfreundlichkeit, Einsatzzwecke, Budget etc.) muss der Anbieter möglichst direkt Zugriff haben. Dies wird ihm häufig aber nur indirekt gelingen, da ein universitäres Beschaffungssystem vorgeschaltet ist. Dieses besteht aus Mitentscheidern und Beeinflussern. Im Falle der Universität sind das die Fachspezialisten des Rechenzentrums. Der Wissenschaftler fragt dort nach einem empfehlenswerten Modell, der Fachspezialist nennt nach Klärung der Bedürfnisse zwei bis drei passende Geräte, was eine gewisse Sicherheit schafft, und verweist auf andere Nutzer / Mitkunden an der Universität sowie die entsprechenden Internet-Communities zu den einzelnen Produkten. Entsprechend wichtig ist für den Anbieter die gezielte Beeinflussung der Empfehlungen des Fachspezialisten. Von Fällen der strukturierten Einflussnahme über versteckte Rahmenlieferverträge zu schweigen. Die Mitkunden sind in diesem Fall weitere Nutzer desselben Laptop-Typs aus dem eigenen Arbeitsumfeld, deren Aussagen deshalb eine gewisse Vertrauenswürdigkeit besitzen. In den InternetCommunities über die einzelnen Laptop-Typen wird dann über das Leistungssystem (Produkt und Dienstleistungen) des jeweiligen Laptops diskutiert. Deshalb ist es für unseren Anbieter und seine Lieferanten von zentraler Bedeutung diese Communities auszuwerten und nach Möglichkeit zu beeinflussen. In diesen Communities findet ebenfalls fachlicher und auch direkt-persönlicher Austausch über die Produkte statt.

Insgesamt stellt sich das Marktsegment Universität für den Anbieter von IT-Serviceleistungen als eine aus einzelnen Käufergemeinschaften zusammengesetzte Gesamtstruktur dar, die Schicht für Schicht analysiert und bearbeitet werden muss. Zudem ist die Bedienung der Gesamtstruktur empfehlenswert, da öffentliche Auftraggeber teilweise keinen freien Marktzugang gestatten, sondern nur eine begrenzten Auswahl an Unternehmen, die dann als Art Monopollieferanten auftreten, auf die Liste der empfohlenen/erwünschten Lieferanten nehmen. Dass hierbei nicht immer die für den Endkunden beste und für die Universität kostengünstigste Lösung den Zuschlag erhält, ist nahe liegend. Damit bleibt als Alternative für den suchenden Wissenschaftler nur der selbstfinanzierte Kauf eines Laptops am freien Markt, der allerdings als ein weiteres Kundensystem aus Sicht des Anbieters gestaltet werden muss.

2.5 Der Prozess der Segmentierung

Die Kundensegmentierung umfasst zwei zentrale Ziele: Positionierung und Differenzierung durch das Schaffen von mess- und spürbaren Kundenvorteilen im Vergleich zu den Mitbewerbern sowie Selektion der passenden Kundengruppen (*Belz/Bieger* 2004, S. 202). Zwar sind die Ziele der Segmentierung je nach Unternehmens-Umwelt-Konstellation anzupassen, jedoch lassen sich vier Kernvarianten unterscheiden: Strategie der innovativen Zusatzbearbeitung von attraktiven Einzelsegmenten zur selektiven Ertragssteigerung, Umorientierung von einer generellen hin zu einer segmentierten Gesamtmarktabdeckung, Erschließung neuer Marktsegmente und Strategie des Aufbaus neuer Marktspielregeln und Märkte.

Der Prozess der Segmentierung umfasst nach dieser grundsätzlichen Entscheidung die folgenden acht Einzelschritte (*Belz/Bieger* 2004, S. 202 ff. sowie in drei Schritten *Meffert* 2000, S. 214 ff.):

1. Abgrenzung und Strukturierung des Marktes und Entwicklung von sinnvollen Segmentierungen (Konsum- oder Investitionsgütermärkte sowie nationale oder internationale Märkte beachten).
2. Grobe Erfassung der Segmente (Abgrenzung / Definition, Struktur, Ergiebigkeit und Wachstum, Relevanz für das Unternehmen, Anforderungen an die Leistung, Kundenverhalten, Wettbewerberaktivitäten) und damit Ausgrenzung nicht relevanter Segmente.
3. Positionierung der Segmente im Portfolio und Selektion der wichtigen Segmente (Gewichtete) Beurteilungskriterien für Segmente: Relevanz für das Kaufverhalten, Aussagefähigkeit für den Einsatz der Marketinginstrumente, Zugänglichkeit, Messbarkeit und Operationalität, zeitliche Stabilität, Wirtschaftlichkeit und Ergiebigkeit, Wettbewerberverhalten und Marktcharakteristika).
4. Detaillierte Erfassung der wichtigen Segmente (Marktforschung, Kundenbedürfnisse, Absatzchancen) aus interner (Qualifikationen, Ressourcen, Kapazitäten) und externer (denkbare Widerstände) Sicht.
5. Entwicklung von Marketingkonzepten für diese Segmente (Marketingkonzept einschließlich Marketingmix).
6. Erarbeitung eines differenzierten Marketingkonzepts (Zusammenfassung der Maßnahmen für einzelne Segmente und Aufbau interner Strukturen und Prozesse zur Umsetzung).
7. Selektionieren einzelner, viel versprechender Kunden (für direkte Kundenansprache).
8. Start mit Pilotprojekten für das Segmentmarketing.

Diese grundsätzliche Vorgehensweise ist den Spezifika des jeweiligen Marktes anzupassen. Dabei ist zwischen den Besonderheiten des klassischen Konsumgütermarketings, das meistens als Grundlage herangezogen wird, und den besonderen Anforderungen für die Segmentierung des Industriegütermarketings (*Backhaus/Voeth* 2007, S. 181 ff.), des Gruppengütermarketings (Bündelgeschäft) (*Voeth* 2003, S. 127 ff.) oder des Net Economy – Marketings (*Voeth* 2004, S. 125 ff.) bzw. des E-Entrepreneurship (*Kollmann* 2014, S. 237 ff.) zu unterscheiden. Ebenso gilt es bei den grundsätzlichen Fragen der Markt- sowie der Nutzensegmentierung weiter zu differenzieren. In diesem Beitrag wird der Schwerpunkt auf Fragen der Marktsegmentierung gelegt. Als deren bedeutender ''Zweig'' ist aus Sicht der Unternehmen auch das Thema der Nutzensegmentierung aufzugreifen. Dabei spielt die Nutzenerwartung der Kunden an ein Produkt/eine Dienstleistung die entscheidende Rolle für die Segmentierung. Durch die Einbeziehung des tatsächlichen Kaufentscheidungsverhaltens der Kunden kann eine entsprechende Nutzensegmentierung vorgenommen werden. Bei den dabei eingesetzten Methoden sind wegen ihrer Bedeutung insbesondere die verschiedenen Varianten der Conjoint-Analyse hervorzuheben (*Voeth* 2004, S. 127 ff.). Aus Platzgründen sei hierfür allerdings auf die genannte Literatur verwiesen.

Eine besondere Herausforderung stellt die Tatsache dar, dass in Unternehmen unter Umständen mehrere Segmentierungsprozesse parallel durchzuführen und kohärent zu koordinieren sind (*Haedrich* 2009, S. 6). Solch eine koordinierte Segmentierung nach *Haedrich* gliedert sich in drei Schritte: 1. Definition der Zielgruppen mit ihrer jeweiligen Positionierung mit den Zielen der Vereinbarkeit der Markenführung mit der Kommunikationseffektivität und -effizienz. 2. Die dazu passende Definition der strategischen Geschäftsfelder (Marken) mit den Zielen der marktorientierten Strukturierung und Zuweisung von Verantwortlichkeiten. 3. Die bedarfsorientierte Produktentwicklung und -vermarktung für die definierten Kunden- und Produktsegmente, welche zusammen den relevanten Markt mit seinen Marktsegmenten definieren. Damit ergibt sich nach *Haedrich* ein typischer Ablauf der gesamten Marketingplanung: Ausgehend von der Definition des relevanten Markts werden durch die Gegenüberstellung der Kundensegmente/Bedürfnisse mit den Produktsegmenten die grundsätzlich relevanten Marktsegmente bestimmt. Durch eine Selektion mittels SWOT-Analyse und Portfolio-Denken zur Bestimmung der tatsächlich zu bearbeitenden Marktsegmente lassen sich dann die Markenplanung und Markenarchitektur sowie das Distributionskonzept und die Vertriebsplanung festlegen.

In Kap. drei werden abschließend zwei Fallstudien von jungen Unternehmen dargestellt, die sich beide mit dem Thema Kundensegmentierung intensiv auseinandergesetzt haben bzw. weiterhin auseinandersetzen. Die Out-Trade GmbH hat sich mittlerweile zum Marktführer in Europa für den Handel mit Faltbooten entwickelt. Die cloud world ag will den führenden Marktplatz rund um Cloud Software in Europa aufbauen.

3 Fallstudien

Anhand der zwei Fallstudien Out-Trade GmbH und cloud world ag soll der Prozess des Entrepreneurial Marketing mit besonderer Berücksichtigung der Fragen der Kundensegmentierung analysiert, erläutert und veranschaulicht werden.

3.1 Die Out-Trade GmbH

Die Out-Trade GmbH wurde Ende 2002 durch Steffen Sator und Tobias Kamm gegründet und ist in einem Nischenmarkt spezialisiert auf den Handel und Vertrieb von Faltbooten (ein Boot/Kajak, welches aus einem zusammenlegbaren Gestänge und einer Haut besteht) und Zubehör. Das Unternehmen hat sich Stand März 2014 als Marktführer für Faltkajaks, Faltkanadier und Luftboote in Europa etabliert: „Sie finden bei uns die größte Auswahl an Faltbooten in Europa. Dank zahlreicher Exklusiv-Vereinbarungen mit Herstellern aus aller Welt ist es uns möglich, Ihnen die interessantesten und unterschiedlichsten Boote anzubieten, damit Sie auch wirklich das Boot finden, welches Sie für Ihre Ansprüche benötigen.“ (www.out-trade.de, Zugriff am 31.03.2014).

Die Idee zur Gründung entstand bei der eigenen Suche nach einem Faltboot, die durch die Auswahl auf einige wenige deutsche Anbieter begrenzt war. Der Bezug eines in Westeuropa unbekannten Faltbootes eines Herstellers aus Russland (Triton) brachte die Gründer auf die Unternehmensidee, diese Boote dem deutschen Markt zugänglich zu machen. Die ersten 15 Boote wurden damals bestellt und sogleich auf der Messe Interboot in Friedrichshafen und an Fachhändler verkauft. Nach einigen Verbesserungen gerade auf dem Gebiet des Komforts wurde gemeinsam mit Triton die Reihe Triton Advanced herausgebracht, für die Out-Trade die weltweiten Vertriebsrechte hat (*Bauer* 2011, S. 76 f.). Das heutige Geschäftsmodell beruht somit auf dem damaligen Nichtvorhandensein eines Händlers, der über ein weltweit umfassendes Sortiment an Faltbooten verfügt. Die Out-Trade GmbH verfolgt weiterhin die Strategie der Erschließung neuer Marktsegmente sowie des Aufbaus neuer Märkte. Out-Trade ist es dabei gelungen, die Kundenbedürfnisse im Markt systematisch zu erfassen, den Markt grundlegend zu segmentieren und für die sich immer weiter verfeinernden Kundenbedürfnisse ein immer differenziertes Angebot bereitzuhalten. Zudem bieten sie über Eigenentwicklungen Produkte an, die weitere Marktnischen erschließen und innovative Produktvarianten darstellen.

Vor der Gründung wurde im Sommer 2002 ein Businessplan nach klassischem Muster mit allen erforderlichen Teilen erstellt. In diesem wurde erstmals der Markt erforscht. Der Gesamtmarkt wurde geographisch abgegrenzt (Deutschland) und in einzelne Segmente eingeteilt. Dabei konnten die Segmente Outdoorbegeisterte, Faltbootfahrer, Naturtouristen und insbesondere Wassersportler als potentielle Kunden identifiziert werden. Letztere zwei wiesen dabei das höchste Potential (Affinität und Masse) auf, das Produkt zu beziehen. Hier wurde entsprechend nach weiteren Kriterien gesucht, die diese Kundengruppe kennzeichnen. Aufbauend auf diesen Ergebnissen wurde ein Marketingkonzept erstellt. Die Positionierung im Absatzmarkt erfolgte anhand dieser Informationen im Niedrigpreissegment bei guter Qualität. Hinsichtlich des Leistungssystems sollte zudem der zum Produkt zusätzlich angebotene Service und Events wie Testwochenenden und Expeditionen die Kunden binden. Die Absatzförderung wurde durch Maßnahmen wie Messen, Internetauftritt und Artikel/Werbung in Fachmagazinen anvisiert. Alleine im April/Mai 2014 ist das Unternehmen an ca. 15 Messen und Testtagen in ganz Deutschland präsent. Hinzu kommt die Hausmesse im eigenen Faltbootzentrum in Ulm mit der Vorstellung der Produktneuheiten und einem Reisebericht mit Faltbooten aus den Everglades.

Die Distribution war alleine über das Internet und über Direktanfragen aus dem Endkundenmarkt geplant. Der heutige Vertrieb basiert aber auf zwei zentralen Säulen. Die erste Säule stellt den Verkauf über das Internet sowie den direkten Endkundenverkauf dar. Diese geschieht über die Beratung, die Möglichkeit der Ansicht und das Anbieten von Tests über das eigene Faltbootzentrum in der Nähe von Ulm. Die Verkaufsfläche war zwar ursprünglich nicht geplant, wurde aber aufgrund der starken Kundennachfrage unumgänglich. Die Messeauftritte mit direktem Kundenkontakt sind in diesem Zusammenhang ebenfalls ein wichtiges Marktbearbeitungsinstrument. Nach einer erheblichen Sortimentserweiterung wurde die Werbung angepasst und breiter angelegt (nicht nur Fachzeitschriften). Die zweite Säule bildet der mehrstufige Vertrieb über deutsche Fachhändler. Dies war die logische Konsequenz nach der Sortimentserweiterung sowie aus den zahlreich vereinbarten Exklusivverträgen mit den Produzenten, die sich heute als sehr vorausschauend darstellen. Der Vertrieb über den Fachhandel stellt damit das zweite Standbein der Firma dar, auch wenn hier der Preis neben der Beratung ein entscheidendes Kriterium darstellt. Dieses Handels-Segment wird deshalb auch getrennt bearbeitet. So unterscheiden sich die Segmentstrategien beispielsweise hinsichtlich der Einladung von Redakteuren zu Testzwecken sowie der Telefonakquise.

Eine grundlegende Innovation stellt die eigene Entwicklung und Herstellung von Booten dar. Damit hat sich das Unternehmen vom reinen Händler zum kompetenten Marktbearbeiter mit Entwicklung, Produktion und Handel weiterentwickelt. Seit 2010 bietet das Unternehmen unter der Eigenmarke nortik diese Faltboote und Zubehör an. Ihre Besonderheit ist das Hybridkonzept mit einer Kombination aus Falt- und Luftboot. Am Markt sind Ein- und Zweisitzer erfolgreich eingeführt worden. 2011 ist ein spezielles Expeditions- und Tourenboot mit zusammenfaltbarem Holzskelett, der nortik navigator, dazu gekommen. Damit umfasst Stand 2014 das Angebot im Kern die drei Marken Triton advanced (stückzahlenmässiger Weltmarktführer), nortik (Eigenmarke) und Pakboats (Faltkanadier). Weitere Produkte stammen von den Herstellern Aly, Feathercraft, Folbot, Klepper und Pouch. Damit deckt Out-Trade die verschiedenen Bedürfnisse am Markt sehr gut ab und hat es geschafft, den ganzen Markt für Faltboote in Schwung zu bringen, wie zum Beispiel zwei Artikel in der Süddeutschen Zeitung von 2010 und 2011 zeigen (s. Link unter www.out-trade.de)

Der Einzelschritt sechs des vorgenannten Segmentierungsprozesses wurde zuerst informell ausgearbeitet bzw. durch die Gründung wurden die notwendigen Strukturen geschaffen. Schritte sieben und acht wurden anfangs nicht durchlaufen. Nach und nach stellte jedoch die Selektion eines oder mehrerer viel versprechender Kunden ein wichtiges Element dar. So konnte durch Gewinnung eines Großhändlers im Outdoorsport ein besseres Image erlangt werden. Out-Trade als ein junges Handelsunternehmen arbeitete anfangs noch undifferenziert auf dem Gebiet des Kundenbeziehungsmanagement. Es wurde zwar eine Kundendatenbank aufgebaut, jedoch ohne Clusterung oder Segmentierung. Auch wurde eine Emaildatei von Interessenten angelegt, die bei Email-Anfragen gesammelt worden sind, jedoch auch hier ohne weitere Informationen abzulegen. Out-Trade führte deshalb selbst eine erste Kundenanalyse zwei Jahre nach der Gründung durch. Eine weitere Kundenbefragung ein Jahr später generierte weitere Erkenntnisse zu den Kundenmerkmalen sowie den Wünschen und Bedürfnissen der Kunden. So wurden explizit demographische Kriterien untersucht, neben Kriterien wie der Erfahrung mit und der Nutzung von Booten, der Zufriedenheit mit dem Unternehmen Out-Trade, Cross-Selling Möglichkeiten, sowie Kaufverhalten und Erfolgsfaktoren. Diese wurden nach relevanten Kriterien segmentiert. Hierdurch wird deutlich, dass auch junge Gründungsunternehmen auf eine Kundensegmentierung angewiesen sind, gerade wenn knappe Ressourcen vorhanden sind, um die Zielgruppe(n) hinreichend zu identifizieren und Effekte der eingesetzten Marketinginstrumente bestmöglich zu nutzen. Bis zu diesem Zeitpunkt kann Out-Trade eher dem unternehmerischen Entscheidungsverhalten zugerechnet werden, auch wenn bereits als Teil des Businessplans Charakteristika eines Marketingplanens vorhanden waren. Out-Trade hat sich innerhalb der ersten beiden Jahre aber mehr um den Aufbau des Unternehmens an sich (Einkauf, Absatz und Organisation) gekümmert und feste, vorausschauende Strukturen geschaffen. Anhand der „Erfolgsstory“ von Out-Trade wird sichtbar, dass Marktsegmentierung aber dringend erforderlich ist. Idealerweise ergänzen sich dann das unternehmerische Gespür und die genaue Ressourcenplanung. Out-Trade ist es mittlerweile gelungen, diese Kombination aus Unternehmergeist und Geschäftsplanung zu verinnerlichen und damit erfolgreich den europäischen Markt zu bearbeiten.

3.2 Die cloud world ag

Die cloud world ag mit Sitz in Pfäffikon SZ, Schweiz, hat als Ausgründung der ec4u expert consulting ag, Karlsruhe, die Segmentierungsthematik doppelt erlebt. Zuerst als Grund überhaupt ausgegründet zu werden, anschliessend als Kernherausforderung bei/nach der Gründung.

Die Muttergesellschaft ec4u AG bietet seit 14 Jahren Dienstleistungen rund um die kundenorientierte Unternehmensführung, insbesondere Customer Relationshship Management (CRM), in Zentraleuropa an. Mit ca. 170 Mitarbeitern optimiert das Unternehmen Geschäftsprozesse von der Strategie über die technische Umsetzung für die Software-Lösungen von Partnern wie Oracle (Siebel), Microsoft und Salesforce. Im Zuge der Marktbearbeitung und Zusammenarbeit mit Kunden wurde festgestellt, dass sich der Markt seit ca. 2-3 Jahren immer rascher und nachhaltiger verändert. Das klassische On Premise-Nutzungsmodell für Software, der Kunde erwirbt die Softwarelösung und betreibt sie maßgeschneidert selbst, wird verdrängt durch das Cloud-Nutzungsmodell, bei dem eine Standardsoftware aus dem Internet nur noch für eine bestimmte Zeit für eine entsprechende Anzahl Nutzer gemietet wird. Die bestens bekannte „alte Welt“ wird aus Kundensicht damit durch eine neue, unübersichtliche, vielfältige Welt von laufend neu entstehenden Cloud-Angeboten und Cloud-Anbietern ersetzt bzw. parallel ergänzt. Damit sind die bekannten Segmentierungsansätze in international tätige Grossunternehmen, national/international tätige Mittelständler und national/international tätige Klein- und Mittelunternehmen (KMU) zu überdenken. Denn jetzt können einzelne Nutzer aus den genannten drei Unternehmenssegmenten für sich und ihren Bereich Cloud-Software beziehen. Die klassischen Dienstleistungen mit Beratern vor Ort beim Kunden im Einsatz werden durch virtuell zu erbringende Dienstleistungen (Training, Datenmigration, Help Desk etc.) ersetzt. Das Geschäft wird damit viel kurzfristiger, kleinteiliger und vielschichtiger. Seitens der ec4u AG war dies der Grund für diesen „neuen Markt“ ein neues Geschäftsmodell und einen neuen Segmentierungsansatz zu entwerfen.

Die Folge war die Gründung der cloud world ag als Marktplatz für cloudbasierte Software und Services. Die cloud world ag bietet insbesondere KMU die zentrale Plattform, um sich über Cloud-Software zu informieren, sie zu finden, zu beziehen und entsprechende Services einzukaufen. Als unabhängige und neutrale Plattform setzen www.cloud.de, www.cloud.ch bzw. www.cloud.at dabei auf vier Module: 1. Ein Cloud World Wiki mit Glossar, Informationsvideos, Hintergrundinformationen und einer Suchmaschine. 2. Der Cloud World Index als One-Stop-Lösung zur Identifikation von Software- und Service-Anbietern dank intelligenter Such- und Kategorisierungs-Funktionen. 3. Der Cloud World Marktplatz mit Vergleichsmöglichkeiten und einem Software-Assessment aus Sicht der KMU. Dazu das Handeln mit Cloud-Software und das Anbieten von virtuellen/hochautomatisierten Services für die Anwendung der Cloud-Software im KMU. 4. Die personalisierte My Cloud World – Area mit einer individuell einstellbaren Sicht auf die unternehmensspezifischen Cloud-Themen.

Für welche Kundenbedürfnisse und Kundensegmente wurde nun die Plattform entwickelt. Denn es handelt sich hier um eine Neugründung (vergleichbare Plattformen sind ebenfalls erst frisch am Start) für einen noch nicht vorhandenen Markt (Plattformen für Cloud-Software und -Services). Hierzu hat das Unternehmen zusammen mit einem Studierendenteam der Universität St.Gallen ein Marktforschungsprojekt durchgeführt. Dazu wurde eine Online-Befragung unter 146 Schweizer und deutschen KMU durchgeführt. Diese „bottom up" ermittelten Ergebnisse wurden dann mit einer „top-down"-Analyse über Unternehmensstrukturdaten und Nutzerverhalten aus Branchenreports abgeglichen. Als entscheidende Kundenbedürfnisse wurden ermittelt: Effizienz, Mobilität, Zeitgewinn, Kostenersparnis, Datensicherheit, Zuverlässigkeit, Transparenz und Verfügbarkeit. Über eine Reihe von Detailfragen wurde dann eine dreistufige Segmentierung der Zielgruppen vorgenommen. Erstens die Fokussierung auf KMU und Start-Ups (anstelle von Unternehmen aller Grössenordnungen), zweitens der Fokus zu Beginn auf Deutschland und die Schweiz, und drittens die Bildung von drei konkret benannten Zielgruppen. Die wechselbereiten „unzufriedenen Klassiker" mit „alten" Softwarelösungen. Die „mutigen Old Schooler", die noch keine entsprechende CRM-Software im Einsatz haben, aber jetzt direkt in die Cloud-Software-Welt einsteigen möchten. Die „Pioniere", welche bereits Cloud CRM-Software nutzen und jetzt das Verlangen und den Bedarf nach entsprechenden Servicedienstleistungen haben.

Die cloud world ag wird entsprechend dieser bisher getroffenen unternehmerischen Entscheide im Jahr 2014 schrittweise weiter am Markt aufgebaut und etabliert werden. Sie können die Entwicklungsschritte live unter www.cloud.de, www.cloud.ch bzw. www.cloud.at verfolgen.

4 Fazit

Die Kundensegmentierung stellt eine zentrale Aufgabe für ein erfolgreiches Marketing bei Unternehmensgründungen dar. Die Marketingliteratur stellt klar die Ziele, die Kriterien, die eingesetzten Methoden und den Prozess solch einer Kundensegmentierung heraus. Dieses planerisch korrekte Vorgehen trifft jedoch in der Gründungspraxis auf ein intuitives Denken und Handeln der Gründer sowie auf noch unzureichend dokumentierte und strukturierte „neue Märkte". Als Ergebnis resultiert eine Mischform zwischen theoretisch korrekter und stärker direkt kunden- sowie umsetzungsorientierter Vorgehensweise. Das Erfassen von Kundensystemen erleichtert dabei die schrittweise fokussiertere Markt- und Kundenbearbeitung vom generellen über das segmentspezifische bis hin zum individuellen Marketing. Die beiden Fallbeispiele Out-Trade GmbH und cloud world ag haben gezeigt bzw. wollen zeigen, wie dank einer cleveren Marketingplanung mitsamt Kundensegmentierung erfolgreich eine führende Position im Markt aufgebaut werden kann.

Literaturverzeichnis

Backhaus, K., Voeth, M.: Industriegütermarketing. 8. Aufl., Vahlen, München (2007)

Bauer, M.: Out-Trade – Kompetentes Faltbootzentrum. Kajak-Magazin Nr. 03/2011, 76–77 (2011)

Belz, C., Bieger, T.: Customer Value: Kundenvorteile schaffen Unternehmensvorteile. Modern Industrie, Frankfurt (2004)

Berndt, R.: Marketingstrategie und Marketingpolitik. 3. Aufl., Springer, Berlin/Heidelberg (2005)

Boersch, C., Elschen, R.: Erster Eintritt in den Markt. In: Hommel, U., Knecht, T.C. (Hrsg.) Wertorientiertes Start-Up Mangement, 272–291. Vahlen, München (2002)

Belz, C., Bieger, T.: Management von Leistungs- und Kundensystemen – der Leistungsansatz (L-Ansatz), 143–415. Modern Industrie, Frankfurt (2004)

Chaston, I.: Entrepreneurial Marketing, Competing by Challenging Convention. MacMillan business, London (2000)

Fallgatter, M.J.: Entrepreneurship – Konturen einer jungen Disziplin. Zeitschrift für betriebswirtschaftliche Forschung 56, 23–44 (2004)

Gierl, H., Helm, R.: Marktexploration, Marketingstrategien und Preisfindung. In: Dowling, M., Drumm, H.J. (Hrsg.) Gründungsmanagement – Vom erfolgreichen Unternehmensstart zu dauerhaften Wachstum. Springer, Berlin (2002)

Gruber, M., Harhoff, D.: Generierung und nachhaltige Sicherung komparativer Wettbewerbsvorteile. In: Hommel, U., Knecht, T.C. (Hrsg.) Wertorientiertes Start-Up Management, 320–224. Vahlen, München (2002)

Gruber, M.: Marketingplanung von Unternehmensgründungen. Deutscher Universitätverlag, Wiesbaden (2005)

Grulms, M.: Marketing in neugegründeten Unternehmen – eine empirische Analyse des Existenzgründer-Trainings „ExTra!“, Reihe: FGF-Entrepreneurship-Research-Monographien Band 22, Klandt, H., Szyperski, N., Frese M. (Hrsg.) Diplomarbeit Universität Kaiserlautern, Köln (2000)

Haedrich, H.: Segmentierungskomplexität – Übersicht behalten!, Weblink im Stichwort „Marktsegmentierung“ für www.wikipedia.de (2009)

Homburg, C., Krohmer, H.: Marketingmanagement. Gabler, Wiesbaden (2003)

Hills, G.E., Hultmann, C.M.: Entrepreneurial Marketing. In: Lagrosen, S., Svensson, G. (Hrsg.) From Marketing – Broadening the Horizons, Beitrag für Konferenz, Rencontres de St.Gall, Wildhaus (2006)

Kalka, J., Allgayer, F.: Zielgruppen – Was sie leben, was sie kaufen, woran sie glauben. mi-Fachverlag, Landsberg am Lech (2006)

Kollmann, T.: E-Entrepreneurship. 5. Aufl., Springer Gabler, Wiesbaden (2014)

Kotler, P., Bliemel, F.: Marketing Management. 9. Aufl., Schäffer-Poeschel, Stuttgart (1997)

Meffert, H.: Marketing – Grundlagen marktorientierter Unternehmensführung. 9. Aufl., Gabler, Wiesbaden (2000)

Nieschlag, R., Dichtl, E., Hörschgen, H.: Marketing. 18. Aufl., Duncker & Humblot, Berlin (1997)

Roberts, E.: Entrepreneurs in High Technology. Lessons from MIT and Beyond. Oxford University Press, New York (1991)

Schögel, M.: Wachstum durch Kundenorientierung, Vortragsunterlagen TU-HSG 7 – Wachstum II, 24.-28. März 2014 (2014)

Stevenson, H., Jarillo, J.: A Paradigm of Entrepreneurship – Entrepreneurial Management. Strategic Management Journal 11, 17–27 (1990)

Voeth, M.: Nutzenmessung in der Kaufverhaltensforschung – Die Hierarchische Individualisierte Limit Conjoint-Analyse (HILCA). Gabler, Wiesbaden (2000)

Voeth, M.: Gruppengütermarketing. Vahlen, München (2003)

Voeth, M.: Analyse multipersonaler Kaufentscheidungen mit mehrstufigen Limit Conjoint-Analysen. Zeitschrift für Betriebswirtschaft 74(7), 719–741 (2004)

Willer, P., Voigt, K.-I., Krehl, H., Gemünden, H.G.: Die formale Qualität eines Business Plans als Indikator für den Markterfolg eines Geschäftskonzepts, Präsentationsfolien, Beitrag für Konferenz, G-Forum, Berlin (2006)

Ann-Kristin Achleitner, Peter Heister und Wolfgang Spiess-Knafl

Kapitaleinwerbung aus Sicht eines Sozialunternehmens

Ann-Kristin Achleitner, Prof. Dr. Dr.
Inhaber des Lehrstuhls für Entrepreneurial Finance
Technische Universität München
E-Mail: ann-kristin.achleitner@wi.tum.de.

Peter Heister, Dr.
Lehrstuhl für Entrepreneurial Finance
Technische Universität München
E-Mail: peter.heister@wi.tum.de.

Wolfgang Spiess-Knafl, Dr.
Civil Society Center (CiSoC)
Zeppelin Universität
E-Mail: wolfgang.spiess-knafl@zu.de.

1 Social Entrepreneurship als Sonderform des Entrepreneurship

Sozialunternehmen setzen auf Geschäftsmodelle, deren Zweck Inklusion, Integration oder die Bereitstellung einer Dienstleistung oder eines Produktes mit sozialem Mehrwert ist. Dabei verwenden sie zumindest einen Teil der eventuell anfallenden Gewinne für die Verfolgung des sozialen Ziels. Um diesen Kern der sozialen Zielsetzung mit unternehmerischen Mitteln und finanziellen Ausschüttungsbeschränkungen drehen sich die Definitionen von Social Entrepreneurship, die jedoch beim Grad der Einkommenserzielung und dem Innovationsgrad variieren (*Dees/Anderson* 2006).

Ziel dieses Beitrags ist es darzustellen, auf welche Besonderheiten sich Sozialunternehmer bei der Suche nach Finanzierungsmöglichkeiten, speziell bei der Ansprache von Investoren, einstellen müssen. Dazu werden zunächst mögliche Finanzierungsformen beschrieben. Darauffolgend wird auf Finanzierungsquellen eingegangen, die Mittel an Sozialunternehmen vergeben. Im Anschluss wird auf die Kriterien der Kapitalgeber eingegangen.

2 Finanzierungsinstrumente

Der Vorteil der Einkommensgenerierung ist die Unabhängigkeit von externen Finanzierungsquellen. Des Weiteren kann die Einkommensgenerierung aber auch Teil der Strategie und Mittel zur Erreichung der sozialen Zielsetzung sein, z. B. der Verkauf von Fair-Trade-Produkten (*Knoth* 2007). Nichtsdestotrotz benötigen Sozialunternehmen Kapital für die Verfolgung des sozialen Ziels.

Finanzierungsmöglichkeiten von Sozialunternehmen decken das gesamte finanzielle Spektrum ab und reichen von Spenden bis hin zur klassischen Eigenkapitalfinanzierung. Sie spiegeln damit das Spektrum sozialunternehmerischer Aktivitäten.

Aus Sicht des Sozialunternehmens ist es entscheidend, die Charakteristika und Implikationen der Finanzierungsformen zu kennen. Die Charakteristika betreffen im Wesentlichen die Rückzahlungspflicht und die Zahlung einer Verzinsung oder einer Gewinnausschüttung bzw. Dividende. In Abbildung 2.1 sind die verschiedenen Finanzierungsinstrumente nach der Rückzahlbarkeit und Verzinsung aufgeführt.

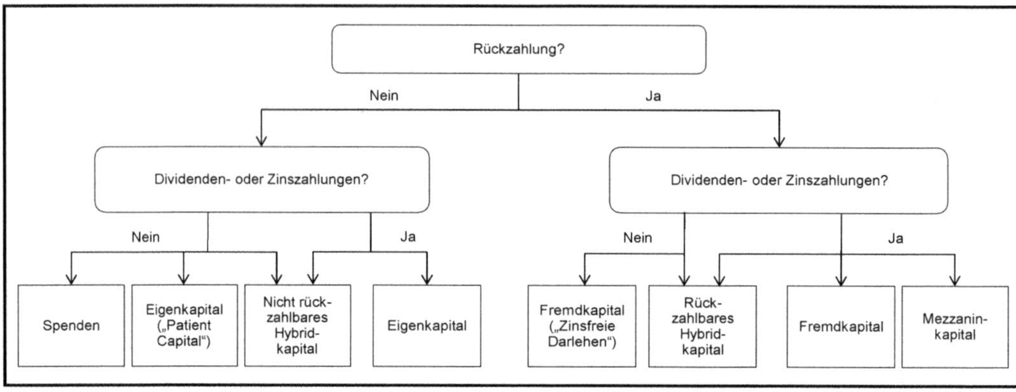

Abb. 2.1: Verfügbare Finanzierungsinstrumente
Quelle: In Anlehnung an *Spiess-Knafl* 2012, S. 75

2.1 Spenden

Die Spende ist für Non-Profit-Unternehmen vergleichbar der Eigenkapitalfinanzierung klassischer For-Profit-Unternehmen. Das Kapital steht für die Zwecke des Unternehmens unbefristet zur Verfügung. Im Gegensatz zur Eigenkapitalfinanzierung stehen der Spende allerdings zunächst keine direkten Rechte oder Gegenleistungen gegenüber. Es ist daher auf den ersten Blick eine sehr vorteilhafte Finanzierungsform für das Sozialunternehmen.

Während private Spenden häufig ohne jegliche zusätzliche Vereinbarungen - die gelegentlich angewendete Zweckbindung mag als Ausnahme gelten - getätigt werden, verlangen institutionelle Spender zunehmend Zusatzvereinbarungen, wie sie in der klassischen Unternehmensfinanzierung verbreitetet sind (*Pöllath* 2007). Folgende Zusatzvereinbarungen sind möglich:

- Der Spender kann eine Zweckbindung vorschreiben. Insbesondere Stiftungen, die nur ein einzelnes Projekt einer Non-Profit-Organisation finanzieren, greifen darauf zurück.
- Die Auszahlung der Spende kann in Raten erfolgen und an einen Verwendungsnachweis geknüpft sein.
- Investoren können sich Informationsrechte einräumen lassen.
- Die aus der Venture-Capital-Finanzierung stammende Meilensteinfinanzierung ist ebenfalls auf Spenden übertragbar. Tendenziell sinkt durch Meilensteinfinanzierungen das Risiko des Investors und dies kann zu einer erhöhten Kapitalbereitstellung führen.

Spendenfinanzierung mag zunächst als die optimale Finanzierung angesehen werden. Bei genauerer Untersuchung der Spendenfinanzierung in der Praxis werden jedoch einige Einschränkungen offenbar.

Spenden vermindern den Anreiz, effizient zu wirtschaften und eigene Einnahmen zu erzielen, wenn sie "netto" gewährt werden, d. h. eigene Einnahmen automatisch zu einer Reduzierung der Spende führen. Darüber hinaus werden häufig auch keine Mittel für den Aufbau einer effizienten Administration sowie eines qualifizierten Management bereitgestellt. Zudem ist der Bewerbungsprozess für Spenden zeitaufwändig und Spender fordern teilweise ausführliche Berichte, die durch hohen administrativen Aufwand zu weiteren Kosten führen können.

2.2 Fremdkapital

Fremdkapital ist eine weitere wichtige externe Finanzierungsmöglichkeit für Sozialunternehmen. Zunächst haben Sozialunternehmen, relativ unabhängig von der Rechtsform, Zugang zu Krediten, vorausgesetzt sie können dem Risiko entsprechende, marktgängige Zinsen zahlen. In der Regel benötigt das Sozialunternehmen dafür entsprechende Sicherheiten und ein Geschäftsmodell mit planbaren und stabilen Umsätzen.

Die Möglichkeiten der Fremdkapitalfinanzierung sinken deutlich, wenn dies nicht gegeben ist. In diesem Fall kommen ausschließlich Investoren in Frage, die zur Unterstützung der sozialen Zielsetzung ein höheres Risiko mit einer eventuell auch geringeren finanziellen Rendite akzeptieren.

Für Banken ist die Finanzierung von Sozialunternehmen häufig mit Schwierigkeiten verbunden. So fehlen oft die notwendigen Ressourcen, um sozialunternehmerische Geschäftsmodelle mit ihren Besonderheiten entsprechend analysieren zu können. Spezialisierte Banken, die oft als sozial-ethische Banken bezeichnet werden, können diese Lücke schließen.

2.3 Eigenkapital

Externe Eigenkapitalfinanzierung im klassischen Sinn ist nur für einen kleinen Teil, die gewinnorientiert arbeitenden Sozialunternehmen, relevant. Gründe, die für eine gewinnorientierte Rechtsform sprechen, sind: hoher Anreiz zu Effizienz und Innovation, größere potentielle Investorengemeinde, schnelle Reaktion auf Nachfrageänderungen, besserer Zugang zu hoch qualifiziertem Personal. Dagegen spricht ebenfalls eine Reihe von Gründen: die Schwierigkeit, als Organisation zwei Ziele zu verfolgen (soziale und finanzielle) sowie das Spannungsfeld zwischen dem Druck durch Nachfrager und Kapitalgeber, die sozialen Ziele zu vernachlässigen und dem Druck der Gesellschaft und Politik, den Gewinn zu vernachlässigen (*Dees/Anderson* 2004).

Bei einer gewinnorientierten Rechtsform sind an die externe Eigenkapitalfinanzierung in der Regel Mitspracherechte geknüpft. Dabei sollte der Sozialunternehmer beachten, dass sich die Ziele des Sozialunternehmens möglichst genau mit den Zielen der Investoren decken.

Bei der Ansprache der Investoren sollte sich der Sozialunternehmer darüber im Klaren sein, ob er eine dem Risiko entsprechende marktadäquate Kapitalrendite in Aussicht stellen kann. In diesem Fall kommen alle, auch rein auf die finanzielle Rendite abstellende Investoren, in Frage. Ist die erwartete Rendite niedriger, verringert sich die Anzahl potenzieller Investoren und nur die Ansprache von Investoren mit sozialen Renditezielen ist erfolgversprechend.

Die Möglichkeiten der Eigenkapitalfinanzierung hängen wesentlich von der Rechtsform ab. Die Wahl ist dabei nicht auf deutsche Rechtsformen beschränkt, sondern umfasst mittlerweile auch ausländische, vor allem europäische, Rechtsformen.

2.4 Mezzaninkapital

Mezzaninkapital stellt eine Mischform zwischen Fremdkapital und Eigenkapital dar. Es kombiniert die regelmäßigen Zinszahlungen und die Rückzahlungspflicht des Fremdkapitals mit der Gewinnbeteiligungskomponente von Eigenkapital. Gerade für Investoren ist Mezzaninkapital attraktiv, da es eine gewisse Mindestrendite, aber gleichzeitig eine Partizipation an möglichen Wertsteigerungen ermöglicht.

2.5 Hybridkapital

Es gibt aber auch Mischformen zwischen der Spende, Eigenkapital und Fremdkapital, die in einer Reihe von Ausgestaltungen möglich sind (*Spiess-Knafl* 2012; *Stahl* 2007).

Bei einem *Recoverable Grant* wird zunächst ein unbesicherter Kredit mit der Erwartung einer Rückzahlung gewährt. Sollte die Investition sich nicht auszahlen und eine Rückzahlung nicht möglich sein, wird der Kredit in eine Spende umgewandelt.

Forgivable Loans sind zunächst ebenso wie der Recoverable Grant ausgezahlte Kredite. Analog zur Ausbildungsfinanzierung von Mitarbeitern wird immer dann, wenn vereinbarte Zwischenziele erreicht werden, ein Teil des Kredits erlassen.

Instrument	Bedingungen		Kurzbeschreibung
Eigenkapital	Laufzeit: Rückzahlung: Periodische Zahlungen:	Unbegrenzt Nein Ausschüttung	- Verringerung der Eigentumsrechte - Kontroll- und Mitspracherechte für Investoren - Gewinnbeteiligung
Fremdkapital	Laufzeit: Rückzahlung: Periodische Zahlungen:	Langfristig Ja Zinsen	- Sichere Cash Flows notwendig - Keine Abgabe von Eigentumsrechten - Abgabe von Rechten bei Zahlungsausfall
Mezzaninkapital	Laufzeit: Rückzahlung: Periodische Zahlungen:	Langfristig Ja Je nach Vertrag	- Sichere Cash Flows notwendig - Gewinnbeteiligung für Investoren - Verpflichtende Rückzahlung
Spenden	Laufzeit: Rückzahlung: Periodische Zahlungen:	Kurzfristig Nein Nein	- Nutzung für spezifische Projekte - Hohe Fundraising-Kosten - Verringerung unternehmerischer Flexibilität
Hybridkapital	Laufzeit: Rückzahlung: Periodische Zahlungen:	Langfristig Je nach Vertrag Je nach Vertrag	- Risikoteilung mit Investor - Keine Abgabe von Eigentumsrechten - Günstiges und flexibles Finanzierungsinstrument

Abb. 2.2: Verfügbare Finanzierungsinstrumente
Quelle: In Anlehnung an *Achleitner et al.* 2011a

Convertible Grants sind Spenden, die nur im Erfolgsfall in Eigenkapital umgewandelt werden. Das ist insbesondere für Industrien interessant, die eine lange Phase der Marktentwicklung durchlaufen. Erneuerbare Energien und Mikrofinanzierung können so charakterisiert werden.

Dazu kommen noch weitere Formen wie etwa Umsatzbeteiligungsmodelle oder Bürgschaften. Bei Umsatzbeteiligungsmodellen verpflichtet sich das Sozialunternehmen einen Teil des Umsatzes im Gegenzug für ein Darlehen zu entrichten. Bei Bürgschaften übernimmt ein Investor die Garantie, bei Zahlungsausfall für die Verpflichtung des Sozialunternehmens einzustehen.

In Abb. 2.2 sind die verschiedenen Instrumente, ihre Bedingungen und eine Kurzbeschreibung aufgeführt.

3 Finanzierungsquellen

Rund um die Finanzierung von Sozialunternehmen hat sich in den letzten Jahren ein Ökosystem entwickelt. Im folgenden Abschnitt wird auf drei Finanzierungsquellen, die insbesondere für Sozialunternehmen interessant sind, eingegangen: Stiftungen, Venture-Philanthropy-Fonds und Crowdfunding-Plattformen.[1]

3.1 Stiftungen

Stiftungen sind eine typische Finanzierungsquelle für Non-Profit-Organisationen, sofern nicht der Staat die Finanzierung übernimmt. Die entsprechende Rechtsform ist vom Gesetzgeber für philanthropische Investitionen geschaffen worden. Die klassische Stiftung wird mit einem Stiftungskapital ausgestattet und erfüllt aus den Erträgen des Kapitals die satzungsgemäßen, meist steuerbegünstigten Stiftungszwecke. Der Begriff Stiftung wird aber auch unabhängig von der Rechtsform gebraucht. Ein prominentes Beispiel ist die Robert Bosch Stiftung, die von der Rechtsform her eine gemeinnützige GmbH ist.

Gemeinnützige Stiftungen sind in der Wahl der Finanzierungsinstrumente sehr eingeschränkt, da der Gesetzgeber eine Trennung vorsieht zwischen der Kapitalanlageseite und dem Erfüllen des Stiftungszwecks (Ausgabenseite). So sind zwar Kapitalgewinne steuerfrei, aber die Vergabe von Darlehen zu marktüblichen Zinsen an förderungswürdige Empfänger im Sinne des Stiftungszwecks, z. B. Sozialunternehmen, ist zumindest problematisch. Zinslose Darlehen oder Darlehen mit einem verringerten Zins an gemeinnützige Einrichtungen sind dagegen möglich. In Deutschland sind Stiftungen dadurch im Wesentlichen für Sozialunternehmen interessant, die auf der Suche nach Spenden oder vergünstigten Krediten sind.

In einem viel beachteten Beitrag haben *Letts et al.* (1997) darauf hingewiesen, dass Stiftungen von Venture Capitalists lernen sollten, um einige Defizite ihrer Finanzierungspraxis zu beheben. Sie haben damit einen wesentlichen Beitrag zur Entwicklung von Venture Philanthropy geleistet.

---

[1] Tatsächlich spielt der Staat die wichtigste Rolle bei der Finanzierung gesellschaftlicher Aufgaben. Für einen Überblick über generelle Möglichkeiten der Finanzierung, die auch Spenden und Mitgliedsbeiträge umfasst, s. *Spiess-Knafl* (2012).

3.2 Venture-Philanthropy-Fonds

Als Pendant zu Social Entrepreneurship hat sich auf der Finanzierungsseite Venture Philanthropy als ein neuer Finanzierungsansatz herausgebildet. Zunächst seit Mitte der 90er Jahre in den USA und dann seit 2002 in England. Von dort breitete sich das Konzept auch nach Kontinentaleuropa aus. Schon durch seine Wortbestandteile verrät der Ausdruck, dass es sich um das Verschmelzen von Venture Capital mit philanthropischen Finanzierungen handelt.[2]

Venture Philanthropy beinhaltet die Übertragung von Ansätzen aus der Venture-Capital-Finanzierung auf die Philanthropie (*John* 2006). Laut der European Venture Philanthropy Association (EVPA), dem europäischen Venture-Philanthropy-Verband, kann Venture Philanthropy durch eine aktive Partnerschaft, den Einsatz unterschiedlicher, den Bedürfnissen der Empfängerorganisation entsprechenden Finanzierungsinstrumente, die nicht-finanzielle Unterstützung beim Organisationsaufbau und das Ziel des Investors, die soziale Rendite zu maximieren, charakterisiert werden.

Als Finanzierung suchender Sozialunternehmer muss man sich auf diese Ansätze einstellen und vorbereiten. Mitunter wird die Finanzierung durch einen Venture-Philanthropy-Fonds nicht die günstigste sein. Die nicht-finanzielle Unterstützung sollte jedoch nicht unterschätzt und mit in die Auswahlentscheidung eines Kapitalnehmers einbezogen werden.[3]

Venture-Philanthropy-Fonds entwickeln häufig frühzeitig eine Exit-Strategie. Dies kann ein klassischer Verkauf sein, es werden aber auch andere Strategien angewendet, z. B. Unterstützung bei der Suche nach neuen Investoren sowie bei der Einkommensgenerierung oder die Fusion mit anderen Non- oder auch For-Profit-Organisationen.

Da man in der Regel von einem Trade-off zwischen finanzieller Rendite und sozialer Rendite ausgeht und es bisher nur äußerst eingeschränkt möglich ist, soziale Renditen zu messen und somit die Gesamtrendite (finanziell plus sozial) nicht dargestellt werden kann, sind in der Praxis zwei unterschiedliche Strategien erkennbar. Entweder soll die soziale Rendite unter der Bedingung, dass eine finanzielle Mindestrendite erreicht wird, maximiert werden oder aber die finanzielle Rendite unter der Bedingung, dass eine soziale Mindestrendite – in der Praxis sind dies Ausschlusskriterien – erreicht wird.[4]

---

[2] Für einen ausführlichen Überblick zu Venture Philanthropy s. *Heister* (2010).

[3] Soziale Rendite umfasst die Wertschöpfung des Sozialunternehmens, die nicht für das Management und die Eigentümer sondern für die Gesellschaft als solche erwirtschaft wird.

[4] Für einen Überblick zu weltweit tätigen Fonds s. *Achleitner et al.* (2011b).

Die Unterschiede zwischen beiden Finanzintermediärformen sind auch für kapitalsuchende Sozialunternehmer von Relevanz.

- Risiko: Stiftungen gehen aufgrund einer anderen Anreizstruktur auch anders mit Risiken um. Während Venture-Philanthropy-Fonds ein erhebliches Risiko eingehen, dass ihre Investments nicht die erwarteten Renditen abwerfen und der Fonds aus dem Markt gedrängt wird, ist die Existenz einer Stiftung unabhängig vom Erfolg der getätigten Spenden gesichert.
- Art der Zusammenarbeit: Wenn Stiftungen Mittel bewilligt haben, nehmen sie häufig eine kontrollierende Position ein. Sie überwachen, dass die Mittel entsprechend dem Bewilligungszweck eingesetzt werden, aber involvieren sich kaum auf der operativen Ebene der Non-Profit-Organisation. Venture-Philanthropy-Fonds bieten im Kontrast dazu ausführliche nicht-finanzielle Unterstützung und arbeiten eng mit dem Management der finanzierten Unternehmen zusammen.
- Anzahl der Investments: Stiftungen investieren in viele verschiedene Projekte, decken damit allerdings häufig nur kleine Teile des gesamten Finanzierungsbedarfs, so dass bei Non-Profit-Organisationen chronischer Kapitalmangel herrscht und das Management einen großen Teil der Zeit mit Fundraising verbringt. Des Weiteren unterstützen Stiftungen Non-Profit-Organisationen nicht dabei weitere Finanzierungsquellen zu erschließen. Venture-Philanthroy-Fonds investieren in weniger Projekte, statten die Unternehmen dann aber mit ausreichend Kapital aus, so dass sich das Management um das operative Geschäft und nicht die Finanzierung kümmern kann.
- Dauer der Verbindung: Während Stiftungen in der Regel Projekte meistens nur über einen kurzen Zeitraum fördern, bleiben Venture-Philanthropy-Fonds über einen längeren Zeitraum bei den Portfoliounternehmen involviert.

3.3 Crowdfunding-Plattformen

In den letzten Jahren hat sich Crowdfunding als relevante Finanzierungsquelle für Unternehmen etabliert. Es bietet gerade jungen Unternehmen den Zugang zu einer interessierten Öffentlichkeit, um entweder Kapitalgeber oder eine Käuferbasis für eine Idee zu finden. In der Regel ist es ein Pool an Einzelpersonen („crowd"), die zur Finanzierung beitragen.

Dabei kann man unterschiedliche Typen von Plattformen unterscheiden. Es gibt die Plattformen, die eigenkapital- oder fremdkapitalbasierte Investments anbieten. Dabei sind etwa Kontroll- und Stimmrechte mit Vertraulichkeitsbeschränkungen in Einklang zu bringen oder gewisse Abläufe bei Verkauf oder gesellschaftsrechtlichen Prozessen zu regeln.

Dazu haben sich auch etliche Spendenseiten etabliert. Dabei werden auf der entsprechenden Plattform Profile von unterschiedlichen Organisationen und auch Sozialunternehmen vorgestellt und die Einzelpersonen bekommen die Möglichkeit, ihre Projekte auszuwählen.

Vor allem für kreative Projekte und Produktentwicklungsideen sind die umsatzbasierten Crowdfunding-Plattformen interessant. Künstler, aber auch Entwickler stellen ihr Projekt oder Produkt vor und können mit der Zusage einer großen Käufergruppe ihr Umsetzungsrisiko entsprechend reduzieren.

4 Kriterien der Kapitalgeber

Traditionelle gewinnorientierte Investoren benötigen, etwas vereinfacht ausgedrückt, nur eine Zahl, um den Erfolg einer Investition zu beurteilen: die Kapitalverzinsung. Entsprechend klar und eindeutig lässt sich der Erfolg einer Investition darstellen. Für Sozialinvestitionen existiert keine gut messbare Erfolgskennzahl. Zwar ist auch der Sozialinvestor an der finanziellen Rendite interessiert, aber eben nicht nur. Er möchte gesellschaftlichen Nutzen stiften und dieser schlägt sich nicht notwendigerweise in einer finanziellen Rendite beim Investor nieder. Die soziale Rendite hat Einfluss auf die Bewertung der Investition, kann aber nur schwer gemessen werden.[5]

Das Problem der Erfolgsmessung im Social-Entrepreneurship-Bereich hat zwei wesentliche Implikationen. Zum einen erschwert das Fehlen aussagekräftiger Kennzahlen die Steuerung eines Sozialunternehmens im Vergleich zu einem Unternehmen, das traditionell gewinnorientiert ist. Zum anderen gestaltet es sich als schwierig, Investoren ohne eine Erfolgsdarstellung zu gewinnen. Die Schwierigkeiten bei der Erfolgsmessung führen insgesamt auch dazu, dass herausragende und weniger beeindruckende Sozialunternehmen fast die gleichen Finanzierungsprobleme haben - ein klares Indiz für einen ineffizienten Markt (*Hartigan* 2006).

Aus diesem Grund nehmen Kapitalgeber vor der Investition eine ausführliche Analyse vor, um das Kapital so effizient wie möglich einzusetzen. In Abb. 4.1 sind einige Auswahlkriterien, die Investoren anlegen, aufgeführt.

Beim Konzept geht es um Aspekte, die insbesondere die konkrete Leistungserbringung betreffen. Ähnlich wie bei traditionellen Kapitalgebern werden die Innovation und Strategie überprüft. Dazu kommen spezifische Faktoren wie die beabsichtigte Systemverän-

---

[5] Ein Ansatz zur Darstellung der sozialen Rendite ist der Social Reporting Standard (http://www.social-reporting-standard.de). Siehe auch *Roder* (2010).

derung, die sich in der Änderung der Lebensumstände der Zielgruppe oder neuen gesellschaftlichen Denkmustern zeigen kann.

Konzept	Unternehmer	Markt	Soziales	Financials
Innovation	Kreativität	Soziales Problem	Soziale Rendite	Geschäftsmodell
Strategie	Kommunikationsfähigkeit	Marktentwicklung	Reichweite	Rechtliches
Systemveränderung	Soziale Motivation	Konkurrenz	Übertragbarkeit	Finanzierungsbedarf

Abb. 4.1: Ausgewählte Kriterien
Quelle: In Anlehnung an *Heister* (2010)

Insbesondere bei Unternehmern, die sich eines sozialen Problems annehmen, werden die Beweggründe analysiert. Zwar gibt es auch die klassischen Kriterien wie etwa die Kreativät und die Kommunikationsfähigkeit, aber eben auch die soziale Motivation, die sich oft aus der Biographie des Unternehmers ergibt.

Märkte von Sozialunternehmen werden nach anderen Kriterien analyisert als traditionelle Märkte. Im Kern dreht es sich um die Frage, ob es sich überhaupt um ein soziales Problem handelt und welche Zielgruppe von dem Konzept profitiert. Außerdem stellt sich die Frage, wie sich der Markt entwickeln wird und wie viele Personen davon betroffen sind. Für den Kapitalgeber ist auch immer die Frage von Interesse, welche Konkurrenz auf diesem Markt vorhanden ist und wie sich das Sozialunternehmen von den anderen Ansätzen unterscheidet.

Bei Kapitalgebern, die auch eine soziale Zielsetzung verfolgen, ist die soziale Rendite von hohem Interesse. Im Wesentlichen betrifft es die Frage nach dem Wert, der für die Gesellschaft geschaffen wird und beinhaltet die Reichweite bzw. die Größe des sozialen Problems. Ein weiterer Unterschied, auf den sich Sozialunternehmer einstellen müssten, betrifft die Übertragbarkeit des Konzepts. Kapitalgeber wollen zur Lösung des sozialen Problems beitragen und eine leichte Übertragbarkeit erhöht die Attraktivät des Konzepts, da dann auch andere Sozialunternehmen das Konzept übernehmen könnten.

Um das Investment zurückführen zu können oder generell ohne weitere finanzielle Mittel seitens des Kapitalgebers agieren zu können, benötigt das Sozialunternehmen ein Geschäftsmodell mit klar definierten Einkommensströmen. Dazu sind in der Regel noch rechtliche Fragen zu klären, da insbesondere bei Sozialunternehmen unterschiedliche Rechtsformen möglich sind. Abschließend muss der Finanzierungsbedarf nach der Höhe und dem zu verwendenden Finanzierungsinstrument geklärt werden.

Literaturverzeichnis

Achleitner, A.-K., Heinecke, A., Noble, A., Schöning, M., Spiess-Knafl, W.: Unlocking the Mystery: An Introduction to Social Investment. Innovations 6(3), 145–154 (2011a)

Achleitner, A.-K., Spiess-Knafl, W., Heinecke, A., Schöning, M., Noble, A.: Social Investment Manual – An Introduction for Social Entrepreneurs. Social Science Research Network. http://ssrn.com/abstract=188433 (2011b). Zugegriffen: 21. Februar 2014

Dees, G.J., Anderson, B.B.: For-Profit Social Ventures. International Journal of Entrepreneurship Education 2(1), 1–26 (2004)

Dees, G.J., Anderson, B.B.: Framing a Theory of Social Entrepreneurship – Building on Two Schools of Practice and Thought. Research on Social Enterpreneurship ARNOVA Occasional Paper Series 1(3), 39–66 (2006)

Hartigan, P.: Delivering on the Promise of Social Entrepreneurship – Challenges Faced in Launching a Global Social Capital Market. In: Nicholls, A. (Hrsg.) Social Entrepreneurship – New Models of Sustainable Social Change, 329–355. Oxford University Press, Oxford (2006)

Heister, P.: Finanzierung von Social Entrepreneurship durch Venture Philanthropy und Social Venture Capital. Gabler, Wiesbaden (2010)

John, R.: Venture Philanthropy – The Evolution of High Engagement Philanthropy in Europe. Skoll Center for Social Entrepreneurship. University of Oxford, Oxford (2006)

Knoth, A.: Eigenmittel erwirtschaften. In: Achleitner, A.-K., Pöllath, R., Stahl, E. (Hrsg.) Finanzierung von Sozialunternehmern, 137–147. Schäffer-Poeschel, Stuttgart (2007)

Letts, C., Ryan, W., Grossman, A.: Virtuous Capital – What Foundations can learn from Venture Capitalists. Harvard Business Review 75(2), 36–44 (1997)

Pöllath, R.: Rechtliche Einordnung und steuerliche Aspekte. In: Achleitner, A.-K., Pöllath, R., Stahl, E. (Hrsg.) Finanzierung von Sozialunternehmern, 57–64. Schäffer-Poeschel, Stuttgart (2007)

Roder, B.: Reporting im Social Entrepreneurship. Gabler, Wiesbaden (2010)

Spiess-Knafl, W.: Finanzierung von Sozialunternehmen – Eine theoretische und empirische Analyse. Technische Universität München. http://mediatum.ub.tum.de/doc/1098776/1098776.pdf (2012). Zugegriffen: 21. Februar 2014

Stahl, E.: Zusatzvereinbarungen. In: Achleitner, A.-K., Pöllath, R., Stahl, E. (Hrsg.) Finanzierung von Sozialunternehmern, 71–77. Schäffer-Poeschel, Stuttgart (2007)

Teil IV:
Entrepreneurial Marketing:
Die Gründungstypen

Jörg Freiling

Die Besonderheiten des Gründungsmarketings von Dienstleistungsunternehmen

Jörg Freiling, Prof. Dr.
Inhaber des Lehrstuhls für Mittelstand,
Existenzgründung und Entrepreneurship
Universität Bremen
E-Mail: freiling@uni-bremen.de.

1 Einleitung

Eingangs dieses Buches wurde in dem Beitrag von *Freiling und Kollmann* (2014) herausgestellt, dass Marketing- und Entrepreneurshipforschung bislang nur an wenigen Stellen voneinander Notiz genommen haben, gleichwohl eine Integration eine gegenseitige Befruchtung verspricht. Ähnliches lässt sich für das Verhältnis zwischen der Gründungsforschung und der Dienstleistungsforschung sagen. Letztere ist maßgeblich durch Beiträge geprägt, die aus den Bereichen Marketing und Management stammen (*Meyer* 1983; *Meyer* 1991; *Engelhardt et al.* 1993; *Woratschek* 1996; *Kleinaltenkamp/Haase* 1999; *Kleinaltenkamp* 2005; *Woratschek* 2001; *Fließ* 2002; *Meffert/Bruhn* 2012). Daneben haben sich auch mehrere produktionswirtschaftliche Forscher in die Thematik eingebracht (z. B. *Maleri* 1997; *Corsten/Gössinger* 2005, 2007).

Insbesondere die Befunde zur Dienstleistungsmarketingforschung sind – von wenigen Ausnahmen abgesehen (z. B. *Freiling/Estevão* 2005; *Freiling* 2012) – noch nicht in die Gründungsforschung eingeflossen, weswegen eine vertiefende und geschlossene Aufarbeitung des Marketings von Service Ventures noch aussteht. Der vorliegende Beitrag wird die große Lücke nicht schließen können. Statt dessen wird der Versuch unternommen, die spezifische wertschöpfungsbezogene Ausgangssituation, die bei der Vermarktung von Dienstleistungen jedweder Art besteht, kompakt aufzuarbeiten (Kap. 2), die Zuspitzung der Marketing-Problematik im Gründungskontext zu benennen (Kap. 3), um darauf aufbauend fokussierte Ansatzpunkte für das Dienstleistungsmarketing im Gründungskontext darzulegen (Kap. 4). Ein Ausblick (Kap. 5) schließt den Beitrag ab.

2 Wertschöpfungsbezogene Besonderheiten von Dienstleistungen und ihre Marketingimplikationen

Bereits der Begriff „Dienstleistung" lässt erkennen, dass eine rein leistungs- und damit ergebnisbezogene Betrachtung unzureichend ist: Zum Ergebnis tritt der Prozess, hier der Prozess des Dienens – und zwar für den Kunden, aber auch mit dem Kunden. Generell geht dieses Verständnis mit einer anderen Wertschöpfungskonstellation einher, die von einer güterzentrierten Sichtweise (Goods-dominant Logic) deutlich abweicht und eine serviceorientierte Denkweise (Service-dominant Logic) beinhaltet (*Vargo/Lusch* 2004). In der Dienstleistungsforschung wurde auf eine dreigliedrige Betrachtung zur Erfassung der Wertschöpfungsbesonderheiten abgestellt (*Meyer* 1983; *Meyer* 1991; *Engelhardt et al.* 1993; *Corsten* 1996): die so genannte Bereitstellungsleistung (Potenzialebene) stellt den Ausgangspunkt für die Leistungserstellungsprozesse dar (Prozessebene), die wiederum Grundlage für das finale Leistungsergebnis sind (Ergebnisebene). Den Anfangsbuchstaben der drei genannten Ebenen entsprechend, spricht *Meyer* (2001) zur systematischen Erfassung der Dienstleistungsspezifika vom „PPE-Ansatz". Dieser Strukturierungsrahmen wird auch den nachfolgenden Ausführungen zu Grunde gelegt, wobei ausgehend vom Ergebnis die vorgelagerten Wertschöpfungsstufen schrittweise behandelt werden. Eine ausführlichere Darstellung findet sich bei *Freiling und Estevão* (2005).

Das Leistungsergebnis stellt vor allem im Falle von Dienstleistungen ein Bündel unterschiedlicher Leistungskomponenten dar, die einzelkundenbezogen kombiniert worden sind (*Engelhardt et al.* 1993). Sie beruhen in besonderer Weise auf immateriellen Komponenten, was kundenseitig – bedingt durch Einschränkungen bezüglich der sinnlichen Wahrnehmung – eine Qualitätsbeurteilung erschwert. Im Kontext der Qualitätsbeurteilung wird herausgestellt, dass Dienstleistungen im Ergebnisbereich nicht über so genannte Sucheigenschaften, sondern überwiegend über Erfahrungs- und zum Teil auch über Vertrauenseigenschaften verfügen (*Weiber/Adler* 1995; *Welling* 2006). Während sich Erfahrungseigenschaften erst nach dem Kauf im Zuge des Nutzungsprozesses überprüfen lassen, fehlt eine solche Überprüfungsmöglichkeit bei Vertrauenseigenschaften vollends. *Welling* (2006) weist aber darauf hin, dass echte Vertrauenseigenschaften bei Dienstleistungen äußerst selten sind und die faktisch mögliche Überprüfung einer Leistung aus pragmatischen Gründen unterbleibt. Daher sind die von ihm angeführten sog. „Akerlof-Situationen" der Qualitätsbeurteilung für den Dienstleistungsbereich kennzeichnend (*Welling* 2006). Im Zuge der Dienstleistungsforschung hat sich gezeigt, dass die Immaterialität als kennzeichnendes Merkmal von Dienstleistungen überschätzt worden ist, auch wenn sie zur Charakterisierung keinesfalls unwichtig ist. Gleichwohl sind Merkmale auf den beiden anderen Ebenen des Wertschöpfungssystems von Dienstleistungen von ungleich größerer Relevanz. Bezüglich des Leistungsergebnisses ist weiterhin festzustellen, dass selbiges zum Zeitpunkt des Kaufabschlusses zwischen Anbieter und Nachfrager noch nicht fertig gestellt ist. Vielmehr wird zwischen den beiden Marktseiten eine Einigung erzielt, auf deren Basis die finale, zum Ergebnis führende Leistungserstellung noch zu vollziehen ist. Insofern stellt das Absatzobjekt ein Leistungsversprechen dar, was für das Marketing unter akquisitorischen Gesichtspunkten brisant ist und worauf in den nachfolgenden Ausführungen noch einzugehen sein wird.

Der Leistungserstellungsprozess lässt erkennen, worin das Element des „Dienens" besteht. Dienstleistungen sind in besonderer Weise dadurch gekennzeichnet, dass neben den internen Produktionsfaktoren des Anbieters kundenseitige Faktoren in die Leistungserstellung einzubringen sind, an denen sich der Erstellungsprozess vollzieht (*Engelhardt et al.* 1993). Diese kundenseitigen Faktoren (externe Faktoren) können Objekte (z. B. Reparaturleistungen), Informationen (z. B. Beratungsleistungen) oder Personen (z. B. Unterhaltungsleistungen) der Kundenseite sein. Während im Falle typischer industrieller Produktionstätigkeit die Integration derartiger externer Faktoren ausgeklammert wird, was aufgrund sehr niedriger Integrationsgrade, d. h. hochgradig autonomer statt integrativer Prozesse, auch vertretbar erscheint (vgl. hier die Diskussion bei *Engelhardt et al.* 1993), wird sie für Dienstleistungen zum bestimmenden Merkmal und lässt den Charakter des Dienens und der damit verbundenen individualisierten Leistungsgestaltung erkennen: Der Anbieter schafft eine Umgebung für die Leistungserstellung, bei der die kundenseitigen Faktoren im Mittelpunkt der Leistungserstellung stehen und die finalen Schritte zur Erstellung der o.g. Ergebnisse erst auslösen. So kann ein Taxifahrer erst eine Leistung erbringen, wenn ein Gast sein Fahrzeug betritt. In diesem Zusammenhang wird ein weiteres charakteristisches Merkmal von Dienstleistungen ersichtlich: das Kontaktmoment zwischen Anbieter und Nachfrager, was mit einer Interaktion beider Marktseiten einhergeht (*Bruhn/Stauss* 2001). Die Interaktion findet überwiegend auf persönlichem Wege statt, kann aber auch als Mensch-Maschine-Interaktion und – noch eher selten (z. B. Remote-Services zur Überwachung installierter Anlagen) – als Maschine-Maschine-Interaktion erfolgen. Neben die Kundenintegration im Leistungserstellungsprozess tritt in manchen Fällen die Anbieterintegration in den Nutzungsprozess des Kunden, der dadurch mit zur erweiterten Leistungserstellung gezählt werden kann. Hier hilft der Anbieter dem Kunden bei der Nutzung, die Potenziale der Leistung besser zu erschließen (z. B. Nachschulungen des Kunden). Die Dominanz persönlicher Interaktion erfordert die Schaffung von Interaktionsvoraussetzungen seitens des Anbieters. Sowohl Kundenintegration, welche die Rolle des Kunden als Co-Produzenten (*Lovelock/Wirtz* 2011) zu veranschaulichen hilft, als auch Interaktion lassen somit erkennen, dass die Leistungserstellungsprozesse einer Vorbereitung bedürfen, was zu einer weiteren Dimension des Wertschöpfungssystems von Dienstleistungsanbietern überleitet.

Die Bereitstellungsleistung betrifft die (Vor-)Kombination der internen Potenzial- und Verbrauchsfaktoren, die – über eine sich später daran anschließende Kombination – eine Leistungserstellung erst ermöglicht. Im Mittelpunkt steht dabei entsprechend die Fähigkeit und Bereitschaft zur Ausübung einer Tätigkeit. Die Potenzialebene ist für einen Zugang zu den wertschöpfungsbezogenen Besonderheiten von Dienstleistungen unerlässlich, was sich unter anderem an dem Vermarktungsgegenstand im Falle von Dienstleistungen erkennen lässt: Vermarktet wird – wie oben beschrieben – nicht etwa eine fertige Leistung, sondern vielmehr ein Leistungsversprechen (*Kaas* 1992). *Alchian und Woodward* (1988) unterscheiden in einem anderen Kontext zwischen Austauschgütern und Kontraktgütern. Bei Ersteren handelt es sich um vor dem Kauf gefertigte Produkte, deren Qualität zum Zeitpunkt des Kaufes vom Kunden überprüfbar ist. Bei Letztgenannten hingegen erfolgt zunächst der Absatz und dann die finale Leistungserstellung. Entsprechend kann sich der Käufer zunächst nur an der Bereitstellungsleistung des Anbieters orientieren und mittels dieser Surrogate auf die Qualität der noch zu erstellenden Leistung schließen. Für den Anbieter bedeutet diese Konstellation, dass er durch das vermarktete Leistungsversprechen transaktionsbezogen zwar keinem Absatzrisiko mehr unterliegt, wohl aber einem erheblichen Produktionsrisiko, da er nunmehr der Verpflichtung zur (zeit- und qualitätsgerechten) Übergabe der vereinbarten Leistung nachzukommen hat. Diese für Dienstleistungen typische Konstellation verdeutlicht die spezifische Marketingproblematik derartiger Leistungen mit Blick auf die Unsicherheit beider Marktseiten.

Zusammenfassend lassen sich Dienstleistungen nur auf Basis einer integrierten Betrachtung aller drei Leistungsdimensionen einordnen. Der Leistungscharakter setzt sich entsprechend aus leistungsrelevanten Merkmalen aller drei Wertschöpfungsdimensionen zusammen: der Leistung als Ergebnis, der Leistung als Prozess bzw. Erlebnis und der Leistung als Potenzial. Immaterialität, oftmalige Individualität der Leistung, Integrativität der Leistungserstellung (Kunden- und Anbieterintegration), Interaktionsintensität, Kontraktgutcharakter und die Vermarktung von Leistungsversprechen kennzeichnen die spezifischen Marketingbesonderheiten von Dienstleistungen, die mit entsprechenden Herausforderungen einhergehen. Die nachfolgenden Ausführungen werden zeigen, dass im Falle von Neugründungen im Dienstleistungsbereich die ohnehin schon schwierige Ausgangssituation eine weitere Zuspitzung erfährt.

3 Dienstleistungsbesonderheiten im Gründungskontext – eine Zuspitzung der Marketingproblematik?

Es liegt nahe, die Gründungsspezifika von Dienstleistungsbetrieben ebenfalls entlang der drei wertschöpfungsrelevanten Dimensionen aufzuarbeiten (ähnlich *Freiling* 2012). Dabei wird – soweit notwendig – auf Besonderheiten des Gründungsprozesses entlang der Gründungsphasen gesondert einzugehen sein.

Im Bereich der Leistungsergebnisse stehen Jungbetriebe im Servicebereich Herausforderungen auf zwei Ebenen gegenüber: Bezüglich des Sortiments verfügen Jungbetriebe aufgrund ihres noch kurzen Entwicklungsprozesses noch nicht über eine ausgereifte und nachfragerseitig bekannte Programmstruktur. Vielmehr entwickelt sich das – zumeist unscharf umrissene – Sortiment erst über die Zeit durch die Teilnahme am Marktprozess. Mit Blick auf die einzelne Dienstleistung, die vom Anbieter zu vermarkten ist, gilt in Verbindung mit dem oben Gesagten, dass Service Ventures weder über klar definierte, vorgefertigte und somit nachfragerseitig überprüfbare Leistungen verfügen, noch die damit verbundenen Probleme der Leistungsverdeutlichung – z. B. durch Referenzen anderer Kunden – kompensieren zu können. Erfahrungen anderer Marktteilnehmer mit dem Jungbetrieb liegen in der Keimphase noch nicht vor und sind in der Start-up-Phase (zur Phasengliederung vgl. *Freiling* 2006) zumeist noch nicht aussagefähig. Umso mehr ergibt sich das Problem, Surrogate zu finden, die aus Kundensicht erste Aussagen über die Leistungsfähigkeit und den Leistungswillen des Service-Ventures zulassen. Damit wird der Blick auf die Prozess- und vor allem auf die Potenzialebene gerichtet.

Auf der Prozessebene ergeben sich Probleme vor allem aus der Integration kundenseitiger Faktoren und aus der Anbieter-Nachfrager-Interaktion. So verlangt der Umgang mit Dienstleistungsnachfragern zumeist eine präzise Kenntnis nicht nur der allgemeinen Nachfragesituation im Markt, sondern auch und vor allem eine Vorstellung vom spezifischen Bedarfskomplex des Einzelkunden, da die Rahmenbedingungen der Kundenintegration abgeschätzt werden müssen. So laufen gerade Jungbetriebe Gefahr, Aufgaben zu übernehmen, die sich als zu komplex herausstellen. So müssen im Bereich der wissensintensiven Dienstleistungen junge Beratungsbetriebe während des Vermarktungsprozesses herausfinden, ob sie der Problemstellung des Kunden überhaupt gewachsen sind und eine sachgerechte Integration externer Faktoren sicherstellen können. Aufgrund der Notwendigkeit eines Jungbetriebs, Kaufabschlüsse zwecks Etablierung im Markt zu tätigen, ist der Anreiz groß, Aufträge anzunehmen, die zu Folgeproblemen führen. Diese Schwierigkeiten sind oft darauf zurückzuführen, dass die zur Erfüllung der versprochenen Leistung verfügbaren Fähigkeiten nicht vorhanden sind und somit während des Leistungserstellungsprozesses zeit- und kostenintensive Lernprozesse ausgelöst werden. Hier besteht zudem die Gefahr, sich zu weit von der ursprünglich als relevant erachteten Geschäftsbasis fortzuentwickeln, was im Bereich der Leistungsergebnisse zu Wildwuchs und auf der Potenzialebene zur Entwicklung von (strategisch irrelevanten) Randfähigkeiten führen kann. Ein weiteres Problem im Rahmen der Leistungserstellungsprozesse von Service Ventures betrifft die zumeist noch fehlende Effizienz bei der Kundenintegration. Ein Service Venture steht in der Frühentwicklung vor der Aufgabe, ein aufeinander abgestimmtes System von Leistungserstellungsprozessen (Standardprozesse) aufzubauen. Hierzu hat sich im Dienstleistungsbereich das so genannte Blueprinting bewährt (*Shostack* 1982; *Fließ* 2001; *Fließ* 2006), welches die Koordination autonomer und integrativer Prozesse unter besonderer Berücksichtigung der Einbindung des Kunden und seiner Wahrnehmungswelt („line of visibility“ bezüglich der Einsicht in die Prozesse des Anbieters) ermöglicht. Das Blueprinting schafft zugleich die Voraussetzungen einer Feinsteuerung der Prozessqualität, der Prozesskosten und der Prozesszeiten. Solange jedoch die Interaktion mit dem Kunden sowie die Integration externer Faktoren aufgrund fehlenden kundenbezogenen Wissens noch nicht eingespielt sind, mangelt es der Prozessgestaltung an einer soliden Basis, was nicht nur mit vielfältiger, über das normale Maß hinausgehender Improvisation, sondern auch mit unzureichend genutzten Standardisierungspotenzialen einhergeht. Dies wiederum kann zu einer ineffizienzbedingt höchst angreifbaren Kostenposition führen, welche die Etablierungschancen des Ventures beeinträchtigt.

Die Darstellung hat bereits deutlich werden lassen, dass zahlreiche Probleme im Ergebnis- und Prozessbereich ihren Ausgangspunkt auf der Potenzialebene nehmen. Die Potenziale eines Dienstleistungsbetriebs werden generell als Möglichkeit betrachtet, Vermarktungsprobleme im Bereich der Prozesse und Leistungsergebnisse zu lösen. So können etwa freundliche, motivierte und kompetent erscheinende Mitarbeiter einen Indikator für die beiden nachgelagerten Dimensionen des Wertschöpfungssystems eines Dienstleistungsbetriebs darstellen. Ähnliches gilt vor allem für die erworbene Reputation der Unternehmung und ihrer Leistungen. Wie *Freiling und Estevão* (2005, S. 268 f.) allerdings ausführen, sind die Möglichkeiten eines Service Ventures, von der Potenzialebene akquisitorisch Gebrauch zu machen, stark begrenzt. Folgende Gründe sind zu nennen:

- Eine Firmenreputation kann in den Frühphasen des Venture-Prozesses noch nicht entstanden sein. Hierbei handelt es sich um einen Faktor, der in die Kategorie der „Liabilities of Newness“ im Gründungskontext (*King* 2006) eingeordnet werden kann. Wenn überhaupt reputationsrelevante Wirkungen erzielt werden können, so beziehen sich diese zumeist auf die vorherige Tätigkeit der betreffenden Unternehmer als Personen, nicht aber auf die Unternehmung.
- Entsprechend schwierig ist es, auf die Bereitstellungsleistung bezogene glaubwürdige Signale Dritter zu nutzen. Referenzen von Kunden oder Zertifikate neutraler Drittinstitutionen, die für die Geschäftstätigkeit des Service Ventures genutzt werden könnten, liegen in aller Regel noch nicht vor.
- Die Verknüpfung unterschiedlicher interner Potenziale des Anbieters wird in der Keim- und Start-up-Phase vorgenommen, bedarf aber gerade im Zuge erster Markttransaktionen einer Anpassung. Von einem eingespielten Miteinander kann in aller Regel noch nicht die Rede sein. Vielmehr müssen handlungsleitende Strukturen erst geschaffen und erprobt werden. Dies schränkt die akquisitorischen Möglichkeiten weiter ein.

Ein weiteres potenzialbezogenes Problem von Service Ventures stellt die Kapazitätsbemessung dar. Hier muss eine erste Festlegung getroffen werden, die gerade in Anbetracht oftmals knapper Mittel für Service Ventures schwer zu bemessen ist. Dienstleistungen sind allgemein durch eine stark schwankende Nachfrage gekennzeichnet. Um zu Zeiten einer Spitzenlast handlungsfähig zu sein, müssen mitunter Kapazitäten geschaffen werden, die zu einer erheblichen Fix- und Leerkostenproblematik führen. Sie sind unter Effizienz- und Finanzierungsgesichtspunkten nur selten realisierbar. Umgekehrt führt aber eine zu gering bemessene Kapazität zu der Gefahr, wichtige Kundenbeziehungen nicht aufbauen zu können bzw. zu verlieren, weil in Zeiten hoher Auslastung die Handlungsfähigkeit aufgrund ausgelasteter Kapazitäten fehlt. Die Betrachtung lässt das Dilemma der Kapazitätspolitik deutlich werden.

Ein letzter Aspekt im Bereich der Potenzialebene betrifft die anbieterseitige Fähigkeit zur Integration kundenseitiger Faktoren. Eine organisationale Kompetenz (*Freiling* 2004) zur Kundenintegration (*Jacob* 2003) ist in der Keimphase nahezu durchweg noch in einer frühen Entwicklungsphase. Die damit verbundenen Defizite beeinträchtigen die Kundeninteraktion – und damit erneut die akquisitorischen Potenziale.

Die Ausführungen haben deutlich werden lassen, dass die Marketingsituation von Service Ventures im Gegensatz zu Gründungen anderer Wirtschaftssektoren mit erheblichen Problemen verbunden ist. Es stellt sich die Frage, welche Vorkehrungen getroffen werden können, um die beschriebenen Probleme zumindest ansatzweise lösen zu können.

4 Marketingschwerpunkte von Service Ventures

4.1 Überblick über Marketingschwerpunkte

Das Marketing von Service Ventures hat sich zwei Hauptaufgaben zu stellen: Erstens ist es erforderlich, marktrelevante Potenziale aufzubauen, um durch sie den Rahmen für eine zielgerechte Gestaltung der Prozesse und Marktleistungen zu legen. Dieser Aufgabenkomplex ist im Wesentlichen explorativer und kreativer Natur. Zweitens muss das Service Venture die vorhandenen Marketing-Potenziale so wirkungsvoll wie möglich nutzen. Dieser Aufgabenkomplex ist exploitativ.

Explorative und exploitative Aufgaben sind nicht unverbunden, sondern greifen ineinander. So muss gerade im exploitativen Kontext stets auf inzwischen neu geschaffene Marketingpotenziale im Marktauftritt Rücksicht genommen werden, um durch den Zugang zu Kunden eine Geschäftsbasis im Markt zu entwickeln und auszubauen, was vom Gründungsmarketing im Dienstleistungsbereich ein hohes Maß an Flexibilität verlangt. Durch die integrierte Wahrnehmung beider Aufgabenkomplexe soll dazu beigetragen werden,

- Zielkunden auf das Service Venture aufmerksam zu machen,
- das Venture zum Zwecke des Geschäftsabschlusses an den Einzelkunden heranzuführen und in eine günstige Situation zu bringen,
- Kaufabschlüsse zu tätigen,
- Wiederholungskäufe zu fördern und Geschäftsbeziehungen zu begründen sowie
- über Spill-over-Effekte Zugang zu anderen Kunden zu erhalten.

4.2 Exploratives Marketing von Service Ventures

Die explorativen und schöpferischen Aufgaben des Marketings zielen auf die Annäherung zwischen den Kunden im Zielmarkt und dem Venture. Diese Approximation vollzieht sich primär auf zweierlei Weise:

- Annäherung und Ausgleich auf informationsbezogenem Wege sowie
- Annäherung und Ausgleich auf wertschöpfungsbezogenem Wege.

Die informationsbezogene Annäherung setzt seitens des Service Ventures ein Screening (*Stiglitz* 1975) und Signaling (*Spence* 1973) voraus. Die Einholung von Informationen erfordert in einem grundlegenden Schritt marktforscherische Tätigkeit in einer der Mittelsituation angepasster Weise. Auf allgemeinen Informationen aufbauend, ermöglicht jeder Kundenkontakt zu Zwecken der Anbahnung von Tauschakten die Einholung ergänzender und nunmehr kundenspezifischer Informationen, die in besonderer Weise integrativitätsrelevant sind. Dieser Schritt ist jedoch oft erst dann möglich, wenn es dem Service Venture gelungen ist, Signale an die Zielkundschaft zu senden, die rezipiert worden sind. Damit wird wiederum die Frage aufgeworfen, auf welcher Grundlage das Signaling ansetzt.

Auf der Basis der Ausführungen in dem vorangegangenen Kapitel muss ein Dienstleistungsanbieter seine Präsenz am Markt kommunizieren, um somit zu einer Mindestbekanntheit beizutragen. Daneben hat er sein Leistungspotenzial und seinen Leistungswillen den Kunden gegenüber verdeutlichen. Aufgrund des frühen Entwicklungsstandes des Ventures ergeben sich nur wenige Ansatzpunkte, um vom Mechanismus der Reputation in transaktionsfördernder Weise Gebrauch zu machen (*Ehrmann* 2003; *Goldberg et al.* 2003). Reputation kann mit *Welling* (2006, S. 202) als isolierte Erwartung von Tauschpartnern gesehen werden, dass sich die andere Marktseite in bestimmter Weise verhält. Bezüglich des Jungbetriebs ergeben sich hierfür in der Keimphase und frühen Abschnitten der Start-up-Phase kaum Ansatzpunkte. Wohl aber besteht die Möglichkeit, auf Eigenschaften und Errungenschaften des gründenden Personals abzustellen. In diesem Zusammenhang ist an Zertifikate zu denken, welche die Qualifikation belegen. Bei dem Einsatz derartiger Mittel ist darauf zu achten, dass sie mit Bezug auf die Geschäftstätigkeit und die Beurteilungskriterien des Kunden als hinreichend aussagekräftig gelten. Mit Blick auf das Leistungspotenzial vermögen auch Referenzen aus früherer Tätigkeit der Gründer eine Surrogatfunktion zu übernehmen, was im Einzelfall zu prüfen ist. Während die genannten Maßnahmen an der Qualifikation ansetzen, ist mit Blick auf die Motivation z. B. an Garantien zu denken. Garantien können am späteren Ergebnis, aber auch an den einzubringenden Potenzialen ansetzen. Sie symbolisieren nicht nur eine Verhaltensabsicht der Anbieterseite, sondern können im Regelfall auch als Überzeugung des Anbieters interpretiert werden, dass ein Garantiefall erst gar nicht eintritt. Dies unterstreicht deren Reputation bildendes Potenzial. Ähnlich wirken Kontrollmöglichkeiten, die dem Kunden im Wege der Selbstbindung eingeräumt werden.

Die Überlegungen zu einer informationsbezogenen Annäherung von Service Venture und Kundschaft haben die diesbezügliche Eignung von Koordinationsmechanismen erkennen lassen, die im Rahmen der Informationsökonomie und der Principal-Agent-Theorie zur Diskussion stehen. Mit Blick auf die wertschöpfungsbezogene Annäherung rücken Fragen der Gestaltung der Bereitstellungsleistung und damit verbundene Aspekte der Leistungsfindung in den Vordergrund der Marketingaktivität. Mit der Gestaltung der Bereitstellungsleistung hat nicht nur eine Stärkung der Marketing-Potenziale des Service Ventures zu erfolgen, sondern auch eine Vorbereitung der Abfolge späterer Leistungserstellungsprozesse in Antizipation der erfolgenden Kundenintegration sowie eine Abgrenzung des Sortimentsrahmens, der zugleich eine Bezugsbasis für Verhandlungen in Tauschprozessen darstellt. Insofern betreffen Maßnahmen der wertschöpfungsbezogenen Annäherung zwar unmittelbar die Bereitstellungsleistung, haben darüber aber prägenden mittelbaren Einfluss auf die Prozess- und Leistungsebene.

Ohne im Rahmen dieses Beitrags Vollständigkeit reklamieren zu können, sollen nachfolgend zentrale Ansatzpunkte einer wertschöpfungsbezogenen Annäherung mit Blick auf die drei Ebenen des Wertschöpfungssystems von Dienstleistungsbetrieben überblicksartig vorgestellt werden:

- Potenzialebene: Während generell die marktorientierte Gestaltung der Bereitstellungsleistung im Mittelpunkt des Potenzialmanagements von Service Ventures steht, bedingt das Erfordernis der Kundenintegration eine entsprechende Vorbereitung des Kundenkontaktpersonals und der zur Kundenintegration benötigten Faktoren. In diesem Zusammenhang steht der Aufbau von Kundenintegrationskompetenz (*Jacob* 2003; *Vesshoff* 2010) im Vordergrund. Die Kundenintegrationskompetenz schließt zwar die Handlungsfähigkeit einzelner Personen mit ein, bezieht sich aber im Kern auf das Venture insgesamt. Kompetenzen werden im Sinne des kompetenztheoretischen Ansatzes verstanden als „(…) wiederholbare, auf der Nutzung von Wissen beruhende, durch Regeln geleitete und daher nicht zufällige Handlungspotenziale einer Organisation, die zielgerichtete Prozesse sowohl im Rahmen der Disposition zukünftiger Leistungsbereitschaften als auch konkreter Marktzufuhr- und Marktprozesse ermöglichen“ (*Freiling et al.* 2006, S. 57). Eine Kundenintegrationskompetenz beschreibt demnach die Fähigkeit des Anbieters, unter Rückgriff auf vorhandenes Wissen und bestehende handlungsleitende Strukturen externe Faktoren mit den internen Potenzialen zum Zwecke der Erstellung marktgerechter Leistungen zu verbinden. Das von *Cohen und Levinthal* (1990) entwickelte Konstrukt des Absorptionsvermögens („absorptive capacity“) dient einer Konkretisierung der Inhalte von Kundenintegrationskompetenz. Allgemein beschreibt das Absorptionsvermögen die Fähigkeit zur Erkennung geeigneten externen Wissens, dessen Integration sowie dessen wirkungsvolle Nutzung. Bezogen auf den Dienstleistungskontext kann demnach die Kundenintegrationskompetenz als organisationales Handlungspotenzial verstanden werden, welches sich auf die wissensbasierte und regelgeleitete Erkennung, Selektion und temporäre Integration kundenseitiger Faktoren bezieht. Die damit verbundenen Koordinationsaufgaben betreffen nicht nur die rein sachliche Dimension der Kundenintegration, sondern in erheblicher Weise auch die menschlich-emotionale Sphäre, was vor allem für persönlich erbrachte Dienstleistungen gilt. Durch die Kundenintegrationskompetenz wird nicht nur die Effektivität und Effizienz der Dienstleistung maßgeblich mitbestimmt, sondern auch der Aufbau marktbezogener Potenziale gefördert, die der Etablierung des Service Ventures dienen. Sie verschafft dem Service Venture ein Handlungspotenzial und kann zugleich – z. B. auf dem Wege von Referenzen – akquisitorisch genutzt werden.

- Prozessebene: Anknüpfend an die Ausführungen innerhalb von Abschn. 3 ist der Aufbau von Handlungspotenzialen dahingehend fortzusetzen, dass den Organisationszielen angepasste Arbeitsschritte zur Abarbeitung von Kundenaufträgen definiert werden. Hier setzt das o.g. Blueprinting an. Es versieht die Organisation mit Ablaufregelungen, die einen Rahmen legen, der aber in Abhängigkeit von der Individualität und Komplexität des Kundenwunsches verändert werden kann (*Freiling/Köhler*

2014). Durch die Vorgabe derartiger Handlungsmuster entstehen mit zunehmender Zeitdauer und Beherrschung allmählich Orientierung stiftende Routinen, die als Grundbausteine von Kompetenzen im o.g. Sinne angesehen werden können. Sie tragen zu einer vollständigen und geordneten Bearbeitung von Kundenaufträgen bei und dienen der Fehlerprävention.

- Leistungsebene: Auch bezüglich der Leistungsebene sind Festlegungen erforderlich, die zum Teil eng mit vorstrukturierten Prozessen im o.g. Sinne verbunden sind. So ist neben der Festlegung der Sortimentsstruktur, bestehend aus Sortimentsbreite und Sortimentstiefe, eine Konkretisierung anzubietender Leistungen in der Form von Dienstleistungs-Designs erforderlich. Der Begriff des „Dienstleistungs-Designs" kann unterschiedlich verwendet werden. *Reimer* (2004) versteht darunter die Gestaltung der kundenseitig sinnlich wahrnehmbaren Elemente einer Dienstleistungsumgebung, die sich insbesondere aus dem Gebäude und der Inneneinrichtung sowie aus atmosphärischen Komponenten zusammensetzt. Über diese Faktoren des „tangiblen" Umfelds einer Dienstleistung hinaus besteht aber auch die Möglichkeit, Dienstleistungs-Designs als idealtypisches Grundgerüst für die Bündelung einzelner Teilleistungen zu einer Gesamtleistung zu verstehen. In diesem Zusammenhang haben sich so genannte „Molekularmodelle" bewährt, welche die wichtigsten Leistungsbestandteile visualisieren. Ein noch etwas weiter gefasstes Verständnis von Dienstleistungs-Design stellen *Meyer und Blümelhuber* (1998, S. 914 ff.) vor, die neben der o.g. „tangiblen Umgebung" nach *Reimer* (2004) und dem Produkt- und Leistungs-Design auch die Designaspekte in den Bereichen Leistungserstellung, System, tangible Umgebung und Corporate Identity erfassen. Einen weiteren Ankerpunkt für das explorative und schöpferische Marketing von Service Ventures stellt der Aufbau einer Marke dar. Die Marke als schutzfähiges und individuelles – und somit der leichteren Identifizierung durch Kunden sowie der Abhebung gegenüber Wettbewerbern dienendes – Zeichen (*Welling* 2006, S. 35) kann sich im vorliegenden Kontext sowohl auf das Venture als auch auf das Sortiment bzw. bestimmte Sortimentsteile beziehen. Aufgrund der zumeist fehlenden Uniformität der anzubietenden Dienstleistungen ist in vielen Fällen eine Dachmarke geeignet. Eine solche Marke als Zeichen lässt sich mit raum-zeitlichen Merkmalen der Unternehmung oder Leistungen bzw. Leistungsbereichen derart in Verbindung bringen, dass dadurch die Identität des jeweiligen Bezugsobjektes in der unternehmungsinternen Wahrnehmung (Selbstbild) zum Ausdruck gebracht wird und das Fremdbild als Markenimage prägt, wie dies *Burmann und Meffert* (2005a, 2005b) im Kontext des identitätsorientierten Markenmanagements ausführen. In einem derart praktizierten Markenmanagement kann die Marke als hochgradig verdichtetes Signal die ureigenen Stärken des Service Ventures oder sogar bereits seiner Leistungsbereiche symbolisieren.

4.3 Exploitatives Marketing von Service Ventures

Die Möglichkeiten eines exploitativen Marketings von Service Ventures bauen auf den geschaffenen Vermarktungsvoraussetzungen gemäß Abschn. 4.2 auf. Auch wenn gerade in Frühphasen der organisationalen Entwicklung die diesbezüglichen Voraussetzungen begrenzt sind, ist es erforderlich, auch diese – zum Teil mühsam geschaffenen – Potenziale so wirkungsvoll wie möglich zu nutzen. In diesem Sinne sind geschäftliche Kontakte von zentraler Bedeutung. Diese Kontakte entstehen bereits während der Keimphase, wenn im Zuge der Ausarbeitung der Geschäftsidee, des Geschäftsmodells und des Business Plans (vgl. hierzu *Freiling* 2006) ein konzeptbezogener Gedankenaustausch mit potenziellen Kunden erfolgt. Die Kontakte bieten erste Möglichkeiten, Geschäftsbeziehungen aufzubauen, die es dann zum Zwecke der Abwicklung von Transaktionen und zur Verstetigung bzw. zum Ausbau des Transaktionsvolumens (z. B. im Wege eines Cross-Sellings) zu nutzen gilt. Darüber hinaus bieten die Referenzpotenziale von Geschäftsbeziehungen Exploitationschancen. Sie beruhen darauf, dass positive Eindrücke des Kunden durch unmittelbare oder auch mittelbare Äußerungen gegenüber anderen Nachfragern zur Verbreiterung der Kundenbasis genutzt werden können.

Bezüglich der Kundenbindung im Rahmen von Geschäftsbeziehungen lassen sich zwei exploitationsrelevante Strategien in Anlehnung an *Bliemel und Eggert* (1998) erkennen: Die Strategie der Gebundenheit eines Kunden setzt den Akzent auf den Aufbau von Wechselbarrieren, die sich wiederum auf z. B. vertragsrechtliche oder technische Bindungen gründen können. Sie schränken die Freiheitsgrade des Kunden ein, was akquisitorisch vor allem dann problematisch ist, wenn bei geringer Kundenzufriedenheit geschaffene Bindungen ihre Wirkung verlieren (z. B. durch auslaufende Verträge oder neu anstehende Investitionen). In solchen Fällen ist die Gefahr groß, bestehende Kundenbeziehungen endgültig zu verlieren. Die Verbundenheitsstrategie gründet sich im Gegensatz dazu auf ein hohes Maß an Kundenzufriedenheit und kann durch starke emotionale Beziehungen Verstärkung finden. Der Kunde wird hierbei anbieterseitig nicht in seinen Freiheitsgraden eingeschränkt, geht aber dennoch aus Überzeugung eine nicht selten hohe Bindung ein. Unter Exploitationsgesichtspunkten ist die Verbundenheitsstrategie vorteilhaft, setzt aber eine erhebliche Stärke im Wettbewerb voraus, die viele Jungbetriebe oft noch nicht erreicht haben.

5 Ausblick

Im vorliegenden Beitrag ist der Versuch unternommen worden, das Marketing von Service Ventures erstmals näher zu erschließen. Dabei konnte lediglich ein allgemeiner Aufriss gegeben werden. Ihn weiterzuentwickeln, könnte sich insofern als lohnend erweisen, als der Dienstleistungssektor durch eine erhebliche Heterogenität gekennzeichnet ist, die sich hier nur im Überblick einfangen lässt. So erscheinen insbesondere folgende Differenzierungen lohnend:

- Unterscheidung von investiven und konsumtiven Service Ventures aufgrund erheblicher Unterschiede in der Nachfrage,
- Differenzierung nach Branchen sowie nach Leistungskategorien,
- Trennung von Service Ventures in Abhängigkeit der Dominanz bestimmter Produktionsfaktoren der zentralen Bereitstellungsleistung, so dass etwa arbeitsintensive, wissens-, technologie- und kapitalintensive Gründungen zu betrachten sind.

Die Ausführungen haben weiterhin erkennen lassen, dass die Brücke zwischen Service Venture und Markt überbrückt werden muss. Dies erfordert einen marktorientierten Denkansatz, der bereits in der Frühphase der organisationalen Entwicklung nicht nur eine Berücksichtigung der Kundenerfordernisse bewirkt (Outside-in-Richtung), sondern umgekehrt (Inside-out-Richtung) auch frühzeitig Signale an den Markt gibt, die zur Vorbereitung des Marktes auf die anstehende Marktpräsenz führen. Mit dem so genannten „Prä-Marketing" (*Möhrle* 1995) ist ein derartiger Denkansatz im Kontext des Innovations-Marketings entstanden, der sich auf das Marketing von Service Ventures übertragen lässt. In diesem Sinne wäre schon vor der Geschäftsaufnahme, die in der Start-up-Phase stattfindet, in der Keimphase ein derartiges Vorfeld-Marketing für den Jungbetrieb vonnöten, welches in Anbetracht der üblichen Mittelrestriktionen von Ventures jedoch in sehr fokussierter Form zur Anwendung zu bringen ist.

Literaturverzeichnis

Alchian, A.A., Woodward, S.: The Firm is Dead – Long Live the Firm. Journal of Economic Literature 26, 65–79 (1988)

Bliemel, F., Eggert, A.: Kundenbindung – die neue Sollstrategie? Marketing ZFP 20(1), 37–46 (1998)

Bruhn, M., Stauss, B.: Dienstleistungsmanagement Jahrbuch 2001. Gabler, Wiesbaden (2001)

Burmann, C., Meffert, H.: Theoretisches Grundkonzept der identitätsorientierten Markenführung. In: Meffert, H., Burmann, C., Koers, M. (Hrsg.) Markenmanagement, 37–72. 2. Aufl., Springer Gabler, Wiesbaden (2005a)

Burmann, C., Meffert, H.: Managementkonzept der identitätsorientierten Markenführung. In: Meffert, H., Burmann, C., Koers, M. (Hrsg.) Markenmanagement, 73–114. 2. Aufl., Springer Gabler, Wiesbaden (2005b)

Cohen, W.M., Levinthal, D.A.: Absorptive Capacity. Administrative Science Quarterly 35, 128–153 (1990)

Corsten, H.: Dienstleistungsproduktion. In: Kern, W., Weber, J., Schröder, H.-H. (Hrsg.) Handwörterbuch der Produktionswirtschaft, 339–352. 2. Aufl., Schäffer-Poeschel, Stuttgart (1996)

Corsten, H., Gössinger, R.: Entwurf eines produktionstheoretischen Rahmens für Dienstleistungen. In: Corsten, H., Gössinger, R. (Hrsg.) Dienstleistungsökonomie – Beiträge zu einer theoretischen Fundierung, 153–188. Duncker & Humblot, Berlin (2005)

Corsten, H., Gössinger, R.: Dienstleistungsmanagement. 5. Aufl., Oldenbourg, München u. a. (2007)

Ehrmann, T.: Unternehmensgründungen im Dienstleistungsbereich – Chancen und Risiken des Reputationstransfers. In: Steinle, C., Schumann, K. (Hrsg.) Gründung von Technologieunternehmen, 199–216. Gabler, Wiesbaden (2003)

Engelhardt, W.H., Kleinaltenkamp, M., Reckenfelderbäumer, M.: Leistungsbündel als Absatzobjekte. Zeitschrift für betriebswirtschaftliche Forschung 45, 395–426 (1993)

Fließ, S.: Die Steuerung von Kundenintegrationsprozessen. Deutscher Universitätsverlag, Wiesbaden (2001)

Fließ, S.: Dienstleistungsmanagement I. Theoretische Grundlagen des Dienstleistungsmanagement, Lehrbrief der FernUniversität Hagen. Hagen (2002)

Fließ, S.: Prozessorganisation in Dienstleistungsunternehmen. Kohlhammer, Stuttgart (2006)

Freiling, J.: A Competence-based Theory of the Firm. management revue 15(1), 27–52 (2004)

Freiling, J.: Entrepreneurship. Theoretische Grundlagen und unternehmerische Praxis. Vahlen, München (2006)

Freiling, J.: New Service Ventures – Struggling for Survival. In: Burger-Helmchen, T. (Hrsg.) Entrepreneurship – Creativity and Innovative Business Models, 99–114. (2012)

Freiling, J., Estevão, M.-J.: Erfolgsfaktoren neugegründeter Dienstleistungsbetriebe. In: Achleitner, A.K., Klandt, H., Koch, L.T., Voigt, K.-I. (Hrsg.) Jahrbuch Entrepreneurship 2004/05, 263–288, Berlin u. a. (2005)

Freiling, J., Gersch, M., Goeke, C.: Eine „Competence-based Theory of the Firm" als marktprozesstheoretischer Ansatz. In: Schreyögg, G., Conrad, P. (Hrsg.) Managementforschung, Band 16: Management von Kompetenz, 37–82. Gabler, Wiesbaden (2006)

Freiling, J., Köhler, R.: Marketing-Organisation. Kohlhammer, Stuttgart (2014)

Freiling, J., Kollmann, T.: Entrepreneurial Marketing: Besonderheiten und Ausgestaltungsmöglichkeiten. In: Freiling, J., Kollmann, T. (Hrsg.) Entrepreneurial Marketing. 2. Aufl., Gabler, Wiesbaden (2015)

Goldberg, A.I., Cohen, G., Fiegenbaum, A.: Reputation Building: Small Business Strategies for Successful Venture Development. Journal of Small Business Management 41(2), 168–186 (2003)

Jacob, F.: Kundenintegrations-Kompetenz. Konzeptionalisierung, Operationalisierung und Erfolgswirkung. Marketing – ZFP 25(2), 83–98 (2003)

Kaas, K.P.: Kontraktgütermarketing als Kooperation zwischen Prinzipalen und Agenten. Zeitschrift für betriebswirtschaftliche Forschung 44, 884–901 (1992)

King, C.: Erfolgreiche Marketingstrategien für technologieorientierte Unternehmensgründungen. Josef Eul Verlag, Lohmar (2006)

Kleinaltenkamp, M.: Integrativität als Baustein einer Theorie der Dienstleistungsökonomie. In: Corsten, H., Gössinger, R. (Hrsg.) Dienstleistungsökonomie – Beiträge zu einer theoretischen Fundierung, 55–83. Duncker & Humblot, Berlin (2005)

Kleinaltenkamp, M., Haase, M.: Externe Faktoren in der Theorie der Unternehmung. In: Albach, H. (Hrsg.) Die Theorie der Unternehmung in Forschung und Praxis, 167–194. Springer, Berlin (1999)

Lovelock, C., Wirtz, J.: Services Marketing. 7. Aufl., Prentice Hall, Boston u. a. (2011)

Maleri, R.: Grundlagen der Dienstleistungsproduktion. 4. Aufl., Springer, Berlin (1997)

Meffert, H., Bruhn, M.: Dienstleistungsmarketing. 7. Aufl., Gabler, Wiesbaden (2012)

Meyer, A.: Dienstleistungsmarketing. 1. Aufl., FGM-Verlag, Augsburg (1983)

Meyer, A.: Dienstleistungs-Marketing. Die Betriebswirtschaft 51, 195–209 (1991)

Meyer, A.: Dienstleistungen. In: Diller, H. (Hrsg.) Vahlens Großes Marketinglexikon, 285–288. 2. Aufl., Vahlen, Wiesbaden (2001)

Meyer, A., Blümelhuber, C.: Dienstleistungs-Design. In: Meyer, A. (Hrsg.) Handbuch Dienstleistungs-Marketing, 911–940. Schäffer-Poeschel, Stuttgart (1998)

Möhrle, M.: Prämarketing. Gabler, Wiesbaden (1995)

Reimer, A.: Die Bedeutung des Dienstleistungsdesign für den Markterfolg. Haupt Verlag, Bern (2004)

Shostack, G.L.: How to Design a Service. European Journal of Marketing 16(1), 49–63 (1982)

Spence, M.: Job Market Signaling. Quarterly Journal of Economics 87, 355–374 (1973)

Stiglitz, J.E.: The Theory of 'Screening', Education, and the Distribution of Income. In: American Economic Review 65, 283–300 (1975)

Vargo, S.L., Lusch, R.F.: Evolving to a New Dominant Logic for Marketing. Journal of Marketing 68(1), 1–17 (2004)

Vesshoff, J.: Kundenintegration im Innovationsprozess – Eine kompetenztheoretische Analyse am Beispiel der Automobilindustrie. Hamburg Kovač, Hamburg (2010)

Weiber, R., Adler, J.: Informationsökonomisch begründete Typologisierung von Laufprozessen. Zeitschrift für betriebswirtschaftliche Forschung 47, 43–65 (1995)

Welling, M.: Ökonomik der Marke. Gabler, Wiesbaden (2006)

Woratschek, H.: Die Typologie von Dienstleistungen aus informationsökonomischer Sicht. Der Markt 35, 59–71 (1996)

Woratschek, H.: Zum Stand einer „Theorie des Dienstleistungsmarketing". Die Unternehmung 55, 261–278 (2001)

Tobias Kollmann, Christina Suckow und Anika Peschl

Die Besonderheiten des Gründungsmarketings für Internet-Unternehmen

Tobias Kollmann, Prof. Dr.
Inhaber des Lehrstuhls für E-Business und E-Entrepreneurship
Universität Duisburg-Essen
E-Mail: tobias.kollmann@uni-due.de.

Christina Suckow, Dr.
Manager Customer & Market Insights
C & A Mode GmbH & Co KG, Düsseldorf
E-Mail: christina.suckow@canda.com.

Anika Peschl, Dipl. Soz.-wirtin
Mitarbeiterin am Lehrstuhl für E-Business und E-Entrepreneurship
Universität Duisburg-Essen
E-Mail: anika.peschl@uni-due.de.

1 Rahmenbedingungen des Online-Marketings für junge Internet-Unternehmen

Die Entstehung des Internets und die damit einhergehenden technischen Entwicklungen sind die Begründung einer neuen Perspektive des Marketings. Das sog. Online-Marketing beschränkt sich dabei nicht allein auf die Übertragung des traditionellen Marketings auf das Internet, sondern versucht vielmehr, sich die Eigenschaften der durch das Internet veränderten Kommunikation zum Vorteil zu machen und neue Formen und Instrumente des Marketings zu entwickeln, die in der Lage sind, das Potenzial des Internets schon während der Gründung optimal auszuschöpfen (*Kollmann* 2007a). Online-Marketing kann somit als Instrument sowohl für etablierte Unternehmen, als auch für junge Unternehmen genutzt werden, um insbesondere innerhalb des Internets Aufmerksamkeit zu erlangen. Dabei kommt dem Internet zwar in jedem Fall die wichtigste Rolle zu; die zunehmende Konvergenz verschiedener Märkte lässt jedoch auch andere, neu entstehende Grenzbereiche des Internets in Zukunft für das Marketing gerade auch für junge Unternehmen mit begrenzten finanziellen Ressourcen interessant erscheinen (*Kollmann* 2006, S. 192 ff.). Verantwortlich für den effizienten Einsatz von Marketing-Instrumenten im Gründungsbereich sind dabei die technischen und kommunikativen Entwicklungen basierend auf der Informationstechnologie.

1.1 Technische Entwicklung

Die heute exponentiell steigende Rechnerleistung trägt dazu bei, dass die Informationsübertragung als Basis der **Kunden- und Marktkommunikation** mobil und ohne zeitliche und räumliche Beschränkungen vollzogen werden kann (*Kollmann* 2007b, S. 1 ff.). Hinzu kommt die steigende Vernetzung von Computersystemen, die der elektronischen Kommunikation ganz neue Möglichkeiten bietet. Die weltweite Vernetzung von digitalen Daten und Informationswegen verändert Kommunikationsformen, löst Marktgrenzen auf und beschleunigt die Globalisierung. Die Möglichkeit, jederzeit online zu sein und eine hohe Geschwindigkeit des **Informationsaustausches** bilden die Basis für die Attraktivität des Mediums insbesondere im Rahmen der wirtschaftlichen Nutzung. Weiterhin ermöglicht die Digitalisierung, große Mengen von Text, Bildern und anderen Informationen ohne Qualitätsverlust und mit hoher Geschwindigkeit zu bearbeiten (*Bode* 1997, S. 449 ff.). Die Komprimierung der digitalen Datenmengen ermöglicht die schnelle Übertragung von umfassenden und damit komplexen Informationsinhalten, wodurch viele Chancen **für neue Marketingaktivitäten im Internet** gerade für junge Unternehmen entstehen (*Kollmann* 2006, S. 192 ff.).

1.2 Veränderte Kommunikation

Die stetige Weiterentwicklung im Bereich der Informationstechnik sowie die wachsende Bedeutung innovativer Informationstechnologien führen zu einer Veränderung in der Art und Weise, wie sich der Informationsaustausch und damit die Kommunikation zwischen Teilnehmern (Unternehmen/Kunden) digitaler Datennetze gestaltet. Die grundlegenden Veränderungen in gesellschaftlichen und wirtschaftlichen Strukturen sind daher insbesondere durch den Wechsel von passiver zu aktiver Kommunikation gekennzeichnet. Die veränderten Bedingungen für die Online-Kommunikation und folglich für das Online-Marketing können insbesondere in vier Eigenschaften festgehalten werden (*Kollmann* 2007b, S. 19 ff.):

- **Virtualität**: Der elektronische Handel auf digitalen Datenwegen eröffnet eine virtuelle Welt, die zum Ausgangspunkt wirtschaftlicher Interaktionen wird. Der Begriff „virtuell" bezeichnet in diesem Kontext etwas, was 'nicht real' ist, aber trotzdem so scheint, als ob es existieren würde (*Klein* 1994, S. 309). Aufgrund dieser Virtualität ergibt sich eine Zweiteilung der relevanten Handelsebenen für die Möglichkeit des Wirtschaftens (*Weiber/Kollmann* 1998, S. 603). Neben der realen Ebene der physischen Produkte ist eine elektronische, virtuelle Ebene entstanden. Virtualität impliziert dabei die Möglichkeiten einer Entkopplung der Kommunikation von Raum und Zeit, wodurch das Internet zu einem ubiquitären Medium (anytime/anyplace) wird.
- **Multimedialität**: Für die Ausgestaltung des virtuellen Kontaktes zwischen den Marktteilnehmern steht eine Reihe von Medienformen (Bild, Video, Ton, Text etc.) zur Verfügung, die ad libitum kombiniert werden können. Die Integration verschiedener Datenquellen und Medienformen resultiert dabei in der Entstehung eines Multimediums. Aufgrund dieser multimedialen Informationsübermittlung kommt es durch die quasi simultane Nutzung von komplementären Medienbausteinen zu einem Wechsel von einer eindimensionalen zu einer mehrdimensionalen Medienkommunikation. Die zunehmende Integration verschiedener Medienformen erlaubt somit auch die Übertragung sehr komplexer Inhalte. Das Internet als Online-Netzwerk löst allerdings auch das ursprüngliche Sender-Empfänger-Schema auf und hebt die Kommunikation durch das Paradigma einer reziproken Kommunikationsbeziehung auf eine globale Ebene.
- **Interaktivität**: Unter den vorgestellten Rahmenbedingungen wird jeder Teilnehmer zu einer aktiven Komponente für den Kommunikationsaustausch. Der Begriff der Interaktivität bezeichnet die wechselseitige Kommunikation zwischen Sender und Empfänger. „Echte Interaktivität" wird ausschließlich im Online-Bereich erreicht, da nur hier eine ständige Verbindung, und damit eine permanente Wechselbeziehung zwischen Sender (Mensch/Maschine) und Empfänger (Mensch/Maschine), besteht. Informationen werden somit nicht mehr nur über Massenmedien an möglichst viele Empfänger „gedrückt" (Push-Marketing), sondern die Empfänger „ziehen" sich aus Informationsnetzen auch selbst die jeweilig gewünschten Informationen heraus (Pull-

Marketing). In der Regel handelt es sich im Internet also um eine empfängerinduzierte Informationsnachfrage. Die dazu notwendige Empfängeraktivität (*Riedl* 1997, S. 85) verändert viele Grundsätze des traditionellen Marketings.

- **Individualität**: Die Vorteile des Internets entstehen insbesondere aufgrund der automatisierten Speicherung sämtlicher Bewegungen, Transaktionen und Informationen der Nutzer in Form von digitalen Daten. Je mehr die Partner miteinander kommunizieren, desto mehr Daten fallen an, die ein Anbieter marketingtechnisch analysieren und zur Personalisierung aufbereiten kann. Interaktivität ist daher nicht nur die Basis guter Kommunikation (Dialog), sondern auch Voraussetzung für die Ausschöpfung des Personalisierungspotenzials, das im optimalen Falle zu einer **One-to-One-Beziehung** zwischen Anbieter und Nachfrager führt. In der Konsequenz bedeutet Individualisierung die Anpassung von Inhalten und Angeboten an die Bedürfnisse identifizierter Kunden. Die stetige Verbesserung der Kundenansprache auf Basis der Individualisierung spielt im Online-Marketing eine bedeutende Rolle und rückt damit die so genannten lernenden Kundenbeziehungen zunehmend in den Mittelpunkt.

1.3 Neue Aktionsfelder

Prinzipiell bezeichnet Online-Marketing die Übertragung des klassischen Marketings auf das Internet. Allerdings ist die reine Übertragung nicht ausreichend für die Erklärung der vielfältigen Entwicklungen in diesem Bereich. Vielmehr gehören dazu auch neue Formen des Marketings und der Einsatz innovativer Instrumente, die erst mit der Entstehung elektronischer Netzwerke entwickelt wurden (*Kollmann* 2007a). Unterschieden werden muss dabei hinsichtlich der Begriffsabgrenzung im engeren sowie im weiteren Sinne. Online-Marketing wird einerseits als Synonym für die reine Online-Werbung im Rahmen der Kommunikationspolitik eines Gründungsunternehmens verstanden (engerer Sinn). Einige Autoren verstehen unter Online-Marketing daher „die Platzierung von Werbebotschaften auf fremden Webseiten (…), um möglichst viele Besucher direkt auf die eigene Website zu führen“ (*Hans/Hüser* 2001, S. 106; *Hermanns* 2001, S. 110 ff.). Grundsätzlich umfasst Online-Marketing jedoch sämtliche Aktivitäten eines Unternehmens, die im Zusammenhang mit der Realisierung der Geschäftsidee und der damit verbundenen Absatzpolitik stehen. Gezählt werden dazu vor allem die so genannten „4 Ps“ (Product, Place, Price, Promotion) aus denen sich analog die Produkt-, Vertriebs-, Preis- und Kommunikationspolitik entwickelt haben. Diese dienen als Ausgangspunkt jeglicher absatzpolitischer Überlegungen und fungieren daher als Bezugsrahmen für das Online-Marketing bei der Unternehmensgründung (vgl. Abb. 1.1). Die Abbildung zeigt das Online-Marketing im Gesamtkontext der Unternehmung. Das Online-Marketing wird demnach sowohl von den vorgestellten technischen Entwicklungen, als auch den Veränderungen in der Kommunikation beeinflusst. In den folgenden Kapiteln werden nicht alle Aspekte des Online-Marketings vorgestellt, sondern lediglich einige wichtige

Instrumente exemplarisch herausgegriffen, die insbesondere für junge Unternehmen der Net Economy von Bedeutung sind.

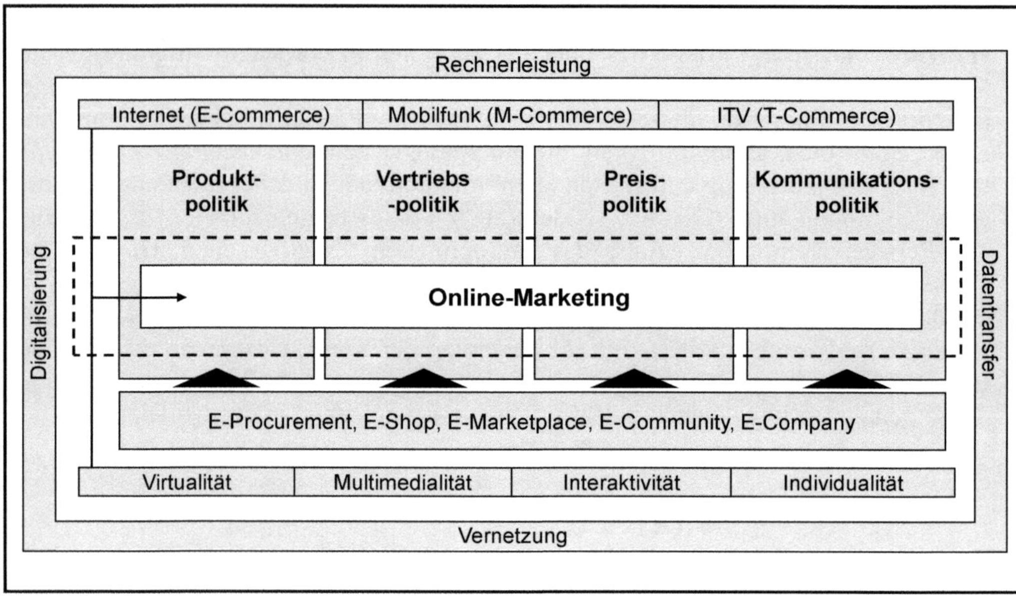

Abb. 1.1: Marktliche Positionierung von Geschäftsideen
Quelle: *Eigene Darstellung*

1.4 Marken- und Domainname

Wenn für ein junges Unternehmen und dessen Angebote die technologische Plattform des Internets gewählt wird, so ist der Marktauftritt in der Net Economy zunächst mit einem **Web- bzw. Markennamen** verbunden, der in der Regel auch unmittelbar den **Domainnamen** und damit die **Webadresse** widerspiegelt (*Kollmann* 2007b, S. 273; z. B. *my-toys.de*, *amazon.de*, *hutshopping.de*). Über diesen Domainnamen ist jeder Auftritt einer Webseite im Internet eindeutig identifizierbar. Im Rahmen der Kommunikation zu dem erstmaligen Marktauftritt eines jungen Unternehmens ist es hilfreich, wenn der Unternehmensname dem Web- und damit dem Domainnamen entspricht, so dass der Auftritt direkt im Internet gefunden werden kann. Insofern ist die Domain als Markenname des Webangebotes zu begreifen (sog. **eBrand**), woraus sich entsprechend spezifische Anforderungen an die Domain als Web- oder Markennamen ableiten lassen (*Kollmann/Suckow* 2007). Neben der Berücksichtigung markennamentechnischer Aspekte sind dabei folgende generelle **Aspekte der Domainnamenwahl** mit einzubeziehen (*Kollmann* 2007b, S. 274):

- **Länge des Domainnamens**: Den Namen gilt es so kurz wie möglich, jedoch so lang wie nötig zu gestalten. Die richtige Balance zwischen Originalität und Einfachheit führt meist zu einer einprägsamen Internetadresse, die mit einem vertretbaren Aufwand einzugeben ist (z. B. *musicload.de*).
- **Produktname oder Unternehmensname:** Die Bezeichnung des Produktes oder der Leistung als Domainname ist nur dann sinnvoll, wenn erstens gerade diese Domain noch verfügbar ist und zweitens eine intuitive Wahl dieser Domain seitens der Kunden zu erwarten ist (z. B. *bücher.de* oder *blumen.de*). Andererseits könnte durch die Wahl eines originären Namens die Einzigartigkeit verloren gehen, wodurch sich die Webseite nur noch schwer von der Konkurrenz abheben kann.
- **Bezug zur Region:** Die Aufnahme geographischer Angaben in die Internetadresse ist zweckmäßig, wenn ein regionaler Bezug der Unternehmenstätigkeit vorhanden ist. Zwar ist dies über die länderspezifischen Top-Level-Domain schon in Ansätzen gegeben (.fr, .de oder .ch), jedoch kann darüber hinaus noch weiter spezifiziert werden (z. B. *bavariashop.com*).
- **Kreationen**: Dabei können Domainnamen beispielsweise unter der ansatzweisen Verwendung des Geschäftsinhaltes für die Webseite gewählt werden. Eine Webseite für Einrichtungsgegenstände kann somit z. B. unter der Bezeichnung *amcorati.de* geführt werden (Zusammensetzung aus den Begriffen Ambiente und Decoration). Werden Domainnamen ohne Bezug zur Leistung, dem Produkt oder dem Unternehmen gebildet, ist es wichtig auf die Markentauglichkeit (Einfachheit, Assoziationen, usw.) zu achten. So ist nicht unmittelbar klar, was man unter *bio-plan*.de erwarten kann (Bioprodukte vs. Arzneimittel).
- **Wortlaut**: Im Rahmen der Kommunikation kommt es oftmals vor, dass die Marken- bzw. Domainnamen mündlich weiter getragen werden (z. B. Radiospot oder Unterhaltung). Somit müssen auch alle sprachverwandten Domainnamen reserviert werden (z. B. *amkorati.de* und *amcorati.de*). Möglichkeiten der Verwechslung mit bereits existierenden Domainnamen müssen dabei insbesondere im Vorfeld geprüft werden (z. B. *squeez.de*, *squeeze.de*, *sqeez.de*).

eBrands erfüllen vor diesem Hintergrund gerade für Online-Kunden wichtige Funktionen. Sie dienen als Orientierungshilfe bei der immer unüberschaubarer werdenden Angebotsmenge und werden als **Navigationshilfe** bei der Suche nach bestimmten Leistungen und Produkten eingesetzt. Hat ein Kunde gute Erfahrungen mit einem Webangebot gemacht, so bringt er dessen eBrand ein gewisses Maß an **Vertrauen** entgegen, dass bei der nächsten Kaufentscheidung eine wichtige Rolle spielen kann. Durch den wiederholten Kauf steigt das Vertrauen und die Qualität, die der Kunde dadurch der eBrand zuspricht und verringert damit das Risiko zukünftiger Fehlentscheidungen.

2 Instrumente des Online-Marketings für junge Internet-Unternehmen

Für junge Unternehmen ist insbesondere der Einsatz von Marketing-Maßnahmen zur Kundengewinnung von Bedeutung. Bei der **Kundengewinnung** drehen sich alle Maßnahmen um die Akquise von neuen Käufern, die noch keinerlei oder nur wenig Kontakt und Informationen zu den angebotenen Produkten und/oder zum Anbieter haben. Hierfür steht eine ganze Reihe an Instrumenten zur Verfügung, die im umgangssprachlichen Gebrauch in der Regel mit dem Begriff „Online-Marketing" gleichgesetzt werden. Ferner können die einzelnen Instrumente bzw. Formen auch über die verschiedenen Plattformen der Net Economy, also Internet, Mobilfunk und ITV angeboten werden, sodass sich die nachfolgenden Ausführungen auf die grundsätzlichen Möglichkeiten konzentrieren. Einen Überblick zu den einzelnen Instrumenten bietet dieses Kapitel.

2.1 Suchmaschinen-Marketing

Sowohl die passive als auch die aktive Neukundengewinnung erfolgt bei jungen Unternehmen hauptsächlich über **Suchmaschinen und Preis- bzw. Produktsuchmaschinen**, die bei vielen Online-Kunden am Anfang der Produkt- bzw. Shopsuche stehen (*Kollmann* 2007b, S. 263 ff.). Je nachdem, wie konkret der potenzielle Kunde weiß, wonach er suchen möchte, gibt er mehr oder weniger konkret seine Stichworte in der Suchanfrage ein. Hat der potenzielle Kunde nur vage Vorstellungen von seiner Produktsuche (z. B. Türkeiurlaub), so kann die Suche u. U. in einer Vielzahl von Vorschlägen enden. Hat er schon genaue Vorstellung, so kann er detaillierte und konkrete Angaben machen (z. B. Istanbul, 4 Sterne Hotel, Silvesterangebot) und landet eventuell deutlich schneller bei einem passenden Angebot. Berücksichtigt ein junges Unternehmen, dass es einerseits bei sehr allgemeinen Suchanfragen, aber auch bei sehr konkreten Anfragen gefunden werden muss, um eine erfolgsversprechende Kundengewinnung zu unterstützen, so kann es das Registrierungspotenzial seiner Webseite hinsichtlich **der passiven Kundengewinnung** auf drei Arten anheben (*Brettel/Heinemann* 2006):

- **Technische Eignung**: Zur Vermeidung von technischen Barrieren sollte die Webseite auf unnötige Frames verzichten, eine möglichst einfache, statisch aussehende URL-Struktur aufweisen und die Verlinkung innerhalb der Webseite nicht zu komplex gestalten. Auch die Verwendung von zu vielen Multimedia-Elementen kann das Übertragungsvolumen so weit erhöhen, dass der Kunde die lange Ladezeit der Website nicht in Kauf nimmt.
- **Inhaltliche Eignung**: Zur Attraktivitätssteigerung der Ergebniseinträge sollte die Webseite mit seitenindividuellen Meta-Tags versehen werden. Die Menge des verwendeten Contents einer Webseite muss dabei sowohl in die Breite als auch in die

Tiefe gehen, damit die Keyword-Hierarchie und die Keyword-Dichte so umfangreich wie möglich ist. Allerdings sollte vermieden werden, u. U. durch „Content-Doubling“ Verwirrung zu stiften.

- **Externe Validierung**: Die Möglichkeit, die eigenen Webseiten mit anderen Page-Rank-starken Websites zu verlinken, kann das eigene Ergebnis bei einer Suchanfrage erhöhen. Auch die Verlinkung zu themenrelevanten Inhalten erhöht die Chance, über andere Webseiten gefunden zu werden.

Der Erfolg, über Suchmaschinen Kunden zu gewinnen, kann auch aktiv vom Webseiten-Betreiber, z. B. durch den Einsatz bezahlter Suchergebnisse im Rahmen des sog. **Keyword Advertising** vorgenommen werden. Dazu muss der Webseiten-Betreiber zunächst passende Suchbegriffe (Keywords) identifizieren, die er je nach Suchhäufigkeit und Relevanz zur Erstellung einer „Keyword-Hierarchie“ nutzen kann. Im Anschluss können bei einer Suchmaschine wie z. B. bei *google.de* die vielversprechendsten Suchbegriffe gebucht werden, so dass bei deren Eingabe die eigene Webseite sicher als „Werbung“ auf der ersten Seite erscheint. Durch keyword- bzw. anzeigenspezifische Tracking Tools kann dann der Einsatz der Keywords kontinuierlich vom Unternehmen optimiert werden und z. B. durch Erhöhung der Click-Preise die Keywords im Ergebnisranking verbessern.

Neben den traditionellen Suchmaschinen werden zunehmend auch Produkt- und Preissuchmaschinen von den Kunden herangezogen (*Kollmann* 2007b, S. 265 f.). Produktsuchmaschinen können mit Hilfe intelligenter Softwareagenten das gesamte Internet vollautomatisch z. B. nach Produktname, Preis, Farbe etc. durchforsten. Teilweise erlauben die Suchdienste auch eine manuelle Eingabe von Produktinformationen von Seiten des jungen Unternehmens. Die Nutzung dieser Suchmaschinen ist in der Regel kostenlos und finanziert sich durch die Einblendung von Werbung und Anzeigen (z. B. bei *froogle.com*). Der Vergleich von Preisen wird im Internet gerne genutzt, da sich die Käufer einerseits vor einem Produktkauf vergewissern wollen, dass sie nicht zu viel bezahlen, auf der anderen Seite können sie aber auch über direkte Links zu dem Angebot mit dem günstigsten Preis gelangen. Aus diesem Grund haben sich auch viele spezielle Preissuchmaschinen etabliert, z. B. *günstiger.de* oder *billiger.de*, welche sich teilweise sogar auf bestimmte Produkte oder Produktbereiche konzentrieren.

2.2 Banner-Marketing

Das Banner-Marketing beschreibt eine Werbeform im Online-Marketing, die gezielte Werbebotschaften auf unternehmensfremden Seiten platziert, um darüber Kunden auf die eigene Seite zu lenken. Die **Werbebotschaften** sind hierbei immer in Form von sog. Bannern erstellt. Oberstes Kriterium für die Wahl dieser Werbeform ist die Frage nach dem richtigen Werbepartner, also der Seite, auf der das Banner geschaltet werden soll. Erst wenn Partner mit z. B. themenrelevanten Seiten oder anderweitig passenden Seiten ausgewählt werden, steigt die Effizienz dieser Werbeform. Bspw. wäre die Schaltung eines Banners für ein Unternehmen, das Babykleidung verkauft, auf der Webseite der Zeitschrift *Eltern* wesentlich erfolgsversprechender als wenn das Banner auf einer Community-Plattform für Heavy-Metal-Fans platziert wird. Der **Bezug** zum beworbenen Produkt oder dem angebotenen Service sollte in der Regel klar erkenntlich sein oder zumindest für den Besucher nachvollziehbar und nicht absurd erscheinen. Die Kosten für eine **Bannerschaltung** hängen meistens von der Click-Through-Rate (CTR) des Banners oder dem Tausender-Kontaktpreis (TKP) ab. Bezahlt wird also pro Anklicken des Banners oder respektive pro tausend Besucher der Webseite, auf der das Banner geschaltet ist (egal ob diese das Banner anklicken oder nicht).

Ein weiteres Kriterium beim Banner-Marketing ist die Frage nach der Funktionalität, dem Erscheinungsbild und der Größe des Banners (*Lammenett* 2012, S. 55 und S. 227). Die Größe des Banners ist oftmals individuell auswählbar und je nach Partner unterschiedlich platzierbar. Es gibt jedoch sechs Bannergrößen, die von der *European Interactive Advertising Association* (EIAA) als gängige Formate festgelegt wurden, um die anfallenden Kosten für die Medienerstellung, Verwaltung und Buchung von Werbeplätzen vergleichbarer und transparenter zu machen. Diese Standardisierung erleichtert zudem die Einbettung der Banner in das Seitenlayout der Werbepartner und ermöglicht somit die seitenübergreifende Gestaltung von Werbemitteln für Werbetreibende. Ein große Diskussion im Zuge der Banner-Schaltung ist die Frage, ob und inwieweit nur die reine Einblendung (implizite Wirkung für spätere Kaufentscheidung) oder der tatsächliche Klick (explizite Wirkung für direkten Werbeerfolg) auf den Banner entscheidend für den Werbeerfolg ist. Laut dem *OVK Online-Report 2011/01 des Bundesverband Digitale Wirtschaft e. V.* (2011, S. 23) wurde „die explizite, also die unmittelbare und bewusste Wirkung von Displaywerbung im Internet bereits in verschiedenen Studien abgeleitet und ist mittlerweile Standardbestandteil jeder Mediastrategie". Aber auch die implizite Wirkung wurde in der hier zitierten *OVK Werbewirkungsstudie 2010* belegt (*Bundesverband Digitale Wirtschaft e. V.* 2011, S. 23). Letztendlich wird der Werbetreibende selbst entscheiden müssen, wie er wo und mit welchem Abrechnungssystem die Werbebanner einsetzen möchte.

2.3 Video-Marketing

Video-Marketing setzt insbesondere am Baustein „Multimedia" an und repräsentiert die Darstellung von Videobotschaften auf der eigenen Webseite oder anderen Internetpräsenzen (*Düweke/Rabsch* 2012, S. 244). Das Präsentationsformat wurde in den letzten Jahren vorrangig durch den Anstieg von Breitbandverbindungen begünstigt (*Alpar/Wojcik* 2012, S. 298). Erst dadurch wurden die Ladezeiten so weit reduziert, dass eine komfortable Nutzung dieses Marketingformates erst möglich wurde. Im Hinblick auf die verschiedenen Nutzungsformen kann neben der Grundeinteilung in **Produktvi-**

deos (PV) und **Unternehmensvideos (UV)** auch noch zwischen folgenden **(Teil-)Formaten** unterschieden werden (*Düweke/Rabsch* 2012, S. 244 ff.):

- **Produktvideo**: Im Mittelpunkt stehen das Produkt und seine übergeordnete Funktionsweise. Ausgangsbasis kann ein typischer TV-Spot sein, der auch im Internet verwendet wird oder aber eine Eigenproduktion, die mehr die konkrete Handhabung in den Mittelpunkt rückt.
- **PV-Screencasts**: In dieser besonderen Form eines PV's geht es um die Darstellung von konkreten Gebrauchsanweisungen, Abläufen und Anwendungen. Ein typisches Beispiel ist die Erläuterung der Softwareinstallation.
- **PV-Webisodes**: Hier werden die einzelnen Abschnitte eines Produktvideos in Teil- oder Einzelfolgen zerlegt, die einen Gesamtzusammenhang repräsentieren. Durch die Unterbrechungen besteht die Möglichkeit, interaktive Handlungen seitens des Nutzers zuzulassen.
- **Unternehmensvideo**: Hierbei handelt es sich um Imagefilme, die ein Unternehmen auf der emotionalen Ebene präsentieren und den Gesamtumfang der angebotenen Leistungen widerspiegeln.
- **UV-Newschannel**: In diesem meist regelmäßigen Format werden die News zu einem Unternehmen und/oder seiner Branche in einem Video präsentiert. Dabei kommen in der Regel reale aber auch virtuelle Moderatoren (so genannte Avatare) zum Einsatz, die durch die Sendung führen.

Im Hinblick auf die **Verwendung** von Videos bieten sich eine ganze Menge an Kanälen an, die sich neben der eigenen Webseite auf die zahlreichen Internet-Videoportale wie **youtube.com** oder **myvideo.de** beziehen. Auch in sozialen Netzwerken wie facebook.com können Videos direkt hochgeladen werden. **Ziel** des Einsatzes von Video-Marketing ist die generelle Schaffung von Aufmerksamkeit, Emotionalität und Reichweite. Dafür sollte neben einem interessanten Inhalt, der passenden Dauer, der optimalen technischen Wiedergabe mit passender Tonqualität auch auf den abschließenden **Call-to-Action** geachtet werden, bei dem der Betrachter zu einer Handlung aufgerufen wird (z. B. das Aufrufen einer Webseite über die Einblendung einer URL; *Düweke/Rabsch* 2012, S. 250).

2.4 Social-Media-Marketing

Das **Social-Media-Marketing (SMM)** beschreibt den Einsatz von Marketingaktivitäten in bzw. über soziale Netzwerke unter besonderer Berücksichtigung der interaktiven Kommunikation und Weitergabe von Inhalten zwischen den einzelnen Mitgliedern einer E Community. Im Hinblick auf die verschiedenen Möglichkeiten eines Einsatzes von **Maßnahmen im SMM** werden in der Literatur eine ganze Reihe an Instrumenten, Formen und Arten, die im Folgenden aufgeführt werden, beschrieben (*Bernecker/Beilharz* 2012, S. 225 ff.; *Düweke/Rabsch* 2012, S. 155 ff.; *Kreutzer* 2012, S. 330 ff.):

- **Social-Media-Buttons**: Hierbei werden auf der eigenen Webseite community-bezogene Icons mit den Symbolen der jeweiligen sozialen Netzwerke eingebaut, mit deren Hilfe (= einfacher Click auf Icon) der zugehörige Content vom Webseitennutzer direkt in die sozialen Netzwerke übertragen werden kann.

- **Social-Media-Profile**: Hierbei bauen die Unternehmen eigene Präsenzen in sozialen Netzwerken auf, über die sie sich mit Kunden und interessierten Marktteilnehmern vernetzen. Dies kann dann über eine Fanpage bei *facebook.com* ebenso umgesetzt werden wie mit einem Videochannel bei *youtube.com* oder einem Twitter-Kanal im Rahmen des Microblogging.

- **Social-Media-Ads**: Hierbei werden spezielle Werbeanzeigen oder speziell zugeschnittene Kampagnen (*Hilker* 2010, S. 164) in sozialen Netzwerken gebucht bzw. platziert, die wie bei *facebook.com* direkt neben der sog. Timeline oder wie bei *y-outube.com* als „Einspieler" vor dem eigentlichen Video platziert werden. Diese Ads rufen dabei die Mitglieder dazu auf, sich mit dem dahinterstehenden Profil zu vernetzen und damit den Newsstream zu abonnieren oder direkt eine Webseite aufzurufen.

- **Social-Media-Content**: Hierbei handelt es sich um die sog. Postings eines Unternehmens innerhalb seines Social-Media-Profils (analog sind es bei *twitter.com* sog. Tweets oder bei *youtube.com* sog. Videouploads usw.). Diese Inhalte werden entweder durch die Überspielung von News mit Hilfe von RSS-Feeds von Webseiten oder Blogs automatisch erzeugt oder aber eigenständig eingestellt. Die Inhalte können sich dabei auf textliche Informationen, Links oder auch Bilder, Videos oder spezielle Tools beziehen.

- **Social-Media-Interaktion**: Hierbei handelt es sich um den Dialog mit den angeschlossenen Nutzern über den oder mit Hilfe des eingestellten Contents. Hierfür werden entweder spezielle Tools angeboten oder der Dialog erfolgt über die Kommentar-Funktion (*Ahlers* 2008, S. 96), die in der Regel mit jedem Posting verbunden ist.

- **Social-Media-Monitoring**: Hierbei handelt es sich um Maßnahmen zur Messung des Erfolgs und der Reichweite der eigenen sozialen Aktivitäten. Dabei werden spezifische Key Performance Indicators (KPIs, s. Kap. 5.1.2.2) definiert, die einmal quantitativer (z. B. Anzahl der *Facebook*-Fans oder *Twitter*-Follower sowie Anzahl von Likes/Shares bzw. Retweets/@-Erwähnungen) oder aber auch qualitativer Natur (z. B. Inhalt von positiven Kommentaren) sein können.

Dem Social-Media-Marketing inzwischen zugehörig wird beim sog. **Viral-Marketing** bewusst versucht, die anderen Internet- oder Netzwerk-Teilnehmer ausschließlich dazu zu bringen, die eigenen Kommunikationsbotschaften einfach und kostenlos zu verbreiten (*Kollmann* 2001, S. 60 ff.; *Rayport/Jaworski* 2002, S. 244 f.). Dies war über verschiedene Plattformen zwar schon immer möglich, jedoch hat diese Form nochmals einen besonderen Aufschwung durch die sozialen Netzwerke bekommen. Im Gegensatz zu den kommerziellen Kommunikationsinstrumenten handelt es sich hier um eine sehr kosteneffiziente Weiterverbreitung von Werbeinhalten. Viral-Marketing setzt in der Grundidee am Prinzip der **Mund-zu-Mund-Propaganda** an, geht jedoch in der Umsetzung einen wesentlichen Schritt weiter. Es werden gezielt die Netzeffekte des Internets und neuerdings insbesondere der sozialen Netzwerke genutzt, um multiplikativ eine kostenfreie Verbreitung der Information zu erzielen, die dann mit exponentieller Geschwindigkeit vonstattengeht (*Scott* 2009, S. 143). Somit trägt sich die Werbebotschaft von selbst weiter und erreicht immer neue Adressaten, wobei die Verbreitung an sich nicht kontrolliert werden kann (*Kollmann* 2001, S. 62; *Kollmann* 2013b, S. 198 f.). Daher spricht man in diesem Zusammenhang auch von Virusmarketing. So kann bspw. ein Nutzer auf *facebook.com* einen Link zu einem interessanten Video bei *youtube.com* mit seinen Freunden teilen (*Holzner* 2009, S. 85 f.; *Holzapfel/Holzapfel* 2010, S. 33).

Zur Initiierung bzw. Umsetzung des Viral-Marketings stehen dem Werbetreibenden neben den sozialen Netzwerken wie *facebook.com*, *twitter.com* und *youtube.com* noch weitere verschiedene **(Träger-)Instrumente** zur Verfügung, die je nach Intensität und Zielrichtung der Verbreitung der Werbebotschaft unterschiedlich eingesetzt werden können (*Kollmann* 2013b, S. 198 ff.):

- **Suchmaschinen und Linklisten**: Suchmaschinen (z. B. *google.com*) bzw. Linklisten (z. B. *buchlesen.com*) helfen über Sucheinträge zu Webseiten mit gewünschten Informationen zu gelangen (*Turban et al.* 2002, S. 337 ff.). Beide Such- bzw. Strukturierungshilfen werden von den Nutzern des Internets bei ihrer Recherche nach Informationen bzw. Produktangeboten in Anspruch genommen. Insofern ist es unerlässlich, sich dort (kostenlos) einzutragen bzw. von Suchmaschinen-Webcrawlern automatisch erfassen zu lassen (*Kollmann* 2013a, S. 589 ff.).

- **Kostenlose Leistungen**: Das Bereitstellen von unentgeltlichen Leistungen steigert die Attraktivität einer Seite, insbesondere wenn für die Zielgruppe ein echter Mehrwert geschaffen wird. Allerdings darf dieses Angebot einerseits die eigentlichen Angebote nicht unterlaufen, muss aber andererseits auch in einem klaren Sinnzusammenhang stehen. Bekannt gemacht werden können kostenlose Leistungen in speziellen Linklisten (z. B. *kostnixx.de*).

- **Foren/Chats**: In virtuellen Kommunikationsräumen wie Themenforen oder Chats werden die unterschiedlichsten Angelegenheiten oder Probleme diskutiert. Spezielle Themenforen werden dafür systematisiert und gepflegt. Neue Besucher von Foren können sich dann einlesen und finden sehr schnell Antworten auf ihre Fragen, sofern diese im Forum bereits behandelt wurden.

- **Weiterempfehlung**: Besucher einer Webseite mit einem positiven Eindruck stellen potenzielle Fürsprecher einer Plattform dar. Insofern muss ihnen auch die Gelegenheit gegeben werden, den Internetauftritt weiterzuempfehlen. Hier setzen auch die bereits weiter oben beschriebenen Social-Media-Buttons an.

- **Kommunikationsträger**: Werbebotschaften lassen sich mit Services verbinden, die den Nutzern für deren Kommunikationszwecke kostenfrei zur Verfügung gestellt werden. Dazu können Grußkarten- oder E-Mail-Services eingesetzt werden. Auf der Webseite *eltern.de* werden bspw. elektronische Postkarten angeboten, mit deren Versand sich auch der Internetauftritt bekannt macht.

- **Gewinnspiele**: Auch innerhalb der Net Economy sind Gewinnspiele ein sehr effektives Mittel, um Kunden auf Leistungsangebote aufmerksam zu machen. Hierbei ist jedoch darauf zu achten, dass das Gewinnspiel und die Plattform-Leistung in einem thematischen Zusammenhang stehen, um die Teilnahme zu einem wirkungsvollen Kontakt mit der eigenen Werbebotschaft auszubauen. Ähnlich wie bei den kostenlosen Leistungen können die Gewinnspiele in Linklisten wie bspw. *gewinnspiele.de* eingetragen werden.

Eine neuere Variante sind auch die sog. **Pinboards** oder Posting-Plattformen wie z. B. pinterest.com und andere, bei denen Fotos oder Nachrichten an ein virtuelles Informationsbrett geheftet werden, von wo aus sie einfach innerhalb und außerhalb der Plattform weitergepostet werden können. Die Aufgaben des Managements konzentrieren sich im Rahmen des Viral-Marketings auf die Identifikation der passenden Webseiten, damit die Werbebotschaft auch im richtigen Kontext verbreitet wird (*Hünnekens* 2010, S. 122). Insbesondere bei Foren und Chats ist darauf zu achten, denn die Zuordnung eines falschen Images ist nur schwer korrigierbar. Der Eintrag in Linklisten und Suchmaschinen ist als ein andauernder Prozess zu verstehen, da die Lebenszyklen, speziell von Linklisten, sehr unterschiedlich ausfallen können.

Ebenfalls dem Social-Media-Marketing inzwischen zugehörig wird beim sog. **Guerilla-Marketing** bewusst versucht, mit besonders ungewöhnlichen und unerwarteten Werbe- bzw. Aktionsinhalten die anderen Internet- oder Netzwerk-Teilnehmer dazu zu bringen, sich mit einer Marke oder einem Produkt zu befassen. Ziel ist hier die außergewöhnliche Aufmerksamkeit zu erzeugen und den zugehörigen Effekt ebenfalls bestmöglich viral im Netz sich verbreiten zu lassen. Somit kann das Guerilla-Marketing auch als Steigerungsform des Viral-Marketings bezeichnet werden, um alle Möglichkeiten des Social-Media-Marketings für sich zu nutzen. Eine der wesentlichen Gefahren bei dieser Form liegt im Überziehen der Maßnahme über ein erträgliches Maß hinaus, sodass sich ein positiv gewollter in einen negativen Werbeimpuls verwandelt. Im Hinblick auf verschiedene Unterformen finden sich in der Praxis auch Begriffe wie Low-Budget-Guerilla-Marketing, Guerilla Mobile, Sensation Marketing oder aber auch (Online-)Ambush- und (Online-)Ambient-Marketing (*Alpar/Wojcik* 2012, S. 237 ff.).

2.5 Affiliate-Marketing

Das Affiliate-Marketing basiert auf dem Prinzip der **Kommunikations- und Vertriebspartnerschaft** zwischen einzelnen Unternehmen. Dabei wird vereinbart, dass der Partner (Affiliate) bestimmte Produkte oder Dienstleistungen des Kooperationspartners (Merchant) auf seiner Seite bewirbt und im Gegenzug für jede Transaktion, die durch seine Werbemaßnahmen erfolgreich generiert wird, eine vorher festgelegte Provision erhält (*Lammenett* 2012, S. 29). Das primäre Ziel des Affiliate-Marketings für den Merchant liegt in der Ausweitung seiner Online-Reichweite und der Online-Verkäufe und für den Affiliate in der zusätzlichen Erzielung von Werbe- oder Provisionserlösen (*Kreutzer* 2012, S. 215). Die Vergütung des Affiliate ist dabei individuell zu entscheiden und muss nicht unbedingt an der Durchführung einer erfolgreichen Transaktion gemessen werden. Das Hauptvergütungsmodell bei dieser Art von strategischen Partnerschaften ist Pay per Sale (s. Abb. 2.1). Dieses Modell beinhaltet die erfolgsabhängige **Vergütung** der erbrachten Leistung. Bei einigen Partnerschaften wird auch ein Teil als Fixed Fee ausgehandelt, der sozusagen als monatlicher Grundbetrag gesehen werden kann. Die endgültige Vergütung innerhalb dieses Modells kann jedoch verschiedene Ausprägungen enthalten (*Albers/Jochims* 2003, S. 26).

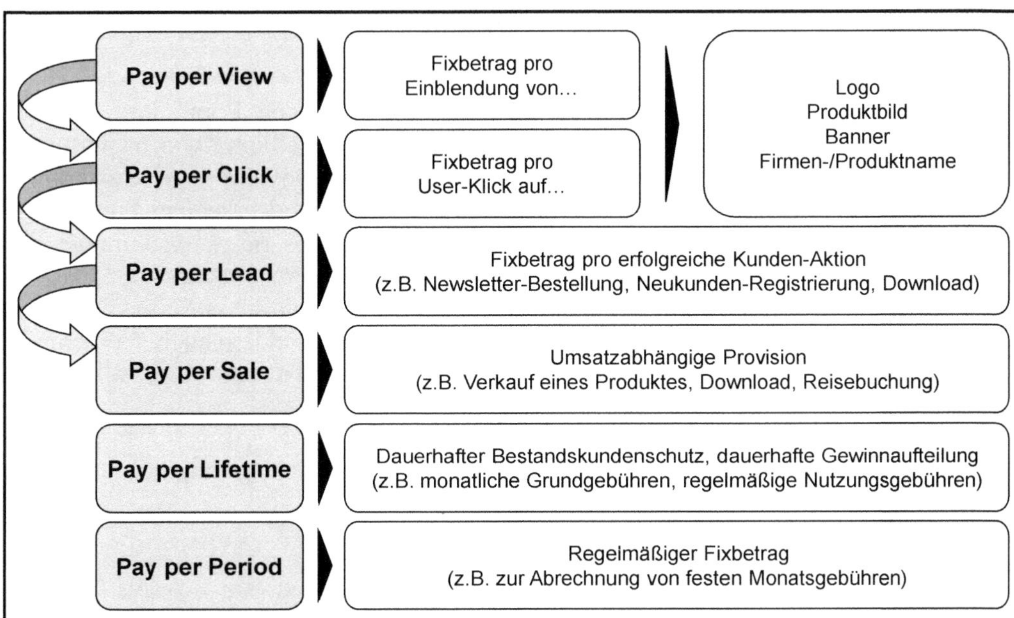

Abb. 2.1: Vergütungsmodelle im Affiliate-Marketing
Quelle: in Anlehnung an *Heßler* 2003, S. 331 f.

Insgesamt ist beim Affiliate-Marketing auf verschiedene Hauptmerkmale zu achten, welche die Ausprägung und damit die Effizienz der Marketingaktivitäten beeinflussen. Dazu gehören die bereits erwähnten (meist finanziellen) Anreize für den Affiliate, die Auswahl des geeigneten Partners, die juristischen Vertragsbedingungen, die eingesetzten Werbemittel, die Vermarktungsstrategie und ein geeignetes Tracking-Tool (*Lammenett* 2012, S. 41 ff.). Bei der **Auswahl eines geeigneten Partners** zählen vor allem Kriterien wie eine hohe Besucherzahl (Traffic), die Möglichkeit einer geeigneten Zielgruppenansprache und ein starkes Image des Partners. Bei vielen strategischen Partnern ist der Traffic weitaus höher als bei dem Anbieter selber, wodurch ein ungleiches Größenverhältnis entsteht. Je stärker nun die Position des Vertriebspartners ist, desto mehr richtet sich die Gestaltung des Kooperationsvertrages nach den Bedingungen des Partners. Die Individualisierung der Verträge verringert jedoch den Grad der Standardisierung und erhöht damit den Aufwand für die **vertraglichen Vereinbarungen**, in denen z. B. auch die Vergütung definiert und festgehalten wird, sowie Laufzeit und Kündigung der Partnerschaft, Haftung und Datenschutz. Wichtig ist auch die Einbindung des Angebots auf der Seite des Partners. Hier bieten sich integrative oder linkbasierte Lösungen an. Die Produkte des Partners können z. B. direkt in den Online-Warenkorb des Partners integriert werden, ohne dass der Nutzer der Partnerseite die Webseite wechseln muss. Bei linkbasierten Lösungen geht es vor allem um **Contenteinbindung**. Hier bringt das Unternehmen Inhalte zu seinem Angebot auf der Seite des Kooperationspartners ein und verlinkt darüber auf sein eigenes Angebot.

Eine besonders in der letzten Zeit an Attraktivität gewinnende Form des Affiliate-Marketings ist die Nutzung von sog. **Affiliate-Netzwerkbetreibern**, wie bspw. *affilinet.de* oder *zanox.de*. Dabei wird gegeben der Größe und Reichweite der Netzwerke in der Praxis in A- und B-Liga-Affiliate-Netzwerke, Nischennetzwerke und kurzfristige Affiliate-Netzwerke unterschieden (*Alpar/Wojcik* 2012, S. 194 ff.). Die Betreiber der Affiliate-Netzwerke koordinieren und vermitteln zwischen Merchants und potenziellen Affiliate-Partnern. Durch die Spezialisierung auf die Vermarktung von Partnerprogrammen sind diese Betreiber in der Lage, nicht nur zu vermitteln, sondern auch Werbematerial bereit zu stellen, vertragliche Modalitäten zu regeln, Statistiken zu erstellen oder Zahlungsabwicklungen zu betreuen.

2.6 E-Mail-Marketing

Beim E-Mail-Marketing geht es darum, durch das Verschicken von E-Mails, z. B. in Form von Newslettern oder ähnlichen Werbeformen an eine ausgewählte Zielgruppe eine direkte Form der Kundenansprache durch elektronische Nachrichten zu ermöglichen. Der Einsatz von E-Mail-Marketing kann daher nicht nur für das erfolgreiche Anbahnen von Geschäftsbeziehungen eingesetzt werden, sondern dient gleichzeitig auch der besonderen Pflege des bestehenden Kundenstamms. Für Unternehmen ist dieses Marketinginstrument interessant, da es im Wesentlichen auf dem Grundprinzip des **Dia-**

logmarketings aufbaut. Das heißt, dass die angesprochene Zielgruppe direkt und persönlich angesprochen und zu einer Reaktion aufgefordert wird. Dies passiert meistens mittels Anklicken eines Links in der E-Mail oder dem Newsletter, der dann auf die Homepage des Werbetreibenden führt um dort z. B. ein spezielles Angebot oder besondere Leistungen anzupreisen. Vor diesem Hintergrund können folgende **vier Ausprägungen im E-Mail-Marketing** beobachtet werden (*Kreutzer* 2012, S. 278):

- **Trigger-E-Mails**: Beim Einsatz dieser Mailing-Form geht es darum, einen allgemeinen oder speziellen Auslöser (= engl. „trigger") für eine Aktion beim Kunden zu adressieren. Dies kann beispielsweise im Ergebnis der Besuch einer Webseite oder die Aufforderung sein, sich an einer Gewinnspielaktion zu beteiligen. Typische Aufhänger für den Auslöser können aber auch Rabatte, Jahreszeiten, Feiertage oder der Geburtstag des Kunden sein. Im Kern geht es also immer darum, ein bestimmtes Verhalten bei der Zielperson anzustoßen.
- **Transaction-E-Mails**: Beim Einsatz dieser Mailing-Form wird der allgemeine Geschäftsvorgang zwischen Unternehmen und Kunde begleitet. Zusendungen von elektronischen Nachrichten können sich dabei auf eine Anfrage, eine Bestellung, die Lieferung oder die Rechnung beziehen. Hiermit soll eine aktive Begleitung auch im Distanzhandel simuliert werden, die Vertrauen und Involvement erzeugen soll.
- **After-Sales-E-Mails**: Beim Einsatz dieser Mailing-Form geht es zum einen um die Zufriedenheitsmessung nach dem abgeschlossenen Online-Geschäft und der Lieferung des Produktes sowie zum anderen um den Impuls für weitere Online-Käufe seitens des Kunden. Ziel ist es, den Kontakt zum Kunden nicht abbrechen zu lassen, sondern ihn bestenfalls direkt zum nächsten Kauf zu begleiten. Die After-Sales-E-Mail liegt damit in der Schnittstelle zwischen Transaction- und Trigger-E-Mail.
- **Newsletter-E-Mails**: Beim Einsatz dieser Mailing-Form können Unternehmen ihren Kunden und Interessenten regelmäßig aktuelle Informationen in einer Übersicht zusammenstellen und elektronisch verschicken. Die News verfügen dabei normalerweise über Links, die entweder zum Weiterlesen anregen sollen und die Kunden auf die Homepage führen oder sogar direkt zum Kauf oder zur Bestellen animieren sollen. Ziel ist die Bindung zu und die regelmäßige Kommunikation mit dem Kunden.

Durch die Möglichkeit der direkten Ansprache zählt das E-Mail-Marketing zur klassischen Form der Direktwerbung. Die Aufforderung zur Reaktion eröffnet dann den Dialog zwischen Kunde und Unternehmen, der im optimalen Fall zu einer langjährigen, intensiven Beziehung zwischen beiden Partnern führen soll. Die Besonderheiten dieser Form der Kundengewinnung und Kundenbindung sind zum einen die **niedrigen Kosten**, zum anderen aber auch die hohe Response-Quote (*Schwarz* 2003, S. 69). Die Erstellung und Versendung z. B. von Newslettern oder E-Mails ist im Vergleich zum traditionellen Postversand wesentlich einfacher und kostengünstiger, da die einmal erstellten Inhalte beliebig oft weiterverschickt werden können und nur die Kosten für mögliche Softwarelizenzen oder Providergebühren entrichtet werden müssen. Im Vergleich zu Postwurfsendungen ist auch die Resonanz auf die Inhalte wesentlich größer, da der Kunde z. B. nicht zum Telefon greifen oder eine Antwortpostkarte schicken muss. Er muss lediglich der Verlinkung auf die Webseite folgen, wodurch die Reaktionsmöglichkeit deutlich und ohne erheblichen Mehraufwand vereinfacht wird. Ein wesentlicher Aspekt, der den Erfolg dieses Marketinginstruments enorm beeinflusst, ist die Tatsache, dass der Kunde dem Unternehmen sein Einverständnis zum Erhalt regelmäßiger Informationen und News per E-Mail geben muss (das sog. Opt-In-Gebot). Somit ist das Verschicken des Newsletters oder einer personalisierten E-Mail aktiv vom Kunden gewünscht und erfährt dadurch eine höhere Aufmerksamkeit als andere Werbemittel. In der Regel wird eine Personalisierung der E-Mail durch die einmalige Registrierung der Kunden auf der Webseite ermöglicht (*Kollmann/Tanasic* 2012). In einigen Fällen kann er auch gezielt seine Interessen und Informationsbedürfnisse äußern, damit die E-Mail an Relevanz gewinnt. Im Hinblick auf diese Erlaubnis wird auch vom sog. Permission-Marketing gesprochen. Unter **Permission-Marketing** versteht man im Allgemeinen die erlaubnisbasierte Versendung einer Werbebotschaft (*Lammenett* 2012, S. 239). Dabei gibt ein Kunde einem Unternehmen die **Erlaubnis** (Permission), ihm bestimmte Werbebotschaften, z. B. eben in Form einer E-Mail zukommen zu lassen. Die Erlaubnis des Kunden wird dabei durch das bereits erwähnte Opt-In gegeben.

2.7 Couponing-Marketing

Das Couponing-Marketing setzt an der konkreten Maßnahme der Gewährung eines Rabattes an. **Rabatte** sind preisliche (z. B. 20 % auf den Basispreis) oder produktorientierte (z. B. kostenlose Beigabe eines weiteren Produktes; „Buy one, get one free") Nachlässe bzw. Zugaben zur Steigerung der Attraktivität eines Transaktionsangebotes. Im Hinblick auf das Online-Marketing wird der Coupon in der Regel entweder direkt über eine E-Mail- bzw. Newsletter-Versendung oder den Download über die eigene Webseite bzw. indirekt über einzelne Affiliates oder Coupon-Netzwerke weitergegeben bzw. gewährt. Im Ergebnis kommen hierbei zumeist kommunizierte elektronische **Gutscheincodes** zum Einsatz, die nach entsprechender Eingabe während des Online-Transaktions- bzw. Bezahlprozesses den Rabatt vom Verkaufspreis abziehen bzw. die Zugabe von Produkten ermöglichen. Neben dieser Webbasierten Verbreitung wird das Couponing-Marketing insbesondere im mobilen Bereich eingesetzt, wobei in zwei **Übertragungsformen** unterschieden werden kann:

- **Push-Verfahren**: Hierbei werden die Coupons direkt auf das Handy des Nutzers gesendet oder von diesem mobil als E-Mail empfangen.
- **Pull-Verfahren**: Hierbei werden die Coupons vom Nutzer aktiv über eine entsprechende mobile Applikation standortbezogen abgerufen.

Das Thema „Rabatte" hat innerhalb der elektronischen Netzwerke einen hohen Stellenwert bekommen. Hintergrund ist die Tatsache, dass aufgrund der Preistransparenz und der zugehörigen Suchmechanismen nochmalige, in der **Regel zeitraum- oder mengenbegrenzte Vergünstigungen** mit Hilfe von Coupons besondere Aufmerksamkeit erzeugen.

3 Fazit

Die vorangegangen Überlegungen zu den Besonderheiten des Online-Marketings junger Internet-Unternehmen haben verdeutlicht, dass eine einfache Übertragung traditioneller Marketing-Instrumente nicht ausreicht, um den veränderten Kommunikationsbedingungen gerecht zu werden. Neue Formen der Kundenansprache und Kundengewinnung durch z. B. Suchmaschinen-Marketing oder Social-Media-Marketing, greifen auf ganz andere technische Voraussetzungen zurück als das klassische Marketing. Der gesamte Marketing-Mix muss daher bei Internet-Unternehmen modifiziert und angepasst werden, da sämtliche absatzpolitische Mechanismen den neuen Regeln des Internets folgen müssen. Zusätzlich ist die Konzentration auf einen frühen Markenaufbau und der darin inbegriffenen Namens- und Domainwahl für junge Unternehmen lohnenswert, da eine starke eBrand dem hohen Konkurrenzdruck auch im Laufe der Zeit standhalten kann. Insgesamt muss das Gründungsmarketing junger Unternehmen jedoch nicht nur eine reine Identifizierung, sondern auch eine klare Differenzierung der eigenen Leistung zum Wettbewerb vornehmen, innerhalb dessen der zielführende Einsatz der Online-Marketing-Instrumente stattfinden kann. Dabei gilt es, die innovativen Marketing-Instrumente möglichst individuell für die Ziele des Gründungsunternehmens einzusetzen, um das Potenzial des Online-Marketings schon während der Gründung optimal ausschöpfen zu können.

Literaturverzeichnis

Ahlers, T.: Neue Anwendungen und Geschäftsfelder im Web 2.0. In: Meckel, M., Stanoevska-Slabeva, K. (Hrsg.) Web 2.0 – Die nächste Generation Internet, 93–108. Nomos, Baden-Baden (2008)

Albers, S., Jochims, H.: Erscheinungsformen, strategische Bedeutung und Gestaltung von Online-Marketing-Kooperationen. In: Büttgen, M., Lücke, F. (Hrsg.) Online-Kooperationen – Erfolg im E-Business durch strategische Partnerschaften. Gabler, Wiesbaden (2003)

Alpar, A., Wojcik, D.: Webselling – Das große Online Marketing Praxisbuch. Data Becker, Düsseldorf (2012)

Bernecker, M., Beilharz, F.: Social Media Marketing – Strategien, Tipps und Tricks für die Praxis. Johanna Verlag, Köln (2012)

Brettel, M., Heinemann, F.: Erfolgreiche Kundengewinnung über das Internet, Präsentation im HiMo in Monschau, 23. März 2006.

Bode, J.: Der Informationsbegriff in der Betriebswirtschaftslehre. Zeitschrift für betriebswirtschaftliche Forschung (ZfbF) 5 (49), 449–468 (1997)

Bundesverband Digitale Wirtschaft e. V.: OVK Online-Report 2011/01. http://www.ovk.de/fileadmin/downloads/fachgruppen/Online-Vermarkterkreis/OVK_Online-Report/OVK_Online-Report_2011-01.pdf (2011). Zugriff am 08. März 2013

Düweke, E., Rabsch, S.: Erfolgreiche Websites – SEO, SEM, Online-Marketing, Usability. Galileo Computing, Bonn (2012)

Hans, T., Hüser, T.: Public Relations für Start-Ups – Unternehmenskommunikation für Gründer. Schäffer-Poeschel, Stuttgart (2001)

Hermanns, A.: Online-Marketing im E-Commerce – Herausforderungen für das Management. In: Hermanns, A., Sauter, M. (Hrsg.) Management-Handbuch Electronic Commerce, 101–118. Vahlen, München (2001)

Heßler, T.: Vergütungsformen als Erfolgsfaktor für Online-Kooperationen. In: Büttgen, M., Lücke, F. (Hrsg.) Online-Kooperationen – Erfolg im E-Businessdurch strategische Partnerschaften, 197–221. Gabler, Wiesbaden (2003)

Hilker, C.: Social Media für Unternehmer – Wie man Xing, Twitter, YouTube und Co. erfolgreich im Business einsetzt. Linde, Wien (2010)

Holzapfel, F., Holzapfel K.: Facebook – Marketing unter Freunden. BusinessVillage, Göttingen (2010)

Holzner, S.: Facebook Marketing – Leverage Social Media to Grow your Business. Que, Indianapolis (2009)

Hünnekens, W.: Die Ich-Sender – Das Social Media-Prinzip. BusinessVillage, Göttingen (2010)

Klein, S.: Virtuelle Organisationen. Wirtschaftliches Studium 6(23), 309–311 (1994)

Kollmann, T.: Viral-Marketing – ein Kommunikationskonzept für virtuelle Communities. In: Mertens, K., Zimmermann, R. (Hrsg.) Handbuch der Unternehmenskommunikation, 60–66. Hermann Luchterhand Verlag, Neuwied (2001)

Kollmann, T.: E-Entrepreneurship – Grundlagen der Unternehmensgründung in der Net Economy. 2. Aufl., Gabler, Wiesbaden (2006)

Kollmann, T.: Online-Marketing – Grundlagen der Absatzpolitik in der Net Economy. Kohlhammer, Stuttgart (2007a)

Kollmann, T.: E-Business – Grundlagen elektronischer Geschäftsprozesse in der Net Economy. Gabler, Wiesbaden (2007b)

Kollmann, T.: E-Business – Grundlagen elektronischer Geschäftsprozesse in der Net Economy. 5. Aufl., Gabler, Wiesbaden (2013a)

Kollmann, T.: Online-Marketing – Grundlagen der Absatzpolitik in der Net Economy. 2. Aufl., Kohlhammer, Stuttgart (2013b)

Kollmann, T., Suckow, C.: eBranding – Auswahlprozess und Bewertungskriterien zum Unternehmensnamen in der Net Economy. Universität Duisburg-Essen Lehrstuhl für E-Business, Essen (2007)

Kollmann, T., Tanasic, J. (2012): Herausforderung Online-Marketing – Neue Marketinginstrumente zur verbesserten Kundenansprache durch Personalisierung und Individualisierung, in: Digma, Nr. 3, S. 98-102.

Kreutzer, R. T.: Praxisorientiertes Online-Marketing. Gabler, Wiesbaden (2012)

Lammenett, E.: Praxiswissen Online-Marketing – Affiliate- und E-Mail-Marketing, Suchmaschinenmarketing, Online-Werbung, Social Media, Online-PR. 3. Aufl., Gabler, Heidelberg (2012)

Rayport, J.F., Jaworski, B.J.: Introduction to E-Commerce. McGraw-Hill, New York (2002)

Riedl, J.: Push- und Pull-Marketing in Online-Medien. In: Hippner, H., Meyer, M., Wilde, K.D. (Hrsg.) Computer Based Marketing, 85–96. Gabler, Wiesbaden (1997)

Schwarz, T.: E-Mail-Marketing – Erfolgsfaktoren und K.o.-Kriterien. IT Management 5, 68–73 (2003)

Scott, D. M.: Die neuen Marketing- und PR-Regeln im Web 2.0 – Wie Sie im Social Web News Releases, Blogs, Podcasting und virales Marketing nutzen, um Ihre Kunden zu erreichen. Verlagsgruppe Hüthig-Jehle-Rehm, Heidelberg (2009)

Turban, E., King, D., Lee, J., Warkentin, M., Chung, H.: Electronic Commerce 2002 – A Managerial Perspective. Prentice Hall International, Upper Saddle River (2002)

Weiber, R., Kollmann, T.: Competitive Advantages in Virtual Markets – Perspective of „Information-based-Marketing" in Cyberspace. European Journal of Marketing 32(7/8), 603–615 (1998)

Teil V: Entrepreneurial Marketing: Die Gründungsphasen

Mario Geißler und Cornelia Zanger

Opportunities und Opportunity Recognition als Aufgabe des Gründungsmarketings

Mario Geißler, Jun.-Prof. Dr.
Inhaber der Juniorprofessur für Entrepreneurship
in Gründung und Nachfolge,
Stiftungsprofessur der Sparkasse Chemnitz
Technische Universität Chemnitz
E-Mail: mario.geissler@wirtschaft.tu-chemnitz.de.

Cornelia Zanger, Prof. Dr.
Inhaberin der Professur für
Marketing und Handelsbetriebslehre
Technische Universität Chemnitz
E-Mail: zanger@wirtschaft.tu-chemnitz.de.

1 Entrepreneurial Opportunities als zentrales Konzept im Entrepreneurship

„To have entrepreneurship, you must first have entrepreneurial opportunities."
Shane/Venkataraman 2000, S. 220

Die Entrepreneurial Opportunity bzw. die unternehmerische Gelegenheit wird seit längerem als eines der Schlüsselkonzepte der Gründungsforschung und als wesentlicher Ausgangspunkt unternehmerischen Verhaltens angesehen (vgl. z. B. *Bygrave/Hofers* 1991, S. 14; *Geißler* 2013; *Shane/Venkataraman* 2000). So bedarf es zuerst der Identifikation einer unternehmerischen Chance, bevor ein Geschäftsmodell und ein Businessplan entwickelt und ein darauf aufbauendes Unternehmen gegründet werden kann.

Aufgrund der großen Bedeutung der Entrepreneurial Opportunity für unternehmerisches Verhalten und die Entstehung neuer Unternehmen zeigt sich die Forschung zu diesem Thema facettenreich und beleuchtet das Phänomen aus den unterschiedlichsten Blickwinkeln. Im Resultat können wir heute auf einen reichhaltigen Literaturbestand zurückgreifen, um uns Entrepreneurial Opportunities und deren Identifikation zu erschließen (vgl. *Hansen et al.* 2011).

Eine allgemeine Definition für den Begriff Entrepreneurial Opportunity findet sich bei *Eckhardt und Shane* (2003, S. 336), die in Anlehnung an *Casson* (1982) und *Shane und Venkataram* (2000) eine Entrepreneurial Opportunity als Situation „in which new goods, services, raw materials, markets and organizing methods can be introduced through the formation of new means, ends, or means-ends relationships" beschreiben.

Es wird also deutlich, dass eine Entrepreneurial Opportunity häufig durch die Möglichkeit der Etablierung neuer Mittel-Zweck-Beziehungen beschrieben wird. Hierbei existieren unterschiedliche Varianten. So kann ein neues Mittel für einen bestehenden Zweck hergestellt bzw. eingeführt werden. Dies ist beispielsweise bei der Etablierung eines neuen Produktes bzw. einer neuen Dienstleistung auf einem bestehenden Markt oder der Einführung neuer Produktionsmethoden der Fall. Es können aber auch bestehende Produkte / Dienstleistungen auf einem neuen Absatzmarkt angeboten werden. Hierbei wird also ein bestehendes Mittel einem neuen Zweck zugeführt. Zudem beschreibt der Begriff Entrepreneurial Opportunity auch die Einführung neuer Produkte, neuer Dienstleistungen, neuer Rohstoffe oder auch Organisationsformen auf neuen Märkten, also die Einführung eines neuen Mittels für einen neuen Zweck.

Weitere Annährungen an den Begriff ergänzen, dass die als Entrepreneurial Opportunity beschriebene Situation vorteilhaft ist. Durch die neue Mittel-Zweck-Verbindung muss also ein neuer Wert entstehen. Dabei kann dieser Wert für den Entrepreneur als Anbieter einer Problemlösung, für den Nachfrager oder für beide Parteien entstehen (vgl. *Hansen et al.* 2011, S. 292).

Letztendlich existieren auch Definitionsansätze, die darauf hinweisen, dass diese Situation durch den Unternehmer wahrgenommen werden muss und dass er über die Fähigkeit verfügt, eine Lösung für ein Problem zu erschaffen (vgl. *ebenda*, S. 292).

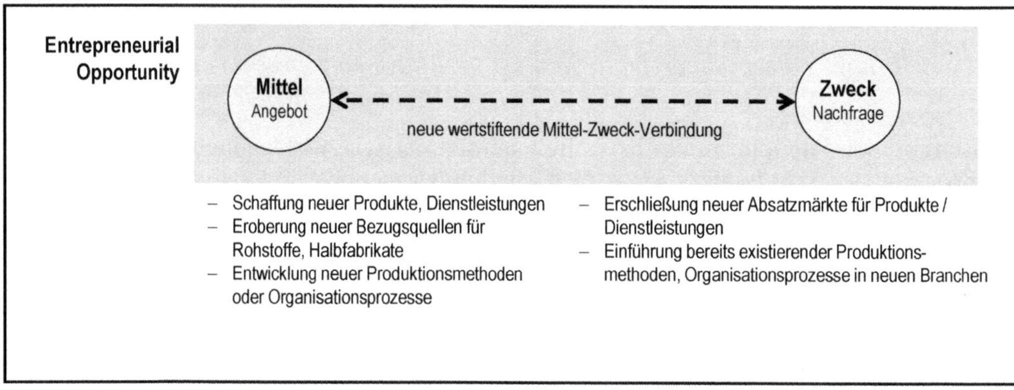

Abb. 1.1: Die Entrepreneurial Opportunity als neuartige Mittel-Zweck-Verbindung
Quelle: *Eigene Darstellung*

Daran anschließend kann die Frage gestellt werden, wie diese Situation für neue Mittel-Zweck-Beziehungen überhaupt entsteht, was also mögliche Quellen einer Entrepreneurial Opportunity sind.

Anknüpfend an das vorgestellte Begriffsverständnis können unterschiedliche Quellen im Markt-, Branchen- oder politischen Umfeld für das Auftreten von Entrepreneurial Opportunities identifiziert werden.

Ausgangspunkt einer Entrepreneurial Opportunity ist die Überlegung, dass sich der Markt außerhalb seines natürlichen Zustandes befindet. Dabei gibt es unterschiedliche Ansätze, was der natürliche Zustand eines Marktes ist. Während *Schumpeter* (1934) argumentiert, dass der natürliche Zustand eines gesunden Marktes das Ungleichgewicht ist, geht *Kirzner* (1997) davon aus, dass sich der Markt natürlicherweise in einem Gleichgewichtszustand befindet.

Laut *Schumpeter* (1934) zerstören **externe Einflüsse** das bestehende Marktgleichgewicht. Exogene Schocks werden dabei auf **technologische, politische, regulative, soziale oder demografische Veränderungen** zurückgeführt. Unternehmer können diese Veränderungen nutzen, um neuartige und wertstiftende Mittel-Zweck-Verbindungen anzubieten. Dies kann beispielsweise durch die Einführung verbesserter Produkte / Dienstleistungen für bestehende Kundenwünsche oder die Einführung neuer Produktionsmethoden oder Organisationsprozesse geschehen. Exogene Veränderungen können aber auch dazu führen, dass sich Kundenbedürfnisse ändern und neue bzw. veränderte Produkte oder Dienstleistungen nachgefragt werden. Beispielhaft kann hier die Nachfrage nach Strom aus regenerativen Energiequellen nach einem Atomkraftwerksunfall genannt werden. Bei diesen Ausführungen wird deutlich, dass exogene Schocks sowohl die

Anbieterseite (Herstellung der Mittel) als auch die Nachfrageseite (Bedürfnis nach Erfüllung eines speziellen Zwecks) beeinflussen können.

Kirzner (1979) fügte diesen Ideen eine weitere wesentliche Sichtweise hinzu. Er stellt **Informationen und deren Verteilung** unter den Marktakteuren in den Mittelpunkt seiner Theorie. Im Detail entstehen nach dieser Auffassung Entrepreneurial Opportunities aufgrund von Informationsasymmetrien. Entrepreneure besitzen demnach spezifische Informationen, über die andere Marktteilnehmer nicht verfügen und nutzen diese, um persönliche Gewinne zu erlangen. Entrepreneurship wird so zum Prozess, bei dem Unternehmer Informationsasymmetrien ausnutzen und den Markt dadurch kontinuierlich in Richtung eines Marktgleichgewichts bewegen (vgl. *Busenitz* 1996). Nach dieser Sichtweise befinden sich Märkte aufgrund von unvollständigen und begrenzten Informationen ständig im Ungleichgewicht. In diesem Zusammenhang prägt *Kirzner* (1979) den Begriff der „*Entrepreneurial Alertness*", die es Unternehmern erlaubt, entsprechende Informationen vor anderen Marktteilnehmern zu erkennen und dadurch Marktlücken zu identifizieren. Entrepreneure besitzen dadurch spezifisches Wissen, das es ihnen ermöglicht, Marktineffizienzen oder Arbitragemöglichkeiten innerhalb existierender Märkte zu erkennen, auszunutzen und so das Marktgleichgewicht wieder herzustellen.

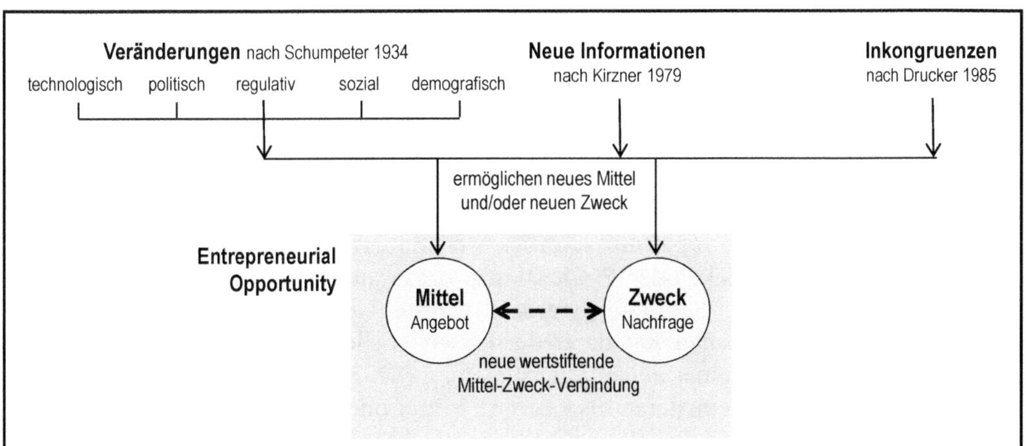

Abb. 1.2: Potenzielle Quellen von Entrepreneurial Opportunities
Quelle: *Eigene Darstellung*

Diese Überlegungen einbeziehend fügt *Drucker* (1985) **Inkongruenzen** im Markt als weitere Quelle von Entrepreneurial Opportunities hinzu (vgl. *Eckhardt/Shane* 2003, S. 343; *Frank/Mitterer* 2009, S. 272). Generell können unter Inkongruenzen unterschiedliche Auffassungen zwischen Ist- und Sollzuständen innerhalb einer Branche verstanden werden. Diese Zustände werden von Bracheninsidern allerdings nicht oder nur bedingt wahrgenommen und als unveränderlich angesehen.

2 Opportunity Recognition als Prozess

Das Vorhandensein einer Entrepreneurial Opportunity ist eine notwendige aber noch keine hinreichende Bedingung für die Entstehung von Entrepreneurship. Letztendlich ist es für unternehmerisches Verhalten essentiell, dass sich Individuen dieser unternehmerischen Gelegenheiten bewusst werden, um sie nutzen zu können. Dieser häufig als Identifikationsprozess dargestellte Zusammenhang zwischen der Opportunity und dem Individuum ist in der Literatur als Opportunity Recognition bekannt. Im Wesentlichen existieren auf Individuumsebene zwei unterschiedliche Erklärungsansätze, die sich mit der Identifikation einer Entrepreneurial Opportunity auseinandersetzen. Zum einen wird an die zuvor vorgestellten Ansätze angeknüpft und die Opportunity als exogen angesehen. Dieser Ansatz wird in der Literatur häufig als Opportunity Discovery beschrieben. Dem potenziellen Entrepreneur kommt hierbei die Aufgabe zu, die unternehmerische Gelegenheit zu entdecken, zu bewerten und zu nutzen. Zum anderen gibt es die Auffassung, dass Opportunities von Entrepreneuren auch selbst erschaffen werden können. Dieser Ansatz wird in der Literatur als Opportunity Creation bezeichnet. Im Folgenden werden beide Ansätze kurz dargestellt.

Wie zuvor angesprochen, ist es beim **Opportunity Discovery** Ansatz die Aufgabe des Entrepreneurs, die neue wertstiftende Gelegenheit zu erkennen. Dabei gibt es laut diesem Ansatz wesentliche Unterschiede zwischen Entrepreneuren und Nicht-Entrepreneuren. Entrepreneure verfügen demnach über spezifische Eigenschaften und Fähigkeiten, die es ihnen ermöglichen, Marktineffizienzen zu erkennen und einen Informationsvorsprung gegenüber anderen Marktteilnehmern zu gewinnen (vgl. *Alvarez/Barney* 2007). Dieser Informationsvorsprung kann sich exemplarisch darauf beziehen, dass ein bereits existierendes Produkt oder Produktionsprozess auch für einen anderen als den bisher genutzten Zweck wertstiftend eingesetzt werden kann. Ebenso können exklusive Informationen zu spezifischen Kundenbedürfnissen vorliegen (*Zweck*), die mit einem neuen Produkt und / oder einer neuen Dienstleistung (*neues Mittel*) bedient werden können. In dieser Sichtweise existieren also bereits Mittel oder ein spezifischer Zweck und das Gegenstück muss durch den Entrepreneur entdeckt werden, um eine Mittel-Zweck-Beziehung herzustellen. Als Beispiele gelten hier neue Medikamente gegen bekannte Krankheiten (Zweck bekannt aber Mittel noch unbekannt) oder Anwendungsfelder für neue Technologien und Produkte (Mittel bekannt aber Zweck noch unbekannt) (vgl. *Sarasvathy et al.* 2003, S. 145). Eine Unternehmensgründung stellt dementsprechend eine Kommerzialisierung dieser Entdeckung zwischen bestehendem Mittel und neuem Zweck (oder umgedreht) dar. Unternehmensgründer können nach Meinung verschiedener Autoren im Vorfeld alle notwendigen Informationen sammeln und mögliche Ergebnisse ihres Handelns sowie deren Eintrittswahrscheinlichkeiten abschätzen. Daher treffen Entrepreneure nach dieser Perspektive ihre Entscheidungen unter Risiko (vgl. *Alvarez/Barney* 2007; *Shepherd/DeTienne* 2005).

In entsprechenden Forschungsarbeiten werden zudem zwei unterschiedliche Wege der Entdeckung unternehmerischer Gelegenheiten diskutiert. Einerseits können Opportunities im Rahmen einer *zufälligen Entdeckung* in das Bewusstsein eines Entrepreneurs rücken. In diesem Sinne haben Individuen also pures Glück, eine unternehmerische Gelegenheit entdeckt zu haben. Andererseits verweisen Forscher vor allem mit Blick auf erfolgreiche Mehrfachgründer auf die Möglichkeit der *absichtsvollen, systematischen Suche* nach günstigen, potenziell wertstiftenden Situationen (vgl. *Fiet* 2007, S. 593).

Der **Opportunity Creation** Ansatz geht im Gegensatz zum Discovery Ansatz nicht davon aus, dass die Opportunity unabhängig vom Entrepreneur existiert. Vielmehr wird nach dieser Sichtweise die Opportunity erst vom Entrepreneur selbst und dessen Interkation mit seiner Umwelt erschaffen (vgl. *Sarasvathy et al.* 2003; *Dutta/Crossan* 2005; *Endres/Woods* 2007). Diese Herangehensweise nähert sich dem Opportunity Phänomen aus einer sozialkonstruktivistischen Perspektive. Demnach müssen sich Entrepreneure und Nicht-Entrepreneure nicht ex ante unterscheiden. Vertreter dieses Ansatzes vermuten vielmehr, dass individuelle Unterschiede im Laufe der Kreation und Nutzung der Opportunity entstehen können und allenfalls ex post auftreten (vgl. *Alvarez/Barney* 2007). In diesem Denkrahmen treffen Entrepreneure ihre Entscheidungen unter Unsicherheit, da sie nicht über alle Informationen verfügen (vgl. *Alvarez/Barney* 2007).

Bezogen auf die Etablierung neuer Mittel-Zweck-Verbindungen ist aus Perspektive der Opportunity Creation zu Prozessbeginn weder das konkrete Mittel noch der spezifische Zweck bekannt (vgl. *Sarasvathy et al.* 2003). In diesem Rahmen nutzen vor allem erfolgreiche Mehrfachgründer das **Effectuation Prinzip** für ihre mittelbezogenen Entscheidungen. Die Unterschiede zu dem bisher angenommenen Causation Ansatz erweisen sich besonders unter Unsicherheit als vorteilhaft. Grundsätzlich wird im kausalen Prozess die hervorgerufene Wirkung einer Entscheidung als gegeben angesehen. Dies schlussfolgert die Fokussierung auf Mittel mit denen eine angestrebte Wirkung zu erreichen ist (vgl. *Sarasvathy* 2001). Beispielhaft kann dies an einem bevorstehenden Kochabend verdeutlicht werden. Der Koch wählt sein Menü und erstellt eine Liste an Zutaten, die im Vorfeld eingekauft werden müssen. Es gibt bei diesem Vorgehen jedoch keine Garantie, dass alle benötigten Zutaten rechtzeitig zur Verfügung stehen. Im Kontext von Effectuation wird nicht die Wirkung als gegeben angesehen, sondern die zur Verfügung stehenden Mittel. Der Fokus liegt auf den Wirkungen, die mit den zur Verfügung stehenden Mitteln erreicht werden können. In der beispielhaften Darstellung anhand des Kochabends würde der Koch nach diesem Ansatz zuerst die Zutaten überprüfen, die ihm im Haushalt zur Verfügung stehen. Auf der Basis der vorhandenen Mittel trifft er dann seine Entscheidung für ein Menü (vgl. *Sarasvathy* 2001). Entscheidungen nach gegebenen Mitteln sind generell häufiger im Kontext des menschlichen Handelns anzutreffen, da sie ein Ausschöpfen der Möglichkeiten in unerwarteten Situationen ermöglichen. Da Entrepreneurship auf die Etablierung neuer Mittel-Zweck-Verbindungen im Kontext einer dynamischen und nichtlinearen Umwelt zielt, ist es unter den vorgestellten Aspekten vorteilhaft, sich auf die kontrollierbaren Aspekte einer unvorhersehbaren Zukunft zu fokussieren. Entrepreneure starten hierbei mit einer grundlegenden Analyse ihrer vorhandenen Mittel anhand der drei Kategorien: Who I am, What I know, Whom I know (vgl. *Sarasvathy* 2001, S. 253).

Mit Blick auf die Quellen von Entrepreneurial Opportunities lässt sich die Creation-Sicht teilweise integrieren. So wird das Individuum durch sein Handeln zur Quelle unternehmerischer Gelegenheiten, indem es beispielweise technologische Entwicklungen vorantreibt oder soziale Denkrahmen verändert (z. B. Social Entrepreneurship). Diese Veränderungen wiederum gestatten es ihm, neue Mittel-Zweck-Beziehungen im Markt einzuführen. In dieser Perspektive wird also das Individuum zum Agenten der Veränderung und Schöpfer der Opportunity (vgl. auch *Fiet* 2007, S. 601). Nichtsdestotrotz ist es auch in diesem Fall notwendig, dass sich das Individuum der Anwendungsmöglichkeiten seiner Entwicklung oder seines Handelns letztendlich bewusst wird, um die neue Mittel-Zweck-Verbindung wertschöpfend auszunutzen. Aus dieser Perspektive ist es für beide Ansätze wertvoll, Möglichkeiten zu kennen, wie das Erkennen unternehmerischer Gelegenheiten gefördert werden kann. Daher werden im Folgenden verschiedene Einflussfaktoren auf die Entdeckung unternehmerischer Gelegenheiten vorgestellt. An dieser Stelle soll noch einmal angemerkt werden, dass die überwiegende Zahl der Einflussfaktoren vor allem mit Blick auf den Discovery Ansatz bisher in der Literatur beschrieben wurden.

3 Förderung der Opportunity Recognition

Nach der vorgestellten Definition einer Entrepreneurial Opportunity und deren Quellen stellt sich die Frage, ob neue Mittel-Zweck-Beziehungen gezielt identifiziert werden können. Hierbei gerät vor allem der Ansatz der absichtsvollen, systematischen Suche in den Fokus (vgl. *Fiet* 2007).

Systematische Informationssuche

Einen Ansatz zur effizienten Identifikation unternehmerischer Gelegenheiten, bietet die systematische Suche nach für Geschäftsgelegenheiten potenziell nutzbringenden Informationen (vgl. *Fiet* 2007). Mit diesem Ansatz soll es angehenden Unternehmensgründern ermöglicht werden, ihren Erfolg bei der Suche und Entdeckung unternehmerischer Chancen zu erhöhen und ihre Suchkosten zu verringern. Basis der Überlegungen sind Beobachtungen bei erfolgreichen Mehrfachgründern. So suchen diese Entrepreneure meist weitläufig ihr Umfeld nach Informationen ab und verengen nach und nach ihr Suchfeld auf für sie interessante Sektoren. Im Resultat zeigt sich bei diesen Unternehmern ein „Fit" zwischen dem spezifischen Wissen und der Fähigkeiten der Gründer und der jeweiligen günstigen Situation. Daher kann es für angehende Entrepreneure vielversprechend sein, sich in einem ersten Schritt *ihres spezifischen Wissens und ihrer Erfahrungen* sowie ihrer besonderen *Fähigkeiten* bewusst zu werden. Dieses Vorwissen kann beispielsweise auf bisherige Beschäftigungsverhältnisse, Hobbies oder auch ehrenamtliche Tätigkeiten zurückgehen (vgl. *Fiet* 2007, S. 596 ff.).

Im Anschluss an die Identifikation der eigenen spezifischen Wissensressourcen wird vorgeschlagen, geeignete Kanäle zur Gewinnung neuer und für Geschäftsgelegenheiten relevanter Informationen auszuwählen. Diese sollten die Möglichkeit bieten, mit geringem Aufwand neue, spezifische Informationen zu erhalten, welche die eigenen Annahmen über bisher bestehende Mittel-Zweck-Beziehungen ändern können (s. auch *Gaglio/Katz* 2001). Hierbei tritt also die systematische Suche in bekannten Informationskanälen in den Vordergrund. Diese Informationskanäle können vielfältig sein. So erstrecken sich die Möglichkeiten von Freundschaften oder dem Tennispartner, über spezifische Veranstaltungen von Fachverbänden oder Vereinen, spezifischen Newslettern, Fachmagazinen bis hin zu Messen und Patentveröffentlichungen (vgl. *Fiet* 2007, S. 599; *Ucbasaran et al.* 2009, S. 107).

Zur Maximierung des Sucherfolgs schlägt *Fiet* (2007, S. 599) zudem die Bündelung von mehreren Informationskanälen zu sogenannten „*Consideration Sets*" vor. Sie stellen eine vielversprechende Gruppe von Informationskanälen dar, in denen der Entrepreneur auf Basis seiner bisherigen Erfahrungen und seines spezifischen Wissens nach relevanten Informationen für potenzielle unternehmerische Gelegenheiten suchen kann. In Anlehnung an *Schumpeter* (1934), *Kirzner* (1979) und *Drucker* (1985) kann hierbei auf veränderte Markt- und Umweltbedingungen, neue Informationen über bestehende Mittel-Zweck-Verbindungen und bestehende Fehlannahmen (Inkongruenzen) von Brancheninsidern geachtet werden.

Die eigene Wissensbasis stärken

Die große Bedeutung des eigenen Vorwissens wurde von zahlreichen wissenschaftlichen Untersuchungen aufgezeigt (vgl. *Shane* 2000; *Wood et al.* 2014). Die Orientierung auf die eigenen besonderen Fähigkeiten, Erfahrungen und das spezifische Wissen kann vor allem helfen, Informationsvorsprünge zu generieren oder Umweltveränderungen, Ineffizienzen und Widersprüche eher wahrzunehmen (vgl. auch *Gaglio/Katz* 2001). Wichtig ist, dass es sich um individuelles spezifisches Wissen handelt, das nicht der Allgemeinheit zur Verfügung steht. Ansonsten besteht die Gefahr, dass sich nur ungenügend Wettbewerbsvorteile generieren lassen und sich die Geschäftsmöglichkeit nicht profitabel umsetzen lässt (vgl. *Fiet* 2007, S. 597).

Verschiedene Forschungsarbeiten haben sich damit auseinandergesetzt, welche **Wissensarten** sich positiv auf die Identifikation unternehmerischer Gelegenheiten auswirken. Hierbei werden vor allem die folgenden Arten genannt:

- spezielles Expertenwissen,
- Wissen bzw. Kenntnisse über Abläufe innerhalb von Branchen und Industrien,
- spezifisches Wissen über Märkte und Kundenprobleme und

- Wissen darüber, wie man einzelne Märkte bedienen kann (vgl. *Ardichvili et al.* 2003).

Shane (2000) verdeutlicht die Bedeutung von Vorwissen eindrucksvoll an der Kommerzialisierung einer am MIT entwickelten Technologie zum 3D-Druck. In seiner Studie untersucht er acht Unternehmen, die sich auf Grundlage dieser Technologie als Teil ihrer unternehmerischen Gelegenheit gegründet haben. Im Resultat konnte er zeigen, in welchen unterschiedlichen Bereichen dieses Mittel angewendet und welche verschiedenen Zielstellungen (Zwecke) damit verbunden wurden. Die Anwendungen reichen vom Bau einer Maschine zur kostengünstigen Erstellung von Prototypen für Industriedesigner und Architekten über die Herstellung von Pillen mit einer überlegenen Struktur bis hin zur Herstellung von Keramikgussformen (vgl. *Shane* 2000, S. 455).

Im Kontext etablierter Unternehmen und Corporate Entrepreneurship konnte zudem gezeigt werden, dass das Wissen über spezifische Kundenprobleme sowohl die Menge an identifizierten Geschäftsmöglichkeiten als auch die Innovativität der Geschäftsmöglichkeiten positiv beeinflusst (vgl. *Shepherd/DeTienne* 2005).

Untersuchungen geben auch Hinweise darauf, dass es vorteilhaft sein kann, die eigenen Branchenerfahrungen in anderen Branchen anzuwenden. So können Arbeitserfahrungen in anderen Branchen dazu führen, Inkongruenzen zu entdecken und mit neuen branchenfremden Mitteln wertschöpfend zu überwinden (vgl. *Cliff et al.* 2006).

Erschließung von Informationskanälen

Aufbauend auf der großen Bedeutung von Informationen für die Identifikation unternehmerischer Chancen finden sich auch wertvolle Hinweise in den Forschungsarbeiten zum Sozialkapital und Netzwerken. Entsprechende Arbeiten betrachten beispielsweise die Zugänge zu Informationen und fokussieren den Unternehmer eingebettet in einem komplexen sozialen System (vgl. *Frank/Mitterer* 2009, S. 386).

Es fanden sich deutliche Hinweise darauf, dass verschiedene **Informationsquellen** einen unterschiedlichen Einfluss auf die Identifikation von unternehmerischen Gelegenheiten ausüben können. So beeinflusst die soziale Verankerung von Personen in deren sozialem Netzwerk den Zugang zu Informationen und damit auch die potenziellen Möglichkeiten zur Identifikation von Opportunities (vgl. *Jack/Anderson* 2002). Hierbei erwiesen sich insbesondere *schwache Netzwerkverbindungen* („weak ties") als vorteilhaft. Schwache Netzwerkverbindungen sind eher lose Verbindungen zu anderen Personen, die häufiger über andere Erfahrungen und anderes spezifisches Wissen verfügen sowie andere Ansichten aufweisen. Damit bieten diese Verbindungen im Vergleich zu engen Verbindungen („strong ties"), wie es beispielsweise die Familie oder enge Freunde sind, Zugang zu deutlich anderen Informationen (vgl. *Ardichvili et al.* 2003, S. 115).

Dies unterstreichen auch die Ergebnisse von *Ozgen und Baron* (2007). Demnach identifizierten Studienteilnehmer eher unternehmerische Gelegenheiten, wenn sie Kontakt zu Mentoren hatten, über informelle Kontakte in der Industrie verfügten (z. B. Kunden,

Zulieferer, Investoren) oder an professionellen Veranstaltungen zum Wissensaustausch teilnahmen (z. B. Workshops, Seminare, Konferenzen).

Steigerung der unternehmerischen Wachsamkeit und kontrafaktisches Denken

Im Einklang mit den Ergebnissen *Kirzners* (1979) und dem vorgestellten Discovery Ansatz betrachten einige Forscher das Konzept der unternehmerischen Wachsamkeit. Ausgangspunkt ist die Annahme, dass unternehmerisch wachsame Individuen im Vergleich zu nicht-wachsamen Individuen eher Marktungleichgewichte und Umweltveränderungen erkennen. Des Weiteren nehmen wachsame Personen im Vergleich zu anderen Marktakteuren Informationen nicht als gegeben hin, sondern suchen aktiv nach Widersprüchen oder Veränderungen. Als Resultat dieser Eigenschaft sind diese Personen regelmäßig in der Lage, Hinweise in ihrer Umwelt wahrzunehmen, die bisherige Annahmen zu etablierten Mittel-Zweck-Beziehungen auf die Probe stellen bzw. umwerfen (vgl. *Gaglio/Katz* 2001). Als besonders hilfreich hat sich dabei ihre Denkart erwiesen. So stellen sie existierende Zusammenhänge vor allem durch kontrafaktisches Denken und mentale Simulationen in Frage. Mentale Simulationen bezeichnen hierbei imitative kognitive Vorstellungen einzelner oder mehrerer Ereignisse, die auf aufeinander aufbauenden unabhängigen Handlungen bzw. Prozessen basieren (vgl. *Sanna* 2000; *Taylor et al.* 1998; *Taylor/Schneider* 1989). Dabei überlegen Personen, was in einer bestimmten Situation passiert ist, passiert wäre oder passieren wird (vgl. *Gaglio* 2004). Kontrafaktisches Denken hingegen bezieht sich auf Denkweisen, die existierenden Fakten und Vorstellungen entgegen laufen (vgl. *Roese* 1997; *Seelau et al.* 1995).

Weiterführende Untersuchungen legen nahe, dass es verschiedene Arten des kontrafaktischen Denkens gibt. Nicht-wachsame Individuen sollen eher unbewusst kontrafaktisch denken. Dabei handelt es sich um eine spontane und automatisch ablaufende Reaktion auf unerwartete Umweltreize, die dazu führt, dass die entsprechenden Reize im Laufe des Wahrnehmungsprozesses vermindert, ignoriert oder umgedeutet werden. Daher stellen diese Personen die bisherigen Annahmen über Mittel-Zweck-Beziehungen seltener in Frage (vgl. *Gaglio* 2004, S. 540).

Demgegenüber verfolgen wachsame Individuen das „*Elaborative Counterfactual Thinking*". Hierbei handelt es sich um einen absichtsvollen, reflektierten und bewussten Prozess. Dadurch wird das unerwartete Ereignis nicht ignoriert oder abgeschwächt, sondern intensiv durchdacht. Zusätzlich werden im Rahmen mentaler Simulationen alternative Handlungen, Prozesse und Ergebnisse durchgespielt und bewertet. So können neue aufkommende Muster abgeleitet und erkannt werden (vgl. *Gaglio* 2004, S. 540 ff.). Hierbei kann zwischen vorwärts- und die rückwärtsgerichteter Analyse unterschieden werden. Bei letzterer stellen sich Personen wünschenswerte Endzustände oder Ereignisse vor und überlegen, welche Handlungen oder Ereignisse dazu führen könnten. Vorwärtsgerichtet hingegen bedeutet, dass ein bestimmter Ausgangspunkt angenommen wird und darauf aufbauend weitere kausale Schritte vorgestellt werden.

Darüber hinaus finden sich Hinweise für potenzielle Einflussfaktoren auf diese mentalen Umbildungsprozesse, die die Identifikation unternehmerischer Gelegenheiten begünstigen. So werden Mittel-Zweck-Beziehungen eher geändert, wenn wahrgenommene Informationen auf eine Kontrollierbarkeit der Handlung hinweisen (vgl. *Gaglio* 2004). Ebenso spielen beim kontrafaktischen Denken, der Umbildung bestehender kognitiver Strukturen und der Bewertung der mentalen Simulationen, die individuelle Erwünschtheit und wahrgenommene Kontrollierbarkeit einzelner vorgestellter Zustände eine Rolle. So werden Kausalketten und mentale Simulationen eher akzeptiert, wenn diese zu eigenen Zielen und Wünschen passen und als kontrollierbar wahrgenommen werden (vgl. *Gaglio* 2004). Aus diesem Grund erscheint es auch noch einmal vielversprechend, wenn sich angehende Entrepreneure ihrer individuellen Erfahrungen und ihrer Fähigkeiten sowie Werte und Ziele bewusst werden (vgl. auch *Ardichvili et al.* 2003, *Shane* 2000).

Suche nach kontrollierbaren Situationen

Anknüpfend an die soeben vorgestellten Ergebnisse finden sich in der Literatur weitere Untersuchungen, welche die Bedeutung der Wahrnehmung der eigenen Fähigkeiten und Problemlösungskompetenzen hervorheben. So steht das Konzept der Selbstwirksamkeit in starkem Zusammenhang mit der Identifikation von Geschäftsmöglichkeiten. Selbstwirksamkeit bezeichnet dabei die individuell wahrgenommene Fähigkeit, ein spezifisches Verhalten ausführen bzw. kontrollieren zu können. Hintergrund der Überlegungen ist die Beobachtung, dass Individuen dazu neigen, in Abhängigkeit ihrer Kontrollüberzeugungen Situationen als Chancen oder Risiken einzuordnen. Dabei sind vor allem situationsspezifische Hinweisreize wichtig, die in Abhängigkeit der wahrgenommenen Selbstwirksamkeit unterschiedlich interpretiert werden. Im Fall einer hohen Selbstwirksamkeit werden die Hinweisreize eher mit Chancen und im Fall einer geringen Selbstwirksamkeit mit Bedrohungen in Verbindung gebracht (vgl. *Krueger/Dickson* 1994). Bezogen auf unternehmerische Gelegenheiten bestätigen einschlägige Studien diese Beobachtungen. Demnach haben Personen mit einer höheren Selbstwirksamkeit eine gesteigerte Wahrscheinlichkeit, unternehmerische Gelegenheiten zu erkennen, als Personen mit einer geringeren Selbstwirksamkeit (vgl. *Mitchell/Shepherd* 2010; *Ozgen/Baron* 2007; *Ucbasaran et al.* 2009).

4 Handlungsfelder für das Gründungsmarketing

Ausgehend von der aktuellen Definition der American Marketing Association beschreibt der Begriff Marketing alle Aktivitäten, Institutionen und Prozesse „for creating, communicating, delivering, and exchanging offerings that have value for customers, clients, partners, and society at large“ (*American Marketing Association* 2013). Bei Marketing sollte also nicht nur von einem reinen Angebotsprozess („delivering“) ausgegangen werden. Vielmehr wird der Austauschprozess zwischen dem Unternehmen und seinen Anspruchsgruppen als zentraler Bestandteil zur Werterstellung angesehen.

Vor diesem Hintergrund kommt dem Gründungsmarketing auch eine zentrale Rolle bei der Etablierung eines neuen Unternehmens zu. Der Begriff umschreibt nicht nur die Möglichkeiten, wie Produkte oder Dienstleistungen dem Kunden zur Verfügung gestellt werden können. Vielmehr kann Gründungsmarketing in der Rolle gesehen werden, mit den beteiligten Anspruchsgruppen, insbesondere den potenziellen Kunden, einen produktiven Austauschprozess zu initiieren und aufrecht zu erhalten. Dieses Verständnis ist besonders im Rahmen der Opportunity Recognition wertvoll, da hier eine Markt- und Kundenorientierung deutliche Vorteile bei der Identifikation und Entwicklung von Geschäftsmöglichkeiten verspricht. Demnach kommt dem Gründungsmarketing eine zentrale Rolle bei der Identifikation neuer Mittel-Zweck-Verbindungen zu und kann sowohl als Moderator als auch Mediator zwischen den Ressourcen des Gründerteams und existierenden Kundenbedürfnissen angesehen werden.

Aufbauend auf dem Begriffsverständnis der Entrepreneurial Opportunity lassen sich je nach Kenntnisstand über neue Mittel-Zweck-Verbindung verschiedene Ausgangspunkte für das Gründungsmarketing unterscheiden. Einerseits können spezifische Zwecke, also zu lösende Kundenprobleme bekannt oder unbekannt sein. Andererseits können die Mittel zur Erstellung eines potenziellen Wertes vorhanden oder nicht vorhanden sein (vgl. *Ardichvili et al.* 2003, S. 116 f.). Tabelle 4.1 verdeutlicht diese Überlegungen noch einmal grafisch.

		Zweck: Marktbedürfnisse sind...	
		Bekannt	Unbekannt
Mittel: Ressourcen zur Werterstellung sind ...	Vorhanden	I	II
	Nicht vorhanden	III	IV

Tab. 4.1: Potenzielle Ausgangspunkte für unternehmerische Gelegenheiten
Quelle: In Anlehnung an *Ardichivili et al.* 2003, S. 117

Diese Unterscheidung knüpft auch an die Überlegungen von *Gruber* (2004) an, der zwischen marktbasierter und ressourcenbasierter Identifikation von Geschäftsgelegenheiten unterscheidet. Hierbei können unter marktbasierten unternehmerischen Gelegenheiten Situationen verstanden werden, in denen Kundenbedürfnisse oder Kundenprobleme bekannt sind, die derzeit noch nicht oder nur unzureichend gestillt bzw. gelöst sind. Im Gegensatz dazu kann unter ressourcenbasierten Gelegenheiten die Situation verstanden werden, in der es möglich ist, mit einem bestehenden Mittel ein Kundenproblem besser als bisher üblich zu lösen.

Je nachdem, welcher Teil der Mittel-Zweck-Verbindung bereits bekannt oder noch unbekannt ist, können sich weitere unterschiedliche Aufgaben für das Gründungsmarketing im Prozess der Opportunity Recognition ergeben.

Im offensichtlichsten Fall (Kasten I) sind sowohl konkrete Bedürfnisse als auch Lösungsmöglichkeiten bekannt und die vorwiegende Aufgabe des Entrepreneurial Marketing ist es, die Mittel-Zweck-Verbindung optimal im Markt zu positionieren, zu kommunizieren und den potenziellen Kunden zugänglich zu machen. Entsprechende Marketingaktivitäten können zudem den potenziellen Mehrwert des neuen Mittels erheben und in die kundenorientierte Preisfindung ermöglichen. In diesem Fall sind kausale Beziehungen überwiegend bekannt. Durch die Nutzung der zur Verfügung stehenden Informationen lassen sich Markteintrittsrisiken abschätzen und minimieren. Strategische Ziele können definiert und mittels geeigneter Marketingmaßnahmen verfolgt werden (causation Ansatz; vgl. *Sarasvathy* 2001).

Im wirtschaftlichen Leben sind potenzielle Gründer allerdings auch häufig mit der Tatsache konfrontiert, dass sie über spezifische Ressourcen verfügen, allerdings noch keine konkreten Zwecke bekannt sind, wie diese wertstiftend genutzt werden können. Dies stellt beispielsweise beim Transfer von Technologien aus der Wissenschaft in wirtschaftliche Anwendungen eine bedeutende Herausforderung dar. In diesem Fall ist es die Aufgabe zukünftiger Unternehmer im Rahmen der Opportunity Recognition, potenzielle Anwendungsfälle zu identifizieren, bei denen die Ressourcen einen neuen oder überlegenen Wert für den Kunden schaffen (Kasten II). Erst anschließend wird es möglich, konkrete Produkte oder Dienstleistungen aus den zur Verfügung stehenden Ressourcen zu entwickeln. Eine frühe Marktorientierung und der Austausch mit Experten verschiedener Branchen kann in diesem Fall hilfreich sein, um bisher ungelöste oder nur unzureichend gelöste Kundenprobleme zu erkennen, die mit Hilfe der neuen Mittel adressiert werden können. Ebenso erscheint in diesem Kontext das Lead User Konzept als vielversprechend (vgl. *Gruber* 2004).

Sind im umgekehrten Fall konkrete Marktbedürfnisse bekannt, müssen potenzielle Mittel identifiziert werden, die einen potenziellen Wert für eine spezifische Kundengruppe herstellen (Kasten III). Große Bedeutung hat in diesem Fall die Erhebung wesentlicher Informationen zu den Kundenbedürfnissen und die Entwicklung eines geeigneten Wertangebotes, das die bestehenden Kundenprobleme mindert bzw. einen signifikanten Mehrwert im Vergleich zu bestehenden Lösungsangeboten darstellt. An dieser Stelle ist es zum Beispiel Aufgabe der Marktforschung, Informationen zur kundengerechten Entwicklung des Produktes oder der Dienstleistung zu erheben, aufzubereiten und zur Verfügung zu stellen. Zudem können Prototypen und Entwicklungsstände im Markt getestet werden, um unbefriedigende Problemlösungen zu eliminieren. Ebenso kann eine geeignete Kommunikationspolitik einen wertvollen Beitrag leisten, um neue und verbesserte Wirkungsweisen erkennbar zu machen. Im Rahmen von „make or buy"-Entscheidungen ist es zudem ratsam, die Möglichkeiten strategischer Allianzen zu prüfen. Diese können beitragen, den typischen Problemen junger Unternehmen mit Ressourcenknappheit, geringer Marktbekanntheit sowie fehlender Reputation entgegen zu wirken (vgl. *Gruber* 2004, S. 185 f.).

Sowohl im Fall II als auch im Fall III kann das Marketing durch den intensiven Austausch mit potenziellen Kundengruppen oder Branchenexperten (z. B. Verbände, Risikokapitalgeber) unterstützen, Annahmen über mögliche Produkte oder Dienstleistungen (Mittel) und deren Problemlösungsfähigkeit (Zweck) marktorientiert aufzustellen und zu testen.

Die größte Herausforderung stellt Kasten IV dar, der von *Ardichivili et al.* (2003) als „Dreams" bezeichnet wird, da sowohl das konkrete Probleme als auch die benötigten Ressourcen noch nicht klar definierbar sind (Kasten IV). Als Beispiele führen die Autoren hier Künstler, Designer oder Erfinder an, die ihr Wissen oder ihre Technologien über bestehende Grenzen hinweg entwickeln wollen.

Unabhängig von den zuvor aufgezeigten Einsatzmöglichkeiten des Gründungsmarketing ist auch das im Opportunity Creation Ansatz vorgestellte Verständnis der Effectuation Logik für die unterschiedlichen Ausgangspunkte für unternehmerische Gelegenheiten wertvoll (vor allem Kästen II – IV). So kann der zukünftige Unternehmer durch einen iterativen Prozess aus Aktion und Reaktion erkennen, welche Kundenprobleme mit vorhandenen Ressourcen angesprochen werden oder welche vorhandenen Mittel auf Kundeninteresse stoßen. Durch solch einen offenen Prozess kann es auch möglich sein, neue, bisher unbeachtete Geschäftsmöglichkeiten zu erschließen.

Untersuchungen zu erfolgreichen Unternehmensgründungen, die schnell global agieren („*born globals*"), unterstreichen die Stärke von Kenntnissen über Kunden- und Marktbedürfnisse als besonderen Erfolgsfaktor (vgl. *Mort et. al* 2012). Die untersuchten Unternehmen nutzen ihr Wissen über spezifische Branchen und über ihre eigenen Stärken, um Produkte und Dienstleistungen zu entwickeln, welche die vorherrschenden Regeln innerhalb der jeweiligen Branche nachhaltig ändern („*game changer*"). Zudem experimentieren die Unternehmen im Markt mit den ihnen zur Verfügung stehenden Mitteln und testen ihre Annahmen regelmäßig. Dieses Vorgehen entspricht der bereits vorgestellten Effectuation Logik und ist vor allem bei der Entwicklung neuer Märkte und Produkte hilfreich (vgl. *Mort et al.* 2012, S. 556). Indem sie ihre Erfahrungen und ihr Wissen durch schnelles Marktlernen ständig erweitern, schaffen sich diese Unternehmen ihre eigenen unternehmerischen Gelegenheiten. Durch diese enorme Kundennähe („customer intimacy") verfolgen diese „born globals" eine Innovationslogik, die nicht die technische Neuerung bzw. das technisch Machbare in den Mittelpunkt des Innovationsprozesses stellt, sondern den unmittelbaren Kundennutzen. Kunden und ihre Rückmeldungen werden in mehreren iterativen Schritten genutzt, um Innovationen zu entwickeln (vgl. *Mort et. al* 2012). Dabei soll noch einmal betont werden, dass ein Vorgehen nach der Effectuation-Logik nicht ungeplant ist. Die Unternehmer folgen bei ihren Aktivitäten allerdings eher einer breiteren Vision, als dass sie sich in ihren Handlungen von einer geplanten Strategie leiten lassen (vgl. *Sarasvathy* 2001, *Mort et al.* 2012, S. 556).

5 Zusammenfassung und Fazit

Mit Blick auf die Quellen unternehmerischer Gelegenheiten kann angehenden Unternehmensgründern geraten werden, bewusst nach Umweltveränderungen zu suchen. In Kombination mit weiterführenden mentalen Simulationen oder kontrafaktischem Denken können diese Informationen genutzt werden, um neue unternehmerische Gelegenheiten zu identifizieren. Zukünftige Entrepreneure sollten sich also fragen, zu welchen Umständen aktuelle oder zukünftige Veränderungen führen können und ob sich daraus potenzielle unternehmerische Gelegenheiten ableiten lassen. Zudem sollten sie sich fragen, ob Mittel-Zweck-Verbindungen auch zukünftig Bestand haben oder neue bestehende Verbindungen aufgebrochen werden können.

Technologische Veränderungen stellen in diesem Zusammenhang nur einen kleinen Ausschnitt der für unternehmerische Gelegenheiten ausschlaggebenden Veränderungen dar. Ebenso sollten regulative, politische, soziale und demografische Veränderungen in die Analyse einbezogen werden. Zudem können sich diese Veränderungen sowohl auf den Pool möglicher Problemlösungskompetenzen (Mittel) als auch auf die zu lösenden Kundenprobleme (Zweck) auswirken. Es wurde auch mehrfach deutlich, dass Informationskanäle zum Kunden als zweiseitig verstanden und der Austausch mit dem Kunden über dessen Bedürfnisse und Probleme gefördert werden sollte. Informationen zu veränderten Kundenbedürfnissen oder bisher nur unzureichend gelösten Problemen stellen sowohl bei der Gründung des Unternehmens als auch bei dessen Entwicklung langfristig wertvolle Quellen neuer unternehmerischer Gelegenheiten dar (vgl. *Hill et al.* 2008, S. 107 f.).

In diesem Beitrag wurden auch verschiedene Möglichkeiten aufgezeigt, wie die Identifikation unternehmerischer Gelegenheiten gefördert werden kann. Entrepreneure sollten sich ihrer eigenen Erfahrungen, Vorlieben, Werte und Fähigkeiten bewusst werden. Diese bilden einerseits die Grundlage für eine systematische Suche nach unternehmerischen Gelegenheiten. Andererseits bilden die eigenen Fähigkeiten und zur Verfügung stehenden Ressourcen die Ausgangsbasis für die Kreation von unternehmerischen Gelegenheiten mit Hilfe des Effectuation Ansatzes. Der Suchprozess kann zudem durch die Auswahl geeignete Informationskanäle unterstützt werden, welche regelmäßig auf neue Informationen hin abgesucht werden. Informationskanäle sind hierbei vielschichtig und reichen von Tagungen, Messen über Fachpublikationen oder Patentveröffentlichungen bis hin zu sozialen Kontakten. Bei letzteren sollte vor allem auch auf schwache Netzwerkverbindungen, also eher lose Verbindungen zu anderen Personen, geachtet werden. Hierbei ist vorteilhaft, dass diese mit einer höheren Wahrscheinlichkeit Zugang zu anderen Erfahrungen, Wissen und Ansichten bieten. Letztendlich sollte das Gründungsmarketing im Kontext unternehmerischer Gelegenheiten als Austauschprozess zwischen Kunden, Gründungsteam und Stakeholdern verstanden werden, um die Identifikation unternehmerischer Gelegenheiten zu fördern und nachhaltig im Gründungsunternehmen zu verankern.

Literaturverzeichnis

Alvarez, S.A., Barney, J.B.: Discovery and creation – alternative theories of entrepreneurial action. Organizações em contexto 3(6), 123–152 (2007)

American Marketing Association (AMA): Definition of Marketing. http://www.marketingpower.com/AboutAMA/Pages/DefinitionofMarketing.aspx (2013). Zugegriffen: März 2014

Ardichvili, A., Cardozo, R., Ray, S.: A theory of entrepreneurial opportunity identification and development. Journal of Business Venturing 18(1), 105–123 (2003)

Busenitz, L.W.: Research on Entrepreneurial Alertness. Journal of Small Business Management 34(4), 35–44 (1996)

Bygrave, W.D., Hofer, C.W.: Theorizing about Entrepreneurship. Entrepreneurship – Theory & Practice 16(2), 13–22 (1991)

Casson, M.: The entrepreneur – An economic theory. Barnes & Noble Books, Totowa (1982)

Drucker, P.F.: Innovation and Entrepreneurship. Harper & Row, New York (1985)

Dutta, D.K., Crossan, M.M.: The Nature of Entrepreneurial Opportunities – Understanding the Process Using the 4I Organizational Learning Framework. Entrepreneurship: Theory & Practice 29(4), 425–449 (2005)

Eckhardt, J.T.; Shane, S.A.: Opportunities and entrepreneurship. Journal of Management 29(3), 333–349 (2003)

Endres, A.M.; Woods, C.R.: The case for more "subjectivist" research on how entrepreneurs create opportunities. International Journal of Entrepreneurial Behavior and Research 13(4), 222–234 (2007)

Fiet, J.O.: A Prescriptive Analysis of Search and Discovery. Journal of Management Studies 44(4), 592–611 (2007)

Frank, H., Mitterer, G.: Opportunity Recognition – State of the Art und Forschungsperspektiven. Zeitschrift Für Betriebswirtschaft 79(3), 367–406 (2009)

Gaglio, C.M.: The Role of Mental Simulations and Counterfactual Thinking in the Opportunity Identification Process. Entrepreneurship – Theory & Practice 28(6), 533–552 (2004)

Gaglio, C.M., Katz, J.A.: The Psychological Basis of Opportunity Identification: Entrepreneurial Alertness. Small Business Economics 16(2), 95 (2001)

Gruber, M.: Marketing in new Ventures: Theory and empirical Evidence. Schmalenbach Business Review (sbr) 56(2), 164–199 (2004)

Geißler, M.: Determinanten des Vorgründungsprozesses – Einfluss unternehmerischer Chancen und des Gründungsklimas im Hochschulumfeld. Springer, Wiesbaden (2013)

Gonzalez-Alvarez, N., Solis-Rodriguez, V.: Discovery of entrepreneurial opportunities: A gender perspective. Industrial Management and Data Systems 111(5), 755–775 (2011)

Hansen, D.J., Shrader, R., Monllor, J.: Defragmenting Definitions of Entrepreneurial Opportunity. Journal of Small Business Management 49(2), 283–304 (2011b)

Hills, G., Hultman, C., Miles, M.: The Evolution and Development of Entrepreneurial Marketing. Journal of Small Business Management 46(1), 99–112 (2008)

Jack, S.L., Anderson, A.R.: The effects of embeddedness on the entrepreneurial process. Journal of Business Venturing 17(5), 467–487 (2002)

Kirzner, I.M.: Entrepreneurial Discovery and the Competitive Market Process – An Austrian Approach. Journal of Economic Literature 35(1), 60–85 (1997)

Krueger, N.F., Dickson, P.R.: How Believing in Ourselves Increases Risk Taking – Perceived Self-Efficacy and Opportunity Recognition. Decision Sciences 25(3), 385–400 (1994)

Mitchell, J.R., Shepherd, D.A.: To thine own self be true – Images of self, images of opportunity, and entrepreneurial action. Journal of Business Venturing 25(1), 138–154 (2010)

Mort, G.S., Weerawardena, J., Liesch, P.: Advancing entrepreneurial marketing – Evidence from born global firms. European Journal of Marketing 46(3/4), 542–561 (2012)

Ozgen, E., Baron, R.A.: Social sources of information in opportunity recognition – Effects of mentors, industry networks, and professional forums. Journal of Business Venturing 22(2), 174–192 (2007)

Ramos-Rodríguez, A.-R, Medina-Garrido, J.-A, Lorenzo-Gómez, J.-D, Ruiz-Navarro, J.: What you know or who you know? The role of intellectual and social capital in opportunity recognition. International Small Business Journal 28(6), 566–582 (2010)

Roese, N.J.: Counterfactual thinking. Psychological Bulletin 121(1), 133–148 (1997)

Sanna, L.J.: Mental simulation, affect and personality – A conceptual framework. Current Directions in Psychological Science 9(5), 168–173 (2000)

Sarasvathy, S.D.: Causation And Effectuation: Toward A Theoretical Shift From Economic Inevitability To Entrepreneurial Contingency. Academy of Management Review 26(2), 243–263 (2001)

Sarasvathy, S.D., Dew, N., Velamuri, S.R., Venkataraman, S.: Three Views of Entrepreneurial Opportunity. In: Acs, Z.J., Audretsch, D.B. (Hrsg.) Handbook of Entrepreneurship Research. An Interdisciplinary Survey and Introduction, 141–160. Springer, Boston (2003)

Schumpeter, J.: Theorie der wirtschaftlichen Entwicklung. Eine Untersuchung über Unternehmergewinn, Kapital, Kredit, Zins und den Konjunkturzyklus. 9 Aufl., Duncker & Humblot, Berlin (1997)

Seelau, E.P., Seelaum, S.M., Wells, G.L., Windschitl, P.D.: Counterfactual constraints. In: N.J. Roese, Olson, J.M. (Hrsg.) What might have been: The social psychology of counterfactual thinking, 57–79. Erlbaum Associates, Mahwah (1995)

Shepherd, D.A., DeTienne, D.R.: Prior Knowledge, Potential Financial Reward, and Opportunity Identification. Entrepreneurship – Theory & Practice 29(1), 91–112 (2005)

Shane, S.: Prior Knowledge and the Discovery of Entrepreneurial Opportunities. Organizational Science 11(4), 448–469 (2000)

Shane, S., Venkataraman, S.: The promise of entrepreneurship as a field of research. Academy of Management Review 25(1), 217–226 (2000)

Taylor, S.E., Pham, L.B., Rivkin, I.D., Armor, D.A.: Harnessing the imagination – Mental simulation, self-regulation and coping. American Psychologist 53(4), 429–439 (1998)

Taylor, S.E., Schneider, S.R.: Coping and the simulation of events. Social Cognition 7(2), 174–194 (1989)

Ucbasaran, D., Westhead, P., Wright, M.: The extent and nature of opportunity identification by experienced entrepreneurs. Journal of Business Venturing 24(2), 99–115 (2009)

Wood, M.S., Mckelvie, A., Haynie, J.M.: Making it personal – Opportunity individuation and the shaping of opportunity beliefs. Journal of Business Venturing 29(2), 252–272 (2014)

Martin G. Möhrle

Ideenexploration und -bewertung im Rahmen der Gründungsplanung

Möhrle, Martin G., Prof. Dr. habil.
Leiter des Lehrstuhls für
Innovation und Kompetenztransfer
Universität Bremen
E-Mail: moehrle@uni-bremen.de.

1 Einführung: Der Nutzen der Ideenexploration und -bewertung

Eine wesentliche Aufgabe im Rahmen eines Gründungsprozesses besteht in der Exploration und Bewertung möglicher Gründungsideen (vgl. u. a. *Klandt* 1999, S. 61-83; *Schefczyk/Pankotsch* 2003, S. 30-31; *Schiller* 2002, S. 151-154; *Kußmaul* 1999, S. 394-395 sowie mit besonderer Betonung der Keimphase von Gründungen *Freiling* 2006, S. 162-166). Der Umgang mit Gründungsideen kann Überraschungen bergen: Manchmal verliert eine anfangs interessant erscheinende Idee bei näherer Betrachtung ihre Attraktivität. Hingegen kann manch eine scheinbar wenig Neuartiges versprechende Idee im Rahmen der Exploration an Attraktivität gewinnen und zu einer erfolgreichen Gründung führen.

Für die Exploration und Bewertung möglicher Gründungsideen existieren zahlreiche Instrumente, neben vielen Kreativitätstechniken (vgl. u. v. a. *Knieß* 2006) zur Ausarbeitung einzelner Ideen kann letztlich der Business-Plan als Ganzes als Instrument der Ideenexploration angesehen werden. Allerdings gibt es auch Instrumente, die noch nicht im Kontext der Exploration und Bewertung von Gründungsideen betrachtet wurden. Zu diesen Instrumenten zählt auch die Funktionsanalyse, die im Folgenden im Mittelpunkt der Betrachtung steht.

- Die Funktionsanalyse als Instrument zur Exploration einer Gründungsidee basiert auf der Zerlegung eines technischen oder geschäftsmodellartigen Systems in die zugrunde liegenden Funktionen (im Sinne von zu erbringenden Aufgaben). Die systematische Zerlegung verdeutlicht zum einen die gewünschten, nützlichen Funktionen, sie zeigt zum anderen gleichzeitig auch die in Kauf zu nehmenden unerwünschten, schädlichen Funktionen auf, was durch eine netzwerkartige Darstellung noch unterstützt wird.
- Ein Beispiel aus der Computertechnik zeigt die Anwendung der Funktionsanalyse am praktischen Fall, nämlich an dem einer auf eine Steigerung des Geltungsnutzens ausgerichteten Notebook-Maus. Durch die an diesem Beispiel gezeigte automatisierte Nachbereitung von Funktionsgraphen, wie sie beispielsweise mit einem einfachen Software-Produkt möglich ist, lassen sich weitergehende Ideen ableiten, die zur Veränderung der Ausgangsidee führen sollten.
- In der abschließenden Zusammenfassung wird schließlich noch einmal die Stellung der Ideenexploration und -bewertung im Gründungsprozess herausgearbeitet.

Generell sei diesem Beitrag ein Gedanke aus dem Innovationsmanagement vorangestellt. In einer umfangreichen Studie untersuchten *Cooper und Kleinschmidt* (1987), welche Aktivitäten einen Unterschied zwischen erfolgreichen und erfolglosen Innovationsprojekten bilden. Aus den Ergebnissen ließ sich eine große Bedeutung der frühen Analyse von Innovationsideen ableiten. Hierbei erwiesen sich sowohl technische als auch marktorientierte Voranalysen der Innovationsidee als erfolgskritisch in dem Sinne, dass ein signifikanter Unterschied zwischen der Ausführungsqualität bei erfolgreichen im Vergleich mit erfolglosen Innovationsprojekten auftrat. In Übertragung auf das Management der Unternehmensgründung lässt sich daraus zweierlei ableiten. Zum einen scheint die Voranalyse im Gründungsprozess ähnlich erfolgskritisch zu sein wie im Innovationsprozess eines etablierten Unternehmens. Zum anderen geht es in den Voranalysen im Innovationsprozess ebenso um Exploration wie im Gründungsprozess: Eine Idee wird vom Ausgangsstadium her betrachtet, verändert, gewandelt, bis ihre Erfolgschancen aus Sicht des Explorierenden maximal geworden sind.

2 Grundlagen der Funktionsanalyse zur Exploration von Gründungsideen

Die Funktionsanalyse wurde im Rahmen des Methodischen Erfindens (Russische Abkürzung: TRIZ, vgl. zu den Grundlagen *Altschuller* 1998; *Herb, Herb/Kohnhauser* 2000; *Mann* 2004; *Orloff* 2006 sowie *Moehrle* 2005b) entwickelt, um eine sorgfältige Analyse der Problemsituation und der darin verborgenen Herausforderungen (oder in der Sprache des Methodischen Erfindens: der Widersprüche) zu gewährleisten (vgl. *Zlotin et al.* 1996). Die Hauptidee der Funktionsanalyse liegt darin, mit einer mehr oder weniger vage formulierten Idee zu beginnen und die daraus entstehende Situation aus verschiedenen Blickwinkeln in einem vernetzten Diagramm zu modellieren. In dieses Diagramm geht zweierlei ein, zum einen nützliche und schädliche Funktionen, zum anderen Verbindungen zwischen diesen Funktionen. Zur Unterstützung der Funktionsanalyse existiert ein Software-Werkzeug namens 'Problem Formulator', das von der Firma *Ideation International* (2000) entwickelt wurde (vgl. auch *Möhrle/Pannenbäcker* 1998).

Im Folgenden werden zunächst (i) die Struktur eines funktionsanalytischen Diagramms, (ii) die daraus ableitbaren Ergebnisse sowie der (iii) Prozess einer Funktionsanalyse vorgestellt.

2.1 Struktur eines funktionsanalytischen Diagramms

Mit Hilfe eines strukturanalytischen Diagramms lässt sich eine Gründungsidee explorieren. Dazu wird mit einer verhältnismäßig vage formulierten Idee begonnen, die noch Gestaltungsspielraum für Variationen offen lässt. Der Fokus der Betrachtung liegt sodann auf den grundlegenden Funktionen, die im Rahmen der Idee erreicht werden sollen oder die – erwünschter- wie unerwünschter Weise – bei der Umsetzung der Idee entstehen (vgl. *Zlotin et al.* 1996).

Durch die Ideenexploration mit der Funktionsanalyse muss sich der Anwender zudem von seiner konkreten Repräsentation einer Idee lösen, und er wird durch die funktionale Abstraktion zu Veränderungen seiner Ausgangsidee angeregt. Ein Beispiel: Ein Gründungsinteressierter möge sich mit einer Idee über neuartige Kassensysteme für Warenmärkte selbstständig machen wollen. Bei einer Funktionsanalyse wird er Funktionen finden wie „Wartezeit des Kunden am Kassensystem reduzieren“, „Ware vollständig kontrollieren und erfassen“ oder auch „Diebstähle zulassen“ (was sich in kaum einem Warenhaus komplett vermeiden lässt).

Die Funktionen in einem System können direkt oder auch indirekt über andere Funktionen miteinander verbunden sein:

- Eine Funktion kann eine andere Funktion (ganz oder teilweise) bewirken, so bewirkt im genannten Beispiel die nützliche Funktion „Zeit der Bearbeitung durch Kassenmitarbeiter reduzieren“ teilweise die ebenfalls nützliche Funktion „Wartezeit des Kunden am Kassensystem reduzieren“.
- Eine Funktion kann eine andere Funktion aber auch behindern, so behindert im Beispiel die nützliche Funktion „Zeit der Bearbeitung durch Kassenmitarbeiter reduzieren“ die nützliche Funktion „Ware vollständig kontrollieren und erfassen“ und fördert damit indirekt die schädliche Funktion „Diebstähle zulassen“.

Funktionen und ihre Verbindungen werden in einem funktionsanalytischen Diagramm abgebildet (s. Abb. 2.1). Die Funktionen werden in den Knoten dargestellt und nach nützlich im Sinne von gewünscht sowie schädlich im Sinne von unerwünscht unterschieden. Ebenso gibt es gerichtete Kanten, zum einen zur Darstellung einer bewirkenden (d. h. unterstützenden) Verbindung zwischen zwei Funktionen, zum anderen zur Darstellung einer behindernden Verbindung zwischen zwei Funktionen.

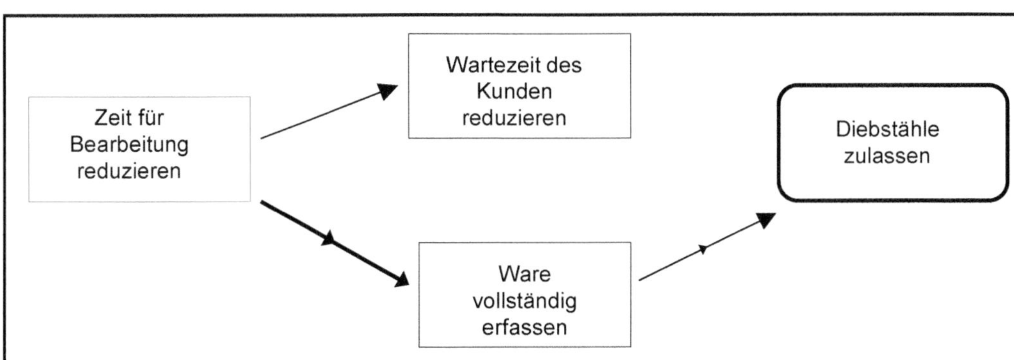

Abb. 2.1: Ausschnitt aus einem funktionsanalytischen Diagramm für Kassensysteme im Warenhaus

Quelle: *Eigene Darstellung*

Konventionen: Nützliche Funktionen werden in Kästen mit rechtwinkligen Ecken dargestellt, schädliche Funktionen in Kästen mit abgerundeten Ecken. Verbindungen zwischen Funktionen mit der Bedeutung „bewirkt“ werden als gerichtete Kante eingetragen, Verbindungen zwischen Funktionen mit der Bedeutung „behindert“ als gerichtete Kante mit senkrechtem Strich.

2.2 Ergebnisse einer Funktionsanalyse

In einem funktionsanalytischen Diagramm ist die Gründungsidee ganzheitlich modelliert, alle relevanten Aspekte stehen miteinander in Verbindung. Daraus ergeben sich zwei Ergebnisbestandteile, einerseits die Möglichkeit der analytischen Ideenexploration, andererseits in einem Gründerteam die Möglichkeit der Konsensbildung.

Die Möglichkeit der Ideenexploration ergibt sich aus der Analyse verschiedener Wechselwirkungen zwischen Funktionen, insbesondere aus dem Herausarbeiten sogenannter Widersprüche. So werden vier Arten von Widersprüchen unterschieden, die jeweils eine eigene Möglichkeit der Exploration umfassen (s. Abb. 2.2; vgl. *Wenzke* 2003). Die Widersprüche ergeben sich aus unterschiedlichen Kombinationen zwischen nützlichen und schädlichen Funktionen sowie den Verbindungen zwischen ihnen. Bewirkt beispielsweise eine nützliche Funktion eine weitere nützliche Funktion sowie ([zunächst] unvermeidbarerweise) eine schädliche Funktion, kann dies als erste Art eines Widerspruchs bezeichnet werden. Eine andere Art eines Widerspruchs liegt vor, wenn eine nützliche Funktion eine weitere nützliche Funktion bewirkt, dabei aber eine andere nützliche Funktion behindert.

In der Theorie des erfinderischen Problemlösens werden solche Widersprüche als Ausgangspunkte für neue Lösungen angesehen (vgl. *Moehrle* 2005a mit empirischen Ergebnissen). Zur Überwindung solcher Widersprüche gibt es beispielsweise 40 erfinderische Prinzipien (vgl. *Altschuller* 1998), worauf allerdings in diesem Aufsatz nicht weiter eingegangen wird (vgl. weiterführend *Möhrle/Pannenbäcker* 1997).

Als weiterer Ergebnisbestandteil kann aus einer Ideenexploration mit der Funktionsanalyse die Förderung des Konsenses innerhalb eines Gründerteams entstehen. Wenn die Funktionsanalyse im Team bearbeitet wurde, reflektiert das Diagramm eine Synopse verschiedener Blickwinkel auf die Gründungsidee. Zur Verdeutlichung des Konsenses aller an der Funktionsanalyse Beteiligten hat es sich in manchen Fällen bewährt, dass alle Beteiligten persönlich das funktionsanalytische Diagramm unterschreiben, um damit zu verdeutlichen, dass (auch) aus ihrer Sicht alle relevanten Aspekte enthalten sind.

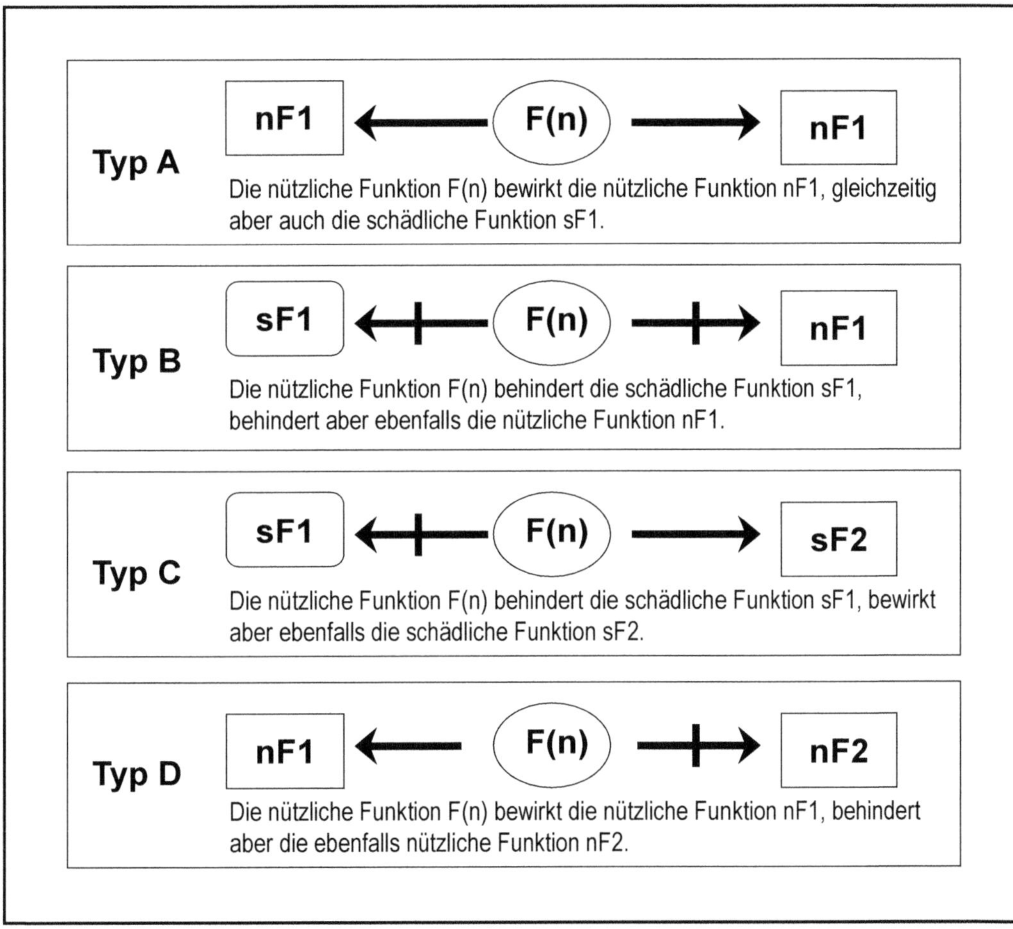

Abb. 2.2: Vier Typen von Widersprüchen innerhalb einer Funktionsanalyse
Quelle: *Wenzke* (2003)

2.3 Prozess der Ideenexploration mit der Funktionsanalyse

Um eine Ideenexploration erfolgreich durchzuführen, bietet sich das Vorgehen in einem sieben Schritte umfassenden Prozess an (s. eine kürzere, aber ähnliche Prozessstruktur bei *Wenzke* 2003 sowie bei *Moehrle* 2010). Das Vorgehen kann einige Stunden dauern, und möglicherweise müssen im weiteren Verlauf der Gründung die Ergebnisse überarbeitet werden (vgl. *Pannenbäcker* 2001). Im Folgenden wird von einem Gründerteam ausgegangen, gleichwohl sollte sich auch ein einzelner Gründer an das schrittweise Vorgehen halten. Parallel zur Durchführung der sieben Schritte sollten die Gründer eine Wandtafel für Variations- und Verbesserungsideen verwenden.

- Schritt 1: Zunächst sollten die Gründer nach nützlichen Funktionen ihrer Idee suchen. Solche primär nützlichen Funktionen beschreiben den wesentlichen Zweck der Idee. Dabei ist es hilfreich, mit der Exploration aus Kundensicht zu beginnen, also mit der Frage, was der Kunde von der Idee zentral erwartet.
- Schritt 2: Anschließend sollten sie nach schädlichen Funktionen suchen, auch dies zunächst aus Kundensicht, sodann aus ihrer eigenen Sicht. Eine Auswahl der schädlichsten Funktionen hilft beim weiteren Aufbau des funktionsanalytischen Diagramms.
- Schritt 3: Nachdem die primär nützlichen und schädlichen Funktionen gefunden worden sind, sollten die Gründer weitere Funktionen ergänzen, und zwar zunächst solche, die die primär nützlichen Funktionen unterstützen im Sinne einer Zweck-Mittel-Beziehung. Mit gerichteten Kanten werden die unterstützenden Funktionen im funktionsanalytischen Diagramm mit den primär nützlichen verbunden.
- Schritt 4: Normalerweise führen die im Schritt 3 ergänzten Funktionen zu weiteren nützlichen und schädlichen Funktionen. Durch Wechsel der Betrachtungsweise hin zu einer Ursache-Wirkungs-Beziehung lassen sich diese Funktionen entdecken und in das Diagramm aufnehmen.
- Schritt 5: Nachdem alle relevanten Funktionen gefunden und mit passenden Verbindungen eingetragen sind, sollten die Gründer das funktionsanalytische Diagramm validieren. Insbesondere sollten sie kritisch hinterfragen, (i) ob das Diagramm ihre Gründungsidee und die darin enthaltenen Probleme realistisch widerspiegelt sowie (ii) ob die Systemgrenzen der Gründungsidee vernünftig gezogen wurden.
- Schritt 6: Sodann sollten die Gründer die Idee weiter explorieren, also Widersprüche bilden, relevante Fragen ableiten und nach Lösungsmöglichkeiten suchen, um die ursprüngliche Idee so gut wie möglich auszubauen bzw. auszugestalten. Eine Landkarte möglicher Ideen, die das Umfeld der ursprünglichen Idee beleuchten, bildet das Ergebnis dieses Schritts.
- Schritt 7: Schließlich sind die verschiedenen Ideen zu bewerten. Dazu eignet sich vor allem eine Checkliste mit drei Kriterien (vgl. einen analogen Vorschlag zur Bewertung von Innovationsideen in frühem Stadium bei *Geschka/Lenk* 1999): (i) Die Unique Selling Proposition (USP) spiegelt einen möglichen Wettbewerbsvorsprung einer Idee wider (vgl. *Trommsdorf/Paulssen* 2001, S. 1367-1368). (ii) Die vermutete Wirtschaftlichkeit gibt an, ob annähernd realistisch ein Geschäftsmodell gefunden werden kann, das sich mit Ertrag betreiben lässt. (iii) Die eigene Ressourcenstärke zur Umsetzung der Idee zeigt die Möglichkeiten auf, ohne Partner (oder mit verfügbaren Partnern) die Idee umzusetzen. Bei allen drei Kriterien muss bei einer tragfähigen Idee ein Schwellenwert überschritten werden.

3 Fallbeispiel für Ideenexploration und -bewertung: Die Notebook-Maus mit hohem Geltungsnutzen

Ein Fallbeispiel dient zur Illustration der Ideenexploration und -bewertung im Gründungsprozess. Ein kleines Gründerteam möge über die Notebook-Maus der Zukunft nachdenken. Ein erster möglicher Ansatz ist vielleicht auch schon gefunden: Das Team will eine – in welcher Weise auch immer realisierte – auf eine Steigerung des Geltungsnutzens fokussierte Notebook-Maus erzeugen und vermarkten. In diesem Zusammenhang will das Team das Ideenumfeld um diese Ausgangsidee explorieren und bewerten. Dazu sei der in Abschn. 2.3 eingeführte Prozess der Ideenexploration und -bewertung herangezogen. Im Folgenden werden dessen sieben Schritte anhand des Fallbeispiels durchgeführt (s. in Abb. 3.1 einen Ausschnitt aus dem entstehenden funktionsanalytischen Diagramm).

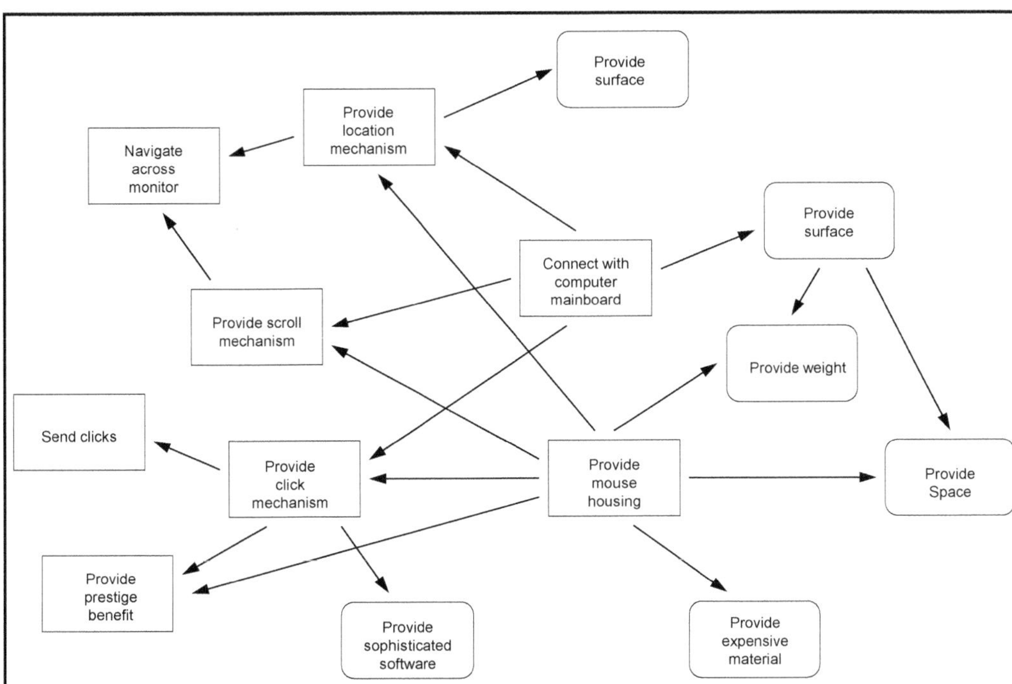

Abb. 3.1: Ausschnitt aus dem funktionsanalytischen Diagramm für eine Notebook-Maus

Quelle: *Eigene Darstellung*

Konventionen: Nützliche Funktionen werden in Kästen mit rechtwinkligen Ecken dargestellt, schädliche Funktionen in Kästen mit abgerundeten Ecken. Verbindungen zwischen Funktionen mit der Bedeutung „bewirkt" werden als gerichtete Kante eingetragen, Verbindungen zwischen Funktionen mit der Bedeutung „behindert" als gerichtete Kante mit senkrechtem Strich.

Schritt 1: Eine Notebook-Maus besitzt aus Sicht der Kunden drei primär nützliche Funktionen. (i) Sie erlaubt es dem Benutzer, auf dem Monitor zu navigieren. (ii) Sie eröffnet Kommunikationsmöglichkeiten zwischen dem Benutzer und dem Notebook (z. B. durch das Übermitteln verschiedener Klicks). (iii) Sie weist neben einem Erbauungsnutzen auch einen Geltungsnutzen für den Benutzer in dem Sinn auf, dass der Benutzer in gewisser Weise stolz darauf ist, genau diese Notebook-Maus zu verwenden und das anderen Menschen auch zu zeigen (demonstrativer Konsum, vgl. *Meffert/Perrey* 2005, S. 227). – In diesem Schritt ist es wichtig, die primär nützlichen Funktionen in wenige, aussagekräftige Bündel zusammenzufassen und dabei auf einer geeigneten Systemebene aufzusetzen. Ansonsten besteht die Gefahr, die Übersicht über die Funktionsanalyse zu verlieren.

Schritt 2: Sofern es sich nicht um eine triviale Idee handelt, liegt mindestens eine schädliche Funktion vor. Bei der Notebook-Maus sind es zwei früh erkennbare schädliche Funktionen. (i) Zum einen benötigte bisher jede Notebook-Maus einen bestimmten Rauminhalt und hat ein Eigengewicht. (ii) Zum anderen bedarf es einer Verbindung zwischen der Notebook-Maus und dem Notebook. – Bei diesem Schritt gelten die gleichen Empfehlungen wie bei Schritt 1 mit der Ergänzung, dass die Systemebene der von Schritt 1 möglichst entsprechen sollte. Ein Negativbeispiel wäre, wenn den in Schritt 1 bestimmten primär nützlichen Funktionen schädliche Funktionen auf einer ganz konkreten Systemebene gegenübergestellt würden (z. B. Tiefe oder Fertigungsgenauigkeit eines Bauteils).

Schritt 3: Um die primär nützlichen Funktionen erreichen zu können, sind weitere, unterstützende Funktionen erforderlich. Das System der Notebook-Maus muss u. a. einen Navigations, einen Bildlauf und einen Klick-Mechanismus bereitstellen. Die unterstützenden Funktionen werden sowohl mit den nützlichen als auch (sofern erkennbare Abhängigkeiten bestehen) mit den primär schädlichen Funktionen verknüpft. – Auch in diesem Schritt ist das Beibehalten der gewählten Systemebene wichtig. Zudem können bei diesem Schritt durchaus kreative Ergänzungsideen einfließen, etwa das Bereitstellen eines Sensors für die Fingertemperatur des Benutzers, was möglicherweise für Ergonomie und Geltungsnutzen unterstützend wäre.

Schritt 4: Durch das Einfügen der unterstützenden Funktionen entstehen quasi en passant weitere Funktionen, manche durchaus erwünscht, wenn vielleicht auch nicht ursprünglich beabsichtigt, manche eher schädlich. So bewirkt beispielsweise der Navigationsmechanismus die Notwendigkeit der Bereitstellung einer visuellen Oberfläche (i. d. R. des Monitors), auf der die Navigation stattfinden kann. – In diesem Schritt ist wichtig, nicht nur nach dem Negativen zu suchen, sondern zu erkennen, dass auch die eine oder andere nützliche Funktion als Konsequenz anderer Funktionen entstehen kann.

Schritt 5: Das aus der Funktionsanalyse resultierende Diagramm ist auf Stimmigkeit mit der ursprünglichen Gründungsidee und die Wahl der Systemgrenzen zu überprüfen. Im Fall der Notebook-Maus scheint eine adäquate Modellierung gelungen. – In diesem Schritt können eventuell ein Rücksprung zu Schritt 1 und ein Neuaufsetzen des Prozesses erforderlich werden. Dies ist vor allem dann der Fall, wenn über die ersten vier Schritte hinweg zu viele Funktionen aufgetreten sind. Als Faustregel kann gelten, dass nicht mehr als 25 Funktionen in einer interpretierbaren Funktionsanalyse enthalten sein sollten (vgl. auch die noch wesentlich weiter gehenden Empfehlungen von *Wenzke* 2003, S. 187-206). Wird diese Zahl überschritten, dann sollten entweder Funktionen zusammengefasst oder das System sollte in sinnvolle Teilsysteme aufgegliedert werden, die jeweils einzeln funktionsanalytisch behandelt werden können.

Schritt 6: Aus dem Diagramm lassen sich unterschiedliche Widersprüche als Ausgangspunkte für neue Variationsideen entnehmen. Wie lässt sich beispielsweise ein Geltungsnutzen erreichen, ohne dass edle Metalle oder andere aufwändige Stoffe eingesetzt werden? Eine automatisierte Generierung solcher Problemfragen mag zudem das Gründerteam zu neuen Ansätzen führen (s. den Ausschnitt aus einer solchen automatisch generierten Liste in Tab. 3.1). – In diesem Schritt kommt die Kreativität der Gründer zum Einsatz. Hier kommt es darauf an, eine Vielzahl und Vielfalt an Ideen zu generieren, die den Raum um die ursprüngliche Idee ausleuchten.

Schritt 7: Nach der Exploration des Umfelds der ursprünglichen Ideen ist nunmehr zu fragen, welche besonders erfolgversprechenden Ideen weiter verfolgt werden sollen oder welches die nunmehr einzige zu konkretisierende Idee sein soll. In diesem Stadium eignet sich vor allem das Werkzeug einer Checkliste. – In diesem abschließenden Schritt kann es vorkommen, dass viele Ideen die Checkliste passieren. In einem solchen Fall können weitergehende Bewertungsinstrumente zum Einsatz kommen (vgl. ausführlich dazu *Geschka/Lenk* 1999, S. 36-42), um letztlich eine Priorisierung der Gründungsideen zu erhalten.

1. Consider transitioning to the next generation of the system that will provide [the] (Send clicks) in a more effective way and/or will be free of existing problems.
2. Find an alternative way to obtain [the] (Send clicks) that does not require [the] (Provide click mechanism).
3. Find a way to eliminate, reduce, or prevent [the] (Provide Space) under the conditions of [the] (Provide connection) and (Provide mouse housing).
4. Find a way to eliminate, reduce, or prevent [the] (Provide weight) under the conditions of [the] (Provide connection) and (Provide mouse housing).
5. Find an alternative way to obtain [the] (Provide mouse housing) that offers the following: provides or enhances [the] (Provide location mechanism), (Provide scroll mechanism), (Provide click mechanism) and (Provide prestige benefit), does not cause [the] (Provide Space), (Provide weight) and (Provide expensive material).
6. Try to resolve the following contradiction: The useful factor [the] (Provide mouse housing) should be in place in order to provide or enhance [the] (Provide location mechanism), (Provide scroll mechanism), (Provide click mechanism) and (Provide prestige benefit), and should not exist in order to avoid [the] (Provide Space), (Provide weight) and (Provide expensive material).
7. Find an alternative way to obtain [the] (Provide click mechanism) that offers the following: provides or enhances [the] (Send clicks) and (Provide prestige benefit), does not cause [the] (Provide sophisticated software), does not require [the] (Connect with computer mainboard) and (Provide mouse housing).
8. Try to resolve the following contradiction: The useful factor [the] (Provide click mechanism) should be in place in order to provide or enhance [the] (Send clicks) and (Provide prestige benefit), and should not exist in order to avoid [the] (Provide sophisticated software).
9. Find an alternative way to obtain [the] (Provide scroll mechanism) that offers the following: provides or enhances [the] (Navigate across monitor), does not require [the] (Connect with computer mainboard) and (Provide mouse housing).
10. Consider transitioning to the next generation of the system that will provide [the] (Provide prestige benefit) in a more effective way and/or will be free of existing problems.
11. Find an alternative way to obtain [the] (Provide prestige benefit) that does not require [the] (Provide mouse housing) and (Provide click mechanism).
12. Find a way to eliminate, reduce, or prevent [the] (Provide expensive material) under the conditions of [the] (Provide mouse housing).

Tab. 3.1: Ausschnitt aus einer automatisch generierten Liste mit Herausforderungen im Rahmen der Notebook-Maus

Quelle: eigenes Beispiel unter Verwendung des Software-Werkzeugs 'Problem Formulator™' von der *Firma Ideation International* (2000)

4 Methodische Einbettung der Funktionsanalyse

In dem vorangegangenen Kapitel wurde die Funktionsanalyse als Instrument zur Ideenexploration und bewertung eingeführt. Im Folgenden sei der methodische Hintergrund in zwei Richtungen aufgeweitet: Zum einen sei auf Varianten der Funktionsanalyse eingegangen, die als Instrumente innerhalb der technisch geprägten Wertanalyse (Value Engineering) empfohlen werden. Zum anderen seien verwandte Instrumente der Ideen- und Problemexploration skizziert, beispielsweise die Wirkungsdiagramme der systemdynamischen Modellierung. Für eine Einbettung der Funktionsanalyse in die Systemanalyse sei auf *Müller* (2006, S. 118-125) verwiesen.

4.1 Varianten der Funktionsanalyse

Innerhalb der in diesem Beitrag skizzierten Funktionsanalyse spielt das Denken in vernetzten Strukturen mit nützlichen und schädlichen Funktionen eine zentrale Rolle. Im Gegensatz dazu werden innerhalb der technisch geprägten Wertanalyse Varianten der Funktionsanalyse empfohlen, die (i) im wesentlichen auf nützliche Funktionen fokussiert sind (vgl. *Akiyama* 1991) und (ii) überwiegend auf hierarchischen Funktionsbäumen aufbauen.

Die Varianten der Funktionsanalyse innerhalb der Wertanalyse gehen auf eine Publikation von Miles aus dem Jahr 1947 zurück (vgl. *Miles* 1989). Auf der Grundlage dieser Publikation wurden zahlreiche verbesserte Ansätze entwickelt:

- Bytheway entwickelte 1965 eine bekannte Variante der Funktionsanalyse namens FAST (vgl. *Bytheway* 1975). FAST ist durch einen hierarchischen Funktionsbaum mit mehreren Ebenen gekennzeichnet: Auf der ersten Ebene dieses Funktionsbaums ist die wichtigste nützliche Funktion eines Systems angeordnet. Auf der zweiten Ebene sind solche nützliche Funktionen angesiedelt, die zur Erfüllung der primär nützlichen Funktion benötigt werden. Auf der dritten Ebene finden sich alle die Funktionen, die zur Erfüllung der Funktionen auf der zweiten Ebene gebraucht werden, etc.
- Der FAST-Ansatz wurde von Ruggles zum „Technically Oriented FAST" erweitert (vgl. *Akiyama* 1991) und von Snodgrass zum für die Gründungsforschung vermutlich interessanteren „Customer Oriented FAST" (letzte Version 1993).
- Parallel zu den FAST-Ansätzen entwickelte *Mudge* (1989) das Value-Engineering-Funktionsdiagramm, ein Instrument zur Systematisierung von Funktionen mit dem Ziel, Produktkosten zu senken.

- Eine weitere Variante der Funktionsanalyse mit starkem Bezug zur Wertanalyse wird Objektanalyse genannt (vgl. *Bachilo et al.* 1994; *Verbitsky et al.* 2001; *Invention Machine* 2000). Die Objektanalyse fokussiert auf das „Trimmen“ eines Systems, also auf das Weglassen von Systemelementen bei gleichzeitiger Übernahme der Funktionen dieser Systemelemente durch andere Systemelemente.

4.2 Verwandte Instrumente der Ideenexploration

Neben der eingeführten Funktionsanalyse gibt es eine Reihe weiterer Instrumente, die sich zur Ideenexploration eignen. Zwischen diesen Instrumenten und der Funktionsanalyse gibt es eine Reihe teilweise recht enger Verbindungen:

- In der Kräftefeldanalyse (Forcefield analysis), die von *Lewin* (1951) entwickelt wurde, wird ein Problem als dynamisches Gleichgewicht aus unterstützenden und hinderlichen Kräften, die in unterschiedlichen Richtungen wirken, interpretiert. Das Problem kann nur gelöst werden, wenn ein Ungleichgewicht zwischen den Kräften herbeigeführt wird, beispielsweise durch Verstärkung bereits existierender unterstützender Kräfte oder durch das Einführen neuer unterstützender Kräfte. Die parallele Betrachtung von unterstützenden und hinderlichen Kräften spiegelt sich in der hier verwendeten Funktionsanalyse wider, in der ebenfalls zwischen gewünschten und schädlichen Funktionen unterschieden wird.
- In der Ursache-Wirkungsanalyse, die zu einem Ishikawa- oder Fischgrätendiagramm führen kann, werden mögliche Ursachen eines Problems identifiziert (vgl. *Ishikawa* 1968). Dies ähnelt dem Schritt 4 der Funktionsanalyse (s. Abschn. 2.3), und für die Anwender einer Funktionsanalyse mag die Unterscheidung zwischen verschiedenen Gräten im Fischgrätendiagramm wie beispielsweise die „4Ms“ (Methoden, Maschinen, Material, Menschenkraft) von Nutzen sein.
- In der systemdynamischen Modellierung werden Wirkungsdiagramme eingesetzt, um die Abhängigkeiten innerhalb eines Systems zu repräsentieren (vgl. *Smith* 2000 sowie *Sterman* 2000, S. 137-190). Ein solches Wirkungsdiagramm zeigt die wichtigen Variablen in einem System und ihre gegenseitigen Einflüsse (Wirkungen) in qualitativer Weise. Dies ähnelt den Verbindungen zwischen den nützlichen und schädlichen Funktionen in der Funktionsanalyse. Interessant mag für die Anwender der Funktionsanalyse sein, dass Rückkopplungsschleifen typisch für systemdynamische Modellierungen sind.

5 Zusammenfassung

Die Ideenexploration und bewertung nimmt im frühen Gründungsprozess eine bedeutende Stellung ein. Mit ihr lassen sich wesentliche Weichen für das künftige Leistungsangebot eines zu gründenden Unternehmens stellen. Im vorliegenden Beitrag wurde empfohlen, Ideenexploration und -bewertung auf eine Funktionsanalyse aufzubauen. Dazu wurde ein Prozess mit sieben Schritten entworfen, beginnend bei der Betrachtung der primär nützlichen und schädlichen Funktionen einer Gründungsidee über die Analyse verschiedener Verbindungen zwischen den einzelnen Funktionen und endend mit der Beurteilung möglicher Varianten der Gründungsidee in einer Checkliste mit den drei Kriterien der Unique Selling Proposition, der vermuteten Wirtschaftlichkeit und der eigenen Ressourcenstärke.

Durch die Funktionsanalyse wird der gedankliche Raum ausgeweitet, in dem sich die ursprüngliche Gründungsidee befindet. Varianten der Gründungsidee können entwickelt werden, Vielfalt entsteht, so dass eine Auswahl der besten Ideen anhand der skizzierten einfachen Checkliste vorgenommen werden kann.

Die Funktionsanalyse bietet dem Gründungsinteressierten damit den Vorteil, anhand einer systematischen Vorgehensweise seine Idee auf den Prüf- und gleichzeitig Verbesserungsstand stellen zu können. Als möglicher Bestandteil eines Business-Plans bietet sie darüber hinaus dem Kapitalgeber oder einem sonstigen Shareholder die Möglichkeit, die Gründungsidee in ihrer Vielgestaltigkeit besser wahrnehmen, verstehen und diskutieren zu können.

Literaturverzeichnis

Akiyama, K.: Function Analysis – Systematic Improvement of Quality and Performance. Productivity Press, Cambridge (1991)

Altschuller, G.S.: Erfinden - Wege zur Lösung technischer Probleme – PI - Planung und Innovation. 3. Aufl., Cottbus (1998)

Bachilo, L., Devoino, I., Severinets, G., Skuratovich, A.: Invention Machine Software – Innovative Technology of Design. Hand-outs to the training course. Invention Machine Laboratory (1994)

Bytheway, C.W.: FAST Diagramming. Sperry Univac, Salt Lake City (1975)

Cooper, R.G., Kleinschmidt, E.J.: New products – What separates winners from losers? Journal of Product Innovation Management 4(3), 169–184 (1987)

Freiling, J.: Entrepreneurship. Theoretische Grundlagen und unternehmerische Praxis. Vahlen, München (2006)

Geschka, H., Lenk, T.: Von der strategischen Orientierung zum F&E-Programm. In: Möhrle, M.G. (Hrsg.) Der richtige Projekt-Mix – Erfolgsorientiertes FuE- und Innovationsmanagement, 27–49. Springer, Berlin et al. (1999)

Herb, R., Herb, T., Kohnhauser, V.: TRIZ – der systematische Weg zur Innovation – Werkzeuge, Praxisbeispiele, Schritt-für-Schritt-Anleitungen. Moderne Industrie, Landsberg/Lech (2000)

Ideation International: Innovation WorkBench 2.8 (software application). Ideation International, Southfield (2000)

Invention Machine: TechOptimizer Professional Edition – User Guide Version 3.5 for Windows® 95, 98, 2000 and Windows NT®. Invention Machine Corporation, Boston (2000)

Ishikawa, K.: Guide to Quality Control. Asian Productivity Organisation, Tokyo (1968)

Klandt, H.: Gründungsmanagement – Der integrierte Unternehmensplan. Oldenbourg, München, Wien (1999)

Knieß, M.: Kreativitätstechniken – Methoden und Übungen. Beck, München (2006)

Kußmaul, H.: Betriebswirtschaftslehre für Existenzgründer – Grundlagen mit Fallbeispielen und Fragen der Existenzgründungspraxis. 2. Aufl., Oldenbourg, München, Wien (1999)

Lewin, K.: Field Theory in Social Science. Harper and Row, New York (1951)

Mann, D.: Hands on Systematic Innovation – For Business and Management. Gaskell, London (2004)

Meffert, H., Perrey, J.: Mehrmarkenstrategien – identitätsorientierte Führung von Markenportfolios. In: Meffert, H., Burmann, C., Koers, M. (Hrsg.) Markenmanagement: Identitätsorientierte Markenführung und praktische Umsetzung, 213–244. Gabler, Wiesbaden (2005)

Miles, L.D.: Techniques of Value Analysis and Engineering. McGraw-Hill, New York (1989)

Moehrle, M. G.: MorphoTRIZ - Combining morphological and contradiction-oriented problem solving to solve vague technical problems. Creativity and Innovation Management 19(4), 373-384 (2010)

Moehrle, M.G.: How combinations of TRIZ tools are being used in companies – results of a cluster analysis. R&D Management 35(3), 285–296 (2005a)

Moehrle, M.G.: What is TRIZ? From conceptual basics to a framework for research. Creativity and Innovation Management 14(1), 3–13 (2005b)

Möhrle, M.G., Pannenbäcker, T.: Kompetenz, Kreativität und Computer (II): „Ideation Internationals Innovation WorkBench 2.0“ im Konzept der Problemzentrierten Invention. Wissenschaftsmanagement 4(3), 11–21 (1998)

Moehrle, M.G., Pannenbäcker, T.: Problem-Driven Invention. Creativity and Innovation Management 6(4), 234–248 (1997)

Mudge, A.E.: Value Engineering, Part 1 – A systematic Approach. Pohl, Pittsburgh (1989)

Müller, S.: Methodisches Erfinden im Personalmanagement. DUV, Wiesbaden (2006)

Orloff, M.: Grundlagen der klassischen TRIZ – Ein Praktisches Lehrbuch des Erfinderischen Denkens für Ingenieure. 3. Aufl., Springer, Berlin et al. (2006)

Pannenbäcker, T.: Methodisches Erfinden in Unternehmen – Bedarf, Konzept, Perspektiven für TRIZ-basierte Erfolge. Gabler, Wiesbaden (2001)

Schefczyk, M., Pankotsch, F.: Betriebswirtschaftslehre junger Unternehmen. Schäffer-Poeschel, Stuttgart (2003)

Schiller, R.: Gründungserfolg durch Strategien nach Maß. In: Wehling, D. (Hrsg.) Handbuch für Existenzgründer, 151–199. Cornelsen, Berlin (2002)

Smith, N.: First Steps in Formalising Qualitative Systems Dynamics. In: Flores, J.J. (Hrsg.) Proceedings of the Fourteenth International Workshop on Qualitative Reasoning. Morélia, Mexico (2000)

Snodgrass, T.J.: Function Analysis and Quality Management, in: International Conference of the Society of American Value Engineers (SAVE). Fort Lauderdale (1993)

Sterman, J.D.: Business Dynamics. Systems Thinking and Modeling for a Complex World. McGraw-Hill, Boston et al. (2000)

Trommsdorf, V., Paulssen, M.: Messung und Gestaltung der Markenpositionierung. In: Esch, F.-R. (Hrsg.) Moderne Markenführung, 1363–1380. Gabler, Wiesbaden (2001)

Verbitsky, M.: Function Analysis in IMC's Innovation Roadmap – Working paper. Invention Machine, Boston (2001)

Wenzke, S.: Flexible Gestaltung des Analyseprozesses technischer Probleme mit TRIZ-Werkzeugen. DUV, Wiesbaden (2003)

Zlotin, B., Bushuev, D., Haimov, E.: Automated problem formulator and solver. U.S. patent 5, 581–663 (1996)

Bernd W. Wirtz und Marina Mermann

Entwicklung von Geschäftsmodellen

Bernd W. Wirtz, Univ.-Prof. Dr.
Inhaber des Lehrstuhls für
Informations- und Kommunikationsmanagement
Deutsche Universität für Verwaltungswissenschaften Speyer
E-Mail: ls-wirtz@uni-speyer.de.

Marina Mermann, Dipl.- Kffr.
Wissenschaftliche Mitarbeiterin am Lehrstuhl
für Informations- und Kommunikationsmanagement
Deutsche Universität für Verwaltungswissenschaften Speyer
E-Mail: mermann@uni-speyer.de.

1 Einleitung

Durch die zunehmende Globalisierung und Wettbewerbsintensität, schnellere Produktlebenszyklen und hohe wirtschaftliche Dynamik erfährt die Entwicklung von Geschäftsmodellen eine steigende Bedeutung. Das Geschäftsmodell-Konzept wird in vielen unterschiedlichen Bereichen verwendet. Dabei wird es sowohl im Rahmen der Entwicklung, Analyse und Umsetzung einer Geschäftsidee während einer Unternehmensgründung, als auch im Change-Management-Prozess von etablierten Unternehmen vor dem Hintergrund veränderter Rahmenbedingungen angewandt.

Im Rahmen der Entwicklung von Geschäftsmodellen bekommen Unternehmen die Möglichkeit für sie relevante Fragestellungen und Entscheidungen strukturiert anzugehen und dadurch die Erfolgswahrscheinlichkeit unternehmerischer Zielerreichung zu steigern. Eine systematische Entwicklung von Geschäftsmodellen bezieht den Wertschöpfungsprozess mit ein und unterstützt Unternehmen dabei ihr Leistungsversprechen nachhaltig zu optimieren und Wettbewerbsvorteile zu sichern.

Studien, wie z. B. die IBM Global CEO Study, bestätigen die praktische Erfolgsrelevanz von Geschäftsmodellen. Die Studie zeigt auf, dass finanziell erfolgreichere Unternehmen fast doppelt so viel Wert auf eine konsequente und nachhaltige Entwicklung von Geschäftsmodellen legen als weniger erfolgreiche Unternehmen (vgl. *IBM* 2007, S. 3).

Die Bedeutung von Geschäftsmodellen geht über den unternehmenspraktischen Bereich weit hinaus. Auch das wissenschaftliche Interesse an dem Geschäftsmodell-Konzept ist kontinuierlich gestiegen. Insbesondere ab den 2000er Jahren nahm die Häufigkeit von wissenschaftlichen Artikeln, die sich terminologischen, struktur- oder prozessbezogenen Forschungsgebieten von Geschäftsmodellen widmeten, stark zu (vgl. *Wirtz* 2013a, S. 9 f.).

Vor dem Hintergrund der besonderen Bedeutung der Entwicklung von Geschäftsmodellen, soll in diesem Beitrag der Entwicklungsprozess von Geschäftsmodellen dargestellt werden. Ein vollständiger Entwicklungsprozess bezieht nicht nur das Design eines Geschäftsmodells, sondern auch dessen praktische Umsetzung bis hin zur Anpassung und Veränderung eines bereits umgesetzten Geschäftsmodells mit ein.

Im Abschn. 2.1 wird ein kurzer Überblick der terminologischen Grundlagen aufgezeigt. Anschließend werden im Abschn. 2.2 die einzelnen Teilmodelle, die die Struktur eines integrierten Geschäftsmodells bilden, beschrieben und das Zusammenspiel dieser Teilmodelle entlang des Wertschöpfungsprozesses dargestellt. Abschnitt 3.1 betrachtet die einzelnen Prozessschritte des neunstufigen Entwicklungsprozesses von Geschäftsmodellen. Abschließend folgt in Abschn. 3.2 die Darstellung von möglichen Erfolgsfaktoren, die in den einzelnen Prozessschritten des Entwicklungsprozesses von besonderer Relevanz sind.

2 Einordnung von Geschäftsmodellen

Geschäftsmodelle lassen sich inhaltlich nach verschiedenen Kriterien einordnen. Insbesondere bieten sich für eine Einordnung terminologische Kriterien an, da aus diesen eine vergleichsweise klare Abgrenzung von Geschäftsmodellen hervorgeht. Abschnitt 2.1 stellt deshalb die drei theoretischen Basisansätze vor, die das Geschäftsmodell-Konzept nachhaltig prägen, um im Anschluss eine integrierte Begriffsdefinition aufzuzeigen. Nach einer generellen Betrachtung von Geschäftsmodellen wird im Abschn. 2.2 näher auf ihre Struktur eingegangen. Dabei werden neun Partialmodelle eines Geschäftsmodells aufgezeigt und ihre Beziehungen und Interaktionen verdeutlicht, um ein ganzheitliches Verständnis zu gewährleisten.

2.1 Abgrenzung von Geschäftsmodellen

Laut *Osterwald, Pigneur* und *Tucci* (2005, S. 4) taucht der Begriff des Geschäftsmodells (auch Business Model) erstmals in einem Artikel von *Bellman et al.* (1957) auf. Der Ursprung des Geschäftsmodell-Konzeptes wird aber auf die Anfänge der Wirtschaftsinformatik Mitte der 1970er Jahre zurückgeführt, wo es insbesondere im Bereich der Computer- und Systemmodellierung Verwendung fand. In den 1990er Jahren wurde das Begriffsverständnis weiter durch andere Strömungen beeinflusst. Mit der Zeit gewann die strategische Ausrichtung des Geschäftsmodell-Begriffs an Bedeutung (vgl. *Wirtz* 2013a, S. 7 f.).

Bis heute existiert noch keine allgemein anerkannte Definition. Um sich weiter dem Begriffsverständnis nähern zu können, sollen im Folgenden die drei theoretischen Basisansätze vorgestellt werden, auf denen das Geschäftsmodell-Konzept beruht:

Informationstechnologischer Ansatz

Im informationstechnologischen Ansatz liegt der Schwerpunkt der Betrachtung in der Geschäftsmodellierung und dem daraus resultierenden Prozessmodell. Dabei bildet das Geschäftsmodell eine vereinfachte Darstellung der Geschäftsprozesse, worauf aufbauend der Systementwickler das Informationssystem konstruiert (vgl. *Wirtz* 2013a, S. 13 f.). Im Verlauf fand jedoch auch im informationstechnologischen Ansatz ein Wandel der Bedeutung von Geschäftsmodellen vom rein operativen Planungswerkzeug bei der Systementwicklung zu einer integrierten Darstellung der Unternehmensorganisation als Management-Werkzeug statt (vgl. *Schoegel* 2001, S. 10).

Organisationstheoretischer Ansatz

Im organisationstheoretischen Ansatz entwickelt sich das Geschäftsmodell zu einem eigenständigen Analyseinstrument, das dazu dient, die Mechanismen von Unternehmen zu verstehen. Dabei kann das Geschäftsmodell, als eine abstrakte Darstellung der Unternehmensstruktur und -architektur, eine wichtige Unterstützung bei Management Entscheidungen darstellen (vgl. *Al-Debei et al.* 2008, S. 8).

Strategischer Ansatz

Seit 2000 setzen immer mehr Arbeiten Strategie und Geschäftsmodelle in einen engen Bezug zueinander. Im strategischen Ansatz wurde das Geschäftsmodell zu einer aggregierten Beschreibung unternehmerischer Tätigkeit. Das Geschäftsmodell informiert darüber, durch welche Kombination von Produktionsfaktoren die Geschäftsstrategie eines Unternehmens umgesetzt werden kann (vgl. *Wirtz/Kleinecken* 2000, S. 629). Dabei kommen neben der unternehmensintern geprägten Perspektive, verstärkt auch wettbewerbsstrategische Komponenten hinzu (vgl. *Hamel* 2000, S. 59 ff.).

Neben der Abgrenzung hinsichtlich technischer, organisatorischer und strategiebezogener Kriterien, kann ein Geschäftsmodell auch durch seine terminologischen Inhaltsaspekte abgegrenzt werden. Im Schrifttum ist eine große Anzahl an Definitionen zu Geschäftsmodellen anzutreffen. Ein Großteil dieser Definitionen hat meist nur einen partiellen Charakter und darum soll im Folgenden eine integrative terminologische Abgrenzung verwendet werden. Diese wird in Tab. 2.1 dargestellt.

Definition Geschäftsmodell von Wirtz (2013)
„Ein Geschäftsmodell stellt eine stark vereinfachte und aggregierte Abbildung der relevanten Aktivitäten einer Unternehmung dar. Es erklärt wie durch die Wertschöpfungskomponente einer Unternehmung vermarktungsfähige Informationen, Produkte und/oder Dienstleistungen entstehen. Neben der Architektur der Wertschöpfung werden die strategische sowie die Kunden- und Marktkomponente berücksichtigt, um das übergeordnete Ziel der Generierung beziehungsweise Sicherung des Wettbewerbsvorteils zu realisieren."

Tab. 2.1: Definition Geschäftsmodell
Quelle: *Wirtz* (2013a), S. 73

2.2 Struktur von Geschäftsmodellen

Damit das Geschäftsmodel während einer Gründungsphase oder eines Change-Management-Prozesses von etablierten Unternehmen dazu beitragen kann eine nachhaltig erfolgreiche und profitable Unternehmensstrategie zu entwickeln und umzusetzen, muss eine detaillierte Konzeption und Analyse erfolgen. Das setzt voraus, dass alle relevanten Bereiche des Geschäftsmodells berücksichtigt werden. Diese komplexe Aufgabe lässt sich einfacher bewältigen, indem das integrierte Geschäftsmodell in neun Teilmodelle, auch Partialmodelle genannt (vgl. *Wirtz* 2013b, S. 267 f.), aufgeteilt wird. Diese neun Partialmodelle werden im Folgenden dargestellt.

Das Strategiemodell beinhaltet die Business Vision, die Mission und die mittel- bis langfristigen Unternehmensziele. Dazu gehören auch Aussagen zur Positionierung und zu den strategischen Geschäftsfeldern eines Unternehmens, sowie eine Stärken-Schwächen-Analyse (vgl. *Wirtz* 2013c, S. 124). Im Ressourcenmodell sollen die für die Wertschöpfung des Unternehmens relevanten Ressourcen und Kernkompetenzen dargestellt werden (vgl. *Petrovic et al.* 2001, S. 3). Dabei werden sowohl unternehmensinterne als auch unternehmensexterne relevante Ressourcen und Kernkompetenzen berücksichtigt. Insbesondere bei unternehmensexternen, aber auch bei unternehmensinternen Ressourcen und Kernkompetenzen, muss deutlich gemacht werden, welche Akteure für ihre Bereitstellung verantwortlich sind. Durch die Identifikation und Sicherung der wertvollen und möglichst schwer nachahmbaren Ressourcen soll ein Wettbewerbsvorteil generiert werden (vgl. *Wirtz* 2013a, S. 129 ff.).

Das Netzwerkmodell bildet zusammen mit dem Strategie- und dem Ressourcenmodell die strategische Komponente eines Geschäftsmodells. Dabei umfasst das Netzwerkmodell eine strukturelle Erweiterung der zwei vorangegangen Partialmodelle, indem es die gesamten unternehmensexternen Beziehungskonstellationen darstellt (vgl. *Wirtz* 2013a, S. 132). Hierbei werden sowohl Informationsströme als auch Warenströme analysiert und im gesamten Netzwerk der eigene Anteil an der Wertschöpfung festgestellt (vgl. *Wu/Zhang* 2009, S. 3).

Das Kundenmodell bildet sich aus einer Übersicht der relevanten Produkte und Dienstleistungen des Unternehmens und den dazugehörigen Zielgruppen (vgl. *Magretta* 2002, S. 4). Neben einer Kundensegmentierung kann es auch sinnvoll sein, Kundenverhalten und Kundenbedürfnisse in die Analyse einzubeziehen, um das Geschäftsmodell bezüglich der Kundenbedürfnisbefriedigung zu optimieren.

Das Marktangebotsmodell befasst sich mit der Unternehmensumwelt bezogen auf den Wettbewerb und die Marktstruktur. Nach der Analyse von Geschäftsmodellen der Wettbewerber, aber auch der Partnerunternehmen, sollen Auswirkungen auf das eigene Geschäftsmodell abgeleitet werden. Weiterhin dient das Marktangebotsmodell auch zur Erkennung von neuen Märkten für das unternehmenseigene Geschäftsmodell. Daraus lassen sich konkrete Hinweise ableiten, die für die strategische Komponente des Geschäftsmodell von großer Bedeutung sind (vgl. *Wirtz* 2013a, S. 139 f.).

Darüber hinaus werden im Rahmen der Marktanalyse sowohl der Beschaffungsmarkt als auch der Absatzmarkt untersucht. Die Analyse der Beschaffungsmarktstruktur beinhaltet die Prüfung, inwieweit das Unternehmen Zugang zu allen notwendigen Produktionsfaktoren hat. Auf dem Absatzmarkt sollen Wettbewerbsangebote, die in Konkurrenz zum eigenen Geschäftsmodell stehen, analysiert werden. Die Ergebnisse der Marktanalyse können für die Erstellung der eigenen Marktangebote genutzt werden.

Im Erlösmodell besteht das Ziel, den generierten Mehrwert des Unternehmens in monetärer Form möglichst umfangreich abzuschöpfen. Dafür werden verschiedene Erlösstrategien entwickelt, aufgeteilt in Erlösformen und –quellen (vgl. *Wirtz* 2013a, S. 142).

Zusammen mit dem Kundenmodell und dem Marktangebotsmodell bildet das Erlösmodell die Kunden- und Marktkomponente eines Geschäftsmodells ab. Über das Erlösmodell wird diese Komponente des Geschäftsmodells mit der unternehmensinternen Wertschöpfung verknüpft (vgl. *Wirtz* 2013a, S. 137).

Das Leistungserstellungsmodell beschäftigt sich mit den verschiedenen Produktionsfaktoren eines Unternehmens, die als Input für die Leistungserstellung notwendig sind. Die Produktionsfaktoren können weiter in dispositive und elementare Faktoren untergliedert werden, wobei die ersteren das Führungssystem in Form von Leitung, Planung, Organisation und Kontrolle und die letzteren die Betriebsmittel, die Leistungsobjekte und die ausführende menschliche Arbeit abbilden. Neben der Darstellung aller relevanten Produktionsfaktoren, müssen diese im Rahmen des Leistungserstellungsmodells entsprechend gewichtet werden (vgl. *Wirtz* 2013a, S. 142 f.).

Das Beschaffungsmodell gibt den strukturellen Überblick über die für das Geschäftsmodell erforderlichen Rohstoffe, Güter und Dienstleistungen zusammen mit den entsprechenden Quellen an. Dabei sollten die verschiedenen Phasen des Beschaffungsprozesses, die Anbahnung, die Vereinbarung und die Abwicklung unter der Berücksichtigung ihrer konkreten Beschaffungsteilprozesse abgebildet werden. Für eine optimale Ressourcenausnutzung sollte im Beschaffungsmodell auch zwischen strategischen und operativen Gütern unterschieden werden (vgl. *Dolmetsch* 2000, S. 11).

Das Finanzmodell bildet die Finanzierung und die Kostenstruktur des Geschäftsmodells ab. Die Finanzierung beinhaltet ein Kapitalmodell mit Eigen- und Fremdkapitalströmen, das die finanziellen Ressourcen des Geschäftsmodells verdeutlicht. Hierbei werden kurzfristige Ziele, wie die Zahlungsbereitschaft, sowie mittel- und langfristige Ziele, wie die Deckung des Kapitalbedarfs zur Realisierung langfristiger Unternehmensziele, verfolgt (vgl. *Stiefl* 2005, S. 149). Die Kostenstrukturanalyse ist mit dem Leistungserstellungsmodell verknüpft, wobei für die dort abgebildeten Leistungserstellungsaktivitäten die Kosten berechnet und optimiert werden. Zusammen mit dem Leistungserstellungsmodell und dem Beschaffungsmodell bildet das Finanzmodell die Wertschöpfungskomponente des Geschäftsmodells ab.

Nach dem Einblick in die einzelnen Partialmodelle, sollen nun die Beziehungen und Interaktionen der Partialmodelle untereinander dargestellt werden. Die Ursachen und Wirkungen einzelner Modelle müssen immer ganzheitlich betrachtet werden. Dafür ist eine Gesamtübersicht aller Partialmodelle und ihrer Interaktionen wichtig. Diese wird in Abb. 2.2 aufgezeigt.

Interaktionen zwischen den Partialmodellen können in Form von Informations-, Güter- und Finanzströme auftreten. Das Strategie-, Ressourcen- und Netzwerkmodell bilden die strategische Komponente, welche die Wertschöpfung des Unternehmens so gestalten soll, dass die langfristigen Unternehmensziele erreicht werden. Dieser strategische Rahmen wirkt sich direkt oder indirekt auf die Ausgestaltung aller anderen Partialmodelle aus.

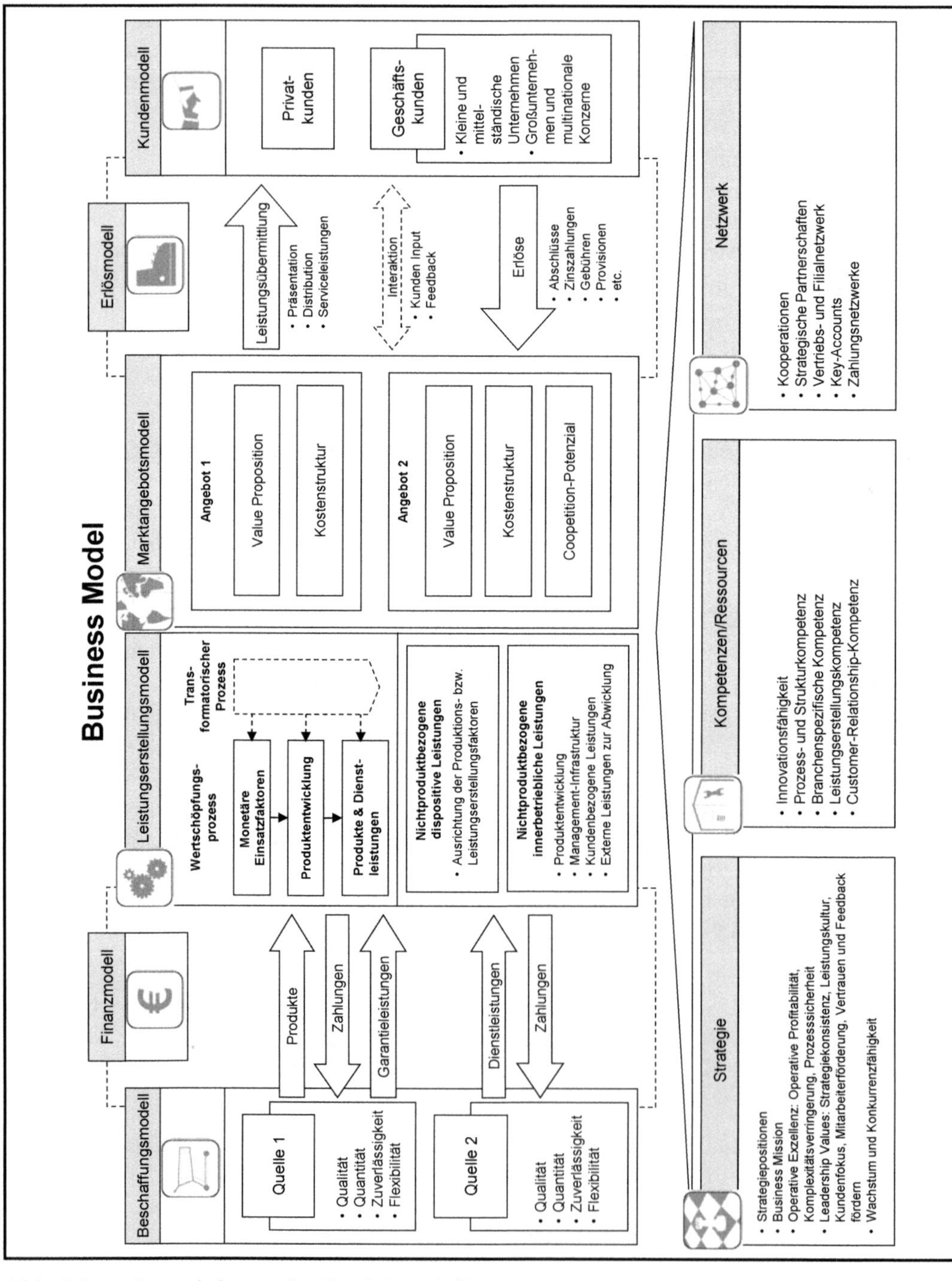

Abb. 2.2: Interaktionen der Partialmodelle
Quelle: Vgl. *Wirtz* (2013a), S. 159

Der Prozess der Wertschöpfung setzt sich zusammen aus dem Value-Generation-Teil und dem Value-Capture-Teil. Im Mittelpunkt des ersteren Prozesses steht das Leistungserstellungsmodell. Während der Leistungserstellung werden finanzielle Mittel in Produktionsfaktoren umgewandelt, woraus wiederum die Produkte oder Dienstleistungen des Unternehmens entwickelt werden. Quellen für die entsprechenden Produktionsfaktoren sind im Beschaffungsmodell zu finden. Diese werden dort nach den Kriterien Qualität, Quantität, Zuverlässigkeit und Flexibilität gewichtet. Im Beschaffungsmodell sind darüber hinaus auch nichtproduktbezogene, dispositive Leistungen zu finden, die zwar nicht direkt an der Leistungserstellung teilhaben, dafür aber das Management der Leistungserstellung sicherstellen. Die Beschaffung in monetärer und güterstromtechnischer Form wird im Finanzmodell koordiniert (vgl. *Wirtz* 2013a, S. 159 f.).

Anschließend an die Leistungserstellung müssen im Rahmen des Value-Captures Erlöse generiert werden. Hierfür sollten das Marktangebotsmodell und das Kundenmodell aufeinander abgestimmt sein. Im ersteren werden Angebote entsprechend des Geschäftsmodells erstellt, wobei auch Wettbewerbsangebote verglichen werden sollten. Diese Angebote werden durch Leistungsübermittlung den Kunden bereitgestellt, die im Kundenmodell als Zielgruppe identifiziert und entsprechend segmentiert wurden. Dabei können die Kunden wiederum Einfluss auf die Angebotsgestaltung nehmen. Den Abschluss des Wertschöpfungsprozesses bildet der im Erlösmodell festgehaltene, durch die Kunden zugeführte, monetäre Strom (vgl. *Wirtz* 2013a, S. 160).

3 Entwicklung von Geschäftsmodellen

Die Entwicklung von Geschäftsmodellen umfasst alle Maßnahmen, die im Rahmen eines Geschäftsmodell-Lebenszyklusses wichtig sind. Folglich gehört zur Entwicklung von Geschäftsmodellen sowohl das Erstellen eines integrierten Geschäftsmodells, als auch dessen Umsetzung, bis hin zur Anpassung und Veränderung bereits umgesetzter Geschäftsmodelle. Abschnitt 3.1 geht schrittweise auf alle Stufen des Geschäftsmodell-Entwicklungsprozesses ein, während Abschn. 3.2 den Erfolgsfaktoren eines jeden Prozessschrittes auf den Grund geht. Durch die Berücksichtigung eines vollständigen Entwicklungsprozesses und der jeweils nötigen Erfolgsfaktoren, kann der Unternehmer die Erfolgswahrscheinlichkeit von Geschäftsmodellen erhöhen.

3.1 Entwicklungsprozess von Geschäftsmodellen

Das integrierte Geschäftsmodell, dessen Struktur sich aus neun Partialmodellen zusammensetzt, ermöglicht es, auf stark vereinfachter und abstrakter Ebene alle relevanten Aktivitäten eines Unternehmens abzubilden und zu analysieren. Im Verlauf der Entwicklung wird durch die Berücksichtigung aller Partialmodelle ein ganzheitliches Verständnis von der Unternehmensstruktur und den Unternehmensprozessen sichergestellt. So können potentielle Schwachstellen und Probleme früh erkannt und durch alternative Geschäftsmodelle optimiert werden, noch bevor diese umgesetzt worden sind. Das führt zu Effizienzvorteilen, da die Mittel sonst in die Umsetzung unvollständig durchdachter Geschäftsmodelle geflossen wären.

Aber selbst ein gutes Geschäftsmodell ist noch keine Garantie für unternehmerischen Erfolg. Ein vollständiger Geschäftsmodell-Entwicklungsprozess beinhaltet daher nicht nur die Entwicklung des Geschäftsmodells, sondern auch Prozessschritte, die sich mit der praktischen Realisierung des Geschäftsmodells befassen.

Der im Folgenden dargestellte Entwicklungsprozess von Geschäftsmodellen erstreckt sich von der ersten Analyse der Ausgangssituation bis zur Anpassung und Veränderung bereits umgesetzter Geschäftsmodelle. Die Zusammenstellung des neunstufigen Entwicklungsprozesses basiert auf zwei Geschäftsmodell-Bereichen. Zum einen diente der Geschäftsmodell-Management-Ansatz von *Wirtz* (2013a, S. 225 ff.) zum anderen der Geschäftsmodell-Innovation-Ansatz von *Wirtz* (2013a, S. 214 ff.) sowie von *Wirtz* und *Thomas* (2014) der Ableitung der einzelnen Prozessschritte. Der gesamte Entwicklungsprozess von Geschäftsmodellen wird in Abb. 3.1 dargestellt.

Der erste Prozessschritt, die Analyse der Ausgangssituation, ist von den Rahmenbedingungen abhängig. Je nachdem, ob die Geschäftsmodellentwicklung im Rahmen einer Unternehmensgründung oder in einem etablierten Unternehmen stattfindet, wird in dieser Phase die spezifische Situation des Unternehmers und die Marktsituation oder das bestehende Geschäftsmodell untersucht. Bei der Analyse von bestehenden Geschäftsmodellen ist auf ihre Aktualität zu achten, daneben sollten auch potentielle Schwachstellen identifiziert werden. Veränderung entscheidender Einflussfaktoren, die Auswirkungen auf das bestehende Geschäftsmodell haben, sollen in diesem Prozessschritt erkannt, und ihre Auswirkungen auf das bestehende Geschäftsmodell analysiert werden.

Für die Analyse der Ausgangssituation bei einer geplanten Unternehmensgründung ist der Unternehmer selbst ein wichtiger Bestandteil der Analyse (vgl. *Bygrave/Zacharakis* 2011, S. 50 ff.). Persönliche Stärken und Schwächen des Unternehmers, seine beruflichen Qualifikationen, aber auch sein vorhandenes Netzwerk, sowie zeitliche und finanzielle Ressourcen sind Teile dieser ersten Analyse.

Parallel dazu besteht auf der Marktseite das Ziel, Marktlücken, beziehungsweise vorhandene Marktnischen zu identifizieren, da ihre Bearbeitung generell bessere Erfolgsaussichten bietet, als sich auf einen Verdrängungswettbewerb einzulassen (vgl. *Arnold* 2010, S. 38). In diesem Zusammenhang kann visionäres Denken, wobei potentielle, zukünftige Marktveränderungen mit Hilfe von sogenannten schwachen Signalen (weak signals) früh antizipiert werden, von entscheidendem Vorteil sein (vgl. *Ansoff* 1980, S. 131 ff.).

Eng verbunden mit dem ersten Prozessschritt ist die Ideengenerierung. Diese baut auf den Ergebnissen der vorangegangenen Analyse auf und nutzt diese als Basis, um potentielle neue Geschäftsideen oder Geschäftsmodellinnovationen abzuleiten. Quellen für neue Ideen können sowohl unternehmensinterne als auch unternehmensexterne Hintergründe haben. *Homburg, Kuester* und *Krohmer* (2009, S. 115) nennen auf der unternehmensinternen Seite als Quellen unter anderem Mitarbeiter der Forschungs- und Entwicklungsabteilung, Außenvertriebsmitarbeiter, Mitarbeiter der Kundenserviceabteilung und Kundenreklamationen. Auf der unternehmensexternen Seite werden zum Beispiel als Quellen Interviews mit Kunden, gewonnene Informationen über Wettbewerber, Innovationen auf anderen Märkten und Trend- bzw. Marktstudien von unabhängigen Instituten aufgeführt.

Aufbauend auf den Informationen aus unternehmensinternen und –externen Quellen, können zum Beispiel Kreativitätstechniken für die Ideengenerierung genutzt werden. Für die Geschäftsmodell-Ideengenerierung eignen sich am ehesten das klassische Brainstorming, der Morphologische Kasten, die Methode 365 und die Synektik (vgl. *Hauschildt/Salomo* 2007, S. 436). Die Kreativitätstechniken können auch miteinander kombiniert werden. Für ihre Anwendung wird im Schrifttum oft auf die Durchführung eines Workshops verwiesen, um die Ideenvielfalt zu erhöhen (vgl. *Osterwalder/Pigneur* 2010, S. 248 f.).

Bygrave und Zacharakis (2011, S. 57 f.) betonen, dass das Ziel der Ideengenerierung nicht unbedingt darin besteht, auf eine einzigartige, nie dagewesene Geschäftsidee zu warten. Die Geschäftsmodellausrichtung kann anstatt auf einer Innovation, auch auf einem imitativen Ansatz beruhen. Während beim ersteren ein neues Geschäftsmodell entwickelt wird, können beim letzteren aus einem bereits bestehenden Geschäftsmodell Kernelemente übernommen werden. Erfolgsentscheidend für beide Ansätze ist, dass für die Idee ein nachhaltiger Markt existiert.

Nachdem die Geschäftsmodellausrichtung und die ersten Ideen feststehen, werden die ersten Grobkonzepte entworfen. Dabei werden implizit alle Partialmodelle bereits in einem sogenannten mentalen Modell berücksichtigt, aber explizit konzipiert wird anfangs nur die strategische Komponente. Das Strategiemodell, das Ressourcenmodell und das Netzwerkmodell bilden die Basis des Geschäftsmodells (vgl. *Wirtz* 2013a, S. 240 f.).

Nach der Entwicklung eines Grobkonzeptes folgt die Machbarkeitsanalyse, wobei erneut die Umwelt analysiert werden muss. Im Vergleich zum ersten Prozessschritt wird das vor dem Hintergrund der neugenerierten Ideen vollzogen, um Implikationen für die entwickelten Grobkonzepte abzuleiten. Die Umweltanalyse setzt sich zusammen aus der Umfeldanalyse, der Branchen- und Marktanalyse und der Wettbewerbsanalyse (vgl. *Wirtz* 2013c, S. 110).

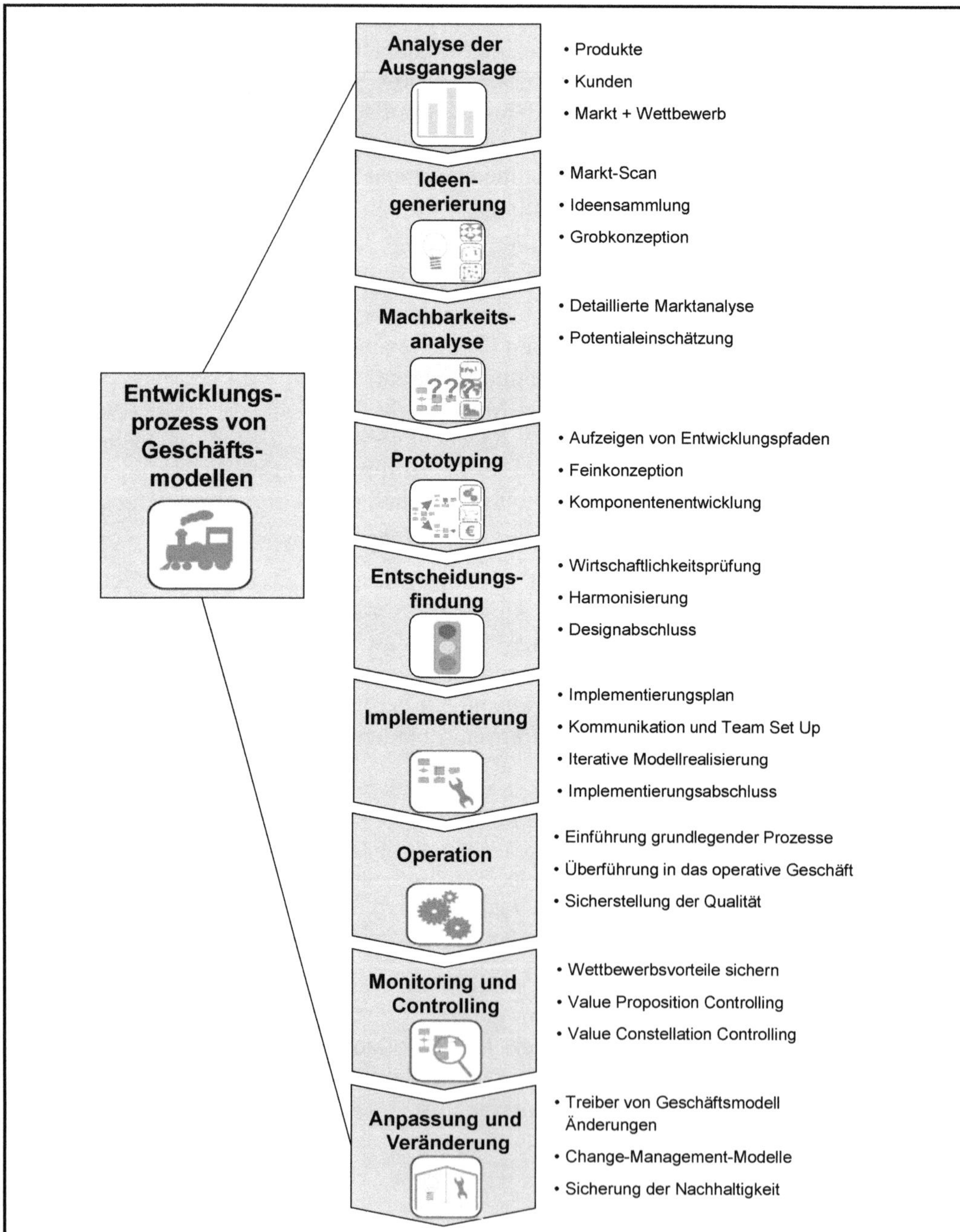

Abb. 3.1: Entwicklungsprozess von Geschäftsmodellen
Quelle: In Anlehnung an *Wirtz* (2013a), S. 217

Im Rahmen der Umfeldanalyse spielen das technologische, regulative, ökonomische und gesellschaftliche Umfeld eine Rolle, welche zusammen ein umfassendes Gesamtbild der relevanten Rahmenbedingungen ergeben. Das technologische Umfeld ist stark von der Branche abhängig. Zum Beispiel sind Unternehmen in der Telekommunikationsbranche stark auf kontinuierliche, technologische Innovationen angewiesen und weisen demzufolge eine intensive Forschungsaktivität auf. Solche Informationen sind für die Einschätzung des technologischen Einflusses, bezogen auf das jeweilige Grobkonzept, wichtig (vgl. *Chesbrough/Rosenbloom* 2002, S. 529 ff.).

Weiterhin können länderspezifische Gesetze, der Entwicklungsstand einer Volkswirtschaft und die jeweiligen verankerten Normen und Wertvorstellungen der Gesellschaft wichtige Einflussfaktoren bezogen auf den Erfolg eines Geschäftsmodells sein. Im Rahmen der Branchen- und Marktanalyse findet die Untersuchung von Marktstrukturen innerhalb der relevanten Industrien statt. Nach der Bestimmung von quantitativen Merkmalen, wie zum Beispiel des Marktvolumens, des Marktwachstums und des Marktpotentials, lässt sich die Attraktivität des Marktes für das Geschäftsmodell beurteilen.

Im Rahmen der Wettbewerbsanalyse müssen Profile von Wettbewerbsfirmen erstellt und ihr Verhalten analysiert werden. Darauf aufbauend ist die realistische Einschätzung der Wettbewerbsintensität eine entscheidende Voraussetzung, die für eine erfolgreiche Marktpositionierung berücksichtigt werden muss. Hierbei müssen nach *Porter* (1980) folgende vier Dimensionen einbezogen werden, die die Wettbewerbsintensität ausmachen: die Verhandlungsmacht der Kunden, die Verhandlungsmacht der Lieferanten, die Bedrohung durch Substitutionsprodukte und die Bedrohung durch neue Konkurrenten. Je ausgeprägter die Dimensionen, desto stärker ist die Wettbewerbsintensität und desto schwerer ist es, in diesem Markt Wettbewerbsvorteile zu realisieren.

Während der Machbarkeitsanalyse werden die Daten aus der Umfeldanalyse, der Branchen- und Marktanalyse und der Wettbewerbsanalyse dafür genutzt, im bestehenden Grobkonzept die kunden- und marktbezogenen Partialmodelle zu konzipieren. Das Ziel ist einerseits die Realisierbarkeit der Geschäftsidee abzuschätzen und andererseits während der Weiterentwicklung der Idee mit Hilfe des Kundenmodells, des Marktangebotsmodells und des Erlösmodells Anpassungsbedarf der schon bestehenden strategischen Komponenten zu identifizieren. Am Ende der Machbarkeitsanalyse sollte für die realisierbaren Geschäftsideen ein verfeinerter und aufeinander abgestimmter Entwurf, bestehend aus den strategischen und kunden- und marktbezogenen Komponenten des Geschäftsmodells, vorliegen (vgl. *Wirtz* 2013a, S. 245).

Der nächste Prozessschritt ist das Prototyping. Auch wenn der Begriff ursprünglich aus den Design- und Ingenieurswissenschaften kommt, findet er heute in weiteren Bereichen Verwendung (vgl. z. B. *Bruhn* 2006, S. 236 f.). So verbirgt sich hinter diesem Begriff im Rahmen des Geschäftsmodell-Entwicklungsprozesses die Entwicklung mehrerer möglicher Pfade einer Geschäftsidee. Es sollen also mehrere Geschäftsmodell-Prototypen erstellt werden, um im Folgenden die beste Alternative zu wählen.

Ein wichtiger Bestandteil dieser Phase ist die Ausarbeitung der Wertschöpfungskomponente des Geschäftsmodells. Die drei Partialmodelle ermöglichen den größten Handlungsspielraum bei der operativen Ausgestaltung des Geschäftsmodells. So bieten sich im Finanzmodell, im Leistungserstellungsmodell und im Beschaffungsmodell Alternativen an, die durch verschiedene Entwicklungspfade dargestellt und später miteinander verglichen werden können (vgl. *Wirtz* 2013a, S. 246).

In diesem Prozessschritt findet das erste Mal die vollständige Berücksichtigung aller Partialmodelle statt. Aus den Grobkonzepten entstehen nun Feinkonzepte, die ein übergreifendes Verständnis der Zusammenhänge zwischen den Partialmodellen ermöglichen. Dabei können eventuelle Schwachstellen entdeckt und durch alternative Konfigurationen beseitigt werden.

Die Geschäftsmodell-Prototypen werden im nächsten Prozessschritt, der Entscheidungsfindung, miteinander verglichen. Zuerst müssen die Geschäftsmodelle auf ihre Vollständigkeit geprüft werden, wobei auch die jeweiligen Kernaspekte herauszuarbeiten sind. Dann können die Stärken und Schwächen der einzelnen Konzepte gegeneinander abgewogen werden (vgl. *Wirtz* 2013a, S. 247). Wichtige Vergleichsgrößen hierfür können unter anderem die Marktgröße, die benötigten Ressourcen, die erwartete Stabilität der Kundennachfrage, die Wettbewerbsintensität, die Risiken und die Erlöspotentiale sein (vgl. *Bygrave/Zacharakis* 2011, S. 89 ff.).

Um die Vergleichbarkeit zu erleichtern und die meistversprechenden Geschäftsmodell-Konzepte zu identifizieren, kann mit Hilfe von Sollkriterien und ihrer Bewertung ein sogenanntes Scoringmodell erstellt werden (vgl. *Cooper* 2001, S. 133). Durch die Analyse und das Scoringverfahren werden etwa drei Geschäftsmodell-Konzepte ausgewählt.

Die ausgesuchten Geschäftsmodell-Konzepte müssen im Folgenden durch die Erstellung detaillierter Business Pläne formalisiert werden, um die Wirtschaftlichkeit der Konzepte weiter zu hinterfragen. Durch Business-Case-Kalkulationen, die den geplanten Kapitalbedarf, den Finanzierungsplan und einen Umsatz- und Rentabilitätsplan umfassen, kann eine objektivere Entscheidungsbasis erreicht werden. Nach dem der Unternehmer sich für ein Geschäftsmodell entschieden hat, kann er dieses selbst implementieren, verkaufen, verändern oder auch vorläufig verwerfen (vgl. *Wirtz* 2013a, S. 249).

Für den weiteren Entwicklungsprozess wird angenommen, dass das Geschäftsmodell implementiert werden soll. Das Kernziel der Implementierung ist, alle Partialmodelle so auszugestalten und aufeinander abzustimmen, dass das Geschäftsmodell optimal umgesetzt werden kann (vgl. *Afuah* 2004, S. 130). Mit anderen Worten, soll aus dem Geschäftsmodell ein wettbewerbsfähiges Unternehmen bzw. Unternehmensteil, entstehen. Dabei dient das zuvor favorisierte Geschäftsmodell als Konstruktionsplan.

Die Implementierung ist sehr stark vom jeweiligen Geschäftsmodell, sowie den spezifischen Umweltfaktoren, abhängig. Trotzdem ist es sinnvoll, Kenntnisse über das grundlegende Vorgehen und die maßgebenden Parameter zu haben, die Auswirkungen auf den Implementierungserfolg haben. Die Implementierung eines Geschäftsmodells baut auf den Grundlagen des Projektmanagements auf. *Jenny* (2005, S. 38) hält folgende Projektschritte im Rahmen einer Geschäftsmodell-Implementierung für sinnvoll: Planungsphase, Team Set Up, Kommunikationsphase, Realisierungsphase und Projektabschluss.

Während der Planungsphase liegt schon ein Konstruktionsplan in Form des Geschäftsmodells vor, für dessen Implementierung nun der finanzielle und der zeitliche Aufwand geschätzt und in konkreten Ablaufplänen festgehalten werden. Nachdem dieses Fundament gelegt ist, wird das Implementierungsteam zusammengestellt. Es bietet sich an, ein Team aus Personen mit sich ergänzenden Kompetenzen zu bilden (vgl. *Wirtz* 2013a, S. 260 f.). Im Falle einer Unternehmensgründung soll der Unternehmer beurteilen, ob er alle notwendigen Kompetenzen für die Implementierung besitzt. Dabei könnte es sich anbieten, das Gründerteam zu erweitern beziehungsweise externe Berater oder Dienstleister in Anspruch zu nehmen.

In der Kommunikationsphase soll eine frühzeitige Kommunikation der Implementierungsziele und des Implementierungsvorgehens an involvierte Personengruppen, mit dem Ziel der Erhöhung der Akzeptanz des Projektes, erfolgen. Das können neben dem Implementierungsteam weitere Mitarbeiter des eigenen Unternehmens sein, aber auch Wertschöpfungspartner und Kunden. In der Realisierungsphase werden die einzelnen, vorher festgelegten, Projektschritte umgesetzt. Die vollständige Implementierung muss die Vorgaben aus allen Partialmodellen berücksichtigen. Schließlich markiert die Abschlussphase den Übergang in das operative Geschäft. Dieser Übergang ist aber nicht abrupt, teilweise erfolgt die Aufnahme des operativen Geschäfts parallel zur Implementierung. Doch auch bei paralleler Aufnahme von operativen Geschäftstätigkeiten muss auf eine sorgfältige und vollständige Implementierung aller neun Teilmodelle geachtet werden (vgl. *Wirtz* 2013a, S. 261 ff.).

Die Geschäftsmodell-Implementierung ist ein iterativer Prozess. Bereits während der Umsetzung des Geschäftsmodells können relevante Veränderungen der Umwelt auftreten. Diese Veränderungen müssen wiederum im Geschäftsmodell durch Anpassungen berücksichtigt werden, damit das Unternehmen wettbewerbsfähig bleibt (vgl. *Wirtz* 2013a, S. 265).

Während des nächsten Prozessschritts, der Geschäftsmodell-Operation, wird das implementierte Geschäftsmodell in das operative Geschäft überführt. Dabei geht es um die Umsetzung des Geschäftsmodells auf der Prozessebene. Die Geschäftsmodell-Operation hat zwei Hauptanwendungsbereiche, die auch im klassischen Operation Management unterschieden werden: die Ausgestaltung und der Betrieb des Produktionssystems (vgl. *Heizer/Render* 2004, S. 7 ff.).

Die Ausgestaltung basiert auf der Identifizierung und Einführung aller relevanten Kernprozesse eines Geschäftsmodells. Hilfreich ist hierbei eine partialmodellspezifische Betrachtung, um alle Kernprozesse zu erfassen. Jedes Partialmodell baut auf einem Kernprozess auf, dem wiederum weitere, untergeordnete Prozesse zugrunde liegen. Zum Beispiel ist der Kernprozess des Marktmodells der Marktprozess. Dem Marktprozess sind die drei Subprozesse Zielmarktauswahlprozess, Marktanalyseprozess und Marktangebotsdefinitionsprozess untergeordnet (vgl. *Wirtz* 2013a, S. 276 f.). Während der Prozessimplementierung ist darauf zu achten, dass die Vorgaben aus den Partialmodellen konsistent umgesetzt werden. Die während der vorangegangenen Entwicklungsprozessstufen entwickelten, übergeordneten Ziele des Geschäftsmodells müssen sich auch auf der Prozessebene widerspiegeln.

Beim folgenden Betrieb steht das Qualitätsmanagement im Vordergrund. Während das Qualitätsmanagement grundsätzlich das Ziel hat, Qualitätsziele eines Unternehmens bezüglich der Produkte, Dienstleistungen oder Prozesse einzuhalten, ist das auf der Geschäftsmodellebene besonders schwierig, da die Qualität eines Geschäftsmodells schwer objektiv messbar ist. Das Konzept der operativen Exzellenz kann dazu beitragen, die Geschäftsmodell-Qualität im operativen Geschäft umzusetzen. Die wichtigsten Gestaltungsfelder der operativen Exzellenz sind Strategie, Kompetenzen & Fähigkeiten, Ablauforganisation, Kultur & Führung, Performance Management und Systeme & IT (vgl. *Afuah* 2004, S. 130 ff.).

Die Strategie legt fest, welche Ziele und Wege zur Erlangung der operativen Exzellenz genutzt werden können. Als nächstes müssen die vorhandenen Kompetenzen & Fähigkeiten im operativen Geschäft nutzbar gemacht werden. Das Gestaltungsfeld Ablauforganisation beinhaltet die Realisierung der Leitlinien der einzelnen Partialmodelle durch möglichst schlanke Prozesse. Weiterhin sollte die Business Vision in der Unternehmenskultur verankert werden. Im Performance Management wird während eines Soll-Ist-Vergleichs der etablierten Prozesse die Effizienz der einzelnen Arbeitsabläufe analysiert. Schließlich wird für eine schlanke und effiziente Umsetzung der Prozesse eine entsprechende, technische Infrastruktur benötigt (vgl. *Wirtz* 2013a, S. 283 f.).

Im nächsten Prozessschritt, dem Monitoring und Controlling, geht es um die Überprüfung der Zielerreichung des Geschäftsmodells. Als übergeordnetes Ziel ist hier die Generierung und Sicherung von Wettbewerbsvorteilen zu nennen, welches mit Hilfe von Planungs- und Controllingtools überwacht werden soll. Die drei wichtigen Bestandteile der Generierung von Wettbewerbsvorteilen sind das Leistungsversprechen, die Kundenbedarfsbefriedigung und die Profitabilität (vgl. *Wirtz* 2013a, S. 303).

Das Controlling der Realisierung des Leistungsversprechens lässt sich über ein Geschäftsmodell Audit realisieren. Dabei werden Maßnahmen und Aktivitäten hinsichtlich ihrer Erfüllung übergeordneter Ziele bewertet. Für eine Bewertung von Maßnahmen müssen Kriterien ausgearbeitet werden. In diesem Kontext bieten sich Kriterien aus folgenden Bereichen an: Mitarbeiter, Prozesse und Fähigkeiten (vgl. *Salama et al.* 2009, S. 34). Zum Beispiel kann innerhalb des Bereiches Mitarbeiter das Kriterium Mitarbeiterzufriedenheit bewertet werden. Für die Bewertung der Maßnahmen kann als Management-Tool die Scorecard herangezogen werden.

Das Controlling der Befriedigung von Kundenbedürfnissen lässt sich durch die Analyse von wesentlichen Einflussfaktoren und entsprechenden Kennzahlen realisieren. Relevante Einflussfaktoren auf die Kundenbedarfsbefriedigung sind unter anderem das wahrgenommene Preis-Leistungs-Verhältnis oder die Markenbindung des Kunden. Unter den Kundenkennzahlen sind als Beispiele unter anderem die Wiederkaufrate oder ein Kundenzufriedenheitsindex (vgl. *Wirtz* 2013a, S. 306 f.). Wichtig ist auch, die Kennzahlen in Relation zum Wettbewerb zu betrachten (vgl. *Afuah* 2004, S. 190 ff.).

Für das Controlling der Profitabilität sind neben Umsatzzahlen und Kosten sowie dem daraus abgeleiteten Gewinn, andere Profitabilitätskennzahlen notwendig (vgl. *Malone et al.* 2006, S. 14 ff.). Zur Bestimmung der Performance ist das EBIT (Earnings Before Interests and Taxes) oder der ROI (Return on Investment) die gängigsten Profitabilitätskennzahlen, die auch eine internationale Vergleichbarkeit ermöglichen.

Wenn im Rahmen des Monitorings und Controllings Defizite offengelegt werden, müssen die möglichen Ursachen ermittelt werden. Wenn diese Defizite auf das Geschäftsmodell zurückzuführen sind, muss die Phase der Anpassung und Veränderung des Geschäftsmodells eingeleitet werden.

Eine Veränderung kann nur einzelne Geschäftsmodell-Komponenten oder auch zeitgleich alle Partialmodelle betreffen. Für Unternehmen stellen Veränderungen ihrer Geschäftsmodelle sowohl Chancen als auch Risiken dar (vgl. *Afuah* 2004, S. 162). Während bestehende Wettbewerbsvorteile durch Veränderungen verschwinden können, haben Veränderungen auch das Potential neue Wettbewerbsvorteile zu generieren. Ein effizientes Change-Management kann dabei einen eigenen Wettbewerbsvorteil darstellen, da das Unternehmen sich schneller an veränderte Umweltbedingungen anpassen kann als seine Wettbewerber.

Damit der Wettbewerbsvorteil nach einer Veränderung erhalten bleibt und weiter ausgebaut werden kann, müssen Nachhaltigkeitsstrategien berücksichtigt werden. Grundsätzlich sind hierfür drei generische Nachhaltigkeitsstrategien von Relevanz: Block-Strategie, Run-Strategie und die Team-Up-Strategie (vgl. *Afuah/Tucci* 2003, S. 69 ff.).

Während der Block-Strategie ist das Ziel das eigene Geschäftsmodell für die Wettbewerber nicht imitierbar zu machen. Hierfür können Patente, einzigartige Fähigkeiten oder das Copyright als Barrieren dienen. Bei der Run-Strategie nimmt das Unternehmen die Rolle des Innovators ein. Dabei ist auch eine kooperative Entwicklung in einem Unternehmensverbund nicht auszuschließen. Die dritte Strategie schlägt die Formation von strategischen Partnerschaften zum Ausbau von Ressourcen und Kompetenzen vor.

3.2 Erfolgsfaktoren bei der Entwicklung von Geschäftsmodellen

Um die Erfolgswahrscheinlichkeit bei der Entwicklung von Geschäftsmodellen zu erhöhen, lassen sich zentrale Erfolgsfaktoren identifizieren. Der Grundgedanke von Erfolgsfaktoren besteht darin, dass der Erfolg des jeweiligen Untersuchungsobjektes trotz seiner Multikausalität größtenteils von einigen bestimmten Einflussgrößen abhängt (vgl. *Schmalen et al.* 2006, S. 351). Die spezifischen Einflussgrößen bedürfen besonderer Aufmerksamkeit, um die Erfolgschancen zu steigern. Diese Einflussgrößen werden auch als Erfolgsfaktoren bezeichnet (vgl. *Lechler* 1997, S. 46).

Im Folgenden werden zuerst allgemeine Erfolgsfaktoren für den gesamten Entwicklungsprozess und anschließend phasenspezifische Erfolgsfaktoren für jeden Prozessschritt dargestellt. Die Abb. 3.2 gibt einen Überblick über alle identifizierten Erfolgsfaktoren. Die Reihenfolge der Nennung der Erfolgsfaktoren soll dabei keine Aussagen bezüglich ihrer Wichtigkeit treffen.

Die Entwicklung von Geschäftsmodellen kann nach der geltenden DIN-Norm 69901 als ein Projekt aufgefasst werden. Trotz der Einmaligkeit von Projekten, gibt es allgemeingültige Anforderungen bezüglich der Vorbereitung, Planung, Umsetzung, Überwachung und Steuerung eines jeden Projektes. Durch die Beteiligung eines erfahrenen Projektmanagers reduzieren sich im Entwicklungsprozess von Geschäftsmodellen mögliche Misserfolgsursachen, die unter anderem mit der Projektplanung, -organisation und der -kommunikation zusammenhängen, und die Erfolgswahrscheinlichkeit dieses Projektes steigt.

Eine entscheidende Voraussetzung für den Projekterfolg ist die Formulierung klarer und eindeutiger Ziele (vgl. *Stöger* 2007, S. 45). Im Rahmen eines Projektes haben Ziele mehrere wichtige Funktionen. Darunter fallen die Entscheidungsfunktion, die Koordinationsfunktion, die Motivationsfunktion und die Kontrollfunktion, die sich alle positiv auf den Erfolg des Projektes auswirken (vgl. *Bea et al.* 2008, S. 110 ff.). Um die festgelegten Kosten-, Zeit- und Leistungsziele zu erreichen, sind bestimmte Ressourcen notwendig. Damit der Entwicklungsprozess von Geschäftsmodellen erfolgreich durchgeführt und abgeschlossen werden kann, müssen die benötigen Ressourcen zur richtigen Zeit und am richtigen Ort zur Verfügung stehen. Durch ein effizientes Ressourcenmanagement werden materielle und immaterielle Ressourcen sichergestellt und die knappen Ressourcen optimal auf den gesamten Entwicklungsprozess verteilt.

Zur Durchführung des Entwicklungsprozesses von Geschäftsmodellen sind unterschiedliche Kompetenzen und Kenntnisse aus verschiedenen Fachrichtungen notwendig. Die Zusammenstellung eines Teams aus unterschiedlichen Disziplinen stellt den nächsten wichtigen Erfolgsfaktor dar. Weiterhin müssen Zuständigkeiten und Entscheidungsbefugnisse im Team klar verteilt werden, um eine optimale Zusammenarbeit zu ermöglichen.

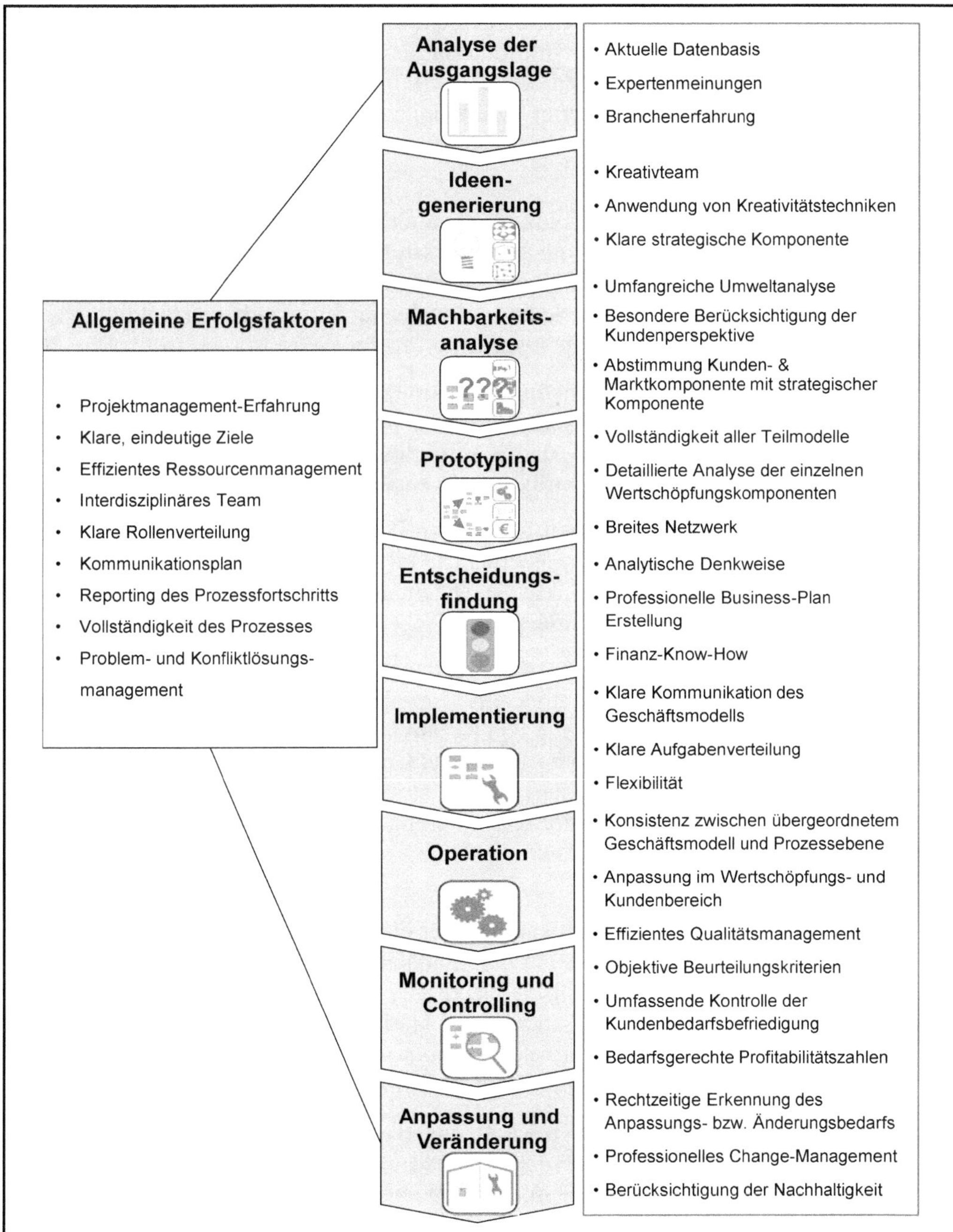

Abb. 3.2: Erfolgsfaktoren des Geschäftsmodell-Entwicklungsprozesses
Quelle: *Eigene Darstellung*

Die Kommunikation spielt im Projektmanagement eine zentrale Rolle (vgl. *Engel et al.* 2008, S. 12). Um einen geregelten Informationsaustausch aller Projektbeteiligten auf allen Hierarchieebenen und Bereichen des Entwicklungsprozesses von Geschäftsmodellen sicherzustellen, ist ein strukturierter Kommunikationsplan notwendig. Regelmäßige Meetings, die auch das Reporting des Prozessfortschritts enthalten, sind ein entscheidender Faktor für den Erfolg.

Für eine höhere Erfolgswahrscheinlichkeit ist weiterhin auf die Vollständigkeit sowohl der neun Partialmodelle als auch der neun Prozessstufen des Entwicklungsprozesses von Geschäftsmodellen zu achten. Während die Bedeutung einzelner Prozessschritte je nach Art des Geschäftsmodells variieren kann, sollte keine Stufe unberücksichtigt bleiben beziehungsweise vorzeitig abgebrochen werden.

Die Entstehung von Interessenskonflikten, Ressourcenkonflikten oder auch Sachkonflikte und die dadurch ausgelösten Probleme sind eine potentielle Gefahr für jedes Projekt. Daher ist ein permanentes Problem- und Konfliktlösungsmanagement, welches Strategien zur Konfliktvermeidung und Konfliktlösung enthält, unabdingbar.

Nach den allgemeinen Erfolgsfaktoren werden im Folgenden die prozessschrittbezogenen Erfolgsfaktoren dargestellt. Für die Identifikation von Marktlücken während der Analyse der Ausgangslage ist eine aktuelle Datenbasis, Expertenmeinungen und auch Branchenerfahrung besonders erfolgsrelevant.

Für die darauf folgende Ideengenerierung wird die Durchführung eines Workshops beziehungsweise der Einsatz eines Kreativteams empfohlen (vgl. *Bridgeland/Zahavi* 2009, S. 216). Zusammen mit der Anwendung von Kreativitätstechniken kann die Ideenvielfalt erhöht werden. Für die Ideen werden anschließend Grobkonzepte mit einer ausgearbeiteten strategischen Komponente konzipiert. Da die strategische Komponente die Basis des Geschäftsmodells darstellt, ist die klare Ausarbeitung der drei Teilmodelle von entscheidender Bedeutung.

Anschließend muss im Rahmen der Machbarkeitsanalyse eine umfangreiche Umweltanalyse stattfinden, um fundierte Implikationen für die Grobkonzepte abzuleiten. Um das Erfolgspotential einzelner Grobkonzepte einzuschätzen ist auch die besondere Berücksichtigung der Kundenperspektive entscheidend. Die gewonnenen Erkenntnisse werden anschließend für die Erstellung der Kunden- und Marktkomponente verwendet. Dabei ist zu prüfen, ob sich gegebenenfalls ein Änderungsbedarf für die strategische Komponente ergibt, denn die Abstimmung zwischen den zwei Komponenten ist erfolgsrelevant.

Bevor die Erstellung verschiedener Geschäftsmodell-Prototypen stattfinden kann, müssen alle Teilmodelle vollständig entwickelt werden. Folglich werden im Rahmen des Prototypings die drei verbleibenden Wertschöpfungskomponenten ausgearbeitet. Um anschließend verschiedene Implementierungsmöglichkeiten zu erstellen, ist eine detaillierte Analyse der einzelnen Wertschöpfungskomponenten notwendig. Der Aufbau eines breiten Netzwerks, zum Beispiel aus Beschaffungspartnern, ermöglicht dabei einen größeren Spielraum für die Erstellung verschiedener Entwicklungspfade.

Während der Entscheidungsfindung muss in einer Vorselektion die Wirtschaftlichkeit aller entwickelten Geschäftsmodell-Prototypen anhand verschiedener Vergleichsgrößen abgewägt werden. Dabei ist eine analytische Denkweise besonders erfolgsrelevant. Für die weitere Analyse der ausgewählten Geschäftsmodell-Prototypen müssen Business-Pläne erstellt werden, wofür auch fundiertes Finanz-Know-how unabdingbar ist. Gegebenenfalls sollte hierfür professionelle Hilfe von Beratern in Anspruch genommen werden.

Die Voraussetzung für eine erfolgreiche Implementierung ist eine klare Kommunikation des Geschäftsmodells. Anschließend müssen die Aufgaben und Weisungsbefugnisse im Implementierungsteam klar verteilt werden. Einen weiteren Erfolgsfaktor bildet die Flexibilität, während der Umsetzung auf relevante Veränderungen in der Umwelt zu achten und falls nötig, Anpassungen am Geschäftsmodell vorzunehmen (vgl. *Wirtz* 2013a, S. 265).

Ein zentraler Erfolgsfaktor während der Operation, der Umsetzung des Geschäftsmodells auf der Prozessebene, ist die Sicherstellung der Konsistenz zwischen dem übergeordneten Geschäftsmodell und den Geschäftsprozessen. Insbesondere sind die Prozesse im Wertschöpfungs- und Kundenbereich anzupassen (vgl. *Wirtz* 2013a, S. 278). Durch effizientes Qualitätsmanagement sollen angestrebte Qualitätsniveaus von Produkten, Prozessen, Leistungen und dem Geschäftsmodell eingehalten werden, um im vollen Umfang das Leistungsversprechen für den Kunden realisieren zu können.

Für ein erfolgreiches Monitoring und Controlling muss die Erreichung des übergeordneten Ziels des Geschäftsmodells, die Generierung und Sicherung von Wettbewerbsvorteilen, überprüft werden. Für die Kontrolle des Leistungsversprechens sind objektive Beurteilungskriterien auszuarbeiten, um relevante Maßnahmen bewerten zu können. Weiterhin ist eine umfassende Kontrolle der Kundenbedarfsbefriedigung anhand Kundenkennzahlen und der Analyse wesentlicher Einflussfaktoren vorzunehmen. Für die Kontrolle der Profitabilität sind insbesondere bedarfsgerechte Profitabilitätszahlen einzuführen.

Für den letzten Prozessschritt sind zuerst die rechtzeitige Erkennung des Anpassungs- bzw. Änderungsbedarfs und anschließend ein professionelles Change-Management von besonderer Bedeutung. Für langfristigen Erfolg sollte nach dem Change-Prozess die Nachhaltigkeit der neu erlangten Wettbewerbsposition durch ausgewählte Nachhaltigkeitsstrategien gesichert werden (vgl. *Wirtz* 2013a, S. 297 ff.).

4 Ausblick

Der Bedeutungszuwachs des Business Model-Ansatzes steht insbesondere mit den erheblichen Veränderungen der Wettbewerbsbedingungen in den letzten beiden Dekaden in Zusammenhang. Die zunehmende Globalisierung, grundlegende Deregulierungen gesamter Marktbereiche, schnellere Innovationszyklen oder ein hoher wirtschaftlicher

Verflechtungsgrad haben die Märkte dynamischer, wettbewerbsintensiver und vor allem komplexer gemacht. Unternehmen, die sich im globalen Wettbewerb behaupten wollen, müssen bestrebt sein, ihr Geschäftsmodell systematisch und dynamisch anzupassen und fortzuentwickeln.

Vor diesem Hintergrund ist es von besonderer Bedeutung, Geschäftsmodelle systematisch und strukturiert zu entwickeln und diese im weiteren Verlauf auch integriert zu managen, um nachhaltige Wettbewerbsvorteile zu erzielen. In diesem Zusammenhang ist es insbesondere in der Unternehmenspraxis von Bedeutung, einen Systematikansatz zur Geschäftsmodellentwicklung zu verwenden, um eine vergleichbare Basis im Zeitverlauf sicherzustellen.

Literaturverzeichnis

Afuah, A.: Business Models – A strategic management approach. Mcgraw Hill, New York (2004)

Afuah, A., Tucci, C.L.: Internet Business Models and Strategies. 2. Aufl., McGraw Hill, New York (2003)

Al-Debei, M.M., El-Haddadeh, R., Avison, D.: Defining the Business Model in the New World of Digital Business. Americas Conference on Information Systems 2008 Proceedings, Paper 300, Toronto (2008)

Ansoff, H. I.: Strategic Issue Management. Strategic Management 1(2), 131–148 (1980)

Arnold, J.: Existenzgründung – Fakten & Grundsätzliches. 3. Aufl., UVIS-Verlag, Burgrieden (2010)

Bea, F.X., Scheurer, S., Hesselmann, S.: Projektmanagement. UTB, Stuttgart (2008)

Bellman, R., Clark, C.E., Malcom, D.G., Craft, C.J., Ricciardi, F.M.: On the construction of a multi-stage, multi-person business game. Operations Research 5(4), 469–503 (1957)

Bridgeland, D.M., Zahavi, R.: Business Modelling – A Practical Guide to Realizing Business Value. Elsevier, Burlington (2009)

Bruhn, M.: Markteinführung von Dienstleistungen. Vom Prototyp zum marktfähigen Produkt. In: Bullinger, H.J., Scheer, A.W. (Hrsg.) Service Engineering, 227–248. 2. Aufl., Springer, Berlin/Heidelberg/New York (2006)

Bygrave, W., Zacharakis, A.: Entrepreneurship. 2. Aufl., John Wiley & Sons, New York (2011)

Chesbrough, H., Rosenbloom, R.S.: The role of the business model in capturing value from innovation – evidence from Xerox Corporation's technology spin-off companies. Industrial and Corporate Change 11(3), 529–555 (2002)

Cooper, R.G.: Winning at New Products – Accelerating the Process from Idea to Launch. 3. Aufl., Basic Books, Cambridge (2001)

Dolmetsch, R.: eProcurement – Einsparungspotentiale im Einkauf. 2. Aufl., Addison-Wesley, München (2000)

Hamel, G.: Leading the Revolution. Plume, Boston (2000).

Hauschildt, J., Salomo, S.: Innovationsmanagement. 4. Aufl., Vahlen, München (2007)

Heizer, J., Render, B.: Operations Management. Prentice Hall International, New Jersey (2004)

Homburg, C., Kuester, S., Krohmer, H.: Marketing Management – A Contemporary Perspective. Mcgraw Hill, London (2009)

Jenny, B.: Projektmanagement. 2. Aufl., Vdf, Zürich (2005)

Lechler, T.: Erfolgsfaktoren des Projektmanagements. Peter Lang Publishing, Frankfurt am Main (1997)

Magretta, J.: Why Business Models Matter. Harvard Business Review 80(5), 86–92 (2002)

Malone, T.W., Weill, P., Lai, R., D'Urso, V.T.: Do Some Business Models Perform Better than Others? MIT Sloan School of Management - Working paper 4615 06, 1–34 (2006)

Osterwalder, A., Pigneur, Y.: Business Model Generation. John Wiley & Sons, New Jersey (2010)

Osterwalder, A., Pigneur, Y., Tucci, C.L.: Clarifying Business Models: Origins, Present, and Future of the Concept. Communication Association Information Systems 16(1), 1–25 (2005)

Petrovic, O., Kittl, C., Teksten, R.D.: Developing Business Models for eBusiness. http://citeseerx.ist.psu.edu/viewdoc/download?doi=10.1.1.24.9466&rep=rep1&type=pdf (2014). Zugegriffen: 15. März 2014

Porter, M. E.: Competitive Strategy – Techniques for Analyzing Industries and Competitors. Free Press, New York (1980)

Salama, K.F., Luzzatto, D., Sianesi, A., Towill, D.R.: The value of auditing supply chains. International Journal of Production Economics 119(1), 34–45 (2009)

Schmalen, C., Kunert, M., Weindlmaier, H.: Erfolgsfaktorenforschung – theoretische Grundlagen, methodische Vorgehensweise und Anwendungserfahrungen in Projekten für die Ernährungsindustrie. In: Unternehmen im Agrarbereich vor neuen Herausforderungen: 45. Jahrestagung der Gesellschaft für Wirtschafts- und Sozialwissenschaften des Landbaues e. V. vom 05. bis 07. Oktober 2005 in Göttingen, 351–362 (2006).

Schoegel, K.: Geschäftsmodelle: Konstrukt – Bezugsrahmen – Management. FGM, München (2001)

Stiefl, J.: Finanzmanagement. Oldenbourg, München (2005)

Wirtz, B.W.: Business Model Management. Design - Instrumente - Erfolgsfaktoren von Geschäftsmodellen. 3. Aufl., Springer Gabler, Wiesbaden (2013a)

Wirtz, B.W.: Electronic Business. 4. Aufl., Springer Gabler, Wiesbaden (2013b)

Wirtz, B.W.: Multi-Channel-Marketing. Grundlagen - Prozesse - Instrumente. 2. Aufl., Springer Gabler, Wiesbaden (2013c)

Wirtz, B.W., Kleineicken, A.: Geschäftsmodelltypologien im Internet. WiSt. 29(11), 626–635 (2000)

Wirtz, B.W., Thomas, M.-J.: Design und Entwicklung der Business Model-Innovation. In: Schallmo, D.R.A. (Hrsg.) Kompendium Geschäftsmodell-Innovation. Springer Fachmedien, Wiesbaden (2014)

Wu, X., Zhand, W.: Business Model Innovations in China. From a Value Network Perspective. http://www.indiana.edu/~rccpb/uschinacooperation/papers/P8%20Wu%20Xiaobo pdf (2014). Zugegriffen: 16. März 2014

Martin Gersch, Christian Goeke und Janina Sundermeier

Die Geschäftssystementwicklung in der Vormarktphase

Martin Gersch, Prof. Dr.
Inhaber der Professur für Betriebswirtschaftslehre
und Leiter des Competence Center E-Commerce
Freie Universität Berlin
E-Mail: martin.gersch@fu-berlin.de.

Christian Goeke, Dr.
Stabsstelle Strategische Planung & Health Care Projekte
Medice Arzneimittel Pütter GmbH & Co. KG
E-Mail: christian.goeke@rub.de.

Janina Sundermeier, M. Sc.
Wissenschaftliche Mitarbeiterin an der Professur Gersch
Freie Universität Berlin
E-Mail: janina.sundermeier@fu-berlin.de.

1 Geschäftsmodelle und Geschäftssysteme – Grundlagen im Gründungskontext

Die Begriffe „Geschäftsmodell" und „Geschäftssystem" sind grundsätzlich nicht auf den Gründungskontext beschränkt. Diesem verdanken sie seit dem Boom so genannter „Start-Ups" im Umfeld der „New" oder „Net Economy" jedoch wesentlich ihre Prominenz (*Gersch* 2013). Mit der Gründungswelle in den 1990/2000er Jahren ging, im Zusammenhang mit der Entstehung neuer Unternehmungen, eine Renaissance der Diskussion geeigneter Instrumente und Begrifflichkeiten in der Betriebswirtschaftslehre einher (*Kollmann* 2014; *Zott et al.* 2011). Gerade nach einem ersten dramatischen Abschwung des Hypes um E-Ventures nach der Jahrtausendwende hat sich die Einstellung hin zu strukturierten, konzeptionellen Ansätzen in der Gründungsphase von Unternehmungen geändert und durchgesetzt. Einen strukturierten Ansatz forciert auch die integrierte Geschäftsmodell bzw. Geschäftssystemanalyse, die im Mittelpunkt dieses Beitrags steht. Sie integriert bisherige Ansätze unter anderem aus den Bereichen der marktorientierten Unternehmensführung, der Wirtschaftsinformatik, der Organisations- und Managementforschung sowie des Controllings. Auf diese Weise wird bereits in frühen Phasen der Planung und beginnenden Realisierung zukünftiger unternehmerischer Tätigkeiten eine systematische Auseinandersetzung mit zentralen Aspekten befördert. Hierzu gehören unter anderem die Analyse von Gelegenheitsfenstern im Markt, z. B. aufgrund sich entwickelnder Nachfragerbedürfnisse, die durch bisherige Leistungsangebote nur unzureichend bedient werden, die Lösung konkreter Gestaltungsfragen (z. B. Details des Leistungsangebotes oder der möglichen Unterstützung durch Informationssysteme), die Abwägung notwendiger Umsetzungsfragen (z. B. der Leistungserstellung sowie der Platzierung und Kommunikation des Leistungsangebotes) als auch die fortwährende Reflexion der Auswirkungen von z. B. Umfeldentwicklungen oder rechtliche Veränderungen auf unterstellte Business Pläne (*Kollmann* 2003, S. 8; *Kollmann* 2014, S. 119-170).

Das Verständnis der Begriffe „Geschäftsmodell" und „Geschäftssystem" ist in Literatur und Praxis keineswegs einheitlich (u. a. *Schallmo* 2013; *Zott et al.* 2011). Allgemein differenzieren **Geschäftsmodelle** erkennbare **Grundtypen ökonomischer Aktivitäten**, wobei in vielen Charakterisierungen eine besondere Betonung der potenziellen Nutzenstiftung für Kunden und Partner erfolgt (*Schallmo* 2013, S. 16). Für eine ausführlichere Begriffsbeschreibung wird in Anlehnung an *Wirtz* (2001/2013), *Rappa* (2007), *Timmers* (1998) sowie *Amit* und *Zott* (2000) die folgende Definition von Geschäftsmodellen zu Grunde gelegt:

„Der Begriff ‚Geschäftsmodell' bezeichnet allgemein-typisierend die Abbildung des betrieblichen Produktions- und Leistungssystems einer Unternehmung oder einer Kooperations-/Anbietergemeinschaft. In stark vereinfachter, aggregierter und charakterisierender Form wird dargestellt, welche Inputgüter in die Unternehmung fließen und wie

diese durch innerbetriebliche und kooperative Aktivitätsfolgen in vermarktungsfähige Leistungsbündel für als relevant erachtete Märkte transformiert werden. Ansatzpunkte zur Generierung von Erlösen und Kosten durch eine Geschäftstätigkeit werden aufgezeigt und somit die wesentlichen Grundlagen für Erfolg und Misserfolg analysiert." (*Gersch* 2004, S. 68 f.).

Unter anderem *Rappa* (2007) und *Timmers* (1998) entwickeln empirisch fundiert idealisierte „Geschäftsmodelltypen", die sich jeweils durch prägnante Charakteristika und Herausforderungen auszeichnen. Die Taxonomie von *Rappa* (2007) beispielsweise umfasst die generischen Geschäftsmodelltypen „Brokerage", „Advertising", „Infomediary", „Merchant", „Manufacturer (direct)", „Affiliate", „Community", „Subscription" und „Utility".[1]

Von diesen allgemeinen Geschäftsmodelltypen zu unterscheiden ist der Begriff des „**Geschäftssystems**", das die konkrete **Realisierung eines allgemeinen Geschäftsmodells** bezeichnet (*Gersch* 2004, S. 68). Das E-Commerce Geschäftssystem „ebay" beispielsweise ist dann die Realisierung des allgemeinen Geschäftsmodeltyps „Brokerage", „Karstadt" oder das Kerngeschäft von „Amazon" realisieren den Geschäftsmodelltypen „Merchant".

Ein Geschäftssystem bezieht sich ebenso wie ein Geschäftsmodell nicht notwendigerweise auf eine einzelne Unternehmung. Folgende Zusammenhänge sind zu beachten:

- Ein konkretes Geschäftssystem kann als Kooperation mehrerer Unternehmen in ganz unterschiedlichen Organisationsformen realisiert werden.
- Eine Unternehmung kann mehrere Geschäftssysteme parallel realisieren. Jedes konkrete Geschäftssystem kann selbst wieder eine Kombination mehrerer Geschäftsmodelltypen sein.
- Ein konkretes Geschäftssystem entspricht üblicherweise einem so genannten „Strategischen Geschäftsfeld (SGF)" bei jedem der beteiligten Unternehmungen (bei „Start-Ups" Unternehmungen somit in der Regel dem zunächst einzigen SGF) (*Backhaus/Voeth* 2010).

Die Konzeption des angestrebten Geschäftssystems stellt einen zentralen Meilenstein in der Vorgründungsphase dar. Es bedarf eines strukturierten Ansatzes als Brücke zwischen der ursprünglichen Geschäftsidee und dem sich im Zeitablauf realisierenden Business-/Geschäftsplan.

---

[1] Hierzu sei auch auf einen interessanten Podcast von *Michael Rappa* verwiesen: http://digitalenterprise.org/podcasts/business_models.mp3

Grundsätzlich kann bei jeder – auch bereits bestehenden – Unternehmung das oder die zu Grunde liegende(n) Geschäftsmodell(e) sowie die jeweils konkrete Realisierung als Geschäftssystem beschrieben und analysiert werden. Es scheint sogar ausdrücklich angezeigt, einzelne Anpassungsschritte, die angesichts sich fortwährend ändernder Marktrahmenbedingungen notwendig oder unvermeidbar werden, immer wieder auch in einem ganzheitlichen Kontext zu sehen. Eine strukturierte Vorgehensweise und Dokumentation in der Vorgründungsphase ist zur gleichen Zeit auch eine Investition in zukünftige Reflexionen als Teil kontinuierlicher Planungs-, Steuerungs- und Kontrollaktivitäten.

2 Ein Partialmodell-Ansatz zur Strukturierung relevanter Dimensionen des Geschäftssystems

Die in der Literatur verfügbaren konzeptionellen Ansätze zu Geschäftsmodellen und Geschäftssystemen haben sich besonders in den letzten zehn Jahren verändert und weiterentwickelt (*Schallmo* 2013). Zunächst zielten die vorhandenen Modelle und Systeme mehrheitlich auf die Analyse möglicher Erlösquellen ab (z. B. *Woratschek et al.* 2002). Dies wurde als zu eng kritisiert, da der Erlös zwar zentral für ein Geschäftssystem sei, gerade im Gründungskontext aber mit einer Reihe weiterer essentieller Grundüberlegungen verbunden werden müsse, die in Kombination mit der Frage möglicher Erlösströme den ökonomischen Erfolg bestimmen. Diese Kritik führte zur Identifikation und Einbeziehung weiterer Dimensionen, welche *Schallmo* (2013) als Ergebnis einer Analyse vorhandener Literatur in folgende Oberdimensionen zusammenfasst (S. 16):

- Kundendimension
- Nutzendimension
- Wertschöpfungsdimension
- Partnerdimension
- Finanzdimension

Neben der Erlösquelle rücken damit auch weitere Aspekte in den Mittelpunkt der Analyse, so zum Beispiel: „Wer ist möglicher Kunde und welcher Nutzen wird ihm generiert? Welche Leistungen werden diesen potenziellen Kunden angeboten? Wer erstellt die als notwendig erachteten Teilleistungen? Wer kann als direkte oder indirekte Konkurrenz gesehen werden? Aus welchen Quellen werden Erlöse generiert und welche Kosten stehen dem gegenüber? Von welchen Faktoren ist der erhoffte Erfolg abhängig? Welche Wettbewerbsvorteile sollen Grundlage des Erfolges sein?“ (z. B. *Müller-Stewens/Lechner* 2011; *Osterwalder/Pigneur* 2004; *Stähler* 2002)

Auf Basis dieser Entwicklungen scheint daher ein Partialmodellansatz als geeignet für eine integrierte Gesamtbetrachtung von Geschäftsmodellen und -systemen. Die Grundlage der weiteren Ausführungen bildet dabei die Grundstruktur eines Partialmodellansatzes nach *Wirtz* (2001/2013).

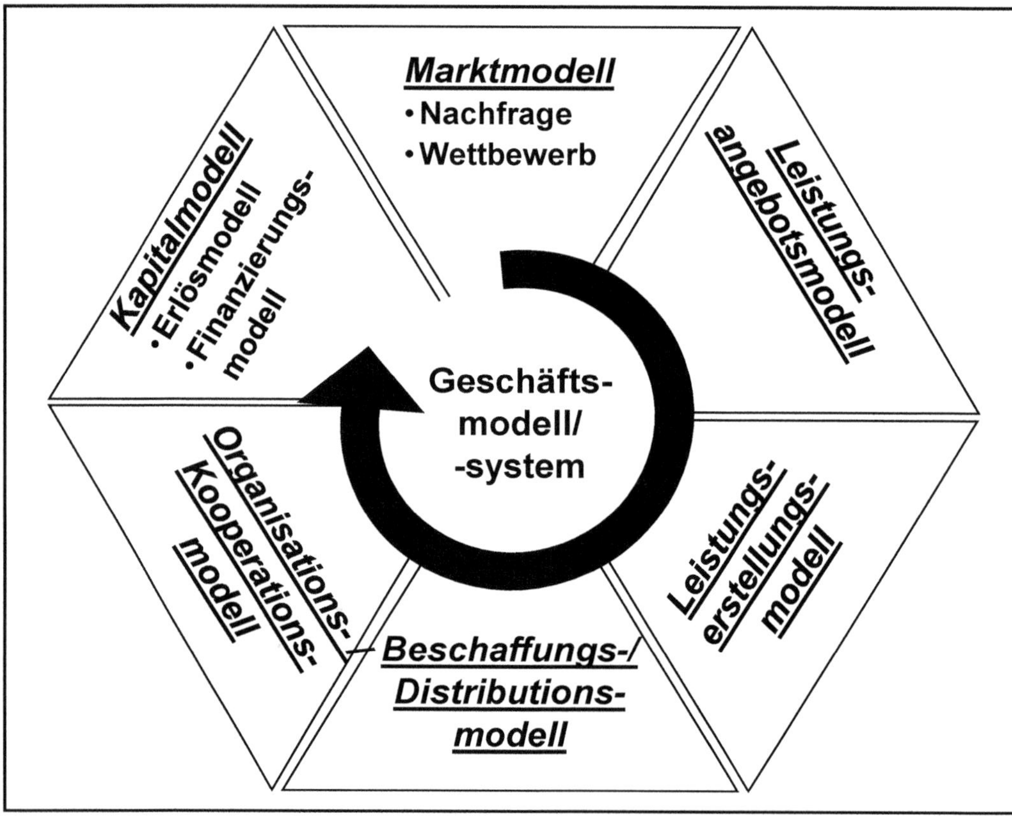

Abb. 2.1: Partialmodelle zur Analyse von Geschäftsmodellen und -systemen
Quelle: *Gersch* 2004, S. 84, in Erweiterung von *Wirtz* 2001, S. 211 und 2013

Mit den in Abb. 2.1 zunächst überblicksartig dargestellten Partialmodellen können Geschäftssysteme differenziert beschrieben und auf dieser Grundlage auch analysiert werden. Diese Partialmodelle werden im Folgenden zunächst in allgemeiner Form näher charakterisiert (in Anlehnung an *Wirtz* 2001 und *Gersch* 2004), bevor sie in Abschn. 4 am Beispiel der Gründung und Entwicklung des Geschäftssystems einer Versandapotheke in Deutschland konkretisiert werden.

Entsprechend dem Pfeil in der Abb. 2.1 beginnt die Analyse in der Regel mit dem so genannten **Marktmodell**. Aus der Perspektive des Geschäftsmodellträgers handelt es sich dabei um die klassische Analyse des relevanten Marktes (*Freiling/Reckenfelderbäumer* 2010, S. 94 ff.). Im Marktmodell werden Strukturen und Akteure für den

Downstream-Bereich – also die dem Geschäftssystem nachgelagerten Marktstufen – näher betrachtet und ausgewertet. Von Bedeutung für das Marktmodell sind zudem die Marktgröße (Volumen und Anzahl Marktteilnehmer) und relevante Rahmenbedingungen (z. B. Zutrittsbarrieren, rechtliche Vorschriften oder Regulierung). Auf Struktur- und Akteursebene ist eine weitere Differenzierung bezüglich der Nachfrage und des Wettbewerbs sinnvoll. So muss sowohl Klarheit über aktuelle und vor allem potenzielle Nachfragergruppen und -segmente bestehen, deren Zahlungsbereitschaften und vermutetes Absatzvolumen, als auch über deren Organisationsgrad oder die Bedeutung etwaiger Vermachtungsstrukturen in der Nachfrage. Die Identifikation und Analyse aktueller und potenzieller Wettbewerber und deren Verhalten im Markt stellt eine weitere wesentliche Teilaufgabe des Marktmodells dar. Ergänzend und unterstützend können durchaus bekannte und etablierte Ansätze genutzt werden, um die wesentlichen Aspekte des Marktmodells differenzierter analysieren zu können. Exemplarisch verwiesen sei auf die Branchenstrukturanalyse von *Porter* (2013, S. 32).

Das **Leistungsangebotsmodell** knüpft insofern an das Marktmodell an, als dass es die Leistungen zur Bedürfnisbefriedigung für die zuvor identifizierten Nachfrager(gruppen) – gegebenenfalls segmentspezifisch oder gar kundenindividuell – konkretisiert. Dabei wird von so genannten „Leistungsbündeln“ (*Engelhardt et al.* 1993) als Kombination materieller und immaterieller Teilleistungen ausgegangen. Das Leistungsangebotsmodell insgesamt beschreibt somit die zentralen Eckpunkte des Absatzsortiments zu dem insbesondere auch entgeltfrei an den Nachfrager abgegebene Teilleistungen gehören.

Beim **Leistungserstellungsmodell** steht die Realisierung des Leistungsangebotes im Vordergrund. Es beschreibt, welche Teilaktivitäten grundsätzlich erforderlich sind, um das im zuvor skizzierten Partialmodell charakterisierte Leistungsangebot vorhalten zu können. Neben den Teilaktivitäten werden auch benötigte Inputfaktoren, Ressourcen und Kompetenzen in diesem Partialmodell analysiert (*Freiling et al.* 2006; 2008). Ebenso sind die Trägerschaft und die Struktur der Leistungserstellung sowie deren operative Realisierung Gegenstand des Leistungserstellungsmodells. Zentrale Eckpunkte der so genannten Geschäftssystemarchitektur werden bestimmt.

Das **Beschaffungs- und Distributionsmodell** fokussiert zentrale Eckpunkte im Rahmen der notwendigen Beschaffungs- und Distributionsaktivitäten. In Abhängigkeit von getroffenen Make-or-Buy-Entscheidungen (*Engelhardt/Reckenfelderbäumer* 1993) im Rahmen des Leistungserstellungs- oder Organisationsmodells muss der Zugang zu benötigten Inputfaktoren sichergestellt und Transparenz über deren Preis, Qualität und Zeitdimension hergestellt werden. Das Distributionsmodell beantwortet die Frage, welche Leistungsangebote über welche Distributionskanäle an die Nachfrager vertrieben werden, und ob mehrere Vertriebskanäle ergänzend oder konkurrierend nebeneinander stehen (so genannter Multi-Channel Vertrieb). Auch die Einbindung in geschäftssystemübergreifende Integrationskonzepte im Upstream wie Downstream Bereich werden im Beschaffungs- und Distributionsmodell analysiert. Für solche Konzepte gibt es branchenabhängig unterschiedliche Namen, zu denen etwa das Supply Chain Management, Efficient Consumer Response oder das Just-in-Time Konzept gehören.

Neben diesem strategischen Aspekt ist auch die rein operativ-logistische Realisierung der Beschaffung und Distribution Bestandteil dieses Partialmodells.

Das **Organisations- und Kooperationsmodell** beinhaltet die wesentlichen Ausprägungen der Aufbau- und Ablauforganisation. Während im Leistungserstellungsmodell zunächst sehr grundlegend notwenige Prozesse und Funktionen verdeutlicht werden, entscheidet spätestens das Organisations- und Kooperationsmodell über die gewählten rechtlichen Rahmenbedingungen der notwendigen Aktivitäten sowie deren Verteilung auf potenzielle interne und externe Leistungserbringer (Make-or-Buy(-or-Cooperate) Entscheidung). Insbesondere unterstützt durch moderne Informations- und Kommunikationstechnik wird zunehmend einer Auslagerung einzelner Teilaktivitäten eines vormals integrierten Wertschöpfungssystems einer Unternehmung möglich (*Bresser et al.* 2000). Dies ist der Grund dafür, warum sich gerade neue Geschäftsmodelle oftmals durch eine geringe Fertigungstiefe – also einen relativ geringen Anteil des Geschäftssystemträgers an der Gesamtwertschöpfung – auszeichnen. Zu beobachten ist in diesem Zusammenhang auch ein so genannter „Wertschichtenwettbewerb" (*Heuskel* 1999), als Wettbewerb spezialisierter industrieller Dienstleister um Teilleistungen und -prozesse vormals integrierter Geschäftssysteme.

Abschließend fokussiert das **Kapitalmodell** insbesondere die quantitativen Aspekte und Folgen der Geschäftstätigkeit. Es bildet ab, über welche finanziellen Ressourcen das Geschäftssystem verfügt und welcher Kapitalbedarf aktuell und zukünftig zu erwarten ist. Es kann weiter differenziert werden in ein „Erlös-" und ein „Finanzierungsmodell". Während das Erstere insbesondere potenzielle Erlösquellen sowie die jeweils zu Grunde liegenden Erlössysteme betrachtet, thematisiert das Finanzierungsmodell auf Basis von zumeist periodenbezogenen Ist- und Planerfolgs- sowie Cash Flow Rechungen den aktuellen und zukünftigen Finanz- und Kapitalbedarf des Geschäftssystems. Änderungen der vorab skizzierten Partialmodelle finden also immer auch ihren Niederschlag im so genannten Kapitalmodell.

3 Flexibilitätsanforderungen in verschiedenen Phasen der Geschäftssystementwicklung

Die Partialmodellbetrachtung verleitet dazu, in statischen Momentaufnahmen zu denken und dabei die Veränderlichkeit zentraler Rahmenbedingungen und sogleich Determinanten der einzelnen Partialmodelle zu vernachlässigen. In der Realität ist das relevante Umfeld eines Geschäftssystems – wenn auch mit branchenabhängig unterschiedlicher Stärke – jedoch fortwährend durch das Wirksamwerden so genannter „Veränderungstreiber" gekennzeichnet. Das können zum Beispiel unternehmerische Aktivitäten anderer Akteure, nicht, anders oder mit anderer Geschwindigkeit eingetroffene Erwartungen, technologische Innovationen und Diskontinuitäten sein, veränderte Regulierung und Standards auf nationaler und internationaler Ebene, die Einflüsse von Europäisierung und Globalisierung, aber auch sich verändernde Nachfragerbedürfnisse durch neue Arbeits- und Lebensstile oder den demographischen Wandel (*Gersch/Goeke* 2007; *Goeke* 2008; *Gersch et al.* 2014). Es wird deutlich, dass Umfeldveränderlichkeit sich nicht nur auf einzelne Parameter des Marktmodells auswirkt, sondern auch die Notwendigkeit der Reflexion und Rejustierung aller Partialmodelle mit sich bringen kann. Ein adäquates Maß an Anpassungsfähigkeit und (Re)Aktionsmöglichkeiten auf unterschiedliche Entwicklungsverläufe und Gegebenheiten im Rahmen eines Flexibilitätsmanagements über alle Partialmodelle vorzubereiten, scheint insofern zwingend geboten (*Schneider* 1971, S. 840). Dazu gehört eine fortwährende Analyse und Überprüfung der Partialmodelle des eigenen Geschäftssystems und deren Fit zu den relevanten Umweltbedingungen und hierdurch begründete Herausforderungen im Zeitablauf. Gerade bei etablierten Unternehmungen findet aber eine derartig fundamentale und aggregierte Analyse hinsichtlich grundlegender Aspekte der ökonomischen Aktivitäten nur selten statt.

Wie ein einzelnes Geschäftssystem selbst sowohl „Treiber" als auch „Getriebener" der Entwicklung seines relevanten Umfeldes sein kann, beschreiben *Hamel* und *Prahalad* (1995) in ihrem Buch „Wettlauf um die Zukunft" in Form von drei Wettbewerbsphasen, die fortwährend und immer wieder überlappend durchlaufen werden. Diese drei Phasen bilden ein geeignetes Bild für unternehmerisches Handeln unter radikaler Unsicherheit und sensibilisieren für die Notwendigkeit, bei der Geschäftssystemkonfiguration bereits in den „Vormarktphasen" (Phase 1 und Teile der Phase 2 von *Hamel* und *Prahalad*) sowie dessen Anpassungs- und Rejustierungsbedarf für alle Partialmodelle kontinuierlich zu berücksichtigen – auch in der Marktphase (Phase 3) (*Freiling et al.* 2006, S 61ff.; *Gersch et al.* 2014).

1. Phase: Wettbewerb um die intellektuelle Führerschaft

Einzelne Akteure und Geschäftssysteme versuchen fortwährend, auf der Basis eines „industriellen Vorausblicks" mögliche Marktanforderungen der Zukunft zu antizipieren. Ohne dass es die zukünftigen Nachfrager oder die später gegebenenfalls imitierenden Wettbewerber selbst schon wissen oder gar artikulieren können, glauben diese Akteure, mögliche zukünftige Herausforderungen und Chancen vor allem in Form neuer Leistungsangebote zu erkennen. Die gedachten Marktanforderungen der Zukunft werden übersetzt in so genannte „Strategische Architekturen" als mögliche Partialmodellkonfigurationen des Geschäftssystems. Die tatsächliche Konkretisierung dieser Architektur hängt insbesondere von der Einschätzung der vermuteten Prognosegenauigkeit des Geschäftsystembetreibers ab: Er weiß genau, dass er auf dem Weg von seiner Vision bis zur tatsächlichen Realisierung einer Reihe von Irrtümern unterliegen wird und nur bedingt Einfluss auf die sich tatsächlich realisierende Marktentwicklung ausüben kann. Allerdings formt dieser Akteur dadurch auch selbst zukünftige Realität mit.

2. Phase: Gestaltung von Migrationspfaden

Da notwendige Elemente des Leistungserstellungsmodells für die erdachte strategische Architektur regelmäßig nicht verfügbar sein werden, muss der Akteur angemessene Entwicklungs-, Anpassungs- und Akquisitionsprozesse anstoßen. Dies zu konkretisieren, ist zentraler Gegenstand dieser zweiten Phase. Identifizierte Lücken zwischen Soll- und Ist-Profilen benötigter und verfügbarer Funktionen, Prozesse, Ressourcen und Kompetenzen gilt es zu schließen (*Gersch* 2004; *Goeke* 2008). Hierbei sind vor allem auch unternehmungsexterne Bezugsquellen und Ergänzungsmöglichkeiten zu berücksichtigen (*Freiling* 1998). Dies gilt auch und insbesondere für das Vorhalten als notwendig erachteter „Eventualoptionen", wenn der tatsächliche Bedarf vom prognostizierten abweichen sollte. Der Begriff „Migrationspfad" betont, dass die Umsetzung einer strategischen Basisarchitektur einen zeitintensiven, unumkehrbaren und nur bedingt planbaren Prozess darstellt. Mit dem ersten konkreten Angebot echter Marktneuheiten (Innovationen), verändert sich auch für alle Wettbewerber das Marktmodell/relevante Umfeld (*Gersch et al.* 2014). Anbieter werden unterschiedliche Ausprägungen von Leistungsangeboten und die sie ermöglichenden Ressourcen und Kompetenzen ausprobieren und durch Anpassungs- und Lernprozesse weiter entwickeln. Erste „Leistungsstandards" werden sich auf den sich entwickelnden/verändernden relevanten Märkten als dominant erweisen (*Christensen/Raynor* 2003; *Hwang/Christensen* 2008).

3. Phase: Wettbewerb um Marktanteile

Mit der zunehmenden Etablierung von Leistungsangeboten nehmen mögliche Ausgestaltungsfreiheiten der Akteure tendenziell ab. Zunehmend dominiert die Imitation bzw. leichte Variation bereits bekannter Leistungsangebote bei zunehmendem Preiswettbewerb – Geschäftssysteme gleichen sich zunehmend an. Die dritte Phase kennzeichnet die Marktsituation, die zumeist als unterstellte Ausgangslage in den Lehrbüchern zur marktorientierten Unternehmungsführung dominiert. Auch in der Vorgründungsphase und bei der korrespondierenden Geschäftssystemkonfiguration besteht die Gefahr, sich zu einseitig auf einen Wettbewerb nur in dieser Phase vorzubereiten.

Unter weitgehend stabilen Rahmenbedingungen und Marktanforderungen wetteifern die Konkurrenten um Marktanteile. Jederzeit kann diese Phase durch Innovationen als Folge veränderter Rahmenbedingungen und/oder kreativer Ideen findiger Akteure abgelöst werden. Es entwickelt sich eine prinzipiell unendliche Abfolge der skizzierten Markt- und Wettbewerbsphasen.

4 Fallbeispiel: Versandapotheke „Zur Rose"

Am 1. Januar 2004 ist das so genannte „Gesetz zur Modernisierung der Gesetzlichen Krankenversicherung" (GMG) in Kraft getreten. Mit ihm wurde unter anderem das Versandhandelsverbot für Medikamente in Deutschland aufgehoben. Seit 2004 ist durch eine Änderung der Branchenregulierung für Apotheken-Geschäftssysteme durch den Fernabsatz-Vertriebskanal die Realisierung der allgemeinen Geschäftsmodelltypen „(Catalog) Merchant" (*Rappa* 2007) bzw. „E-Shop" (*Timmers* 1998) möglich (*Handelsblatt* 2003, *Bundesgesetzblatt* 2003). Schon während und vor dem Gesetzgebungsverfahren deutete sich dieses Detail des GMG an, so dass relevante Akteure sich bereits vor 2004 durch Konzeption entsprechender Strategischer Architekturen (Wettbewerbsphase 1) auf dieses Gelegenheitsfenster vorbereiten konnten, um diese dann für einen Markteintritt in einer frühen Marktphase zu konkretisieren (Wettbewerbsphase 2). Diese Möglichkeit wurde bereits im Jahr 2004 von vielen Akteuren genutzt und unter anderem als so genannte „industrielle Versandapotheke" organisiert.[2] Auch die schweizer „Zur Rose Gruppe", die bereits seit 2001 mit einer Versandapotheke in der Schweiz etabliert ist, erkannte für sich hier eine Gelegenheit zur regionalen Expansion. Für die Bearbeitung des deutschen Marktes setzte sie das im Folgenden analysierte Geschäftssystem der Versandapotheke „Zur Rose" um und nahm im Dezember 2004 den Betrieb auf (*Goeke* 2008). Zur Veranschaulichung der Darstellungen in Abschn. 2 und 3 wird im Folgenden die Partialmodelkonfiguration zum Gründungszeitpunkt beschrieben und anschließend vor dem Hintergrund der Situation im Jahr 2014 und der Wettbewerbsphasen nach *Hamel* und *Prahalad* reflektiert.

Marktmodell

Das Monopol für den Vertrieb rezept- und apothekenpflichtiger Arzneimittel liegt in Deutschland bei den Apotheken. Der deutsche Apothekenmarkt hatte im Jahr 2005 ein Volumen von 35 Mrd. Euro, das von 21.476 Apotheken realisiert wurde (*ABDA* 2014). Versandhandel darf nur als zusätzlicher Distributionskanal und in Verbindung mit einer öffentlichen, niedergelassenen Apotheke betrieben werden. Schätzungen über das Marktpotenzial des Versandhandels sind sehr uneinheitlich und reichen bis zu acht Prozent (*BITKOM* 2006). Diese sind Ende des Jahres 2004 noch nicht erreicht, so dass es sich insgesamt um einen wachsenden Markt handelt, der jedoch hoch reguliert ist. Neben Begrenzungen des „apothekenüblichen Sortiments" gibt es Markteintrittsbarrieren (u. a. Approbation als Apotheker), gemeinwirtschaftliche Pflichten wie Nacht- und Notdienste

---

[2] Bis Ende 2004 wurden ca. 800 Versandhandels-Zulassungen erteilt, darunter laut Bundesverband Deutscher VersandapothekerInnen ca. 15 „industrielle Versandapotheken" mit der Kapazität für > 1.000 Bestellungen/Tag sowie entsprechender Logistikinfrastruktur, pharmazeutischem Call Center und Investitionskosten von über 5 Mio. Euro.

sowie gesetzlich geregelte Margen für den Vertrieb rezeptpflichtiger Arzneimittel. Während niedergelassene Apotheken nur lokal im Wettbewerb stehen und ein durchschnittliches Potenzial von 4.500 Kunden besitzen, agieren Versandapotheken bundesweit und konkurrieren damit sowohl mit jeder einzelnen niedergelassenen Apotheke als auch mit in Deutschland tätigen in-/ausländischen Versandapotheken. Ebenfalls seit dem 1. Januar 2004 ist die Preisbindung für rezeptfreie, apothekenpflichtige Medikamente aufgehoben worden, so dass in diesem Segment zunehmend auch der Preis als Wettbewerbsinstrument relevant wurde.

Leistungsangebotsmodell

Der materielle Kern der angebotenen Leistungsbündel ist durch die Apothekenbetriebsordnung und Apothekerkammern weitgehend vordefiniert. Eine Differenzierung gegenüber einer niedergelassenen öffentlichen Apotheke findet auf der einen Seite im Rahmen der Auftragsannahme statt (telefonisch, per Internet, bzw. für rezeptpflichtige Medikamente per Post) sowie auf der anderen Seite über die Distribution an eine frei wählbare Adresse, in der Regel durch einen Logistikdienstleister. Aufgrund der Logistiklaufzeiten dauert eine Auftragsabwicklung daher oftmals zwei bis drei Tage, so dass das Segment der Akutversorgung nicht Bestandteil des Leistungsangebotes im deutschlandweiten Versandhandel sein kann. Kernzielgruppe sind regelmäßige Anwender von Arzneimitteln mit planbarem Bedarf, zu denen auch die so genannten Chroniker zählen (*Zur Rose* 2004) sowie auch preisbewusste Kunden verschreibungsfreier Arzneimittel in der Selbstmedikation. Darüber hinaus kann das Angebot Zusatzleistungen umfassen, zum Beispiel eine telefonisch-pharmazeutische Beratung sowie das Führen patientenindividueller Arzneimittelkonten, um die Verordnungssicherheit zu steigern, bzw. unerwünschte Wechselwirkungen vorab zu erkennen (*Zur Rose* 2006).

Leistungserstellungsmodell

Neben der pharmazeutisch-beratenden Tätigkeit als zentralem Bestandteil des Leistungsangebotes erfüllen Apotheken insgesamt auch logistische Funktionen im Sinne eines Absatzhelfers. Insbesondere umfassen die notwendigen Funktionen und Prozesse für die „Zur Rose“ wie für Versandapotheken generell neben Bestellannahme, Einkauf, Kommissionierung der Einzellieferungen und Transport der angebotenen Ware an die Patienten auch sekundäre Aktivitäten wie die Pflege einer IT-Infrastruktur, Call Center, CRM Systeme, Kunden- und Wechselwirkungsdatenbanken, Category Management, Warenwirtschaftssysteme sowie Rechnungs- und Mahnwesen (für eine umfassende Diskussion relevanter Teilaktivitäten einer Versandapotheke vgl. *Gersch* 2004; *Gersch/Theißen* 2003).

Beschaffungs- und Distributionsmodell

Das Beschaffungs- und Distributionsmodell ist durch die Branchenregulierung stark vorgezeichnet. In der Regel beziehen Apotheken ihre Waren über den pharmazeutischen Großhandel, über Einkaufsgemeinschaften oder über den Weg des Direktgeschäfts unmittelbar von den Pharmaunternehmen. Zur Rose plante von Anfang an die Realisierung der deutschlandweiten Distribution über spezialisierte Logistikpartner, die bereits vor dem Inkrafttreten des GMG 2004 entsprechende industrielle Dienstleistungen entwickelt und angeboten haben.

Organisations- und Kooperationsmodell

Das Geschäftssystem der in Deutschland agierenden Versandapotheke „Zur Rose" wird zum Gründungszeitpunkt kooperativ unter Beteiligung mehrerer Akteure realisiert (Abb. 4.1). Den Kern des Geschäftssystems bildet die Apotheke „Zur Rose", eine Einzelapotheke, die unter anderem die notwendige Versandhandelserlaubnis und die pharmazeutische Endkontrolle in das Geschäftssystem einbringt. Das entsprechende Versandhandels-Know-How sowie Kompetenzen in den Bereichen Logistik und Sicherheit beim Medikamentenverkauf der über eintausend Päckchen pro Tag (*Zur Rose* 2006, S. 30) liegen in der Verantwortung der Zur Rose Pharma GmbH als 100 %iger Tochterfirma der bereits genannten schweizerischen Zur Rose Gruppe. Bei der Investitions- und Standortplanung fand eine Zusammenarbeit mit der Wirtschaftsförderung des Landes Sachsen-Anhalt und der Stadt Halle statt. Darüber hinaus sind einzelne Funktionen und Prozesse des Leistungserstellungsmodells an spezialisierte Industrielle Dienstleister ausgelagert, wie zum Beispiel an die Hermes Logistik Gruppe für die Überbrückung der „letzten Meile" zum Endkunden sowie Sanvartis als Dienstleister für Patienteninformationssysteme zur Realisierung des Call-Centers und der Kommunikation mit Endkunden, Krankenkassen und Multiplikatoren (*Zur Rose* 2004).

Kapitalmodell

Bezüglich des Kapitalmodells besteht in Deutschland das so genannte „Fremdbesitzverbot" für Apotheken. Dies besagt, dass Apotheken als Einzelunternehmen und nicht als Kapitalgesellschaften geführt werden dürfen. Gerade für investitionsintensive Logistikzentren von Versandapotheken stellt dies eine Herausforderung dar und ist als ein Grund für das zuvor skizzierte Kooperationsmodel zu sehen. Die Investitionen für das Logistikzentrum, das von der Zur Rose Pharma GmbH betrieben wird, beliefen sich auf etwa neun Millionen Euro. Erwartet wurde mittelfristig ein Umsatz in „zweistelliger Millionenhöhe" (*Zur Rose* 2004). Bei der skizzierten Geschäftssystemkonfiguration liegen Erlösquellen vor allem in direkten Erlösen und den Margen aus dem Vertrieb von Arzneimitteln.

Nach anfänglich sehr kontrovers und emotional geführten Diskussionen hat sich in 2014 - also zehn Jahre nach dessen Einführung - der Versandhandel mit Medikamenten in Deutschland als Distributionskanal etabliert und ein entsprechender Migrationspfad auf Gesamtmarktebene ist angestoßen. Mit im Kern ähnlichen Leistungsangeboten realisieren vorhandene große Akteure im Markt, zu denen auch die „Zur Rose" gehört, einen Wettbewerb um Marktanteile (Wettbewerbsphase 3) im deutschen Apothekenmarkt – jedoch mit einem anderen wettbewerblichen Instrumentarium und Leistungsangebot, als ursprünglich erwartet. Die bei Gründung erhoffte Rolle einer zentralen und aktiven Beteiligung an der Versorgung als Partner an strukturierten Behandlungsprogrammen oder einem umfassenden Medikationsmanagement nehmen Versandapotheken im Jahr 2014 noch nicht ein: Der Absatzschwerpunkt liegt mit ca. 75 % im Bereich der rezeptfreien Arzneimittel an preisbewusste, Convenience-orientierte Zielgruppen. In diesem Segment der rezeptfreien Arzneimittel und Kosmetik-/Körperpflegeartikel haben Versandapotheken mittlerweile einen Marktanteil (Umsatz) von ca. 12 % im Apothekenmarkt (*Bonsai Market Research* 2013; *BVDVA* 2014). Finanzielle Anreize zum Einlösen von Rezepten zu Lasten der Krankenkassen in Form von Boni wurden im Jahr 2013 gerichtlich untersagt. Einer der großen Akteure im deutschen Versandapothekenmarkt, die Sanicare Apotheke, meldete im Jahr 2012 vorübergehend Insolvenz an.

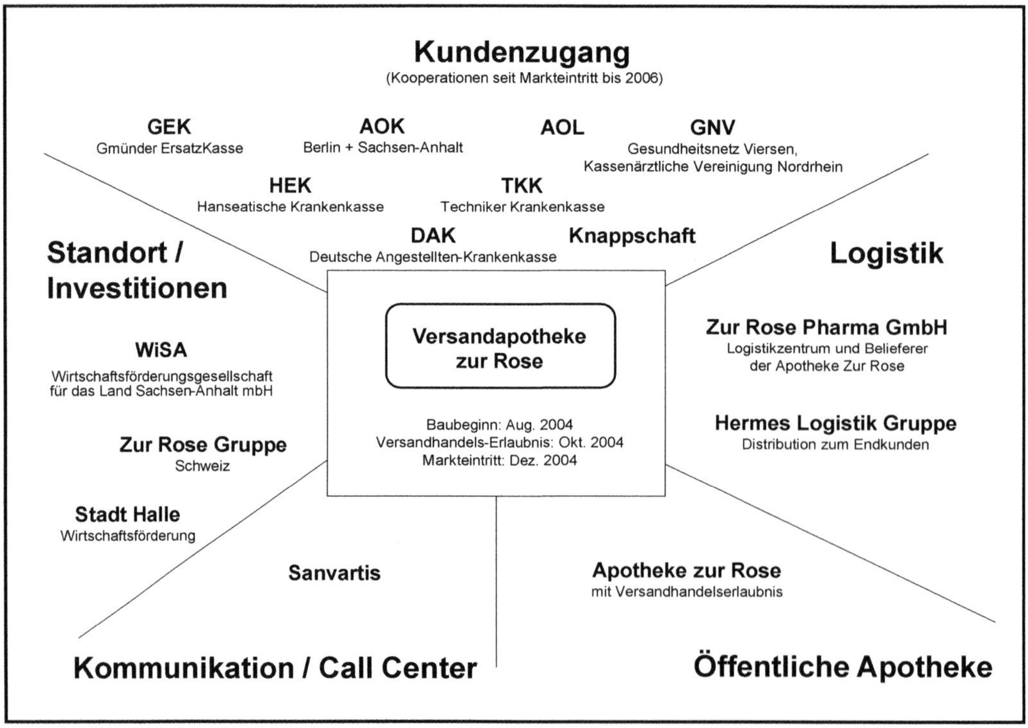

Abb. 4.1: Kooperationsmodell der deutschen Versandapotheke „Zur Rose" bei Gründung

Quelle: Vgl. *Zur Rose* (2004); (2006) und *http://www.zurrose.de*

Die langfristige Vision, die große Versandapotheken wie die „Zur Rose" als Versorgung gestaltender Player in der Branchenarchitektur für sich sehen, scheint jedoch weitgehend unverändert im Vergleich zum Gründungszeitpunkt. Man kann also nach 10 Jahren konstatieren, dass sich die unterschiedlichen Teilmärkte mittlerweile tendenziell in unterschiedlichen Wettbewerbsphasen befinden: OTC (=„Over-the-Counter", also verschreibungsfreie Arzneimittel) wie skizziert bereits in der Wettbewerbsphase 3 nach Hamel und Prahalad; und Rx (=verschreibungspflichtige Arzneimittel zu Lasten der Krankenkasse) eher noch in der ersten Wettbewerbsphase. Hierbei werden aktuell von den Akteuren unterschiedliche Strategische Optionen reflektiert und zum Teil auch vorbereitet (Phase 2). Aus der Perspektive der schweizerischen Zur Rose Gruppe, als Gründerin der deutschen Versandapotheke Zur Rose, ist dies auch daran zu erkennen, dass sie im Jahr 2012 mit der niederländischen Versandapotheke „DocMorris" einen ebenfalls großen Player im deutschen Versandapothekenmarkt übernommen. Geplant ist, beide als parallele Marken im deutschen Arzneimittelmarkt zu führen, jedoch beispielsweise zentrale Funktionen wie die Beschaffung gruppenweit zu bündeln. Dabei soll DocMorris in der Positionierung als „Patientenmarke" mit innovativen Services gestärkt werden wohingegen die „Zur Rose" entsprechend auch der schweizerischen Wurzeln mehr als „B2B-Marke" für die Zusammenarbeit mit den Ärzten und Krankenkassen positioniert werden soll (*Oberhänsli et al.* 2013). Übergreifende Erfolgspotenziale wie Economies of Scale, Markenbildung, Vertrauen und eine breite Kundenbasis scheinen aber grundsätzlich für beide Segmente relevant zu sein und im Jahr 2014 vor allem über das OTC-Segment erreichbar.

Als Reaktion auf und Lernprozesse aus diesem Marktfeedback konnten diverse Rejustierungen der Strategischen Architektur beobachtet werden. Diese bestanden zum einen in der gezielten Förderung des rezeptfreien und damit nachfragestärksten Segments: Unter anderem wurde ein halbes Jahr nach Markteintritt als zusätzliches Mittel der Kommunikation ein gedruckter Katalog rezeptfreier Medikamente veröffentlicht sowie eine Exklusivpartnerschaft mit dem Internet-Provider AOL vereinbart, der den Webshop der „Zur Rose" in den Reise- und Shopping-Bereich seines Portals integriert und damit einen Zugang zu 6,6 Millionen potenziellen Kunden schafft (*Zur Rose* 2006, S. 31).

Vor diesem Hintergrund können auch die diversen weiteren Änderungen im Kooperationsmodell der „Zur Rose" bewertet werden, die vor allem dem Bereich des Kundenzugangs zuzuordnen sind. So wurde im Oktober 2008 eine Zusammenarbeit mit dem Discounter „Plus" initiiert, der in seinem Online-Shop www.kleinepreise.de über die Versandapotheke „Zur Rose" auch Arzneimittel anbietet. Seit 2013 kooperiert die Versandapotheke mit der Drogeriemarktkette dm, in deren Filialen per Formular oder Terminal Arzneimittelbestellungen aufgegeben werden können und die Päckchen mit den bestellten Medikamenten als Pick-up Stelle auch abgeholt werden können.

Auch die weitaus größere strategische Herausforderung, nämlich die Erhöhung des Umsatzanteils von rezeptpflichtigen Arzneimitteln, wurde adressiert, und zwar vor allem durch Erweiterung des Kooperationsmodells. Durch Kooperationen mit sieben Krankenkassen, die nach und nach geschlossen wurden, können 18 Millionen gesetzlich Versicherte direkt angesprochen und umworben werden. Den Versicherten werden über Gutscheinmodelle Anreize für die Einlösung ihrer Rezepte bei der Versandapotheke „Zur Rose" gesetzt: Für jedes eingereichte Rezept erhalten die Besteller einen Gutschein über fünf Euro für das Sortiment rezeptfreier Medikamente. Solche Boni wurden jedoch in 2013 gerichtlich verboten. Als weiteren Wachstumstreiber sieht die „Zur Rose" Kooperationen mit Ärztenetzwerken an, bei denen die Ärzte ihre Patienten auf die Bestellmöglichkeiten bei der „Zur Rose" hinweisen.

Angesichts immer wiederkehrender Gesundheitsreformen und damit einhergehender Änderungen relevanter Marktrahmenbedingungen scheinen geeignet schnelle Rejustierungen einzelner Partialmodelle vor dem Hintergrund der Wettbewerbsfähigkeit des gesamten Geschäftssystems fortwährend notwendig. Aktuell versuchen die Akteure zum Beispiel notwendige Anpassungen des Leistungserstellungsmodells durch die geplante Einführung einer einheitlichen Telematikinfrastruktur im deutschen Gesundheitswesen („Elektronische Gesundheitskarte") zu antizipieren. Unter anderem die digitale Rezeptübermittlung sowie die zunehmenden Möglichkeiten IT-gestützter Kooperationen mit anderen Leistungserbringern erfordern bereits heute – unter Unsicherheit über die konkrete Ausgestaltung – hohe Investitionen in zukünftige Prozess- und IT-Systemstrukturen. Entsprechend der unterschiedlich geplanten Fokussierung der nunmehr zwei unter dem Dach der Zur Rose Gruppe vereinten Versandapotheken können die entstehenden E-Services zielgruppenspezifisch völlig unterschiedlich aussehen. Aktuelle Planungen zielen vornehmlich auf die Nutzung der Möglichkeit zur Datenanalyse auf vorhandenen Kundenverhaltensdaten (u. a. Bildung von Ähnlichkeitsgruppen sowie der Identifikation von Nutzungs-/Präferenzstrukturen), die Entwicklung mobiler Applikationen mit Unterstützungsleistungen im Rahmen der Medikation sowie die direkte, aber virtuelle Kontaktaufnahme zum „persönlichen Apotheker" ab.

Das Beispiel der deutschen Versandapotheke „Zur Rose" hat auch und vor allem die Bedeutung des Organisations- und Kooperationsmodells für notwendige Anpassungsfähigkeit hervorgehoben, in dem die kollaborative Umsetzung neuer beziehungsweise veränderter strategischer Architekturen institutionell verankert ist. Regelmäßig werden (Re-)Konfigurationen aber die integrierte Analyse und gegebenenfalls aufeinander abgestimmte Anpassung aller Partialmodelle erfordern. Insofern ist eine strukturierte Geschäftsmodell-/Geschäftssystemanalyse nicht nur in der Gründungsphase eines Unternehmens, sondern immer wiederkehrend zur Reflektion und ggf. Änderung bestehender Strategien sowie auch zur ggf. parallel zum Marktgeschehen erfolgenden Entwicklung neuer Handlungsoptionen (evt. sogar echter Innovationen, *Gersch et al.* 2014) von hoher Bedeutung und Nützlichkeit.

Literaturverzeichnis

ABDA: Zahlen Daten Fakten 2013. ABDA Bundesvereinigung Deutscher Apothekerverbände. http://www.abda.de/zdf.html (2014). Zugegriffen: 17. Januar 2014

Amit, R., Zott, C.: Value Creation in E-Business. Strategic Management Journal 22 (6/7), 493–520 (2000)

Backhaus, K., Voeth, M.: Industriegütermarketing. Schäffer-Poeschel, Stuttgart (2010)

Bonsai Market Research: BVDVA-Versandhandelsstudie. Bonsai GmbH. http://www.bvdva.de/uploads/downloads/Bonsai_Studie_Versandapotheke_Mai_2013.pdf (2013). Zugegriffen: 19. Januar 2014

Bresser, R.K.F., Heuskel, D., Nixon, R.D.: The deconstruction of integrated value chains. In: Bresser, R.K.F., Hitt, M.A., Nixon, R.D. (Hrsg.) Winning Strategies in a Deconstructing World, 1–21. Wiley, Chichester et al. (2000)

Bundesgesetzblatt: Gesetz zur Modernisierung der gesetzlichen Krankenversicherung (GKV-Modernisierungsgesetz – GMG). Bundesgesetzblatt 2003 I (55), 2190–2258 (2003)

BVDVA (2014): Fakten zum Arzneimittelversandhandel in Deutschland, abgerufen von: http://www.bvdva.de/uploads/downloads/Daten%20und%20Fakten%2026052013%20neues%20Logo.pdf. Zugegriffen: 19. Januar 2014

Christensen, C.M., Raynor, M.E.: The Innovator's Solution. Harvard Business School Press, Boston (2003)

Engelhardt, W.H., Kleinaltenkamp, M., Reckenfelderbäumer, M.: Leistungsbündel als Absatzobjekte. Zeitschrift für betriebswirtschaftliche Forschung 45(5), 395–426 (1993)

Engelhardt, W.H., Reckenfelderbäumer, M.: Trägerschaft und organisatorische Gestaltung industrieller Dienstleistungen. In: Simon, H. (Hrsg.) Industrielle Dienstleistungen, 263–293. Schäffer-Poeschel, Stuttgart (1993)

Freiling, J.: Kompetenzorientierte Strategische Allianzen. io management 67(6), 23–29 (1998)

Freiling, J., Gersch, M., Goeke, C.: Eine "Competence-based Theory of the Firm" als marktprozesstheoretischer Ansatz - Erste disziplinäre Basisentscheidungen eines evolutorischen Forschungsprogramms. In: Schreyögg, G., Conrad, P. (Hrsg.) Managementforschung Band 16: Management von Kompetenz, 37–82. Gabler, Wiesbaden (2006)

Freiling, J., Gersch, M., Goeke, C.: On the Path Towards a Competence-based Theory of the Firm. Organization Studies 29, 1143–1164 (2008)

Freiling, J., Reckenfelderbäumer, M.: Markt und Unternehmung. Gabler, Wiesbaden (2010)

Gersch, M.: Versandapotheken in Deutschland - Die Geburt einer neuen Dienstleistung. Marketing ZFP (26), Spezialausgabe "Dienstleistungsmarketing", 59–70 (2004)

Gersch, M. (2013): E-Business. In: Kurbel, K. (Hrsg.) Enzyklopädie der Wirtschaftsinformatik – Online Lexikon. 7. Aufl., München: Oldenbourg, http://www.enzyklopaedie-der-wirtschaftsinformatik.de.

Gersch, M., Adler, H., Dreher, C., Biedermann, A. (2014): Innovationen aus einer ressourcen- und kompetenzorientierten Perspektive. In: Burr, W. (Hrsg.) Innovation. Theorien, Konzepte, Modelle und Geschichte der Innovationsforschung. Kohlhammer, Stuttgart (2014) (im Druck)

Gersch, M., Goeke, C.: Industry Transformation. Conceptual considerations from an evolutionary perspective. Journal of Business Market Management (JBM) 1(2), 151–181 (2007)

Gersch, M., Theißen, J.: Konzeption und Analyse eines internetgestützten E-Commerce-Geschäftssystems für Medikamente, Arbeitsbericht Nr. 9 des Competence Center E-Commerce und Nr. 96 des Instituts für Unternehmungsführung und Unternehmensforschung, Ruhr-Universtität Bochum (2003)

Goeke, C.: Unternehmenskooperation und Branchentransformation: Eine Analyse aus coevolutorischer Perspektive. Gabler, Wiesbaden (2008)

Hamel, G., Prahalad, C.K.: Wettlauf um die Zukunft. Ueberreuter Wirt., Wien (1995)

Handelsblatt: Gesundheitsreform wird Gesetz. Handelsblatt (138) vom 22.07.2003, 2 (2003)

Heuskel, D.: Wettbewerb jenseits von Industriegrenzen – Aufbruch zu neuen Wachstumsstrategien. Campus-Verlag, Frankfurt/Main, New York (1999)

Hwang, J., Christensen, C.M: Disruptive Innovation in Health Care Delivery – A Framework for Business-Model Innovation. Health Affairs 27(5), 1329–1335 (2008)

Kollmann, T.: E-Venture-Management: Unternehmensgründung und -entwicklung in der Net Economy. In: Kollmann, T. (Hrsg.) E-Venture-Management – Neue Perspektiven der Unternehmensgründung in der Net Economy. Gabler, Wiesbaden (2003)

Kollmann, T.: E-Entrepeneurship – Grundlagen der Unternehmensgründung in der Net Economy. Springer Gabler, Wiesbaden (2014)

Müller-Stewens, G., Lechner, C.: Strategisches Management – Wie strategische Initiativen zum Wandel führen. Schäffer-Poeschel, Stuttgart (2011)

Oberhänsli, W., Heinrich, O., Müller, M.: Mit drei Marken zum Erfolg. DAZ-Interview mit Walter Oberhänsli, Olaf Heinrich und Max Müller. Deutsche Apotheker Zeitung 2013 (16), 12 (2013)

Osterwalder, A., Pigneur, Y.: The Business Model Ontology – a Proposition in a Design Science Approach, in: Dissertation, Universtität Lausanne (2004)

Porter, M.E.: Wettbewerbsstrategie. Campus Verlag, Frankfurt/Main (2013)

Rappa, M. Business Models on the web. http://digitalenterprise.org/models/models.html (2007). Zugegriffen: 14. Februar 2014

Schallmo, D.R.A.: Geschäftsmodelle erfolgreich entwickeln und implementieren, Springer, Berlin/Heidelberg (2013)

Schneider, D.: Flexible Planung als Lösung der Entscheidungsprobleme unter Ungewißheit. Zeitschrift für betriebswirtschaftliche Forschung 23, 831–851 (1971)

Stähler, P.: Geschäftsmodelle in der digitalen Ökonomie – Merkmale, Strategien und Auswirkungen. Josef Eul Verlag, Lohmar (2002)

Timmers, P.: Business Models for Electronic Markets. Electronic Markets 8(2), 3–8 (1998)

Wirtz, B.W.: Electronic Business. Gabler, Wiesbaden (2001)

Wirtz, B.W.: Electronic Business. Gabler, Wiesbaden (2013)

Woratschek, H., Roth, S., Pastowski, S.: Geschäftsmodelle und Wertschöpfungskonfigurationen im Internet. Marketing ZFP. 24, Spezialausgabe "E-Marketing", 57–71 (2002)

Zott, C., Amit, R., Massa, M.: The Business Model: Recent Developments and Future Research. Journal of Management 37, 1019–1042 (2011)

Zur Rose: Schweizer Zur Rose-Gruppe startet zusammen mit einem pharmazeutischen Partner einen Arzneimittel-Versand in Deutschland. http://www.finanznachrichten.de/nachrichten-2004-08/3762048-schweizer-zur-rose-gruppe-startet-zusammen-mit-einem-pharmazeutischen-partner-einen-arzneimittel-versand-in-deutschland-007.html (2004). Zugegriffen: 14. Februar 2014

Zur Rose: Geschäftsbericht 2005, Zur Rose AG, Frauenfeld/Schweiz (2006)

Peter Witt

Ideenformulierung in Businessplänen

Witt, Peter, Prof. Dr.
Inhaber des Lehrstuhls für Technologie- und Innovationsmanagement und Jackstädtzentrum
Bergische Universität Wuppertal
E-Mail: witt@wiwi.uni-wuppertal.de.

1 Arten von Geschäftsideen

Der Ausgangspunkt jeder Unternehmensgründung ist eine Geschäftsidee bzw. eine unternehmerische Gelegenheit. Eine Geschäftsidee ist ein Einfall oder ein neuer Gedanke, welcher als Basis für die Planung einer möglichen Unternehmensgründung dient. Es gibt unterschiedliche Vorstellungen bzw. Theorien darüber, ob unternehmerische Gelegenheiten von Unternehmern erschaffen (*Schumpeter* 1912; *Sarason et al.* 2006) oder nur entdeckt werden (*Kirzner* 1979; *Shane* 2000). Die Erschaffung von Geschäftsideen vollzieht sich durch die Markteinführung von Innovationen, also von neuen Produkten oder Dienstleistungen. Im Extremfall einer radikalen Innovation wird ein ganz neuer Markt geschaffen. Die Vorstellung einer Entdeckung von Geschäftsideen beruht auf der Annahme der Informationsasymmetrie zwischen Marktteilnehmern. Unternehmer nutzen Informationsvorsprünge, z. B. weil sie am Markt bisher nicht erfüllte Kundenbedürfnisse früher entdecken als andere und diesen Kunden dann entsprechende Produkte oder Dienstleistungen anbieten. Sprachlich abweichend, aber inhaltlich sehr ähnlich, wird auch unterschieden zwischen Geschäftsideen durch Angebotsänderungen, deren Ausgangspunkt eine bisher nicht kommerzialisierte Technologie ist, und Geschäftsideen durch Nachfrageänderungen, bei denen der Ausgangspunkt ein unerfülltes Kundenbedürfnis ist (*Frank/Mitterer* 2009, S. 371). Für die Frage nach der Bewertung und Umsetzung einer Geschäftsidee ist deren Herkunft jedoch nicht entscheidend. In dieser Phase des Gründungsprozesses geht es eher darum, unternehmerisches Handeln nach der erfolgreichen Identifikation einer Geschäftsidee zu erklären (*Grichnik et al.* 2010, S. 56-62).

Zum einen können unternehmerische Handlungen als zielorientierter Prozess aufgefasst werden. *Sarasvathy* (2001) hat das als „Causation" bezeichnet. Die Geschäftsidee wird von der Unternehmerin bzw. dem Unternehmer bewertet, was angesichts sehr vieler risikobehafteter Einflussfaktoren unter Unsicherheit geschieht und dementsprechend schwierig sein kann. Das Ergebnis dieser Bewertung ist ein Kapitalwert bzw. ein erwarteter Gewinn. Im Anschluss an die Bewertung der Geschäftsidee wird dann über die Umsetzung entschieden. Trifft ein Unternehmer eine positive Umsetzungsentscheidung, so legt er anschließend Ziele der entsprechenden Unternehmensgründung fest. Dabei kann es sich um Gewinnziele, Marktanteilsziele, Wachstumsziele oder Ähnliches handeln. Im nächsten Schritt sind dann die Ressourcen zu beschaffen, die zum Erreichen der Ziele erforderlich sind, z. B. Kapital, Mitarbeiter oder intellektuelle Eigentumsrechte. Ganz anders verlaufen unternehmerische Handlungen, wenn man sie als mittelorientierten Prozess versteht. *Sarasvathy* (2001) nennt das „Effectuation". Der Ausgangspunkt der Prüfung von Geschäftsideen sind in diesem Fall nicht die erwarteten Gewinne, sondern die Verlustrisiken. Die Unternehmer definieren das Ausmaß an potenziellen Verlusten, das sie maximal zu tragen bereit sind. Es werden dann nur solche Geschäftsideen umgesetzt, deren maximaler Verlust diese Schwelle nicht überschreitet. Bei der Realisierung der Geschäftsidee stehen nicht konkrete und vorab formulierte Ziele im Vordergrund, sondern die verfügbaren Ressourcen.

In der Praxis entstehen Geschäftsideen entweder durch eine systematische Suche der potenziellen Unternehmer oder aber durch Zufall. In vielen Fällen spielt ein auslösendes Ereignis eine wichtige Rolle bei der Ideengenerierung. Dies könnte z. B. das Vorbild eines neu gegründeten Unternehmens im Ausland oder die Beobachtung eines nicht gut gelösten Kundenproblems sein. Empirisch sind die Geschäftsideen, die am Arbeitsplatz entstehen, erfolgreicher als Ideen, die aus privaten Hobbies hervorgehen (*Mellewigt/Witt* 2002, S. 87). Bei beruflich entstandenen Geschäftsideen handelt sich häufig um die Verbesserung bestehender Produkte oder Prozesse.

Eine Geschäftsidee wird von einzelnen Unternehmern bzw. einem Unternehmerteam nur dann in die Tat umgesetzt, wenn sie aussichtsreich erscheint. Das bedeutet je nach der angewendeten Sichtweise, dass der Kapitalwert aller erwarteten Zahlungsströme positiv ist (Causation), oder dass die erwarteten Verluste den maximal tragbaren Verlust nicht übersteigen (Effectuation). Auf jeden Fall sollte der Erwartungswert der Nutzung der unternehmerischen Gelegenheit die Opportunitätskosten einer alternativen Zeitverwendung übersteigen (*Grichnik* 2006, S. 1313). Alle diese Abwägungen bzw. Berechnungen finden zunächst bei Unsicherheit statt, die Umsetzungsentscheidung hängt also immer auch von den Risikoeinstellungen und den beruflichen Alternativen der betreffenden Unternehmer ab. Das Kalkül der Unternehmer setzt darüber hinaus aber möglichst gute Informationen voraus (*Frank/Mitterer* 2009, S. 370). Es ist im Allgemeinen auch für sehr erfahrene Unternehmer oder Investoren nicht möglich, eine Geschäftsidee einfach so zu beurteilen. Zunächst muss die technische Machbarkeit geprüft werden. Dann ist festzustellen, ob sich die Idee auch wirtschaftlich umsetzen lässt. Für beide Arten von Machbarkeitsstudien bedarf es umfangreicher Recherchen bzw. Marktforschungen. Verschiedene weitere Faktoren bestimmen, ob ein Unternehmer bzw. eine Unternehmerin eine Geschäftsidee tatsächlich realisiert. Hierzu gehören alternativen Karrieremöglichkeiten, individuelle Risikowahrnehmungen und Risikoeinstellungen, Ratschläge von Freunden und Verwandten oder die Verfügbarkeit von Ressourcen.

2 Von der Geschäftsidee zum Geschäftsmodell

Ob eine Geschäftsidee wirtschaftlich aussichtsreich ist oder nicht, hängt immer davon ab, wie sie ausgestaltet und umgesetzt wird. Die Unternehmer, die eine Geschäftsidee prüfen, müssen zu ihrer Idee ein Geschäftsmodell formulieren. Ein Geschäftsmodell bezeichnet die Abbildung des betrieblichen Leistungssystems eines Unternehmens, also der Funktionen einer Unternehmung in ihren Erträgen und Aufwendungen (*Amit/Zott* 2001; *Grichnik et al.* 2010, S. 115). Das Geschäftsmodell legt fest, welche externen Ressourcen in ein Unternehmen fließen und wie sie durch den Leistungserstellungsprozess in Produkte bzw. Dienstleistungen transferiert werden. Entscheidende Bedeutung für die Beurteilung eines Geschäftsmodells haben immer die Zahlungsbereitschaft der Kunden und die Wettbewerbsposition des jeweiligen Produktangebots. Das am besten geeignete Geschäftsmodell zu einer Geschäftsidee ist manchmal leicht zu erkennen, weil es von allen bestehenden Wettbewerbern genutzt wird. Es kann aber auch sinnvoll sein, als neu in den Markt eintretendes Unternehmen ein anderes Geschäftsmodell als es die Konkurrenten verwenden zu entwickeln.

Geschäftsmodelle können in verschiedene Gruppen eingeteilt werden (*Amit/Zott* 2001). Eine häufig genutzte Differenzierung ist die Unterteilung in produzierende Unternehmen und Dienstleistungsunternehmen. Als zusätzliche Kategorie können informationsbasierte Geschäftsmodelle angesehen werden. Bei einem produktionsbasierten Geschäftsmodell erfolgt die Erlösgenerierung durch den Verkauf von selbst erstellten Gütern. Hier spielt der Überschuss der am Markt erzielbaren Produktpreise über die Herstellungskosten, also die Marge, eine wesentliche Rolle. Charakteristisch für dienstleistungsbasierte Geschäftsmodelle ist die Tatsache, dass sie eine Leistung darstellen, die nicht eingelagert werden kann. Produktion und Konsum finden zeitgleich statt. Ein Unternehmen kann also nicht auf Vorrat produzieren. Eine wesentliche Rolle für das Geschäftsmodell und damit die Erfolgsaussichten eines Dienstleistungsunternehmens spielt daher die Auslastung der Produktionskapazitäten. Unternehmen mit informationsbasiertem Geschäftsmodell bieten Informationen an, wie z. B. ein Verlag. Dabei kann zwischen drei speziellen Varianten unterschieden werden. Zum einen kann das Unternehmen den Zugang zu den Informationen verkaufen. Dies kann für einen einzelnen Abruf oder für einen Zeitraum geschehen, z. B. per Abonnement. Weiterhin kann das Unternehmen Informationen kostenlos bereitstellen, um möglichst viele Betrachter anzuziehen und durch den Verkauf von Werbung Erlöse zu erzielen. Schließlich kann ein Unternehmen als Mittler dienen. Hierbei aggregiert das Unternehmen Angebot und Nachfrage auf einer Plattform. Die Kunden bezahlen für diese Dienstleistung fixe bzw. transaktionsabhängige Gebühren.

Insgesamt gesehen muss das Geschäftsmodell einen Wettbewerbsvorteil ableiten, sei es die Kostenführerschaft, das Nischenangebot oder ein überlegener Kundennutzen. Die Unternehmer entscheiden darüber, wo bzw. wie sie ihre Produkte und Dienstleistungen im Markt positionieren (*Grichnik et al.* 2010, S. 148). Es kann sich dabei zum einen um ein Premiumangebot handeln, das zwar einen hohen Preis hat, dafür aber auch einen überlegenen Kundennutzen bietet. Zum anderen könnte eine Strategie der Kostenführerschaft verfolgt werden. Sie führt zu einer Positionierung als Discountangebot mit niedrigem Preis und begrenztem Kundennutzen. Wenn es Wettbewerber gibt, die denselben Kundenutzen zu einem niedrigeren Preis oder denselben Preis bei höherem Kundennutzen anbieten können, dann ist das Geschäftsmodell nicht wettbewerbsfähig. Es liegt unterhalb der Wettbewerbslinie, die durch die Angebote der jeweils besten Wettbewerber definiert wird (*Witt* 1998, S. 165). Die Gründer müssen dann Wege finden, entweder den Kundenutzen zu erhöhen oder die Herstellungskosten zu senken. Gelingt beides nicht, dann sollte das entsprechende Geschäftsmodell nicht am Markt umgesetzt, das Unternehmen also nicht gegründet werden (vgl. Abb. 2.1).

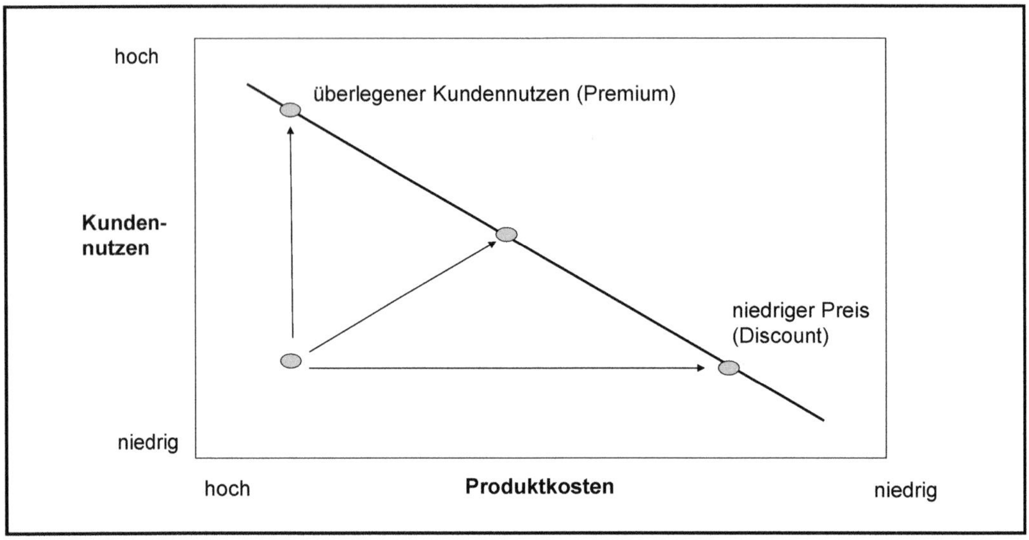

Abb. 2.1: Marktliche Positionierung von Geschäftsideen
Quelle: in Anlehnung an *Witt* 1998, S. 165

Eines der größten Missverständnisse bei der Beurteilung von Geschäftsideen und ihren möglichen Geschäftsmodellen ist die Annahme, dass diese einzigartig sein müssen, um am Markt erfolgreich eingeführt werden zu können. Zunächst ist es grundsätzlich unwahrscheinlich, dass eine bestimmte Person eine Idee für ein Unternehmen wirklich als erste hatte. Eine Vielzahl von erfolgreichen Unternehmen basiert auf Ideen, die in ähnlicher Form schon von anderen umgesetzt oder doch zumindest näher geprüft wurden. Wenn eine Idee wirklich einzigartig in dem Sinne ist, dass niemand sonst sie durch eine Gründung verwirklicht, dann besteht eher Grund zur Besorgnis als Grund zur Euphorie: „Few of these idea-driven companies have really taken off." (*Sahlmann* 1997, S. 103). Denn in den meisten Fällen könnte es sich einfach um eine wirtschaftlich undurchführbare Idee handeln, also ein Produkt oder eine Dienstleistung, für das es am Markt keine relevante Nachfrage gibt. Zudem zeigt die Geschichte von Innovationen und Unternehmensgründungen, dass bahnbrechende Erfindungen und Ideen häufig mehr oder weniger gleichzeitig entstehen. Folglich besteht die unternehmerische Herausforderung weniger darin, sich eine ganz neue Geschäftsidee im Sinne einer Innovation auszudenken, sondern vielmehr darin, bestehende Ideen weiterzuentwickeln und in ein Geschäftsmodell zu überführen.

Bei der Prüfung von Geschäftsideen und zu ihnen passenden Geschäftsmodellen kommt es auch auf die zeitliche Planung bzw. das Timing des Markteintritts an. Manche Ideen sind einfach zu innovativ bzw. technisch zu anspruchsvoll, als dass sie zum Zeitpunkt ihrer Entstehung in ein erfolgversprechendes Unternehmen eingebracht werden könnten. Die Geschäftsidee kommt zu früh. Ein Beispiel ist die Elektromobilität, der in vielen Untersuchungen eine große Zukunft vorausgesagt wird. Für Gründungsunternehmen im

Jahr 2014 sind Geschäftsideen zur Elektromobilität dennoch wenig aussichtsreich bzw. es lassen sich zu ihnen noch keine tragfähigen Geschäftsmodelle finden. Das liegt daran, dass wichtige Infrastrukturen wie z. B. Ladesäulen noch nicht in ausreichender Anzahl vorhanden sind. Es liegt auch daran, dass die Kosten der entsprechenden Fahrzeuge noch zu hoch sind, so dass erst wenige Elektromobile verkauft wurden. Schließlich liegt es daran, dass bei wesentlichen Komponenten der Technologie, insbesondere bei den Batterien, noch zu viel Bedarf an Grundlagenforschung besteht. Erst wenn bei den Batterien die Sicherheit verbessert, die Speicherkapazitäten deutlich erhöht und die Haltbarkeit deutlich verlängert worden sind, ist ein starkes Wachstum des Markts für Elektromobilität zu erwarten. Ebenso kann eine Geschäftsidee zu spät kommen, der Markt ist dann schon mit Angeboten von etablierten Unternehmen besetzt. Abbildung 2.2 beschreibt das entsprechende Modell eines „Markteintrittsfensters“ für Geschäftsideen.

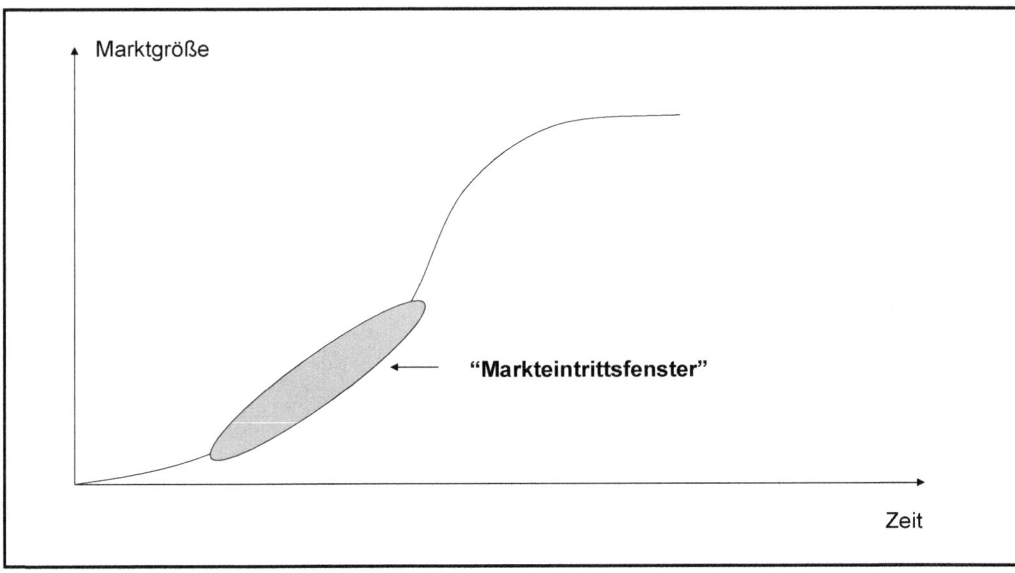

Abb. 2.2: Markteintrittsfenster für Geschäftsideen
Quelle: in Anlehnung an *Spinelli/Adams* 2012, S. 137

Ein weiterer wichtiger Faktor bei der Auswahl eines geeigneten Geschäftsmodells sind die Fähigkeiten der Gründer und die Ressourcen des neu zu gründenden Unternehmens. Sogenannte „komplementaritätszentrierte“, also auf komplementäre Nutzen zu bestehenden Angeboten am Markt ausgerichtete Geschäftsmodelle (*Grichnik et al.* 2010, S. 120) erhöhen den Kundennutzen der angebotenen Produkte durch eine Verknüpfung mit anderen Produkten, Dienstleistungen oder Prozessen. Diese können aus dem eigenen Unternehmen stammen, aber auch von anderen Unternehmen angeboten werden. Ein Beispiel einer vertikalen Komplementarität sind Wartungsdienstleistungen, die gegen zusätzliche Gebühren für eine innovative technische Anlage angeboten werden. Es ist hier denkbar, dass das Unternehmen zwar nichts mit dem Verkauf der Anlage an seine Kunden verdient, aber dafür Gewinne mit den Wartungsdienstleistungen erzielt, weil es dort wenig oder gar keinen Wettbewerb gibt. Ein Beispiel eines Geschäftsmodells mit horizontaler Komplementarität ist das Angebot einer Versicherungsleistung für Unfallschäden, die mit einem technischen Gerät zusammen verkauft wird.

3 Die Beschreibung des Geschäftsmodells in Businessplänen

Ein Businessplan ist ein schriftliches Dokument, das die Geschäftsplanung eines neu zu gründenden Unternehmens vorstellt. Businesspläne können auch als Gründungsplanungen bezeichnet werden, aber der englische Begriff „Businessplan" ist auch in Deutschland zur Standardbezeichnung geworden (*Volkmann/Tokarski* 2007, S. 100). Ein Businessplan wird vor der eigentlichen Unternehmensgründung im Sinne der Eintragung eines neuen Unternehmens im Handelsregister erstellt. Er umfasst alle Teilbereiche des zu gründenden Unternehmens, typischerweise wird über einen Zeitraum von etwa fünf Jahren geplant. Ausgangspunkt eines jeden Businessplans ist die Marktforschung, zu der eine Analyse der Kundenbedürfnisse und eine Wettbewerbsanalyse zählen (*Spinelli/Adams* 2012, S. 139). Die Unternehmensgründer können nicht nur bei der Marktforschung, sondern auch bei den Kostenplanungen auf verschiedene Quellen zurückgreifen. Am wichtigsten sind eigene Marktstudien, weil dabei potenzielle Kunden identifiziert und direkt befragt werden. Hilfreich sind aber auch vorliegende Sekundärstatistiken, Vergleichsdaten von anderen Unternehmen und Erfahrungen aus einer vorhergehenden Berufstätigkeit der Unternehmer. Wenn keine dieser Datenquellen nutzbar ist, z. B. weil es sich um ein radikal neues Produkt handelt, dann müssen Unternehmer für die Geschäftsplanung eigene Schätzungen vornehmen.

Will man die einzelnen Bestandteile einer Geschäftsplanung in große bzw. wesentliche Komponenten zusammenfassen (*Sahlmann* 1990, S. 99; *Spinelli/Adams* 2012, S. 96), dann ergeben sich die folgenden drei Bestandteile: die Gelegenheit, das Team und die erforderlichen Ressourcen (vgl. Abb. 3.1).

Der Businessplan hat grundsätzlich zwei Zielgruppen bzw. Adressaten. Zum einen dient er den Unternehmern dazu, vor der Aufnahme des Geschäftsbetriebs eine systematische Analyse der Geschäftsidee vorzunehmen, also des anzubietenden Produkts, der Kunden, der Wettbewerber, der Art der Produkterstellung, des Standorts, des Einkaufs, der Finanzen, der Organisation usw. Anhand des Businessplans und der Informationssuche zu seiner Erstellung können die Unternehmer feststellen, ob ihre Geschäftsidee überhaupt wirtschaftlich tragfähig ist. Sie werden gezwungen, mögliche Kosten und Erlöse zu schätzen, einen Finanzplan aufzustellen und die für den Erfolg wesentlichen Einflussgrößen zu benennen (*Kubr et al.* 1997, S. 138-139). Darüber hinaus ergibt sich bei der Recherche zur Erstellung des Businessplans nach und nach ein guter Überblick über die

Stärken und Schwächen des gewählten Geschäftsmodells und damit auch über die vor der eigentlichen Gründung noch zu lösenden Probleme. Kein Unternehmer bzw. keine Unternehmerin kann es sich leisten, vor dem Start in die Selbständigkeit nicht mit Hilfe eines Businessplans möglichst genau alle Unternehmensbereiche und alle Einflussfaktoren für das Geschäft zu durchdenken und zu planen. Die Erstellung eines Businessplans ist also für die Unternehmer selbst dann unverzichtbar, wenn sie bereits über alle erforderlichen Ressourcen verfügen.

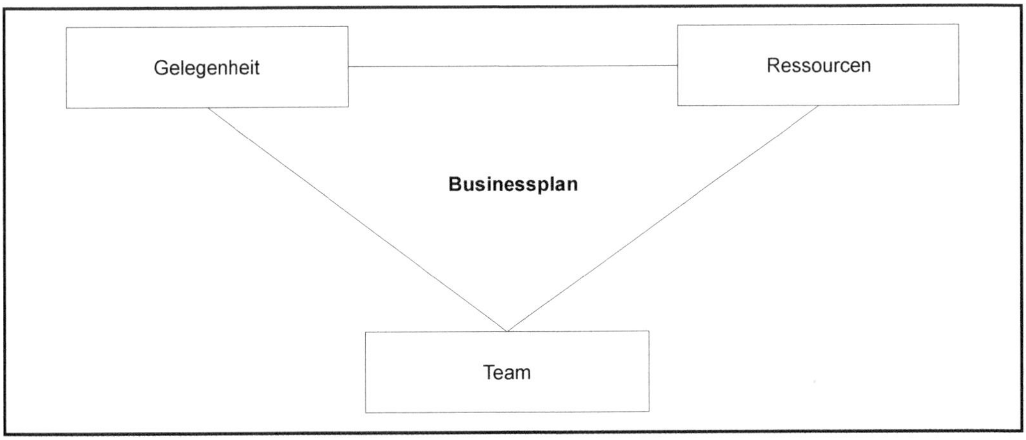

Abb. 3.1: Das Timmons-Modell des Gründungsprozesses
Quelle: in Anlehnung an *Spinelli/Adams* 2012, S. 96

Die zweite Zielgruppe eines Businessplans sind Investoren bzw. Kapitalgeber. Da die meisten Gründer das erforderliche Kapital nicht alleine aufbringen können, sind sie auf Geld oder Sachmittel von anderen angewiesen. Das kann zunächst Kapital von Familienmitgliedern oder Freunden sein, die Lust haben, sich an dem neuen Unternehmen zu beteiligen. Die Gründer könnten aber auch bei privaten Investoren (Business Angels) oder professionellen Kapitalbeteiligungsgesellschaften (Venture Capital-Gesellschaften) um Kapital werben. Alle genannten Finanzierungsformen bezeichnet man als Eigenkapitalaufnahme, die Gründer geben also Beteiligungen am neuen Unternehmen ab und erhalten dafür Kapitaleinlagen (*Grichnik et al.* 2010, S. 248-263). Da ein Investor sein Geld nur in eine Beteiligung stecken wird, wenn er zuversichtlich ist, es irgendwann mit einer risikoadäquaten Rendite wiederzubekommen, wird er die Geschäftsaussichten des Unternehmens abschätzen wollen. Er benutzt dazu typischerweise den von den Gründern aufgestellten Businessplan, der umfassend über das Gründungskonzept und die Erfolgsaussichten informiert. Ähnliches gilt für die Fremdkapitalaufnahme, also die Beschaffung von Darlehen, Krediten u.ä. Mögliche Fremdkapitalquellen sind Verwandte und Freunde, öffentliche Förderbanken oder Kreditinstitute. Wer einem neu zu gründenden Unternehmen Geld leiht, will wissen, ob das Unternehmen dieses Geld pünktlich zurückzahlen und die vereinbarten Zinsen entrichten kann. Der Businessplan ist auch für Fremdkapitalgeber das wichtigste und gebräuchlichste Instrument, um die Kreditwürdigkeit und die Erfolgschancen eines neu zu gründenden Unternehmens zu beurteilen. Businesspläne sind also Gründungsplanungen bzw. schriftlich niedergelegte Unternehmenskonzepte, die zwei Zwecken dienen: der Selbstinformation des Unternehmers bzw. der Unternehmerin und der Anwerbung von Kapitalgebern bzw. Geschäftspartnern. Businesspläne sollten daher insgesamt als Planungs- und Marketing-Instrumente für neu zu gründende Unternehmen verstanden werden (*Volkmann/Tokarski* 2007, S. 103).

4 Qualitätsmerkmale von Businessplänen

Ein guter Businessplan zeichnet sich durch drei Merkmale aus. Er ist inhaltlich vollständig, von den Teilplanungen her konsistent und von der äußeren Form her fehlerlos. Am einfachsten zu prüfen ist die Vollständigkeit. Gute Businesspläne verwenden eine Gliederung, in der alle wesentlichen Aspekte einer Unternehmensgründung in Form eigener Kapitel genannt sind. Das erleichtert es den Lesern, die jeweiligen Teilplanungen zu finden, zudem hilft es den Unternehmern dabei, beim Schreiben des Businessplans keinen wesentlichen Aspekt zu vergessen. Eine **typische Gliederung** für einen Businessplan sieht wie folgt aus (*Volkmann/Tokarski* 2006, S. 106-108):

- Zusammenfassung bzw. Executive Summary
- Produkte und Dienstleistungen des Unternehmens
- Kunden und deren Bedürfnisse
- Wettbewerber und Marktenwicklung
- Marketing und Vertrieb
- Beschaffung, Produktion, Personal
- Managementteam, Beirat bzw. Aufsichtsrat und Organisation des Unternehmens
- Chancen und Risiken
- Finanzplanung
- Anhang

Businesspläne können trotz der Verwendung der genannten oder einer ähnlichen Gliederung unvollständig sein. So ist in der Praxis oft zu beobachten, dass die Verfasser von Businessplänen zwar formal alle wesentlichen Teilplanungen aufführen, aber inhaltlich nicht zu allen Teilplanungen gleich viel sagen. Sehr häufig fehlt beispielsweise eine fundierte Risikoanalyse. Im Businessplan kommt zwar ein Abschnitt zu den Risiken vor, aber die Unternehmer stellen dort nur fest, dass sie nach eingehender Prüfung keine wesentlichen Risiken für ihr Geschäftsmodell erkennen können. Ähnliches gilt für die Wettbewerbsanalysen (*Kubr et al.* 1997, S. 72). Zwar enthalten viele Businesspläne formell einen Abschnitt zum Wettbewerb, aber inhaltlich hat keine umfassende Analyse stattgefunden. So wird z. B. manchmal der Markt so eng definiert, dass es angeblich keinen einzigen Wettbewerber gibt. Der Fehler liegt dann darin, dass Substitutionsprodukte nicht erfasst wurden. Oder es wird im Businessplan auf einen Entwicklungsvorsprung gegenüber Konkurrenzunternehmen in Höhe der eigenen Entwicklungskosten bzw. Entwicklungsdauern hingewiesen. Übersehen wird dabei, dass etablierte Unternehmen wahrscheinlich eine ähnliche Technologie oder ein Substitutions- bzw. Nachahmerprodukt in wesentlich kürzerer Zeit fertigstellen und damit schon sehr bald zu Wettbewerbern werden können. Es ist zu beachten, dass in neu entstehenden Märkten oft nicht etablierte Unternehmen, sondern andere Start-ups die wichtigsten Wettbewerber darstellen. Sie sind aber nicht leicht zu erkennen, vor allem wenn sie den Markteintritt noch nicht vollzogen haben. Schließlich sind erstaunlich viele Businesspläne unvollständig in dem Sinne, dass die Zielkunden nicht genannt werden. Mitunter kommt das Wort Kunde im ganzen Businessplan nicht vor, obwohl es einen Abschnitt zu Markt und Wettbewerb gibt. Das liegt meistens daran, dass die Unternehmer selber keinen Zweifel an der überlegenen Funktionalität ihres Produkts haben und daher implizit annehmen, dass die Kunden von selber herbei geeilt kommen, sobald der Markteintritt des jungen Unternehmens erfolgt ist.

Die Konsistenz eines Businessplans ist weniger leicht zu prüfen. Es geht um die Frage, ob die einzelnen Teilplanungen nicht nur in sich gut begründet und ausgearbeitet sind, sondern ob sie auch zueinander passen. Das Managementteam sollte nicht nur hoch motiviert und gut ausgebildet sein, sondern sich auch in der gewählten Branche und mit der eingesetzten Technologie auskennen. Das Geschäftsmodell muss zum Kontext der Geschäftsidee passen, also beispielsweise die regulativen Rahmenbedingungen beachten und mit den vorgestellten Ressourcen umsetzbar sein (*Sahlmann 1990*, S. 99-100). Wenn im Businessplan ein Umsatzwachstum eingeplant wird, dann sollten auch die entsprechenden Ressourcen wie Vertriebsmitarbeiter und Marketingbudget entsprechend ansteigen. Schließlich bedeutet Konsistenz, dass insgesamt die unternehmerischen Risiken dem Renditepotenzial der Unternehmensgründung entsprechen (*Kubr et al.* 1997, S. 127).

Eine gute äußere Form ist ein weiterer wichtiger Qualitätsindikator für einen Businessplan. Das liegt daran, dass Menschen dazu neigen, die inhaltliche Qualität anhand der äußeren Erscheinungsform eines Dokuments zu beurteilen. Sie tun das umso eher, je weniger gut sie mit dem Inhalt vertraut sind. Aus psychologischer Sicht gilt die Qualität der äußeren Form dann als Indikator bzw. Signal der inhaltlichen Güte. Man nimmt unbewusst an, dass die Verfasser von Businessplänen sich gleich viel Mühe bei der inhaltlichen Analyse und der formalen Ausarbeitung machen. Eine schlechte bzw. schlampige äußere Form signalisiert den Lesern, dass die Unternehmer auch bei der inhaltlichen Planung bzw. der Marktforschung wenig sorgfältig vorgegangen sind. Die folgenden formalen **Merkmale eines Businessplans** können als Signale einer guten Qualität gelten:

- Verwendung einer auch für Laien gut verständlichen Sprache, Vermeiden von nicht allgemein bekannten Fachbegriffen und Abkürzungen
- Keine Rechtschreibfehler
- Ansprechende Druckqualität von Text, Grafiken und Tabellen
- Prägnanz in Sprache und Inhalt bzw. Einhaltung der Kiss-Regel (Keep it short and simple)
- Angabe einer Kontaktadresse

Eine Geheimhaltung der Geschäftsidee durch Sperrvermerke auf Businessplänen oder durch einzeln abzuzeichnende Vertraulichkeitserklärungen hat Vorteile und Nachteile. Manche Gründer bevorzugen Geheimhaltungsklauseln, weil sie Angst haben, dass ihre Idee von anderen Personen gestohlen bzw. kopiert wird. Empirisch gesehen passiert das aber nur selten. Idealerweise bringen die Unternehmer eigene, nicht kopierbare Kompetenzen oder Kenntnisse mit, ohne die eine Idee nicht erfolgreich umgesetzt werden kann. Zudem besteht die Gefahr von Nachahmerprodukten auch nach dem Markteintritt des neu gegründeten Unternehmens. Wenn Geschäftsideen leicht von anderen Gründern oder bestehenden Unternehmen übernommen werden könnten, dann besteht wahrscheinlich kein dauerhaft verteidigbarer Wettbewerbsvorteil. Eine zu starke Betonung der Vertraulichkeit bzw. eine Politik des Geheimhaltens von Businessplänen hat zudem sehr nachteilige Konsequenzen für die Planungsqualität. Denn die offene Diskussion einer Geschäftsidee mit möglichst vielen Fachleuten und potenziellen Kunden trägt erheblich dazu bei, das Geschäftsmodell zu verbessern. Wenn Unternehmer aus Angst vor Ideendiebstahl mit niemanden über ihr Geschäftsmodell sprechen und den Businessplan nur wenigen anderen Menschen zeigen, dann werden sie auch nur wenig dazu lernen.

5 Zusammenfassung

Businesspläne sind schriftliche Gründungsplanungen, die primär der Selbstinformation der Unternehmer dienen. Sie beruhen auf möglist detaillierter Marktforschung. Im Businessplan wird zu einer Geschäftsidee ein Geschäftsmodell formuliert. Es wird geprüft, welche Ressourcen erforderlich sind, um das Geschäftsmodell zu implementieren. Außerdem hilft der Businessplan dabei, den dauerhaft verteidigbaren Wettbewerbsvorteil des von den Unternehmern gewählten Geschäftsmodells zu bestimmen. Den Investoren bzw. den externen Anteilseignern dienen Businesspläne zur Prüfung des Geschäftsmodells und als Grundlage für Investitions- bzw. Beteiligungsentscheidung. Eine ähnliche Funktion erfüllen Businesspläne für potenzielle Kunden, Geschäftspartner, Mitarbeiter und die Öffentlichkeit. Diesen Personen werden Businesspläne präsentiert, um Werbung zu machen bzw. um sie vom Geschäftssmodell des neu gegründeten Unternehmenss zu überzeugen.

Gute Businesspläne sind vollständig, konsistent und weisen eine hochwertige äußere Form auf. Die Unternehmer weisen durch den Businessplan nach, dass sie nicht ganze Bereiche bei der betriebswirtschaftlichen Planung ausgelassen haben. Sie weisen auch nach, wie eventuell noch fehlende Ressourcen beschafft werden können. Das gelingt in der Praxis nicht immer gleich gut. Erstaunlich oft machen Businesspläne beispielsweise keine näheren Angaben zur Ressourcenbeschaffung, selbst wenn es sich um knappe und teure Ressourcen wie qualifizierte Mitarbeiter oder Vertriebspartner handelt. Mitunter kommt auch die Darstellung des Managementteams zu kurz, obwohl sie mindestens ebenso wichtig wie die Vorstellung der eigentlichen Geschäftsidee ist: „Without the right team, none of the other parts really matters" (*Sahlmann* 1997, S. 101).

Alle Teile des Businessplans müssen empfängerorientiert geschrieben sein. Die Unternehmer sollten sich beim Verfassen des Textes in die Bedürfnisse der Leser hineinversetzen. Dabei ist zu berücksichtigen, dass die Unternehmer anderen Adressaten des Businessplans gegenüber einen Wissensvorsprung besitzen. Dieser resultiert daraus, dass sie sich während des Schreibens intensiv mit der Geschäftsidee und dem Marktumfeld der Gründung auseinandergesetzt haben. Viele Investoren verfügen im Gegensatz zu den Unternehmern über keine detaillierten Technologie- oder Branchenkenntnisse. Dasselbe gilt für potenzielle Mitarbeiter und Geschäftspartner. Gute Businesspläne sind daher in der Lage, die Produkte bzw. Dienstleistungen des zu gründenden Unternehmens nichttechnisch und klar zu beschreiben. Der Kundenutzen sowie der Wettbewerbsvorteil müssen eindeutig zu erkennen sein.

Literaturverzeichnis

Amit, R., Zott, C.: Value Creation in E-Business. Strategic Management 22, 493–520 (2001)

Frank, H., Mitterer, G.: Opportunity Recognition – State of the Art und Forschungsperspektiven. Zeitschrift für Betriebswirtschaft 79, 367–406 (2009)

Grichnik, D.: Die Opportunity Map der internationalen Entrepreneurshipforschung: Zum Kern des interdisziplinären Forschungsprogramms. Zeitschrift für Betriebswirtschaft 76, 1303–1333 (2006)

Grichnik, D., Brettel, M., Koropp, C., Mauer, R.: Entrepreneurship. Springer, Stuttgart (2010)

Kirzner, I.: Perception, Opportunity and Profit. Univ. Chicago P., Chicago (1979)

Kubr, T., Ilar, D., Marchesi, H.: Planen, gründen, wachsen – Mit dem professionellen Businessplan zum Erfolg. Ueberreuter Wirt., Zürich (1997)

Mellewigt, T., Witt, P.: Die Bedeutung des Vogründungsprozesses für die Evolution von Unternehmen. Zeitschrift für Betriebswirtschaft 72, 81–110 (2002)

Sahlmann, W. A.: How to write a great business plan. Harvard Business Review, 98–109 (1997)

Sarason, Y., Dean, T., Dillard, J.F.: Entrepreneurship as the Nexus of Individual and Opportunity – A Structuration View. Journal of Business Venturing 21, 286–305 (2006)

Sarasvathy, S.D.: Causation and Effectuation – Toward a Theoretical Shift from Economic Inevitability to Entrepreneurial Contingency. Academy of Management Review 26, 243–263 (2001)

Schumpeter, J.: The Theory of Economic Development.Transaction Publ., Cambridge (1912)

Shane, S.A.: Prior Knowledge and the Discovery of Entrepreneurial Opportunities. Organizational Science 11, 448–469 (2000)

Spinelli, S., Adams, R.: New Venture Creation. 9. Aufl., Mc Graw-Hill/Irwin, New York (2012)

Volkmann, C., Tokarski, K.: Entrepreneurship. UTB, Stuttgart (2006)

Witt, P.: Strategies of Technical Innovation in Eastern European Firms. Management. International Review 38, 161–182 (1998)

Klaus Backhaus

Geschäftstypenwahl im B2B-Bereich

Backhaus, Klaus, Prof. Dr. Dr. h.c.
Inhaber einer Senior-Professur und Direktor
des Instituts für Anlagen und Systemtechnologien
Westfälische Wilhelms-Universität (WWU) Münster
E-Mail: Backhaus@wiwi.uni-muenster.de.

1 Problemstellung

Innovative Leistungen und neue Geschäftsmodelle basieren nicht nur auf strategischen Entscheidungen, sie lösen auch strategische Folgeentscheidungen aus. Dies gilt im Besonderen für B2B-Märkte, bei denen sowohl der Anbieter als auch der Nachfrager durch Organisationen vertreten sind (vgl. *Backhaus /Voeth* 2014, S. 245). Märkte und Marktprozesse weisen im B2B-Bereich einen hohen Grad an Heterogenität aus. Es ist eben etwas anderes, ob sich eine Innovation auf die Einführung einer neuen, patentierten Schraube oder auf ein komplexes neues Softwareprogramm bezieht. Der Grund liegt u.a. darin, dass die neue Schraube vor Kauf auf ihre Funktionsfähigkeit geprüft werden kann, während das Softwareprogramm erst in einen organisationalen Kontext eingebunden seine Leistungsfähigkeit unter Beweis stellen kann. Im Ersteren Fall ist vor Kauf der versprochene Nutzen überprüfbar, im zweiten Fall nicht. Das führt zu unterschiedlichen Marktverhaltensweisen, die Transaktionsprozesse unterscheiden sich zum Teil erheblich.

Vor diesem Hintergrund ist in der Literatur zum B2B Marketing eine Vielzahl von Typologien entwickelt worden, die alle darauf abstellen, Transaktionsprozesse auf B2B-Märkten so zu clustern, dass die Prozesse innerhalb der Cluster einen deutlich höheren Homogenitätsgrad aufweisen als zwischen den Clustern (vgl. die Unterscheidung zwischen morphologischen Ansätzen, z. B. *Pfeiffer/Bischof* 1974 sowie dem Kriterium der Markseitenorientierung folgend angebotsseitige Technologien, z. B. *Engelhardt* 1977 und 1997 sowie nachfrageseitige Typologien, u.a. *Weiber/Adler* 1995 und marktseitenintegrierende Typologien, die Ansätze von *Kleinaltenkamp* 1997, *Richter* 2001, *Plinke* 2000, *Weiber/Kleinaltenkamp* 2013).

Da ein Unternehmer seine Leistung häufig in verschiedenen alternativen und/oder komplementären Geschäftstypen vermarkten kann, stellt die Wahl des Geschäftstyps einen wichtigen Bestandteil der Markteinführungsentscheidung dar. Wir analysieren im Folgenden, welche Überlegungen anzustellen sind, um bei einer Markteinführungsentscheidung eine zielkonforme Geschäftstypenwahl zu treffen. Wir greifen dabei auf verschiedene theoretische Begründungskonzepte zurück, die jedoch alle der Neo-Institutionenökonomik verbunden sind.

2 Der Geschäftstypenansatz von Backhaus/Voeth als Typologisierungsansatz

2.1 Quasirente, spezifische Investition und Unsicherheit

Backhaus/Voeth , die als eine der ersten Autoren Typologisierungskonzepte für das B2B-Marketing entwickelt haben, (eingeführt wurde das Typologisierungskonzept von Engelhardt, vgl. *Engelhardt/Günter* 1981), greifen bei ihrer Analyse auf das theoretische Konzept der Transaktionskostenökonomik zurück. Dabei spielt das Konstrukt der „Quasirente" eine zentrale Rolle, das durch die beiden Phänomene Unsicherheit und Spezifität beeinflusst wird. Bezüglich der Unsicherheit wird unterschieden zwischen Ex-ante-Unsicherheit und Ex-Post-Unsicherheit. Ex-ante-Unsicherheit beschreibt denjenigen Teil der Unsicherheit, der vor Kauf beseitigt werden kann (vergleiche das Beispiel der neuen Schraubenlösung). Ex Post Unsicherheiten sind dagegen dadurch gekennzeichnet, dass sie erst nach Kauf relevant werden, allerdings bereits vor dem Kauf im Entscheidungskalkül der Marktparteien berücksichtigt werden. Dabei liegt folgender gedanklicher Zusammenhang zu Grunde: Investive Kaufentscheidungen im B2B Bereich können zu Bindungseffekten (Lock ins) zwischen Nachfrager und Anbieter nach Vertragsabschluss führen. Diese Bindungen erzeugen zum Teil Nutzenvorteile, die aber erkauft werden durch bestehende Abhängigkeiten. Diese Abhängigkeiten sind dadurch bedingt, dass die Vertragspartner spezifisch ineinander investieren d.h. sie disponieren über Auszahlungen, die nur in der einzelnen Beziehung rentabilisierbar sind. Als Beispiel für eine solche spezifische Investition lässt sich der Kauf eines Softwarepaketes anführen, dessen Erweiterung sinnvoll häufig nur mit dem Vorlieferanten durchgeführt werden kann, weil sonst die Teile nicht zueinander passen. Der Nachfrager ist in gewisser Weise ökonomisch an den Anbieter gebunden, weil es sich nicht lohnt, aufgrund der getätigten spezifischen Investitionen den Anbieter zu wechseln. Die aufzuwendenden Wechselkosten wirken prohibitiv. Spezifität und Unsicherheit sind die Treiber dafür, dass in der Realität sehr heterogenes Trankaktionsverhalten zu beobachten ist. Die entsprechenden Zusammenhänge sind in Abb. 2.1 verdeutlicht.

Ausgehend von der Frage, ob auf beiden Seiten der Marktparteien eine Quasirente vorliegt, entsteht der erste Geschäftstyp – das so genannte Produktgeschäft – dadurch, dass weder Anbieter noch Nachfrager über eine Quasirente verfügen. Ist dies der Fall, liegt auf keiner Seite der Marktparteien eine Abhängigkeit vor. Für den Vermarktungserfolg kommt es in diesem Fall also lediglich auf die Preis/Leistungsperformance eines Anbieters bei der jeweiligen Transaktion an. Sowohl der Nachfrager als auch der Anbieter sind bei der nächsten Kauf- bzw. Verkaufsentscheidung wieder völlig frei. Wir bezeichnen diesen Geschäftstyp als Produktgeschäft.

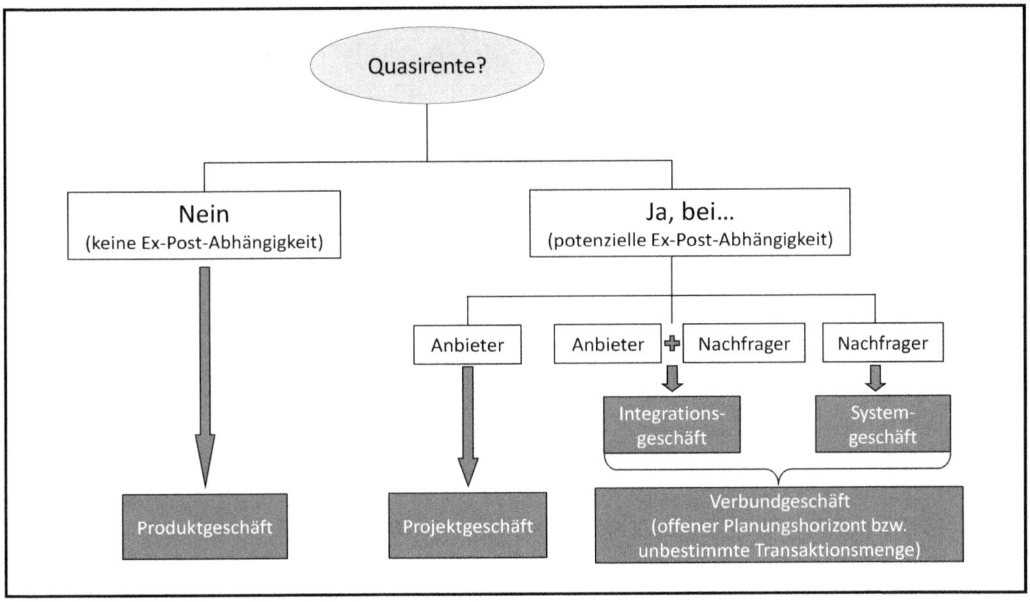

Abb. 2.1: Theoretisch gestützte Abgrenzung von Geschäftstypen im B2B-Bereich
Quelle: *Backhaus/Voeth* 2014, S. 177; *Backhaus et al.* 1994

Liegt auf einer der beiden Marktseiten eine spezifische Investition vor, besteht also eine Quasirente auf Seiten des spezifischen Investors, dann entsteht Ex Post Unsicherheit. Die Partei mit der geringeren spezifischen Investition kann den jeweils anderen Partner in Höhe der spezifischen Differenzinvestition ausbeuten. Der andere Partner ist also aufgrund dieser Ausbeutungsmöglichkeit mehr oder weniger gezwungen, den entsprechenden Lock in Effekt bei seinen Entscheidungen zu berücksichtigen. Die Quasirentendifferenz ist somit ein Indikator für das mit steigender Spezifität wachsende Gefährdungspotenzial.

Entscheidend für das Transaktionsverhalten ist- so halten wir fest - somit nicht die jeweilige absolute Höhe der Quasirente, sondern die Quasirentendifferenz. Liegt die größere spezifische Investition und damit die Quasirente eher auf der Nachfragerseite, so liegt für den Nachfrager ein Geschäftstyp vor, bei dem nicht nur die Bedingungen der Einzeltransaktion zählen, sondern darüber hinaus die gesamte Geschäftsbeziehung betrachtet werden muss, wenn man das Transaktionsverhalten der beiden Marktparteien erklären will. Wir sprechen deshalb auch von Verbundgeschäft.

Im konkreten Fall kommt es darauf an, nicht nur wie *Marshall* (1961) betont hat, herauszufinden, dass eine Quasirente existent ist, sondern auch zu definieren, auf welcher Seite der Transaktionspartner sie jeweils liegt und wie die Größenverhältnisse zueinander sind. Für den einzelnen Entscheider kommt es also darauf an, die Größe der spezifischen Investitions*differenz* zu ermitteln.

Liegt die Quasirente überwiegend beim Anbieter, dann ist der Nachfrager stärker ungebunden. Ist der Lock in Effekt durch die Quasirente dagegen ausschließlich beim Nachfrager – also genau der entgegengesetzte Fall – ist der Nachfrager locked in. Während der Anbieter in diesem Fall seine Leistungskonzeption für eine Vielzahl von Nachfrager entwickelt, so dass die Abhängigkeit vom einzelnen Nachfrager vernachlässigbar ist, ist der Nachfrager oftmals gezwungen, um die Leistungsfähigkeit der Anbieterlösung beurteilen zu können, organisationsspezifische Anpassungen vorzunehmen. Er investiert damit spezifisch, denn die Vorteile dieser Maßnahmen lassen sich nur in dieser Beziehung realisieren.

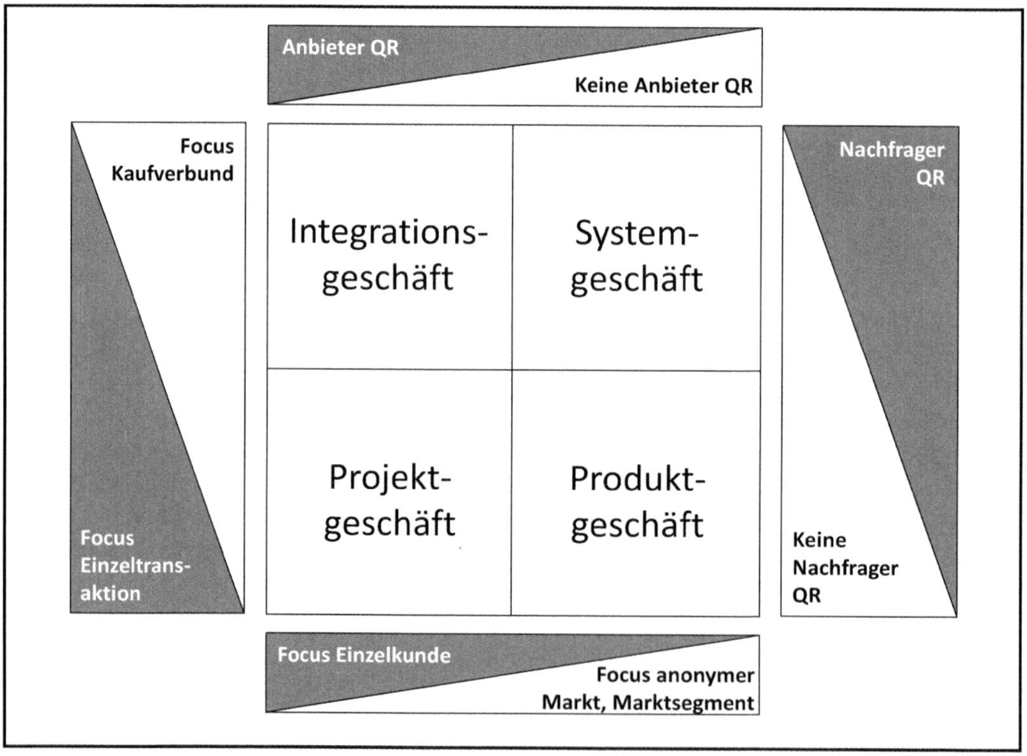

Abb. 2.2: Der Geschäftstypenansatz
Quelle: *Backhaus/Voeth* 2014

Als Beispiel dient das Softwarepaket R3 - ein ERP-System von SAP, dass für einen breiten Markt entwickelt worden ist. Um die Vorteile dieses Systems nutzen zu können, muss der einzelne Nachfrager jedoch eine Reihe von organisatorischen Maßnahmen durchführen – z. B., seine Mitarbeiter im Hinblick auf R3 schulen – so dass systemspezifische Investitionen relevant werden, die mit zunehmender Höhe eine immer stärkere Bindung entfalten (vgl. hierzu auch *Büschken* 2007). Wir bezeichnen diesen Transaktionstyp als Systemgeschäft. Der Nachfrager kauft im Systemgeschäft, wenn er bei seinen sukzessiven Käufen aufgrund einer darunter liegenden Systemarchitektur technologisch locked in ist.

Der vierte Geschäftstyp ist dadurch gekennzeichnet, dass sowohl Anbieter als auch Nachfrager spezifisch investieren, die größere Quasirente aber häufig auf der Nachfrageseite liegt, so dass der Nachfrager stärker gebunden ist als der Anbieter. Der Grenzfall ist erreicht, wenn Anbieter – und Nachfrager– Quasirente gleich sind. Dann liegt eine Pattsituation vor: keine der beiden Parteien kann den anderen bedrohen ohne ihre eigene Quasirente aufs Spiel zu setzen. Wir bezeichnen diesen Typus als Integrationsgeschäft.

Abbildung 2.2 fasst die Überlegungen noch einmal übersichtsartig zusammen.

2.2 Geschäftstypspezifische Merkmale von Transaktionsprozessen

Um die Bedeutung der Geschäftstypen als Entscheidungsproblem beim Markteintritt zu belegen, ist es notwendig zu zeigen, welche Auswirkungen der Geschäftstyp auf den potenziellen Investor hat. Gegenstand der nachfolgenden Überlegungen ist es daher zu zeigen, dass je nach Geschäftstyp unterschiedliche Anforderungen an das Marktverhalten der Anbieter gestellt werden und sich der Investor daher bewusst machen muss, ob und inwieweit er die Anbieterverhaltens-Anforderungen der verschiedenen Geschäftstypen erfüllen kann. Es kommt also darauf an, die Fähigkeiten des Unternehmers mit den Anforderungen der Geschäftstypen auf Kompatibilität zu überprüfen („Matching the Market Requirements with the Entrepreneurial Capabilities“). Dazu entwickeln wir in den folgenden Abschnitten ein sog. Transaktionsprofil für jeden Geschäftstyp, in dem die Fähigkeitsanforderungen geschäftstypspezifisch zusammengefasst werden. Diese Fähigkeitsanforderungen sind bei der erstmaligen Geschäftstypenwahl mit den vorhandenen Fähigkeiten zu vergleichen.

2.2.1 Das Transaktionsprofil des Produktgeschäfts

Das Transaktionsprofil des Produktgeschäftes ist dadurch gekennzeichnet, dass jede Transaktion für sich betrachtet rentabel sein muss. Der Grund liegt darin, dass jede Transaktion ein neues Spiel darstellt, das in sich abgeschlossen ist. *Macneil* (1974, S. 734) hat dies kurz und präzise in dem Satz zusammengefasst: „Sharp in by clear agreement, sharp out by clear performance.“ Leistungsangebote, die diese Bedingung erfüllen, sind in der Regel standardisierte Massenprodukte, die weitgehend Commodity- Charakter besitzen. Ein praktisches Beispiel liefern die Transaktionsprozesse für Halbleiterchips. Ihre Leistungsperformance ist genau beschreibbar, technische Differenzierungsmöglichkeiten sind weit gehend ausgeschlossen, so dass der Wettbewerb sich auf den Preisvorteil fokussiert.

Generell lässt sich sagen, dass im Produktgeschäft der Preis das Zentralvermarktungsinstrument darstellt. Wettbewerbsvorteile durch Preisvorteile lassen sich aber effektiv und effizient nur realisieren, wenn vor der Markteinführung sichergestellt ist, dass eine Kostenführerposition erreichbar ist. Diese Kostenführungsposition gilt es sowohl beim Markteintritt – also quasi statisch – zu erreichen, als auch im Zeitablauf (dynamisch) sicherzustellen. Mit anderen Worten: der Unternehmer sollte, wenn er seine Leistung im Produktgeschäft vermarkten will, möglichst über einen Kostenvorteil beim Markteintritt verfügen und im Zeitablauf auch derjenige sein, der am schnellsten die größten Erfahrungskurveneffekte realisiert. Das erfordert ein effizientes und effektives Kostenmanagement ebenso wie eine effektive Preiskommunikationspolitik.

Auf Commoditymärkten , bei denen Leistungsdifferenzierung nur in ganz engem Rahmen möglich ist und der Preis zum zentralen Wettbewerbsparameter wird, kommt der Preiskommunikationspolitik insofern besondere Bedeutung zu, als viele Commoditymärkte wegen ihrer hohen Leistungstransparenz darauf angewiesen sind, Preisintransparenzen zu schaffen. Deshalb sind diese Märkte häufig durch komplizierte Preissysteme gekennzeichnet, die es erschweren, Preisvergleiche unmittelbar durchzuführen. Ein gutes Beispiel liefern die mehrteiligen Telefontarife, die so kompliziert sind, dass der einzelne Teilnehmer die Vorteilhaftigkeit eines bestimmten Tarifs kaum noch beurteilen kann. In vielen Fällen ist eine Beurteilung überhaupt nur dann möglich, wenn bestimmte Annahmen über die zukünftigen Verhaltensweisen getroffen werden. (vgl. die Arbeit von *Stingel* 2008, die die verschiedenen Intransparenz-Aspekte für den B2B Bereich umfassend diskutiert). Fass man diese Überlegungen zusammen, dann wird deutlich, dass das transaktionsorientierte Produktgeschäft ein Preis-/Mengengeschäft ist, dessen Marktspielregeln der Entrepreneur beherrschen muss, will er mit seinem Angebot in diesem Geschäftstyp erfolgreich sein.

2.2.2 Das Transaktionsprofil des Projektgeschäfts

Will der Unternehmensgründer seine Leistung im Projektgeschäft vermarkten, sollten seine Fähigkeiten so ausgerichtet sein, dass er dieses Geschäft erfolgreich in diesem Geschäftstyp betreiben kann. Welche Anforderungen stellt der Geschäftstyp Projektgeschäft an den Anbieter? Aufgrund der individualisierten Leistung muss der Anbieter seine eingesetzten Kapazitäten mit einem hohen Flexibilitätspotenzial ausstatten, um auf die individuellen Wünsche der einzelnen Nachfrager eingehen zu können. Er muss darüber hinaus bereit und vor allem auch in der Lage sein, bestimmte Vorleistungen zu erbringen. Dazu zählen neben den nicht honorierten Angebotskosten auch die besonders im internationalen Projektgeschäft erforderlichen Lösungsansätze für die Finanzierung des Projektes.

Projektgeschäfte erfordern einen hohen Koordinationsaufwand. Vor diesem Hintergrund muss der Anbieter seine Rolle in der sich regelmäßig konstituierenden Anbietergemeinschaft definieren: Will er die Rolle des Konsortialführers oder eher die Rolle des konsortialen Zulieferers einnehmen?

Da es sich beim Projektgeschäft um einen mehrere Phasen umfassenden Vermarktungsprozess handelt, sind die Marktanstrengungen auch zeitlich zu koordinieren. Während in der Anfragenphase Know-how für die Beurteilung der Qualität der Anfrage zur Verfügung stehen muss, ist bei positivem Ergebnis in der Angebotserstellung die Entwicklung einer groben Preisvorstellung, einer Erfolg versprechenden Finanzierungskonzeption sowie eine technische Lösung für das Kundenproblem zu entwickeln. Da diese Fragen weitgehend parallel zu klären sind, ist erhebliches Koordinations-Know-how notwendig, das sich in einem ausgefeilten Projektmanagementkonzept abbilden lässt.

Auch die Preisbildung wandelt sich in verschiedenen Phasen. Ist sie im Angebotsstadium noch sehr innenorientiert und kalkulationsbezogen, so wandelt sie sich in der Kundenverhandlungsphase. Jetzt kommt es darauf an, zum Beispiel unter Verwendung von Submissionsmodellen einen wettbewerbsfähigen Preis zu formulieren. Das erfordert viel Marktkenntnis und häufig auch Erfahrungspotenzial, über das Newcomer häufig nicht in ausreichendem Maße verfügen.

Selbst nach Auftragserhalt, also während der Bau– und Produktionszeit, empfiehlt sich ein ausgeprägter Kundenkontakt, damit das Projekt eventuell als Referenzprojekt für Folgeaufträge eingesetzt werden kann. Damit schließt sich der Kreis der verschiedenen Akquisitionsteilphasen im komplexen Transaktionsprozess.

Will man das Profil des Projektgeschäfts auf seine Besonderheiten reduzieren, so ist die Phasenorientierung in den Vordergrund zu stellen. Das Projektgeschäft verändert sich von Phase zu Phase und stellt daher völlig andere Anforderungen als z. B. das Produktgeschäft.

2.2.3 Das Transaktionsprofil des Systemgeschäfts

Während die beiden bisher behandelten Geschäftstypen einzeltransaktionsorientiert waren, gehört das Systemgeschäft zu den Geschäftstypen, die eine Geschäftsbeziehung in den Vordergrund der Betrachtung stellen. Das Systemgeschäft ist dadurch gekennzeichnet, dass die Anbieterleistungen nicht für einzelne Kunden, sondern für den anonymen Markt konzipiert sind. (*Backhaus/Voeth* 2014, S. 166), während die Nachfrager notwendige Individualisierungsleistungen übernehmen müssen, die Quasirenten erzeugen. Darüber hinaus werden die Leistungen nicht als komplette Gesamtleistung nachgefragt, sondern der Kaufprozess in einzelne Teilkaufentscheidungen zerlegt, die aber einen inneren Verbund besitzen, obwohl sukzessive über die Zeit gekauft wird (vgl. *Plinke* 1997).

Als Beispiel für das Systemgeschäft sei noch einmal das ERP System R3 herangezogen. Dieses System wird im Geschäftstyp Systemgeschäft vermarktet, wenn das System nicht komplett auf einen Schlag gekauft wird, sondern sukzessiv zum Beispiel zunächst das CAD- und in späteren Schritten das PPS-System und gegebenenfalls ein Finanzbuchhaltungssystem angeschafft wird. Aufgrund der spezifischen Vorentscheidungen entsteht über die Zeit ein Lock in Effekt. Da der Nachfrager in der Regel den Lock in Effekt vor der ersten Investitionsentscheidung kennt, beeinflusst dieser die Nachfrageentscheidung. Der Anbieter muss sicherstellen, dass der Nachfrager die Entscheidungssituation so interpretiert, dass er die Vorteile aus dem sukzessiven Kauf sieht und entsprechend gewichtet: Zum Beispiel die geringere Finanzmittelbelastung durch den Sukzessivkauf oder die Möglichkeit, durch das Aufschieben von Teilentscheidungen an neueren technologischen Entwicklungen zu partizipieren, die den Lock in Effekt überkompensieren. Bei Abwägung der Vor- und Nachteile aus Systemkauf und Lock in Effekt muss stets sichergestellt sein, dass die Vorteile größer als die Bindungsnachteile sind.

Da die Unsicherheit ex post vom Anbieterverhalten in der Zukunft geprägt ist und der Nachfrager im Zweifel nicht genau weiß, ob der Anbieter die Lock in Position des Nachfragers nicht zu seinen Gunsten ausbeutet, spielt das Vertrauen in das faire Verhalten des Anbieters eine große Rolle. Für Unternehmensgründer ist das häufig eine heikle Situation. Da der Newcomer ex definitione noch nicht über ausreichend Reputation verfügt und die Existenz des Unternehmens in der Zukunft noch weit gehend offen ist, ist die erfolgreiche Vermarktung von Leistungen im Systemgeschäft für Newcomer oftmals ein großes Hindernis. Denn der Aufbau von Vertrauen erfolgt über die Zeit durch den Nachweis des Nicht-Ausnutzers von Gelegenheiten, die hätten ausgebeutet werden können. Es kann dann zum Beispiel notwendig werden, einen Kooperationspartner zu suchen, der über genügend Reputation verfügt, um das Vertrauensdefizit ausgleichen zu können.

Der Aufbau von Vertrauen zwischen den Parteien ist daher der Schlüssel zum Erfolg im Systemgeschäft. Systemgeschäfte in unserem Sinne leben davon, dass der Nachfrager so viel Vertrauen im Markt schaffen kann, dass das Kaufrisiko vor dem Hintergrund der gegebenen Lock in Effekte nicht prohibitiv für die Kaufentscheidung ist. Für einen Unternehmensgründer ist das oftmals ein schwieriger Geschäftstyp, weil der Aufbau von Vertrauen Zeit in Anspruch nimmt. Vertrauen braucht also Geschichte und über die verfügt der Unternehmensgründer in der Regel nicht.

2.2.4 Das Transaktionsprofil des Integrationsgeschäfts

Das Systemgeschäft war dadurch gekennzeichnet, dass überwiegend der Nachfrager spezifische Investitionen tätigt, während der Anbieter völlig unspezifizierte Lösungen für einen anonymen Markt entwickelt. Die Quasirente lag somit auf Seiten der Nachfrager. Das Integrationsgeschäft ist dagegen dadurch gekennzeichnet, dass beide Parteien, Anbieter und Nachfrager, spezifisch investieren. So entwickelt zum Beispiel ein Automobilzulieferer einen speziellen Heckscheinwerfer, der nur für den Kunden Audi Nutzen stiftet, weil der Heckscheinwerfer aufgrund der spezifischen Entwicklung nur in die neue Modellgeneration des Audi A4 passt. Die notwendigen Investitionen auf Anbieterseite sind hoch spezifisch und können nur in der Geschäftsbeziehung im Hinblick auf eine bestimmte Modellgeneration bei Audi rentabilisiert werden. Aber auch der Nachfrager als sogenannter Erstausrüster oder Original Equipment Manufacturer (OEM) investiert spezifisch, indem er sein Design der relevanten Karosserieseite auf den neuen Heckscheinwerfer abstellt. Dadurch, dass beide Parteien gegenseitig voneinander abhängig sind – sie haben ja beide spezifisch investiert, kann der Verlust des Marktpartners für jeden Beteiligten je nach Grad der Substituierbarkeit zu signifikanten und nachhaltigen ökonomischen Konsequenzen führen.

In einer Zuliefer- Geschäftsbeziehung kann die Individualität und Spezifität des Leistungsangebotes über das Konstrukt der so genannten Integralqualität gemessen werden. Unter Integralqualität wird hier die Fähigkeit von Produkten verstanden, „gut zueinander zu passen". Im Extremfall kann ein Leistungsangebot so individuell gestaltet sein, dass es allein mit einem ganz bestimmten anderen Leistungsangebot kompatibel ist und nur zu einem einzigen funktionsfähigen Endprodukt verbunden werden kann. (*Backhaus/Voeth* 2014, S. 398) Die so definierte Integralqualität bezieht sich auf drei Dimensionen:

- Integrale Produktqualität im engeren Sinne, die die Passgenauigkeit von individuell zugeschnittenen verschiedenen Zuliefererelementen beschreibt.
- Integrale Zeitqualität, die die Abstimmung der Lebensdauer verschiedener Zuliefererteile beschreibt. Manchmal verfolgt ein OEM auch eine bewusste zeitliche Differenzierung zwischen der Lebensdauer verschiedener Teile, um so Ersatzteilmärkte zu kreieren.
- Integrale Verfügbarkeitsqualität. Bezeichnet die zeitliche Abstimmung der Verfügbarkeit verschiedener Zuliefererteile.

Diese verschiedenen integralen Teilqualitäten bestimmen wesentlich das Transaktionsverhalten zwischen einem definierten Anbieter und einem definierten Kunden für die Dauer z. B. einer modellspezifischen Geschäftsbeziehung: Beide können ohne den jeweiligen Partner nicht. Es ist eine prekäre Beziehung. Das Verhalten der Marktpartner in einer solchen Situation ist nur erklärbar, wenn man um die Bedeutung von Wechselkosten weiß. Solange die Lock in bedingten Wechselkosten prohibitiv sind, bleiben auch unzufriedene Kunden in einer Geschäftsbeziehung (vgl. *Backhaus/Büschken* 1999).

Fasst man die Beschreibung der Geschäftstypen in ihren Anforderungen für Unternehmensneugründungen zusammen, ergibt sich das Ergebnis in Abb. 2.3.

Integrationsgeschäft	Systemgeschäft
Ziel: Quasi Renten-Patt Mittel: Abgestimmte Leistungen Ansatz: 2 Phasenansatz	Ziel: Nutzenvorteil größer Bindungsnachteil Mittel: (begrenzte) Ausnutzung des Lock Inn Effektes Ansatz: Dynamischer Verbundansatz
Projektgeschäft	**Produktgeschäft**
Ziel: Lösungsanbieter Mittel: Koordinationsleistungen Ansatz: Transaktionsbezogener Phasenansatz	Ziel: Preisvorteil Mittel: Kosteneffizienzführer Ansatz: Preis-/Mengenkonzept (instrumenteller Ansatz)

Abb. 2.3: Die Anforderungen der Geschäftstypen für die Geschäftstypenwahl
Quelle: *Eigene Darstellung*

3 Neuprodukteinführung bei Unternehmensgründung und Geschäftstypenwahl

Bei der Neugründung eines Unternehmens bzw. der Einführung einer Innovation muss sich der Unternehmer Gedanken darüber machen, ob er auf einen bestimmten Geschäftstyp festgelegt ist (Exogen determinierte Entscheidung), oder ob er zwischen zwei oder mehreren alternativen oder additiven Geschäftstypen wählen kann. Wie die geschäftstypenspezifische Analyse deutlich gemacht hat, erfordern die verschiedenen Geschäftstypen unterschiedliche Ressourcen und Fähigkeiten beim Anbieter. Die Wahl des Geschäftstyps wird mit davon beeinflusst, inwieweit der Innovator über das notwendige Personal, die notwendigen Kompetenzen und notwendigen Fähigkeiten verfügt, um den geschäftstypischen Anforderungen gerecht werden zu können. Abbildung 3.1 zeigt systematisch, welche Teilentscheidungen im Rahmen der Geschäftstypenwahl relevant werden können.

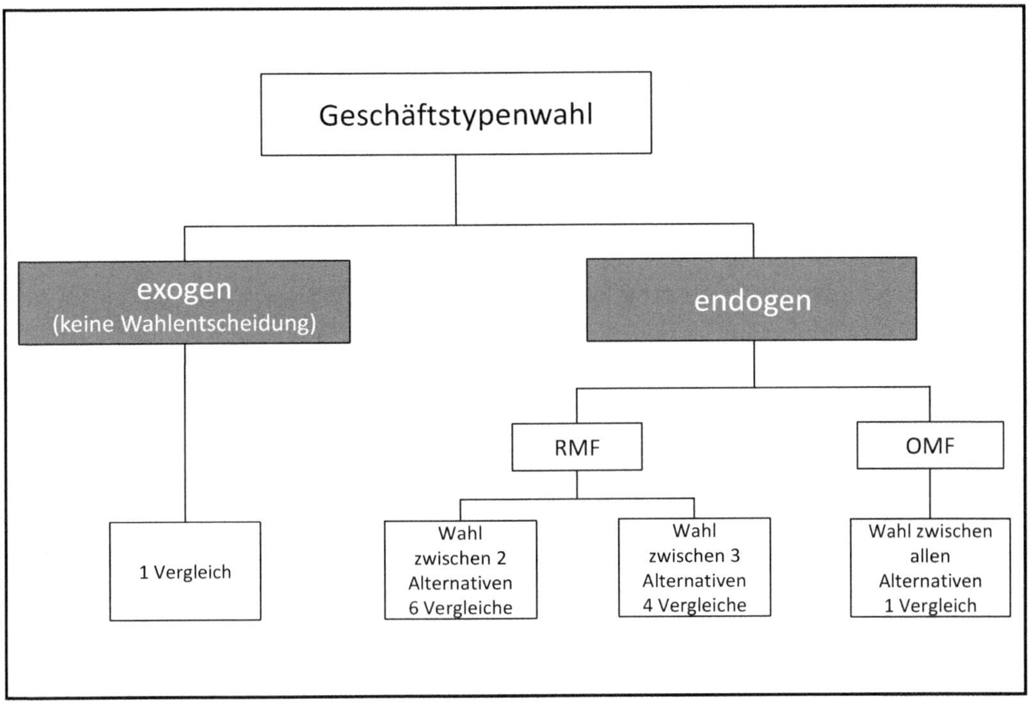

Abb. 3.1: Ausprägungen der Geschäftstypen-Wahlentscheidung
Quelle: *Eigene Darstellung*

3.1 Exogene Wahlentscheidung: Einer oder Keiner

Nicht alle Neugründungen bieten ein Leistungsprogramm, das sich für die Vermarktung in verschiedenen Geschäftstypen eignet. Das Wahlproblem beschränkt sich dann auf die Entscheidung, einen bestimmten Geschäftstyp als Marktszenario zu akzeptieren oder aber gar nicht erst an den Markt zu gehen, weil der Geschäftstyp für den Unternehmer nicht beherrschbar ist. Ein Beispiel möge das Ganze etwas anschaulicher machen. „Wenn die technologische Lösung keine standardisierten Leistungen ermöglicht, z. B. weil es technisch unmöglich ist, die Schnittstellen für alle komplementären am Markt befindlichen Lösungen zu bedienen (weil sie sich wiedersprechen)" (*Backhaus/Voeth* 2014, S. 451) dann ist klar, dass der Geschäftstyp „Produktgeschäft" nicht in Frage kommt. Der Innovator ist gezwungen, sein Leistungsangebot entweder im System- oder Projektgeschäft vermarkten. Wenn er das nicht will oder aus welchen Gründen auch immer nicht kann, muss er auf das Angebot ganz verzichten.

3.2 Endogene Wahlentscheidungen: Vielfältige Möglichkeiten

Während exogen determinierte Entscheidungen nur die Ja/Nein-Entscheidung betrachten – also zwei Entscheidungsalternativen vergleichen, kommt bei endogenen Wahlentscheidungen eine Vielzahl von Alternativen in Betracht. Wir unterscheiden zwei Fallsituationen: Restringierte und offene Mehrtypen-Fälle.

Restringierte Mehrtypen-Fälle (RMT), zu denen die beiden ersten Fälle gehören, lassen nur eine begrenzte Zahl von Alternativen relevant werden, während bei Offenen Mehrtypen-Fällen (OMT) alle Geschäftstypen zur Wahl stehen. Der nachfolgende Punkt (3.) beschreibt den OMT-Fall.

1. Der Entscheidungsträger vergleicht jeweils nur zwei Geschäftstypen miteinander. Bei insgesamt 4 Geschäftstypen kann er insgesamt 4 über 2, also 6 unterschiedliche Paare betrachten.
2. Betrachtet er drei Alternativen, kommen für ihn 4 über 3, also 4 verschiedene Tripel zum Vergleich in Frage.
3. Bisher betrachtete der Entscheidungsträger ein restringiertes Auswahl-Set. Im OMT-Fall stehen alle vier Geschäftstypen zur Disposition. Die Zahl der Auswahl-Sets liefert genau eine Möglichkeit: 4 aus 4, also 1.

3.2.1 Der 2-Typenvergleich: Horizontale, vertikale und diagonale Alternativen

Welcher der sechs Fälle beim 2-Typenvergleich in Betracht kommt, kann nur in einer konkreten Situation bestimmt werden. In der Regel wird nur einer der sechs Fälle konkret in Betracht kommen. Allerdings hängt die Relevanz der sechs Fälle für die konkrete Entscheidungssituation davon ab, ob es sich bei den Entscheidungen um horizontale, vertikale oder diagonale Wahlalternativen handelt. Abbildung 3.2 zeigt die verschiedenen Fallsituationen.

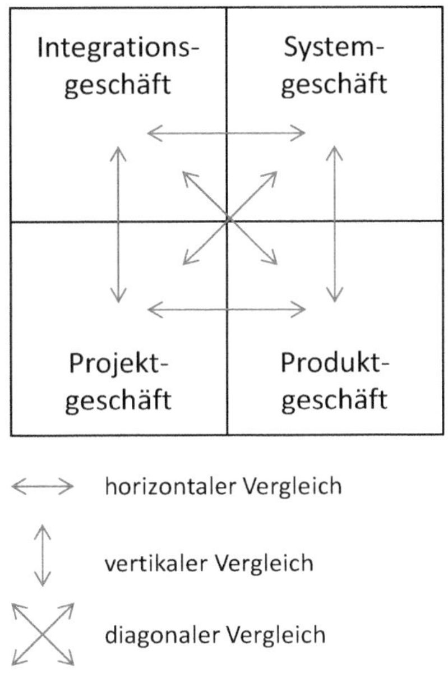

Abb 3.2: Varianten des 2-Typenfalls
Quelle: *Eigene Darstellung*

3.2.1.1 Vertikale Wahlentscheidungen

Im Fall des vertikalen Vergleichs prüft der Unternehmensgründer, ob er sein Leistungsangebot eher in einer zufälligen Folge von unverbundenen Einzeltransaktionen oder in einer Geschäftsbeziehung vermarktet (zu den Unterschieden *Plinke* 1998). Diese Entscheidung wird in erster Linie von seinem geplanten Leistungsangebot abhängen. Aber er kann durchaus auch über Freiheitsgrade in seiner Entscheidung verfügen. So kann ein Innovator die Schnittstellen proprietär oder offen gestalten und so im vertikalen Vergleich die Möglichkeit eröffnen, sein Leistungsangebot sowohl im Produkt- als auch im Systemgeschäft zu vermarkten. Er muss sich aber bewusst sein, dass diese Entscheidung nicht nur technisch untermauert sein muss, sondern er muss genügend Vertrauen „in seine Überlebensfähigkeit aufbauen können, weil sonst die Unsicherheit beim potenziellen Kauf der Leistung im Systemgeschäft wegen des Lock in Effektes nicht ausreichend reduziert werden kann."(*Backhaus/Voeth* 2014, S. 451). Es könnten daher möglicherweise zusätzliche Maßnahmen erforderlich sein, wie z. B. die Kooperation mit einem Anbieter, der schon über eine entsprechende Reputation im Markt verfügt. Ein solcher Partner, der über das notwenige Vertrauen im Markt verfügt - dabei geht es natürlich immer um begründetes und nicht um blindes Vertrauen – könnte z. B. durch Co-Branding Aktivitäten versuchen, das bei ihm im Zeitablauf akkumulierte Vertrauen auf das New Venture zu übertragen. Auf diese Weise könnten auch die Voraussetzungen für ein erfolgreiches Systemgeschäft geschaffen werden. Gelingt dies nicht, bleibt nur die Alternative des Produktgeschäfts. Aber auch hier müssen die geschäftstyp-spezifischen Voraussetzungen bedacht werden. Im Produktgeschäft ist wegen der offenen Schnittstellen zu anderen komplementären Leistungen anderer Anbieter zu erwarten, dass durch die Schnittstellenöffnung das Leistungsangebot Commodity-Charakter bekommt und damit der Preis zum alles entscheidenden Wettbewerbsparameter wird. Einen Preisvorteil zu erzielen, der auch den Wirtschaftlichkeitsaspekt befriedigt, setzt langfristig eine Kostenführer-Position voraus – eine Eigenschaft, die innovativen Unternehmern nicht gerade auf den Leib geschneidert ist.

Wenn sich die Wahlalternativen auf diese beiden vertikalen Handlungsmöglichkeiten beschränken, muss der Unternehmensgründer vor dem Hintergrund seiner Fähigkeiten sich für einen der beiden Geschäftstypen entscheiden.

Entsprechendes gilt für die vertikale Wahlentscheidung zwischen Projekt-und Integrationsgeschäft – mit dem Unterschied, dass hierbei keine anonyme Märkte, sondern definierte Einzelkunden angesprochen werden.

3.2.1.2 Horizontale Wahlentscheidungen

Bei horizontalen Wahlentscheidungen liegt das Entscheidungsproblem zwischen der Bearbeitung von Einzelkunden und von anonymen Märkten oder etwas salopper formuliert dem Angebot von Maßanzügen versus Anzügen von der Stange. Um diese Geschäftstypen alternativ bedienen zu können, muss der Gründer sein Leistungserbringungs-Modell auf den Geschäftstyp ausrichten. Gegenüber der Zielgruppe Individualkunden benötigt der Anbieter ein effektives und effizientes Key Account Management, während er gegenüber anonymen Märkten eher über ein ausreichendes Vertriebsnetzwerk verfügen sollte. Letzteres ist für viele Gründungsunternehmen aufgrund der geringen Zahl an Beschäftigten ein zentraler Engpass. Ein Beispiel möge diese Situation deutlich machen.

Die auf die Charakterisierung von Oberflächen im Mikro- und Nanobereich spezialisierte Firma nanoanalytics vermarktet mit dem CellZscope eine Produktinnovation im medizintechnischen Bereich. Das Laborgerät ist im universitären Bereich entwickelt worden. Eine Spin Off Gründung sollte die Einführung in den weltweiten Markt für Zellanalysen leisten. Die Gründer, drei Naturwissenschaftler waren mit der Aufgabe konfrontiert, den weltweiten Bedarf nach solchen Analysegeräten zu erschließen. Obwohl es sich bei dem Gerät um ein weit gehend standardisiertes Produkt handelte, gingen die Gründer davon aus, dass es dennoch erklärungsbedürftig sei. Bedarfsschätzungen vermuteten, dass im Prinzip das Gerät für jedes Krankenhaus weltweit geeignet war. Das Problem bestand darin, zu prüfen, ob sich das junge Unternehmen mit seinen drei Mitarbeitern um die Erschließung des Weltmarktes für das Laborgerät bemühen sollte und vor allem wie das mit drei Mitarbeiterin zu bewerkstelligen sei oder ob man sich nicht besser auf die individuellen Wünsche einzelner Großkunden konzentrieren sollte. Mit anderen Worten: Es ging um die Entscheidung für einen bestimmten Geschäftstyp: Projektgeschäft versus Produktgeschäft. Entscheidend für diese Frage ist: Über welche Ressourcen verfügt das Unternehmen, um weltweit verteilte anonyme Märkte überhaupt bedienen zu können oder sind die Ressourcen und Fähigkeiten des Spin offs so weit begrenzt, dass nur die Alternative kundenindividuelles Angebot realisierbar ist? Die Firma hat zunächst auf das Produktgeschäft gesetzt. Eine gründliche Analyse hat gezeigt, dass die damit verbundenen Vertriebsprobleme nicht beherrschbar wären. Ein Umstieg auf das Projektgeschäft und die umfassende Bearbeitung von Key Accounts brachte den Durchbruch. Das Beispiel belegt, wie erfolgsentscheidend die richtige Wahl des Geschäftstyps sein kann.

3.2.1.3 Diagonale Wahlentscheidungen

Während horizontale und vertikale Wahlentscheidungen durch eindimensionale Veränderungen geprägt sind (entweder geht es um die Wahl zwischen Transaktions- oder Geschäftsbeziehungsorientierung bzw. kundenindividuelle oder anonyme Märkte), sind bei diagonalen Wahlentscheidungen Änderungen auf beiden Dimensionen gleichzeitig zu betrachten. Man ändert gleichzeitig die Dimension „Markttyp" (anonym versus individuell) und die Dimension „Kundenbeziehung" (Einzeltransaktion versus Beziehungsorientierung).

Ein Beispiel möge diesen Fall illustrieren. SAP wurde 1972 gegründet als ein Spin off von IBM. Die fünf Gründer hatten die Vision einer Echtzeit-Datenverarbeitung. Man war mit einem Kunden gestartet (Projektgeschäft) und hatte dann dem Gedanken der Kundenorientierung treu bleibend aus dem Projektgeschäft im Laufe der Zeit ein Systemgeschäft entwickelt. Die ERP Systeme R2 und R3 wurden für einen anonymen Markt entwickelt und aufgrund ihrer Modularität sukzessive kauf- und einsetzbar. Der Weg vom Projekt- zum Systemgeschäft, den SAP gegangen ist, zeigt, dass die Geschäftstypen – Entscheidungen sich im Laufe der Zeit ändern können. Aber das geht über die ursprüngliche Wahlentscheidung hinaus und berührt die Fragen des Geschäftstypenwechsels (vgl. *Backhaus/Voeth* 2014 S. 475).

3.2.2 Die 3-Typen Wahlentscheidung

Stehen drei der vier Geschäftstypen zur Wahl, dann lässt sich die Entscheidungssituation als eine Kombination von vertikalen, horizontalen und diagonalen Wahlentscheidungen interpretieren. Der Grund liegt darin, dass die möglichen vier Dreiertypen sich immer als einen Vergleich aus einer horizontalen, einer vertikalen und einer diagonalen Entscheidung zusammensetzen (vgl. Abb. 3.3).

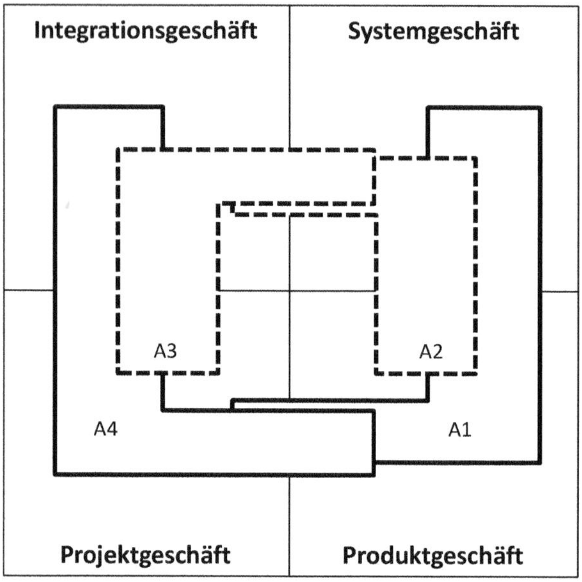

Abb. 3.3 Die vier möglichen Dreier-Typen
Quelle: *Eigene Darstellung*

Wie Abb. 3.3 zeigt, unterscheiden sich die 3-Typen-Kombinationen dadurch, dass bei zwei der vier Dreier-Kombinationsmöglichkeiten jeweils eine der beiden Achsen (vertikal oder horizontal) dominiert in dem Sinne, dass z. B. bei Alternative 4 entweder die horizontale Achse im Vordergrund steht, dann steht bei Alternative 4 der Einzeltransaktionsbezug im Zentrum und wird ergänzt um den Geschäftsbeziehungsaspekt bei Einzelkunden, oder man betont den Einzelkundenaspekt, der ergänzt wird durch eine einzeltransaktionsbezogene anonyme Marktperspektive. Welche Perspektive der Gründer einnimmt, hängt davon ab, welche Fähigkeiten bei seinem Markteintritt besonders ausgeprägt sind. So wird bei Alternative 1 , bei der die Wahl zwischen den Typen Projekt-, Produkt- und Systemgeschäft besteht, die Entscheidung davon abhängen, ob der Gründer mehr Wert auf die Tatsache legt, dass Geschäftsbeziehungen zustande kommen oder dass er auf einem anonymen Markt agieren kann. Denn das Leistungsangebot im Projektgeschäft zu vermarkten heißt, er muss sein Angebot so darstellen (können), dass es kundenspezifisch in einer Einmaltransaktion vermarktbar ist. Präferiert er dagegen den Geschäftstyp des Systemgeschäftes, dann verzichtet er auf die Kontrahierung des Gesamtprojektes, sondern bietet die Gesamtleistung in einzelnen, in sich funktionsfähigen Modulen an, die mehr oder weniger mit proprietären Schnittstellen versehen sind, so dass über den ganzen Beschaffungsprozess lock in Effekte bestehen. Die Leistung wird auch nicht kundenindividuell erbracht. Die Module sind vielmehr weitgehend standardisiert und die Individualität entsteht durch eine individuelle Zusammenstellung verschiedener Teilmodule beim Nachfrager. Schließlich wird das Leistungsangebot im Produktgeschäft realisiert, wenn die Schnittstellen zwischen den Teilmodulen nicht proprietär, sondern offen ausgestaltet sind, so dass der Kunde selbst Teilleistungen von Wettbewerbern miteinander koppeln kann.

Welche Alternative der Anbieter wählt, ist abhängig vom Kaufverhalten der Nachfrager und den korrespondierenden Fähigkeiten des Newcomers. Sind die Nachfrager nicht bereit, den Beschaffungsprozess für das Leistungsobjekt „auf einen Schlag" zu realisieren, z. B. weil die Nachfrager in Teilbereichen neue technologische Lösungen erwarten, oder weil sie den Beschaffungsprozess aus finanziellen Gründen strecken wollen (für eine umfassende Liste von Argumenten vgl. *Backhaus/Voeth* 2014, S. 451 ff.), tritt das Projektgeschäft aus Nachfragersicht in den Hintergrund der Wahlentscheidung. Andererseits ist möglicherweise zu erwarten, dass der Newcomer nicht in der Lage ist, seine Lösung als Marktstandard zu etablieren. In diesem Falle steht deshalb als Alternative vor allem das Systemgeschäft zur Wahl. Der Anbieter muss prüfen, ob seine Fähigkeiten und Ressourcen ausreichend vorhanden sind, um die bestehenden Marktchancen für ein Systemgeschäft zu nutzen. Entsprechende Überlegungen gelten für die drei übrigen Varianten der 3-Typen Wahl.

3.2.3 4 Typen: Die freie Auswahl

Unterliegt der Gründer überhaupt keinen Restriktionen bei seiner initialen Geschäftstyp-Wahlentscheidung, hat er also quasi „die freie Auswahl", dann ist dies die einzige Auswahlkombination, die er betrachten muss. Das ist praktisch jedoch eher der Ausnahmefall als die Regel, denn die Form seines Leistungsangebotes muss schon hoch flexibel sein, wenn sie grundsätzlich in allen Geschäftstypen vermarktbar sein soll .Dennoch werden wir diese Wahlentscheidung kurz beleuchten.

Aus praktischer Perspektive ist zu konstatieren, dass sich für alle Geschäftstypen der Nachweis führen lässt, dass es Kaufinteressenten gibt, die bevorzugt in einem oder mehreren Geschäftstypen kaufen würden.

Entscheidend für die Typenwahl des Anbieters ist jedoch die Beantwortung der Frage; Reicht die Zahl der Käufer in den Geschäftstypen aus, um jedes Segment wirtschaftlich bedienen zu können?

Neben der Nachfrageseite spielt für die Entscheidung des Anbieters aber – wie bei allen anderen Alternativen auch - die Fähigkeiten- und Ressourcenausstattung eine entscheidende Rolle. Diese bestimmt z. B. mit, wie hoch die spezifischen Investitionen mit einem bestimmten Kunden sein dürfen, ohne das innovierende Unternehmen in Schwierigkeiten zu bringen. Andererseits ist zu fragen, ob die finanziellen Ressourcen ausreichen, um z. B. ein Händlernetz aufzubauen, das die adäquate Versorgung eines anonymen Marktes sicherstellen kann.

4 Fazit: Es kommt darauf an…

Fassen wir zusammen: Für die Vermarktung einer Innovation oder die Gründung eines neuen Unternehmens im B2B-Bereich gehört die Wahl des Geschäftstyps zu den strategischen Grundsatzentscheidungen. Die strategische Entscheidung über den Geschäftstyp wird in der Literatur wie in der Praxis eher stiefmütterlich behandelt. Unsere Überlegungen haben gezeigt, dass die häufig in der Praxis anzutreffende Verhaltensweise, den Geschäftstyp als exogen gegeben anzusehen, nur in bestimmten Fällen zutreffend ist und eher die Ausnahme als die Regel darstellt.

Von vergleichsweise größerer Relevanz scheint uns der Fall zu sein, dass ein Unternehmen gleichzeitig in mehreren Geschäftstypen tätig ist. Das ist eine Frage der Segmentierung eines Marktes auf der Basis von Transaktionsverhalten und kann in bestimmten Situationen sehr viel Sinn machen. Wir haben diesen Fall der Vermarktung der gleichen Leistung in einem Portfolio von Geschäftstypen aus Platzgründen hier nicht weiter betrachtet. Es wäre aber für weitere Forschungsbemühungen in diesem Bereich eine lohnende Fragestellung.

Eine weitere Frage, die sich stellt, ist das Verhältnis von erstmaliger Geschäftstypenwahl und Geschäftstypenwechsel. Wahlentscheidungen werden zwar für eine längere Zeitdauer getroffen. Damit haben sie jedoch auch keine Gültigkeit für die Ewigkeit. Sie sind natürlich revidierbar. Für Wechselentscheidungen gelten im Prinzip die gleichen Kriterien wie für die ursprüngliche Wahlentscheidung mit einem (gravierenden) Unterschied: Für die Wechselentscheidung spielt die Richtung des Wechsels („vom Produkt- zum Systemgeschäft" bzw. „vom System- zum Produktgeschäft") eine entscheidende Rolle, bei der Wahlentscheidung nicht. Der Grund liegt darin, dass die Wechselentscheidung vor dem Hintergrund einer Geschäftstypen-Historie getroffen wird, während der Wahlentscheidung keine entsprechende Entscheidung vorausgegangen ist

Insgesamt kann davon ausgegangen werden, dass die Geschäftstypenwahl keine strukturellen Prioritäten kennt. Kein Geschäftstyp ist einem anderen generell überlegen. Wie so oft bei betriebswirtschaftlichen Fragestellungen sind die Antworten kontingent. Mit anderen Worten: Es kommt darauf an… Worauf, das haben unsere Überlegungen hoffentlich zumindest exemplarisch klar gemacht.

Literaturverzeichnis

Backhaus, K., Aufderheide, D., Späth, G.-M.: Marketing für Systemtechnologien. Schäffer-Poeschel, Stuttgart (1994)

Backhaus, K., Büschken, J.: The Paradox of Unsatisfying but Stable Relationships – A Look at German Car Suppliers. Journal of Business Research 46, 245–257 (1999)

Backhaus, K., Voeth, M.: Industriegütermarketing. Vahlen, München (2014)

Büschken, J.: Higher Profits through Customer Lock-In – A Roadmap. Mason, Ohio (2005)

Engelhardt, W.H.: Grundlagen des Anlagen-Marketing. Zeitschrift für betriebswirtschaftliche Forschung 29(7), 9–37 (1977)

Engelhardt, W.H.: Investitionsgütermarketing. In: Tietz, B., Köhler, R., Zentes, J. (Hrsg.) Handwörterbuch des Marketing, 1056–1067. Schäffer-Poeschel, Stuttgart (1997)

Engelhardt, W.H., Günter, B.: Investitionsgütermarketing. Kohlhammer, Stuttgart (1981)

Kleinaltenkamp, M.: Geschäftsbeziehungsmanagement. Springer, Berlin (1997)

Macneil, T.: The Many Futures of Contracts. Southern California Law Review 47, 691–816 (1974)

Marshall, A.: Principles of Economics, 9. Aufl., Nachdruck der ersten Auflage von 1890. Cosimo, London (1961)

Pfeiffer, W., Bischof, P.: Einflussgrößen von Produkt-Marktzyklen. 22. Arbeitspapier des betriebswirtschaflichen Instituts der Friedrich-Alexander Universität Erlangen-Nürnberg. Friedrich-Alexander Universität Erlangen-Nürnberg, Nürnberg (1974)

Plinke, W.: Die Geschäftsbeziehung als Investition. In: Specht, G., Silberer, G., Engelhardt, W.H. (Hrsg.) Marketing Schnittstellen, 305–326. Schäffer-Poeschel, Stuttgart (1989)

Plinke, W.: Erlösgestaltung im Projektgeschäft. In: Kleinaltenkamp, M., Plinke, W. (Hrsg.) Auftrags-und Projektmanagement, 117–159. Springer, Berlin (1998)

Plinke, W.: Grundkonzeption des industriellen Marketing-Managements. In: Kleinaltenkamp, M., Plinke, W. (Hrsg.) Technischer Vertrieb – Grundlagen des Business-to-Business Marketing, 101–170. Springer, Berlin (2000)

Richter, H.P.: Investitionsgütermarketing. Carl Hanser Verlag, München (2001)

Stingel, S.: Tarifwahlverhalten im Business-to-Business-Bereich. Gabler, Wiesbaden (2008)

Weiber, R., Adler, J.: Informationsökonomisch begründete Typologisierung von Kaufprozessen. In: Zeitschrift für betriebswirtschaftliche Forschung 47(1), 43–65 (1995)

Weiber, R., Kleinaltenkamp, M.: Business- und Dienstleistungsmarketing. Stuttgart (2013)

Jutta Emes und Marc Gruber

Die Ideenumsetzung im Rahmen von Markteintrittsstrategien

Jutta Emes, Prof. Dr.
Professur für Marketing und Medien
Bauhaus-Universität Weimar
E-Mail: jutta.emes@uni-weimar.de.

Marc Gruber, Prof. Dr.
College of Management of Technology EPFL
Entrepreneurship and Technology Commercialization
E-Mail: marc.gruber@epfl.ch.

1 Markteintritt als Meilenstein der Unternehmensgründung

Die Ideenumsetzungsphase beinhaltet die eigentliche Leistungsangebotsentwicklung, die Absatzvorbereitung und die Markteinführung (*Michel* 1987, S. 13). Die beiden letztgenannten Aspekte stehen im Mittelpunkt der folgenden Ausführungen. Sie entsprechen der Planung und Umsetzung der Markteintrittsstrategie und sind mit der Innovationsphase gleichzusetzen, in welcher auch der Markteintritt – als wichtiger Meilenstein der frühen Unternehmensentwicklung – erfolgt. Wenn ein Unternehmen erstmalig in den Markt eintritt, die ersten Umsatzerlöse erzielt und sich damit in eine vorteilhaftere Position der Ressourcenabhängigkeit begibt, wird idealtypisch die Gründungsphase als beendet angesehen (*Schoonhoven et al.* 1990). Die Art und Weise des Markteintritts ist entscheidend für den langfristigen Erfolg eines Unternehmens.

Beim Markteintritt werden junge Unternehmen mit besonderen Herausforderungen konfrontiert, welche aus ihren im Vergleich zu etablierten Unternehmen charakteristischen Eigenschaften resultieren. Hierzu zählen vor allem die begrenzte Größe und die Neuheit des Unternehmens, aber auch Merkmale wie hohe Unsicherheit und Turbulenzen im Umfeld (*Gruber* 2003; *Gruber/Henkel* 2006; *Rüggeberg* 2003, S. 6 f.). Diesen Besonderheiten muss die Formulierung der Markteintrittsstrategie Rechnung tragen. Speziell die Unsicherheit der marktlichen Entwicklung, wie z. B. ein möglicher Eintritt neuer Konkurrenten oder die Reaktion etablierter Unternehmen, ist zu berücksichtigen. Unsicherheit wird im Entrepreneurship als zentraler Aspekt für die Existenz von Geschäftsmöglichkeiten erachtet, weil sie die Grundlage für eine asymmetrische Wahrnehmung von Chancen unter Wirtschaftsakteuren bildet. Hinzu kommt, dass Unternehmensgründungen häufig in jungen Branchen vollzogen werden, die sich durch ein besonders turbulentes und damit schwerer prognostizierbares Wettbewerbsumfeld auszeichnen. Die strategische Markteintrittsplanung von Unternehmensgründungen muss deshalb auf mitunter sehr vagen Annahmen zur Entwicklung des Markts und weiteren Unternehmensumfelds für den Zeitraum nach dem Markteintritt aufbauen. Unternehmensgründungen lassen sich daher auch als reales Experiment interpretieren, bei dem Hypothesen über den wertschaffenden Charakter bestimmter Ressourcenkombinationen und Strategien gegenüber bestehenden und anderen innovativen Lösungen am Markt getestet werden.

2 Ideenumsetzung im Marketing: Ziele, Strategien und operative Inhalte

Die Umsetzung einer Geschäftsidee wird durch eine zielgerichtete Markteintrittsstrategie sowie durch die Planung operativer Maßnahmen unterstützt. Nachfolgend wird zunächst ein Kurzüberblick zu dieser Thematik gegeben und der Planungskreislauf zur Entwicklung einer Markteintrittsstrategie aufgezeigt. Dieser dient als Rahmenkonzept für die anschließende detaillierte Auseinandersetzung mit der Markteintrittsstrategie von Gründungsunternehmen.

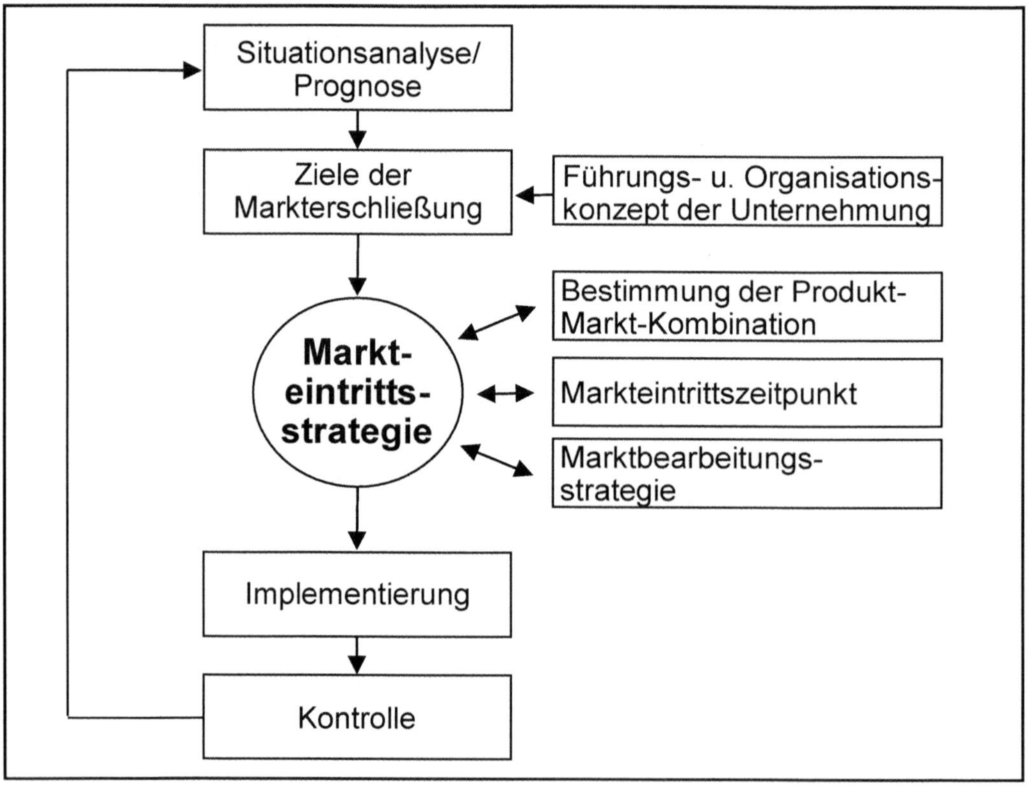

Abb. 2.1: Planungskreislauf zur Entwicklung einer Markteintrittsstrategie
Quelle: in Anlehnung an *Müschen* 1998, S. 33

Eine Markteintrittsstrategie basiert auf einem mehrstufigen Entscheidungsprozeß (vgl. Abb. 2.1). Im Rahmen der Situationsanalyse werden die notwendigen entscheidungsrelevanten Markt- und Wettbewerbsinformationen gesammelt und aufbereitet. Darauf aufbauend werden die Ziele der Markterschließung formuliert, die Leistungsangebote und die zu bearbeitenden Märkte ausgewählt, der Zeitpunkt des Markteintritts festgelegt sowie die Marktbearbeitungsstrategie, d.h. der längerfristige Vorgehensplan zur Umsetzung von Wettbewerbsvorteilen, bestimmt. Schließlich erfolgt die operative Umsetzung und Implementierung des Strategiekonzepts. Eine fortwährende Kontrolle soll Schwachstellen aufdecken und dafür sorgen, dass bei Soll-Ist-Abweichungen entsprechende Konzeptanpassungen vorgenommen werden. Gleiches gilt bei Änderungen der Umweltbedingungen. Die Entwicklung einer Markteintrittsstrategie beruht somit auf einem System von interdependenten Entscheidungen, das langfristigen Charakter haben muss. Die Besonderheiten von Marketingzielen, Markteintrittsstrategien und operativen Maßnahmen für Unternehmensgründer werden nachfolgend erläutert.

2.1 Marketingziele

Für ein systematisches Vorgehen beim Markteintritt müssen Ziele aufgestellt werden. Diese Ziele dienen den Gründern als Orientierung bei der Entwicklung einer Erschließungsstrategie und sollten mit dem allgemeinen Führungs- und Organisationskonzept der Unternehmung kompatibel sein. Die im Rahmen der Marketingplanung festzulegenden Ziele lassen sich anhand einer Zielpyramide beschreiben, an deren Spitze u.a. allgemeine Wertvorstellungen und die Vision der Gründer sowie je nach Einfluss weiterer Anteilseigner auch deren Vorstellungen und Erwartungen stehen (*Becker* 2012; *Gruber et al.* 2012). Beabsichtigen die Unternehmensgründer die Einwerbung von Wagniskapital, so ist den Renditeerwartungen der Kapitalgeber – sofern es das Potenzial der Gründung gestattet – bei der Zielformulierung Rechnung zu tragen (*Gruber* 2007). Diese grundlegenden Vorstellungen und Erwartungen an die Gründung bilden den Rahmen für die Zielbildung im Marketing, die sich auf verschiedenste Marketinginhalte mit unterschiedlichem Konkretisierungsgrad (z. B. strategisch, operativ) erstreckt und sowohl ökonomische Ziele (z. B. Umsatz, Marktanteil, Gewinn) als auch vorökonomische Ziele (z. B. Reputation, Bekanntheit) umfasst. Die Zielfestlegung erfolgt bei der Gründungsplanung häufig anhand von Meilensteinen (*McGrath/MacMillan* 1995, S. 4 ff.). Über die Definition aufeinander folgender Meilensteine können konkrete Ziele für den Verlauf der Unternehmensentwicklung geplant werden.

2.2 Strategische Inhalte der Marketingplanung

Unter Berücksichtigung der grundlegenden Ziele befasst sich die Marketingplanung auf strategischer Ebene mit der mittel- bis langfristigen Ausrichtung des Unternehmens (branchenabhängig, oft 3 bis 5 Jahre). Es wird ein auf die Marktteilnehmer, die relevante Umwelt und die unternehmensspezifischen Stärken und Schwächen ausgerichteter Handlungsrahmen bzw. Verhaltensplan festgelegt, der Vorgaben für die operative Umsetzung im Marketing gibt. Als elementar für das strategische Marketing und im weiteren Sinne auch für das strategische Gründungsmanagement wird die Orientierung am Wettbewerb angesehen, mit dem Ziel, Wettbewerbsvorteile gegenüber der Konkurrenz zu erringen, die es einer Unternehmensgründung gestatten, nachhaltig überdurchschnittlich erfolgreich zu sein (*Gruber/Harhoff* 2002). Inhaltlich lassen sich im strategischen Marketing verschiedene Entscheidungsdimensionen unterscheiden, die einer gegenseitigen Abstimmung bedürfen und zu einer integrierten Markteintrittsstrategie der Unternehmensgründung zusammengefasst werden können. Diese Dimensionen werden nachfolgend erläutert.

- Bestimmung der Produkt-Markt-Kombination

Die Auswahl des Markts, in dem die Gründung agieren will, und die Festlegung des zu offerierenden Produkt- bzw. Dienstleistungsangebots können als die mitunter bedeutsamsten strategischen Entscheidungen von Gründungsunternehmen erachtet werden (*Gruber et al.* 2008; *Gruber et al.* 2013). Mit diesen Entscheidungen werden die Produkt-Markt-Kombination und somit der Fokus der Unternehmenstätigkeit definiert, was maßgeblichen Einfluss auf das Erfolgspotenzial des Gründungsvorhabens sowie auf die Aussichten, eine Wagniskapitalfinanzierung für das Vorhaben zu erlangen, hat. Mit Blick auf die Markterfassung ist eine Abgrenzung des von der Gründung zu bearbeitenden Marktsegments, der Breite der Marktabdeckung (Gesamtmarkt vs. Teilmarkt) sowie des Umfangs des zu bearbeitenden Marktareals (geographische Abgrenzung) vorzunehmen. Das Produkt- und Dienstleistungsangebot (u.a. Angebotstiefe und -breite) sollten auf den Markt bzw. einzelne Marktsegmente abgestimmt werden. Darüber hinaus sollten längerfristige Wachstumsstrategien auf Produkt- und Marktebene entworfen werden. Diese beinhalten bspw. die Erschliessung neuer Märkte auf Basis der bestehenden Ressourcen („resource-leveraging“).

- Bestimmung der Marktbearbeitungsstrategie

Eng verbunden mit der Definition der Produkt-Markt-Kombination ist die Bestimmung der Marktbearbeitungsstrategie, d.h. die Klärung der Frage, wie das Gründungsunternehmen Wettbewerbsvorteile erzielen will. Neben einer Konkretisierung der angestrebten Positionierung im Zielsegment beinhaltet dies insbesondere die Festlegung des für eine Stimulierung des Kunden zu erreichenden Wettbewerbsvorteils. Wettbewerbsvorteile können entweder in Preis- und Kostenvorteilen oder in Leistungsvorteilen (Differenzierung) gegenüber der Konkurrenz begründet sein (*Porter* 1980, 1985). Unternehmensgründungen können dauerhafte Alleinstellungsmerkmale z. B. über eine patentgeschützte Technologie, herausragendes Design, eine hohe wahrgenommene Produktqualität oder herausragenden Kundenservice aufbauen.

- Bestimmung des Markteintrittszeitpunkts

Des Weiteren ist die Entscheidung über den Markteintrittszeitpunkt ein wichtiger Gegenstand der strategischen Marketingplanung von Unternehmensgründern. Insbesondere auf jungen, schnell wachsenden Märkten, wie z. B. im High-Tech-Bereich kann die richtige Wahl des Markteintrittszeitpunktes einen kritischen strategischen Erfolgsfaktor bilden (*Backhaus/Voeth* 2014, S. 239). Die Risiken eines eventuell zu frühen Markteintritts (unreifes Produkt oder fehlende Aufnahmebereitschaft des Markts) müssen gegen die eines zu späten Eintritts (verpasste Chancen) sorgfältig abgewogen werden.

Mit der Festlegung dieser strategischen Inhalte werden zugleich zentrale Elemente des Geschäftsmodells einer Unternehmensgründung fixiert. Dies verdeutlicht einmal mehr den großen Stellenwert der Marketingplanung im Rahmen der Gründungsvorbereitung. Mit Blick auf die Ausgestaltung des Businessplans empfiehlt *Gumpert* (1997, S. 137) sogar, dass die Ausführungen zum Marketing im Vergleich zu anderen Planungsinhalten den relativ größten Umfang aufweisen sollten.

2.3 Operative Inhalte der Marketingplanung

Innerhalb der operativen (taktischen) Marketingplanung erfolgt eine Konkretisierung der Marketingstrategie. Typischerweise ist die operative Planung auf einen Zeitraum von bis zu einem Jahr ausgerichtet. Dabei gilt es allerdings zu berücksichtigen, dass manche Maßnahmen, wie z. B. Werbung, ihre volle Wirkung erst bei einem kontinuierlichen, längerfristigen Einsatz entfalten. Im Wesentlichen erstreckt sich die operative Marketingplanung auf die Instrumentalbereiche Produkt-, Preis-, Kommunikations- und Distributionspolitik (Marketing-Mix), die in ihrem koordinierten Einsatz zur Erreichung der Marketingziele beitragen sollen. Jeder dieser Bereiche umfasst zahlreiche Subinstrumente und weist damit eine hohe Zahl an Differenzierungs- und Modifikationsmöglichkeiten auf, die durch eine Kombination mit den Subinstrumenten anderer Instrumentalbereiche noch weiter erhöht wird. Nicht zuletzt aufgrund funktionaler, zeitlicher und hierarchischer Interdependenzen zwischen den verschiedenen Instrumenten wohnt der koordinierten und zielgerichteten Gestaltung des Marketing-Mix eine eigene Komplexität inne.

Die besonderen Charakteristika von Unternehmensgründungen, insbesondere die knappen finanziellen und personellen Ressourcen, wirken sich deutlich auf Wahl, Ausgestaltung und Intensität des Instrumenteinsatzes aus. Von der Literatur zum Gründungsmarketing werden deshalb zahlreiche unkonventionelle und kostengünstige Marketingmaßnahmen vorgeschlagen, die sich unter dem Begriff Guerilla Marketing zusammenfassen lassen. Allerdings ist bei deren Wahl auch auf die strategische Adäquanz zu achten, ein Erfordernis, das in der entsprechenden, zumeist populärwissenschaftlich gehaltenen Literatur bislang kaum berücksichtigt wird. Weitere Ansätze und Möglichkeiten, um dem Mangel an Ressourcen im Marketing zu begegnen, bieten Marketing-Kooperationen, die Ansiedlung in Branchenclustern (*Arnold et al.* 2003), Abschöpfungsstrategien (Skimming Pricing) und eine (stets erforderliche) ausgeprägte Sorgfalt bei der Neuprodukteinführung.

3 Wissenschaftliche Ergebnisse zu Markteintrittsstrategien von Gründern

In obigen Ausführungen wurde bereits eine erste Übersicht zu den verschiedenen Planungsinhalten von Markteintrittsstrategien für Unternehmensgründer gegeben. Im Einzelnen werden nun wissenschaftliche Ergebnisse zur Produkt-Markt-Kombination, zum angestrebten Wettbewerbsvorteil sowie zum Markteintrittszeitpunkt diskutiert.

3.1 Produkt-Markt-Kombinationen

Empirische Untersuchungen im Rahmen von Produkt-Markt-Kombination von Unternehmensgründern beschäftigen sich vor allem mit Fragen der Marktparzellierung (Marktsegmentierung und Marktabdeckung), der Wahl des Marktareals sowie der Sortimentsgestaltung.

- Marktparzellierung: Marktsegmentierung und Marktabdeckung

Mit dem Begriff Marktparzellierung werden Fragen zur Marktsegmentierung und zum Umfang der Marktabdeckung (Teilmarkt vs. Gesamtmarkt) angesprochen. Die Marktsegmentierung verfolgt das Ziel, einen heterogenen Gesamtmarkt in homogene Kundengruppen zu unterteilen, um diese mit einer spezifisch abgestimmten Strategie und geeigneten Marketingmaßnahmen bearbeiten zu können und so eine gezielte Profilierung des Unternehmens zu ermöglichen (*Kuß/Kleinaltenkamp* 2013, S. 144 ff.). Voraussetzung hierfür ist die Festlegung von Segmentierungskriterien. Im Hinblick auf die Nachfrager werden meist sozio-ökonomische und psychographische Kriterien herangezogen. Bei Innovationen bietet es sich darüber hinaus an, den relevanten Markt entsprechend des Produktnutzens zu segmentieren (Benefit Segmentation). Die Anzahl zu unterscheidender Segmente eines Markts wird von der Differenzierbarkeit und Messbarkeit des Kundenverhaltens bestimmt. Allgemein zeigen die empirischen Ergebnisse von *Rüggeberg* (1997, S. 182), dass erfolgreiche Gründungen vor allem in Märkten mit höherer Bedürfnishomogenität aktiv sind. *Rüggeberg* stellt jedoch fest, dass 47% der von ihm untersuchten Unternehmensgründungen trotz Bedürfnisheterogenität stets alle Kundengruppen im jeweiligen Markt bearbeiten. Ein Grund hierfür könnte in Schwierigkeiten bei der Segmentierung innovativer Märkte liegen, mit der Folge, dass Standardisierungs- und Profilierungspotenziale nicht optimal genutzt werden können. Fehlende Segmentierung resultiert möglicherweise auch aus einer Strategie kundenindividueller Leistungserstellung, wie sie z. B. im Softwarebereich öfters anzutreffen ist. In einer anderen Untersuchung von Unternehmensgründungen ermittelt *Kulicke* (1993, S. 88 ff.) hingegen einen Stichprobenanteil von lediglich 21%, der keine gezielte Auswahl von Marktsegmenten für den Markteintritt getroffen hat.

Basierend auf der vorgenommenen Segmentierung des Marktes kann die Entscheidung getroffen werden, in welchem Umfang eine Unternehmensgründung den Markt abdecken will, wobei es sich aus marketingstrategischen Gesichtspunkten anbietet, zwischen der Bearbeitung eines Teilmarkts (Segment) und des Gesamtmarkts zu unterscheiden. Eine spezielle Strategievariante der Marktabdeckung bildet die Nischenstrategie. Diese richtet sich auf Segmente, die entweder sehr klein und damit für andere Anbieter uninteressant sind, oder die spezifische, bei der Konkurrenz nicht vorhandene Fähigkeiten (Kompetenzen) erfordern (*Becker* 2012).

Aufgrund der Ressourcenknappheit von Unternehmensgründungen wird in der Literatur oftmals empfohlen, dass sich Gründungen auf die Bearbeitung einzelner Segmente konzentrieren sollten, um dem Wettbewerb mit größeren Unternehmen zu entgehen und sich zunächst einen „Brückenkopf" aufzubauen, der für die Generierung erster Umsätze, den Aufbau von Reputation und die sukzessive Erschließung des größeren Markts genutzt werden kann. Die Vorteilhaftigkeit einer auf die Bearbeitung von Teilmärkten gerichteten Strategie belegen u.a. die Untersuchungen von *Carroll* (1984, S. 126 ff.; 1985, S. 1262 ff.) und die Ergebnisse von *Romanelli* (1989, S. 385). Der Fokus auf einen Teilmarkt führt im Extremfall dazu, dass nur noch ein Kunde („segment of one") bedient werden würde. In diesem Zusammenhang legen die empirischen Ergebnisse von *Brüderl et al.* (1996, S. 215 f.) dar, dass neugegründete Betriebe, die in ihrer Geschäftstätigkeit auf einen einzelnen Großkunden setzen, zwar kaum negativ in ihrer Überlebenswahrscheinlichkeit beeinflusst, jedoch deutlich in ihrem Expansionspotenzial begrenzt werden. Allerdings finden sich auch empirische Befunde, die auf die Vorteilhaftigkeit einer breiten Marktbearbeitung von Unternehmensgründungen hinweisen. Die Ergebnisse von *Miller/Camp* (1985, S. 99) über die Erfolgsfaktoren von Corporate Ventures zeigen, dass jene höhere Erfolge erzielen, die eine im Vergleich zu den führenden Mitbewerben größere Zahl unterschiedlicher Kundentypen und einen breiteren Markt bearbeiten. Ähnliche Ergebnisse ermittelt die Studie von *Biggadike* (1979, S. 133 ff.), die ebenso Corporate Ventures betrachtet. Dass es sich dabei nicht um eine Besonderheit des Marktauftritts von Corporate Ventures handelt, lassen die Befunde von *Lambkin* (1988, S. 136 ff.) sowie von *Cooper et al.* (1986, S. 252 ff.) erkennen, die Bedingungen aufzeigen, unter denen ein breiter Markteintritt von Unternehmensgründungen erfolgreicher ist. Die Ergebnisse von *Sandberg/Hofer* (1987, S. 20) legen dar, dass bei Existenz eines Differenzierungsvorteils die Abdeckung des Gesamtmarkts erfolgreicher ist als die Abdeckung eines Teilmarkts. Begründet werden kann dies mit der sukzessiven Ausdifferenzierung des Markts im Zeitablauf, die u.a. auf einer zunehmenden Sicherheit in Bezug auf die Marktbedingungen beruht. *Lee et al.* (1999, S. 300) konstatieren, dass obige Argumentation zur Nachteiligkeit eines breiten Markteintritts das Ergreifen von Vergeltungsmaßnahmen seitens der etablierten Unternehmen i.d.R. als gegeben voraussetzt, obgleich es für diese ggf. kostengünstiger sein kann, den Markteintritt zu tolerieren

Die Befunde zu diesem inhaltlichen Planungsbereich lassen keine klare Schlussfolgerung zur Vorteilhaftigkeit einer Strategieoption zu, sondern erfordern eine Berücksichtigung weiterer Variablen. Erkennbar wird dies auch an den Ergebnissen von *McDougall et al.* (1992, S. 280), die in ihrer Typologisierung verschiedener Strategievariablen sowohl bei erfolgreichen als auch bei weniger erfolgreichen Typen einen Fokus auf die Bearbeitung von Teilmärkten feststellen. Gleichfalls geben die (hier nicht vertieft ausgewiesenen) Ergebnisse organisationsökologischer Forschungsarbeiten deutlich zu erkennen, dass die Vorteilhaftigkeit der Generalisten- bzw. der Spezialisten-Strategie von den jeweiligen Umweltbedingungen abhängt (z. B. *Freeman/Hannan* 1983, 1116 ff.).

- Wahl des Marktareals

Im Rahmen der Wahl des Marktareals erfolgt eine geographische Abgrenzung des Zielmarkts von Gründungen. In den 90er Jahren hat sich ein eigener Forschungszweig in der Gründungsforschung herausgebildet, der sich mit der Internationalisierung von Unternehmensgründungen befasst. Unterscheiden lässt sich aus Sicht deutscher Unternehmensgründungen primär eine auf die Region, auf Deutschland, auf die deutschsprachigen Länder, auf Europa oder Europa und das weitere Ausland gerichtete geographische Marktdefinition. Die empirischen Ergebnisse von *Kulicke et al.* (1993, S. 88 ff.) zeigen in diesem Zusammenhang, dass nur 3% der untersuchten Unternehmensgründungen einen regionalen Markt innerhalb von Deutschland bedienen und sich weitere 33% primär auf den deutschen Markt fokussieren. 37% der Gründungen sind im europäischen Markt tätig und 27% auf europäischen und außereuropäischen Märkten. Unter Berücksichtigung des Gründungserfolgs konstatieren sie, dass erfolgreiche Gründungen überdurchschnittlich häufig Auslandsmärkte selbst bearbeiten. Vergleichbare Resultate liefern *Freeser/Willard* (1990, S. 90 ff.) in ihrer Untersuchung von technologieorientierten Unternehmen aus der amerikanischen Computerbranche. Sie legen dar, dass stark wachsende Unternehmen einen deutlich höheren Anteil an Auslandsumsätzen verzeichnen als Unternehmen mit geringerem Wachstum, und führen diesen Befund u.a. darauf zurück, dass stark wachsende Unternehmen eine „globalere" Perspektive verfolgen. *Oviatt/McDougall* (1994, S. 49 ff.) stellen fest, dass ein großer Anteil von Unternehmensgründungen eine frühe Internationalisierung anstrebt (im Extremfall „born globals"). *Bürgel et al.* (2004, S. 68 ff.) bestätigen diesen Befund für deutsche Gründungen; von denen 74% einen Markteintritt in EU/EFTA-Länder als ersten Schritt zur Internationalisierung tätigen, wobei Österreich, Frankreich und die Niederlande als wichtigste Märkte gelten. Immerhin bearbeiten 11% der Gründungen als ersten ausländischen Markt die Vereinigten Staaten und Kanada. Gleichfalls zeigen die Ergebnisse, dass international aktive Unternehmen höhere Umsätze und eine höhere Produktivität als die nur auf dem Heimatmarkt agierenden Unternehmen aufweisen. Nach *Nocke* (2006, S. 930 ff.) arbeiten Unternehmensgründungen, die in einen großen und wettbewerbsintensiven Markt eintreten, zudem meist effizienter als Unternehmen, die auf kleineren Märkten agieren. Rund drei Viertel der von *Gruber* (2005, S. 179) untersuchten VC-finanzierten Unternehmensgründungen haben bereits von Beginn an eine internationale Orientierung verfolgt, wobei 32% der Gründungen einen Kundenkreis bearbeiten, der Europa und das weitere Ausland umfasst. Die zur geographischen Marktwahl verwendeten Kriterien zeigen, dass Gründer zunächst ein „proof of market" im Heimatmarkt erbringen möchten, bevor sie weiter entfernte Absatzgebiete bearbeiten.

Insgesamt lassen die vorliegenden Befunde recht deutlich erkennen, dass eine ausschließliche Orientierung am Heimatmarkt für stark wachstumsorientierte Gründungen i.d.R. einen zu engen geographischen Bereich darstellt. Für deutsche Gründungen spielt der europäische Markt eine wichtige Rolle. Insbesondere für technologieorientierte Unternehmensgründungen kann es erforderlich werden, zur Durchsetzung ihres Standards bzw. zur Sicherstellung einer Technologieführerschaft rasch in den US-amerikanischen Markt einzutreten.

- Sortimentsgestaltung

Im Rahmen der Sortimentsgestaltung entscheiden Unternehmensgründer primär über die Angebotstiefe und -breite. Hierzu liegen allerdings nur wenige empirische Erkenntnisse vor, die zudem meist nicht zwischen der Zahl der Produktarten (= Breite) und der Zahl der Produktausführungen/-sorten (= Tiefe) differenzieren. Die Ergebnisse *von Kulicke et al.* (1993, S. 36 ff.) zeigen, dass nur 24% der untersuchten Unternehmensgründungen primär ein Produkt auf den Markt gebracht, während 48% mehrere Produkte angeboten haben. Unter Berücksichtigung des Erfolgs dieser Unternehmensgründungen lässt sich konstatieren, dass unter den erfolgreichen Gründungen 75% eine Produktpalette von mehr als drei Produkten besaßen, jedoch nur 30% der erfolglosen Gründungen Mehrproduktunternehmen waren. Die auf einer Auswertung der PIMS-Datenbank beruhenden empirischen Ergebnisse von *Robinson/Fornell* (1985, S. 313) lassen erkennen, dass ein breiteres Produktangebot einen signifikant positiven Einfluss auf den Marktanteil hat und dass der Status als Marktpionier einen signifikant positiven Einfluss auf die Breite des Produktangebots besitzt. Ebenso liefern die Ergebnisse von *Miller/Camp* (1985, S. 99) einen empirischen Beleg dafür, dass Unternehmensgründungen mit einem Produktangebot, das breiter ist als das der führenden Mitbewerber, auch erfolgreicher sind als diese. Die Ergebnisse von *Lambkin* (1988, S. 136 f.) bestätigen ebenso die Vorteilhaftigkeit eines breiten Produktangebots. *Lunsford* (1990, S. 13) ermittelt, dass sich eine Produktdiversifizierung während der frühen Unternehmensentwicklung positiv auf den Unternehmenserfolg auswirkt.

In ihrer Gesamtheit betrachtet lassen die wenigen verfügbaren Befunde zur Sortimentsgestaltung keine klaren Schlussfolgerungen zu. Kritisch ist für manche der vorliegenden Ergebnisse anzumerken, dass keine eindeutige Kausalität zwischen der Sortimentsgestaltung und dem Unternehmenserfolg nachgewiesen werden kann. Vielmehr lässt sich vermuten, dass erfolgreich verlaufende Unternehmensgründungen ihr Sortiment sukzessive erweitern, um ihren Erfolg breiter abzusichern und weiter zu steigern. Hinweise auf ein solches Vorgehen geben einige der oben diskutierten Erkenntnisse zur Marktparzellierung. Daneben erscheint die Einbindung weiterer Strategievariablen erforderlich zu sein.

3.2 Wettbewerbsvorteile

Die Erzielung eines Wettbewerbsvorteils wird in Forschungsarbeiten zum Erfolg neuer Produkte als zentraler Erfolgsfaktor gesehen (z. B. *Montoya-Weiss/Calantone* 1994, 406 f.; *Cooper/Kleinschmidt* 1987, 172 ff.). Empirische Untersuchungen von Unternehmensgründungen (z. B. *Gruber* 2005, S. 180; *Kulicke et al.* 1993, S. 83 f.) zeigen deutlich, dass die Mehrzahl der Gründungen Wettbewerbsvorteile durch ein technisch führendes Angebot bzw. einen Differenzierungsvorteil anstrebt. Begründet wird die Wahl dieser Strategiealternative häufig mit den begrenzten Möglichkeiten von Unternehmensgründungen, sich durch Skalen- oder Erfahrungskurveneffekte eine günstige Kostenposition aufzubauen. Zahlreiche Studien legen zudem dar, dass mit der Wahl einer Differenzierungsstrategie ein größerer Erfolg für Unternehmensgründungen verbunden ist als mit der Preis-Mengen-Strategie (z. B. *Miller/Camp* 1985). Eine Untersuchung von *Dess et al.* (1997) kommt jedoch zu dem Schluss, dass zwischen Kostenführerstrategie und erfolgreichem Entrepreneurship ein positiver Zusammenhang besteht. In die gleiche Richtung weisen die Befunde von *Zahra und Covin* (1993), die zeigen, dass Kostenführerschaft und Neuproduktentwicklung miteinander einhergehen. *Shrader und Simon* (1997, S. 62) weisen dagegen empirisch nach, dass sowohl Independent als auch Corporate Ventures, die nachdrücklich Kostensenkungsmaßnahmen betreiben (welche nicht eins zu eins mit einer Kostenführerstrategie gleichzusetzen sind), ein schlechtes Ergebnis erzielen. Hier kann die Kausalität allerdings hinterfragt werden, denn Unternehmen greifen insbesondere dann zu Kostensenkungsmaßnahmen, wenn das Ergebnis bereits schlecht ausfällt. Die Widersprüchlichkeit dieser Ergebnisse ist auf die unterschiedlichen betrachteten Branchen und andere Einflussfaktoren zurückzuführen und muss im jeweiligen Unternehmenskontext geklärt werden. So stellt z. B. *Knight* (2000, S. 26) fest, dass eine unternehmerische Ausrichtung mit Qualitätsführerschaft verbunden ist, wenn Firmen stark international ausgerichtet sind. Eine jüngere Studie von *Durand/Coeurderoy* (2001, S. 484 ff.) hat die Wahl des Markteintrittszeitpunkts in die Analyse eingebunden. Die Ergebnisse zeigen, dass die Strategie der Kostenführerschaft für Pionierunternehmen erfolgversprechender ist und dass Unternehmen, die als Folger in den Markt eintreten, ihre Leistung differenzieren sollten. Wie die Autoren jedoch einschränkend bemerken, kann dieses Ergebnis auch Folge eines in ihrem Datensatz vorhandenen „survivor bias“ sein. Unterstützung erfahren diese Befunde durch *Stuart/Abetti* (1990, S. 156 f.). Unter Berücksichtigung des Reifegrads der Branche zeigen *Sandberg/Hofer* (1987, S. 19 ff.), dass die Verfolgung einer Differenzierungsstrategie in frühen Entwicklungsphasen von Branchen aussichtsreicher ist als in späteren Phasen, was über eine erschwerte Imitation durch Mitbewerber erklärbar ist (Patentschutz und rascher technologischer Wandel).

Versucht man auf Basis dieser empirischen Befunde ein Fazit zu ziehen, so lässt sich konstatieren, dass Gründern tendenziell größere Erfolgschancen mit einer Differenzierungsstrategie als mit einer Preis-Mengen-Strategie beigemessen werden. Ein differenzierteres Bild ergibt sich allerdings durch die Einbindung weiterer Variablen aus der Marketingstrategie und dem Umfeld. Dies bestätigt erneut, dass Strategievariablen als

Teil einer Gesamtstrategie und im Kontext des Gründungsumfelds zu betrachten sind und dass davon losgelöste Befunde nur einen relativ begrenzten Erkenntnisbeitrag für Wissenschaft und Praxis leisten können.

3.3 Markteintrittszeitpunkt

Studien zur Wahl des Markteintrittszeitpunkts sind zahlreich und lassen sich bis in die 70er Jahre zurückverfolgen. Sie gehen meist der Frage nach, welche Vor- und Nachteile sich mit einzelnen zeitlichen Eintrittsalternativen verbinden und welche der Alternativen den größten Erfolg verspricht. Als Strategiealternativen unterschieden werden i.d.R. Marktpioniere, frühe Folger und späte Folger (*Gruber* 2004). Forschungsarbeiten schreiben Pionieren zahlreiche Vorteile zu, insbesondere dass sie bereits am frühen Marktwachstum partizipieren, faktisch ein temporäres Monopol nutzen, frühzeitig Erfahrungen sammeln, Markteintrittsbarrieren errichten und größere Skaleneffekte erzielen können. Ebenso zeigen empirische Ergebnisse, dass sich Abnehmer i.d.R. besser an den Markennamen der Pioniere als an jenen der Folger erinnern können (*Lieberman/Montgomery* 1988, S. 41 ff.; *Szymanski et al.* 1995, S. 17). Zu den Nachteilen eines Markteintritts als Pionier zählen vor allem die bei innovativen Produkten mitunter erheblichen Kosten der Markterschließung und ggf. Standardsetzung, erhöhte Unsicherheit in Bezug auf die Beschaffenheit und das Ausmaß der Nachfrage (Akzeptanz der Innovation) sowie das Risiko falscher Segmentierung und Positionierung. Frühe und späte Folger können in ihren Planungen hingegen von den Fehlern der Pioniere lernen und die sich verringernde Unsicherheit in Bezug auf markt-, wettbewerbs-, technologie- und produktbezogene Merkmale ausnutzen. Zudem treten sie in einen Markt ein, in dem die Kunden mit dem Produkt und seiner Funktionalität bereits vertraut sind. Allerdings haben Folger möglicherweise vorhandene Markteintrittsbarrieren zu überwinden, sind mit Imagenachteilen und Ineffizienzen beim Einsatz des Marketinginstrumentariums konfrontiert und müssen sich mit vorhandenen Patenten und Lizenzabkommen auseinandersetzen (*Boersch/Elschen* 2002, S. 284 f.).

Wie *Golder/Tellis* (1993, S. 158 ff.) in einer umfassenden Übersicht darlegen, weist die überwiegende Mehrheit der empirischen Studien zum Markteintrittszeitpunkt einen mehr oder minder deutlichen Pioniervorteil (first-mover advantage) aus, der sich in einem relativ großen Marktanteil der Pionierunternehmen widerspiegelt (ca. 30% in zahlreichen Studien). Im Gegensatz dazu existieren nur wenige Studien, die empirisch die Überlegenheit von Folgerstrategien nachweisen. Wie die beiden Autoren allerdings ebenso ausführen, leiden zahlreiche Studien in diesem Bereich unter erheblichen methodischen Mängeln, so dass die Deutlichkeit der vorliegenden Resultate in Frage gestellt werden muss. Auf Basis ihres eigenen, auf historischen Recherchen beruhenden und 50 Produktkategorien umfassenden Datensatzes ermitteln *Golder/Tellis* (1993) beachtenswerter Weise eine Scheiterungsrate bei Pionieren von 47% und einen durchschnittlichen Marktanteil der überlebenden Pionierunternehmen von lediglich 10%. Ihre Ergebnisse zeigen ebenso, dass nur 11% aller Pioniere zum Zeitpunkt der Studie noch Marktführer waren.

Damit sollten die auf den ersten Blick relativ klaren Befunde früherer Studien mit Vorsicht interpretiert werden. Nach *Albers* (2001, S. 84) stellt die Pionierrolle deshalb auch „[...] einen viel beschworenen Management-Mythos dar, der sich nicht unbedingt mit der Realität deckt." Jüngere Studien versuchen, die angesprochenen methodischen Probleme zu vermeiden und zudem verstärkt Kontextvariablen bei der Analyse der Reihenfolge des Markteintritts zu berücksichtigen, um den Bedingungen des Zielmarkts und der Ausprägung anderer Strategievariablen Rechnung zu tragen. So folgern beispielsweise *Szymanski et al.* (1995, S. 24 ff.) aus ihrer Metaanalyse, dass neben dem Status als Pionier auch ein qualitativ hochwertiges Serviceangebot, eine rasche Kauffrequenz der Kunden sowie hohe Ausgaben für Forschung und Entwicklung signifikant zur Erzielung eines großen Marktanteils beitragen. Unternehmensgründer sollten deshalb ihr Augenmerk auf Kontextvariablen legen und zudem versuchen, als Pionier in den Markt einzutreten.

3.4 Zusammenfassung der empirischen Befunde

Aus den dargestellten Befunden zu den einzelnen Strategievariablen ergibt sich ein relativ uneinheitliches Gesamtbild von der Ausgestaltung der Marketingstrategie bei Unternehmensgründungen. Noch am deutlichsten fallen die Befunde zur Art des angestrebten Wettbewerbsvorteils aus, doch auch hier sind Kontextvariablen in die Analyse einzubinden, um wichtige Spezifika der jeweiligen Wettbewerbssituation zu erfassen und eine interne Abstimmung der einzelnen Strategievariablen zu berücksichtigen. Diese integrative und umfeldbezogene Planung der Strategie entspricht den einführend erörterten Interdependenzen der strategischen Markteintrittsplanung. Einer Verknüpfung verschiedener strategischer Optionen nahmen sich u.a. die Forschungsarbeiten von *McDougall/Robinson* (1990) an. Es werden insgesamt acht Grundstrategien („archetypes of competitive strategies for entry") identifiziert, die in Abb. 3.1 dargestellt sind.

Ebenso haben *Carter et al.* (1994) eine Typologisierung von Grundstrategien auf Basis eines äußerst umfassenden Datensatzes von 2.500 Unternehmensgründungen durchgeführt. Sie identifizieren sechs Grundstrategien, die sie mit „super achievers", „price competitors", „equivocators", „technology value", „niche purveyors" und „quality proponents" bezeichnen und die Ähnlichkeiten mit den von *McDougall/Robinson* (1990) identifizierten Grundstrategien aufweisen. Für deutsche Unternehmensgründungen hat erstmals *Rüggeberg* (1997) eine Typologisierung durchgeführt und sechs Typen von Markteintrittsstrategien technologieorientierter Unternehmensgründungen herausgearbeitet: „Kreativ-internationale Outpacer", „Nachzügler", „Kooperierende Outpacing-Pioniere", „Dienstleistungsorientierte Marktsynergetiker", „Zuverlässige, preiswerte Maßschneider" und „Innovative High-Tech & Price-Pioniere". Als aussichtsreichstes

Strategiebündel erweist sich die „Kreativ-internationale Outpacer"-Strategie, wobei erfolgreiche Markteintritte bei allen Strategietypen zu verzeichnen sind.

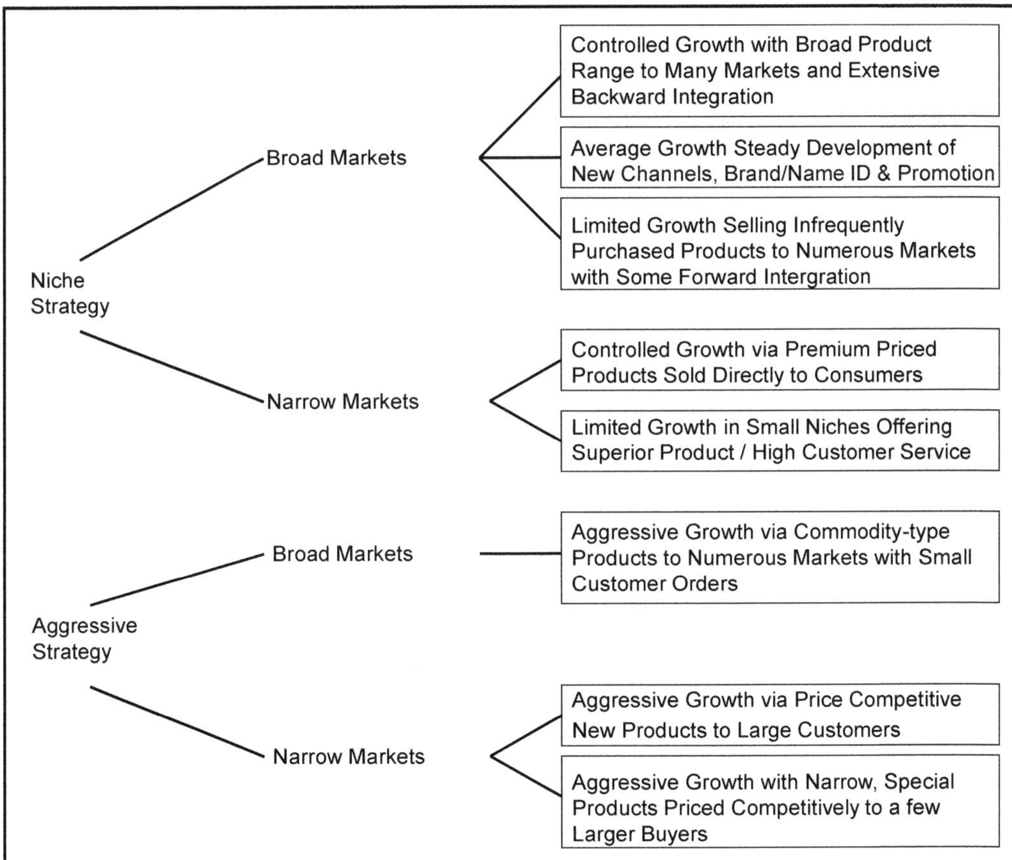

Abb. 3.1: Acht Grundstrategien
Quelle: in Anlehnung an *McDougall/Robinson* 1990, S. 464

Als Fazit lässt sich konstatieren, dass frühere Studien vor allem die Ausprägung einzelner Strategievariablen untersucht haben. Deren Erkenntniswert ist jedoch maßgeblich von der Einbindung wichtiger Kontextvariablen abhängig (*Gruber* 2007). Einzelne Strategievariablen festlegen zu wollen, ohne auf die Umfeldsituation Rücksicht zu nehmen, erscheint ein sehr gewagtes Vorgehen zu sein, das auch im Widerspruch zur Grundthese des strategischen Managements steht, bei der Ableitung von Strategien einen Fit zwischen Strategie und Umfeld herzustellen. Ein umfassenderes Bild der Inhalte von Marketingstrategien bei Gründungen geben die dargestellten Typologien, indem sie Strategievariablen mit Charakteristika des Eintrittsmarkts verbinden. Mit Blick auf den Gründungserfolg ist es weiterhin von Bedeutung, Charakteristika des Gründerteams zu berücksichtigen, wie z. B. bei *Eisenhardt/Schoonhoven* (1990, S. 524 ff.). *Mellewigt/Witt* (2002, S. 93) konstatieren auf Basis ihrer Literaturübersicht, dass der inhaltliche „Fit“ zwischen Strategie, Markt/Branche und den Qualitäten des Managementteams wichtiger für den Gründungserfolg ist, als die Ausgestaltung der jeweiligen Variablen der Marketingstrategie allein.

4 Resümee und Ausblick

Gründungsunternehmen werden gegenüber traditionellen Unternehmen mit spezifischen Herausforderungen (u.a. Ressourcenmangel) konfrontiert, die dazu führen, dass Konzepte aus dem allgemeinen Marketing nicht ohne weiteres übertragbar sind. Dies gilt insbesondere für Markteintrittsstrategien.

Im vorliegenden Beitrag wurde gezeigt, wie sich die Phase der Ideenumsetzung in den Gründungskontext eingliedern lässt und welche Anforderungen aus Marketingsicht für Zielfindung, Strategie und operativ-taktische Aspekte bestehen. Der Planungskreislauf zur Entwicklung einer Markteintrittsstrategie von Gründern wurde theoretisch aufgearbeitet und anhand der Befunde empirischer Analysen diskutiert. Die empirischen Ergebnisse sind nicht immer einheitlich, was die Bedeutung von situativen Faktoren und Kontextvariablen unterstreicht. Weiterer Forschungsbedarf besteht vor allem im Bereich der Markteintrittsformen von Gründungsunternehmen, der Interdependenzen einzelner Strategieparameter und den Möglichkeiten, (technologische) Ressourcen durch ein „resource-leveraging“ umfassender und mitunter flexibler für den Aufbau von Unternehmensgründungen auszunutzen.

Literaturverzeichnis

Albers, S.: Marktdurchsetzung von Innovationen. In: Albers, S., Brockhoff, K., Hausschildt, J. (Hrsg.) Technologie- und Innovationsmanagement. Leistungsbilanz des Kieler Graduiertenkollegs, 79–116. Deutscher Universitätsverlag, Wiesbaden (2001)

Arnold, E., Meyer, M, Emes, J.: Wettbewerb und Kooperation in Branchenclustern: Analyse der medizintechnischen Industrie im Medical Valley. In: Zentes, J., Swoboda, B., Morschett, D. (Hrsg.) Kooperationen, Allianzen und Netzwerke: Grundlagen – Ansätze – Perspektiven, 1133–1158. Gabler, Wiesbaden (2003)

Backhaus, K., Voeth, M.: Industriegütermarketing. 10. Aufl., Vahlen, München (2014)

Becker, J.: Marketing-Konzeption: Grundlagen des zielstrategischen und operativen Marketing-Managements. 10. Aufl., Vahlen, München (2012)

Biggadike, E.R.: Corporate Diversification: Entry, Strategy and Performance. Harvard University Press, Cambridge (1979)

Boersch, C., Elschen, R.: Erster Eintritt in den Markt. In: Hommel, U., Knecht, T.C. (Hrsg.) Wertorientiertes Start-up Management, 272–291. Vahlen, München (2002)

Brüderl, J., Preisendörfer, P., Ziegler, R.: Der Erfolg neugegründeter Betriebe – Eine empirische Studie zu den Chancen und Risiken von Unternehmensgründungen, Betriebswirtschaftliche Schriften 140, Berlin (1996)

Bürgel, O., Fier, A., Licht, G., Murray, G.: The Internationalisation of Young High-Tech Firms: An Empirical Analysis in Germany and the United Kingdom, ZEW Economic Studies 22. Heidelberg/New York (2004)

Carroll, G.R.: The Specialist Strategy. California Management Review 26, 126–137 (1984)

Carroll, G.R.: Concentration and Specialization: Dynamics of Niche Width in Populations of Organizations. American Journal of Sociology 90, 1262–1283 (1985)

Carter, N.M., Stearns, T.M., Reynolds, P.D., Miller, B.A.: New Venture Strategies – Theory Development with an Empirical Base. Strategic Management Journal 15, 21–41 (1994)

Cooper, R.G., Kleinschmidt, E.J.: New Products: What separates Winners from Losers? Journal of Product Innovation Management 4, 169–184 (1987)

Cooper, A.C., Willard, G.E., Woo, C.Y.: Strategies of High-Performing New and Small Firms – A Reexamination of the Niche Concept. Journal of Business Venturing 1, 247–260 (1986)

Dess, G.G., Lumpkin, G.T., Covin, J.G.: Entrepreneurial Strategy Making and Firm Performance – Tests of Contingency and Configuration Models. Strategic Management Journal 18(9), 677–695 (1997)

Durand, R., Coeurderoy, R.: Age, Order of Entry, Strategic Orientation, and Organizational Performance. Journal of Business Venturing 16, 471–494 (2001)

Eisenhardt, K.M., Schoonhoven, C.B.: Organizational Growth – Linking Founding Team, Strategy, Environment, and Growth among U.S. Seminconductor Ventures, 1978-1988. Administrative Science Quarterly 35, 504–529 (1990)

Freeman, J., Hannan, M.T.: Niche Width and the Dynamics of Organizational Populations. American Journal of Sociology 88(6), 1116–1145 (1983)

Freeser, H., Willard, G.: Founding Strategy and Performance – A Comparison of High and Low Growth High Tech Firms. Strategic Management Journal 11, 87–98 (1990)

Golder, P.N., Tellis, G.J.: Pioneer Advantage: Marketing Logic or Marketing Legend. Journal of Marketing Research 30, 158–170 (1993)

Gruber, M.: Uncovering the Value of Planning in New Venture Creation – A Process and Contingency Perspective. Journal of Business Venturing 22, 782–807 (2007)

Gruber, M.: Marketingplanung von wagniskapitalfinanzierten Unternehmensgründungen – eine theoretische und empirische Analyse. Gabler, Wiesbaden (2005)

Gruber, M.: Marketing in New Ventures: Theory and Empirical Evidence. Schmalenbach Business Review (ZfbF) 56, 164–199 (2004)

Gruber, M.: Research on Marketing in Emerging Firms: Key issues and Open Questions. International Journal of Technology Management (IJTM) 26, 600–620 (2003)

Gruber; M., MacMillan, I.C., Thompson, J.D.: Escaping the Prior Knowledge Corridor – What Shapes the Number and Variety of Market Opportunities Identified Before Market Entry of Technology Start-ups? Organization Science 24(1), 280–300 (2013)

Gruber, M., MacMillan, I.C., Thompson, J.D.: From Minds to Markets – How Human Capital Endowments Shape Market Opportunity Identification of Technology Start-ups. Journal of Management 38, 1421–1449 (2012)

Gruber, M., MacMillan, I.C., Thompson; J.D.: Look before You Leap – Market Opportunity Identification in Emerging Technology Firms. Management Science 51(9), 1652–1665 (2008)

Gruber, M., Harhoff, D.: Strategisches Management in Start-ups – Generierung und nachhaltige Sicherung komparativer Wettbewerbsvorteile. In: Hommel, U., Knecht, T. (Hrsg.) Wertorientiertes Start-up Management, 320–334. Vahlen, Wiesbaden (2002)

Gruber, M., Henkel, J: New Ventures based on Open Innovation – an Empirical Analysis of Start-up Firms in Embedded Linux. International Journal of Technology Management (IJTM) 29(4), 356–372 (2006)

Gumpert, D.E.: Creating a Successful Business Plan. In: Bygrave, W.D. (Hrsg.): The Portable MBA in Entrepreneurship, 120–147. Wiley, New York (1997)

Knight, G.: Entrepreneurship and Marketing Strategy – The SME Under Globalization. Journal of International Marketing 8(2), 12–32 (2000)

Kulicke, M.: Chancen und Risiken junger Technologieunternehmen: Ergebnisse des Modellversuchs „Förderung technologieorientierter Unternehmensgründungen". Physica, Heidelberg (1993)

Kuß, A., Kleinaltenkamp, M.: Marketing – Einführung, Grundlagen, Überblick, Beispiele. Springer Gabler, 6. Aufl., Wiesbaden (2013)

Lambkin, M.: Order of Entry and Performance in New Markets. Strategic Management Journal 9, 127–140 (1988)

Lee, K.S., Lim, G.H., Tan, S.J.: Dealing with Resource Disadvantage – Generic Strategies for SMEs. Small Business Economics 12, 299–311 (1999)

Lieberman, M.B., Montgomery, D.B.: First Mover Advantages. Strategic Management Journal 9, 41–58 (1988)

Lunsford, D.A.: Differences in Product Diversification Strategy Across the Business Life Cycle. In: Hills, G.E., Laforge, R.W., Welsch, H.P. (Hrsg.) Research at the Marketing/Entrepreneurship Interface – Proceedings of the UIC Symposium on Marketing and Entrepreneurship, 3–16, Chicago (1990)

McDougall, P., Robinson jr. R.B.: New Venture Strategies: An Empirical Identification of Eight "Archetypes" of Competitive Strategies for Entry. Strategic Management Journal 11, 447–467 (1990)

McDougall, P., Robinson jr., R.B., Denisi, A.S.: Modelling New Venture Performance – An Analysis of New Venture Strategy, Industry Structure, and Venture Origin. Journal of Business Venturing 7, 267–289 (1992)

McGrath, R.G., MacMillan, I.C.: Discovery-Driven Planning. Harvard Business Review 73, 4–12 (1995)

Mellewigt, T., Witt, P.: Die Bedeutung des Vorgründungsprozesses für die Evolution von Unternehmen – Stand der empirischen Forschung. Zeitschrift für Betriebswirtschaft 72, 81–110 (2002)

Michel, K.: Technologie im strategischen Management – ein Portfolio-Ansatz zur integrierten Technologie- und Marktplanung. Erich Schmidt Verlag, Berlin (1987)

Miller, A., Camp, B.: Exploring Determinants of Success in Corporate Ventures. Journal of Business Venturing 1, 87–105 (1985)

Montoya-Weiss, M.M., Calantone, R.: Determinants of New Product Performance: A Review and Meta-Analysis. Journal of Product Innovation Management 11, 397–417 (1994)

Müschen, J.: Markterschließungsstrategien in Mittel- und Osteuropa. Deutscher Wissenschafts-Verlag Bergheim (1998)

Nocke, V.: A Gap for me – Entrepreneurs and Entry. Journal of the European Economic Association 4(5), 929–956 (2006)

Oviatt, B.M., McDougall, P.P.: Toward a Theory of International New Ventures. Journal of International Business Studies 25(1), 45–64 (1994)

Porter, M.E.: Competitive Advantage: Creating and Sustaining Superior Performance. Free Press, New York (1985)

Porter, M.E.: Competitive Strategy: Techniques for Analyzing Industries and Competitors. Free Press, New York (1980)

Robinson, W.T., Fornell, C.: Sources of Market Pioneer Advantages in Consumer Goods Industries. Journal of Marketing Research 22, 305–317 (1985)

Romanelli, E.: Environments and Strategies of Organization Start-up – Effects on Early Survival. Administrative Science Quarterly 34, 369–387 (1989)

Rüggeberg, H.: Strategisches Markteintrittsverhalten junger Technologieunternehmen: Erfolgsfaktoren der Vermarktung von Produktinnovationen. Deutscher Universitätsverlag, Wiesbaden (1997)

Rüggeberg, H: Marketing für Unternehmensgründer: Von der ersten Geschäftsidee zum Wachstumsunternehmen. Gabler, Wiesbaden (2003)

Sandberg, W.R., Hofer, C.W.: Improving New Venture Performance: The Role of Strategy, Industry Structure, and the Entrepreneur. Journal of Business Venturing 3, 5–28 (1987)

Schoonhoven, C.B., Eisenhardt, K.M., Lyman, K.: Speeding Products to Market: Waiting Time to First Product Introduction in New Firms. Administrative Science Quarterly 35, 177–207 (1990)

Shrader, R.C., Simon, M.: Corporate Versus Independent New Ventures: Resource, Strategy, and Performance Differences. Journal of Business Venturing 12, 47–66 (1997)

Stuart, R.W., Abetti, P.A.: Impact of Entrepreneurial and Management Experience on Early Performance. Journal of Business Venturing 5, 151–162 (1990)

Szymaksi, D.M., Troy, L.C., Bharadwaj, S.G.: Order of Entry and Business Performance – An Empirical Synthesis and Reexamination. Journal of Marketing 59, 17–33 (1995)

Zahra, S.A., Covin, J.G.: Business Strategy, Technology Policy and Firm Performance. Strategic Management Journal 14, 451–478 (1993)

Franz-Rudolf Esch, Alexander Fischer und Manuela Michel

Die Ideenumsetzung im Rahmen der Marktpositionierung

Franz-Rudolf Esch, Prof. Dr.
Inhaber des Lehrstuhls für
Markenmanagement und Automobilmarketing
EBS Universität für Wirtschaft und Recht
E-Mail: franz-rudolf.esch@ebs.edu.

Alexander Fischer, Jun.-Prof. Dr.
Lehrstuhl für Marketing
Bergische Universität Wuppertal
E-Mail: afischer@wiwi.uni-wuppertal.de.

Manuela Michel
Aktuell: Senior Marketing Consultant
Gfk SE, Consumer Panels
E-Mail: manuela.michel@gfk.com.

1 Bedeutung der identitätsorientierten Markenführung für Gründungsunternehmen

Für Gründungsunternehmen ist es von essentieller Bedeutung, ein kaufrelevantes und differenzierendes Image der Marke aufzubauen. Dabei versteht man unter Marken „Vorstellungsbilder in den Köpfen der Konsumenten, die eine Identifikations- und Differenzierungsfunktion übernehmen und das Wahlverhalten prägen“ (*Esch* 2014, S. 22). Das aufzubauende Image sollte die zentralen Facetten der Geschäftsidee des Unternehmensgründers widerspiegeln, da die Geschäftsidee regelmäßig als Basis einer faktischen und/oder psychosozialen Differenzierung der eigenen Marke von Wettbewerbsmarken erachtet werden kann. Um diesen Weg erfolgreich zu beschreiten und die Geschäftsidee am Markt in der beabsichtigten Weise umzusetzen, muss die Marke eines Gründungsunternehmens effizient und effektiv aufgebaut werden. Dies gilt heute umso mehr, da Marken zu den wichtigsten immateriellen Vermögensgegenständen zählen, über die ein Unternehmen verfügt (*Sattler* 2001).

Der Managementprozess der identitätsorientierten Markenführung liefert unter den heutigen Markt- und Wettbewerbsbedingungen wertvolle Hinweise für einen erfolgsversprechenden Markenaufbau. Die identitätsorientierte Markenführung sieht den zentralen Ansatzpunkt des Markenmanagements in der Konzeptionalisierung der Identität einer Marke sowie deren Positionierung am Markt. Nur wenn klar ist, wofür das Unternehmen steht, kann diese Botschaft unternehmensextern und -intern umgesetzt werden. Dabei gilt, je expliziter die Ausarbeitung der Markenidentität erfolgt und die wesentlichen Zugänge zur Ableitung der Markenidentität eines Gründungsunternehmens systematisch geprüft werden, desto besser kann die Marke ihr volles Potential entfalten sowie die Geschäftsidee in der beabsichtigen Weise am Markt umgesetzt werden.

Die zentralen Größen einer erfolgreichen identitätsorientierten Markenführung, die Markenidentität, die Markenpositionierung und das Markenimage sowie der Zusammenhang zwischen diesen Konstrukten, werden nachfolgend erläutert.

2 Zusammenhang zwischen Markenidentität, Positionierung und Image

Bei Gründungsunternehmen geht es in einem ersten Schritt vordringlich um die Ableitung der Identität der Unternehmensmarke. Diese umfasst die essentiellen, wesensprägenden und charakteristischen Merkmale einer Marke (*Esch* 2014, S. 79). Sie bestimmt deren Authentizität, trägt zu ihrer Differenzierung bei und dient als Ausgangspunkt für die Markenpositionierung (*Aaker* 1996). Die Markenpositionierung kann als das Extrakt der Markenidentität angesehen werden (*Esch et al.* 2005) und beschreibt die intendierte Stellung einer Marke in den Köpfen der Konsumenten (*Kotler/Keller* 2006, S. 310). Positionierung bedeutet eine Fokussierung auf wenige differenzierende Merkmale der Marke, die den Wünschen und Bedürfnissen der Konsumenten entsprechen und für diese relevant sind (*Esch* 2014, S. 125 ff.). Das Markenimage, als Bild der Marke in den Köpfen der Anspruchsgruppen, stellt letztlich die Maßgröße dar, wie erfolgreich die Umsetzung der Positionierung über alle Marketinginstrumente hinweg gelungen ist. Der Aufbau eines Markenimages ist zeitaufwändig, da hierzu Lernprozesse auf Seiten der Anspruchsgruppen unerlässlich sind (*Kapferer* 1992, S. 111).

Wie aus dem Zusammenhang zwischen Markenidentität, Markenpositionierung und Markenimage ersichtlich wird, bilden die Markenidentität und die -positionierung die Handlungsebene für das Unternehmen, während das Markenimage die Wirkungsebene darstellt (*Meier-Kortwig/Stüwe* 2000, S. 190; vgl. Abb. 2.1).

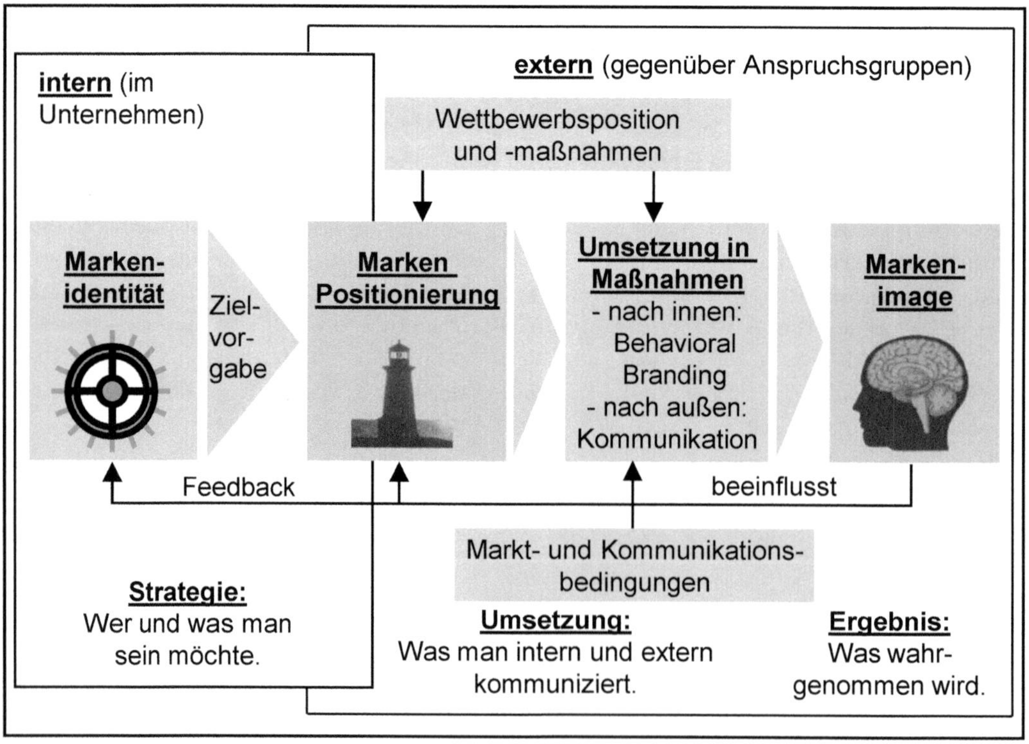

Abb. 2.1: Zusammenhang zwischen Markenidentität, Markenpositionierung und Markenimage
Quelle: *Esch* 2014, S. 92

Aus dem Zusammenhang zwischen den vorab skizzierten erfolgskritischen Größen der identitätsorientierten Markenführung lässt sich die Reihenfolge der notwendigen Schritte zur Übersetzung der Geschäftsidee in die zu entwickelnde Soll-Markenidentität und Soll-Positionierung ableiten, die im nachfolgenden Kapitel anhand eines identitätsorientierten Managementprozesses beschrieben wird.

3 Managementprozess der identitätsorientierten Markenführung von Gründungsunternehmen

Bei Gründungsunternehmen dominiert vielfach eine inside-out orientierte Perspektive bei der Vermarktung der Produkte. Im Mittelpunkt der Überlegungen wofür die Marke steht, dominieren oftmals sachliche und technisch-funktionale Eigenschaften der Angebote. Derart konzipierte Markenidentitäten sowie Positionierungen laufen Gefahr an den Bedürfnissen der Kunden vorbeientwickelt zu werden. Diese Sichtweise greift zu kurz, da die Wahrnehmung der Leistung aus Sicht der Zielgruppen und eine Verankerung der Marke in der emotionalen Erlebniswelt der potentiellen Kunden vernachlässigt wird. Gleichwohl werden die Wettbewerber bei einer inside-out dominierten Sicht nicht ausreichend berücksichtigt. Um die Marke auf die Bedürfnisse der Kunden und die Anforderungen des Marktes abzustimmen, muss die inside-out orientierte Perspektive durch eine outside-in orientierte Sichtweise ergänzt werden.

Der im Folgenden skizzierte Managementprozess der identitätsorientierten Markenführung gibt darüber Auskunft, wie man eine Soll-Markenidentität und eine Soll-Positionierung für ein Gründungsunternehmen erfolgreich ableiten kann:

1. Marktanalyse: Zur strategischen Analyse und Prognose kann man sich grundsätzlich dem Instrumentarium des strategischen Managements bedienen. Für Gründungsunternehmen ist die Marktanalyse besonders elementar, da hieraus einerseits die Geschäftsidee resultieren kann, sie andererseits aber auch Aufschluss darüber gibt, inwiefern eine vorhandene Geschäftsidee erfolgreich am Markt etabliert werden kann. Die Geschäftsidee muss im Rahmen der Marktanalyse mit den aktuellen und zukünftigen Problemen, Wünschen und Bedürfnissen der Kunden kontrastiert werden, um deren Erfolgsrelevanz abschätzen zu können. Ebenso müssen die aktuellen und zukünftigen Wettbewerber identifiziert werden, um eine Differenzierung der Geschäftsidee von denen der Wettbewerbsmarken zu gewährleisten.

2. Ableitung der Soll-Identität aus Innensicht: Wird die Geschäftsidee als erfolgsversprechend eingeschätzt, muss die Soll-Identität der Marke in einem zweiten Schritt in Workshops mit dem Unternehmensgründer bzw. dem Gründerteam aus deren Innensicht abgeleitet werden. Bei dieser Ableitung sind sämtliche Inhalte zu erfassen, die neben der Geschäftsidee wesensprägend für das Gründungsunternehmen sind.

Die Person des Gründers, die Unternehmensphilosophie, die Vision sowie die Unternehmensleitsätze enthalten solche charakteristischen Inhalte, sofern sie zu diesem Zeitpunkt des Gründungsstatus bereits ausgearbeitet wurden. Von besonderer inhaltlicher Relevanz sind weiterhin die Wettbewerbsstrategie sowie vor allem das Geschäftsmodell, das die Geschäftsidee konkretisiert und wesentliche Zugänge für die Ableitung der Markenidentität liefert. Auf diesen Aspekt wird ausführlich in Kap. 4 dieses Beitrags eingegangen.

3. Validierung der Soll-Identität aus Außensicht: Im nächsten Schritt sollten die in der Innensicht abgeleiteten Identitätsmerkmale in der Außensicht durch die relevanten Zielgruppen gespiegelt werden. Somit lässt sich extern validieren, ob die konzipierte Soll-Markenidentität, die a priori als kunden- und marktrelevant eingestufte Geschäftsidee auch tatsächlich widerspiegelt und aus Kundensicht von der Konkurrenz differenziert. Sofern die Soll-Markenidentität von der Zielgruppe als wenig relevant erachtet wird, missverständlich ist und/oder keine Abgrenzung von Wettbewerbsmarken gewährleistet, muss eine entsprechende Anpassung und Präzisierung der Soll-Markenidentität derart erfolgen, dass diese die Geschäftsidee unmissverständlich zum Ausdruck bringt.

4. Entwicklung der Soll-Positionierung: Nach erfolgter Definition der Soll-Markenidentität wird die Soll-Markenpositionierung abgeleitet. Sie ist als Extrakt aus der Soll-Markenidentität zu verstehen. Hierzu müssen die wichtigsten Identitätsbestandteile identifiziert werden, die (1) die kaufrelevanten Besonderheiten der Marke zum Ausdruck bringen, (2) zur Abgrenzung vom Wettbewerb dienen können und (3) langfristig zur Abgrenzung geeignet sind und reflektieren, wofür die Marke auch in der Zukunft stehen möchte. Wichtig ist die Auswahl solcher Positionierungseigenschaften, die über den gesamten Marketing-Mix hinweg wahrnehmbar und damit wirksam umgesetzt werden können (vgl. dazu Kap. 5 dieses Beitrags).

5. Validierung der Soll-Positionierung aus Außensicht: Das fertige Positionierungskonzept sollte analog zu Schritt Drei nochmals aus Sicht der Kunden im Hinblick auf dessen Relevanz und Eigenständigkeit bewertet werden.

6. Markencontrolling: Für einen erfolgreichen Markenaufbau des Gründungsunternehmens müssen die zentralen identitätsbezogenen Merkmale in einem Markentracking kontrolliert werden. Dazu bietet sich die Entwicklung eines unternehmensspezifischen Markenkontroll-Cockpits an, das unternehmensintern und -extern mittels quantitativer und qualitativer Methoden, die zentralen Markenwerte misst. Ein solches Vorgehen gewährleistet einen kontrollierten Markenaufbau.

4 Markenidentitäten für Gründungsunternehmen ableiten

4.1 Das Markensteuerrad als Identitätsansatz

Zur Ableitung einer Soll-Markenidentität sind in Wissenschaft und Praxis im Laufe der vergangenen Jahre zahlreiche Ansätze entwickelt worden (Überblick in *Esch* 2014). Grundsätzlich können verschiedene Ansätze zur Ableitung der Soll-Markenidentität eines Gründungsunternehmens verwendet werden, wenngleich sich das Markensteuerrad nach Esch aufgrund seiner Konzeption besonders eignet und in diesem Beitrag zur Ableitung der Identität eines Gründungsunternehmens verwendet wird.

Das Steuerrad baut auf Erkenntnissen der Hemisphärenforschung auf, die trotz differenzierter Ergebnisse der neuronalen Forschung immer noch gute Ansatzpunkte zur Strukturierung einer Markenidentität bietet, wenngleich die Aufgabenteilung zwischen den Hemisphären kein absolutes, sondern ein relatives Konzept darstellt (*Borod* 1992). Die linke Seite des Steuerrades reflektiert die linke Hemisphäre, während die rechte Seite die rechte Hemisphäre modelliert. Die rationale, linke Seite des Steuerrades konstituieren die sachlich-funktionalen sowie die psychosozialen Markennutzen (Was biete ich an?) und Markenattribute bzw. -eigenschaften (Über welche Eigenschaften verfüge ich?) (*Esch* 2014, S. 103ff.). Eine Differenzierung zwischen Nutzen und Eigenschaften erscheint besonders zweckmäßig, da Kunden mit den Worten *Rothschilds* (1987, S. 156) keine Eigenschaften, sondern Produktnutzen kaufen. Viele Manager – gerade im B2B-Bereich und in technikgetriebenen Unternehmen – denken allerdings häufig stärker an Eigenschaften ihrer Produkte statt an den daraus resultierenden Nutzen für die Kunden. Auf der rechten emotionalen und bildhaften Seite des Markensteuerrades werden die Markentonalitäten (Wie bin ich?) sowie das Markenbild (Wie trete ich auf?) erfasst (*Esch* 2014, S. 106 f.). Zwischen den einzelnen Bereichen des Steuerrades sollte ein ausgeprägter inhaltlicher Bezug herrschen, um ein kohärentes Bild der Marke zu zeichnen (Abb. 4.1).

Die Markenkompetenz (Wer bin ich?) ist das Extrakt der Markenidentität und steht im Mittelpunkt der Steuerrades. Sie wird durch die Quadranten konkretisiert und umfasst typischerweise sowohl rationale als auch emotionale Inhalte. Sie repräsentiert den überdauernden zeitstabilen Kern der Markenidentität (*Esch* 2014, S. 103).

Die Markennutzen, -attribute sowie -tonalitäten können als Kriterienraster verstanden werden, um die Inhalte der relevanten Zugänge zur Ableitung einer Markenidentität für Gründungsunternehmen zu systematisieren. Zu den wesentlichen Zugängen zur Ableitung der Identität, die in dem nachfolgenden Kapitel erörtert werden, zählen:

- die Persönlichkeit des Unternehmensgründers oder des Gründerteams,

- die Unternehmensphilosophie, die Vision und die Leitsätze,
- die Wettbewerbsstrategie, die Geschäftsidee und das Geschäftsmodell.

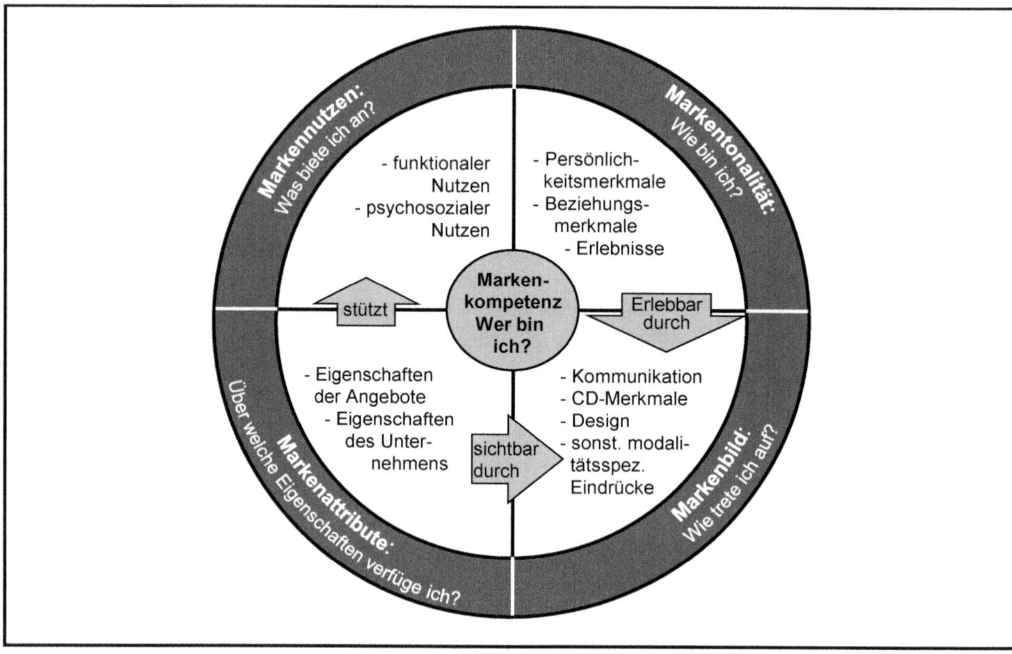

Abb. 4.1: Das Markensteuerrad nach Esch
Quelle: *Esch* 2014, S. 104

4.2 Zugänge zur Ableitung der Markenidentität

4.2.1 Persönlichkeit des Unternehmensgründers

Die Person des Unternehmers ist hinsichtlich verschiedener Aspekte in Bezug zur inhaltlichen Ausgestaltung der Markenidentität von hoher Relevanz. Zum einen bestimmt sie maßgeblich die Geschäftsidee, die Unternehmensphilosophie und -vision, liefert aber durch den Charakter der Person selbst einen Zugang zur Ableitung der Markenidentität. Die Beantwortung der Frage, für was der Gründer im Besonderen steht, gibt folglich Antworten auf mögliche Inhalte des Markensteuerrades.

Henri Nestlé bspw. war ein Mensch, der anderen in Not geratenen Menschen helfen wollte, indem er versuchte der Babysterblichkeit durch seine Erfindung des nahrhaften und bekömmlichen Kindermehls entgegenzuwirken. Dieser Anspruch von Henri Nestlé kennzeichnet noch heute die Identität der Unternehmensmarke und beschreibt durch Tonalitäten wie erfinderisch, vertrauensvoll und fürsorglich zu Teilen, wie er selbst war. Zweifelsfrei prägt die Person Richard Branson die Markenidentität von Virgin. Die Tonalitäten der Marke Virgin spiegeln Richard Branson selbst wider und können als spaßig, freundlich und innovativ bezeichnet werden. Wie aus den Ausführungen ersichtlich wurde, liefert die Person des Gründers oder Entrepreneurs vordringlich Ansatzpunkte zur Ableitung der Tonalitäten einer Markenidentität.

4.2.2 Unternehmensphilosophie, Vision und Leitsätze

Die Entwicklung der Markenidentität hat sich an den grundlegenden Manifesten, Auffassungen und Zielvorstellungen des Unternehmens zu orientieren. Einen zentralen Zugang zur Ableitung der Markenidentität bilden die Unternehmensphilosophie, bestehend aus den Unternehmenswerten und Grundsätzen sowie dem Unternehmenszweck, als auch die Vision und die Unternehmensleitsätze (vgl. Abb. 4.2).

Die Unternehmensphilosophie beschreibt den dauerhaften Charakter des Unternehmens und gibt durch den Unternehmenszweck und die -werte Antworten auf die Fragen wofür ein Unternehmen steht und warum es existiert (*Collins/Porras* 1996). Nestlés Unternehmenszweck besteht vordringlich darin, durch eine gesunde und ausgewogene Ernährung zur Förderung der Gesundheit und Lebensqualität der Menschen beizutragen. Der Zweck spiegelt sich in zahlreichen Teilen des Steuerrades wider. Zum einen resultieren hieraus sachliche Nutzen, wie gesunde und qualitativ hochwertige Produkte, aber auch psychosoziale, wie der Beitrag zu einem gesunden und besseren Lebensstil. Andererseits liefert der Zweck auch Auskunft über die Tonalitäten wie verantwortungsvoll und fürsorglich. Die Werte und Grundsätze von Nestlé stützen diese rechts- und linkshemisphärischen Eindrücke zur Marke, so dass sich insgesamt ein kohärentes Bild der Markenidentität aus dem Unternehmenszweck zeichnen lässt. „Die Verbraucher stehen im Mittelpunkt unseres Handelns“ als Wert stützt die Tonalität verantwortungsvoll und gibt überdies Aufschluss über die Kunden-Mitarbeiter-Beziehung, die durch die Tonalitäten partnerschaftlich und zuverlässig beschrieben werden kann. „Unsere Marken garantieren Qualität“ und „Wir treiben Innovationen voran“ korrespondieren mit den sachlichen Nutzen. Bei der Ableitung der Inhalte des Steuerrades sollte, wie am Beispiel von Nestlé gezeigt, die inside-out- stets durch eine outside-in-Perspektive ergänzt werden, um sicherzustellen, dass insb. auch rechtshemisphärische Eindrücke, wie bspw. solche aus einer Kunden-Mitarbeiter-Beziehung, konzeptionalisiert werden.

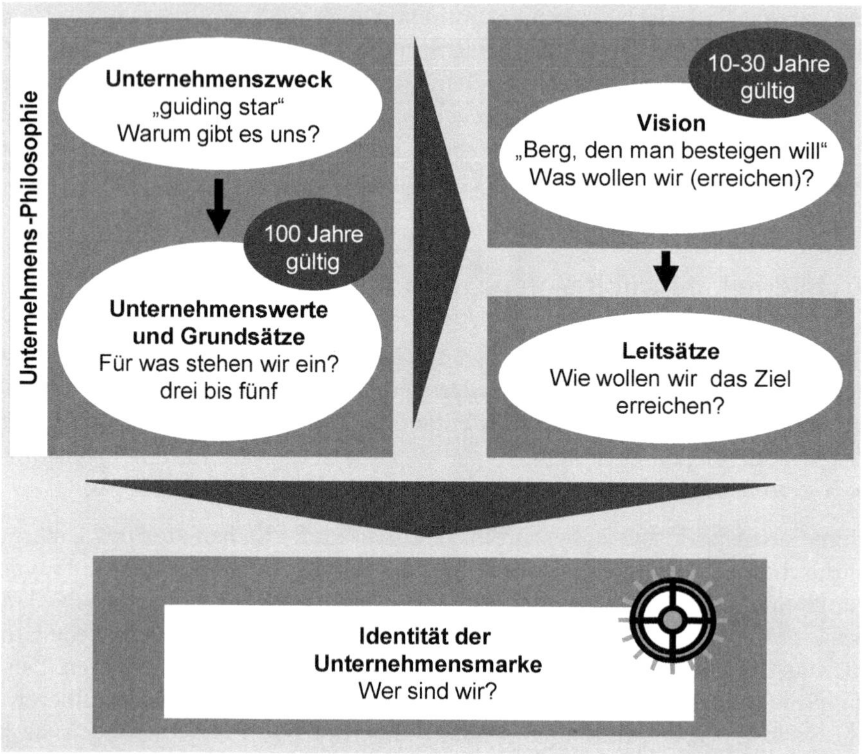

Abb. 4.2: Der Zusammenhang zwischen Unternehmensphilosophie, Vision und Leitsätzen
Quelle: In Anlehnung an *Esch* 2014, S. 82

Die Vision bezieht sich auf die Zukunft des Unternehmens, sie spiegelt die klare Zielvorgabe des Unternehmens wider und gibt Antwort auf die Frage, was man langfristig erreichen möchte (*Collins/Porras* 1996). Die Vision der City Bank lautet bspw.: „Become the most powerful, the most serviceable, the most far-reaching world financial institution that has ever been." Diese Vision selbst sowie deren Implikationen liefern verschiedene Ansatzpunkte zur inhaltlichen Präzisierung des Markensteuerrades. Aus der Vision lassen sich Tonalitäten wie erfolgreich, international und innovativ ableiten. Gleichwohl bietet sie Anknüpfungspunkte für sachliche Markennutzen, wie zuverlässige Produkte, die psychosozialen Nutzen adressieren, wie sich gut aufgehoben fühlen zu erleben.

Die Unternehmens-Leitsätze definieren, wie das Unternehmen die Vision verwirklichen kann und geben Antwort auf die Frage, wie das Ziel erreicht werden soll (*Collins/Porras* 1996). Die Volksbank möchte ihre Ziele bspw. durch partnerschaftliches Verhalten gegenüber den Kunden sowie eine umfassende Kundenorientierung verwirklichen. Aus dieser Maxime lassen sich unmittelbar Tonalitäten wie partnerschaftlich und fair ableiten. Ferner lautet eine weitere Maxime, dass sich engagierte Mitarbeiter zur Realisierung der Ziele und Bedürfnisse der Kunden konsequent einsetzen. Die Mitarbeiter sind mit den Worten des Steuerrades die Eigenschaften, die den sachlichen Nutzen profitabler Produkte begründen.

4.2.3 Geschäftsidee, Geschäftsmodell und Strategie

Geschäftsmodelle dienen der Umsetzung der Wettbewerbsstrategie in ein konzeptionelles Modell und reflektieren das zentrale Element des Business Plans, das die Geschäftsidee veranschaulicht (*Krüger/Bach* 2001, S. 34; *Nagl* 2013, S. 21). Mit den Worten von *Wirtz* (2000, S. 82) kann das Geschäftsmodell als „Aggregation wesentlicher, relevanter Aspekte aus den betriebswirtschaftlichen Teildisziplinen, um hierdurch zu einem einfachen, komprimierten Überblick der Geschäftsaktivitäten in Modellform zu gelangen", bezeichnet werden.

Aus dieser Beschreibung wird ersichtlich, dass sich Geschäftsmodelle regelmäßig durch eine Vielzahl von Teilmodellen konstituieren. In Abhängigkeit von der Geschäftsidee des Unternehmens gilt es unternehmensspezifisch zu prüfen, welche charakteristischen und wertschöpfenden Partialmodelle als Zugänge zur Erfassung wesentlicher Markenidentitätsmerkmale geeignet sind. Zu den zentralen Partialmodellen zahlreicher Geschäftsmodellkonzeptionalisierungen zählen u. a. das Leistungsangebots-, das Distributions-, das Erlös-, das Teilnehmer- sowie das Kundenbeziehungsmodell (vgl. hierzu den Überblick in *Osterwalder et al.* 2005; *Osterwalder/Pigneur* 2010). Ferner sollte ein Personal- oder Mitarbeitermodell berücksichtigt werden, das in keiner der Geschäftsmodellkonzeptionalisierungen enthalten ist.

Aus dem eingangs skizzierten Zusammenhang zwischen Wettbewerbsstrategie und Geschäftsmodell geht hervor, dass die Art der Wettbewerbsstrategie stets einen signifikanten Einfluss auf die Konzeption der Markenidentität hat und sich ebenfalls in den Komponenten einer Markenidentität widerspiegeln muss.

Unternehmen, die eine Preis-Mengen-Strategie verfolgen bzw. eine Kostenführerposition im Markt anstreben, zeichnen sich regelmäßig durch Tonalitäten wie günstig oder preiswert aus. Beispielhaft seien an dieser Stelle Marken wie Dacia, Yello oder Ryan Air anzuführen. Hingegen lassen sich Unternehmen wie Audi oder Bang & Olufsen, die eine Präferenzstrategie verfolgen, hinsichtlich ihrer Tonalitäten durch Items wie exklusiv oder prestigevoll charakterisieren. Zur nachhaltigen Differenzierung vom Wettbewerb ist es jedoch notwendig sich über die mit der Wettbewerbsstrategie typischerweise einhergehenden Konnotationen durch wesensprägende Tonalitäten aus anderen Komponenten des Geschäftsmodells positiv abzugrenzen. Einen Zugang zur Ableitung von charakteristischen und differenzierenden Tonalitäten bietet bspw. das Kundenbeziehungsmodell als

Teil der Geschäftsmodellkonzeptionalisierung von *Petrovic et al.* (2001). Die Katzenfuttermarke Sheba kennzeichnet bspw. eine Liebesbeziehung zwischen Mensch und Katze, während Whiskas auf die Qualität der Marke als Partner abzielt (*Esch* 2014, S. 111 f.). Das Distributions- (*Linder/Cantrell* 2000) und das Mitarbeitermodell bieten weitere wertvolle Zugänge zur Ableitung von differenzierenden Tonalitäten. Aus dem flächendeckenden Distributionsnetz von Caterpillar sind Tonalitäten wie zuverlässig und kompetent ableitbar. Gleiches gilt für den überragenden Direktvertrieb von Dell, der wesensprägend für die Marke ist. Die Mitarbeiter von Unternehmen wie Singapore Airlines tragen dazu bei, dass sich Tonalitäten wie zuvorkommend und höflich, wie bei keiner anderen Airline in den Köpfen der Kunden manifestieren (vgl. Abb. 4.3). Über die Tonalitäten hinaus manifestieren sich die verfolgte Wettbewerbsstrategie sowie die charakteristischen Inhalte der Partialmodelle in den Nutzen und Eigenschaften der Marke.

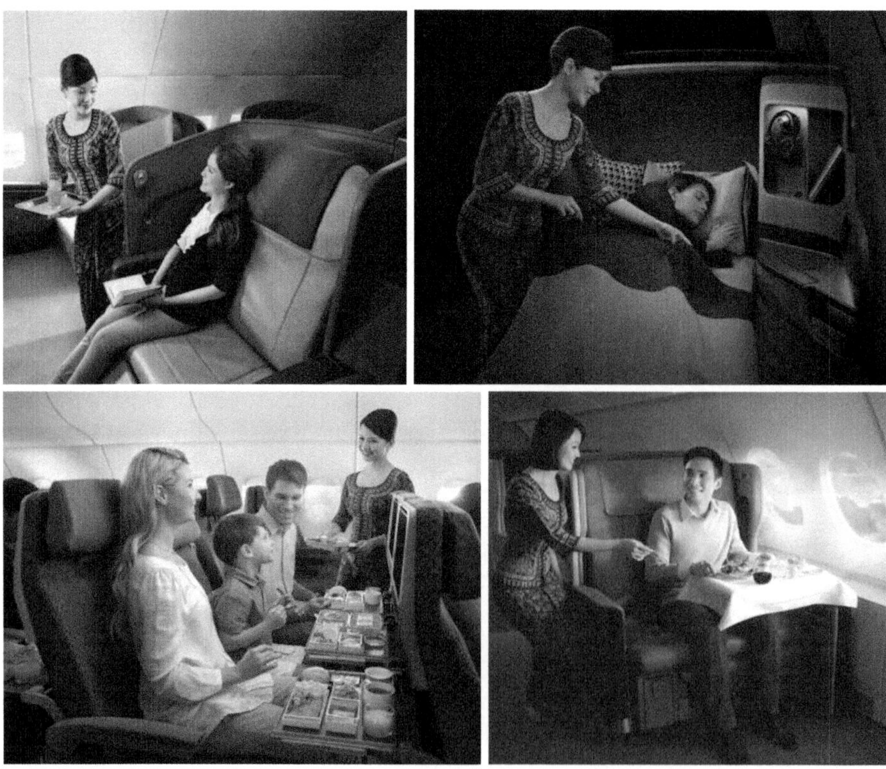

Abb. 4.3: Mitarbeiter von Singapore Airlines prägen die Markenwahrnehmung
Quelle: *Singapore Airlines* 2014

Bei der Präferenzstrategie sowie der Preis-Mengen-Strategie müssen sich die konsequenten Leistungsvorteile der Marke in beiden Nutzenkategorien widerspiegeln. Sachlichfunktionale Nutzen lassen sich bspw. aus den Marktleistungen oder dem Leistungsangebotsmodell im Allgemeinen ableiten. Die Produkte von Meister Proper zeichnen sich bspw. durch eine hohe Reinigungskraft aus, während die Fahrzeuge von BMW als besonders innovativ gelten und sich regelmäßig durch technologisch innovative Produkteigenschaften, wie bspw. dem Head-Up Display, differenzieren. Zur umfassenden Befriedigung der Wünsche und Bedürfnisse der Kunden durch das Leistungsangebot gilt es darüber hinaus auch, die Marke durch psychosoziale Nutzen zu differenzieren. Diese psychosozialen Grundlagen der Präferenzbildung gilt es insb. im Rahmen der Präferenzstrategie zu berücksichtigen, da sich in vielen Märkten eine ausgeprägte technisch-funktionale Angleichung der Leistungen abzeichnet (*Becker* 2012). Die Automobile von BMW befriedigen neben den sachlich-funktionalen Nutzen, insb. auch psychosoziale in Form terminaler Werthaltungen wie Freude (am Fahren). Diese Werthaltungen lassen sich durch Laddering-Analysen (*Herrmann et al.* 2005), die Verbindungen zwischen Produkteigenschaften, Nutzen und Werthaltungen aufzeigen, ermitteln und sind bei der Konzipierung des Leistungsangebots im Sinne einer psychosozialen nutzenorientierten Heterogenisierung der Leistungen a priori zu berücksichtigen. So tragen Produkteigenschaften wie das Head-Up-Display dazu bei, dass sie dem Fahrer dahingehend nutzen, dass dieser sich besser auf die Straße konzentrieren kann und beim Führen eines BMW Freude am Fahren empfindet.

Der primäre Markennutzen einer Preis-Mengen-Strategie/Kostenführer für den Kunden liegt im extremen Niedrigpreis der Leistungen, die unter der Marke angeboten werden. Low-Cost-Carrier wie Ryan Air oder Easyjet zeichnen sich durch solch einen Nutzen aus (*Kotler/Keller* 2006, S. 56), wenngleich der Preis als typischer Nutzen dieses Strategietyps alleine sich selten dauerhaft zur nachhaltigen Differenzierung von der Konkurrenz eignet. Zugänge zur Differenzierung liegen im Fall von Ryan Air u. a. im Leistungsangebotsmodell. Ryan Air zeichnete sich bei den sachlich-funtionalen Nutzen durch Pünktlichkeit, am wenigsten gecancelte Flüge sowie der geringsten Anzahl an verlorenen Gepäckstücken im Jahr 2002 aus. Auf psychosozialer Ebene resultiert hieraus ein Gefühl der Sicherheit. Auch aus dem sehr gut ausgebauten Streckennetz von Ryan Air, das weitgehend dem Distributionsmodell entspricht, lassen sich markenspezifische Nutzen, wie europaweit günstig fliegen, ableiten. Die Fielmann-Gruppe lässt sich neben ihrem Leistungsangebotsmodell u. a. durch ihr Teilnehmermodell charakterisieren. Die Kooperation von Fielmann und der HanseMerkur im Rahmen der Nulltarif-Versicherung resultiert in unterschiedlichen sachlichen und psychosozialen Nutzen für den Kunden. Zu den sachlichen Nutzen, die aus dieser Kooperation resultieren, zählt u. a. jedem Fehlsichtigen das Tragen einer Kassenbrille zu ermöglichen, während aus dem Teilnehmermodell auf psychosozialer Ebene Markennutzen wie Hilfsbereitschaft resultieren. Ferner gehen mit diesem Teilnehmermodell Tonalitäten wie vertrauensvoll und glaubwürdig einher.

Das Markenbild umfasst die wesensprägenden sinnesmodalitätsspezifischen Eindrücke der Marke (*Esch* 2014, S. 107). Das Leistungsangebotsmodell liefert durch die Gestaltung der Angebote des Unternehmens selbst einen zentralen Zugang zum Markenbild. In der kompetetiven und marketingintensiven Automobilindustrie werden inzwischen eine

Vielzahl von Modalitäten der Produkte adressiert. Die spezifische Akustik eines BMW, das Geräusch beim Zufallen der Tür eines Mercedes, die charakteristischen Scheinwerfer eines Mini, der spezifische Neuwagengeruch eines Renault, der mit markeneigenen Kartuschen aufrechterhalten werden kann, sind nur einige Beispiele für Markenbilder unterschiedlicher Modalität. Bei der Gestaltung der Identität des Gründungsunternehmens gilt es solche Eindrücke der Produkte zu berücksichtigen (zur Gestaltung multimodaler Kommunikation s. *Esch et al.* 2014). Auch aus dem Mitarbeitermodell lassen sich spezifische Markenbilder ableiten, wie bspw. die Kleidung des Verkaufspersonals von Media Markt oder die Kleidung der Stewardessen von Singapore Airlines.

Die Markenkompetenz ist das Extrakt der Soll-Markenidentität. Sie muss neben den wesensprägenden Inhalten aus den Partialmodellen die zentralen Inhalte der anderen Zugänge widerspiegeln und ein in sich schlüssiges Bild der Identität zeichnen.

5 Positionierung von Gründungsunternehmen konzipieren und realisieren

5.1 Konzeptebene der Positionierung

Im Anschluss an die Ableitung der Soll-Identität erfolgt die Definition der Soll-Positionierung, die, wie auch die Markenkompetenz, als Extrakt der Markenidentität verstanden werden kann. Die Soll-Positionierung beschreibt die beabsichtigte Stellung des Gründungsunternehmens in den Köpfen der Zielgruppe (*Esch* 2014, S. 125 ff.).

Die strategischen Dreiecke der Positionierung können als Kriterienraster verstanden werden, um einerseits die Positionierung von der Konzeptebene in die intendierte Umsetzung auf die Realisationsebene zu überführen und somit eine inside-out mit einer outside-in-Betrachtungsweise zu kombinieren. Andererseits dienen die strategischen Dreiecke dazu, das Positionierungskonzept inhaltlich auf seinen Markterfolg hin kritisch zu hinterfragen. Die abgeleitete Positionierung muss konzeptionell sicherstellen, dass sie die Geschäftsidee inhaltlich widerspiegelt. Das Dreieck der Konzeptebene ermöglicht anschließend die Reflektion dieser Positionierung im Hinblick auf deren Markt- und Kundenrelevanz sowie deren Eigenständigkeit. Die wesentlichen erfolgsrelevanten Fragestellungen auf der Konzeptebene lauten daher (*Esch* 2005, S. 147 ff.):

- Welche Wünsche und Bedürfnisse hat die Zielgruppe heute und sind diese auch in Zukunft relevant?
- Wie positionieren sich Wettbewerber derzeit und wie werden diese sich aufgrund etwaiger Veränderungen der Angebots- und Nachfragestruktur verhalten?

- Wie möchte sich das eigene Unternehmen in Zukunft sehen? Welche Positionierungen passen zur Markenidentität?

Das kritische Reflektieren all dieser Fragen ist an dieser Stelle unerlässlich, um sicherzustellen, dass das entwickelte Extrakt aus der Markenidentität - die Soll-Positionierung - die Geschäftsidee tatsächlich markt-, konkurrenzfähig und kundenrelevant zum Ausdruck bringt.

Probleme bei der Entwicklung des Positionierungskonzeptes können daraus resultieren, dass sich der Unternehmensgründer bzw. das Gründerteam zu viele Selbstbeschränkungen auferlegen und so oft branchenstereotype Positionierungsoptionen entwickeln, die die Geschäftsidee nicht zum Ausdruck bringen bzw. nicht differenzieren und den Bedürfnissen der Kunden entsprechen (*Esch* 2014, S. 213 f.).

Häufig wird zudem an sachlichen Produkteigenschaften zur Positionierung festgehalten. Unter den heutigen Marktbedingungen ist dies kaum eine differenzierende und zweckmäßige Alternative. Hätte man bei Mini im Rahmen der Positionierung an solchen sachlichen Produkteigenschaften festgehalten, hätte die Marke nicht diesen Erfolg im Kleinwagensegment verzeichnen können. Stattdessen wurde die Geschäftsidee konsequent, kundenrelevant und eigenständig in die Positionierung übersetzt und kann mit frech, wild und jung umschrieben werden. Ein weiteres Problem kann aus einer reaktiven und nicht zukunftsorientierten Entwicklung des Positionierungskonzeptes bzgl. der Kundenwünsche und –bedürfnisse sowie des Konkurrenzverhaltens resultieren (*Esch* 2014).

Sind die Fragen auf der Konzeptebene erfolgreich geklärt worden, sind die jeweiligen Endpunkte des Konzeptdreiecks in die entsprechenden Endpunkte des Realisationsdreiecks zu überführen.

5.2 Realisationsebene der Positionierung

Das Dreieck der Realisationsebene konstituiert sich aus der Wahrnehmbarkeit des Positionierungskonzepts, der Integration der Marketingmaßnahmen sowie der Abgrenzbarkeit der eigenen Marke vom Wettbewerb. Zu den wesentlichen erfolgskritischen Fragestellungen auf der Realisationsebene zählen (*Esch* 2005, S. 152 ff.):

- Wird das in den einzelnen Marketinginstrumenten umgesetzte Positionierungskonzept auch zieladäquat von der Zielgruppe wahrgenommen?
- Sind die einzelnen Marketinginstrumente entsprechend der Positionierung aufeinander abgestimmt, so dass sich für das Unternehmen die notwendigen Synergieeffekte ergeben?
- Trägt die Umsetzung des Positionierungskonzepts in den Marketinginstrumenten zur klar erkennbaren Abgrenzung von der Konkurrenz bei?

Das Positionierungskonzept muss auf die Wahrnehmung der Konsumenten abgestimmt sein, da deren subjektives Empfinden über den Erfolg des Konzeptes entscheidet. Um dies zu gewährleisten ist ein zweistufiges Vorgehen empfehlenswert, bei dem in einem ersten Schritt ex-ante auf Schemavorstellungen der Konsumenten zu den jeweiligen Positionierungseigenschaften zurückgegriffen wird. Auf diese Weise erhält das Gründungsunternehmen Hinweise für eine entsprechende Umsetzung der von ihm gewählten Eigenschaften. In einem zweiten Schritt wird anhand von Assoziationsmustern, -häufigkeiten und -reihenfolgen ermittelt, inwieweit diese Schemavorstellungen der Konsumenten mit den Zielvorstellungen der beabsichtigten Umsetzung des Unternehmens übereinstimmen (*Esch* 2014, S. 220).

Zum Aufbau einer starken Marke ist es ferner notwendig über alle Marketinginstrumente hinweg integriert zu kommunizieren. Eine sowohl formal als auch inhaltlich integrierte Umsetzung der Positionierung trägt zu einem effektiven und effizienten Lernen der Marke bei und verankert die Positionierung rasch in den Köpfen der Konsumenten. Die formale Integration trägt primär zum Aufbau der Markenbekanntheit bei, während die inhaltliche Integration der Vermittlung der Positionierungsbotschaft dient (*Esch* 2011; *Esch* 2014; *Esch et al.* 2014). Der gelb-rote Farbcode von Maggi kann als Paradebeispiel einer formalen Integration bezeichnet werden. Der Fels in der Brandung der Württembergischen Versicherung ist ein gelungenes Beispiel einer inhaltlich integrierten Positionierungsumsetzung.

Ebenso wichtig wie ein differenzierendes Positionierungskonzept ist dessen eigenständige Umsetzung. Befindet sich ein Gründungsunternehmen in einer Branche, in der nur wenige Positionierungseigenschaften als relevant erachtet werden, wird die essentielle Bedeutung der eigenständigen Positionierungsumsetzung ersichtlich. In der Versicherungsbranche bspw. trägt die Umsetzung der Positionierung wesentlich zum Positionierungserfolg bei, da eine Vielzahl der Versicherer austauschbare Positionierungseigenschaften wie Sicherheit, Vertrauen, Solidität, Zuverlässigkeit und Kundennähe belegen. Als Positivbeispiel für eine eigenständige Umsetzung ist die Westfälische Provinzial Versicherung zu nennen. Die Positionierungseigenschaften emotionale und regionale Nähe, Partnerschaftlichkeit sowie Sicherheit werden durch das Schlüsselbild des Schutzengels differenzierend umgesetzt.

Können die zu Beginn dieses Kapitel gestellten Fragen auf der Realisationsebene bejaht werden, sind wesentliche Schritte auf dem Weg zu einer erfolgreichen Umsetzung der Positionierung eines Gründungsunternehmens vollzogen. Die Positionierungsüberlegungen sind nicht auf der Konzeptebene erstarrt, sondern fundiert in die Umsetzungsebene transformiert worden.

Literaturverzeichnis

Aaker, D.: Building Strong Brands. The Free Press, New York (1996)

Becker, J.: Marketing-Konzeption – Grundlagen des zielstrategischen und operativen Marketing-Managements. 10. Aufl., Vahlen, München (2012)

Borod, J.C.: Interhemispheric and Intrahemispheric Control of Emotion – A Focus on Unilateral Brain Damage. Journal of Consulting and Clinical Psychology 60(3), 339–348 (1992)

Collins, J.C., Porras, J.I.: Building Your Company's Vision. Harvard Business Review 74(5), 65–77 (1996)

Esch, F.-R.: Markenpositionierung als Grundlage der Markenführung. In: Esch, F.-R. (Hrsg.) Moderne Markenführung – Grundlagen, Innovative Ansätze, Praktische Umsetzungen, 131–164. 4. Aufl., Gabler, Wiesbaden (2005)

Esch, F.-R.: Wirkung integrierter Kommunikation. 5. Aufl., Gabler, Wiesbaden (2011)

Esch, F.-R.: Strategie und Technik der Markenführung. 7. Aufl., Vahlen, München (2014)

Esch, F.-R., Langner, T., Rempel, J.-E.: Ansätze zur Erfassung und Entwicklung der Markenidentität. In: Esch, F.-R. (Hrsg.) Moderne Markenführung – Grundlagen, Innovative Ansätze, Praktische Umsetzungen, 103–130. 4. Aufl., Gabler, Wiesbaden (2005)

Esch, F.-R., Brunner, C., Petri, J.: Strategische Planung und Umsetzung einer integrierten Kommunikation. In: Bruhn, M., Esch, F.-R., Langner, T. (Hrsg.) Handbuchreihe Kommunikation, Band 1, Strategische Kommunikation. Springer Gabler, Wiesbaden (2014) (in Druck)

Herrmann, A., Huber, F., Braunstein, C.: Gestaltung der Markenpersönlichkeit mittels der ‚means-end'-Theorie. In: Esch, F.-R. (Hrsg.) Moderne Markenführung – Grundlagen, Innovative Ansätze, Praktische Umsetzungen, 177–208. 4. Aufl., Gabler, Wiesbaden (2005)

Kapferer, J.-N.: Die Marke – Kapital des Unternehmens. Moderne Industrie, Landsberg/Lech (1992)

Kotler, P., Keller, K. L.: Marketing Management – Pearson. 12. Aufl., Prentice Hall, München (2006)

Krüger, W., Bach, N.: Geschäftsmodelle und Wettbewerb im e-Business. In: Buchholz, W.,Werner, H. (Hrsg.) Supply Chain Solutions – Best Practices in e-Business, 29–51. Schäffer-Poeschel, Stuttgart (2001)

Linder, J., Cantrell, S.: Changing Business Models – Surveying the Landscape. Accenture Institute for Strategic Change (2000)

Meier-Kortwig, H., Stüwe, B.: Gestaltete Werte – Wie die Markenbotschaft erfahrbar wird. Absatzwirtschaft 43, Sondernummer Oktober, 190–197 (2000)

Nagl, A.: Der Businessplan – Geschäftspläne professionell erstellen. 7. Aufl., Springer Gabler, Wiesbaden (2013)

Osterwalder, A., Pigneur, Y.: Business Model Generation – A Handbook for Visionaries, Game Changers, and Challengers. Wiley, Hoboken (2010)

Osterwalder, A., Pigneur, Y., Tucci, C.L.: Clarifying Business Models – Origins, Present, and Future of the Concept. Communications of AIS 15 (2005)

Petrovic, O., Kittl, C., Ryan, D.T.: Developing Business Models for eBusiness. Proceedings of the International Conference on Electronic Commerce (2001)

Sattler, H.: Marken und Markenbewertung in deutschen Unternehmen und deren Auswirkungen auf den Kapitalmarkt. In: Knüppel, H., Lindner C. (Hrsg.) Die Aktie als Marke? Wie Unternehmen mit Investoren kommunizieren sollen, 48–63. Frankfurter Allgemeine Zeitung, Frankfurt (2001)

Singapore Airlines: http://www.singaporeair.com/de_DE/media-centre/multimedia-library/, abgerufen am 24.11.14 (2014)

Rothschild, M.L.: Marketing Communications. Health & Co, Lexington/MA (1987)

Wirtz, B.W.: Electronic Business. Springer Gabler, Wiesbaden (2000)

Erich J. Schwarz, Ines Krajger und Rita Dummer

Prozesse der Geschäftsmodell- und Produktentwicklung in Gründungs- und Jungunternehmen

Erich Schwarz, Univ.-Prof. Dipl.-Ing. Dr.
Vorstand des Instituts für
Innovationsmanagement und Unternehmensgründung
Alpen-Adria-Universität Klagenfurt
E-Mail: erich.schwarz@aau.at.

Ines Krajger, Dr.
Senior Scientist am Institut für
Innovationsmanagement und Unternehmensgründung
Alpen-Adria-Universität Klagenfurt
E-Mail: ines.krajger@aau.at.

Rita Dummer, MMag.
Senior Consultant
Strategyn iip innovation in progress GmbH
E-Mail: rita.dummer@strategyn.at.

1 Kurzfassung

Innovative, technologieorientierte Gründungs- und Jungunternehmen weisen gleichermaßen ein überdurchschnittlich hohes Wachstums- als auch Risikopotential auf. Neben Ressourcendefiziten sind vielfach mangelnde Markt- und Kundenkenntnisse Gründe für unzulängliche Geschäfts- und Produktentwicklungen. Aus diesem Grund wird die Implementierung systematischer marktorientierter Geschäftsmodell- und Produktentwicklungsprozesse bereits für die Gründungs- und Frühphase eines Unternehmens empfohlen. Weiter enthält der Beitrag eine Übersicht geeigneter Instrumente und Methoden zur Bewältigung der innovativen Aufgabenstellungen im Gründungs- und Jungunternehmen. Die vorgeschlagenen Prozessmodelle sowie die Instrumente bilden die Basis für ein betriebliches Innovationsmanagement. Dieses hat als eine wesentliche Aufgabe, vorhandene Geschäftsmodell- und Produktideen weiter zu entwickeln sowie neue zu generieren und diese effizient umzusetzen.

2 Einführung

Gründungsunternehmen mit hohen Wachstumspotentialen wird seitens der Arbeitsmarkt-, Wirtschafts-, und Technologiepolitik eine hohe Bedeutung beigemessen. Ausdruck des gestiegenen öffentlichen Interesses sind Impulsprogramme zur Förderung innovativer, technologieorientierter Gründungsunternehmen. Wichtige Instrumente zur Unterstützung dieser Start-Ups sind öffentlich (ko)finanzierte Inkubatoren, wie etwa die AplusB Zentren in Österreich und finanzielle Förderungen wie Forschungszuschüsse oder Kreditgarantien. Der Anteil überdurchschnittlich stark wachsender Unternehmen einer Gründungskohorte ist aber insgesamt gering. So berichtet beispielsweise (*Storey* 1994), dass lediglich 4 % der Unternehmen einer Gründungskohorte für 50 % aller von dieser Kohorte innerhalb einer Dekade geschaffenen Arbeitsplätze verantwortlich sind.

Die Analyse wachstumsorientierter Unternehmen zeigt, dass deren Gründer zumeist früher als andere interessante Geschäftsgelegenheiten (Opportunities) erkennen, sich auf die Entwicklung innovativer Problemlösungskonzepte (vom Produkt bzw. der Dienstleistung über die Leistungserstellung bis zum Geschäftsmodell) konzentrieren sowie Unternehmenswachstum bewusst anstreben (*Allen* 2001, S. 14). Gründungs- bzw. Jungunternehmen können im Regelfall nur dann signifikante Marktanteile erobern, wenn es ihnen im Vergleich zu etablierten Unternehmen gelingt, die Bedürfnisse der Kunden besser zu befriedigen. Innovative Geschäftsmodelle sowie neue Produktlösungen sind somit der Schlüssel, um sich von der Konkurrenz abzusetzen (*Klandt* 2006, S. 98 ff.; *Volkmann/Tokarski* 2006, S. 16). Ausgangspunkt innovativer Gründungsvorhaben sind häufig technologiebasierte Erfindungen (vgl. *Hommel/Knecht* 2002, S. 1). Ein wesentlicher Vorteil innovativer Start-Ups ist, dass sie bei der Wahl einer geeigneten Technologie wenig bis nicht vorbelastet sind. Im Gegensatz dazu basieren die Produkte der bereits etablierten Konkurrenz oftmals auf älteren Technologien. Ein Technologiewechsel ist bei diesen zwangsläufig mit Sunk Costs verbunden und in vielen Fällen auch mit internen und externen Widerständen.

Aufgrund der neuen Lösungswege steigt bei innovativen Gründungsvorhaben aber das Risiko des Scheiterns. So reduzieren beispielsweise eine unzureichende Ressourcenausstattung sowie noch nicht vorhandene (stabile) Kunden- und Lieferantenbeziehungen die Überlebenswahrscheinlichkeit. Auch Fehleinschätzungen etwa in Bezug auf die Größe sowie Dynamik des Marktes und die Bedürfnisse der potentiellen Kunden können das Gründungsprojekt gefährden. Diese Fehleinschätzungen sind vielfach in der Person des Entrepreneurs begründet. Gründer innovativer Unternehmen weisen nämlich häufig eine technische Ausbildung auf. Der Interessens- und Tätigkeitsschwerpunkt wird von ihnen daher oftmals primär auf die technische Umsetzung der Produktlösung gelegt, während die Notwendigkeit für eine angemessene Marktbearbeitung häufig nicht erkannt oder stark vernachlässigt wird (*Gonschior/Roth* 1990, S. 60 ff.). Bei sehr innovativen Produkten kommt noch erschwerend hinzu, dass das Gründungsunternehmen oftmals erst den Markt aufbereiten muss, was unweigerlich einen hohen Kommunikationsaufwand bedingt.

Im Interesse eines nachhaltigen Gründungserfolges sind Entrepreneure daher angehalten, bereits in den Phasen der Unternehmensentstehung und –frühentwicklung systematische Prozesse zur Entwicklung innovativer Geschäftsmodelle und Produkte zu implementieren, bei dem auch marktorientierte Aspekte angemessen berücksichtigt werden. Den einzelnen Phasen der im Beitrag vorgestellten Prozessmodelle werden geeignete Instrumente zugeordnet. Die Auswahl der Instrumente orientiert sich an den Besonderheiten von Gründungs- und Jungunternehmen. Die vorgeschlagenen Methoden sind einfach erlernbar und sowohl für Produkt- als auch Dienstleistungsinnovationen anwendbar.

3 Prozess der Geschäftsmodellentwicklung im innovativen Gründungsunternehmen

3.1 Der Geschäftsmodellentwicklungsprozess

Von der Gründungsforschung sind in den letzten Jahren zahlreiche Modelle zur Beschreibung von Gründungsprozessen entwickelt worden (*Freiling* 2006, S. 157 ff.). Gemeinsam ist vielen Gründungsprozessmodellen, dass sie sowohl die Aktivitäten vor dem formalen Gründungsakt als auch die darauf folgende Frühentwicklungsphase integrieren (vgl. etwa *Hering/Vincenti* 2005; *Klandt* 2006) Während die einzelnen Phasen in der Regel ausführlich beschrieben und die dabei auftretenden Problembereiche diskutiert werden, fehlen meist konkrete Handlungsanweisungen für Entrepreneure, wie aus einer noch vagen Idee ein tragfähiges Geschäftsmodell entwickelt werden kann. Es ist daher zu prüfen, ob Ansätze aus dem betrieblichen Innovationsmanagement für diese Situation eine Hilfestellung bieten können.

Die Analyse der einschlägigen Literatur zeigt, dass eine Vielzahl von Modellen bzw. Phasenkonzepten zur Beschreibung betrieblicher Innovationsprozesse existieren (vgl. etwa *Cooper et al.* 2002; *Thom* 1980; *Herstatt* 1999; *Hauschildt/Salomo* 2011). Diese unterscheiden sich vor allem hinsichtlich der Schwerpunktsetzung, des Detaillierungsgrades sowie der Anzahl der Phasen. Bestehende Ansätze enthalten zum Teil konkrete Hinweise in Bezug auf den Einsatz von Instrumenten in den einzelnen Phasen des Innovationsprozesses (vgl. etwa *Pölzl* 2002). Ein wesentliches Defizit existierender Konzepte aus dem betrieblichen Innovationsmanagement ist die unzureichende Berücksichtigung der Besonderheiten innovativer Gründungsunternehmen, wie begrenzte Ressourcenausstattung, vielfach fehlende Marktkenntnisse sowie mangelnde Kundenorientierung.

Beim nachstehenden Geschäftsmodellentwicklungsprozess für innovative Gründungsunternehmen fließen Erkenntnisse aus der Entrepreneurship- als auch der Innovationsforschung ein. Das Prozessmodell basiert auf der Annahme, dass eine systematische Berücksichtigung von Anforderungen des Marktes sowie die Integration von potentiellen Nutzern in den Geschäftsmodellentwicklungsprozess bei innovationsorientierten Gründungsvorhaben wesentlich zum Erfolg des jungen Unternehmens beitragen können. Um Produkte nicht an den Bedürfnissen der zukünftigen Kunden vorbei zu entwickeln, werden diese bereits in den frühen Phasen der Geschäftsmodellentwicklung kontaktiert und deren Know-how im Entwicklungsprozess berücksichtigt.

Wie nachstehender Abb. 3.1 zu entnehmen ist, wird der Prozess der Geschäftsmodellentwicklung in drei Phasen gegliedert, an deren Ende jeweils ein Meilenstein steht. Bei diesem wird über Abbruch, Modifikation oder Weiterverfolgung der Idee entschieden.

Die erste Phase umfasst eine Grobanalyse der Idee. Im darauf folgenden Meilenstein (M1) wird entschieden, ob die Idee eine unternehmerische Gelegenheit darstellt. Die zweite Phase beinhaltet die Überprüfung der Attraktivität des Zielmarktes sowie der verwendeten Technologie. Eine positive Bewertung bei M2 führt zur Konkretisierung der Geschäftsidee, zur Entwicklung des Geschäftsmodells sowie zur Analyse der Ressourcenverfügbarkeit. Ein schlüssiges Geschäftsmodell ist die Voraussetzung für die Entwicklung des Businessplans und in weiterer Folge für die Gründung des Unternehmens. Die detaillierte Beschreibung der einzelnen Phasen, der damit verbundenen Aktivitäten sowie Vorschläge für einen einfach anzuwendenden Instrumentemix erfolgen nachstehend.

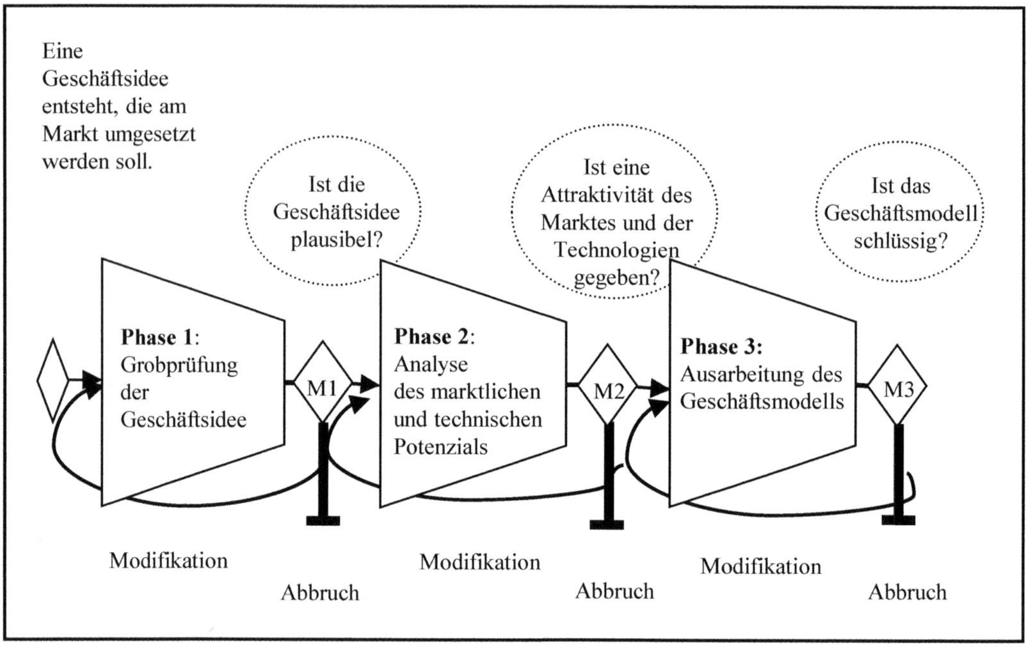

Abb. 3.1: Prozess der Geschäftsmodellentwicklung
Quelle: in Anlehnung an *Schwarz et al.* 2013

3.2 Die Prozessphasen

3.2.1 Phase 1: Grobprüfung der Idee

Die bereits vorhandene, oftmals vage Geschäftsidee des Entrepreneurs ist Ausgangspunkt des Prozesses. Der Ursprung dieser Idee kann vielfältig sein. So eröffnen dynamische Märkte, Veränderungen der Branchenstruktur, Wertewandel oder demografische Veränderungen vielfältige Chancen unternehmerisch tätig zu werden (*Drucker* 1985) Wesentlich ist die Fähigkeit des Entrepreneurs diese Chancenfelder zu erkennen und zu nutzen (vgl. *Volkmann/Tokarski* 2006, S. 62). Interessant ist, dass erfolgreiche Entrepreneure häufig angeben, nicht systematisch nach derartigen Geschäftsideen gesucht zu haben. *Bhidé* berichtet etwa, dass nur 4 % der Entrepreneure schnell wachsender Unternehmen in den USA (Inc. 500) systematisch nach einer Geschäftsidee gesucht haben (*Bhidé* 2000, S. 54).

Unabhängig vom Ursprung der Idee müssen zunächst deren grundsätzliche Marktchancen abgeschätzt werden. Dies beinhaltet etwa die Auseinandersetzung mit der Frage, welches Kundenproblem oder Kundenbedürfnis mit dem zukünftigen Produkt oder der

Dienstleistung gelöst werden kann. Eine erste Grobprüfung von Vor- und Nachteilen gegenüber bestehenden Leistungsangeboten dient dazu die Idee mit dem marktlichen Umfeld zu verknüpfen. Die Reflexion und Ausformulierung der Idee basiert in der ersten Phase vorwiegend auf Plausibilitätsüberlegungen. Zeit- und kostengünstig ist es, bereits zu Beginn das persönliche Netzwerk zu nutzen. Die Präsentation der Geschäftsidee vor Freunden und Bekannten bietet eine Möglichkeit erste Meinungen einzuholen.

Diese erste Grobprüfung wird dann positiv ausfallen, wenn die Idee grundsätzlich plausibel ist und eine genügend große Nachfrage zu erwarten ist. Dies ist dann zu erwarten, wenn die Idee wesentliche Probleme potenzieller Kunden zu lösen vermag.

3.2.2 Phase 2: Analyse der Markt- und Technologieattraktivität

Während die erste Phase des Prozessmodells durch wenig strukturierte Analysen gekennzeichnet ist, wird die Geschäftsidee in der zweiten Phase einer systematischen Überprüfung unterzogen. Dies umfasst eine detaillierte Analyse des Marktes sowie der Technologie, die dem Gründungsvorhaben zugrunde liegt.

Empirische Studien zeigen, dass ein überlegendes Produkt für den Erfolg eines Unternehmens entscheidend ist (*Cooper* 2002, S. 61 ff.). Betrachtet man die Flopraten neuer Produkte, die auf Konsumgütermärkten zwischen 35 und 60 % und im Industriegüterbereich zwischen 25 und 40 % liegen, so wird deutlich, dass Produktinnovationen mit einem hohen Risiko für das innovierende Unternehmen verbunden sind (*Lüthje* 2007, S. 39). Während eine gescheiterte Markteinführung für etablierte Unternehmen wirtschaftlich oftmals verkraftbar ist, führt der gleiche Fall bei jungen Unternehmen meist zu deren akuten Existenzgefährdung.

Ein wesentliches Ziel des Entrepreneurs muss daher die Reduktion von Risiko und Unsicherheit sein. Dies kann durch eine zielgerichtete und systematische Beschaffung und Auswertung von generellen Umfeld- sowie Marktinformationen unterstützt werden. Relevante gesellschaftliche, technologische und soziodemografische Entwicklungen sowie rechtliche Bestimmungen müssen identifiziert und bewertet werden. Trends im Umfeld haben oft großen Einfluss darauf, ob Produkte und Dienstleistungen nachgefragt werden. Um die Branche, Konkurrenten und Kunden identifizieren zu können, ist eine klare Abgrenzung des relevanten Marktes Voraussetzung. Die Abgrenzung kann über die Kundengruppe, die Kundenfunktionen (Welche Bedürfnisse werden befriedigt?) und die Technologie (Welche Technologie kann die Kundenbedürfnisse befriedigen?) erfolgen (*Abell* 1980, S. 17). Erst dann kann eine systematische Analyse der Wettbewerbskräfte, Konkurrenten, Substitutionsprodukte, Lieferanten und Abnehmer erfolgen (*Porter* 2008).

Die Beschaffung dieser Informationen stellt für junge innovative Unternehmen eine große Herausforderung dar, da das Wissen über Methoden der Informationsbeschaffung oft nicht vorhanden und die Datenerhebung meist zeit- und kostenintensiv ist. Daher ist es sinnvoll auf Sekundärinformationen zurückzugreifen, falls diese verfügbar sind. Die Recherche im Internet, die Analyse amtlicher Statistiken, die Kontaktaufnahme mit Verbänden und öffentlichen Institutionen stellen kostengünstige Varianten hierzu dar. Diese Informationen sollten jedoch hinsichtlich ihrer Aktualität, Qualität und Herkunft einer kritischen Prüfung unterzogen werden. Eine umfassende Primärmarktforschung ist für Start-Ups meist nicht leistbar (*Berekoven et al.* 2006, S. 26 ff.). Besteht dennoch ein Bedarf an einer eigenen Erhebung, sind qualitative Interviews mit ausgewählten potenziellen Kunden und Branchenexperten zur Identifikation von Kundenbedürfnissen und –problemen sowie zur Abschätzung künftiger Marktentwicklungen empfehlenswert. Diese Informationen können zur Konkretisierung von Geschäfts- und Produktideen genutzt werden.

Um aktuelle Technologieinformationen zu erhalten, stellt eine internetbasierte Patentrecherche eine kostengünstige Möglichkeit dar. Die Analyse von Patenten gibt Auskunft über den Stand der Technik, über neue technische Problemlösungen, bietet Zugang zu technischen Details und ermöglicht die Identifikation von Unternehmen bzw. Konkurrenten, die in diesem Bereich aktiv sind (*Fraunhofer Institut* 1996, S. 51 ff.).

Die gesammelten Informationen werden am Ende der zweiten Phase wiederum einer Bewertung unterzogen. Die daraus resultierenden Chancen und Risiken sind vom Jungunternehmer kritisch zu hinterfragen. Wird der Zielmarkt sowie das angestrebte Technologiefeld als attraktiv eingeschätzt, kann die Geschäftsidee weiter konkretisiert werden.

3.2.3 Phase 3: Entwicklung des Geschäftsmodells

In der dritten Phase erfolgt die Entwicklung des Geschäftsmodells. Dieses bildet in vereinfachter und abstrakter Form die zukünftige Geschäftstätigkeit ab. Das Geschäftsmodell beschreibt, welche Ressourcen in das Unternehmen fließen und wie diese durch inner- bzw. außerbetriebliche Leistungserstellungsprozesse in vermarktungsfähige Produkte oder Dienstleistungen transformiert werden. Zentrale Komponenten des Geschäftsmodells stellen das Nutzenversprechen, die Schnittstelle zum Kunden, die Wertschöpfungsarchitektur und die Ertragsmechanik dar (*Morris et al.* 2005, S. 729 ff.). Die Entwicklung eines innovativen Angebotes muss sich nicht unbedingt auf ein neues Produkt oder eine neue Dienstleistung beziehen. Die Innovation kann das gesamte Geschäftsmodell, d.h. die Neugestaltung der einzelnen Elemente betreffen. Geschäftsmodellinnovationen bieten Unternehmen Differenzierungsmöglichkeiten und sind aufgrund der Komplexität für Wettbewerber schwer nachahmbar. Aufgabe des Entrepreneurs ist es, die Einzigartigkeit des Geschäftsmodells herauszuarbeiten (*Holzmann et al.* 2013, S. 358 ff.).

Im Folgenden werden die Kernelemente näher beschrieben:

Ausgangspunkt der Geschäftsmodellentwicklung ist die Beschreibung des Leistungsangebotes und des damit verbundenen Kundennutzens. Dies beinhaltet eine Formulierung der bereits in den vorangegangenen Phasen identifizierten Nutzen- und Wettbewerbsvorteile des Produktes. Eine weitere Aufgabe des Gründers besteht in der Konkretisierung des Leistungsangebotes. Da das Leistungsangebot sowie das Unternehmen selbst am Markt meist noch unbekannt sind, ergibt sich für den Kunden ein erhöhtes Kaufrisiko. Insbesondere Leistungsangebote mit einem hohen Anteil an Erfahrungs- und Vertrauenseigenschaften erschweren eine Bewertung des Produktes vor dem Kauf. Eine Analyse der informationsökonomischen Eigenschaften des geplanten Produktes ist hilfreich, um bereits in der Produktentwicklungsphase geeignete Marketingmaßnahmen für den Vertrauensaufbau zu entwickeln (*Hommel/Knecht* 2002, S. 280 f.). Darüber hinaus ist es sinnvoll, die Begeisterungsfaktoren der Produktinnovation zu identifizieren. Sie entsprechen jenen Produkteigenschaften, die vom Kunden nicht artikuliert und nicht erwartet werden, jedoch bei Erfüllung zur Begeisterung und überproportionaler Zufriedenheit führen. Durch die Klassifikation der Produktmerkmale können Prioritäten für die Produktentwicklung abgeleitet und Wettbewerbsvorteile identifiziert werden (*Matzler/Hinterhuber* 1998, S. 29 ff.).

Auf Grundlage des Nutzenversprechens erfolgt die Analyse und Beschreibung der Wertschöpfungsarchitektur. Diese beinhaltet eine Analyse der geplanten Wertschöpfungskette des jungen Unternehmens. Es wird somit festgelegt, welche Aktivitäten in welcher Reihenfolge notwendig sind, um das zuvor definierte Leistungsangebot erstellen zu können. Die Wertschöpfungskette gibt Auskunft darüber, welche Ressourcen in das Unternehmen fließen, welche Aktivitäten durch die eigene Organisation erbracht werden und welche Aktivitäten an externe Partner vergeben werden. In diesem Zusammenhang müssen Gründer basierend auf der Analyse der eigenen Stärken und Schwächen ihre Kernkompetenzen formulieren. Diese können schwer imitierbare Abläufe und Prozesse, Erfahrung, Wissen und Zugang zu Märkten umfassen sowie die Fähigkeit des Unternehmens seine Kompetenzen in neue marktfähige Leistungen zu transformieren (*Dollinger* 2003, S. 27 f.).

Der Entrepreneur muss überlegen, welche Partner die Ressourcenbasis des eigenen Unternehmens ergänzen können. Der Einbezug externer Partner bei der Geschäftsmodell- und Produktentwicklung ist insbesondere für Gründungsunternehmen aufgrund ungenügender Ressourcenausstattung von Bedeutung. Kooperationspartner können am Markt beteiligte Akteure wie Lieferanten, Abnehmer, Wettbewerber oder Anbieter komplementärer Produkte, Forschungsinstitutionen, etc. sein. Eine zentrale Rolle kann diesbezüglich den potentiellen Nutzern zukommen. Durch die Bereitstellung von Anwenderwissen und die Bereitschaft, Konzepte und Prototypen zu evaluieren, können (potentielle) Kunden das junge Unternehmen in den einzelnen Phasen des Produktentwicklungsprozesses unterstützen (*Chesbrough* 2003; *von Hippel* 2006) Aufgabe des Entrepreneurs ist es potenzielle Kooperationspartner zu identifizieren und auszuwählen. Voraussetzung für die Gewinnung von Kooperationspartnern ist die Formulierung des Nutzens bzw. der Vorteile für beide Seiten.

Die Definition der Schnittstelle des Unternehmens zum Kunden ist eine weitere wesentliche Komponente des Geschäftsmodells. Da für junge Unternehmen eine Betreuung des Gesamtmarktes aufgrund knapper Ressourcen meist nicht möglich und sinnvoll ist, ist die klare Abgrenzung des Marktes eine wichtige Aufgabe. Die bereits in Phase 2 durchgeführte Marktdefinition ist zu überprüfen, und wenn erforderlich neu zu definieren. Neben der Marktdefinition hat der Gründer zu entscheiden, wie er mit den Kunden in Kontakt treten möchte und welche Kommunikations- und Distributionskanäle genutzt werden sollen.

Die Ertragsmechanik bildet die Kosten und die Erlösquellen des Unternehmens ab. Hier wird der prozentuelle Anteil an fixen und variablen Kosten festgelegt, sowie eine erste Zuordnung der Kosten zu Personal, Material, Kapital usw. vorgenommen. Erlösquellen können der direkte Verkauf von Gütern, Gebühren für die Nutzung von Leistungen oder Sponsorenbeiträge sein. Eine Gegenüberstellung der Kosten und Erlöse liefert Ansatzpunkte für die ökonomische Bewertung des Geschäftsmodells (*Kim/Mauborgne* 2001).

Das Geschäftsmodell dient dazu, wesentliche Aspekte der zukünftigen Geschäftstätigkeit abzubilden und die Ergebnisse der vorangegangen Phasen zu überprüfen und zu integrieren. Durch die Berücksichtigung verschiedener Teilaspekte erhält der Entrepreneur einen Überblick über sein Geschäftsvorhaben und Veränderungspotenziale werden sichtbar. Ist ein tragfähiges und einzigartiges Geschäftskonzept vorhanden, so kann der Gründer mit der Entwicklung des Businessplans beginnen.

3.3 Der Instrumentemix zur Geschäftsmodellentwicklung

Die Effizienz und Effektivität des Prozesses der Geschäftsmodellentwicklung kann durch den Einsatz geeigneter Instrumente verbessert werden. Die nachfolgende Tabelle enthält fünfzehn aufeinander abgestimmte Instrumente aus den Bereichen Entrepreneurship, Strategisches Management und Innovationsmanagement, die auf die Besonderheiten innovativer Start-Ups abgestimmt sind. Sie gibt auch Hinweise, in welchen Phasen des beschriebenen Prozessmodells die Instrumente eingesetzt werden sollten. Die vorgeschlagenen Instrumente sind leicht und schnell erlernbar und lassen sich in den meisten Fällen auch von nur einer Person anwenden.

	Ausgewählte Instrumente	Nachzulesen in:
Phase 1	Elevator Pitch	Volkmann/Tokarski [Entrepreneurship]
	Pro-Contra-Liste	Schwarz/Krajger/Dummer [Geschäftsidee]
Phase 2	Marktdefinition	Abell [Business]
	Branchenstrukturanalyse	Porter [Wettbewerbsstrategie]
	Schalenmodell der Unternehmensumwelt	Welge/Al-Laham [Planung]
Phase 3	Geschäftsmodell	Osterwalder [Business Model]
	Sphärenmodell	Saatweber [Quality Function Deployment]
	Blue Ocean Strategy	Kim/Mauborgne [blaue Ozean]
	Future-Fitness-Diagramm	Horx [Smart Markets]
	Wertkette	Porter [Competitive Advantage]
	SWOT-Analyse	Nagl [Businessplan]
Instrumente in allen Phasen	Perspektivenwechsel	Sellnow [Problemlösung]
	Mindmap	Biermann/Dehr [Innovation]
	Kartenabfrage	Seifert [Visualisieren]
	Mehrpunkteabfrage	Seifert [Visualisieren]

Tab. 3.2: Instrumentemix
Quelle: *Eigene Darstellung*

4 Der Produktentwicklungsprozess im jungen Unternehmen

Innovative Gründungs- und Jungunternehmen weisen meist einen hohen Kapitalbedarf für F&E auf (*Hommel/Knecht* 2002, S. 25). Durch den hohen F&E-Aufwand in Verbindung mit den begrenzt vorhandenen Ressourcen können innovative Gründungsunternehmen anfänglich meist nur ein Produkt und ein Geschäftsmodell für ein Geschäftsfeld entwickeln (*Rüggeberg* 2003, S. 25). Das Gründungs- bzw. Jungunternehmen stellt in diesem Fall ein Ein-Produkt-Unternehmen dar.

Eine von den Autoren des vorliegenden Beitrags durchgeführte explorative Analyse innovativer Start-Ups eines österreichischen Universitätsinkubators bestätigt dies und zeigt zudem, dass das ursprüngliche Produkt oftmals auch noch Jahre nach dem Inkubatoraustritt in nahezu unveränderter Weise die ausschließliche Basis der Geschäftstätigkeit darstellt. Dadurch steigt die Gefahr vom Markt verdrängt zu werden sowie aufgrund einer Sättigung des Marktes, Umsatz- und Gewinneinbrüche in Kauf nehmen zu müssen. Obwohl diese Probleme den Gründern durchwegs bewusst sind, führen die hohe Beanspruchung durch das „Tagesgeschäft“, Ressourcenengpässe sowie das Fehlen von systematischen Prozessen zur Ideengenerierung und –umsetzung häufig zu Innovationsdefiziten in der Frühentwicklungs- und Wachstumsphase.

Um die oben genannten Gefahren abzuwenden, ist eine kontinuierliche Innovationstätigkeit auch bereits im jungen Unternehmen notwendig. *Voigt/Brem* (2005, S. 181) argumentieren, dass ein junges Unternehmen nicht nur von der ersten Produktinnovation dauerhaft überleben kann, sondern mehrere Produkte folgen lassen muss und „sich dabei von eher inkrementellen Innovationen hin zu einem planungs- und steuerungsbedürftigen sowie permanenten Innovationsprozess bewegen“ muss.

Vom Entrepreneur sind daher bereits in der Gründungs- und Frühentwicklungsphase die Rahmenbedingungen zu schaffen, die eine effektive und effiziente Bewältigung der Innovationsaufgabe sicherstellen. Zum einen muss das betriebliche Innovationssystem aufgebaut und in weiterer Folge kontinuierlich angepasst werden. So determiniert der Entrepreneur bereits in der Gründungsphase durch die Entwicklung von Systemelementen, die die Innovationsfähigkeit ermöglichen und fördern, die späteren Innovationsergebnisse. Zentrale Systemelemente sind die Werte und Überzeugungen des Entrepreneurs, die verfügbaren Ressourcen und Kompetenzen, die strategische Grundausrichtung sowie die Organisationsstruktur (*Salomo/Pattera* 2007). Zum anderen sind Prozessmodelle für die Durchführung von Innovationsprojekten zu implementieren. Nachstehendes Kapitel zeigt, wie ein systematischer Innovationsprozess die effiziente Abwicklung von Innovationsprojekten unterstützen kann.

4.1 Der Innovationsprozess

Der Auslöser eines neuen Innovationsprojektes ist häufig, dass der Entrepreneur bzw. dessen Team oder unternehmensexterne Personen wie die ersten Kunden oder Lieferanten ein Problem oder eine Möglichkeit zur Innovation identifizieren. Wird die Initiative vom Entrepreneur aufgegriffen, beginnt der eigentliche Innovationsprozess. In einem ersten Schritt ist es wichtig, das Problem genauer zu betrachten und im Detail zu analysieren. Nach der Problemanalyse werden die Innovationsziele festgelegt. Dann beginnt die Suche nach Lösungsalternativen. Aus der Vielzahl an Lösungsvorschlägen müssen die erfolgversprechendsten ausgewählt werden. Es ist darauf zu achten, dass jene Alternativen genommen werden, die den zuvor formulierten Zielen am besten entsprechen. Der letzte Schritt besteht in der Umsetzung der Idee und damit verbunden in der Markteinführung des Produktes oder der Dienstleistung (*Schwarz et al.* 2013, S. 153). Abbildung 4.1 stellt die Phasen eines idealtypischen Innovationsprozesses dar.

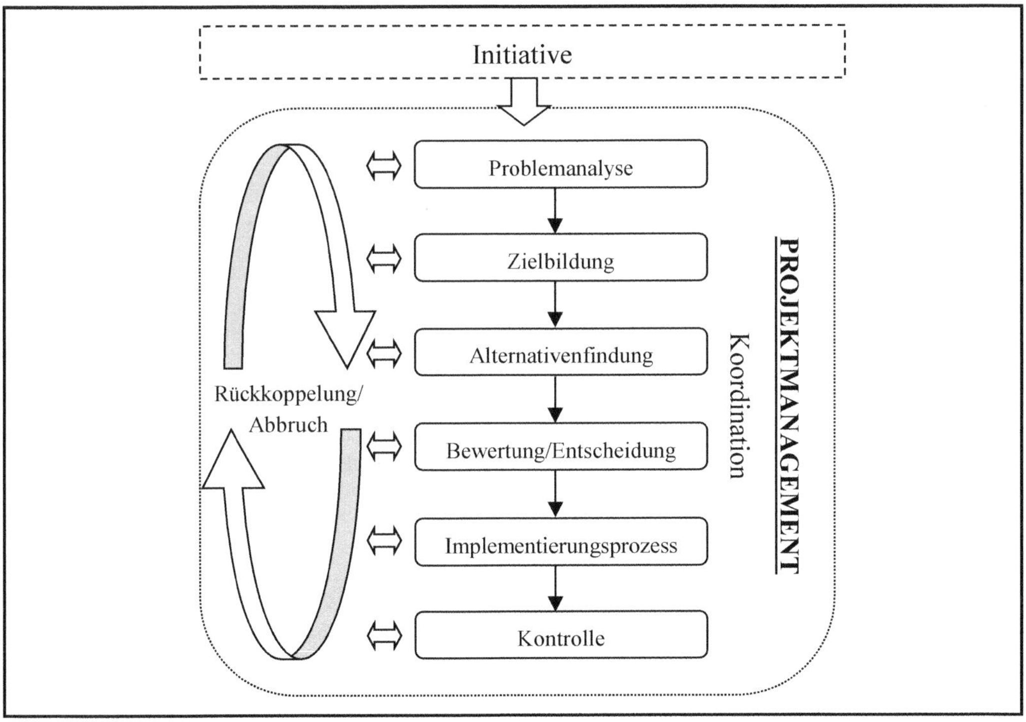

Abb. 4.1: Innovationsprozessmodell
Quelle: in Anlehnung an *Schwarz* 1999 sowie *Hauschildt/Salomo* 2011

4.2 Der Instrumentemix zur Produktentwicklung

Die Effektivität der Innovationsergebnisse sowie die Effizienz der Entwicklungsprozesse können durch den gezielten Einsatz von Instrumenten wesentlich verbessert werden. So dienen Instrumente u. a. zur Systematisierung und Strukturierung der einzelnen Arbeitsschritte sowie Problemstellungen und geben Hilfestellung bei der Findung neuer Problemlösungsansätze.

Die nachfolgende Tabelle enthält ausgewählte Instrumente, die auf die Bedürfnisse von jungen Unternehmen abgestimmt sind. Bei der Auswahl der Instrumente wurde darauf geachtet, dass der Einsatz nicht auf spezifische Branchen beschränkt ist, sondern dass die

Methoden allgemein einsetzbar sind. Insbesondere wurde auf die einfache praktische Umsetzung Wert gelegt. Der vorgeschlagene Methodenmix ist den einzelnen Phasen des Innovationsprozesses zugeordnet:

	Ausgewählte Instrumente	Nachzulesen in:
Initiative	GAP - Analyse	Paul, Wollny [Instrumente]
	Wertanalyse	Bronner, Herr [Wertanalyse]
Problemanalyse	Fischgrätendiagramm	Theden, Colsmann [Qualitätstechniken]
	W- Fragen	Schwarz/Krajger/Dummer [Innovationskompass]
	Warum-Warum Diagramm	Higgins, Wiese [Innovationsmanagement]
Zielbildung	SMART	Schwarz/Krajger/Dummer [Geschäftsidee]
	Problemkreuz	Wyler [Kunst]
Alternativenfindung	SIL – Methode	Schlicksupp [Innovation]
	Semantische Intuition	Schlicksupp [Kreativität]
	Osborn - Checkliste	Backerra et al. [Kreativitätstechniken]
Bewertung	Ideen-Screening	Gelbmann [Innovationsleitfaden]
	Ideen- SWOT	Wahren [Erfolgsfaktor]
	Entscheidungsmatrix	Schwarz/Krajger/Dummer [Innovationskompass]
	Gewinnvergleichsrechnung	Schwarz/Krajger/Dummer [Geschäftsidee]
Implementierung/ Kontrolle	Projektmanagement	Patzak, Rattay [Projektmanagement]
	Innovation Scorecard	Disselkamp [Innovationsmanagement]

Tab. 4.2: Instrumentemix
Quelle: *Eigene Darstellung*

5 Zusammenfassung

Prozesse der Ideenentwicklung sowie die Gestaltung betrieblicher Rahmenbedingungen zur Ideenfortführung und -generierung im Gründungs- und Jungunternehmen stehen im Zentrum des Beitrags.

Ausgangspunkt des vorgeschlagenen Prozesses der Geschäftsmodellentwicklung ist die Entscheidung des Entrepreneurs, eine noch vage Idee als Produkt oder Dienstleistung im Rahmen eines neu zu gründenden Unternehmens auf den Markt zu bringen. Damit beginnt die systematische Analyse und Bewertung der Geschäftsidee. Ausgewählte Instrumente und Methoden unterstützen den Entrepreneur in den einzelnen Phasen des Gründungsprozesses bei der Analyse und Konkretisierung dieser Idee. An definierten Meilensteinen erfolgen jeweils eine kritische Evaluierung der Idee sowie die Entscheidung, den Gründungs- und Produktentwicklungsprozess abzubrechen, zu modifizieren oder weiterzuverfolgen. Das im Beitrag ebenfalls vorgestellte Innovationsprozessmodell unterstützt den Entrepreneur bei der (Weiter-) Entwicklung seines Produktportfolios. Es beinhaltet alle relevanten Innovationsschritte von der Initiative (Fuzzy Front End) bis zur Kontrolle des Innovationsvorhabens.

Die beiden Vorgehenskonzepte in Kombination mit dem jeweiligen Instrumentemix bilden die Basis für ein effektives und effizientes Innovationsmanagement im wachstumsorientierten Unternehmen.

Literaturverzeichnis

Abell, D.F.: Defining the business – the starting point of strategic planning. Englewood Cliffs, London (1980)

Allen, K.: Entrepreneurship for dummies. For Dummies, New York (2001)

Backerra, H., Malorny, C., Schwarz, W.: Kreativitätstechniken: kreative Prozesse anstoßen – Innovationen fördern. Hanser, München/Wien (2002)

Berekoven, L., Eckert, W., Ellenrieder, P.: Marktforschung – Methodische Grundlagen und praktische Anwendung. 11. Aufl., Gabler, Wiesbaden (2006)

Bhidé, A.V.: The origin and evolution of new businesses. University Press, Oxford (2000)

Biermann, T., Dehr, G.: Innovation mit System – Erneuerungsstrategien für mittelständische Unternehmen. Springer, Berlin [u.a.] (1997)

Bronner, A., Herr, S.: Vereinfachte Wertanalyse: mit Formularen und CD-Rom. 4. Aufl., Springer, Berlin/Heidelberg (2006)

Chesbrough, H.: Open Innovation – The New Imperative for Creating and Profiting from Technology. Harward Business Review Press, Boston (2003)

Cooper, R.G.: New Products – The Factors that Drive Success. International Marketing Review 11(1), 60–76 (1994).

Cooper, R.G., Edgett, S.J., Kleinschmidt, E.J.: Optimizing the stage-gate process – what best-practice companies do. Research Technology Management 10-11, 21–26 (2002)

De, D.A.: Entrepreneurship – Gründung und Wachstum von kleinen und mittleren Unternehmen. Adison-Wesley Verlag, München [u. a.] (2005)

Disselkamp, M.: Innovationsmanagement – Instrumente und Methoden zur Umsetzung im Unternehmen. Springer, Wiesbaden (2012)

Dollinger, M.J.: Entrepreneurship – Strategies and Resources. Prentice Hall, New Jersey (2003)

Drucker, P.F.: Innovations-Management für Wirtschaft und Politik. 2. Aufl., Econ Verlag, Düsseldorf [u. a.] (1985)

Fraunhofer Institut für Systemtechnik und Innovationsforschung – Mit neuen Ideen wachsen und verdienen. Leitfaden zum Innovationsmanagement. Deutsche Bank AG, Frankfurt am Main (1996)

Freiling, J.: Entrepreneurship – Theoretische Grundlagen und unternehmerische Praxis. Vahlen, München (2006)

Gelbmann, U.: Innovationsleitfaden – Der Weg zu neuen Produkten. Eigenverlag, Graz (2003)

Gonschior, P., Roth, P.: Marketing für innovative Unternehmensgründunge. In: Szyperski, N., Roth, P. (Hrsg.) Entrepreneurship – innovative Unternehmensgründung als Aufgabe, 59–77. Schäffer-Poeschel, Stuttgart (1990)

Hauschildt, J., Salomo, S.: Innovationsmanagement. 5. Aufl., Vahlen, München (2011)

Hering, T., Vincenti, A.J.F.: Unternehmensgründung. Oldenbourg, München [u. a.] (2005)

Herstatt, C.: Theorie und Praxis der frühen Phasen des Innovationsprozesses. Management 68(10), 72–81 (1999)

Higgins, J.M., Wiese, G.G.: Innovationsmanagement. Kreativitätstechniken für den unternehmerischen Erfolg. Springer, Berlin/Heidelberg (1996)

Holzmann, P.: Gustafsson, V., Schwarz, E.J.: Geschäftsmodellinnovationen und Entrepreneurship. In: Krause, D. (Hrsg.) Kreativität, Innovation und Entrepreneurship, 353–369. Springer,Wiesbaden (2013)

Hommel, U., Knecht T.C.: Wertorientiertes Start-Up-Management: Grundlagen, Konzepte, Strategien. Vahlen, München (2002)

Horx, M.: Smart Markets. Ed. Zukunftsinst. bei POD Print Frankfurt/Main (2003)

Kim, C.W., Mauborgne, R.: Damit die Innovation kein Flop wird. Harvard Business Manager 2, 86–97 (2001)

Kim, C.W., Mauborgne, R.: Der blaue Ozean als Strategie. Carl Hanser Verlag, München (2005)

Klandt, H.: Gründungsmanagement: Der Integrierte Unternehmensplan. 2. Aufl., Oldenbourg, München [u. a.] (2006)

Levy, N.S.: Managing high technology and innovation. Pearson Custom Publishing, New Jersey (1998)

Lüthje, C.: Methoden zur Sicherstellung von Kundenorientierung in den frühen Phasen des Innovationsprozesses. In: Herstatt, C., Verworn, B. (Hrsg.) Management der frühen Innovationsphasen. Grundlagen-Methoden-Neue Ansätze, 39–60. Gabler, Wiesbaden (2007)

Matzler, K., Hinterhuber, H.: How to make product development projects more successful by integrating Kano's model of customer satisfaction into quality function deployment. Technovation 18(1), 25–38 (1998)

Morris, M., Schindehutte, M., Allen, J.: The entrepreneur's business model: toward a unified perspective. Journal of Business Research 58(6), 726–735 (2005)

Nagl, A.: Der Businessplan – Geschäftspläne professionell erstellen. Mit Checklisten und Fallbeispielen. 6. Aufl., Gabler, Wiesbaden (2011)

Osterwalder, A., Pigneur, Y., Wegberg, J.T.A.: Business Model Generation – Ein Handbuch für Visionäre, Spielveränderer und Herausforderer. Campus Verlag, Frankfurt am Main (2011)

Patzak, G., Rattay, G.: Projektmanagement – Leitfaden zum Management von Projekten, Projektportfolios, Programmen und projektorientierten Unternehmen. 5. Aufl., Linde Verlag, Wien (2009)

Paul, H., Wollny, V.: Instrumente des strategischen Managements: Grundlagen und Anwendung. Oldenbourg, München, (2011)

Pölzl, A.: Umweltorientiertes Innovationsmanagement: eine theoretische und empirische Analyse. Verlag Wissenschaft und Praxis, Sternenfels (2002)

Porter, M.E.: Competitive Advantage. Creating And Sustaining Superior Performance. Free Press, New York (2004)

Porter, M.E.: Wettbewerbsstrategie: Methoden zur Analyse von Branchen und Konkurrenten. 11. Aufl., Campus Verlag, Frankfurt am Main [u. a.] (2008)

Rüggeberg, H.: Marketing für Unternehmensgründer – Von der ersten Geschäftsidee zum Wachstumsunternehmen. Springer, Wiesbaden (2003)

Saatweber, J.: Kundenorientierung durch Quality Function Deployment – Systematisches Entwickeln von Produkten und Dienstleistungen. Hanser Verlag, München [u. a.] (2006)

Salomo, S., Pattera, M.: User Based Innovation – Erfolgsfaktoren und Benchmarks. Vortrag beim 4. Forum Innovation und Produktentwicklung. Wien (22.03.2007)

Seifert, J.W.: Visualisieren, Präsentieren, Moderieren. Das Standardwerk. 28. Aufl., Gabal, Offenbach (2010)

Schlicksupp, H.: 30 Minuten für mehr Kreativität. Gabal, Offenbach (1999)

Schlicksupp, H.: Innovation, Kreativität und Ideenfindung. 6. Aufl., Vogel, Würzburg (2004)

Schwarz, E.J., Umweltorientierte technologische Prozessinnovationen. Springer, Wiesbaden (1999)

Schwarz, E.J., Krajger, I., Dummer, R.: Innovationskompass für klein- und mittelständische Unternehmen - Neue Ideen finden und entwickeln. Linde, Wien (2006)

Schwarz, E.J., Krajger, I., Dummer, R.: Von der Geschäftsidee zum Markterfolg. Das Management von Innovationen in Gründungs- und Wachstumsunternehmen. 2. Aufl., Linde, Wien (2013)

Sellnow, R.: Die mit den Problemen spielen... - Ratgeber zur kreativen Problemlösung. 6. Aufl., Stiftung Mitarbeiter, Bonn (2004)

Storey, D.J.: Understanding the small business sector. Routledge, London (1994)

Theden, P., Colsman, H.: Qualitätstechniken. Werkzeuge zur Problemlösung und ständigen Verbesserung. 4. Aufl., Carl Hanser Verlag, München/Wien (2005)

Thom, N.: Grundlagen des betrieblichen Innovationsmanagements. 2. Aufl., Hanstein, Königstein (1980)

Voigt, K.-I., Brem, A.: Integriertes Ideenmanagement als strategischer Erfolgsfaktor junger Technologieunternehmen. In: Schwarz, E.J., Harms, R. (Hrsg.) Integriertes Ideenmanagement. Lit Verlag, Wiesbaden (2005)

Volkmann, C.K., Tokarski, K.O.: Entrepreneurship. Gründung und Wachstum von jungen Unternehmen. UTB, Stuttgart (2006)

Von Hippel, E.: Democratizing innovation. The MIT Press, Cambridge [u. a.] (2006)

Wahren, H.-K.: Erfolgsfaktor Innovation – Ideen systematisch generieren, bewerten und umsetzen. Springer, Berlin/Heidelberg (2004)

Welge, M.K., Al-Laham, A.: Planung: Prozesse – Strategien – Maßnahmen. Gabler, Wiesbaden (1992)

Wyler, A.: Die Kunst des Probierens. Probleme mit kreativem Anspruch lösen. Smart Books, Kilchberg (2001)

Teil VI:
Entrepreneurial Marketing:
Die Handlungsebenen

Jost Adler und Andreas Klein

Marktforschung als Aufgabe für Gründungsunternehmen

Jost Adler, Prof. Dr.
Inhaber des Lehrstuhls für Marketing
Universität Duisburg-Essen
E-Mail: jost.adler@uni-due.de.

Andreas Klein, Dr.
Wissenschaftlicher Assistent am Lehrstuhl für Marketing
Universität Duisburg-Essen
E-Mail: andreas.klein@uni-due.de.

1 Bedeutung der Marktkenntnis für den Gründungserfolg

Gründer konzentrieren sich meist auf die technischen Aspekte Ihrer Geschäftsidee und weniger auf eine sinnvolle Vermarktungsstrategie oder die systematische Analyse der Nachfrager und Wettbewerber. Obwohl Gründungsunternehmen im Gegensatz zu etablierten Unternehmen nicht über die entsprechenden Mittel verfügen, um intensive Marktforschungsstudien durchzuführen, können Gründer die Wahrscheinlichkeit des Erfolgs ihres Vorhabens deutlich erhöhen, wenn Sie einen Teil ihrer knappen Ressourcen darauf verwenden, die Bedürfnisse ihrer potenziellen Nachfrager zu verstehen und Informationen über Wettbewerber und deren Angebote zu sammeln. Dieser Beitrag beschäftigt sich daher mit grundlegenden Marktforschungstechniken, die jedem Gründer dabei behilflich sein können, das Potenzial seines anvisierten Geschäftskonzeptes besser einschätzen zu können.

Vor diesem Hintergrund muss bei Gründungsunternehmen zunächst zwischen der Phase vor dem Gründungsprozess und der Phase des eigentlichen Gründungsprozesses unterschieden werden. Innerhalb der ersten Phase werden hauptsächlich ausführliche Informationen über die generelle Marktfähigkeit und das Marktpotenzial des Leistungsangebotes benötigt. Der Vorteil der Bereitstellung möglichst umfangreichen Informationsmaterials in dieser Phase besteht darin, dass sich die Ausgangslage zur Beschaffung des erforderlichen Risikokapitals bei den Kapitalgebern durch zusätzliche Informationen, die Dokumentation von Marktkenntnissen und ein stringentes Konzept (Business Plan) deutlich verbessert. Dagegen sind während des eigentlichen Gründungsprozesses, der zweiten Phase, beispielsweise detaillierte Informationen über potenzielle Nachfrager für eine erfolgreiche Marktbearbeitung beziehungsweise die Bearbeitung ausgewählter Marktsegmente notwendig. Im weiteren Verlauf des Gründungsprozesses gewinnen zudem Informationen im Rahmen der Angebotsgestaltung an Bedeutung (zum Beispiel die Akzeptanz der Produktgestaltung oder der geplanten Preise). Da beide Phasen jedoch auf vergleichbaren Informationen aufbauen, bedürfen sie im Folgenden keiner separaten Behandlung.

Im Zusammenhang mit der Informationsbeschaffung sehen sich Unternehmen, und insbesondere Gründungsunternehmen, vor allem drei Problembereichen gegenüber. Erstens besteht vor dem Hintergrund eines wachsenden Informationsangebotes die Gefahr eines so genannten information overloads (*Kroeber-Riel* 1987, S. 257 ff.). Dieser ursprünglich aus der Konsumentenforschung stammende Begriff macht sich beispielsweise in der zunehmenden Zahl von Tageszeitungen (ca. 400), Publikumszeitschriften (ca. 1.600) Fachzeitschriften (ca. 3.800), Fachbüchern, Forschungsberichten etc. bemerkbar. In den vergangenen Jahren sind zahlreiche Online-Informationsanbieter hinzugekommen, die die Erfassung und Auswahl relevanter Informationsquellen beziehungsweise Marktinformationen zusätzlich erschweren (z. B. Statista). Hieraus kann das Problem resultieren, dass wichtige Informationen unberücksichtigt bleiben (*Herrmann/Homburg* 2000, S. 25).

Zweitens besteht auf den Märkten für Gründungsunternehmen eine deutlich größere Markt- und Verhaltensunsicherheit als auf angestammten Produkt- oder Dienstleistungsmärkten. Die gesteigerte Marktunsicherheit resultiert beispielsweise daraus, dass gesellschaftliche Einstellungen oder gesetzliche Rahmenbedingungen (zum Beispiel Biotechnologie) bisher gar nicht oder nur zum Teil diskutiert und rechtlich abgesichert wurden. Ein solcher gesellschaftlich-politischer Timelag gefährdet nicht nur alle bisher getätigten Investitionen eines Gründungsunternehmens, sondern erschwert zudem die Beschaffung zusätzlicher Finanzmittel. Eine größere Verhaltensunsicherheit entsteht dadurch, dass die Abschätzung der nachfrager- und konkurrenzseitigen Reaktionen bei innovativen Produkten oder Dienstleistungen, die zumeist Basis der Unternehmensgründung sind, oftmals nur in begrenztem Umfang möglich ist.

Drittens sehen sich Gründungsunternehmen in der Regel einer verschärften Knappheit der Ressourcen gegenüber. So werden die finanziellen Kapazitäten in der Anfangsphase einer Unternehmensgründung meist für den Aufbau eines Fertigungs- und Vertriebssystems und weniger für Marketingaufgaben und die Beschaffung von ausführlichen Marktinformationen eingesetzt. Hinzu kommt, dass oftmals auch das entsprechende Know-how fehlt, um zwischen relevanten und dringend benötigten Marktinformationen und Informationen mit nachrangiger Bedeutung unterscheiden zu können. In der Literatur wird hierzu zwischen qualitativen und ökonomischen Bewertungskriterien von Informationen unterschieden (*Berekoven et al.* 2009, S. 26 ff.). Zur Qualität von Informationen zählt deren Nützlichkeit, Vollständigkeit, Aktualität und Wahrheit. Wohingegen der einzige ökonomische Beurteilungsfaktor das betriebswirtschaftliche Kosten-Nutzen-Kalkül darstellt. Danach ist es im Sinne einer Marginalbetrachtung so lange sinnvoll Informationen zu beschaffen, wie deren Kosten kleiner sind als die durch ihre Verwendung erzielten Erlöse.

Vor diesem Hintergrund beschäftigt sich der folgende Beitrag zunächst mit einer Abgrenzung der Inhalte des Informationsbedarfs für Gründungsunternehmen und einem kurzen Abriss des Marktforschungsprozesses. In diesem Zusammenhang wird insbesondere auf die Wahl des Forschungsdesigns und die Festlegung der Untersuchungseinheiten eingegangen. Zum einen hat das Forschungsdesign einen bedeutenden Einfluss auf die heranzuziehenden Informationsquellen und Methoden und zum anderen leistet die Auswahl der Untersuchungseinheiten im Rahmen der Stichprobenbildung einen elementaren Beitrag zur Repräsentativität der gesamten Erhebung. Im dritten Abschn. werden die beiden zentralen Informationsquellen der Sekundär- und Primärforschung vorgestellt und einer Betrachtung der Vorteilhaftigkeit in Bezug auf Gründungsunternehmen unterzogen. Hierbei erlangt auch die Beurteilung der Güte der zur Verfügung gestellten Informationen Bedeutung. Diese wird an den Kriterien der Objektivität, der Reliabilität und der Validität verdeutlicht. Zudem werden grundlegende Aspekte der Datenauswertung kurz diskutiert. Darauf aufbauend wird im vierten Abschn. exemplarisch die Conjoint-Analyse als Verfahren der Präferenzmessung vorgestellt und im Hinblick auf die Möglichkeiten zur Marktanteilsschätzung sowie zur Angebots- und Preisgestaltung für Gründungsunternehmen untersucht. Conjoint-Analysen weisen heute eine besondere Relevanz innerhalb der Marktforschung auf, da ihre Ergebnisse über ein vielfältiges Anwendungsspektrum verfügen und als sehr valide eingestuft werden.

2 Informationsbedarf und Marktforschungsplanung

2.1 Informationsbedarf eines Gründungsunternehmens

Der Informationsbedarf für Gründungsunternehmen lässt sich in drei zentrale Bereiche einteilen: 1. die Marktbedingungen, 2. die Wettbewerber und 3. die Nachfrager. Die Bedingungen auf dem anvisierten Markt stellen die Makroumwelt dar und beinhalten neben einer globalen Betrachtung der Wettbewerber und Nachfrager auch gesellschaftliche, gesamtwirtschaftliche, politische, rechtliche und technologische Faktoren. Diese werden im Wesentlichen in Bezug auf das Branchenumfeld untersucht, in das sich das Gründungsunternehmen begibt. Durch die Analyse der Marktbedingungen erhält der Gründer Informationen über das Potenzial seines Produktes beziehungsweise seiner Dienstleistung. Zu diesem Zweck muss er sich mit aktuellen und zukünftigen Markttrends in der Branche, auf seine Leistungen anwendbaren rechtlichen Regelungen, der gesellschaftlichen Akzeptanz (z. B. der Biotechnologie), der konkreten Markt- beziehungsweise Wettbewerbsarena (relevanter Markt), und somit dem anvisierten Zielmarkt (Marktsegment) sowie dem darin zu erzielenden Marktanteil auseinandersetzen. Die spezifische Marktarena betrifft das geografische Gebiet, in dem das Gründungsunternehmen seine Leistung anbieten will. Das Angebot kann dabei sowohl global als auch regional oder lokal sein. Innerhalb der Grenzen dieses Marktgebietes sind diejenigen Nachfrager zu identifizieren, die als Zielgruppe für das Leistungsangebot in Frage kommen (Marktpotenzial). Der jeweilige Anteil der Wettbewerber an dem tatsächlich realisierten Umsatz aller Unternehmen (Marktvolumen) repräsentiert den individuellen Marktanteil. Der geschätzte Marktanteil des Gründungsunternehmens ist somit der potenzielle Anteil am Gesamtmarkt, welcher realistisch unter den gegebenen Bedingungen erwartet werden kann. Diese Schätzung kann im Hinblick auf die abgesetzte Stückzahl oder den wertmäßigen Umsatz erfolgen. Zur Abgabe einer solchen Prognose ist daher die Abschätzung von drei Größen wichtig: die aktuelle Größe des Gesamtmarktes (Marktvolumen), die derzeitigen Anteile der Wettbewerber sowie der eigene erreichbare Marktanteil beziehungsweise Absatz. Hierzu muss begründet festgelegt werden, wie viel des Anteils der Wettbewerber am Markt sich das Gründungsunternehmen aneignen kann. Darüber hinaus ist es allerdings auch möglich, bisher nicht ausgeschöpftes Marktpotenzial, d. h. Nachfrager die bislang noch nicht gekauft haben, durch das eigene Leistungsangebot zu akquirieren (Marktausdehnung). Eine solche Prognose des erreichbaren

Marktanteils ist zentral, um die Absatz- und Erfolgschancen des Gründungsunternehmens zuverlässig einschätzen zu können. Zusätzliche Probleme ergeben sich im Hinblick auf innovative Produkte und Dienstleistungen. In solchen Fällen ist eine realistische Abschätzung des Marktpotenzials deutlich schwieriger und somit weniger genau.

Neben den Marktbedingungen innerhalb einer bestimmten Branche sind in einem nächsten Schritt die konkreten Wettbewerber zu untersuchen. Diese bestehen aus denjenigen Unternehmen, die vergleichbare Leistungen an die vom Gründungsunternehmen als Zielgruppe ausgewählten Nachfrager verkaufen. Daher sind Fragen über die Stärken und Schwächen der Wettbewerber und deren Angebote für Gründungsunternehmen neben einer Globaleinschätzung der Branche von besonderer Relevanz. Hierzu wurde das Instrument der Konkurrenzanalyse entwickelt. Die Konkurrenzanalyse dient dazu, die Fähigkeiten des eigenen Unternehmens im Hinblick auf die relevanten Konkurrenten zu untersuchen und Vorsprünge in einzelnen Bereichen zu identifizieren respektive auszubauen. Im Rahmen dessen muss der Gründer ein Reaktionsprofil der Konkurrenz erstellen, welches im Wesentlichen aus vier zu diagnostizierenden Elementen besteht. Erstens sind die aktuellen und zukünftigen Ziele der Wettbewerber zu analysieren. Dazu gehört die Frage, ob einzelne Konkurrenten mit ihrer derzeitigen Situation zufrieden sind oder ob es möglicherweise zu einer Veränderung der Zielausrichtung kommt. Zweitens muss der Gründer analysieren, welche Vorstellungen der einzelne Konkurrent über sich selbst hat, da dies seine Verhaltensweise im Markt entscheidend prägt. So kann sich ein Wettbewerber als Qualitätsführer, als Billiganbieter, als Innovator oder als ein Unternehmen mit starkem Fokus auf Kundenbeziehungen verstehen (*Voeth/Herbst* 2013, S. 196 ff.). Gleichzeitig sind auch die Annahmen der Konkurrenten über zukünftige Entwicklungen in der Branche in diese Betrachtung mit einzubeziehen. Drittens muss die gegenwärtige Strategie der Konkurrenten ermittelt werden, wobei mögliche Strategiewechsel der Konkurrenten rechtzeitig antizipiert werden sollten. Schließlich umfasst die Konkurrenzanalyse viertens die Einschätzung der Fähigkeiten der Konkurrenten. Die Analyse ihrer Stärken und Schwächen gibt Aufschluss darüber, inwieweit eigene Vorstöße auf den Widerstand und mögliche Reaktionen der Wettbewerber stoßen und wo sie verwundbar sind (*Porter* 2013, S. 88 ff.).

Letztendlich ist der zentrale Punkt aller Vermarktungsbemühungen von Unternehmen jedoch der Nachfrager. Er allein entscheidet über den Erfolg oder Misserfolg des Gründungsunternehmens. Daher ist es für jeden Gründer von besonderer Relevanz, die Bedürfnisse und Wünsche der Nachfrager zu verstehen und das Leistungsangebot auf eben diese Bedürfnisse hin abzustimmen. Die hierbei aufkommenden Fragen richten sich u. a. darauf, wer die potenziellen Kunden für das Leistungsangebot sind und welche Merkmale diese besitzen, wie viele Nachfrager für eine bestimmte Leistung überhaupt existieren, wie häufig sie diese kaufen, wer die Kaufentscheidung fällt, welche Kriterien die Nachfrager bei der Leistungsbeurteilung zugrunde legen, welche Preisvorstellungen existieren und welchen Preis die Nachfrager maximal bereit sind zu bezahlen. Der Gründer muss sich immer die Frage stellen, warum die potenziellen Kunden gerade seine Leistung nachfragen sollen und nicht die Angebote des Wettbewerbs. Dazu gehört beispielsweise, die konkreten Vorteile des eigenen Produktes oder der Dienstleistung deutlich herauszuarbeiten. Aufgrund der besonderen Bedeutung der potenziellen Nachfrager des Gründungsunternehmens stehen sie in den folgenden Abschnitt zum Marktforschungsprozess und zu den Informationsquellen der Gründungsmarktforschung im Vordergrund der Betrachtung.

2.2 Der Marktforschungsprozess

Aufgabe der Marktforschung ist die Bereitstellung relevanter Marktinformationen im betrieblichen Informations- und Entscheidungsprozess. Diese kann daher als systematische Sammlung, Aufbereitung, Analyse und Interpretation von Daten über Märkte und Marktbeeinflussungsmöglichkeiten zum Zweck der Informationsgewinnung für Marketing-Entscheidungen definiert werden (*Böhler* 2004, S. 19; *Hüttner/Schwarting* 2002, S. 1). Im Zusammenhang mit Gründungsunternehmen spielt hierbei, neben der bereits oben angesprochenen Erforschung der Bedarfe der Nachfrager, der potenziellen Konkurrenten sowie der Beschaffungs- und Absatzwege (*Schäfer/Knoblich* 1978, S. 21 ff.) in der Vorgründungsphase auch die Erhebung von Informationen über mögliche Kapitalgeber eine besondere Rolle. Der Bereich der Akquisition von Eigen- oder Fremdkapital wird in den folgenden Ausführungen jedoch vernachlässigt.

Da es sich bei der praktischen Durchführung unternehmerischer Marktforschung um ein komplexes Entscheidungsproblem handelt, bietet es sich an, den Marktforschungsprozess in handhabbare Teilschritte zu zerlegen. Wie in der Abb. 2.1 dargestellt, sind zu Beginn eines solchen Marktforschungsprozesses zunächst das Marktforschungsproblem abzugrenzen sowie das Forschungsdesign festzulegen. Das Marktforschungsproblem ergibt sich, je nachdem in welcher Phase sich das Gründungsunternehmen befindet, aus den daraus resultierenden vorrangigen Problembereichen. Spielen in einem ersten Schritt die Ermittlung des Marktpotenzials und die Abschätzung der generellen Marktfähigkeit eine bedeutende Rolle, so werden sich die Informationserfordernisse mit voranschreitendem Gründungsprozess immer weiter auf die konkret zu erstellende Leistung konzentrieren.

Bei der Wahl des Forschungsdesigns ist zwischen explorativen, deskriptiven und explikativen Studien zu unterscheiden (*Nieschlag et al.* 2002, S. 381 ff.). Explorative Studien werden immer dann durchgeführt, wenn das vorhandene Wissen zu einem Problembereich relativ unstrukturiert ist. Sie dienen dazu, ein grundlegendes Verständnis der Untersuchungsthematik zu erarbeiten. Dabei werden Ideen und Zusammenhänge generiert, ohne dass der Marktforscher über konkrete Hypothesen verfügt. Außerdem können durch explorative Studien nachfolgende Untersuchungen besser gesteuert und dadurch möglicherweise finanzielle Ressourcen eingespart werden. Deskriptive Studien dienen der Erfassung und Beschreibung der für die Untersuchungsthematik relevanten Zusammenhänge. Sie erklären einen Sachverhalt zwar nicht, geben diesen aber in seiner

Grundstruktur wieder. Deskriptive Studien erfordern viel stärker als explorative Studien eine detaillierte Planung der Auswahl und Auswertung des zu erhebenden Datenmaterials. Im Gegensatz dazu sind explikative (kausale) Marktforschungsstudien Ursache-Wirkungsanalysen, die Zusammenhänge zwischen Variablen gemäß aufgestellter Hypothesen überprüfen. Solche Studien versprechen den höchsten Zielerreichungsgrad, da sie Prognosen über die mit einer Handlungsalternative verbundenen Konsequenzen erlauben. Explikative Studien werden oftmals in der Form von Experimenten durchgeführt.

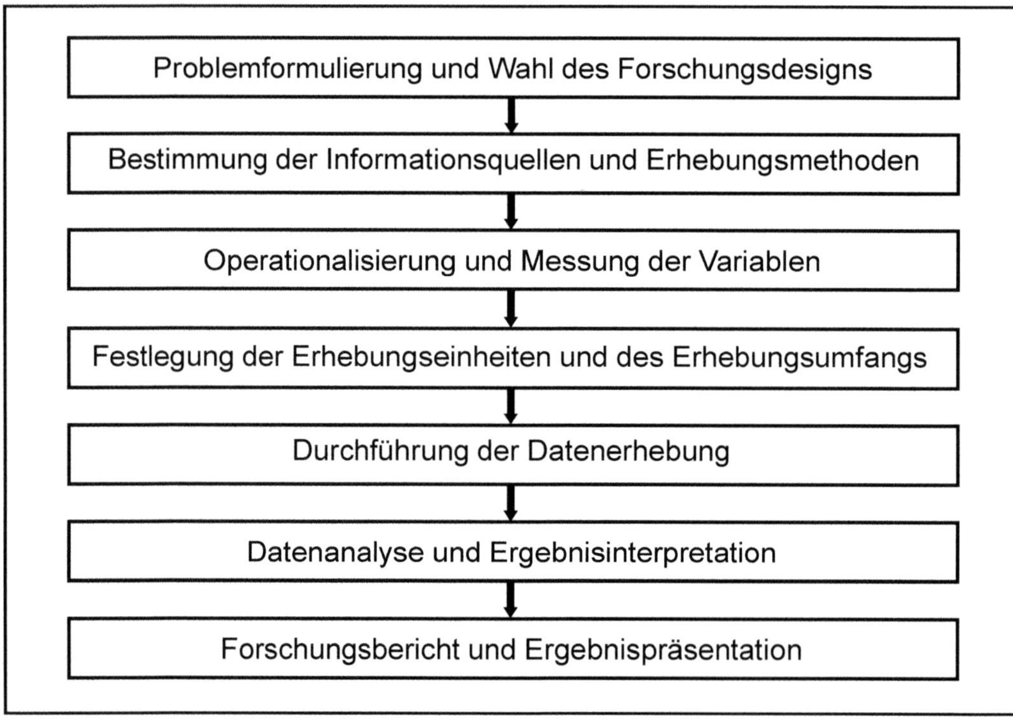

Abb. 2.1: Marktforschungsprozess
Quelle: in Anlehnung an *Böhler* 2004, S. 30

In einem nächsten Schritt folgen die Bestimmung der Informationsquellen und der Erhebungsmethoden, wobei die verwendeten internen (z. B. vorhandene Marktstudien oder Mitarbeiter) und externen Informationsquellen (z. B. Händler oder Kunden) die spätere Durchführung der Datenerhebung und den Rahmen für die Datenauswertung determinieren. Ferner hängt die Methodenauswahl (Primär- oder Sekundärerhebung) sehr stark mit dem gewählten Forschungsdesign und dem nachfolgenden Schritt der Operationalisierung und Messung der Variablen zusammen. Insofern sind die Schritte des Marktforschungsprozesses insgesamt als interdependent zu betrachten. Hinzu kommt, dass bei der Methodenauswahl die Praktikabilität gewährleistet sein muss. Ebenso wie bei der weiter unten diskutierten Repräsentativität einer Erhebung handelt es sich bei der Praktikabilität um ein Gütekriterium i. w. S. Unter der Praktikabilität ist die Durchführbarkeit der Erhebung sowohl aus Wirtschaftlichkeitsüberlegungen (Kosten-Nutzen-Aspekt) als auch aus der Sicht der Anwendbarkeit eines Messverfahrens zu verstehen. Letzteres kann durch ausführliche Pretests sichergestellt werden. Solche Pretests erlangen vor allem im Rahmen von Primärerhebungen an Bedeutung. Sie haben einen positiven Einfluss auf die Güte der Daten, da Fehler möglicherweise bereits zu Beginn der Untersuchung erkannt und behoben werden können.

Bei der Festlegung der Erhebungseinheiten und des Erhebungsumfangs handelt es sich vor allem darum, die Repräsentativität einer Erhebung sicherzustellen. Diese soll die Übertragbarkeit der erzielten Ergebnisse auf die Grundgesamtheit ermöglichen (Generalisierbarkeit). Da Marktforschungserhebungen aus Kostenüberlegungen nur in seltenen Fällen als Vollerhebungen durchgeführt werden können, muss im Rahmen der Stichprobenbildung (Teilerhebung) eine Auswahl der in die Studie einbezogenen Personen erfolgen. Ausnahmen liegen unter Umständen auf Industriegütermärkten vor, wenn beispielsweise nur wenige Kunden existieren. Die Stichprobentheorie hat zur Erzeugung von Teilerhebungen zwei generelle Auswahlverfahren entwickelt: die Zufallsauswahl und die bewusste Auswahl (*Berekoven et al.* 2009, S. 43 ff.). Die Zufallsauswahl geht von wahrscheinlichkeitstheoretischen Überlegungen aus. Dabei ist für jedes Element der Grundgesamtheit die Wahrscheinlichkeit, in die Stichprobe zu gelangen, identisch, bekannt und größer als Null. Somit lässt sich der Stichprobenfehler mathematisch berechnen. Bei der bewussten Auswahl wird dagegen die Stichprobe nach vorher festgelegten sachrelevanten Auswahlkriterien konstruiert (z. B. Quoten- oder Konzentrationsverfahren). Allerdings gilt für die Güte der Ergebnisse auch hierbei die Vorgabe, dass die Stichprobe die Struktur der Grundgesamtheit möglichst gut abbilden soll. Daneben existieren mehrstufige und kombinierte Verfahren, die die Vorteile der Zufallsauswahl und der bewussten Auswahl miteinander kombinieren.

Die sich hieran anschließende Phase der Datenerhebung hängt speziell von den gewählten Informationsquellen ab. So liegen die Problemfelder bei Primärerhebungen vor allem bei der Auswahl und Schulung der Interviewer, sofern keine Onlineerhbung durchgeführt wird. Daneben fallen oftmals hohe Kosten für die Reisetätigkeiten der Interviewer an, damit die Repräsentativität der Erhebung gewährleistet wird. Die höchsten Kosten bei Sekundärerhebungen verursacht dagegen der Kauf aktuellen Datenmaterials.

Bei der Datenanalyse und der Ergebnisinterpretation hat sich die Marktforschung an dem Leitbild eines theoriegeleiteten, interdisziplinären, pragmatischen und ethisch vertretbaren Vorgehens zu orientieren (*Herrmann/Homburg* 2000, S. 17). Um Aussagen über Marktgegebenheiten und Verhaltensweisen der Marktteilnehmer sowie deren Zusammenhänge zu erhalten, ist es erforderlich, dass die Marktforschung auf bewährte ökonomische und sozialpsychologische Theorien zurückgreift. Dies deutet überdies darauf hin, dass im Rahmen eines interdisziplinären Vorgehens Erkenntnisse aus Nachbardisziplinen zur Erfassung der Marktgegebenheiten unerlässlich sind. Darüber hinaus hat die Marktforschung auch pragmatischen Gesichtspunkten zu folgen. Vor dem Hintergrund begrenzter finanzieller, personeller und zeitlicher Ressourcen muss der Marktforscher teilweise Einschränkungen bei der Umsetzung einer theoretisch geleiteten Vorgehensweise zur Datenerfassung und auswertung hinnehmen. So sind theoretischer Anspruch und Praktikabilität zwar zu beachten, aber nicht immer in Einklang zu bringen. Schließlich hat der Marktforscher sich bei der Durchführung einer Marktforschungsstudie an ethischen Richtlinien zu orientieren. Zum einen muss die Studie anerkannten wissenschaftlichen Standards genügen. Zum anderen sind Werturteile bei der Auswertung der Daten zu vermeiden, um keine verzerrten Aussagen zu erzeugen, und ethische Richtlinien zu beachten, wie sie der Berufsverband Deutscher Markt- und Sozialforscher e. V. aufstellt (s. *http://bvm.org/home/*).

3 Informationsquellen im Rahmen der Gründungsmarktforschung

3.1 Analyse von Sekundärquellen

Im Rahmen der Sekundärmarktforschung (Desk Research) werden bereits vorhandene Daten ausgewertet, die für andere Zwecke erhoben wurden (*Böhler* 2004, S. 64 ff.; *Hüttner/Schwarting* 2002, S. 194 ff.). Sekundäranalysen haben gegenüber den weiter unten diskutierten Primärerhebungen i. d. R. den Vorteil der Kosten- und Zeitersparnis. Gerade Gründungsunternehmen können sich mit Sekundärquellen einen ersten Eindruck über die Marktverhältnisse in ihrem Bereich verschaffen. Informationsquellen der Sekundärforschung sind einerseits unternehmensinterne Quellen und andererseits unternehmensexterne Quellen.

Zu den unternehmensinternen Quellen gehören neben der eigenen Kostenrechnung vor allem Auftrags- und Beschaffungsstatistiken, Kunden- und Lieferantenkarteien sowie Vertreter- und Einkäuferberichte. Allerdings erscheint die Verfügbarkeit unternehmensinterner Quellen gerade bei Gründungsunternehmen, die sich definitionsgemäß entweder vor dem Gründungsprozess oder in einem frühen Gründungsstadium befinden, fragwürdig oder zumindest nicht in ausreichendem Maß gegeben. Daher sind unternehmensexterne Quellen der Sekundärforschung für die vorliegende Problemstellung eher geeignet. Hierzu gehören zum Beispiel die amtliche Statistiken (Fachveröffentlichungen des statistischen Bundesamtes), Prospekte und Kataloge von Mitbewerbern, Geschäftsberichte, Zeitungen und Fachzeitschriften, Adress- und Handbücher, Gutachten, Veröffentlichungen von Wirtschaftsverbänden, Besuche von einschlägigen Messen oder aber Online-Dienste und Recherchen im Internet. Eine Sonderform der unternehmensexternen Sekundärmarktforschung stellen standardisierte Marktinformationsdienste (Panels und Werbeträgeranalysen) dar (ausführlich *Böhler* 2004, S. 69 ff.). Diese zeichnen sich dadurch aus, dass die Untersuchungen seitens Dritter in regelmäßigen Abständen bei den gleichen Untersuchungseinheiten und in standardisierter Form durchgeführt werden.

Darüber hinaus erstellen auch Beratungsunternehmen spezielle Branchenreports wie beispielsweise Forrester oder Gartner, die ebenfalls Marktentwicklungen und -trends in speziellen Analysen aufzeigen. In der überwiegenden Zahl der Fälle sind Sekundärdaten nicht kostenlos erhältlich. Daher ist es für das Gründungsunternehmen von besonderer Bedeutung, nur auf solche Sekundärdaten zurückzugreifen, die für die Gründungsphase eine entsprechende Relevanz aufweisen. Eine beispielhafte Übersicht möglicher sekundärstatistischer Quellen gibt Abb. 3.1. Auch wenn heutzutage erste Zugriffe durchaus über Google und andere Suchmaschinen möglich sind, so bleibt stets die kritische Frage nach der Güte der Online kostenfrei angebotenen Daten bestehen. Der generell schnelleren Verfügbarkeit sekundärforscherischen Datenmaterials stehen drei gravierende Probleme gegenüber. Erstens ist bei innovativen Leistungen nicht immer gewährleistet, dass adäquates Datenmaterial vorhanden ist. Häufig handelt es sich auch um besonders sensible Bereiche, zu denen Unternehmen und deren Nachfrager kaum umfassende Auskünfte erteilen. Zweitens kann das Material veraltet sein. Damit tritt die Aktualitätsproblematik und die zeitliche Stabilität der empirisch erhobenen Daten in den Vordergrund. Drittens hängt die Qualität der Daten von der ursprünglichen Zielsetzung der Erhebung ab. Gerade bei Gründungsunternehmen mit innovativen Produktlösungen oder neuartigen Leistungen werden nur in wenigen Fällen Erhebungen vorliegen, die der eigenen Problemstellung gerecht werden. Je weiter der fachliche Bezug der Studie vom eigenen Problemfeld entfernt liegt, desto stärker ist dieser Kritikpunkt zu gewichten. Als Zwischenfazit bleibt festzuhalten, dass Gründungsunternehmen aus der Sekundärmarktforschung erste Hinweise auf Marktgegebenheiten und -entwicklungen gewinnen können, jedoch in einem weiteren Schritt auch Methoden der Primärmarktforschung eingesetzt werden sollten.

Bezüglich der Datenqualität gilt es zudem zu beachten, dass die Ergebnisse den Gütekriterien i. e. S. genügen. Eine solche Überprüfung ist jedoch gerade bei sekundärstatistischen Informationsquellen nur in sehr seltenen Fällen gegeben. Zu den Gütekriterien i. e. S. gehören die Objektivität, die Reliabilität und die Validität der Ergebnisse (*Berekoven et al.* 2009, S. 80 ff.). Bei der Objektivität handelt es sich sowohl um eine Einschätzung zur Eignung eines Messverfahrens als auch um die Sicherstellung, dass der Marktforscher sowohl während als auch nach der Messung, bei der Auswertung der Ergebnisse, möglichst wenig Beeinflussungsspielraum besitzt. So ist zum einen zu fordern, dass durch die angewendete Methode und ihre konkrete Ausgestaltung der zu Grunde liegende Sachverhalt wirklich gemessen werden kann. Zum anderen wird mit der Objektivität explizit gefordert, dass der Messvorgang nicht nur das Beabsichtigte messen soll, sondern dabei gleichzeitig, unabhängig vom Untersuchungsleiter, die gleichen Ergebnisse erzielt werden. Insgesamt betrachtet ist die Ermittlung der Objektivität eines Messverfahrens und seiner Auswertung als schwierig einzustufen. Eine solche Beurteilung wird darum oftmals auf Basis von sachlogischen Überlegungen und damit auf Basis von Plausibilitätsaspekten erfolgen.

(Meta-)Suchmaschinen im Internet	
Ask Deutschland	http://de.ask.com
Bing	http://www.bing.com
Dogpile	http://www.dogpile.com
Google	http://www.google.de
MetaCrawler	http://www.metacrawler.de
MetaGer	https://metager.de/neu
Omgili	http://www.omgili.com
Aol.On	http://on.aol.com
Yahoo	http://www.yahoo.de
Zapmeta	http://www.zapmeta.com
Volkswirtschaftliche Daten (national und international)	
Bund der Steuerzahler	http://www.steuerzahler.de
Bundesagentur für Arbeit	http://www.arbeitsagentur.de
Bundesagentur für Außenwirtschaft	http://www.gtai.de
Bundesfinanzministerium	http://www.bundesfinanzministerium.de
Bundeskartellamt	http://www.bundeskartellamt.de
Bundesministerium für Wirtschaft und Technologie	http://www.bmwi.de
Bundesnetzagentur	http://www.bundesnetzagentur.de
Bundesverband der Deutschen Industrie	http://www.bdi-online.de
Bundesverband deutscher Banken	http://www.bankenverband.de
Bundesverband deutscher Zeitschriftenverleger	http://www.bdzv.de/
Deutsche Bundesbank	http://www.bundesbank.de
Deutscher Industrie- und Handelskammertag	http://www.dihk.de
Deutsche Rentenversicherung	http://www.deutsche-rentenversicherung.de
Europäische Union	http://europa.eu/index_de.htm
Europäische Zentralbank (ECB)	http://www.ecb.int
Eurostat	http://epp.eurostat.ec.europa.eu
Gesamtverband der Deutschen Versicherungswirtschaft	http://www.gdv.de
Hamburgisches Welt-Wirtschafts-Archiv	http://www.hwwi.org
Hauptverband der Deutschen Bauindustrie	http://www.bauindustrie.de
Ifo-Institut	http://www.cesifo-group.de
Internationale Energie-Agentur	http://www.iea.org
Kommunale Statistische Ämter (z. B. Duisburg)	http://www.duisburg.de
Mineralölwirtschaftsverband	http://www.mwv.de
OECD-Statistik-Portal	http://www.oecd.org
Statistische Landesämter (z. B. NRW)	http://www.it.nrw.de
Statistisches Bundesamt	https://www.destatis.de
U.S. Department of Labor	http://www.bls.gov
US-Statistiken	http://www.census.gov
Verband der Automobilindustrie	http://www.vda.de
Bundesverband der Energie- und Wasserwirtschaft	http://www.bdew.de
Unternehmens- und Branchendaten	
Absatzwirtschaft	http://www.absatzwirtschaft.de
Institut für Demoskopie Allensbach	http://www.ifd-allensbach.de
Bundesanzeiger	https://www.bundesanzeiger.de
Bundesministerium für Wirtschaft und Energie	http://www.bmwi.de
Burda-Verlag	http://www.hubert-burda-media.de
DufaIndex	http://www.dufa-index.de
Forrester	http://www.forrester.com
Gartner	http://www.gartner.com
Genios	https://www.genios.de
Gelbe Seiten	http://www.gelbeseiten.de
Bisnode	http://www.firmendatenbank.de
IFRS/IAS-Portal	http://www.ifrs-portal.com
Informationsgem. zur Festst. der Verbr. von Werbeträgern	http://www.ivw.eu
Insolnet	http://www.insolnet.de
Kompass	http://de.kompass.com
Kundenmonitor Deutschland	http://www.servicebarometer.com
Schufa	https://www.meineschufa.de
Seibt	http://www.seibt.com
Statista	http://de.statista.com
Verbraucher Initiative	http://www.label-online.de
Verband deutscher Zeitschriftenverleger	http://www.vdz.de
Verbraucherzentralen	http://www.verbraucherzentrale.de
Wer liefert was	http://www.wlw.de
Wer zu wem	http://www.wer-zu-wem.de
Zentralverband der deutschen Werbewirtschaft	http://www.zaw.de

Abb. 3.1: Beispiele für unternehmensexterne sekundärstatistische Quellen
Quelle: *Eigene Darstellung*

Die Reliabilität spiegelt die Zuverlässigkeit eines Messinstrumentes wider. Liegt die Voraussetzung konstanter Messbedingungen vor, so ist ein Messinstrument dann reliabel, wenn die daraus resultierenden Daten präzise und zeitlich stabil sind. Die Messung muss reproduzierbar sein und dabei die gleichen Werte liefern. Unter diesen Bedingungen ist das Messinstrument frei von zufälligen Fehlern. Solche zufälligen Fehler können auftreten, wenn sich die Rahmenbedingungen der Messung ändern, die probandenspezifische Ausgestaltung eines Merkmals wechselt (beispielsweise die Einstellung einer Person zu einem Objekt), das Messinstrument nicht hinreichend präzise arbeitet oder wenn es zu Lerneffekten bei den Probanden kommt (*Berekoven et al.* 2009, S. 81).

Dagegen bezeichnet die Validität die Übereinstimmung des zu Grunde gelegten Konstruktes mit den Messwerten (Gültigkeit) und bezieht sich somit auf den durch ein Messinstrument verursachten systematischen Fehler. Ein Messinstrument besitzt insgesamt eine hohe Validität, wenn es möglichst frei von systematischen Fehlern ist, wenn sich der gemessene Wert folglich möglichst an den wahren Wert annähert (s. hierzu beispielsweise Inhalts-, Konstrukt- und Kriteriumsvalidität). Auch wenn die Problematik der Validität erst im Verlauf der eigentlichen Erhebung zur Geltung kommt, werden so genannte Validitätsindikatoren diskutiert, die bereits im Vorfeld der Messung beachtet werden sollten. Hierzu gehören beispielsweise die Realitätsnähe des Bewertungsprozesses, der Zeitaufwand oder die geringe inhaltliche Komplexität des Verfahrens (*Perrey* 1998, S. 51 ff.). Insgesamt betrachtet gilt, dass die Objektivität einer Messung die Voraussetzung für dessen Reliabilität darstellt. Diese wiederum ist unverzichtbar, wenn das Kriterium der Validität erfüllt werden soll. Damit ist das Validitätskriterium das stärkste Instrument zur Güteüberprüfung einer empirischen Messung.

3.2 Durchführung von Primärerhebungen

Im Gegensatz zur Sekundärmarktforschung handelt es sich bei der Primärmarktforschung (Field Research) um die originäre Erhebung von Daten, um daraus problemspezifische Informationen gewinnen zu können (*Nieschlag et al.* 2002, S. 386 f.). Primärerhebungen werden im Allgemeinen in das Instrument der Befragung und der Beobachtung eingeteilt. Die oftmals diskutierte Kategorie der Experimente stellt dagegen streng genommen keine grundlegende weitere Erhebungsmethode dar, weil Experimente lediglich einen spezifischen Untersuchungsplan widerspiegeln, der sowohl auf Basis von Befragungen (Befragungsexperiment) als auch auf Basis von Beobachtungen (Beobachtungsexperiment) durchgeführt werden kann (*Hüttner/Schwarting* 2002, S. 87; *Nieschlag et al.* 2002, S. 442). Aufgrund der erhebungstechnischen Besonderheiten und seiner praktischen Bedeutung wird das Experiment dennoch separat im Rahmen der Primärforschung erörtert.

3.2.1 Befragung

Befragungen stellen die wichtigste Vorgehensweise zur Erhebung von Primärdaten dar. Sie lassen sich nach der Kommunikationsform in mündliche, telefonische, schriftliche und internetgestützte Befragungen unterteilen (*Böhler* 2004, S. 85 ff.). Dabei kann, neben der auf das Medium Computer beschränkten Internetbefragung, bei allen anderen Formen eine Unterstützung durch den Computer erfolgen. Eine Computerunterstützung hat den wesentlichen Vorteil, dass die erhobenen Daten nach der Befragung nicht mehr in die entsprechenden Statistikprogramme eingegeben werden müssen, sondern bereits in digitaler Form vorliegen. Bei einer Betrachtung der Vorteilhaftigkeit unterscheiden sich die verschiedenen Kommunikationsformen vor allem im Hinblick auf die Kosten der Durchführung (Fragebogengenerierung, Interviewerschulung, Reisekosten etc.), die Repräsentativität der Stichprobe, den Interviewereinfluss auf das Antwortverhalten der Probanden, den Rücklauf der Fragebögen, den Einsatz von Hilfsmitteln oder aber die Kontrolle, wer den Fragebogen beantwortet. In diesem Zusammenhang sei auf die umfangreiche Spezialliteratur verwiesen (beispielsweise *Berekoven et al.* 2009, S. 92 ff.; *Herrmann et al.* 2008; *Hüttner/Schwarting* 2002, S. 70 ff.; *Kuß* 2012, S. 57 ff.). Darüber hinaus können Befragungen danach unterschieden werden, ob sie in standardisierter oder nicht-standardisierter Form durchgeführt werden. Bei einer Standardisierung folgt die Befragung einem vorher genau festgelegten Ablaufschema. Abweichungen von diesem Schema durch den Interviewer sind im Gegensatz zu nicht-standardisierten Befragungen nicht vorgesehen. Ein Nachteil standardisierter Befragungen besteht darin, dass die Fragen möglicherweise nicht die spezifische Situation des Probanden erfassen, was negative Auswirkungen auf die Validität der erzielten Ergebnisse hat (*Böhler* 2004, S. 87). Ein deutlicher Vorteil ist allerdings in der sehr guten Vergleichbarkeit der Ergebnisse zwischen den Probanden zu sehen. Des Weiteren können Befragungen auch nach der Art der Fragestellung in direkte und indirekte, falls es sich um sozialkritische oder heikle Themenstellungen handelt, sowie offene, wie sie vor allem im Rahmen der qualitativen Marktforschung angewendet werden, und geschlossene Fragen unterteilt werden. Bei Letzterem liegen feste Antwortkategorien vor (Alternativ- und Selektivfragen). Ebenso wie beim Standardisierungsgrad des gesamten Fragebogens weisen geschlossene Fragen den Vorteil der besseren Probandenvergleichbarkeit auf (*Hüttner/Schwarting* 2002, S. 83 ff.).

Für Gründungsunternehmen bieten sich im Wesentlichen zwei Arten der Befragung an: die Expertenbefragung und die Befragung potenzieller Nachfrager. Im Rahmen einer Expertenbefragung ist es den Gründern möglich, Einschätzungen über langfristige Markttrends, die Entwicklung des Lebenszyklus eines Produktes sowie das Marktpotenzial der eigenen Leistungen aufgrund der Aussagen ausgewiesener Spezialisten zu eruieren. Expertenbefragungen sollten auf jeden Fall vor der Erstellung eines Business Plans durchgeführt werden, um nicht zu optimistische Prognosen der Marktentwicklung zu Grunde zu legen. Als Kern einer Befragung potenzieller Nachfrager bietet sich die Analyse der Kundenbedürfnisse an (Kaufverhalten, Kauffrequenz, Kaufkriterien, Einstellungen etc.), um dadurch weitere Details in Bezug auf den Markterfolg eines Produktes zu erlangen. Die ermittelten Daten können zu einer detaillierten Bestimmung des Marktpotenzials verwendet werden, indem beispielsweise die Zahl der Verbraucher mit der angegebenen Kaufmenge und der Kaufhäufigkeit sowie der prognostizierten Lebenszykluslänge des Produktes multipliziert wird.

Bei der Fragebogenerstellung sollten allerdings einige Regeln beachtet werden. So müssen die Frageformulierungen grundsätzlich für alle Personen der Stichprobe verständlich sein. Dies wird dadurch erreicht, dass der Fragebogen sich am Informations- und Wissensstand der Befragten orientiert sowie einführende und erläuternde Übergänge beinhaltet. Zudem sollen Eisbrecherfragen zum Ausfüllen animieren beziehungsweise Hemmschwellen abbauen. Mit Filterfragen werden die Probanden durch spezifische Fragenkomplexe gelenkt, um die Gedächtnisleistungen des Einzelnen nicht zu überfordern. Eine „Weiß nicht"-Kategorie beziehungsweise ein Feld für „Sonstiges" lässt den Probanden bei einigen Fragen einen zusätzlichen Spielraum in der Beantwortung und beugt durch Abwechslung Ermüdungseffekten vor. Doppelte Verneinungen, lange Fragen mit Schachtelsätzen und die häufige Verwendung von Fremd- oder Fachwörtern führen zusätzlich zu einer Erschwernis für die Probanden und wirken sich daher negativ auf die Validität der erzielten Ergebnisse aus. In diesem Zusammenhang müssen auch Antworttendenzen antizipiert werden. Insgesamt gilt, dass die Fragen präzise, eindeutig und nicht suggestiv oder provozierend beziehungsweise beleidigend sein dürfen. Unter dem Aspekt der Datenanalyse ist darüber hinaus auf eine möglichst einfache Ergebnisauswertung zu achten. Zudem existieren zur Befragungsdurchführung mittlerweile geeignete und günstige Onlineangebote, die zum einen bei der Fragebogenerstellung durch standardisierte Formen Unterstützung leisten und die zum anderen die Auswertung der Daten vereinfachen. Aufgrund der großen Verbreitung des Internets in allen Altersklassen und zahlreicher Flatrate Angebote der Online-Provider ist heute nicht mehr von einer so starken Problematik bezüglich der Repräsentativität von Online-Studien (Digital Divide) wie noch vor einigen Jahren auszugehen. Gleichwohl besteht – wie auch bei schriftlichen Befragungen per Hauspost – weiterhin das Problem der Selbstselektion der Probanden. Zudem kann nicht einwandfrei festgestellt werden, wer den Fragebogen beantwortet hat. Anbieter im Bereich der Online-Marktforschung sind beispielsweise www.2ask.de, www.Zoomerang.com, www.Qualtrics.com oder www.NetReflector.com. Daneben können Teile einer Befragung bei Produkten, die auf einen Massenmarkt abzielen, auch in Internet-Foren oder Chat-Rooms durchgeführt werden. Ferner kann es sinnvoll sein, eine so genannte Fokusgruppe zusammenzustellen und sich auf diese Weise ein Gefühl für den Markt und die Bedürfnisse der Nachfrager zu erarbeiten (*Kamberelis/Dimitriadis* 2011, S. 545 ff.; *Mayerhofer* 2009, S. 477 ff.).

Bei der Auswertung von Befragungen können je nach Skalenniveau der Daten (nominal, ordinal oder metrisch) unterschiedliche Auswertungsverfahren zur Anwendung kommen. Generell sind univariate Auswertungsmethoden in ihrem Aussagegehalt begrenzt, da bei metrisch skaliertem Datenmaterial meist Mittelwerte und Streuungsmaße berechnet werden, wohingegen bei nominal skalierten Daten sich die Auswertung auf die Angabe relativer und absoluter Häufigkeiten beschränkt. In Bezug auf die Bedürfnisse von Gründungsunternehmen können dies beispielsweise die Wichtigkeiten von Kaufkriterien oder Produkteigenschaften sein respektive die Beurteilung von unterschiedlichen Wettbewerbern. Dagegen erlauben bivariate Auswertungsmethoden die Überprüfung eines Zusammenhangs zwischen zwei Variablen. Zu den Verfahren zählen Kreuztabellen, Korrelationsanalysen oder bei Ursache-Wirkungszusammenhängen auch einfache Regressionsanalysen. Bei Kreuztabellen werden alle Kombinationen zweier Variablen mit ihren entsprechenden Häufigkeiten angegeben. Mittels eines Chi-Quadrat-Tests auf Unabhängigkeit können dann die Signifikanzen der Zusammenhänge aufgedeckt werden. Korrelationsanalysen spiegeln Zusammenhänge zwischen unterschiedlichen Variablen wider (z. B. Kaufkraft und Nachfrage nach innovativen Produkten). Regressionsanalysen kommen vor allem bei der Prognose von Absatzzahlen zur Anwendung, setzen allerdings historisches Datenmaterial voraus. Dieses kann zum Beispiel in Form von Verbandsstatistiken, Branchenanalysen oder Angaben von Wettbewerbern vorliegen. Lineare und nicht-lineare Regressionsanalysen können Gründungsunternehmen beispielsweise dazu dienen, den Zusammenhang zwischen Preis und Nachfrage zu verdeutlichen. Bei multivariaten Auswertungsmethoden steigt der Aussagegehalt, da marketingpolitische Fragestellungen meist weder auf eine einzige Variable noch auf den Zusammenhang von nur zwei Variablen zurück geführt werden können (*Herrmann/Homburg* 2000, S. 30). Diese Methoden werden nach ihrem Anwendungsbezug in strukturenprüfende Verfahren (Dependenzanalysen) – es existieren abhängige und unabhängige Variablen, deren Einfluss aufeinander überprüft und in seiner Stärke festgehalten wird – sowie in strukturen-entdeckende Verfahren (Interdependenzanalysen) unterteilt – die Variablenmenge ist in diesem Fall ungeteilt und es wird die Stärke der wechselseitigen Beziehungen beispielsweise für eine weitergehende Unterteilung im Rahmen von Folgeanalysen untersucht (*Backhaus et al.* 2011, S. 13 f.; *Hair et al.* 2013). Zu den strukturen-prüfenden Verfahren gehören beispielsweise die Regressionsanalyse, die Varianzanalyse oder die Conjoint-Analyse, während unter die Interdependenzanalyse die Faktorenanalyse, die Clusteranalyse oder die Multidimensionale Skalierung eingeordnet werden. Das strukturen-prüfende Verfahren der Conjoint-Analyse wird im vierten Abschn. an einem Beispiel zur Angebots- und Preisgestaltung auf die Problematik eines Gründungsunternehmens übertragen.

3.2.2 Beobachtung

Bei der Beobachtung handelt es sich um eine Methode zur Erhebung von Daten, die auf die Erfassung sinnlich wahrnehmbarer Tatbestände im Augenblick ihres Auftretens ausgerichtet ist (*Böhler* 2004, S. 101; *Nieschlag et al.* 2002, S. 451). Dabei sollen Beobachtungen systematisch geplant und nicht vom Zufall gesteuert sein, wenngleich auch bei Beobachtungen Unterschiede auf dem Kontinuum zwischen vollkommener Standardisierung und Nichtstandardisierung existieren. Zudem gelten auch für Beobachtungen die weiter oben diskutierten Gütekriterien einer Messung. So müssen die beobachteten

Sachverhalte eine Überprüfung der Unabhängigkeit, Zuverlässigkeit und Genauigkeit zulassen. Die Methoden der Beobachtung werden zunächst danach unterschieden, ob es sich um eine Feld- oder eine Laborbeobachtung handelt. Laborbeobachtungen sind jedoch stets der Kritik ausgesetzt, dass die Probanden sich dort anders verhalten, auch wenn ihnen die Beobachtung nicht bewusst ist. Neben dem Bewusstseinsgrad (offen oder verdeckt) kann darüber hinaus unterschieden werden, ob der Beobachter an der Situation teilnimmt, und damit bestimmte Reaktionen des Beobachteten provoziert, oder ob er lediglich dessen Verhalten registriert. Schließlich können Beobachtungen persönlich oder durch technische Hilfsmittel (Geräte zur Blickregistrierung, Tachistoskop oder Videokameras) erfolgen. Beobachtungen werden vor allem von Werbeagenturen zur Messung der Wirkung von Anzeigen oder Werbespots oder von Handelsunternehmen für Kundenlaufstudien eingesetzt. Des Weiteren können mit Beobachtungen Neuprodukte und deren Wirkung auf Nachfrager oftmals besser untersucht werden als mit der Durchführung von Befragungen, da das Verhalten der Probanden im Umgang mit dem neuen Produkt direkt untersucht werden kann (Handhabungsstudien). Dadurch steigt der Authentizitätsgrad. Gerade in diesem Punkt erlangen Beobachtungen auch für Gründungsunternehmen bei der Gestaltung innovativer Produkte oder Leistungen eine besondere marktforscherische Relevanz.

3.2.3 Experiment

Wie bereits weiter oben angedeutet, stellen Experimente eine Sonderform der beiden Erhebungsmethoden Befragung und Beobachtung dar. Die zentrale Zielsetzung von Experimenten ist es, Ursache-Wirkungszusammenhänge (Kausalzusammenhänge) zwischen unabhängigen und abhängigen Variablen zu ermitteln (vgl. Abb. 3.2).

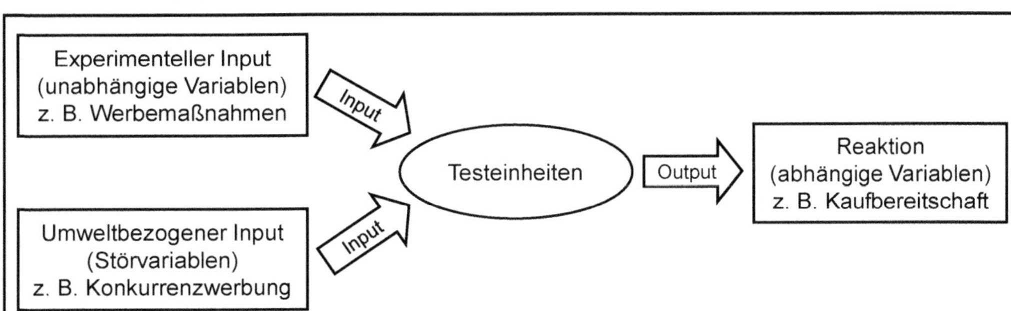

Abb. 3.2: Beispiele für unternehmensexterne sekundärstatistische Quellen
Quelle: *Eigene Darstellung*

Experimente stellen damit ein explikatives Forschungsdesign dar (vgl. Abschn. 2.2). Im Gegensatz zu explorativen Forschungsdesigns liegen konkrete Forschungsziele beziehungsweise Hypothesengerüste vor und im Gegensatz zu deskriptiven Forschungsdesigns werden Störvariablen explizit kontrolliert (*Böhler* 2004, S. 40 f.). Diese werden beispielsweise konstant gehalten, in das Design eingebaut oder gleichmäßig auf die Experimentalgruppen aufgeteilt (Matching). Hierbei können die Probanden beispielsweise zufällig auf die einzelnen Experimentalgruppen aufgeteilt werden (*Berekoven et al.* 2009, S. 149 f.). Ebenso wie Beobachtungen werden Experimente entweder im Labor oder Feld durchgeführt. Daneben werden in der Literatur verschiedene Versuchsanordnungen unterschieden. Zum einen existieren Messungen vor und nach der Einwirkung der unabhängigen Variablen und zum anderen werden diese Messungen entweder nur an der Experimentalgruppe oder zusätzlich an einer Kontrollgruppe, auf die kein experimenteller Input wirkt, vorgenommen (*Böhler* 2004, S. 42 ff.; *Hüttner/Schwarting* 2002, S. 171 ff.). Zur besseren Kontrolle von Störgrößen ist es bei Experimenten generell empfehlenswert, eine Kontrollgruppe hinzuzufügen. Dadurch können die Nettoeffekte der unabhängigen Variablen ohne eine Verzerrung durch Störvariablen (z. B. Preisänderungen der Konkurrenz im Experimentalzeitraum) bestimmt werden. Klassische Experimente sind beispielweise Konzept- oder Produkttests. In diesem Zusammenhang stellt die Conjoint-Analyse insbesondere für Gründungsunternehmen eine geeignete Methode dar, um für die Angebotsgestaltung Informationen zur konkreten Ausgestaltung innovativer Produkte oder Dienstleistungen sowie die dafür von den Nachfragern akzeptierten Preise zu erhalten. Diese wird im Folgenden näher erläutert. Weitere Experimente werden in Form von Storetests, regionalen Markttests oder Testmarkt-Ersatzverfahren (Minimarkttest oder Testmarktsimulationen) durchgeführt (*Berekoven et al.* 2009, S. 157 ff.).

4 Beispiel für die Angebots- und Preisgestaltung eines Gründungsunternehmens mit Hilfe einer Conjoint-Analyse

Die Grundidee der Conjoint-Analyse und deren Übertragung von der mathematischen Psychologie auf die Marktforschung geht auf die Arbeiten von *Debreu*, *Luce/Tukey* und *Green/Rao* zurück (*Debreu* 1960, S. 16 ff.; *Green/Rao* 1971, S. 355 ff.; *Luce/Tukey* 1964, S. 1 ff.). Conjoint-Analysen gehören heute zu den Standardinstrumenten der multivariaten Marktforschung (*Green et al.* 2001, S. 56; *Voeth* 1999, S. 153 ff.) und werden vor allem in der Produkt- und Preispolitik oder zur Marktanteilsprognose und zur Marktsegmentierung eingesetzt (*Desarbo et al.* 1995, S. 137 ff.; *Klein* 2005, S. 423 ff.; *Klein et al.* 2010, S. 150 ff.; *Perrey* 1998; *Pohl/Adler* 2004, S. 68; *Voeth/Hahn* 1998, S. 119; *Woratschek* 2001, S. 616 f.). Conjoint-Analysen gehen von der Hypothese aus, dass sich ein Produkt aus einem Bündel von Leistungseigenschaften zusammensetzt, die jede für sich einen Teil zum Gesamtnutzen des Produktes beitragen (*Mengen/Simon* 1996, S. 229). Zu den einzelnen Eigenschaften gehören beispielsweise die technische Ausstattung, die Marke oder der Preis. Allerdings ist die Einzelbewertung dieser Eigenschaften für die Nachfrager häufig schwierig (*Voeth* 2000, S. 31 f.), da sie sich über Produkteigenschaften i. d. R. keine singulären Urteile bilden, sondern Produktalternativen mit ihren zugehörigen Preisen im Ganzen betrachten und deren Vorteilhaftigkeit gegeneinander abwägen. Für die erfolgreiche Vermarktung von innovativen Produkten oder Dienstleistungen eines Gründungsunternehmens ist die Präferenz der Nachfrager, d. h. der objektbezogene Vergleich und die Bewertung von unterschiedlichen Kaufalternativen (*Fischer* 2001, S. 8 ff.; *Perrey* 1998, S. 14 f.), von großer Bedeutung. An diesem Punkt setzt die Conjoint-Analyse an. Sie zählt zu den dekompositionellen Marktforschungsmethoden, da aufgrund der von den Befragten geäußerten Gesamtbeurteilungen für eine Leistung auf die für jeden Probanden individuellen Präferenzbeiträge (Teilnutzenwerte) einzelner Merkmalsausprägungen geschlossen wird (*Balderjahn* 2003, S. 395).

Gerade im Zusammenhang mit der Produkt- und Servicegestaltung bietet die Conjoint-Analyse zahlreiche Vorteile. In Anbetracht der Tatsache, dass verschiedene Leistungseigenschaften den Nachfragern einen unterschiedlich hohen Nutzen stiften, liegt die Schwierigkeit für einen Gründer unter anderen darin zu entscheiden, aus welchen Komponenten ein neues Produkt bestehen soll. Insbesondere bei technisch aufwändig entwickelten Produkten, die gleichzeitig mit hohen Investitionskosten verbunden sind, ist für eine erfolgreiche Leistungsvermarktung das Wissen um diejenigen Produkteigenschaften besonders bedeutsam, die in erheblicher Weise zum Gesamtnutzen einer Leistung beitragen. Wird der Preis als Parameter in die Betrachtung einbezogen, können auf Basis der berechneten Teilnutzenwerte zusätzlich Aussagen über die maximalen Zahlungsbereitschaften (Reservationspreise) einzelner Probanden für simulierte Leistungsbündel ermittelt werden (*Adler* 2003; *Balderjahn* 2003, S. 394 ff.; *Klein/Jakopin* 2014, S. 413 ff.; *Sattler/Nitschke* 2003, S. 371). Im Folgenden werden die Grundzüge einer Conjoint-Analyse vorgestellt. Darauf aufbauend werden diese auf ein für Gründungsunternehmen relevantes Beispiel zur Angebotsgestaltung übertragen. Darüber hinaus wird gezeigt, wie sich die Ergebnisse einer Conjoint-Analyse zur optimalen Preisgestaltung und für Marktanteilsprognosen verwenden lassen.

Das Vorgehen bei einer Conjoint-Analyse wird häufig in ein mehrstufiges Phasenschema eingeteilt (*Green/Srinivasan* 1990, S. 5). Dieses ist in der Abb. 4.1 dargestellt. Eine besondere Bedeutung kommt der ersten Phase zu, da eine Reihe von Anforderungen an die Eigenschaften zu stellen sind. Diese umfassen beispielsweise deren Unabhängigkeit und Relevanz für die Kaufentscheidung, eine kompensatorische Beziehung oder den Ausschluss von K. O.-Kriterien (*Backhaus et al.* 2011, S. 462 f.). In der zweiten Phase ist zum einen ein Präferenzmodell zur Nutzenschätzung auszuwählen. Hierbei wird unterstellt, dass die Nachfrager zur Leistungsbeurteilung auf eine Nutzenfunktion (Idealvektor, Idealpunkt oder Teilnutzenwertmodell) zurückgreifen (*Fischer* 2001, S. 65; *Perrey* 1998, S. 68). An die Auswahl des Präferenzmodells schließt sich zum anderen die Festlegung des Erhebungsdesigns an. Sowohl die Definition der von den Befragten zu beurteilenden Stimuli (Profil- oder Zwei-Faktor-Methode) als auch die Festlegung der Zahl der Stimuli (vollständiges oder reduziertes Design) haben einen erheblichen Einfluss auf den Schwierigkeitsgrad der Beurteilungsaufgabe. Innerhalb der dritten Phase erfolgt die Bewertung der Stimuli durch die Probanden. Dies kann zum Beispiel in Form von Produktkarten oder am Computermonitor erfolgen, indem diese Stimuli (mögliche Produktalternativen) von den Befragten in eine Präferenzrangfolge gebracht oder auf geeigneten Ratingskalen beurteilt werden (*Green/Srinivasan* 1990, S. 7 f.).

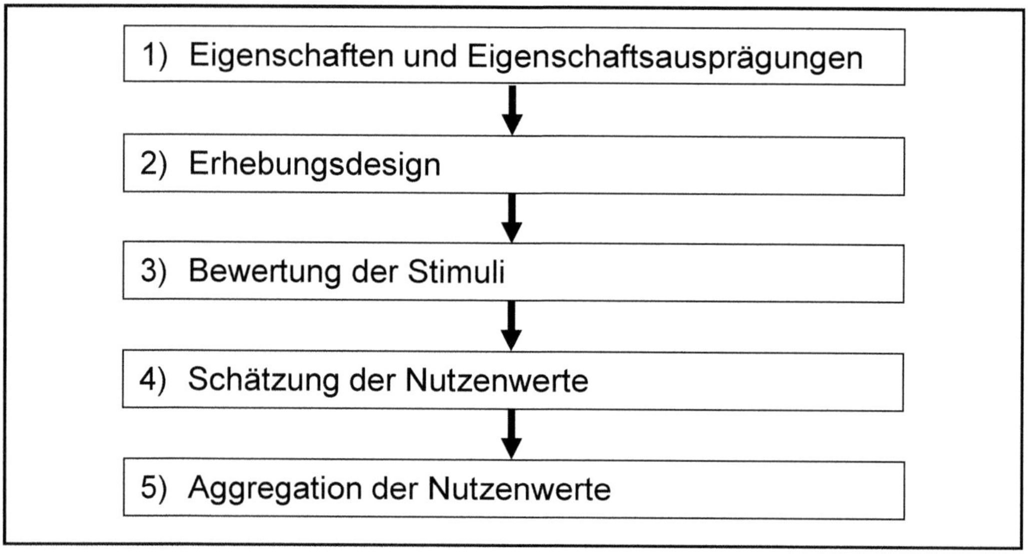

Abb. 4.1: Ablaufplan einer Conjoint-Analyse
Quelle: *Backhaus et al.* 2011, S. 462

Bei der Schätzung der Nutzenwerte in der vierten Phase wird üblicherweise von einem linear-additiven Modell ausgegangen (Präferenzintegrationsfunktion). Dieses unterstellt, dass der von einem Nachfrager wahrgenommene Gesamtnutzen U sich aus der Summe der Teilnutzenwerte β_{jm} einzelner Eigenschaftsausprägungen zusammensetzt. Formal lautet die Präferenzintegrationsfunktion:

$$U_k = \sum_{j=1}^{J} \sum_{m=1}^{M_j} \beta_{jm} \cdot x_{jm}$$

U_k: geschätzter Gesamtnutzenwert für Stimulus k

β_{jm}: Teilnutzenwert der Ausprägung m von Eigenschaft j

x_{jm}: 1, falls bei Stimulus k Eigenschaft j in Ausprägung m vorliegt; 0 sonst

Diese Teilnutzenwerte müssen auf Basis der von den Befragten erhobenen Beurteilungen der Stimuli geschätzt werden. Ziel dieser Schätzung ist es, die rechnerisch ermittelten Gesamtnutzenwerte der Stimuli möglichst gut an die empirisch ermittelten Präferenzen der Probanden anzupassen (*Backhaus et al.* 2011, S. 470). Während sich die Conjoint-Analyse bis zu dieser Phase lediglich auf Individualniveau bewegt, können die Daten in einer fünften Phase gegebenenfalls über die verschiedenen Probanden hinweg für weitere Marktsimulationen aggregiert werden. Für diesen Fall ist vorab eine Normierung der Teilnutzenwerte vorzunehmen (*Backhaus et al.* 2011, S. 476 ff.).

Eigen-schaft	Eigenschaftsausprägung 1	2	3	4
Design	A	B	C	D
Display	2"	2,5"	3"	3,5"
Speicher	20 GB	30 GB	60 GB	80 GB
Preis	€ 199,-	€ 249,-	€ 299,-	€ 349,-

Abb. 4.2: Eigenschaften und Eigenschaftsausprägungen
Quelle: *Eigene Darstellung*

Um diese Vorgehensweise und die Anwendungsmöglichkeiten der Conjoint-Analyse für Gründungsunternehmen zu illustrieren, soll von folgendem Beispiel ausgegangen werden: Das Gründungsunternehmen „VideoPod" habe einen neuen MP3-Player mit integrierter Videofunktion entwickelt und möchte diesen nun vermarkten. Neben „VideoPod" existieren noch zwei weitere Wettbewerber in diesem Markt. Die für Nachfrager relevanten Eigenschaften und Eigenschaftsausprägungen eines solchen Players mit Videofunktion wurden in einer Vorstudie erhoben und sind in der Abb. 4.2 dargestellt.

Für die Erhebung der Präferenzen der Nachfrager wurde die Profilmethode verwendet, bei der die Befragten jeweils vollständige Produktalternativen beurteilen, die aus je einer Ausprägungskombination der Eigenschaften (Design, Display, Speicher und Preis) bestehen. Die Anzahl der zu beurteilenden Produktalternativen ergibt sich auf Basis eines (orthogonal) reduzierten Designs, bei dem die Haupteffekte der Eigenschaften geschätzt werden. Interaktionseffekte zwischen einzelnen Eigenschaften können allerdings auf diese Weise nicht ermittelt werden. Im vorliegenden Fall sind 16 Erhebungsstimuli (CARD) generiert worden (vgl. Abb. 4.3), die jedem Befragten zur Beurteilung vorgelegt wurden.

Die Befragungsteilnehmer mussten nun diese 16 Stimuli in eine Präferenzreihenfolge bringen, d. h. es musste eine Rangreihung der Produktalternativen von der höchsten bis zur niedrigsten Präferenz vorgenommen werden. Alternativ hierzu hätten die Befragten auch ihre Präferenz für die einzelnen Stimuli auf einer Ratingskala von beispielsweise „0 = sehr niedrige Präferenz" bis „100 = sehr hohe Präferenz" jeweils in Fünferschritten angeben können. Mit Hilfe dieser Daten konnten die Teilnutzenwerte, d. h. der Präferenzbeitrag der jeweiligen Eigenschaftsausprägung je Befragtem geschätzt werden. In Abb. 4.4 sind beispielhaft die Teilnutzenwerte eines Befragten wiedergegeben.

CARD	Design	Display	Speicher	Preis
1	A	3,5"	20 GB	€ 199,-
2	C	2,5"	20 GB	€ 299,-
3	D	2"	20 GB	€ 349,-
4	B	3"	20 GB	€ 249,-
5	B	2"	60 GB	€ 199,-
6	D	2,5"	30 GB	€ 199,-
7	C	3"	80 GB	€ 199,-
8	A	2"	80 GB	€ 299,-
9	D	3,5"	80 GB	€ 249,-
10	A	2,5"	60 GB	€ 249,-
11	B	2,5"	80 GB	€ 349,-
12	B	3,5"	30 GB	€ 299,-
13	C	3,5"	60 GB	€ 349,-
14	C	2"	30 GB	€ 249,-
15	D	3"	60 GB	€ 299,-
16	A	3"	30 GB	€ 349,-

Abb. 4.3: Den Probanden als einzelne Karten vorgelegte Stimuli
Quelle: *Eigene Darstellung*

		Teilnutzen -wert	Std. Error
Design	A	-1.000	.769
	B	.250	.769
	C	-.250	.769
	D	1.000	.769
Display	3,5"	2.750	.769
	3"	3.500	.769
	2,5"	-2.000	.769
	2"	-4.250	.769
Speichergröße	20 GB	-3.750	.769
	30 GB	-1.250	.769
	60 GB	.750	.769
	80 GB	4.250	.769
Preis	€ 199,-	.750	.397
	€ 249,-	1.500	.794
	€ 299,-	2.250	1.191
	€ 349,-	3.000	1.587
(Constant)		6.625	1.087

Abb. 4.4: Teilnutzenwerte eines Probanden
Quelle: *Eigene Darstellung*

Aus diesen Angaben lässt sich durch Addition der zugehörigen Teilnutzenwerte und des Basisnutzens (Constant) für definierte Produktalternativen ein jeweils individueller Gesamtnutzenwert (GNW) errechnen. Der Basisnutzen entspricht dabei dem durchschnittlichen Nutzen aller Stimuli. Wenn davon ausgegangen wird, dass auf dem Markt drei Produkte zur Auswahl stehen und diese die in Abb. 4.5 dargestellten Spezifikationen aufweisen, lassen sich die in der rechten Spalte abgebildeten Gesamtnutzenwerte des Befragten für diese drei Alternativen bestimmen. Anhand der errechneten Gesamtnutzenwerte wird deutlich, dass der Befragte mit einem GNW von 12,13 die höchste Präferenz für das Angebot von Konkurrent 1 und die niedrigste mit 6,63 für das von Konkurrent 2 hat.

Anbieter	Design	Display	Speicher	Preis	GNW
Konkurrent 1	B	2,5"	80 GB	€ 349,-	12,125
Konkurrent 2	A	2,5"	60 GB	€ 299,-	6,625
VideoPod	C	3,5"	30 GB	€ 299,-	10,125

Abb. 4.5: Marktangebote und individueller Präferenzwert (GNW)
Quelle: *Eigene Darstellung*

Im Rahmen der Gestaltung des Leistungsangebots kann nun mit Hilfe der errechneten Teilnutzenwerte die Auswirkung einer Veränderung der Produkteigenschaften quantifiziert werden. Wird beispielsweise statt des 30 GB Speichers der VideoPod mit 80 GB Speicher ausgestattet, ergibt sich bei dem betrachteten Nachfrager eine Veränderung der Präferenzwerte um 5,5 (= 4,25 - (-1,25)) von 10,13 auf 15,63. Damit hätte dieser Proband nun die höchste Präferenz für das Angebot von VideoPod.

Wird eine entsprechende Berechnung für alle Befragten durchgeführt und handelt es sich bei den befragten Probanden um eine repräsentative Stichprobe des Marktes, lassen sich aus den für bestimmte Angebotskonstellationen errechneten Gesamtnutzenwerte darüber hinaus Marktanteile prognostizieren. Hierzu müssen lediglich die durch die Conjoint-Analyse erhobenen Präferenzen mit einem (Kauf-)Entscheidungsmodell verknüpft werden. In der Literatur finden sich im Wesentlichen vier solcher Entscheidungsmodelle (*Adler* 2003, S. 30 ff.; *Backhaus et al.* 2011, S. 488; *Lilien/Rangaswamy* 2003, S. 247 ff.):

1. First-Choice-Regel

Bei der First-Choice-Regel (Max Utility Choice Rule) wird unterstellt, dass jeder Nachfrager im Markt auf jeden Fall eine Einheit der Leistung nachfragt und dabei diejenige mit dem höchsten individuellen Gesamtnutzen wählt (*Louviere* 1988, S. 66). Formal ergibt sich die Kaufwahrscheinlichkeit P_{ij} von Nachfrager i für das Leistungsprofil j (j = 1, ..., j, k, …, J; j ≠ k) als

$$P_i(j|A) = 1,$$

wenn

$$U_{ij} = \max(U_{ik}), \forall j, k \in A,$$

wobei A die Menge aller Leistungsprofile beziehungsweise Angebote auf dem betrachteten Markt ist.

2. Attraktionsregel (BLT-Modell)

Die Attraktionsregel (Share Of Preference Rule), auch häufig als BTL-Modell (Bradley-Terry-Luce) bezeichnet, geht dagegen davon aus, dass der Nachfrager i eine Leistung nur mit einer bestimmten Wahrscheinlichkeit erwirbt (*Simon/Kucher* 1988, S. 179). Diese individuelle Wahrscheinlichkeit P_{ij} ergibt sich aus dem Verhältnis zwischen dem Gesamtnutzen für Leistung j (U_{ij}) und der Summe der Gesamtnutzenwerte aller Leistungen auf dem Markt. Ist A wiederum die Menge aller Leistungsprofile, ergibt sich Pij nach der Attraktionsregel aus folgendem Zusammenhang, wobei j ∈ A ist:

$$P_{ij} = \frac{U_{ij}}{\sum_{j=1}^{J} U_{ij}}$$

Werden diese Anteilswerte über alle Nachfrager addiert und durch deren Anzahl dividiert, ergeben sich die Marktanteile für das jeweilige Angebot j.

3. Die Logit-Choice-Regel

Die Logit-Choice-Regel geht in ähnlicher Weise vor wie die Attraktionsregel. Der Unterschied besteht jedoch darin, dass der bevorzugten Alternative ein höheres Gewicht als den weniger präferierten Alternativen beigemessen wird. Dies wird dadurch erreicht, dass die Gesamtnutzenwerte in die Potenz der Exponentialfunktion erhoben werden. Die Kaufwahrscheinlichkeit P_{ij} von Nachfrager i für die Leistung j ergibt sich nach dieser Entscheidungsregel aus

$$P_{ij} = \frac{e^{U_{ij}}}{\sum_{j=1}^{J} e^{U_{ij}}}$$

4. Die Alpha-Choice-Regel

Die Alpha-Choice-Regel stellt eine gewichtete Kombination der Maximum Utility-Regel und der Share of Preference-Regel dar. Bei dieser Regel wird der Gewichtungskoeffizient α so gewählt, dass die in der Simulation ermittelten Marktanteile den realen Verhältnissen auf dem Markt möglichst gut entsprechen (*Green/Krieger* 1993, S. 494 ff.):

$$P_{ij} = \frac{U_{ij}^{\alpha}}{\sum_{j=1}^{J} U_{ij}^{\alpha}}$$

Um diesen (besten) Wert für Alpha zu bestimmen, wird die so genannte Entropie minimiert, die ein Maß für die Abweichung zwischen geschätztem Marktanteil $\widehat{m_j}(\alpha)$ und tatsächlichem Marktanteil m_j für Produkt j verkörpert (*Green/Krieger* 1993, S. 508.):

$$Entropie = \sum_{j=1}^{J} m_j \cdot \ln\left(\frac{m_j}{\hat{m}_j(\alpha)}\right)$$

Da hier nur Daten einer nicht repräsentativen Studie verwendet wurden und keine realen Marktdaten zur Kalibrierung der Ergebnisse vorhanden sind, ist ein Vergleich zwischen den Ergebnissen der einzelnen Entscheidungsregeln lediglich zwischen den ersten drei Regeln möglich. Dabei wird deutlich, dass sich die Marktanteilsschätzungen zum Teil erheblich voneinander unterscheiden. Die First-Choice-Regel schätzt i. d. R. höhere Marktanteile und Absatzzahlen für den dominierenden Anbieter als die beiden anderen Modelle. Im Vergleich dazu liegen die Schätzungen mit Hilfe der BLT-Regel deutlich niedriger und sind fast gleich verteilt. Abbildung 4.6 stellt die Ergebnisse der Marktanteilsschätzungen für die Beispielerhebung vergleichend gegenüber.

Produkt	First-Choice	Logit-Choice	BLT
Konkurrent 1	25,56%	25,29%	31,71%
Konkurrent 2	44,61%	43,44%	35,64%
VideoPod	29,82%	31,27%	32,65%
Gesamtmarkt	100,00%	100,00%	100,00%

Abb. 4.6: Schätzung der Marktanteile auf Basis verschiedener Entscheidungsmodelle
Quelle: *Eigene Darstellung*

Insbesondere die große Variationsbreite der ermittelten Marktanteile zwischen dem BLT- und den beiden anderen Entscheidungsmodellen macht deutlich, wie wichtig die Wahl eines geeigneten Entscheidungsmodells für die Validität von Prognosen bestimmter Marktreaktionen mittels Conjoint-Analyse ist. Verfügt das Gründungsunternehmen über zusätzliche reale Absatzzahlen oder Marktanteile, lässt sich mit Hilfe der Alpha-Regel eine Kalibrierung des Entscheidungsmodells auf tatsächliche Marktdaten oder zumindest eine Gütebeurteilung im Hinblick auf die externe Validität der einzelnen Entscheidungsmodelle vornehmen. Allerdings muss hinzugefügt werden, dass für innovative Produkte und Dienstleistungen von Gründungsunternehmen die Alpha-Regel aufgrund des in der Regel noch nicht vorhandenen Marktanteils eine eher untergeordnete Rolle spielt.

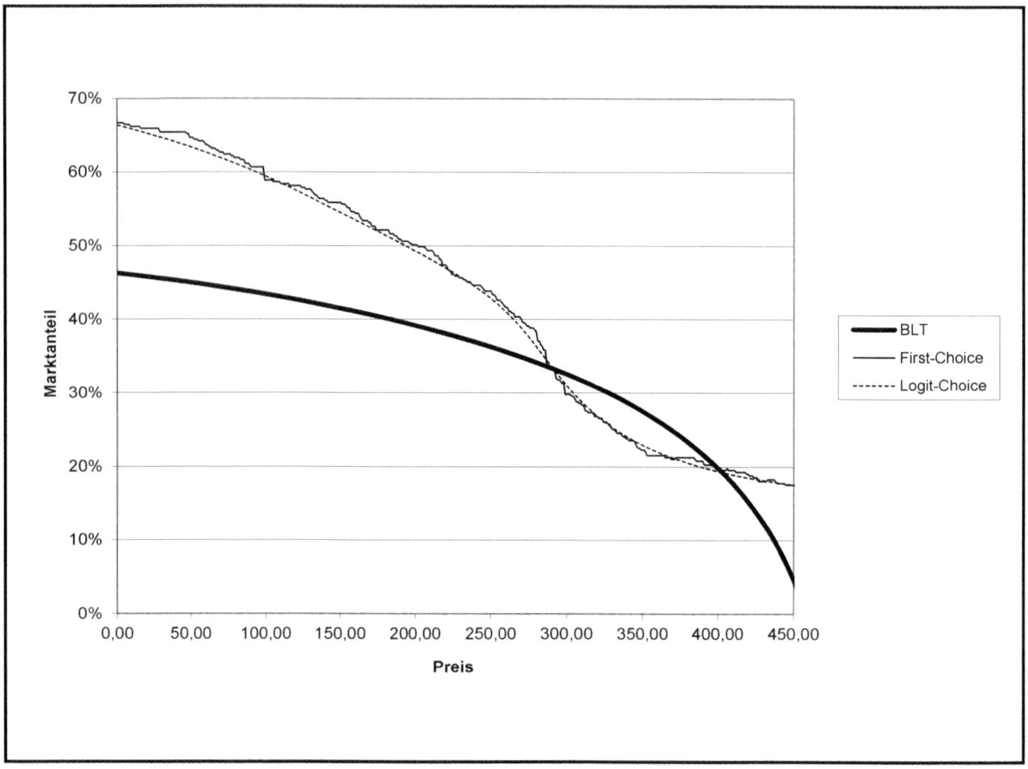

Abb. 4.7: Preis-Absatz-Funktion für VideoPod
Quelle: *Eigene Darstellung*

Als weitere Einsatzmöglichkeit lassen sich die mit Hilfe der Conjoint-Analyse ermittelten Präferenzbeurteilungen dazu verwenden, Preis-Absatz-Funktionen zu schätzen. Diese geben die Absatzmöglichkeiten (erreichbare Absatzmengen beziehungsweise Marktanteile) eines Gründungsunternehmens in Abhängigkeit von der Preissetzung für das jeweilige Leistungsangebot wieder. Hierzu müssen lediglich die Gesamtnutzenwerte und die darauf aufbauende Entscheidungsmodellierung für alternative eigene Preisforderungen ermitteln werden. Unter der Bedingung, dass die Konkurrenzangebote unverändert beibehalten werden, können so Absatzmengen oder Marktanteile in Abhängigkeit von der eigenen Preissetzung bestimmt werden. Für das oben genannte Beispiel sind die entsprechenden Preis-Absatz-Funktionen in Abb. 4.7 dargestellt. Durch die zusätzliche Einbeziehung von Kosteninformationen (z. B. variable Stückkosten) lässt sich zudem eine Optimierung der Deckungsbeiträge erreichen. Die entsprechend Deckungsbeitragsfunktion in Abhängigkeit des Preises bei angenommenen Stückkosten von € 50,- ist in Abb. 4.8 wiedergegeben.

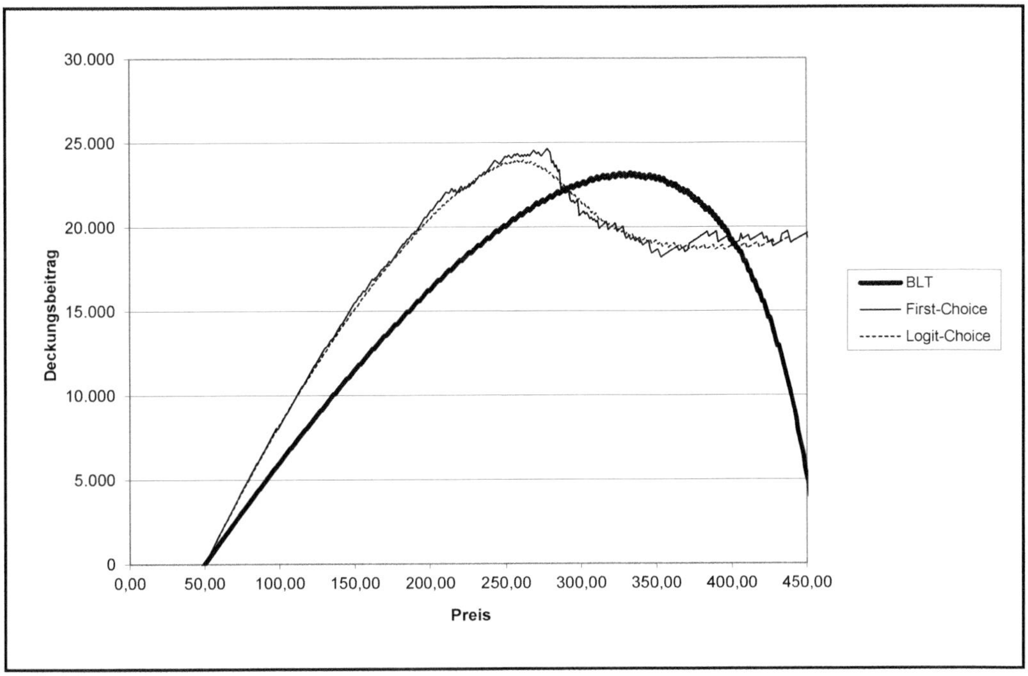

Abb. 4.8: Deckungsbeitragsoptimierung für VideoPod
Quelle: *Eigene Darstellung*

Wie in der Abbildung ersichtlich, ergibt sich ein prognostiziertes Deckungsbeitragsmaximum je nach zugrunde liegendem Entscheidungsmodell bei einem Preis von 333,- € (BLT), 278,- € (First Choice) und 262,- € (Logit) für den VideoPod. Im vorliegenden Fall bedeutet dies, dass unter Verwendung des First-Choice- und des Logit-Modells empfohlen werden kann, den Preis von derzeit 299,- € auf 278,- € beziehungsweise 262,- € zu senken. Wird das BLT-Modell zugrunde gelegt, sollte der Gründungsunternehmer eine Preiserhöhung auf 333,- € in Betracht ziehen. Dieses Ergebnis macht nochmals deutlich, wie wichtig die Verwendung eines realitätsnahen Entscheidungsmodells ist, welches nur auf Basis von realen Marktdaten (z. B. Absatz oder Marktanteil) empirisch ermittelt werden kann.

Aufgrund von zwei wesentlichen Problembereichen der klassischen Conjoint-Analyse – die Erhöhung der Zahl der verwendeten Eigenschaften und die Integration einer Auswahlentscheidung – hat diese in den letzten Jahren zahlreiche Erweiterungen erfahren. Sowohl die Adaptive Choice-based Conjoint-Analyse (ACBCA) als auch die Hierarchisch Individualisierte Limit Conjoint-Analyse (HILCA) setzen an beiden Kritikpunkten gleichzeitig an und gehören zu den bedeutsamsten Weiterentwicklungen in diesem Bereich. Bei der ACBCA muss der Proband in einem ersten Schritt ein ideales Produktbündel gestalten, für welches er eine maximale Kaufbereitschaft hat (*Johnson/Orme* 2007, S. 5 f.). In einem zweiten Schritt werden ihm dann so genannte Choice Sets präsentiert, die einen ähnlichen Nutzen wie das Idealprodukt aufweisen. Mithilfe der Angabe von Kaufbereitschaften dienen diese dazu K. O.-Kriterien herauszufiltern. Dadurch kann die Gesamtzahl der Eigenschaften auf ein handhabbares Maß reduziert werden (adaptive Phase). In einem dritten Schritt werden den Probanden Choice Sets aus jeweils drei akzeptierten Stimuli vorgelegt, bei denen sie den besten und den schlechtesten Stimulus benennen müssen. Dadurch wird gleichzeitig eine Rangfolge gebildet. Die präferierten Stimuli der Auswahlentscheidungen bilden die Grundlage für neue Choice Sets, die so lange von den Probanden bewertet werden müssen, bis schließlich der meist präferierte Stimulus identifiziert ist (Auswahlphase). Die sukzessive Beurteilung dient dazu, unter dem Aspekt der Validität eine möglichst optimale Berechnung der Nutzenwerte für jeden Probanden zu gewährleisten.

Basierend auf der Informationsverarbeitungstheorie wird bei der HILCA angenommen, dass die Probanden in komplexen Entscheidungssituationen die Eigenschaften nach individueller Wichtigkeit hierarchisieren (*Voeth* 2000, S. 165 ff.). In einem ersten Schritt wählen die Probanden aus einer vorgelegten Liste die für die Kaufentscheidung relevanten Eigenschaften, die anschließend auf einer Ratingskala evaluiert werden müssen. Durch die Vergabe des Wertes Null können probandenindividuelle K. O.-Kriterien identifiziert werden (adaptive Phase). Auf Basis dessen werden individuelle Conjoint-Designs für jeden Probanden erzeugt. Bei der Hierarchisierung der Eigenschaften in einem zweiten Schritt erfolgen dann zum einen die Identifizierung der relevanten und irrelevanten Eigenschaften sowie zum anderen die Selektion der fünf wichtigsten Eigenschaften. Im dritten Schritt muss von den Probanden eine Limit-Karte platziert werden, um die individuellen Kaufabsichten zu erfassen und die Nutzenwerte zu schätzen (Auswahlphase). Aufgrund der Komplexität sowohl der ACBCA als auch der HILA liegen für beide Verfahrensvarianten mittlerweile Softwarelösungen vor, die die Umsetzung auch für Gründungsunternehmen ermöglichen.

5 Fazit

In dem Beitrag wurde die Bedeutung der Marktkenntnis für den Gründungserfolg herausgearbeitet. Dabei wurde festgestellt, dass vor allem Gründungsunternehmen verstärkt vor dem Problem der Ressourcenknappheit stehen. Gerade unter diesem Aspekt ist es für eine erfolgreiche Unternehmensgründung respektive die Etablierung eines innovativen Produktes oder einer innovativen Dienstleistung von besonderer Bedeutung, die Instrumente der Marktforschung sowohl im Vorfeld der Gründung als auch in der eigentlichen Gründungsphase zur Angebotsgestaltung einzusetzen, um das Risiko eines Flops zu minimieren. In diesem Zusammenhang kann der weiter oben diskutierte Ablaufplan eines Marktforschungsprozesses als Entscheidungsgrundlage herangezogen werden. Im Rahmen dieses Prozesses wurden innerhalb der Primär- und Sekundärforschung verschiedene Möglichkeiten der Informationsgewinnung vorgestellt und mit deren Vor- und

Nachteilen in Bezug auf Gründungsunternehmen erörtert. Es wurde zudem herausgearbeitet, dass die Übertragbarkeit der erzielten Ergebnisse auf den Gesamtmarkt speziell von der Güte des Datenmaterials abhängt. Als Gütekriterien spielen vor allem die Praktikabilität, Repräsentativität, Objektivität, Reliabilität und Validität eine wichtige Rolle. Schließlich wurden am Beispiel einer Conjoint-Analyse die Analysemöglichkeiten dieses multivariaten Verfahrens im Bereich der Marktanteils- und Absatzprognose sowie der Angebots- und Preisgestaltung für Gründungsunternehmen vorgestellt.

Neben diesen inhaltlichen Problembereichen der Marktforschung spielt für Gründungsunternehmen zudem gerade vor dem Hintergrund der Ressourcenknappheit und der damit verbundenen Knappheit qualifizierten Personals der Aspekt der konkreten Abwicklung einer Marktforschungsstudie eine bedeutende Rolle. Hierbei handelt es sich um eine klassische Make-or-Buy-Entscheidung, d. h. inwieweit das Gründungsunternehmen diese Aktivitäten selbst durchführt oder aber andere Unternehmen damit beauftragt. Zu den externen Organen der Informationsbeschaffung gehört beispielsweise die Institutsmarktforschung (*Berekoven et al.* 2009, S. 35 ff.). Als bekannteste Vertreter auf dem deutschen Markt sind hier zu nennen: ACNielsen, TNS Emnid, Gallup, die GfK oder das Institut für Demoskopie Allensbach. Daneben existieren auch Marktforschungsberater und Informationsbroker. Bei den Marktforschungsberatern handelt es sich um freiberufliche Spezialisten, die vermutlich deutlich geringere Kosten erzeugen als die Beauftragung eines der oben genannten großen Institute. Gleiches gilt für Informationsbroker, die für ihre Kunden relevante Marktinformationen aus Datenbanken, dem Internet oder bereits vorhandenen Studien filtern.

Dieser Aspekt führt zu dem Problem der Kosten für eine Marktforschungsstudie. Die Angabe konkreter Zahlen fällt in diesem Bereich schwer, da insbesondere für den deutschen Markt die Schere zwischen günstigen und teuren Angeboten zum einen sehr groß ist, zum anderen können aber auch vor dem Hintergrund speziell angepasster Dienstleistungen keine seriösen Angaben über das Preisgefüge getätigt werden (einige generelle Hinweise liefern *Hüttner/Schwarting* 2002, S. 465 ff.). Festgehalten werden kann, dass laut einer Umfrage bei kleinen und großen Marktforschungsinstituten für eine Primärerhebung circa 56 % der Kosten auf die Feldarbeit, 20 % auf die Personalkosten, 10 % auf die Datenverarbeitung, 7 % auf die sonstigen Kosten und 8 % auf den Gewinn des Instituts entfallen. Zudem werden die Angebote oftmals nicht nach dem Zeitaufwand oder den eingesetzten Mitarbeitern ausgewiesen, sondern nach der Zahl der durchzuführenden Interviews. Zum Teil finden sich auch Kostenangaben nach der Anzahl der gewünschten Fragen (oftmals auch bei Online-Fragebögen) oder nach der Verwendung offener und geschlossener Fragen.

Abschließend kann festgehalten werden, dass das große Potenzial der Marktforschung und die damit zu erzielende Reduktion der Entscheidungsunsicherheit von Gründern nicht vernachlässigt werden dürfen, auch wenn gerade bei Gründungsunternehmen eine besonders starke Ressourcenknappheit zu verzeichnen ist. Eine Investition in die Kenntnis des eigenen Marktes ist zugleich immer eine Investition in zukünftige Erträge.

Literaturverzeichnis

Adler, J.: Möglichkeiten zur Messung von Zahlungsbereitschaften der Nachfrager. Duisburger Arbeitspapiere zum Marketing (2003)

Backhaus, K., Erichson, B., Plinke, W., Weiber, R.: Multivariate Analysemethoden. 13. Aufl., Springer, Berlin (2011)

Balderjahn, I.: Erfassung der Preisbereitschaft. In: Diller, H., Herrmann, A. (Hrsg.) Handbuch Preispolitik, 387–404. Gabler, Wiesbaden (2003)

Berekhoven, L., Eckert, W., Ellenrieder, P.: Marktforschung. 12. Aufl., Gabler, Wiesbaden (2009)

Böhler, H.: Marktforschung. 3. Aufl., Kohlhammer, Stuttgart (2004)

Debreu, G.: Topological methods in cardinal utility theory. In: Arrow, K.J., Karlin, S., Suppes, P. (Hrsg.) Mathematical methods in the social sciences, 16–26. Stanford University Press, Stanford (1960)

Desarbo, W.S., Ramaswamy, V., Cohen, S.H.: Market segmentation with choice-based conjoint analysis. Marketing Letters 6(2), 137–147 (1995)

Fischer, J.: Individualisierte Präferenzanalyse. Springer, Wiesbaden (2001)

Green, P., Krieger, A.M., Wind, Y.J.: Thirty Years of Conjoint Analysis: Reflections and Prospects. Interfaces 31(3), 56–73 (2001)

Green, P.E., Rao, V.R.: Conjoint Measurement for Quantifying Judgmental Data. Journal of Marketing Research 8(3), 355–363 (1971)

Green, P.E., Srinivasan, S.V.: Conjoint Analysis in Marketing – New Developments With Implications for Research and Practice. Journal of Marketing 54(4), 3–19 (1990)

Green, P.E., Krieger, A.M.: Conjoint Analysis with Product-Positioning Applications. In: Eliashberg, J., Lilien, G.L. (Hrsg.) Marketing, 467–515. 5. Aufl., Elsevier, Amsterdam (1993)

Hair, J.F., Black, W.C., Babin, B.J., Anderson, R.E.: Multivariate Data Analysis. 7. Aufl., Pearson Prentice Hall, Upper Saddle River (2013)

Herrmann, A., Homburg, C.: Marktforschung – Ziele, Vorgehensweisen und Methoden. In: Herrmann, A., Homburg, C. (Hrsg.) Marktforschung, 3–19. 2. Aufl., Gabler, Wiesbaden (2000)

Herrmann, A., Homburg, C., Klarmann, M.: Handbuch Marktforschung. 3. Aufl., Gabler, Wiesbaden (2008)

Homburg, C.: Marketingmanagement. 4. Aufl., Gabler, Wiesbaden (2012)

Hüttner, M., Schwarting, U.: Grundzüge der Marktforschung. 7. Aufl., Oldenbourg, München (2002)

Johnson, R.M., Orme, B.K.: A New Approach to Adaptive CBC. Sawtooth Software Research Paper. Seqium, WA (2007)

Kamberelis, G., Dimitriadis, G.: Focus Groups – Contingent Articulations of Pedagogy, Politics, and Inquiry. In: Denzin, N.K., Lincoln, Y.S. (Hrsg.) The Sage Handbook of Qualitative Research, 545–561. 4. Aufl., SAGE, Newbury Park (2011)

Klein, A.: Bündelungskosten bei Nachfragerbündelungen – Transaktionskostentheoretische Betrachtung und anschließende Messung. Die Unternehmung 59(5), 423–440 (2005)

Klein, A., Jakopin, N.: Consumers' Willingness-to-pay for Mobile Telecommunication Services Bundles. In: Telematics & Informatics 31(3), 410–421 (2014)

Klein, A., Nihalani, K., Krishnan, K.: A Comparsion of Interviewer-based and Online Conjoint-Analyses. Journal of Management and Marketing Research 4(1), 150–164 (2010)

Kroeber-Riel, W.: Informationsüberlastung durch Massenmedien und Werbung in Deutschland. Die Betriebswirtschaft 47(3), 257–264 (1987)

Kuß, A.: Marktforschung. 4. Aufl., Gabler, Wiesbaden (2012)

Lilien G.L., Rangaswamy, A.: Marketing Engineering. 2. Aufl., Trafford Publishing, New Jersey (2003)

Louviere, J.J.: Analyzing Decision Making. SAGE, Newbury Park (1988)

Luce, D.R., Tukey, J.W.: Simultaneous Conjoint Measurement – A New Type of Fundamental Measurement. Journal of Mathematical Psychology 1(1), 1–27 (1964)

Mayerhofer, W.: Das Fokusgruppeninterview. In: Buber, R., Holzmüller, H.H. (Hrsg.) Qualitative Marktforschung, 477–490. 2. Aufl., Gabler, Wiesbaden (2009)

Mengen, A., Simon, H.: Produkt- und Preisgestaltung mit Conjoint Measurement. Das Wirtschaftsstudium 3, 229–236 (1996)

Nieschlag, R., Dichtl, E., Hörschgen, H.: Marketing. 19. Aufl., Duncker & Humblot, Berlin (2002)

Perrey, J.: Nutzenorientierte Marktsegmentierung. Gabler, Wiesbaden (1998)

Pohl, A., Adler, J.: Pricing von After-Sales-Services bei Industriegütern. In: Kaerner, H., Kasper, M., Mattmüller, R. (Hrsg.) After-Sales, 65–8. Frankfurter Allgemeine Buch, Frankfurt am Main (2004)

Porter, Michael E.: Wettbewerbsstrategie. 12. Aufl., Campus Verlag, Frankfurt am Main/New York (2013)

Sattler, H., Nitschke, T.: Ein empirischer Vergleich von Instrumenten zur Erhebung von Zahlungsbereitschaften. Zeitschrift für betriebswirtschaftliche Forschung 55(4), 364–381 (2003)

Schäfer, E., Knoblich, H.: Grundlagen der Marktforschung. 5. Aufl., Schäffer-Poeschel, Stuttgart (1978)

Simon, H., Kucher, E.: Die Bestimmung empirischer Preisabsatzfunktionen. Zeitschrift für Betriebswirtschaft 58(1), 171–183 (1988)

Voeth, M.: Nutzenmessung in der Kaufverhaltensforschung. Gabler, Wiesbaden (2000)

Voeth, M.: 25 Jahre conjointanalytische Forschung in Deutschland. Zeitschrift für Betriebswirtschaft 69(2), 153–177 (1999)

Voeth, M., Hahn, C.: Limit Conjoint-Analyse. Marketing - Zeitschrift für Forschung und Praxis 20(2), 119–133 (1998)

Voeth, M., Herbst, U.: Marketing-Management. Schäffer-Poeschel, Stuttgart (2013)

Woratschek, H.: Preisbildung im Dienstleistungsbereich auf der Basis von Marktinformationen. In: Bruhn, M., Meffert, H. (Hrsg.): Handbuch Dienstleistungsmanagement, 609–625. 2. Aufl., Gabler, Wiesbaden (2001)

Carsten Baumgarth

Marktsegmentierung für Gründungsunternehmen (Entrepreneurial Segmenting)

Carsten Baumgarth, Prof. Dr.
Professur für Marketing, insbesondere Markenführung
Hochschule für Wirtschaft und Recht Berlin
E-Mail: carsten.baumgarth@hwr-berlin.de.

1 Gute Ideen – schlechte Marketingumsetzung

Unternehmensgründer sind von ihrer Idee überzeugt. Auch Volkswirte und Politiker sind, wie die vielfältigen Programme zur Förderung von Unternehmensgründungen belegen, davon überzeugt, dass gerade Gründer innovative und wirtschaftlich tragfähige Problemlösungen entwickeln. Trotz der guten Ideen und der vielfältigen Unterstützungsangebote scheitern viele Unternehmensgründungen an der Umsetzung. Bspw. wurde in dem Modellversuch „Förderung technologieorientierter Unternehmensgründungen (TOU)“ ermittelt, dass von 333 Gründungsvorhaben, die vom Bundesministerium für Forschung und Technologie (BMFT) als förderungswürdig eingestuft und finanziell unterstützt wurden, eine Ausfallrate von rund 40 % zu verzeichnen war (*Kulicke* 1993, S. 164; ähnlich *Brüderl et al.* 1996, S. 94 f.).

Eine Mehrzahl von Studien hat analysiert, welche Gründe für das Scheitern verantwortlich sind (zur Übersicht *Rüggeberg* 1997, S. 250 ff.). Dabei zeigen diese Misserfolgsstudien, dass neben Finanzierungs- und Personalproblemen insbesondere Marketing- bzw. Vertriebsschwächen als Hauptursachen für ein Scheitern gelten.

Ferner belegen Erfolgsfaktorenstudien, dass eine systematische, i. d. R. schriftlich fixierte Marketing-Planung im Rahmen der Gründungsvorbereitung die Erfolgschancen signifikant erhöht (z. B. *Brüderl et al.* 1996, S. 164 ff.; *Rüggeberg* 1997, S. 168 ff.). Auch Studien zur Marktorientierung belegen den Beitrag des Marketings für das Überleben und den Erfolg von Existenzgründungen und jungen Unternehmen (z. B. *Fischer/Reuber* 1995; *Roskos* 2005; *Engelen* 2007; *Kessel* 2007; *Baumgarth et al.* 2009)

Ein klassischer Bestandteil einer systematischen Marketingplanung bzw. einer hohen Marktorientierung stellt die Bestimmung der zu bearbeitenden Absatzmärkte sowie die Ausrichtung der Marketinginstrumente auf die ausgewählten Absatzmärkte dar. Diese Aspekte werden unter dem Begriff Marktsegmentierung subsumiert. Dieses Konzept, welches auch im Gründungskontext von der überwiegenden Anzahl der Gründer als zentraler Baustein der Marketingplanung angesehen wird (84,4 % der Gründer berücksichtigen in einer Studie von wagniskapitalfinanzierten Unternehmensgründungen die Marktsegmentierung im Rahmen der Marketingplanung, vgl. *Gruber* 2005, S. 178), wird im Rahmen dieses Beitrags detailliert behandelt.

2 Konzept der Marktsegmentierung

Eine Grundannahme des Marketings lautet, dass Kunden individuelle Bedürfnisse, Wünsche und Erwartungen haben und diese in der Marktbearbeitung zu berücksichtigen sind. Denn je mehr der Kunde seine persönlichen Bedürfnisse, Wünsche und Erwartungen erfüllt sieht, umso mehr ist er bereit, die entsprechende Leistung zu kaufen und auch einen höheren Preis zu bezahlen. Schon in den frühen Entwürfen des Marketings war folgerichtig das Konzept der Marktsegmentierung integriert. Daher bildet dieses Konzept häufig ein zentrales Merkmal einer markorientierten Unternehmensführung (z. B. *Kohli et al.* 1993, S. 476). Schließlich stellt die Marktsegmentierung einen Standardansatz der Analyse im Rahmen des Strategischen Management dar (z. B. *Aeberhard* 1996, S. 152 ff.). Unabhängig von der hohen konzeptionellen Bedeutung der Marktsegmentierung zeigen diverse empirische Studien, dass das Konzept in der Praxis generell nur bedingt und in relativ einfachen Ausprägungen eingesetzt wird (*Sausen/Tomczak* 2003; *Kesting/Rennhak* 2005, 2008; *Freter et al.* 2006).

Unter Marktsegmentierung wird die Aufteilung des (heterogenen) Gesamtmarktes für ein Produkt in (homogene) Teilmärkte oder Segmente und die gezielte Auswahl und Bearbeitung eines Segmentes (bzw. mehrerer Segmente) mit Hilfe segmentspezifischer Marketing-Programme verstanden (*Freter* 2008, S. 25). Diese weite Fassung der Marktsegmentierung umfasst explizit die Markterfassungs- und Marktbearbeitungsseite. Kern der Markterfassung stellt die Bildung von Segmenten mit Hilfe bestimmter Segmentierungskriterien unter Einsatz von statistischen Analyseverfahren (zum Überblick z. B. *Wedel/Kamakura* 2002) dar. Die Marktbearbeitung umfasst vor allem die Beurteilung und Auswahl der Marktsegmente sowie die Entscheidung über den segmentspezifischen Einsatz der Marketinginstrumente. Abbildung 2.1 zeigt im Überblick die wichtigsten Teilbereiche der Marktsegmentierung.

Mit einer solchen Marktsegmentierung sind für Unternehmensgründungen und junge Unternehmen eine Reihe von Zwecken verknüpft (allg. z. B. *Freter* 2008, S. 32 ff.):

- besseres Verständnis von Kundenbedürfnissen,
- Marktidentifizierung und Identifikation von Marktchancen (speziell im Gründungskontext *Ardichvilli et al.* 2003),
- Bestimmung von Marktpotentialen, Prognosen von Markt(segment)entwicklungen sowie Vergleich existierender (z. B. Real Economy) mit neuen Geschäftsmodellen (z. B. Net Economy) (auch *Kollmann* 2011, S. 215 f.),
- Erzielung von Wettbewerbsvorteilen durch maßgeschneiderte Problemlösungen und bessere Befriedigung von Kundenbedürfnissen,
- Finanzen schonender Einsatz der Marketinginstrumente durch Vermeidung von Streu- und Kannibalisierungsverlusten.

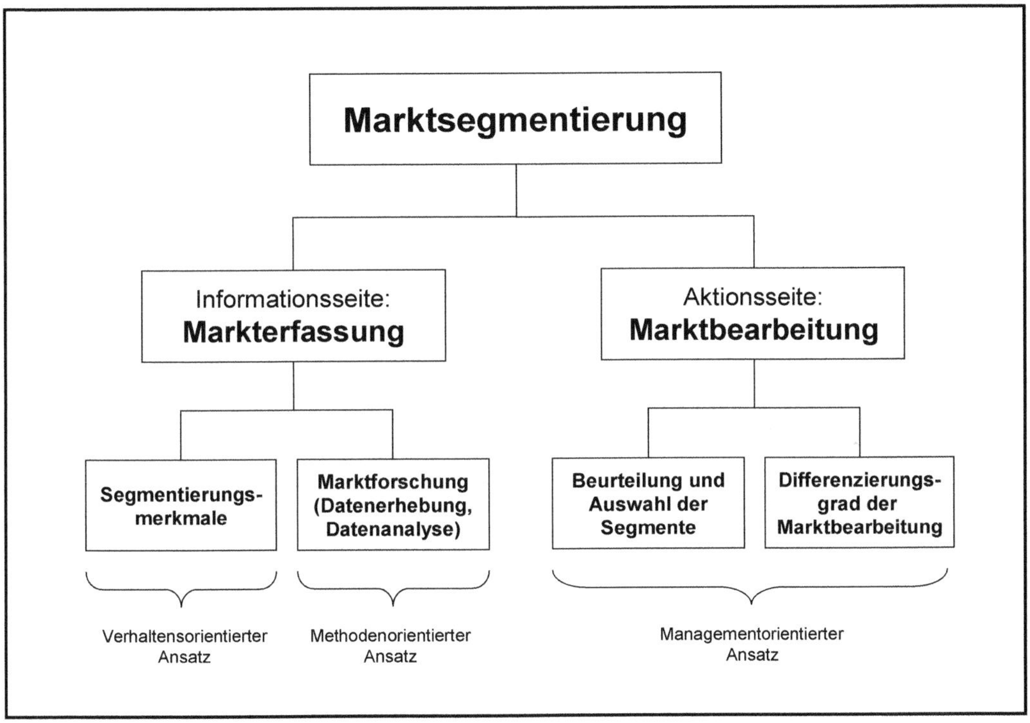

Abb. 2.1: Gegenstandsbereiche der Marktsegmentierung
Quelle: in Anlehnung an *Freter* 2008, S. 27

3 Besonderheiten des Marketing für Gründungsunternehmen

Das Marketing von Gründungsunternehmen weist eine Reihe von Besonderheiten auf. Einen umfassenden, auf einer Literaturauswertung basierenden Katalog von Besonderheiten hat *Gruber* (2004a, S. 81 ff.; 2004b, S. 167 ff.; auch *Engelen* 2007, S. 34 ff.) aufgestellt, der in Tab. 3.1 dargestellt ist.

Die aus diesen Besonderheiten resultierenden Konsequenzen für die Marktsegmentierung werden im Weiteren behandelt.

Merkmale von Unternehmensgründungen	Herausforderungen für das Entrepreneurial Marketing
Neuheit des Unternehmens	▪ unbekannter Akteur bei Kunden und anderen Stakeholdern ▪ geringes Vertrauen in die Fähigkeiten und Angebote des neuen Unternehmens ▪ soziale Interaktion unter Fremden ▪ fehlende Austauschbeziehungen ▪ fehlende Strukturen, Prozesse/Routinen im Marketing ▪ fehlende Erfahrungen im Marketing ▪ fehlende Vergangenheitsdaten
Geringe Größe des Unternehmens	▪ begrenzte finanzielle Mittel für das Marketing ▪ wenige Mitarbeiter im Marketing ▪ häufig Mangel an Spezialisten im Marketing ▪ geringe Marktpräsenz des Unternehmens ▪ geringe Marktmacht, Nachteile in Verhandlungen
Unsicherheit und Turbulenz	▪ sehr geringe Vorhersagbarkeit der Marktentwicklung und des Wettbewerbsumfelds ▪ wenige zuverlässige Informationen für die Marketingplanung und für Marketingentscheidungen ▪ „Best practices" im Marketing müssen sich erst für die jeweilige Branche herausbilden ▪ dominantes Design eines Produkts muss sich erst herausbilden ▪ Wettbewerbsstruktur der Branche wandelt sich, Beziehungen zu Lieferanten, Händlern etc. sind instabil ▪ hohes Risiko, falsche Entscheidungen zu treffen, die für ein Unternehmen mit begrenzten Ressourcen fatale Konsequenzen haben können

Tab. 3.1: Besonderheiten des Marketings von Gründungsunternehmen
Quelle: *Gruber* 2004a, S. 82

4 Marktsegmentierung für Gründungsunternehmen

Im Folgenden stehen Aussagen zu den Besonderheiten der Markterfassungs- und Marktbearbeitungsseite der Marktsegmentierung im Kontext von Unternehmensgründungen bzw. junger Unternehmen im Mittelpunkt. Dabei werden sowohl konzeptionell-theoretische als auch empirische Aussagen berücksichtigt. Die empirischen Aussagen integrieren insbesondere die Arbeiten, die in den Überblicken von *Rüggeberg* (1997, S. 66 ff.) und *Gruber* (2005, S. 51 ff.) aufgelistet wurden.

4.1 Markterfassungsseite

Die Neuheit des Unternehmens sowie die beschränkten finanziellen Mittel im Marketing lassen erwarten, dass Gründungsunternehmen insbesondere einfach zu erhebende Segmentierungsmerkmale verwenden. In der Literatur zur Marktsegmentierung werden verschiedene Kataloge von Segmentierungskriterien unterschieden (für den B-to-C-Bereich z. B. *Freter* 2008, S. 94 ff.; für den B-to-B-Bereich z. B. *Backhaus/Voeth* 2010, S. 118 ff.). Als einfach zu erhebende und häufig in Sekundärstudien verfügbare, und damit kostengünstige Segmentierungskriterien gelten insbesondere sozioökonomische Kriterien (z B. B-to-C: Alter und Geschlecht der Kunden; B-to-B: Branche, Unternehmensgröße und Standort der Kundenunternehmen). Hingegen werden psychografische Kriterien wie Lebensstil oder produktspezifische Einstellungen als relativ aufwendige Segmentierungskriterien beurteilt (z. B. *Freter* 2008, S. 146). Daher ist zu erwarten, dass Gründungsunternehmen überwiegend auf sozioökonomische Kriterien zurückgreifen.

Im Rahmen der Datenerhebung und -analyse ist auch zu vermuten, dass Gründungsunternehmen aufgrund von Know-how-Defiziten und beschränkten finanziellen Ressourcen schwerpunktmäßig auf kostengünstige Datenerhebungsverfahren wie Sekundärdaten und auf einfache Analyseverfahren wie univariate Statistiken (z. B. Häufigkeiten und Mittelwerte) zurückgreifen. Hingegen ist zu erwarten, dass Primärerhebungen (z. B. repräsentative Marktbefragung) und multivariate Auswertungsroutinen wie Cluster- oder Conjoint-Analysen eher selten von Gründungsunternehmen eingesetzt werden.

Insgesamt ist zu erwarten, dass Gründungsunternehmen im Vergleich zu etablierten Unternehmen eine Markterfassung mit einer geringeren Leistungsfähigkeit durchführen, die sich durch wenige, leicht zu ermittelnde, in Sekundärstudien verfügbare und mit Hilfe von univariaten Auswertungen ermittelte Segmentierungskriterien auszeichnet.

Empirische Studien über die Verwendung bestimmter Segmentierungskriterien oder den Einsatz bestimmter Erhebungs- und Analyseverfahren in Gründungsunternehmen wurden bislang nicht durchgeführt. Auch der Zusammenhang zwischen der Markterfassungsseite der Marktsegmentierung und dem Erfolg des Gründungsunternehmens wurde bislang noch nicht umfassend empirisch untersucht. Lediglich die Studie von *Engelen et al.* (2010) konnte für junge Wachstumsunternehmen feststellen, dass die Bildung von Zielgruppen in der Werbeplanung keinen Einfluss auf den Unternehmenserfolg ausübt.

4.2 Marktbearbeitungsseite

Die erste Entscheidung im Rahmen der Marktbearbeitung umfasst die Beurteilung der Marktsegmente. Mögliche Kriterien zur Beurteilung der Marktsegmente sind u. a. Segmentgröße (z. B. Umsatzpotential) und -wachstum, Stabilität des Segments, Zugänglichkeit des Segments, Erfahrungen des Gründers im Segment und die Wettbewerbsintensität innerhalb des Segments. Aufbauend auf dieser Beurteilung erfolgen dann die strategische Segmentauswahl sowie die strategische Festlegung der Segmentbearbeitung. Nach *Kotler* (1977, S. 180 ff.) lassen sich die in Abb. 4.1 dargestellten Alternativen voneinander abgrenzen.

Grad der Differenzierung / Abdeckung des Marktes	**undifferenziert**	**differenziert**
vollständig	undifferenziertes Massenmarketing	Differenziertes Marketing (Gesamtmarkt)
teilweise	Konzentriertes Marketing (Spezialfall: Nischenstrategie)	Differenziertes Marketing (einzelne Segmente)

Abb. 4.1: Marktsegmentierungsstrategien
Quelle: *Eigene Darstellung*

Falls eine differenzierte Marktbearbeitung als Strategieoption vom Gründungsunternehmen gewählt wird, sind anschließend die Intensität und die Art der Differenzierung festzulegen. Die Art der Differenzierung bezieht sich auf den oder die zu differenzierenden Instrumentalbereiche des Marketing-Mixes (Leistung, Preis, Distribution, Kommunikation). Die Intensität hingegen bezieht sich auf den Grad der Unterschiedlichkeit. Bspw. kann im Bereich der Leistungspolitik eine Differenzierung durch die Packungsgröße (geringe Intensität) oder durch vollständig verschiedene Produkte (hohe Intensität) erfolgen.

Einerseits ist aufgrund der geringen finanziellen Ressourcen und den Besonderheiten durch die Neuheit des Gründungsunternehmens eher eine teilweise Marktabdeckung (speziell Nischenstrategie) mit einem undifferenzierten Marketing Erfolg versprechend. Durch solch eine Strategie kann ein für ein bestimmtes Kundensegment spezifisches und im Vergleich zu vorhandenen Lösungen überlegenes Leistungsangebot erstellt werden. Durch die Konzentration auf ein einzelnes Segment kann auch der notwendige finanzielle Aufwand für die Produktion und das Marketing relativ gering gehalten werden.

Schließlich verhindert speziell eine Nischenstrategie als Spezialfall des konzentrierten Marketings Abwehrreaktionen etablierter Anbieter, da sich die Bearbeitung von Nischen für die etablierten Unternehmen ökonomisch oft nicht lohnt. Neben der fehlenden ökonomischen Attraktivität vermeiden auch Barrieren wie standardisierte Produkte und Preise, etablierte Produktionsabläufe und verfestigte Unternehmenskulturen die Abwehrreaktionen der etablierten Anbieter (*Cooper et al.* 1986, S. 252 ff.).

Anderseits führt diese Fokussierung auf ein einzelnes bzw. wenige Segmente zu einem besonders hohen Risiko, da eine Abhängigkeit von wenigen Kunden und Produkten auftreten kann. Insbesondere in Verbindung mit den übrigen Risiken der Unternehmensgründung steigert eine solche partiale Marktabdeckung oder Nischenstrategie das Gesamtrisiko.

Bzgl. der Beurteilungs- und Auswahlkriterien liegen einige empirische Ergebnisse aus der Gründungsforschung vor. In Bezug auf die Beurteilungs- und Auswahlkriterien zeigen die empirischen Ergebnisse, dass sich erfolgreiche Gründungsunternehmen insbesondere durch die Bearbeitung von relativ großen und wachsenden Segmenten (*Kulicke* 1987; *Rüggeberg* 1997, S. 178 ff.; *Miller/Camp* 1985, S. 90 f.) auszeichnen, d. h. die Segmentgröße und das Segmentwachstum stellen erfolgskritische Kriterien zur Beurteilung der Marktsegmente dar. Der Einfluss der Wettbewerbsintensität der bearbeiteten Märkte auf den Erfolg ist nicht in allen Studien signifikant (*Roure/Maidique* 1986; *Roure/Keeley* 1990; *Rüggeberg* 1997, S. 179), allerdings weist der überwiegende Teil der Ergebnisse einen positiven Zusammenhang zwischen Erfolg des Gründungsunternehmens und geringer Wettbewerbsintensität in den zu bearbeitenden Segmenten nach. Ferner bieten sich für Gründungsunternehmen insbesondere solche Segmente an, die sich in Umbruchsituationen (z. B. Technologiewandel, Deregulierung) befinden (*Cooper et al.* 1986, S. 251).

Die empirische Forschung hat ferner verschiedene Teilaspekte der Marktsegmentierungsstrategie in unterschiedlichen Kontexten analysiert. Zunächst zeigen die meisten Studien, dass Gründungsunternehmen überwiegend in Nischenmärkten agieren. Bspw. bearbeiten nach der Studie von *Gruber* knapp 75 % der befragten wagniskapitalfinanzierten Unternehmen Nischen (*Gruber* 2005, S. 179, ähnlich *Kulicke* 1993, S. 36). In diesem Zusammenhang zeigen Fallbeispiele aus verschiedenen Branchen, dass eine erfolgreiche Nischenstrategie von Gründungsunternehmen durchaus auch den Wettbewerb mit sehr großen und etablierten Anbietern umfassen kann (*Cooper et al.* 1986, S. 250 f.).

Zur Entscheidung über die Anzahl der zu bearbeitenden Segmente (Gesamtmarkt vs. Teilmarkt/Nische) liegen widersprüchliche Ergebnisse vor (*McDougall et al.* 1992; *Sandberg/Hofer* 1987; *Romanelli* 1987; *Kulicke* 1993), die sich aber vor dem Hintergrund des Marktentwicklungsstadiums plausibel erklären lassen (*Rüggeberg* 1997, S. 82): Danach stellt eine Gesamtmarktabdeckung dann eine Erfolg versprechende Alternative für Unternehmensgründungen dar, wenn es sich um einen jungen Markt handelt; hingegen empfiehlt sich bei zunehmender Marktreife eher eine Nischenstrategie.

Bzgl. der Frage nach dem Differenzierungsgrad der Marktbearbeitung liegen bislang nur wenige empirische Ergebnisse vor. Die Studie von *Kulicke* (1993) hat empirisch nachgewiesen, dass Gründungsunternehmen mit differenzierten Leistungsangeboten (drei oder mehr Produkte) erfolgreicher sind als solche mit schmalen Produktpaletten. Ähnlich zeigen auf der Basis der PIMS-Datenbank die Ergebnisse von *Miller/Camp* (1985, S. 99), dass sich erfolgreiche Firmenausgründungen (gemessen am ROI) durch ein breiteres Leistungsspektrum und eine differenziertere Kundenbasis im Vergleich zum jeweiligen Marktführer auszeichnen.

5 Fazit

Die vorhanden konzeptionellen Überlegungen und empirischen Ergebnisse zeigen bislang kein einheitliches Bild über die optimale Form der Marktsegmentierung von Gründungsunternehmen. Eine solche Aussage ist auch aufgrund der Komplexität und Vielzahl der Einflussfaktoren sowie der unterschiedlichen Ausgangssituation der Gründungsunternehmen nicht zu erwarten. Allerdings verdeutlichen die zu Beginn des Beitrags skizzierten Studien die hohe Relevanz einer systematischen Planung des Marketings und damit auch der Marktsegmentierung für den (Überlebens-)erfolg der Gründungsunternehmen.

Für die zukünftige Forschung lässt sich eine Vielzahl von Ansatzpunkten identifizieren. Zunächst einmal bieten sich deskriptiv-empirische Studien über den Einsatz bestimmter Aspekte der Marktsegmentierung, insbesondere im Bereich der Markterfassung, von Gründungsunternehmen an. Solche Studien sollten unterschiedliche Branchenkontexte (z. B. B-to-B, B-to-C, Dienstleistungen), unterschiedliche Typen von Gründungsunternehmen (z. B. Differenzierung nach den Motiven der Gründung) und Personenmerkmale der Gründer (z. B. Ausbildung der Gründer) berücksichtigen. Darüber bieten sich explikative Studien an, die den Zusammenhang zwischen bestimmten Ausprägungen der Marktsegmentierung und dem Erfolg der Gründungsunternehmen (z. B. Überleben) analysieren. Ein inhaltlicher Schwerpunkt sollte sich dabei aufgrund bislang weniger Ergebnisse mit dem Aspekt der differenzierten Marktbearbeitung sowohl auf strategischer als auch operativ-taktsicher Ebene beschäftigen. Solche Studien sollten zusätzlich verstärkt moderierende Faktoren wie z. B. den Branchenlebenszyklus oder die Wettbewebintensität berücksichtigen, um widersprüchliche Ergebnisse zu vermeiden und einen höheren empirischen Erklärungsgehalt zu erreichen. In diesem Zusammenhang bieten sich auch Studien an, die zunächst Typen der Marktsegmentierung, d. h. die Kombination der Ausprägungen auf den verschiedenen Ebenen der Marktsegmentierung, entweder konzeptionell entwickeln oder empirisch ermitteln und dann den Einfluss der verschiedenen Typen der Marktsegmentierung von Gründungsunternehmen auf den Erfolg analysieren (ein erster Vorschlag insgesamt zur Marktstrategie stammt von *McDougall et al.* 1992). Darüber bieten sich auch Studien an, die etablierte Unternehmen und Gründungsunternehmen in Bezug auf die gewählte Marktsegmentierungskonzeption sowie deren Erfolgsbeiträge analysieren. Schließlich sind auch längsschnittorientierte Forschungsarbeiten von Interesse, die Veränderungen der Marktsegmentierungskonzeption im Zeitablauf beim Übergang vom Gründungsunternehmen zum jungen und zum etablierten Unternehmen untersuchen. Ergänzend wären auch interessant zu analysieren, ob und welcher Form Marktsegmentierung in der Vorgründungsphase (z. B. Businessplan) schon implementiert wird.

Als praktische Empfehlung für Gründungsunternehmen lassen sich neben der allgemeinen Empfehlung zur intensiven und expliziten Auseinandersetzung mit der Marktsegmentierung im Rahmen der Gründungsphase (z. B. explizite Formulierung einer Marktsegmentierungskonzeption im Rahmen des Business-Plans, z. B. *Bangs* 1995, S. 25 ff.) insbesondere folgende Empfehlungen ableiten:

- Verwendung von einfach zu beschaffenden und auszuwertenden Segmentierungskriterien, die trotzdem einen möglichst hohen Bezug zum Kaufverhalten aufweisen,
- systematische Beurteilung der Segmente anhand von Beurteilungskriterien; besondere Bedeutung haben dabei die Segmentgröße, das Segmentwachstum, die zu erwartende Wettbewerbsintensität sowie die Dynamik des Segments,
- vollständige Marktabdeckung bei sehr jungen Märkten und Nischenstrategie bei etablierten Märkten,
- differenzierter Instrumentaleinsatz (Leistung, Preis, Distribution, Kommunikation), wenn die Unterschiede zwischen den ausgewählten Segmenten stark ausgeprägt sind und die zusätzlichen Erlöse die zusätzlichen Kosten mindestens decken.

Literaturverzeichnis

Aeberhard, K.: Strategische Analyse – Empfehlungen zum Vorgehen und zu sinnvollen Methodenkombinationen. Lang Verlag, Bern (1996)

Ardichvilli, A., Cardozo, R., Ray, S.: A Theory of Entrepreneurial Opportunity Identification and Development. Journal of Business Venturing 18, 105–123 (2003)

Backhaus, K., Voeth, M.: Industriegütermarketing. 9. Aufl., Vahlen, München (2010)

Bangs, D.H.: Business Planning Guide – Creating Practical Plans for Your Start-up Venture's Success. Kaplan Publishing, Chicago (1995)

Baumgarth, C., Zamantili Nayir, D., Durmusoglu, S.: Does need for autonomy undermine or promote market and innovation orientation? In: Kocak, A., Abimbola, T., Özer, A. (Hrsg.) Marketing and Entrepreneurship (AUMEC 2009), 71–79. Watkins-Mathys, Ankara (2009)

Brüderl, J., Preisendörfer, P., Ziegler, R.: Der Erfolg neugegründeter Betriebe – Eine empirische Studie zu den Chancen und Risiken von Unternehmensgründungen. Duncker & Humblot, Berlin (1996)

Cooper, A.C., Willard, G.E., Woo, C.Y.: Strategies of High-Performing New and Small Firms – A Reexamination of the Niche Concept. Journal of Business Venturing 1, 247–260 (1986)

Engelen, A.: Marktorientierung junger Unternehmen – Einflussgrößen und Wirkung im interkulturellen Vergleich zwischen Deutschland, Thailand und Indonesien. Deutscher Universitätsverlag, Wiesbaden (2007)

Engelen, A., Wolf, C., Steffenhagen, H., Brettel, M.: Werbe-Management in jungen Wachstumsunternehmen. Zeitschrift für Betriebswirtschaft 80(1), 31–69 (2010)

Fischer, E., Reuber, R.: The Importance of Market Orientation for Emerging Firms. In: Bygrave, W. (Hrsg.) Frontiers of Entrepreneurship Research, 90–104. Babson College Center, Wellesley (1995)

Freter, H.: Markt- und Kundensegmentierung. 2. Aufl., Kohlhammer, Stuttgart (2008)

Freter, H., Baumgarth, C., Quinke, C.: Status Quo der Marktsegmentierung in der Praxis. Planung&Analyse 2, 74–77 (2006)

Gruber, M.: Entrepreneurial Marketing. Die Betriebswirtschaft 64, 78–100 (2004a)

Gruber, M.: Marketing in New Ventures – Theory and Empirical Evidence. Schmalenbach Zeitschrift für betriebswirtschaftliche Forschung 56, 164–199 (2004b)

Gruber, M.: Marketingplanung von Unternehmensgründungen – Eine theoretische und empirische Analyse. Deutscher Universitätsverlag, Wiesbaden (2005)

Kessell, A.: Marktorientierte Unternehmenskultur als Erfolgsfaktor junger Unternehmen – Kontextspezifische Konzeption und Empirische Untersuchung. Springer, Wiesbaden (2007)

Kesting, T., Rennhak, C.: Methoden der Marktsegmentierung in deutschen B2C-Unternehmen. Munich Business School, München (2005)

Kesting, T., Rennhak, C.: Marktsegmentierung in der deutschen Unternehmenspraxis, Springer, Wiesbaden (2008)

Kohli, A.K., Jaworski, B.J., Ajith, K.: MARKOR – A Measure of Market Orientation. Journal of Marketing Research 30(4), 467–477 (1993)

Kollmann, T.: E-Entrepreneurship – Grundlagen der Unternehmensgründung in der Net Economy. 4. Aufl., Springer Gabler, Wiesbaden (2011)

Kotler, P.: Marketing Management – Analyse, Planung und Kontrolle. 2. Aufl., Schäffer-Poeschel Verlag, Stuttgart (1977)

Kulicke, M.: Technologieorientierte Unternehmen in der Bundesrepublik Deutschland – eine empirische Analyse der Struktur-, Bildungs- und Wachstumsphase von Neugründungen. Lang Verlag, Frankfurt (1987)

Kulicke, M.: Chancen und Risiken junger Technologieunternehmen: Ergebnisse des Modellversuchs "Förderung technologieorientierter Unternehmensgründungen". Physica-Verlag, Heidelberg (1993)

McDougall, P., Robinson, R.B., DeNisi, A.S.: Modelling New Venture Performance – An Analysis of New Venture Strategy, Industry Structure, and Venture Origin. Journal of Business Venturing 7, 267–289 (1992)

Miller, A., Camp, B.: Exploring Determinants of Success in Corporate Ventures. Journal of Business Venturing 1, 87–105 (1985)

Romanelli, E.: New Venture Strategies In The Microcomputer Industry. California Management Review 30(1), 160–175 (1987)

Roskos, S.: The Influence of Entrepreneurial and Market Orientation of Innovation and Success of New Venture in Technology-Oriented Industries. Josef Eul Verlag, Lohmar (2005)

Roure, J.B., Keeley, R.H.: Predictors of Success in New Technology Based Ventures. Journal of Business Venturing 5(4), 201–220 (1990)

Roure, J.B., Maidique, M.A.: Linking Prefunding Factors and High-Technology Venture Success: An Exploratory Study. Journal of Business Venturing 2, 295–306 (1986)

Rüggeberg, H.: Strategisches Markteintrittsverhalten junger Technologieunternehmen. Deutscher Universitätsverlag, Wiesbaden (1997)

Sandberg, W.R., Hofer, C.W.: Improving New Venture Performance – The Role of Strategy, Industry Structure, and the Entrepreneur. Journal of Business Venturing 3, 5–28 (1987)

Sausen, K., Tomczak, T.: Status quo der Segmentierung in Schweizer Unternehmen. THEXIS 20(4), 2–7 (2003)

Wedel, M., Kamakura, W.A.: Market Segmentation – Conceptual and Methodological Foundations. 2. Aufl., Springer, Boston (2002)

Eva-Maria Schobert, Xenia-Isabel Poppe und Harald Pechlaner

Soziales Kapital und Netzwerke als Kompetenz des Gründungsunternehmens

Eva-Maria Schobert, geb. Hammann, Dr.
Head of Projects & Processes Business Unit Medium Speed
MAN Diesel & Turbo SE, Augsburg
E-Mail: eva-maria.schobert@man.eu.

Xenia-Isabel Poppe, M. Sc.
Lehrstuhl Tourismus / Zentrum für Entrepreneurship
Katholische Universität Eichstätt-Ingolstadt
E-Mail: xenia.poppe@ku-eichstaett.de.

Harald Pechlaner, Prof. Dr.
Inhaber des Lehrstuhls Tourismus / Zentrum für Entrepreneurship
Katholische Universität Eichstätt-Ingolstadt
E-Mail: harald.pechlaner@ku-eichstaett.de.

1 Einleitende Überlegungen

Unternehmertum ist als Prozess zu verstehen, in welchen Individuen wirtschaftliche Möglichkeiten auszunutzen versuchen, ohne dabei im Vorhinein schon über die für die Umsetzung unternehmerischer Initiativen notwendigen Ressourcen zu verfügen (*Stevenson/Jarillo* 1990). Folgt man den Überlegungen der „liability of newness" (*Stichcombe* 1965) und der „liability of smallness" (*Baum* 1996) haben Gründungsunternehmen in aller Regel noch keine Reputation in der Branche und besitzen nur einen begrenzten Ressourcenpool. Die notwendigen Ressourcen für ein Unternehmen zu akquirieren, stellt eine unbedingte Anforderung an den Unternehmensgründer dar, dadurch dass sie das Risiko des Scheiterns reduzieren können und dabei gleichzeitig die Grundlage bilden, auf der ein junges Unternehmen wachsen kann. Das Ziel eines jeden Unternehmens muss es sein, Performance und profitables Wachstum zu bewirken, was nach *Hinterhuber* (2005) nur durch die Verbindung von strategischer Offensive und taktischer Defensive möglich wird. Aus diesem Grund hängt der nachhaltige Erfolg von jungen Unternehmen neben vielen anderen Faktoren vom Unternehmer und seiner Fähigkeit ab, sein Handeln nicht durch ein übertriebenes Sicherheits- und Unabhängigkeitsstreben bestimmen zu lassen (vgl. *Kaufmann* 1993) und damit Kooperationen als Einschränkung oder Gefahr zu empfinden, sondern vielmehr ein Netzwerk aufzubauen, Geschäftsbeziehungen zu pflegen und Kooperationen weiterzuentwickeln, um Zugang zu Ressourcen, Informationen, Wissen und Fähigkeiten zu erhalten (*Das/Teng* 2009; *Hotz-Hart/Rohner* 2014).

Ein solches Netzwerk von Beziehungen und Verbindungen wird in der Wissenschaft zunehmend durch den Begriff Soziales Kapital beschrieben. Dieses mehrdimensionale Konstrukt wird in diversen Wissenschaftsdisziplinen thematisiert und weist daher eine sehr ambivalente Begriffsbedeutung auf (*Freese et al.* 2008). Grundlegend werden als Sozialkapital die sozialen Beziehungen eines Unternehmers beschrieben, sowie die Ressourcen, auf welche der Unternehmer durch eben diese Beziehungen zugreifen kann (*Bourdieu* 1986). Je nach Ausprägung der Betrachtungsebene (soziozentrisch oder egozentrisch), der Interaktionsrichtung (mit der Umwelt oder innerhalb des Netzwerkes) und der Struktur (offen oder geschlossen) des Netzwerkes, können die sozialen Beziehungen als Instrument zur Erreichung unterschiedlicher Effekte eingesetzt werden. So kann das Netzwerk eines Unternehmers den Informationsfluss zwischen Akteuren fördern, Einfluss auf Entscheidungsprozesse erwirken sowie Aufmerksamkeit und Vertrauenswürdigkeit schaffen (*Lin* 1999). Soziales Kapital birgt daher insbesondere für den Unternehmensgründer diverse Erfolgschancen entlang des Gründungsprozesses, da Entrepreneure hierüber beispielsweise Zugang zu wichtigen Informationen oder auch notwendigen Ressourcen zum Unternehmensaufbau gewinnen können (*Johannisson* 1987; *Ostgaard/Birley* 1994). Netzwerke können darüber hinaus Grundlage für weitere positive Effekte sein. Sie sind dazu geeignet, Unsicherheiten zu reduzieren, Kapazitäten zu erweitern, die Flexibilität und Wettbewerbsfähigkeit zu erhöhen sowie zu einem schnelleren Reaktionsvermögen beizutragen, um wirtschaftlichen Möglichkeiten nachgehen zu können (*Hemphill/Vonortas* 2003; *Johannisson/Monsted* 1997).

Strategisch gut aufgebaute Netzwerke können den Schwierigkeiten der „liability of newness“ und „liability of smallness“ entgegenwirken und den Gründungserfolg maßgeblich beeinflussen (*Rössl* 2006). Aus diesen Gründen wird der Aufbau, die Entwicklung und das Management der Schnittstellen zwischen sozialen Beziehungen d. h. das Netzwerkmanagement für Entrepreneure zunehmend wichtiger (*Hotz-Hart/Rohner* 2014). Sie müssen ihr Soziales Kapital aktiv aufbauen sowie strategisch sinnvoll und den Anforderungen der jeweiligen Gründungsphase entsprechend nutzen können. Dafür sind – so die Annahme dieses Beitrags – spezifische Fähigkeiten und Kompetenzen seitens des Gründungsunternehmers notwendig, um erfolgreiches Networking auch über den Zeitverlauf des Gründungsprozesses hinweg betreiben zu können.

2 Geschäftsbeziehungen, Kooperationen und Netzwerke – Versuch einer Abgrenzung

Netzwerke und Beziehungen zwischen Unternehmen werden seit langem als wichtige Strategie etablierter Unternehmen angesehen (*Lorenzoni/Lipparini* 1999) und wurden auch in Bezug auf Unternehmensgründungen diskutiert (*Lechner/Dowling* 2003). Die Relevanz von Netzwerken für unternehmerische Aktivitäten wird dabei an vier Aspekten deutlich: Zunächst können Unternehmensgründungen als Weg gesehen werden, sog. „structural holes“ (*Burt* 1992) in Netzwerken zu schließen. Eine zweite Überlegung zu unternehmerischen Netzwerken ist, sie als Beziehungen zu definieren, welche ein Unternehmensgründer antizipierend aufbaut, um zukünftige Geschäftschancen ausnutzen zu können. Netzwerke haben drittens eine Governance-Funktion, indem durch die ihnen anhängige Redundanz den Herausforderungen des Wettbewerbsumfelds begegnet werden kann. Ausgehend von der Erkenntnis, dass unternehmerisch denkende und handelnde Individuen aus einer persönlichen Motivation heraus handeln und mit anderen Akteuren zum beiderseitigen Nutzen interagieren, müssen Netzwerke schließlich als ein Bindeglied zwischen dem Unternehmer, seinem Unternehmen und dem externen Umfeld verstanden werden (*Johannisson/Monsted* 1997). Netzwerke von Gründungsunternehmen sind dabei gleichermaßen personal wie organisational.

Aufgrund der Vielzahl unterschiedlicher Begriffsabgrenzungen und zur besseren Annäherung an die Thematik wird im Folgenden zunächst der Versuch der Abgrenzung der Begrifflichkeiten „Geschäftsbeziehung“, „Kooperation“ und „Netzwerk“ unternommen. Dies bildet die Basis für die hieran anschließende Erläuterung des Konstrukts Soziales Kapital.

Eine Geschäftsbeziehung wird allgemein als eine wechselseitige, längerfristig angelegte Austauschbeziehung zwischen einer Hersteller- und einer Verwenderfirma verstanden (*Werp* 1998). Etwas genauer definiert auch *Gemünden* (1990) Geschäftsbeziehungen als *„langfristig angelegte, von ökonomischen Zielen geleitete Interaktionsprozesse und Bindugen zwischen Mitgliedern verschiedener Organisationen, die auf eine Folge von Austauschprozessen gerichtet sind*" (*Gemünden* 1990, S. 34). *Schade/Schott* (1993) sprechen von Geschäftsbeziehung als Gesamtheit einzelner Kooperationsbeziehungen. Da eine Kooperation eine explizite Vereinbarung zur unternehmerischen Zusammenarbeit darstellt, die auf die gemeinsame Erfüllung von betrieblichen Aufgaben durch selbstständige Wirtschaftseinheiten abzielt (*Werp* 1998; *Zentes et al.* 2003), bedeutet dies, dass eine Geschäftsbeziehung i. d. R. bereits vor einer Kooperation besteht und letztere auch überdauert, dadurch dass die Kooperation durch die Erfüllung der vereinbarten Aufgaben beendet wird, die Beziehung dennoch weiter bestehen kann. Ähnliches gilt für Netzwerke, die – so *Sydow* (1992) – eine auf die Realisierung von Wettbewerbsvorteilen zielende Organisationsform ökonomischer Aktivitäten darstellt, welche sich durch komplex-reziproke, eher kooperative, denn kompetitive und relativ stabile Beziehungen auszeichnet (*Sydow* 1992). In Abgrenzung zur Definition der Geschäftsbeziehungen gehen Netzwerke meist über bilaterale Kooperationen hinaus und sind nach *Kutschker* (1994) die Summe aller direkten und indirekten Beziehungen, welche mehr Handlungsmöglichkeiten eröffnen als einzelne, direkte Beziehungen für sich betrachtet dies ermöglichen können. Wie vorher angedeutet, muss das Netzwerk eines Gründungsunternehmens jedoch in Abgrenzung zu den von *Sydow* (1992) angesprochenen Unternehmensnetzwerken zunächst als soziales Netzwerk verstanden werden, das auf sowohl den informellen Beziehungen zu Mitgliedern einer sozialen Bezugsgruppe als auch den professionellen, auf unternehmerischen Interessen basierenden Beziehungen aufbaut (*Szarka* 1990).

Neben den begrifflichen Differenzen kann grundsätzlich zwischen verschiedenen Arten von Netzwerken unterschieden werden.[1] Starke und schwache Beziehungen (*Granovetter* 1973) verlangen einen unterschiedlich hohen Einsatz an Zeit und Energie, während redundante und nicht-redundante Beziehungen die Einzigartigkeit der Informationen und Ressourcen determinieren (*Burt* 1992; *Lechner/Dowling* 2003). Ausschlaggebend für die Intensität von Geschäftsbeziehungen ist nach *Knoblich* (1969) und *Mengele* (1994) einerseits der Formalisierungsgrad der Vereinbarung, d. h. ob ein schriftlicher Vertrag aufgesetzt wird oder die Geschäftsbeziehung lediglich auf einer formlosen Vereinbarung gründet, oder andererseits die Höhe der getätigten Investitionen, welche sich auch auf die strategische Bedeutung der Beziehung der Geschäftspartner auswirken können (*Sydow* 1992). Insofern kann der Aufbau, die Entwicklung und das Management von Ge-

[1] Eine Übersicht diverser Netzwerktypen speziell im interorganisationalen Kontext findet sich bei *Sydow* (2010).

schäftsbeziehungen, Kooperationen und Netzwerken als strategische Aufgabe eines Unternehmers bzw. Unternehmensgründers interpretiert werden (*Zhao/Aram* 1995).

Zieht man die Stellung der Kooperationspartner in der Wertschöpfungskette heran, ist zunächst zwischen horizontalen und vertikalen Kooperationsbeziehungen zu unterscheiden. Bei der horizontalen Kooperation gehören beide Partner derselben Wertschöpfungsstufe an, während bei der vertikalen Kooperation ein Partner einer vor- oder nachgelagerten Stufe zuzurechnen ist. Im letzteren Fall handelt es sich i. d. R. um die Beziehung eines Unternehmens mit seinen Kunden oder Lieferanten. Schließen sich darüber hinaus Firmen unterschiedlicher Branchen und Wirtschaftsstufen zusammen, spricht man von einer konglomeraten Kooperation (*Werp* 1998).

Nach *Tröndle* (1987) ist schließlich zwischen einer redistributiven und einer reziproken Kooperation zu unterscheiden. Eine redistributive Kooperation liegt dann vor, wenn zwei Unternehmen gemeinsam ein oder mehrere Ziele verfolgen und sich dazu entschließen, die Erträge oder Verluste aus den gemeinsamen Aktivitäten nach zuvor vereinbarten Regeln zu verteilen. Im Gegensatz dazu entwickeln die Kooperationspartner bei einer reziproken Kooperation keine gemeinsamen Ziele, sondern tauschen lediglich Ressourcen oder Güter, sodass nach Abschluss der Kooperation keine Verteilung von Erträgen oder Verlusten erfolgt.

Neben dieser strukturellen Betrachtung von Netzwerken anhand ihrer diversen Gestaltungsparameter, gilt es das Netzwerk aus sozialen Beziehungen eines Entrepreneurs auch als Ressource selbst wahrzunehmen (*Coleman* 1990). Der Begriff Soziales Kapital kommt dabei in der Entrepreneurship-Forschung zunehmend zur Verwendung. Ursprünglich aus dem Forschungsgebiet der Soziologie stammend, beschreibt der Begriff nach *Putnam* (1993, 2000) soziale Beziehungen, Netzwerke, Werte und Normen, die in der Zivilbevölkerung entstehen und vorherrschen (*Putnam* 1993, 2000). Zunehmend wurde das Konstrukt Soziales Kapital auch in das Geschäftsleben und den öffentlichen Sektor übertragen sowie in zahlreichen wissenschaftlichen Beiträgen unterschiedlicher Disziplinen behandelt (u.a. *Bourdieu* 1986, 1997; *Coleman* 1990; *Granovetter* 1973; *Burt* 2005, 2000, 1997, 1992; *Lin* 2003, 1999; *Putnam* 2000, 1995, 1993), sodass im Folgenden davon ausgegangen wird, dass sich Soziales Kapital in allen Teilen der Gesellschaft vorfinden und von verschiedensten Organisationsformen nutzen lässt (*Westlund* 2006). Dabei ist der Begriff des Sozialkapitals ein mehrdimensionales Konstrukt, dessen Bedeutung derzeit noch nicht eindeutig definiert ist (*Freese et al.* 2008; *Diewald/Lüdicke* 2007; *Maak* 2007). *Bourdieu* (1986) beschreibt die sozialen Beziehungen zwischen Akteuren, die es ermöglichen auf Ressourcen anderer zuzugreifen, sowie aber auch eben diese gewonnenen Ressourcen selbst als Soziales Kapital und benennt damit zwei Elemente des Sozialkapitals, die sich in einem geschlossenen Netzwerk ergeben können. *Granovetter* (1973) und *Burt* (2005, 1997, 1992) fokussieren dagegen den Nutzen, der sich für Akteure eines Netzwerkes insbesondere aus ihren schwachen Kontakten ergibt. *Granovetter* verdeutlicht in seiner Publikation „The Strength of Weak Ties" (1973) wie bedeutend eine hohe Diversität an Informationen für die Nützlichkeit eines

Netzwerkes ist. Daneben prägt *Burt* speziell die Diskussion um strukturelle Löcher, wobei er die Annahme vertritt, dass verschiedene Positionen in einem Netzwerk auch einen unterschiedlichen ökonomischen Nutzen mit sich bringen. Solche „Brückenpositionen" bzw. „structural holes" bringen hiernach ein besonders hohes Sozialkapital i. S. v. qualitativ hochwertigen Informationen und der Möglichkeit den Ressourcen- und Informationszufluss sowie Beziehungen zu beeinflussen, mit sich (vgl. *Portes* 2000a; *Walker et al.* 2000). *Lin* (1999, S. 30) tritt dieser Vielfalt an Begriffsdeutungen entgegen und definiert Sozialkapital generell als *„investment in social relations with expected returns"*, wobei er die zu erwartende Gegenleistung als Ressourcenbündel beschreibt, die an im Netzwerk bestehende Positionen gebunden sind und für deren Inanspruchnahme bestimmte Beziehungen zu solchen Positionen notwendig sind (*Lin* 2003). Individuen interagieren und betreiben aktives „Networking" mit der Erwartung, Vorteile zu erwirtschaften und schlussendlich die eigenen Ziele umzusetzen (*Lin* 1999).

Diese divergierenden Ansätze führen zu drei Kontroversen bei der Konzipierung von Sozialem Kapital, welche übersichtlich von *Bachinger* (2012) aufbereitet wurden. Zunächst wird hinsichtlich der Betrachtungsebene, auf der Soziales Kapital genutzt wird, unterschieden. So kann Sozialkapital individuell und akteurszentriert durch die Analyse von Ego-Netzwerken abgebildet, oder als kollektivistisch durch soziozentrische Analysen betrachtet werden (*Freese et al.* 2008; *Lin* 1999; *Portes* 2000b). Ersteres fokussiert dabei die Eigenschaften des Akteurs sowie dessen Beziehungen. Letzteres betont vielmehr die internen Vernetzungen von Mitgliedern einer Gruppe und den gemeinschaftlichen Nutzen hieraus. Überschneidungen beider Formen liegen vor (*Westerlund* 2006; *Lin* 1999). Eine weitere Differenzierung ist hinsichtlich der Entstehung von Sozialkapital vorzunehmen. Man unterscheidet hier zum einen in Sozialkapital, welches durch Interaktion nach außen hin mit der Umwelt des Netzwerkes entstanden ist (*Westerlund* 2006; *Maak* 2007; *Adler/Kwon* 2002), und zum anderen in solches, das durch interne Interaktion entsteht, wobei es sich hierbei zumeist um implizite Ressourcen wie Vertrauen und Identifikation handelt, die als Sozialkapital wahrgenommen werden (*Adler/Kwon* 2002, 2000). Abschließend lässt sich ein weiteres Differenzierungsmerkmal in der Struktur eines Netzwerkes begründen. Die Interaktion in offen strukturierten Netzwerken führt vornehmlich zum sog. bridging social capital (*Putnam* 2000, S. 22 f.) d. h. zu eher schwachen Beziehungen, die zu zahlreichen, nicht-redundanten Informationen führen. In stärker geschlossenen Netzwerken sind die Beziehungen zumeist intensiver und reicher an Vertrauen, oftmals hochgradig redundant und besser kontrollierbar (*Franzen/Pointner* 2007). Es entsteht hier ein sog. bonding social capital (*Putnam* 2000, S. 22 f.).

Warum Soziales Kapital in seinen verschiedenen Ausführungen für Unternehmer relevant ist, beschreibt *Lin* (1999) anhand von drei Effekten, wobei diese insbesondere im Hinblick auf die bestehenden Netzwerkstrukturen variieren können: (1) Förderung des Informationsflusses: Soziale Beziehungen, insbesondere schwache, breit gefächerte und dabei strategisch gut ausgerichtete, ermöglichen die Informationsgewinnung über eine Vielfalt von unternehmerischen Chancen, Wissen und Bedürfnisse von Konsumenten, die einem sonst als Individuum verwehrt geblieben wären (*Burt* 1992; *Lin* 1999). Starke

Beziehungen bzw. eher geschlossene Netzwerkstrukturen hingegen führen zu detaillierten Informationen zu einzelnen Personen oder Sachverhalten (*Bachinger* 2012). Durch diese Informationseffekte können Wissensressourcen generiert und Transaktionskosten gesenkt werden (*Schutjens/Stam* 2003; *Lin* 1999). (2) Einflussnahme auf den Entscheidungsprozess von Individuen: Über soziale Beziehungen kann sowohl direkt auf den Beziehungspartner als auch weiterführend auf dessen Kontakte, wie z. B. potenzielle Investoren, Kooperationspartner und Kunden Einfluss hinsichtlich Wahrnehmungen und Entscheidungen genommen werden. Dabei ist zu beachten, dass einige soziale Beziehungen, aufgrund ihrer strategischen Position (z. B. Strucural Holes, Ausmaß der Autorität der Position), bedeutendere Rollen einnehmen als andere (*Lin* 1999). (3) Aufmerksamkeit und Vertrauenswürdigkeit: Teilnehmer eines sozialen Netzwerkes zu sein, kann einem Individuum Aufmerksamkeit verschaffen und dessen Vertrauens- und Glaubwürdigkeit aufgrund geteilter Informationen sowie geteilter Werte und Normen steigern, was insbesondere für junge Unternehmer, aufgrund der „liability of smallness" und „liability of newness", von großer Bedeutung ist (*Bourdieu* 2012; *Lin* 1999).

Entrepreneure können ihre sozialen Beziehungen somit als Instrument nutzen, um Ziele durchzuführen und durchzusetzen, die andernfalls nicht oder nur schwer umsetzbar wären und damit den Gründungserfolg beeinflussen (*Coleman* 1990). Das Soziale Kapital liegt folglich nicht in einer bestimmten Person oder physischen Sache, sondern wird durch das Beziehungsgeflecht des Entrepreneurs gekennzeichnet (*Coleman* 1990) bzw. ergibt sich aus der Nutzung des sozialen Netzwerkes in Form von gewonnenen Ressourcen (*Bourdieu* 2012). Soziales Kapital kann folglich beschrieben werden als "*the sum of the actual or potential resources embedded within, available through, and derived from the network of relationships possessed by an individual or social unit*" (*Nahapiet/Ghoshal* 1998, S. 243). Diese Definition umfasst beide Auffassungen von Sozialem Kapital, das Netzwerk selbst sowie die Ressourcen, die über das Netzwerk mobilisiert werden können.

3 Der Prozess der Bildung, Entwicklung und das Management von Geschäftsbeziehungen

Das Management von Netzwerken und Geschäftsbeziehungen wird beschrieben als das „*promoting mutual adjustment of the behavior of actors with diverse objectives and ambitions with regard to tackling problems within a given framework of interorganizational relationships*" (*Kickert/Koppenjan* 1997, S. 44).

Ähnlich der Entwicklung und Leitung eines Unternehmens spielt sich nach *Stahl* (2005) auch die Vernetzung bzw. die Beziehung mit anderen Wirtschaftsakteuren grundsätzlich auf vier Ebenen ab. Auf der ersten, visionären Ebene der Unternehmensführung geht es um das Vorgeben einer Richtung für das Unternehmen. Mit Blick auf den Unternehmensgründer könnte auf dieser Ebene die Erkenntnis entscheidend sein, dass das junge Unternehmen durch die Partizipation in einem Netzwerk bzw. durch den Aufbau von Geschäftsbeziehungen eine kritische Masse erreichen und damit der „liability of smallness“ entgegenwirken kann. Auf der normativen, kulturellen Ebene kann Vernetzung für ein Gründungsunternehmen ein Fundament darstellen, auf dem es sich entwickeln und wachsen kann. Durch eine Kultur des ständigen Austauschs mit anderen Akteuren bleibt das Unternehmen im Spannungsfeld von Kooperation und Konkurrenz (der sog. „*coopetition*“) nachhaltig agil und damit wettbewerbsfähig. Aus strategischer Sicht können Gründungsunternehmen – wie eingangs schon festgestellt wurde – durch Kooperationen Kosten senken und Zugang zu Ressourcen erhalten, was sie aus eigener Kraft in ihrem frühen Entwicklungsstadium nicht erreichen könnten. Die operative Ebene steht schließlich für den tagtäglichen Umgang mit Geschäftspartnern, in dessen Verlauf sich durchaus Probleme und Herausforderungen ergeben können, die der Jungunternehmer zu bewältigen hat.

Im Gegensatz zu etablierten Branchenakteuren, auf die sich *Stahl* (2005) in seinen Ausführungen bezieht, muss bei Gründungsunternehmen eine etwas differenziertere Betrachtung erfolgen. In Anlehnung an *Wilken* (1979) gliedert sich der Gründungsprozess eines Unternehmens in drei Phasen: die Phase der Ideenentwicklung, der Zeitpunkt der tatsächlichen Gründung, sowie die Phase der Aufnahme der Geschäftstätigkeit und des sich anschließenden Managements des Gründungsunternehmens. In diesen Phasen werden z. T. unterschiedliche Ressourcen und Kompetenzen des Gründungsunternehmers benötigt, die u. U. unterschiedliche Anforderungen an das Netzwerk bzw. die Geschäftsbeziehungen und somit an das Soziale Kapital stellen.

Der Gründungsprozess beginnt mit der Entwicklung einer Geschäftsidee, für deren Umsetzung der Gründer begrenzte Ressourcen zur Verfügung hat. In dieser Phase ist es entscheidend, dass der Gründer seine Geschäftsidee zur Diskussion relevanten Bezugsgruppen, wie etwa Kapitalgebern, potentiellen Kunden, aber auch Personen im familiären und freundschaftlichen Umfeld, stellt. Dieses persönliche, als „*egozentrisch*“ bezeichnete, soziale Netzwerk ist zumeist ungeplant, da es bereits vor der Entscheidung zur Unternehmensgründung besteht. Es kann neben familiären und freundschaftlichen Banden auch Geschäftsbeziehungen (z. B. aktuelle oder ehemalige Kollegen, aktuelle oder frühere Arbeitgeber, etc.) umfassen. Zum bereits bestehenden sozialen Netzwerk können jedoch auch bereits in der Phase der Ideenentwicklung gesellschaftliche Netzwerke (z. B. Handelskammern, Hochschulen, Infrastruktur etc.) gehören, zu denen der Unternehmensgründer schon vor seiner Entscheidung, unternehmerisch tätig zu werden, Zugang hatte und deshalb relativ einfach darauf zurückgreifen kann. Die letztgenannten Netzwerke werden auch als „*soziozentrisch*“ bezeichnet (*Johannisson* 1998). Das persönliche und gesellschaftliche Netzwerk bestimmt also zunächst, welche Ressourcen, Informationen und Kompetenzen dem Unternehmensgründer ad hoc zur Verfügung stehen. Abbildung 3.1 zeigt die unterschiedlichen Bezugs- und Interessengruppen eines Unternehmensgründers in der Phase der Ideenentwicklung. Die Verbindungslinien unterscheiden sich in Intensität und Dynamik. Die dick gedruckten Verbindungslinien deuten an, dass die Beziehungen aufgrund ihres langjährigen Bestandes und/oder der Ähnlichkeit der miteinander verbundenen Akteure stark sind. Nach *Granovetter* (1973) bieten diese starken Beziehungen Zugang zu einem großen Wissenspool, der allerdings relativ geringe Wissensvielfalt bereithält. Es ist anzunehmen, dass unter den Akteuren, zu denen der Unternehmensgründer starke Bezüge hat, ebenfalls zumindest schwache Verbindungen bestehen, was zu Redundanz innerhalb des egozentrischen Netzwerks des Unternehmensgründers führt.

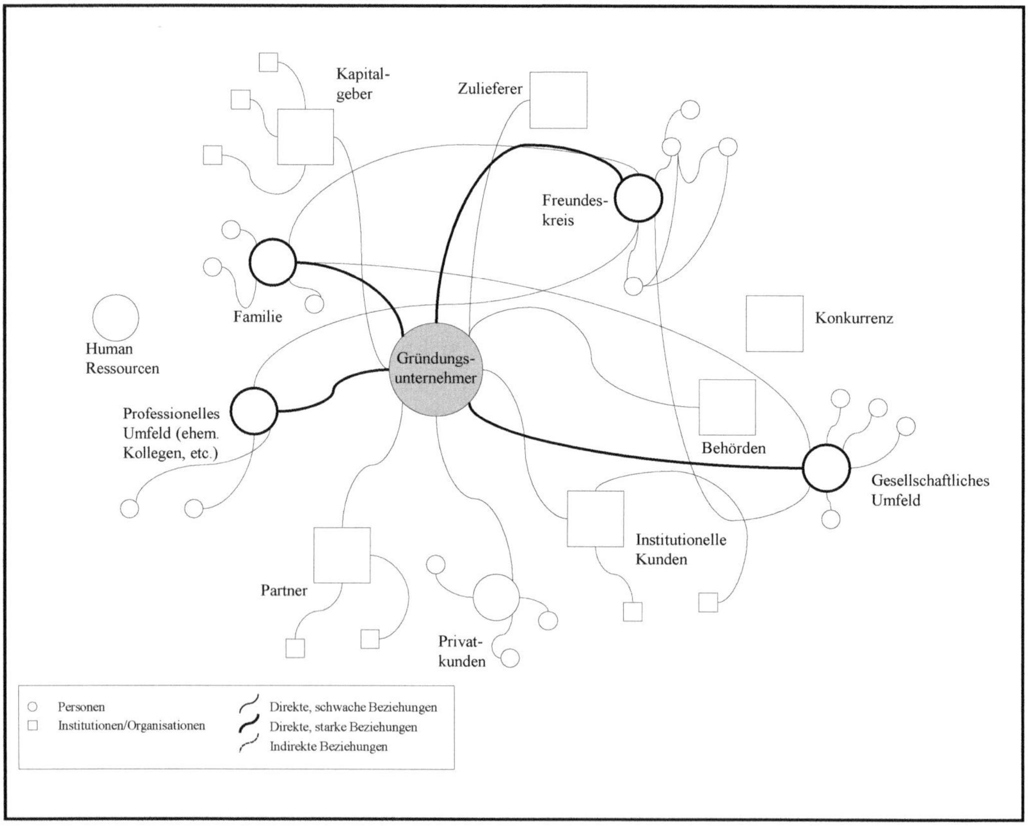

Abb. 3.1: Netzwerke des Unternehmensgründers in der Phase der Ideenentwicklung
Quelle: *Eigene Darstellung*

Die sich anschließende, zweite Phase bedeutet für den Unternehmensgründer die Verfeinerung und detailliertere Ausarbeitung seiner Geschäftsidee, das Aufspüren von Möglichkeiten, mehr (finanzielle) Ressourcen zu akquirieren, potentielle Kunden von seinem Produkt bzw. seiner Dienstleistung zu überzeugen und Verträge mit möglichen Geschäftspartnern abzuschließen. Kurzum, die eigenen Kompetenzen und Ressourcen des Unternehmensgründers reichen i. d. R. nicht aus und müssen unter Zurückgreifen auf Kontakte ergänzt werden, welche die Erreichung der gesetzten Ziele ermöglichen können. Zu diesen Kontakten zählen, wie in der Vorgründungsphase, Akteure, die der Unternehmensgründer selbst kennt, oder die er indirekt über seine direkten persönlichen Kontakte erreichen kann. Das egozentrische Netzwerk des Unternehmensgründers wandelt sich vom ungeplanten zum geplanten Netzwerk. Damit einhergehend nimmt auch im Gegensatz zur Vorgründungsphase die Dynamik innerhalb des Netzwerkes zu, d. h. der Unternehmensgründer beginnt, aktiv auf relevante Stakeholder zuzugehen und damit das für den erfolgreichen Start seines Unternehmens relevante Soziale Kapital auszubauen. Dieser Schritt hat für das Gründungsunternehmen insofern eine hohe Bedeutung, da er zur Entwicklung seiner Kernkompetenz beiträgt, die nach *Scarborough* (1998) als komplexe Interaktion von Menschen, Fähigkeiten und Technologien gesehen werden kann, welche zum Erfolg des Unternehmens beiträgt und die Bedeutung des Lernens für die Entwicklung des Unternehmens anspricht.

Die neu aufgebauten Beziehungen sind weit weniger stark als die bereits über Jahre hinweg bestehenden, erlauben dabei jedoch den Zugang zu wichtigen, mannigfaltigen Informationen und Ressourcen. Diese sind von Bedeutung, um die Geschäftsidee aus verschiedenen Perspektiven zu validieren und deren Eignung für die Realität zu prüfen. Auch wird auf diese Weise die Positionierung des jungen Unternehmens möglich, was langfristig den Weg zu relevanten Bezugsgruppen minimiert. Für unternehmerisches Engagement ist letztlich die Überwindung des „*self-similarity principle*" (*Uzzi/Dunlap* 2005) d. h. der Aufbau der schwachen Netzwerkbeziehungen und damit die Gewinnung sehr unterschiedlicher Akteure für sein Netzwerk erfolgsentscheidend (*Dubini/Aldrich* 1991; *Schutjens/Stam* 2003).

Ein weniger dichtes, nunmehr zunehmend strategisch ausgerichtetes Netzwerk mit relativ schwachen Beziehungen birgt für den Gründungsunternehmer einen weiteren Vorteil, dadurch dass der Erfahrungs- und Wissensaustausch zwischen den Netzwerkakteuren größtenteils verhindert wird, d. h. es wird für in die Geschäftsidee eingeweihten Akteure schwieriger, ihr Wissen über die Geschäftsidee im Netzwerk zu diffundieren. Für den jungen Unternehmer hat dies zur Folge, dass das Risiko der Imitation seines Konzeptes sinkt (*Greve* 1995). Zu beachten ist jedoch, dass insbesondere der Austausch von implizitem, schwer kodifizierbarem Knowhow und Wissen vertrauensvolle Beziehungen voraussetzt, die auf gemeinsamen Normen basieren (*Liebeskind et al.* 1996). Abbildung 3.2 zeigt die Dynamik des Netzwerkaufbaus (Pfeilverbindungen) und die Erweiterung auf Bezugsgruppen, die sehr unterschiedlich sein können.

Wenn der Unternehmensgründer die Geschäftstätigkeit aufnimmt und es ihm gelingt, sein Unternehmen zu etablieren, sodass der Management-Prozess des Unternehmens beginnen kann, ändert sich auch das Management des Netzwerks. Es geht fortan um die Verfeinerung, Festigung („*deepening*"), aber auch die langfristige Erweiterung („*broadening*") der Expertise des Gründungsunternehmens in der vom Gründer ausgewählten Nische (*O'Driscoll et al.* 2000, S. 187 f.). Die Entwicklung der Kompetenz eines Unternehmens kann aber – so *O'Driscoll et al.* (2000) weiter – nur durch die Entwicklung von Allianzen und Kooperationen mit Zulieferern, Kunden und sogar Konkurrenten nachhaltig entwickelt werden („*partnering*"). Diese unterschiedlichen Beziehungen zu Stakeholdern des Gründungsunternehmens stellen eine Herausforderung dar und verlangen, wie später gezeigt wird, vom jungen Unternehmer entsprechende Fähigkeiten.

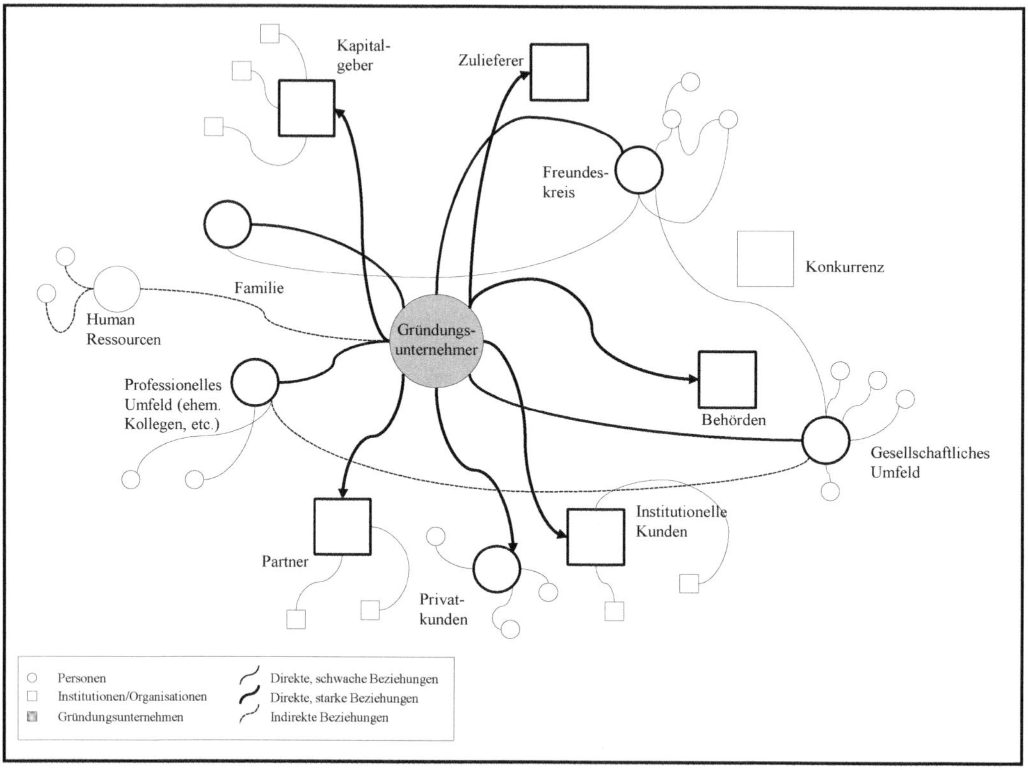

Abb. 3.2: Netzwerke des Unternehmensgründers zum Zeitpunkt der Gründung
Quelle: *Eigene Darstellung*

Mit der Zeit gewinnt der Gründungsunternehmer mehr Einsicht insbesondere in die indirekten Beziehungen. Networking darf nun nicht mehr von persönlichen Motiven geleitet und spontan, sondern muss überlegt und rational gesteuert sein. Da das nun geplant entwickelte Netz noch nicht in gleicher Weise wie das etablierte, persönliche Netzwerk auf Vertrauen basiert, wird in der dritten Phase entscheidend sein, ein solches Vertrauen zwischen neu geschaffenen Geschäftsbeziehungen zu bilden.

Das Netzwerk des Gründungsunternehmers erlangt damit verstärkt strategische Züge und entwickelt sich zu einem strukturierten, organisationalen Netzwerk des gegründeten Unternehmens. Die Person des Gründers tritt in den Hintergrund, das Unternehmen gewinnt an Bedeutung. Im Gegensatz zu den beiden vorangegangenen Phasen verwenden Gründungsunternehmer nun mehr Zeit, um ihr Netzwerk zu erweitern (*Greve* 1995).

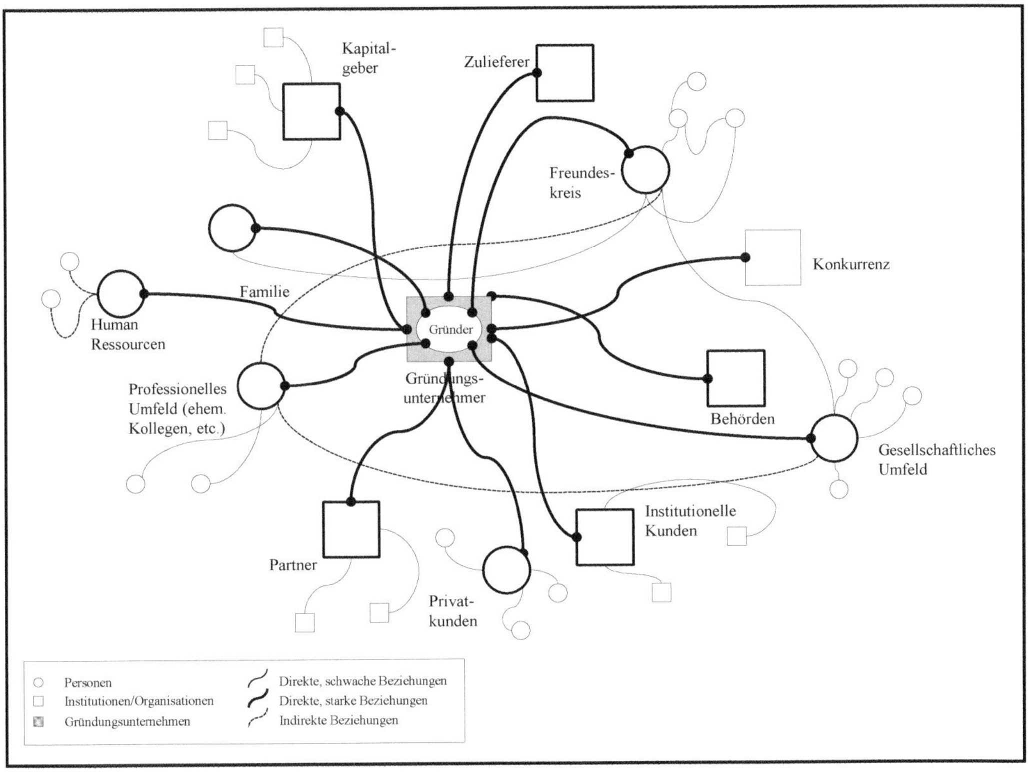

Abb. 3.3: Netzwerke des Unternehmensgründers in der Phase des Unternehmensaufbaus
Quelle: *Eigene Darstellung*

Wie aus Abb. 3.3 hervorgeht, hat das Netzwerk an Vielfalt zugenommen. Der Unternehmer tritt zugunsten seines Unternehmens zunehmend in den Hintergrund. Es kommt zur Überlappung des persönlichen und organisationalen Netzwerks, dadurch dass fortan Beziehungen zwischen der Person des Unternehmers mit Netzwerkakteuren bestehen, als auch die Gründungsunternehmung selbst zum Netzwerkpartner avanciert und mit der Zeit für andere Akteure im Netzwerk ein beherrschbarer Partner wird. Obwohl das soziale Netzwerk des Gründers anfänglich bestimmt, wie sich das Netzwerk des Gründungsunternehmers konstituiert, hat er dennoch mittel- bis langfristig die Wahl, in welches Netzwerk er sich einbringt und wie er sich und sein Unternehmen darin positioniert. Ebenso wie das Ausscheiden aus einem Netzwerk hat der Gründungsunternehmer im Rahmen seiner Geschäftstätigkeit eine strategische Wahl. Die Positionierung des Gründungsunternehmens im Netzwerk muss dabei letztlich immer der Nutzenmaximierung gereichen, die zu einem einzigartigen Wettbewerbsvorteil bzw. eine Kernkompetenz des Gründungsunternehmens avancieren kann (*O'Driscoll et al.* 2000). Es wird deutlich, dass das Netzwerk eines Entrepreneurs nicht als konstant angesehen werden darf, sondern sich im Zeitverlauf schnelllebig ändern kann (*Schujens/Stam* 2003), wodurch sich auch die Anforderungen an den Entrepreneur und seine Kompetenzen hinsichtlich des Netzwerkmanagements wandeln.

4 Vom persönlichen zum Unternehmensnetzwerk

Der Unternehmer eines Gründungsunternehmens spielt für dessen Netzwerk eine wichtige Rolle (*Lechner/Dowling* 2003). Insbesondere das persönliche Netzwerk des Unternehmensgründers gilt als eine wichtige Säule des Gründungsunternehmens (*Ostgaard/Birley* 1994; *Johannisson* 1995). Die Intention, mit der ein Gründungsunternehmer sein Netzwerk bzw. seine Geschäftsbeziehungen aufbaut, kann jedoch durchaus unterschiedlicher Natur sein. Denkbar ist einerseits das kalkulierte Verfolgen eigener Ziele, die den professionellen und kommerziellen Austausch von Gütern, Leistungen oder Erfahrungen nach sich ziehen. Auch gemeinsame Werte oder eine emotionale Bindung, die meist mit freundschaftlichen Beziehungen des Gründers assoziiert werden, können Beweggründe sein.

Zunächst besteht das Netzwerk des Unternehmensgründers vornehmlich aus zwischenmenschlichen Beziehungen, die jedoch im Fall eines Gründungsunternehmens auch eine organisationale Dimension erhalten (*Zhao/Aram* 1995). Dabei haben persönliche Kontakte des Unternehmensgründers eine wichtige, duale Funktion: Sie stellen ein Sicherheitsnetz dar und haben für den Unternehmer auf sozialer Ebene eine unterstützende Funktion, gerade dann, wenn er unternehmerische Risiken eingeht. Darüber hinaus ist das persönliche Netzwerk jedoch auch ein Instrument, durch das – wie eingangs schon erwähnt wurde – im Idealfall einzigartige Ressourcen akquiriert werden können, und durch welches die Erreichung der Unternehmensziele überhaupt erst ermöglicht wird (*Johannisson* 1987). So stellen *Ostgaard/Birley* (1994, S. 281) fest, dass *„the personal network of the owner-manager is the most important resource upon which he or she can draw in the early days of the firm's development.“* Es ist entscheidend für den Gründungsunternehmer sich Zugang zu einem „potenten Kontext“ zu verschaffen, um seine eigenen Kompetenzen auszubauen. Denkbar ist dabei – so *Johannisson* (1998) – einerseits ein funktionaler Kontext in Gestalt einer Industrie oder eines Unternehmens, andererseits könnte das Netzwerk des Gründungsunternehmers auch eine räumliche Dimension aufweisen, die regional oder lokal begrenzt ist. Grundsätzlich ist davon auszugehen, dass das egozentrische Netzwerk des Gründungsunternehmers in das soziozentrische Netzwerk eingebunden ist. Dadurch kann der Unternehmer sein persönliches Netzwerk erweitern und gleichzeitig zur dynamischen Entwicklung des soziozentrischen Netzwerks beitragen (*Johannisson/Monsted* 1997; *Johannisson* 1998).

Indem sich der Gründungsunternehmer wie sein Unternehmen wandelt, verändern sich zwangsläufig auch die Beziehungen, die er Gründer mit diversen Akteuren unterhält. Dabei kann es vorkommen, dass neue Akteure in das Netzwerk eintreten, andere ausscheiden oder aber die Akteure sich wie das fokale Unternehmen selbst verändern. Entscheidend sind in diesem Zusammenhang zwei Aspekte: Zum einen muss der Unternehmer die Entwicklungen seines Netzwerks verfolgen und sich dabei immer die Frage stellen, wie sinnvoll und Nutzen bringend die Partizipation in diesem Netzwerk oder einem Teilbereich für das Unternehmen (noch) ist. So stellen *O'Driscoll et al.* (2000, S. 193) fest, dass *„[n]etworks continually evolve and the fact that a network served a particular firm well for a period of time does not mean that it will always do so."* Zum anderen muss es dem Unternehmer gelingen, seine Beziehungen zu den verschiedenen Akteuren in jedem Fall auf eine kooperative und vertrauensvolle Ebene zu stellen. Aus diesem Grund werden nachfolgend all jene Kompetenzen diskutiert, die für den Aufbau und das Management von Geschäftsbeziehungen und Netzwerken entscheidend sein können.

5 Notwendige Kompetenzen

Um ein Netzwerk und damit Geschäftsbeziehungen nachhaltig aufzubauen, zu erhalten und das hierin enthaltene Sozialkapital auszuschöpfen sind, nach Meinung der Autoren des vorliegenden Beitrags, eine Reihe von Kompetenzen des Unternehmers notwendig, die nachfolgend thematisiert werden. Kompetenzen sind eine Kombination aus Eigenschaften, Fähigkeiten und Erfahrungen, die von der Erfahrung des Unternehmers, seiner Ausbildung, seinem familiären Hintergrund und bestimmten demographischen Variablen beeinflusst werden (*Bird* 1995).

Da Netzwerkbeziehungen Stabilität sowie Identität, aber auch Flexibilität und Agilität gewährleisten sollen (*Stahl* 2005), muss der Unternehmer die Fähigkeit besitzen, Beziehungen auf lange Sicht auszulegen und dabei gleichzeitig dafür sorgen, dass sich das Netzwerk immer wieder erneuert. In Anlehnung an *Man/Lau* (2000), die unterschiedliche Kompetenzen von Unternehmensgründern klassifizierten (u. z. strategische, konzeptionelle, Chancen erkennende, beziehungsorientierte, unterstützende, Commitment bildende Kompetenzen sowie Organisationstalent) sollen die für den Aufbau von Geschäftsbeziehungen notwendigen Kompetenzen diskutiert werden. Abbildung 5.1 setzt die beziehungsorientierte Kompetenz neben den anderen genannten Kompetenzen in Bezug zu den genannten Phasen der Unternehmensgründung. Im Rahmen dieses Beitrags werden jedoch nicht alle Kompetenzen, die für die Gründung eine Rolle spielen, gleichermaßen diskutiert. Der Fokus wird auf den für den Aufbau und das Management von Netzwerken entscheidenden Kompetenzen liegen. Die phasenweise Betrachtung der notwendigen Kompetenzen erlaubt dabei die Berücksichtigung der dynamischen Eigenschaften von Netzwerken.

Die Kompetenz, ein Netzwerk aufzubauen, zu entwickeln und zu managen, d. h. die Netzwerk- bzw. Vernetzungskompetenz eines Entrepreneurs (*Reiß* 2004) setzt sich – ohne den Anspruch auf Vollständigkeit erheben zu wollen – in Anlehnung an *Man/Lau* (2000), *Stahl* (2005) und *Sydow* (2010) aus verschiedenen Komponenten zusammen. Sie sind – wie Abb. 5.1 zeigt – über die drei Phasen des Gründungsprozesses unterschiedlich bedeutsam.

Konzeptionelle Fähigkeiten benötigt der Gründungsunternehmer nicht nur in Bezug auf die Entwicklung seiner Geschäftsidee, sondern auch im Hinblick auf die Identifikation potentieller Kooperations- und Netzwerkpartner. Diese können Individuen oder auch Organisationen, wie z. B. Unternehmen, sein (*Garcia* 2006), wobei es beim Beziehungsaufbau bedeutsam ist, die Gegebenheiten aus verschiedenen Blickwinkeln zu analysieren und mögliche Risiken zu bewerten, die durch die Interaktion mit Dritten entstehen können (z. B. Wissens- und Knowhow-Verlust).

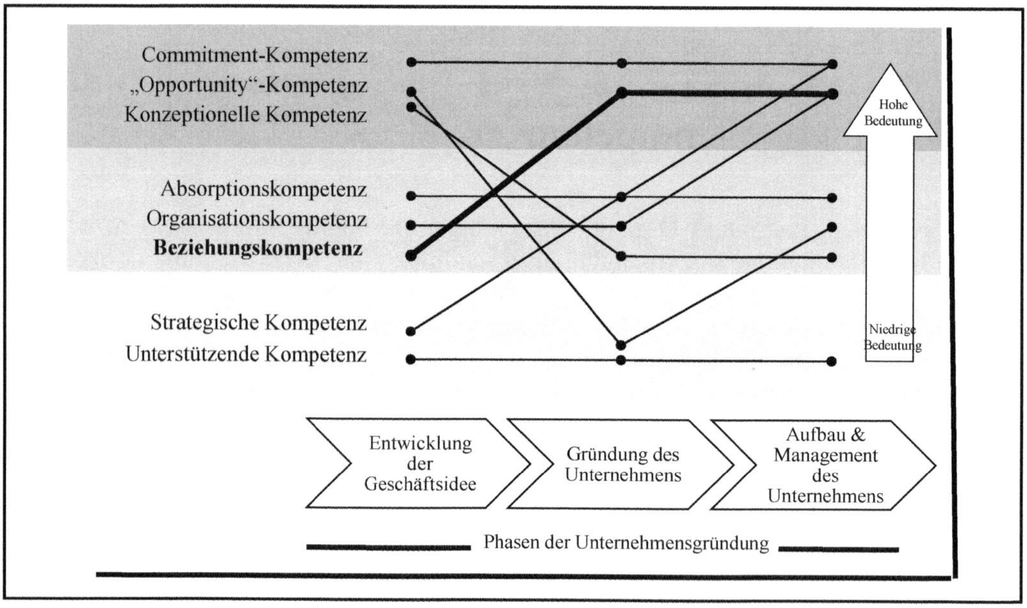

Abb. 5.1: Kompetenzen während der Unternehmensgründung
Quelle: *Eigene Darstellung*

Obwohl das Netzwerk eines Unternehmensgründers zu Beginn des Gründungsprozesses durchaus nicht immer planvoll entsteht, zählen strategische Fähigkeiten mittelfristig zu den Kompetenzen für ein erfolgreiches Management von Geschäftsbeziehungen. Der junge Unternehmer muss sein Gründungsunternehmen zunächst positionieren, realistische Ziele setzen und eine Vision entwickeln, die im Grunde vorgibt, welche Partner für das Unternehmen in Frage kommen und welche Ressourcen und Kompetenzen notwendig sind, um diese Ziele erreichen zu können. Auch die Gestaltung der einzelnen Beziehungen muss strategisch zielführend erfolgen. Auf struktureller Ebene gilt es dabei insbesondere hinsichtlich der folgenden drei Gegensatzpaare (*Granovetter* 1973; *Coleman* 1994; *Putnam* 1993) zu entscheiden: Starke vs. schwache, formelle vs. informelle und horizontale vs. vertikale Netzwerkbeziehungen. Neben der Entwicklung und Gestaltung entsprechender Kooperationen ist auch die zusätzliche Managementaufgabe der Beendigung von Geschäftsbeziehungen zweckmäßig zu vollziehen (*Oerlemans et al.* 2007).

Da sich die Entwicklung von Netzwerken prozesshaft vollzieht – *Ring/Van de Ven* (1994) schlagen drei Basisprozesse vor, nämlich die Verhandlung, das Commitment und die tatsächliche Ausführung, *Ritter/Gemünden* (1998) führen die beziehungsspezifischen Prozessschritte Anbahnung, Austausch und Koordination an – muss der Gründungsunternehmer ein guter Verhandlungsführer sein, der mit seinem potentiellen Netzwerkspartner gemeinsame Erwartungen an die Kooperation besitzt, bzw. in anderem Fall wahrgenommene Differenzen und Unsicherheiten ausdiskutieren kann. Daraus ergibt sich von beiden Seiten ein entsprechendes, rechtlich fixiertes oder psychologisches Commitment, das die Regeln des Networkings anerkennt. Die innere Bereitschaft und Verpflichtung der Netzwerkpartner, selbst in schwierigen Phasen, bspw. in der Phase der nicht vorhandenen Reputation des Gründungsunternehmens, bei internen Krisen einer der beiden Partner oder bei schwierigen Wettbewerbsbedingungen, zu einem anderen Netzwerkspartner zu stehen und das Gegenüber an sich zu binden, machen das Commitment schließlich aus. Commitment bedeutet auch, langfristige Ziele über kurzfristige Gewinne zu stellen, Zeit und Energie zu investieren, den persönlichen Werten treu zu bleiben und bei Niederlagen den Neustart zu wagen (*Man/Lau* 2000). Erst auf der Basis eines gegenseitigen Commitments zur Geschäftsbeziehung kann die Kooperation tatsächlich in die Tat umgesetzt werden. Stark unterstützend ist hier auch die Identifikation der Netzwerkmitglieder miteinander. Dieser wesentliche Baustein des Sozialkapitals (*Nahapiet/Goshal* 1998) kann sowohl eine kulturelle, als auch eine historische oder territoriale Identität beschreiben, in denen wiederum Prozesse der personalen, sozialen, kollektiven, historischen oder kulturellen Identifikation ablaufen (*Schmitt-Egner* 2005). Hierauf aufbauend kann eine emotionale Bindung, eine Art Wir-Gefühl entstehen und das Netzwerk positiv bereichert werden. Schafft es der Entrepreneur, Commitment und Identifikation innerhalb des Netzwerkes zu errichten, unterstützt dies die Ausschöpfung des Sozialkapitals auf kognitiver Ebene und ermöglicht insbesondere die Nutzung impliziter Ressourcen (*Adler/Kwon* 2002, 2000).

Um die im Netzwerk vorhanden Ressourcen, d. h. das Soziale Kapital, umfassend erkennen und nutzen zu können, muss der Unternehmensgründer über die Fähigkeit verfügen, relevantes, externes sowie internes Wissen und Qualifikationen identifizieren, aufnehmen und für seine eigenen Zielstellungen nutzen zu können (*Hotz-Hart/Rohner* 2014). Der Gründer muss hierfür sowohl über fachliche als auch soziale Kompetenzen verfügen, worüber hinaus insbesondere die sog. „*absorptive capacity*" als erforderliche Kompetenz genannt werden muss (*Sydow* 2010; *Cohen/Levinthal* 1990).

Das tagtägliche Agieren als Akteur in einem Netzwerk verlangt vom Gründungsunternehmer auch Organisationstalent. Willkürliches, unkontrolliertes Engagement im Netzwerk würde langfristig zu Ineffizienz, Ungleichgewichten und Anpassungsschwierigkeiten führen, die es als erfolgreicher Netzwerker zu verhindern gilt (vgl. *Ariño/De la Torre* 1998). U. U. muss der Jungunternehmer andere motivieren, um zögernde potentielle Partner für sich und seine Ziele gewinnen zu können. Auch diese Fähigkeit fällt nach *Man/Lau* (2000) unter Organisationstalent.

In engem Zusammenhang mit der zuvor erwähnten langfristigen Orientierung bei Netzwerkbeziehungen ist auch die kooperative Kompetenz des Gründungsunternehmers zu sehen. So soll das Netzwerk dem Aufbau von Kompetenzen und Erfahrungen der involvierten Akteure dienen (*Hotz-Hart/Rohner* 2014), dabei jedoch ein ausgewogenes Maß an Agilität und Stabilität halten. Möglich wird dies beispielsweise durch häufige Interaktionen mit ausgewählten Netzwerkpartnern. Die Beschränkung auf einige wenige Partner ist anzuraten, da der Austausch in einer großen Zahl von Akteuren eher lähmend als belebend auf das Netzwerk wirken kann. Schließlich sollte der Gründungsunternehmer darauf achten, den Verhandlungsgegenstand der kooperativen Beziehung nicht in seiner Gesamtheit zur Agenda zu machen, sondern sich schrittweise an die gesetzten Ziele anzunähern. Damit wird nach *Pruitt* (1981) unkooperatives Verhalten der Partner verhindert.

Dadurch dass Macht in wechselseitigen Beziehungen eine wichtige Rolle einnimmt, ist es auch entscheidend, dass der Gründungsunternehmer sich zwar nicht in einer Fülle von Netzwerkpartnern verliert, sich aber auch nicht auf zu wenige Geschäftspartner konzentriert, sondern sein Netzwerk so anlegt, dass es dynamisch bleibt und sich durch die vielfältigen Beziehungen und Abhängigkeiten der beteiligten Akteure Machtgefälle ausgleichen. Strategische Netzwerke sind hiervon jedoch ausgenommen, weil sie sich meist auf einen zentralen Akteur im Unternehmen konzentrieren, welcher auf das gesamte Netzwerk einen überdimensionalen Einfluss ausübt.

Schließlich ist in allen Beziehungen entscheidend, Vertrauen aufzubauen und zu erhalten. *Thorelli* (1986) bezeichnet die Vertrauensbildung sogar als *„fundamental entrepreneurial skill"*. Seine Beziehungen allein auf einer vertraglichen Basis aufzubauen, würde der Komplexität und Unsicherheit derartiger Beziehungen nicht gerecht werden. Das Problem junger Unternehmen ist allerdings, dass sie noch über keine Reputation verfügen, weshalb ihnen ihre Netzwerkpartner einen Vertrauensvorschuss geben müssen, um überhaupt eine Geschäftsbeziehung mit ihnen eingehen zu können. Eine Lösung dieses Dilemmas ist nur dann möglich, wenn es dem Gründungsunternehmer gelingt, die eingangs erwähnten Erwartungen mit dem Gegenüber genau zu definieren und anschließend alles daran zu setzen, ihnen gerecht zu werden. Nur so kann sich über die Zeit eine Vertrauensbasis einstellen und eine Basis für eine langfristig ausgelegte Geschäftsbeziehung gelegt werden (*Werp* 1998). Dieser Faktor beeinflusst die Beziehungsqualität der Netzwerkpartner maßgeblich und damit die relationale Ebene des Sozialkapitals.

Daneben ist festzuhalten, dass auch bei Erfüllung dieser Anforderungen Risiken bei der Netzwerkbildung bestehen. Aus betriebswirtschaftlicher Sicht sind hier insbesondere der unkontrollierte Abfluss von Wissen, eine erschwerte strategische Steuerung, eine Steigerung der Koordinationskosten sowie der eventuelle Verlust von Kenkompetenzen und strategischer Autonomie hervorzuheben (*Sydow* 2010).

6 Zusammenfassung und Fazit

Die Ausführungen haben gezeigt, dass der Aufbau, die Entwicklung und das Management von Geschäftsbeziehungen eine große Bedeutung für junge Unternehmen haben, um ihr Größen-, Ressourcen- und Reputationsdefizit auszugleichen. Um diese positiven Effekte zu erreichen, ist es notwendig, das Soziale Kapital des Netzwerkes in Abhängigkeit von Betrachtungsebene und Netzwerkstrukturen entsprechend auszuschöpfen. Als Ziel sollte hierbei die Erreichung eines Netzwerkes sein, welches einen hohen Grad an schließendem Sozialkapital, d. h. dichte Strukturen aufweist, jedoch gleichzeitig über zahlreiche Beziehungen nach außen verfügt. Die Leistungsfähigkeit von Mitgliedern solcher „structurally autonomous" Netzwerke (*Burt* 2005, S. 141) gilt als eine der höchstmöglichen. Starke Reputationsmechanismen und ein hoher Vertrauensgrad führen zu einem koordinierten Verhalten innerhalb des Netzwerkes, die intensiven Außenkontakte zu einem gesteigerten Informationsfluss und eventuellen Wissensvorsprüngen (*Adler/Kwon* 2002). Diese Aufgabe bedeutet allerdings für den Gründungsunternehmer neben der Entwicklung und Etablierung seines Unternehmens eine zusätzliche Herausforderung. Die Komplexität des Netzwerkaufbaus wird in der Diskussion der verschiedenen Kompetenzen deutlich, die ein junger Unternehmer besitzen oder zumindest mittelfristig entwickeln muss, um sich innerhalb eines Netzwerkes etablieren zu können. Es sind zwar nicht alle Kompetenzen in gleicher Weise in jeder Phase des Unternehmensgründungsprozesses vonnöten, betrachtet man jedoch unternehmerisches Engagement in seiner Gesamtheit, so wird deutlich, dass alle genannten Kompetenzen für sich gesehen für den nachhaltigen Erfolg des Unternehmens bedeutsam sind. Dadurch dass Gründungsunternehmer zunächst auf ihr persönliches, egozentrisches Netzwerk zurückgreifen und sich erst nach und nach daraus ein organisationales Netzwerk entwickelt, an dem der Gründer ebenfalls maßgeblich beteiligt ist, erscheint es legitim, den Gründungsunternehmer und seine Kompetenzen in den Fokus dieses Beitrags gestellt zu haben.

Literaturverzeichnis

Adler, P.S., Kwon, S.W.: Social Capital – Prospects for a New Concept. Academy of Management Review 27(1), 17–40 (2002)

Adler, P.S., Kwon, S.W.: Social Capital – The Good, the Bad, and the Ugly. In: Lesser, E.L. (Hrsg.) Knowledge and Social Capital. Foundations and Applications, 89–115. Butterworth-Heinemann, Boston (2000)

Ariño, A., De La Torre, J.: Learning From Failure: Towards an Evolutionary Model of Collaborative Ventures. Organization Science 9(3), 306–325 (1998)

Bachinger, M.: Stakeholder Value in Regionalentwicklungsprozessen. Springer Gabler, Wiesbaden (2012)

Baum, J.R.: Organizational Ecology. In: Clegg, S., Hardy, C., Nord, S. (Hrsg.) Handbook of Organization Studies, 77–114. Sage, London (1996)

Bird, B.: Toward a Theory of Entrepreneurial Competency Advances. Entrepreneurship, Firm Emergence and Growth 2, 51–72 (1995)

Bourdieu, P.: Ökonomisches Kapital, Kulturelles Kapital, Soziales Kapital. In: Bauer, U., Bittlingmayer, U.H., Scherr, A. (Hrsg.) Handbuch Bildungs- und Erziehungssoziologie, 229–242. VS Verlag, Wiesbaden (2012)

Bourdieu, P.: The Forms of Capital. In: Halsey, A., Lauder, H., Brown, P., Wells, St. (Hrsg.) Education – Culture, Economy and Society, 46–58. Oxford University Press, Oxford (1997)

Bourdieu, P.: Forms of Capital. In: Richardson, G.J. (Hrsg.) Handbook of Theory and Research in the Sociology of Education, 241–258. Greenwood, New York (1986)

Burt, R.S.: Brokerage and Closure. An Introduction to Social Capital. Oxford University Press, Oxford (2005)

Burt, R.S.: The Network Structure of Social Capital. Research in Organizational Behaviour 22, 345–423 (2000)

Burt, R.S.: The Contingent Value of Social Capital. Administrative Science Quarterly 42, 339–365 (1997)

Burt, R.S.: Structural Holes. Harvard University Press, Cambridge (1992)

Cohen, W.M., Levinthal, D.A.: Absorptive Capacity: A New Perspective on Learning and Innovation. Administrative Science Quartlerly 35(1), 128–152 (1990)

Coleman, J.S.: Foundations of Social Theory. Harvard University Press, Cambridge (1990)

Das, T.K., Teng, B.S.: A Resource-Based Theory of Strategic Alliances. Journal of Management 26(1), 31–61 (2000)

Diewald, M., Lüdicke, J.: Akzentuierung oder Kompensation? Zum Zusammenhang von Sozialkapital, sozialer Ungleichheit und subjektiver Lebensqualität. In: Lüdicke, J., Diewald, M. (Hrsg.) Soziale Netzwerke und soziale Ungleichheit – Zur Rolle von Sozialkapital in modernen Gesellschaften, 11–51. Springer, Wiesbaden (2008)

Dubini, P., Aldrich, H.: Personal and Extended Networks are Central to the Entrepreneurial Process. Journal of Business Venturing 6(5), 305–313 (1991)

Franzen, A., Pointner, S.: Sozialkapital. Konzeptualisierungen und Messungen. In: Franzen, A., Freitag, M. (Hrsg.) Sozialkapital – Grundlagen und Anwendungen, 66–90. Kölner Zeitschrift für Soziologie und Sozialpsychologie, Sonderheft 47/2007. VS Verlag, Wiesbaden (2007)

Freese, J., Euler, M., Marggraf, R.: Perspektiven einer rationalen ökonomischen Rekonstruktion sozialer Inteaktionen als Basis des Sozialkapitalkonzeptes. In: Matiaske, W., Grötzinger, G. (Hrsg.) Sozialkapital – Eine (un)bequeme Kategorie, 79–110. Metropolis, Marburg (2008)

Garcia, M.: Social Capital, Networks and Economic Development. An Analysis of Regional Productive Systems. Elgar, Cheltenham (2006)

Gemünden, H.G.: Innovationen in Geschäftsbeziehungen und Netzwerken. Universität Karlsruhe: Institut für Angewandte Betriebswirtschaftslehre und Unternehmensführung, Arbeitspapier (1990)

Granovetter, M.: The Strength of Weak Ties. American Journal of Sociology 78, 1360–1380 (1973)

Greve, A.: Networks and Entrepreneurship – An Analysis of Social Contacts, Occupational Background, and the Use of Contacts during the Establishment Process. The Scandinavian Journal of Management 11(1), 1–24 (1995)

Hotz-Hart, B., Rohner, A.: Nationen im Innovationswettlauf. Ökonomie und Politik der Innovation. Springer, Wiesbaden (2014)

Hemphill, T.A., Vonortas, N.S.: Strategic Research Partnerships – A Managerial Perspective. Technology Analysis and Strategic Management 15(2), 255–271 (2003)

Hinterhuber, H.H.: Strategisches Unternehmertum – Wie sich Unternehmen durch die Integration von Entrepreneurship/Leadership und Strategischer Unternehmensführung kontinuierlich erneuern. In: Pechlaner, H., Hinterhuber, H.H., Hammann, E. (Hrsg.) Unternehmertum und Unternehmensgründung – Grundlagen und Fallstudien, 3–16. DUV, Wiesbaden (2005)

Johannisson, B.: Anarchists and Organizers – Entrepreneurs. A Network Perspective. International Studies of Management and Organization 17(1), 49–63 (1987)

Johannisson, B.: Paradigms and Entrepreneurial Networks: Some Methodological Challenges. Entrepreneurship and Regional Development 7, 215–232 (1995)

Johannisson, B.: Personal Networks in Emerging Knowledge-Based Firms – Spatial and Functional Patterns. Entrepreneurship and Regional Development 10, 297–312 (1998)

Johannisson, B., Monsted, M.: Contextualizing Entrepreneurial Networking. International Studies of Management/Organization 27(3), 109–136 (1997)

Kaufmann, F.: Internationalisierung durch Kooperationen – Strategie für Mittelständische Unternehmen. DUV, Wiesbaden (1993)

Kickert, W.J.M., Koppenjan, J.F.M.: Public Management and Network Management: An Overview. In: Kickert, W.J.M., Klijn, E.-H., Koppenjan, J.F.M. (Hrsg.) Managing Complex Networks, 35–61. Sage, London (1997)

Knoblich, H.: Zwischenbetriebliche Kooperation – Wesen, Formen und Ziele. Zeitschrift für Betriebswirtschaft 39, 497–514 (1969)

Kutschker, M.: Strategische Kooperationen als Mittel der Internationalisierung. In: Schuster, L. (Hrsg.) Die Unternehmung im internationalen Wettbewerb, 121–157, Berlin: ESV, Berlin (1994)

Lechner, C., Dowling, M.: Firm Networks – External Relationships as Sources for the Growth and Competitiveness of Entrepreneurial Firms. Entrepreneurship and Regional Development 15(1), 1–26 (2003)

Liebeskind, J.P., Oliver, A.L., Zucker, L., Brewer, M.: Social Networks, Learning, and Flexibility – Sourcing Scientific Knowledge in New Biotechnology Firms. Organization Science 7(4), 428–443 (1996)

Lin, N:. Social Capital – A Theory of Social Structure and Action. VERLAG, Cambridge (2003)

Lin, N.: Building a Network Theory of Social Capital, In: Connections 22(1), 28–51 (1999)

Lorenzoni, G., Lipparini, A.: The Leveraging of Interfirm Relationships as a Distinctive Organizational Capability: A Longitudinal Study. Strategic Management Journal 20, 317–338 (1999)

Maak, T.: Responsible Leadership, Stakeholder Engagement, and Emergence of Social Capital. Journal of Business Ethics 74(4), 329–343 (2007)

Man, T.W.Y., Lau, T.: Entrepreneurial Competencies of SME Owner/Managers in the Hong Kong Services Sector: A Qualitative Analysis. Journal of Enterprising Culture 8(3), 235–254 (2000)

Mengele, J.: Horizontale Kooperation als Marketingstrategie im Internationalen Marketing. DUV, Wiesbaden (1994)

Nahapiet, J., Ghoshal, S.: Social Capital – Intellectual Capital and the Organizational Advantage. Academy of Management Review 23(2), 242–266 (1998)

O'Driscoll, A., Carson, D., Gilmore, A.: Developing Marketing Competence and Managing in Networks – A Strategic Perspective. Journal of Strategic Marketing 8, 183–196 (2000)

Oerlemans, L., Gößling, T., Jansen, R.: Tie failure – A Literature Review. In: Gössling, T., Oerlemans, L., Jansen, R. (Hrsg.) Inside networks: A Process View on Multi-organisational Partnerships, Alliances and Networks. Edward Elgar Pub, Cheltenham (UK) (2007)

Oliver, A.L., Ebers, M.: Networking Network Studies: An Analysis of Conceptual Configurations in the Study of Inter-Organizational Relationships. Organization Studies 19(4), 549–583 (1998)

Ostgaard, T., Birley, S.: Personal Networks and Firm Competitive Strategy – A Strategic or Coincidental Match? Journal of Business Venturing 9, 281–305 (1994)

Portes, A.: Social Capital – Its Origins and Applications in Modern Sociology. In: Lesser, E.L. (Hrsg.) Knowledge and Social Capital, 43–69. Foundations and Applications, Boston (2000a)

Portes, A.: The Two Meanings of Social Capital. Sociological Forum 15(1), 1–12, (2000b)

Pruitt, D.G.: Negotiation Behavior. Academic Press, New York (1981)

Putnam, R.: Making Democracy Work – Civic Tradition in Modern Italy. Princeton University Press, Princeton (1993)

Putnam, R. Bowling alone – America's Declining Social Capital. Journal of Democracy 6(1), 65–78 (1995)

Putnam, R.: Bowling Alone – The Collapse and Revival of American Community. Simon and Schuster, New York (2000)

Reiß, M.: Rating Netzwerkintegrierter Start-Ups. In: Achleitner, A.-K., Everling, O. (Hrsg.) Existenzgründerrating – Rating junger Unternehmen, 253–270. Gabler, Wiesbaden (2004)

Ring, P.S., Van De Ven, A.H.: Developmental Processes of Cooperative Interorganizational Relationships. Academy of Management Review 19, 90–118 (1994)

Rössl, D.: Relationship Management. Facultas, Wien (2006)

Scarborough, H.: Path(Ological) Dependency? Core Competencies from an Organizational Perspective. British Journal of Management 9, 219–232 (1998)

Schade, C., Schott, E.: Instrumente des Kontraktgütermarketing. Die Betriebswirtschaft 53(4), 491–511 (1993)

Schmitt-Egner, P.: Handbuch zur Europäischen Regionalismusforschung – Theoretisch-methodisch Grundlagen, empirische Erscheinungsformen und strategische Optionen des transnationalen Regionalismus im 21. Jahrhundert. VS Verlag, Wiesbaden (2005)

Schutjens, V., Stam, E.: The Evolution and Nature of Young Firm Networks – A Longitudinal Perspecive. Small Business Economics 21(2), 115–134 (2003)

Stahl, H.K.: Vernetzung - Eine Tour D'horizon. In: Stahl, H.K., Friedrich Von Den Eichen, S.A. (Hrsg.) Vernetzte Unternehmen – Wirkungsvolles Agieren in Zeiten des Wandels, 3–20. ESV, Berlin (2005)

Stevenson, H.H., Jarillo, J.C.: A Paradigm of Entrepreneurship – Entrepreneurial Management. Strategic Management Journal 11, 17–27 (1990)

Stichcombe, A.: Social Structure and Organizations. In: March, J. (Hrsg.) Handbook of Organization, 142–193. Rand Mcnally, Chicago (1965)

Sydow, J.: Strategische Netzwerke. Gabler, Wiesbaden (1992)

Sydow, J.: Management von Netzwerkorganisationen – Zum Stand der Forschung. In: Sydow, J. (Hrsg.) Management von Netzwerkorganisationen – Beiträge aus der Managementforschung, 373–470. Gabler, Wiesbaden (2010)

Szarka, J.: Networking and Small Firms. International Small Business Journal 8(2), 10–21 (1990)

Thorelli, H.B.: Networks: Between Markets and Hierarchies. Strategic Management Journal 7, 37–51 (1986)

Tröndle, D.: Kooperationsmanagement – Steuerung interaktioneller Prozesse bei Unternehmenskooperationen. Verlag Josef Eul, Bergisch Gladbach (1987)

Uzzi, B., Dunlap, S.: How to Build Your Network. Harvard Business Review, December, 53–60 (2005)

Walker, G., Kogut, B, Shan, W.: Social Capital, Structural Holes and the Formation of an Industry Network. In: Lesser, E. (Hrsg.) Knowledge and Social Capital – Foundations of Applications, 225–254. Butterworth-Heinemann, Boston (2000)

Werp, R.: Aufbau von Geschäftsbeziehungen. DUV, Wiesbaden (1998)

Westlund, H.: Social Capital in the Knowledge Economy – Theory and Empirics. Springer, Heidelberg (2006)

Wilken, P.H.: Entrepreneurship – A Comparative and Historical Study. Ablex, Norwood (1979)

Williams, P.: The Competent Boundary Spanner. Public Administration 80(1), 103–124 (2002)

Zentes, J., Swoboda, B., Morschett, D.: Kooperationen, Allianzen und Netzwerke. Gabler, Wiesbaden (2003)

Zhao, C.L., Aram, J.: Networking and Growth of Young Technology-Intense Ventures in China. Journal of Business Venturing 10, 349–370 (1995)

Michael Ehret

Entrepreneurial Customer Relationship Management

Michael Ehret, Dr. habil.
Reader in Technology Management
Division of Marketing
Nottingham Trent University
E-Mail: michael.ehret@ntu.ac.uk.

1 Geschäftsbeziehungen von Gründungsunternehmen

Beziehungen sind der Dreh- und Angelpunkt junger Unternehmen. In der Gründungsphase verfügt ein Unternehmen über Geschäftsideen, und baut die Resourcen für deren Ausbeutung erst schrittweise auf. Beziehungen zu Kapitalgeberen, Zulieferern und nicht zuletzt Kunden eröffnen den Gründern den Weg zum Aufbau von Unternehmensressourcen. Daher ist der Aufbau von Beziehungen häufig die einzige Möglichkeit für ein Unternehmen, Marktnischen zu besetzen, neue Problemlösungen zu vermarkten, oder Ideen zu kapitalisieren, kurz gesagt: ein nachhaltig erfolgreiches Unternehmen aufzubauen.

Gründungsunternehmen haben einen Bedarf nach systematischen Ansätzen des Geschäftsbeziehungsmanagements. Doch die rasant wachsende Literatur zum Geschäftsbeziehungsmanagement ist häufig für Gründungsunternehmen irrelevant oder irreführend. Zu einem erheblichen Anteil stellen etablierte Beziehungsansätze die auf die Bedürfnisse etablierter Unternehmen ab. Doch etablierte Unternehmen haben grundlsätzlich andere Anforderungen an das Beziehungsmanagement als Gründungsunternehmen.

Das gilt vor allem für das Innovationsverhalten. Kunden etablierter Unternehmen üben häufig einen konservativen Einfluss aus, ein Phänomen das Christensen als „die Tyrannei des bedienten Marktes“ charakterisiert (*Christensen* 1997). Auf dynamischen Technologiemärkten verlieren kundenorientierte Unternehmen regelmäßig ihre Marktführerschaft, wenn sich neue so genannte zerstörerische Technologien ausbreiten. Während etablierte Unternehmen professionell nach bewährten Methoden des Customer Relationship oder des Key Account Managements Kundenanforderungen in Produkte oder Dienstleistungen übersetzen, wachsen ihre Wettbewerber in abgelegenen Marktnischen und entwickeln sich zu den Marktführern von morgen. Mit Hilfe „zerstörerischer“ Technologien setzen sie neue Standards und Leistungskriterien, die Kunden ursprünglich als zweitrangig ansahen, etablieren sich als Marktführer und verdrängen etablierte Unternehmen aus ihren privilegierten Anbieterpositionen. Nachgewiesen hat Christensen dieses Phänomen zuerst auf dem Markt für Festplattenspeicher in Computern. Hier etablierte sich mit jeder neuen Computergeneration ein neuer Marktführer mit Hilfe einer „zerstörerischen“ Technologie, der frei von den aktuellen Anforderungen kaufkräftiger Kunden agieren konnte.

Ganz neu ist dieses Phänomen nicht: Wenngleich sich die Marketingprofession gerne einen innovativen Anstrich gibt, stellt sie innerhalb des Unternehmens häufig eine konservative Kraft dar. Technologieorientierte Mitarbeiter nehmen häufig Marketing-Professionals als Bremser wahr, die schnell auf kurzfristge Cash-flows reagiert und dabei den Blick auf zukünftige Wertpotenziale verliert (vgl. *Griffin/Hauser* 1986). Dieser Gegensatz dürfte sich durch die Integration des Geschäftsbeziehungsgedankens in den Marketing-Kanon eher noch verstärken. Ein zentrales Anliegen des Customer Relationship Managements, das Marketing stärker in die finanzielle Verantwortung einzubinden (vgl. *Gupta et al.* 2004, *Rust et al.* 2000). Marketing-Maßnahmen sollen sich an dem „Customer Lifetime Value“ orientieren und so auch wieder stärker in den Führungsetagen der Unternehmen Gehör finden.

Ein anschauliches Beispiel stellt die Bewertung von Internet-Unternehmen, wie z. B. ebay dar (*Gupta et al.* 2004): Berechnet man den Unternehmenswert anhand des Customer Lifetime Value, die zentrale betriebswirtschaftliche Kenngröße des Beziehungsmanagements, so ergibt sich regelmäßig ein deutlich niedrigerer Wert, als ihn Unternehmensanalysten errechnen. Gut möglich, dass Investoren zu optimistisch sind. Häufig gibt es aber einen anderen Grund: Die gängigen Konzepte zur Ermittlung des Customer Lifetime Value schließen von der Historie der Kunden-Cash-Flows auf den zukünftigen wirtschaftlichen Wert der Beziehung. Wenn bei dieser Schätzung dynamische Elemente nicht berücksichtigt werden, kommt es zu einer strukturellen Unter- oder Überbewertung. Im Fall Ebay wurde bei der Anwendung des Customer-Lifetime Value schlicht nicht bedacht, dass aus Internet-Einkäufern, die zunächst keine Gebühren an Ebay zahlten, in der Zukunft durchaus auch Internet-Verkäufer und damit zahlende Ebay-Kunden werden könnten. Die Investoren spekulierten auf diese dynamische Entwicklung und behielten im Falle von Ebay recht. Dies deutet auf ein grundsätzliches Dilemma des Managements von Geschäftsbeziehungen hin: Die Anforderungen bestehender Geschäftsbeziehungen lenken Unternehmen regelmäßig von der Erschließung von Marktchancen ab.

Kurz gesagt: Im Innovationsprozess erweist sich Marketing häufig als konservative Disziplin. Empirisch-basierte Methoden erfassen gegenwärtige Präferenzen, die nicht unbedingt zukünftige Geschäftschancen wiedergeben.

Ziel dieses Beitrags ist es, diese Lücke in der Beziehungsliteratur zu schließen und Gründern eine Orientierungshilfe für das wachstumsorientierte Management von Geschäftsbeziehungen zu bieten.

2 Das Spektrum der Geschäftsbeziehungs-Konzepte

In seiner Gründungsphase steht das Unternehmen in einem Netzwerk von vielfältigen Beziehungen zu potenziellen Mitarbeitern, Kapitalgebern, Kooperationspartnern, Kunden und anderen Organisationen wie etwa Verbänden oder staatliche Institutionen. In der Forschung finden sich zwei grundsätzliche Stoßrichtungen für das Management von Geschäftsbeziehungen (vgl. *Kleinaltenkamp/Ehret* 2006):

1. **Kontext-orientiertes Beziehungsmanagement:** Die Erforschung des Kontexts der Beziehung zwischen Kunde und Anbieter. Forscher aus dem Bereich der Dienstleistungen gehen von der Tatsache aus, dass Markttransaktionen eines Unternehmens von einem komplexen Geflecht der unterschiedlichen Beziehungen zwischen einem Unternehmen und seiner Umwelt beeinflusst werden. Daher richtet diese For-

schungsrichtung den Blick auf dieses komplexe Wechselspiel um so schließlich zu einem erfolgreichen Management dieser Beziehungen beizutragen.

2. **Prozess-orientiertes Beziehungsmanagement:** Ausrichtung der Marketing-Aktivitäten auf den Kundenstamm: Die andere Stoßrichtung konzentriert sich auf den Prozess zwischen Anbieter- und Kundenunternehmen: Ausgangspunkt dieser Richtung ist die Entwicklung moderner Käufermärkte, in der die Märkte zunehmend gesättigt sind und Unternehmen Umsatzwachstum am ehesten durch die Bindung ihres Kundenstamms erzielen können. Im Rahmen dieses Verständnisses stellen Geschäftsbeziehungen eine Folge von Einzeltransaktionen dar, die nicht zufällig mit einander verknüpft sind.

Gründungsunternehmen können in der Regel noch nicht auf eine Transaktionshistorie und eine entwickelts Wertschöpfungsarchitektur zurückgreifen. Daher gewinn für sie der Kontext der Beziehung an Gewicht, so etwa das Verständnis des „Value-in-Use“ ihrer Innovationen in der Wertkette des Nutzers oder die Entwicklung von Wertschöpfungsarchitekturen für die Kommerzialisierung ihrer Angebote.

3 Geschäftsbeziehungen und Wertschöpfungsarchitekturen

3.1 Die Rolle von Kunden für die Entwicklung von Vermarktungskonzepten

Kundenbeziehungen spielen für Gründungsunternehmen eine zentrale Rolle. Ein Großteil erfolgreicher neuer Produkt- oder Serviceideen wurde nicht von Anbietern, sondern von Kunden entwickelt. Die zentrale Rolle von Anbietern liegt dann in der Kommerzialisierung neuer Ideen, Produkte oder Konzepte, unabhängig von der Natur der Urheber, wie die empirische Innovationsforschung eindrucksvoll belegt. Zudem werden die Vorteile eines neuen Angebotes erst im Zuge dessen Nutzen erschlossen. Ob sich also die neue Idee bewährt, stellt sich erst im Laufe der Nutzung durch die Kunden heraus. Daher sind in der Konzeptionierungs- oder Markteinführungsphase Kooperationen mit Kunden entscheidend für die Entwicklung eines wettbewerbsfähigen Angebots.

Nicht zuletzt aber zeichnen sich die Kooperationen von der Vielfalt der anderen Partnerschafen durch einen zentralen Punkt aus: Durch ihre Kaufentscheidungen bestimmen Kunden die Erlöse eines Unternehmens und beeinflussen außerdem stark die Kosten, die für deren Erzielung notwendig sind. Gerade in den Frühphasen eines Unternehmens geben Geschäftsbeziehungen zu Kunden wichtige Hinweise für die Beantwortung der zentralen Fragen bei der Erstellung eines Geschäftsmodells (zu den grundlegenden Kriterien für Geschäftsmodelle vgl. *Chesbrough* 2006, S. 109):

1. Welchen Wert generiert das Unternehmen für seine Kunden? Der Wertbeitrag eines Angebotes wird erst im Zuge dessen Nutzung erschlossen.
2. Für welche Nutzerkategorien bzw. Marktsegmente ist das Angebot vorteilhaft?
3. Wie sollten Wertketten gestaltet sein, um diesen Nutzen für die Segmente zu erschließen?
4. Wie können diese Wertschöpfungspotenziale für die Erwirtschaftung von Erlösen genutzt werden? Welche Implikationen haben diese für die Kostenstruktur und den Gewinn?
5. Wie sollte das Wertschöpfungsnetzwerk gestaltet werden? Welche Aktivitäten sollte dabei das Gründungsunternehmen selbst durchführen, welche Zulieferer, Partner oder gar Wettbewerber?
6. Welche Implikationen hat das für die Wettbewerbsstrategie, mit der das Unternehmen einen nachhaltigen Wettbewerbsvorteil erzielen möchte?

Ein eindrucksvolles Beispiel liefert die Firma Microparts:

Als Drei-Mann-Unternehmen gestartet zielte es auf die Kommerzialisierung einer Mikrosystemtechnik basierten Technologie für die Erzeugung und Steuerung von Tröpfchen startete. Das Pharmaunternehmen Boehringer hatte ein schwerwiegendes Anwendungsproblem: Gewöhnliche Asthmasprays sind für Asthmatiker im Ernstfall viel zu kompliziert um erfolgreich angewendet zu werden: So mussten Asthmaleidende mit herkömmlichen Spraydosen während eines Anfalls die Dose kräftig schütteln, das Mundstück in den Mund führen, langsam kräftig ein und ausatmen. Mit einer Spraydose, die Feinsprühnebel versprüht, müssen Asthmatiker einfach die Dose öffnen, und auf den Auslöseknopf drücken um die lindernden Düfte einatmen zu können. Durch die Kooperation mit Boehringer erhielt Microparts nicht nur den Zugang zu dem Anwendungsproblem bei der Medikation, sondern erhielt auch wichtige Inputs für die Problemlösung und damit die Weiterentwicklung seiner technischen Lösungen, deren Kern die Entwicklung eines intelligenten Filtersystems ist. Neben der Lösung erhielt das Unternehmen den Zugang zu dem Marktsegment der Pharmaindustrie. Nach den ersten Erfolgen akquirierte Boehringer das Unternehmen und vermarktet die Lösung inzwischen weltweit. In diesem Fall wurde also das Problem der Integration in die Wertkette durch die vertikale Integration eines etablierten Anbieters gelöst. Theoretisch wären hier auch Alternativen wie die Kooperation mit anderen Unternehmen, der Verkauf von Lizenzen auf die technische Lösung oder die eigenständige Entwicklung von Produktionskapazitäten gewesen. Immerhin beschäftigt das Unternehmen heute 300 Mitarbeiter.

Der Kunde Boehringer nahm in diesem Beispiel die Rolle des führenden Anwenders („Lead User") ein: Der amerikanische Innovationsforscher bezeichnete damit das von ihm identifizierte Phänomen, dass im Innovationsprozess häufig die entscheidenden Impulse von Anwendern kommen. Führende Anwender sind dabei solche, deren aktueller Bedarf auf die künftige Marktentwicklung ausstrahlt (vgl. *Hippel* 1986). Um als Lead User fungieren zu können, müssen Nutzer zwei entscheidende Charakteristika erfüllen (vgl. *Kleinaltenkamp* 1997):

1. Sie müssen Zugang zu anwendungsspezifischem Wissen verschaffen und so das Verständnis des Kontexts für die Nutzung innovativer Angebote vermitteln.
2. Die Nutzer müssen eine Referenzwirkung im Markt ausstrahlen. Im Konsumentenbereich wirken vor allem im Sport Lead User wie z. B. Kobe Bryant, als Co-Entwickler des Basketball-Schuhs „Kobe 8 System“ von Nike oder im Musikbereich Les Paul als Entwickler der gleinamigen legendären elektrischen Gitarre von Gibson. Auch Partner-Unternehmen können als Lead User fungieren und aktiv die Kommerzialisierung einer Innovation unterstützen. Gerade im Pharma-Bereich oder im Medizintechnik-Bereich sind solche Kooperationen spielen diese eine prägende Rolle.

Lead-User-Konzepte helfen daher bei der Identifzierung von Kundendie als „Wachstumstreiber im Innovationsprozess wirken (vgl. *Sengupta et al.* 2005, S. 131-167). Zwei wichtige Charakteristika wären der Zugang zum Anwendungsprozess einer Innovation sowie das Referenzpotenzial eines Kunden, das auf die Marktentwicklung ausstrahlt (vgl. *Kleinaltenkamp* 1997). Bei der Marktforschung in diesem Bereich sind traditionelle Formen der Marktforschung insofern nicht zweckmäßig, soweit sie auf die gegebene Präferenzstruktur der Kunden und auf explizites, per Medien kommunizierbares Wissen angewiesen sind. Insbesondere das Standardrepertoire der empirischen Kommunikationsforschung ist für solche Fälle nur bedingt geeignet. Verfahren für die Kooperation mit Kunden folgen häufig einem empathic design, Beobachtungen oder Kunden-workshops, das den Nutzungskontext neuer Angebote erfasst (*Sengupta* et al. 2005, S. 138-152). Ein Werkzeughersteller konnte im Zuge einer Beobachtung feststellen, dass bei seinen japanischen Kunden die Nutzer vorwiegend Frauen waren, deren Hände viel zu klein für die effiziente Handhabung seiner Produkte waren.

3.2 Das Nachfragepotenzial von Kunden – Share of Wallet

Eine wichtige Motivation für die Entwicklung von Geschäftsbeziehungskonzepten ist das Marketing vom Kunden her. Nicht das Produkt oder ein vordefinierter Service wird als der entscheidende Anknüpfungspunkt für das Unternehmen gesehen, sondern der Beitrag zu der Wertschöpfung des Nutzers („Value-in-Use“, *Ballantyne/Varney* 2006; *MacDonald et al.* 2011). Diese Perspektive erschließt den Zugang zu vielen neuen Ideen, die für die Vermarktung von höherwertigen („Up-selling“) oder verwandten („Cross-Selling“) Angeboten genutzt werden können. Statt der Erhöhung des Marktanteils, die auf vielen Massenmärkten angepeilt wird, steht ein Wachstum am Budget des Kunden

(„Share of Wallet", Vgl. *Rust et al.* 2000) im Blickpunkt. Auf gesättigten Märkten, aber auch auf Käufermärkten, wie z. B. bei industriellen Kunden, bieten sich Anbietern häufig gar keine Alternativen als das Wachstum durch die Interaktion mit Kunden.

Das Wachstum über die Steigerung des Anteils am Kundenbudget („Share of Customer's Wallet") ist ein zentrales Element der Geschäftsbeziehungsstrategien. An diesem Punkt ergänzen sich auch die gängigen Konzepte der Entrepreneurshipforschung und des Geschäftsbeziehungsmanagements relativ gut. Konzepte des Innovaionsmanagements und der Entrepreneurshipforschung zielen bei der Betrachtung von Märkten und Kunden auf den Kontext der Nutzung von Angeboten ab. Diese Perspektive eröffnet dabei zahlreiche Anknüpfungspunkte für die Entwicklung von zusätzlichen Services oder Angeboten. Entscheidend ist somit zum einen, dass in der Kooperation mit Kunden Verbesserungspotenziale identifiziert werden und somit Ideen für weitere Produkte oder Dienstleistungen generiert werden. Das können zusätzliche Komponenten oder Module, Beratungs- oder Schulungsleistungen, oder auch Softwareleistungen oder neue Kooperationsformen sein. Ein Forschungslabor, das als Dienstleister für Routineaufträge eines renommierten deutschen Pharmaunternehmens jahrelang vergeblich nach zusätzlichen Dienstleistungen suchte, erfuhr zufällig von dem geplanten Markteintritt seines Kunden in Indien. Da das Unternehmen hier schon präsent war und ein Netzwerk von Partnern unterhielt, konnte es so wertvolle Zusatzdienstleisgungen vermarkten.

Das Geschäftsbeziehungsmanagement greift hier vor allem mit den Bewertungsmethoden, Kundenbindungsstrategien und Organisationskonzepten (vgl. *Boulding et al.* 2005). Für die Frage einer Kundenzentrierten Wachstumsstrategie ist der finanzielle Kundenwert die zentrale Kenngröße. Der Customer Lifetime Value, der die auf die erwarteten Zahlungsströme auf den Zeitpunkt einer Entscheidung hin abzinst, ist hier die zentrale Kenngröße. Verfügt das Unternehmen über ein gut entwickeltes internes Rechnungswesen kann in produktorientierten Geschäftsfeldern die Kundendeckungsbeitragsrechnung sehr hilfreich sein. In jedem Fall sind bei jungen Unternehmen diese Daten mit hoher Unsicherheit behaftet. Hier kann es sinnvoll sein, die Flexibilität des Anbieters mit in die Betrachtung einfließen zu lassen (*Haenlein et al.* 2006; *Dixit/Pinditt* 1993). Gerade in innovativen Geschäftsbeziehungen werden viele aufschlussreichen Erkenntnisse über den Wert einer Kooperation erst in bestimmten Projektschritten deutlich (*McGrath et al.* 2006). Real Optionen ermöglichen die Berücksichtigung dieser Entwicklung mit Hilfe von leicht zu implementierenden Bewertungsmodellen. Solche Modelle sind vor allem dann sinnvoll, wenn sich die Kooperationen in klare Zwischenschritte unterteilen lassen, die mit unterschiedlichen Unsicherheiten behaftet sind. Die Unsicherheiten bei der Einführung von Innovationen haben z. B. typischerweise einen technischen Aspekt und einen wirtschaftlichen Aspekt, der auch bei deren Bewertung berücksichtigt werden sollte. Z. B ist die Bewertung eines Ölfelds durch die Wahrscheinlichkeit Öl zu finden, und das Marktrisiko der erwarteten Preisschwankungen auf dem Ölmarkt behaftet. Ähnlich haben viele innovative Partnerschaften einen technischen Aspekt, der die Lösung eines technischen Problems wie z. B. die Identifizierung einer neuen Antriebstechnologie für Kraftfahrzeuge oder eines neuen Medikaments betrifft und den Aspekt eines

Marktrisikos, etwa das Umweltbewußtsein von Nachfragern oder Regulierern bzw. die Ausbreitung bestimmter Krankheiten. Sobald im Rahmen von Kooperationen solche unterschiedlichen Unsicherheitsstrukturen identifizieren lassen, empfiehlt sich der Real Optionen-Ansatz für die Bewertung der Kooperationen. Er berücksichtigt z. B. dass der Projektschritt für die technische Lösung eines Problems die Option für die Erschließung eines neuen Marktes schafft. Diese Option hat meist wesentlich geringere Kosten als die Erschließung des Gesamtmarktes. In diesen Fällen führt somit eine reine Cash-Flow-Bewertung zu einem negativen Ergebnis.

Für die Steuerung von Kundenkooperationen wurden im Rahmen des Geschäftsbeziehungsmanagements vor allem Konzepte zur kundenorientierten Organisation entwickelt. Für die bedeutenden Kunden empfiehlt es sich dabei so genannte „Key Account Management"-Konzepte zu implementieren, welche die Organisation nicht nach funktionalen Kriterien, sondern nach Kunden strukturiert.

3.3 Die Rolle von Kunden bei der Gestaltung von Wertschöpfungsarchitekturen

Die Beziehung zu Kunden hat auch eine strategische Dimension: Die Positionierung innerhalb des Wertschöpfungsnetzwerks. Hintergrund hierfür ist die zunehmende Auflösung traditioneller integrierter Wertschöfungsstrukturen (vgl. *Quinn* 2000), die für den klassischen Industriebetrieb kennzeichnend waren. Ursprünglich integrierte der Industriebetrieb Entwicklung, Beschaffung, Produktion und Absatz für die Kommerzialisierung zunächst von standardisierten, später zunehmen von differenzierten Produkten. Durch die Zunahme der Macht der Nachfrager, mussten Unternehmen sich auf jene Elemente in ihrer Wertkette konzentrieren, die von den Kunden als Werttreiber wahrgenommen werden. Industrielle Fertiger konzentrieren sich daher immer weniger auf die vollständige Kontrolle der Erstellung ihrer Produkte, sondern auf die Orchestrierung eines Netzwerks, indem kooperierende Unternehmen gemeinsam eine Leistung erstellen, die für den Kunden einen nachhaltigen Wert erzeugt.

Innerhalb dieses Netzwerks sind die Unternehmen gleichzeitig Kooperationspartner für die Erzeugung von Kundenwerten, und Konkurrenten bei der Verteilung des so erwirtschafteten Gewinns. Die Positionierung innerhalb eines solchen Netzwerks ist dabei ein zentrales Element bei der Entwicklung einer beziehungsorientierten Unternehmensstrategie. Die Zielposition innerhalb des Unternehmens lässt sich dabei als die des Netzintegrators oder der Spider's Web Organisation beschreiben (*Quinn* 2000). Es geht im Wesentlichen darum eine Position zu erlangen, in der wichtige Rahmenbedingungen des Netzwerkes im Hinblick auf die eigene Markt- und Wertschöpfungsposition beeinflusst werden können. Etablierte Industrieunternehmen haben mit Out-sourcing- und Partnerschaftsstrategien ein geeignetes Instrumentarium entwickelt, wie es Toyota beispielsweise vorbildlich einsetzt (vgl. *Dyer/Singh* 1998). Aber auch junge Unternehmen haben

Möglichkeiten, Wertschöpfungsstrukturen zu beeinflussen oder gar zu gestalten. Ein eindrucksvolles Beispiel liefert das Unternehmen Qualcomm, das den ersten kommerziellen Standard des codebasierten Modulierung im Mobilfunk entwickelt, der Kern von breitbandigen Mobilfunksystemen darstellt (*Mock* 2005, S. 59-68). Während Qualcomm über eine überlegene Technologie verfügte, hatte Europa bereits den UMTS-Standard adoptiert. Das setzte Qualcomm bei der Erschließung der mobilen Datenkommunikationsmärkte utner erheblichen Zeitdruck. Qualcomm etablierte sich durch zwei wesentliche Schritte: Zunächst entwickelte das Technologieunternehmen in der Kooperation mit mehreren Netzbetreibern wie etwa PACTEL in Los Angeles erste funktionsfähige Lösungen (*Mock* 2005, S. 80-108). Die Betreiber waren vor allem mit Engpässen in der Netzkapazität, Qualität der Sprachübertragung zu den Endgeräten und Effizienz im Netzbetrieb konfrontiert. Zudem boten die Option für die Implementierung von Datendiensten, Internetzugang oder Multimedia-Messaging-Dienste die Aussicht auf lukrative Zusatzgeschäfte. In dieser Phase investierte Qualcomm in die Entwicklung sämtlicher Elemente eines Mobilfunksystems. Anfangs produzierte Qualcomm sogar die Handys für den neuen Standard in Eigenregie. Diese Strategie änderte das Technologieunternehmen schlagartig in dem Moment, in dem sich das System als funktionsfähig und praktikabel erwies. Nun zog sich Qualcomm aus der Produktion der Geräte zurück. Seine technologische Leistung vermarktete es von nun an nur in der Form von elektronischen Chips und Lizenzen für die technologischen Konzepte an die Hersteller von Netzwerkelementen und Endgeräte für Mobilfunknetze (*Mock* 2005, S. 149-161). Damit konnte Qualcomm zwei Fliegen mit einer Klappe schlagen: es konnte den relevanten Markt für seine Leistungen von dem relativ kleinen Markt der Netzbetreiber auf den größeren der Modullieferanten ausdehnen (*Mock* 2005, S. 162-174). Es konnte zudem durch seine Kunden wie auch durch die Partner der Speicherchip-Herstellung wertvolle Investitionen für die Etablierung seiner eigenen Technologie mobilisieren. In diesem Segment des Mobilfunkmarktes nimmt Qualcomm inzwischen eine viel bewunderte und äußerst lukrative „Pole Position" ein, die sich in Lizenzerlösen von ca. 1 Mrd. US$ jährlich niederschlagen. Allerdings haben viele Imitatoren dieses Konzepts, wie auch Qualcomm selbst offensichtlich vergessen, worauf die Fundamente dieser Position beruhen. Die Bio-Pharma-Branche experimentiert schon mehrere Jahrzehnte mit solchen Technologie-Lizensierungsstrategien, ohne allerdings nennenswerte ökonomische Erfolge oder auch nur qualitative Fortschritte wie die Erhöhung der Forschungsproduktivität zu erzielen (vgl. *Pisano* 2006, S. 111-130). Qualcomm selbst versuchte im Bereich des digitalen Kinos seine innovativen Übertragungstechnologien an Medienkonzerne und Kinobetreiber zu vermarkten (*Chesbrough* 2006, S. 166-169). In beiden Fällen allerdings scheinen sich die Anbieter vorschnell auf die scheinbar lukrativen Lizenzmodelle zu konzentrieren, bevor die entwickelten Lösungen tatsächlich Problemlösungen für die Nutzer, seien es Kinobetreiber oder Patienten, darstellen. Kurz gesagt: Ohne ein Unternehmen, das die Risiken für die Entwicklung einer neuen Lösung schultert, lassen sich nachhaltige und damit auch kommerziell durchschlagende Innovationen selten entwickeln.

Sicher eignet sich die Etablierung von Wertschöpfungsarchitekturen vor allem für Technologiemärkte, die Potenziale für die Modularisierung von Leistungen und die Entwicklung von Standards mit sich bringen (vgl. *Pisano* 2006, S. 159-182). Sie sind aber keinesfalls darauf beschränkt. Wichtige Dienstleistungsmärkte, wie der Medienbereich oder Märkte für Marketing-Dienstleistungen, sind schon lange nach Netzwerkkriterien organisiert (*Chesbrough* 2006, S. 1-5). Auch hier spielt die Gestaltung der Verfügungsrechte, wie etwa Lizenzstrategien, eine zentrale Rolle. Auch das Management von Marken und von Beziehungsportfolios hilft bei der Positionierung in solchen Netzwerken.

4 Geschäftsbeziehungen als Wachstumstreiber

Geschäftsbeziehungen sind aus zwei Gründen wichtige Elemente bei der Entwicklung eines jungen Unternehmens: In Form von kundenbezogenen Cash-Flows sind sie eine wichtige Finanzierungsquelle des Unternehmens. Dieser Beitrag wird noch übertroffen von ihrer Rolle für das Wachstum des Unternehmens. Ziel ist es dabei, für das Unternehmen eine nachhaltig erfolgreiche Position im Wertschöpfungsprozess zu erreichen. Wertschöpfung entsteht immer dann, wenn ein Unternehmen Ressourcen für die Lösung von Kundenproblemen mobilisiert, die der Kunde entweder überhaupt nicht oder nicht zu den Kosten des betrachteten Angebots lösen kann (*Ioannides* 1997, *Sautet* 1999).

Somit stehen junge Unternehmen vor drei zentralen Herausforderungen:

1. Die Identifizierung von Formen des Ressourceneinsatzes, die profitable Geschäftsideen vermitteln. Beispiele hierfür sind neue Medikamente für bisher unheilbare Krankheiten, Kreativitätspotenzial für die Gestaltung von Werbestrategien oder Ideen für den Emmissionsreduktionen in Transporttechnologien.

2. Der zweite Schritt impliziert die erfolgreiche Implementierung der identifzierten Geschäftschance. Hier muss sich die Umsetzbarkeit der Idee erwiesen werden und möglichst stichhaltige Indikatoren für deren Profitabilität gewonnen werden. Bei technischen Lösungen steht hier die Frage eines dominanten Designs im Blickpunkt, das als allgemein akzeptiertes Lösungskonzept eines bestimmten Problems angesehen wird, wie z. B. der Antrieb eines Autos, die Gestaltung einer Werbekampagne oder die Heilung einer Krankheit.

3. Schließlich stellt sich die Frage nach einer nachhaltigen Position innerhalb des Netzwerks. Hier muss sich das Unternehmen stichhaltige Antworten auf die Frage finden, für welche Elemente der Problemlösung das Unternehmen die Rolle des Systemintegrators übernehmen kann und sollte. In der Regel sind dies auch die für das Unternehmen profitabelsten Leistungselemente.

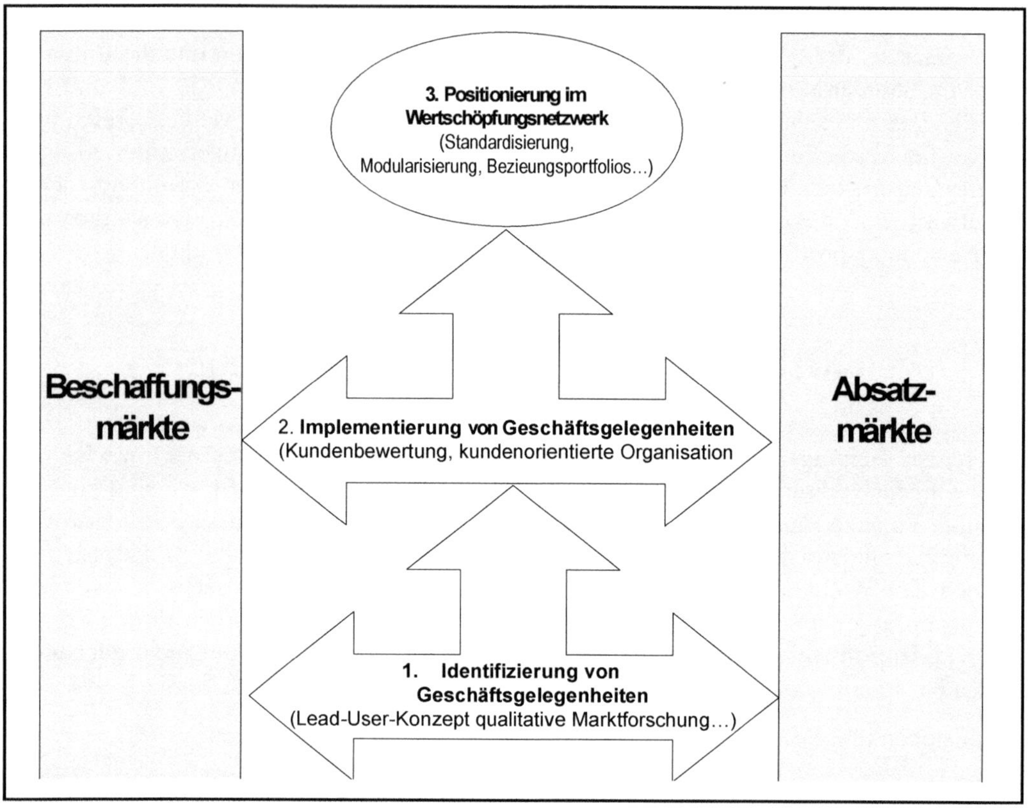

Abb. 4.1: Geschäftsbeziehungen und die Positionierung im Wertschöpfungsnetzwerk
Quelle: *Eigene Darstellung*

5 Fazit und Ausblick

Die Entwicklung und Gestaltung von Geschäftsbeziehungen sind der Dreh- und Angelpunkt des Geschäftsbeziehungsmanagements junger Unternehmen. Sicher ist die Marketing-Forschung diesem Spannungsfeld noch nicht ausreichend gerecht geworden. Gleichwohl gibt es genügend Anknüpfungspunkte, um die Konturen eines erfolgreichen Geschäftsbeziehungsmanagements von Entrepreneuren aufzuzeigen. Aus Märkte versagen: Beispiele sind die Energiekrise, Defizite in der Entwicklung der medizinischen Behandlung, mangelnde Kreativität in der Kommunikation von Unternehmen. Die Rolle von Unternehmen liegt in der Mobilisierung von Ressourcen für die Abschaffung dieser Zustände. Nachhaltig erfolgreiches Beziehungsmanagement bringt ein Unternehmen in die Rolle eines Integrators der Wertschöpfung für dieses erkannte Problemfeld.

Sowohl Marketing- als auch Entrepreneurshipforschung haben ein grundlegendes Instrumentarium entwickelt, das das Management solcher Prozesse beherrschbar macht. Auch finden sich regelmäßig findige und passionierte Entrepreneure, die Organisationen so steuern, dass Ressourcen für die Lösung der drängensten Probleme mobilisiert werden. Hier bietet sich ein fruchtbares Feld für die kreative Kooperation zwischen Entrepreneuren, Managern und Forschern, die zu produktiven Ergebnissen führen können.

Literaturverzeichnis

Ballantyne, D., Varey, R.J.: Creating Value-In-Use Through Marketing Interaction – The Exchange Logic Of Relating, Communicating And Knowing. Marketing Theory 6(3), 335–348 (2006)

Boulding, W., Staelin, R., Ehret, M., Johnston, W.J.: A Customer Relationship Management Roadmap – What Is Known, Potential Pitfalls, And Where To Go. Journal Of Marketing October 69(4), 155–166 (2005)

Chesbrough, H.: Open Business Models – How To Thrive In The New Innovation Landscape. Harvard Business School Press, Boston/Mass (2006)

Christensen, C.M.: The Innovators Dilemma – When New Technologies Cause Great Firms To Fail. Harvard Business School Press, Boston et al. (1997)

Dixit, A.K., Pindyck, R.S.: Investment Under Uncertainty. Princeton University Press, Princeton (1993)

Dyer, J.H., Singh, H.: The Relational View – Cooperative Strategy And Sources Of Interorganizational Competitive Advantage. Academy Of Management Review 23(4), 660–679 (1998)

Ehret, M.: Innovative Kapitalnutzung – Die Entstehung neuer Business-to-Business Märkte in der Internet-Ökonomie. Gabler, Wiesbaden (2000)

Griffin, A., Hauser, J.R.: Integrating R&D And Marketing – A Review And Analysis Of The Literature. Journal Of Product Innovation Management 13, 191–215 (1996)

Gupta, S., Lehman, D.R., Stuart, J.A.: Valuing Customers. Journal Of Marketing Research 41(1), 7–19 (2004)

Haenlein, M., Kaplan, A.M., Schoder, D.: Valuing The Real Option Of Abandoning Unprofitable Customers When Calculating Customer Lifetime Value. Journal Of Marketing 70(3), 5–20 (2006)

Hippel, E. von: Lead Users: A Source Of New Product Concepts. Management Science 32(7), 791–805 (1986)

Holcombe, R.G.: Progress And Entrepreneurship. Quarterly Journal Of Austrian Economics 6(3), 3–26 (2003)

Ioannides, S.: Towards An Austrian Perspective On The Firm. Review Of Austrian Economics 11, 77–97 (1999)

Kleinaltenkamp, M.: Kooperationen mit Kunden. In: Kleinaltenkamp, M., Plinke, W. (Hrsg.) Geschäftsbeziehungsmanagement, 219–274. Springer, Berlin et al. (1997)

Kleinaltenkamp, M., Ehret, M.: The Value Added By Specific In-Vestments – A Framework For Managing Relationships In The Context Of Value Networks. Journal Of Business And Industrial Marketing 21(2), 65–71 (2006)

Lewin, P.: Capital In Disequilibrium – The Role Of Capital In A Changing World. Routledge, London And New York (1999)

Macdonald, E.K., Wilson, H., Martinez, V., Toossi, A.: Assessing Value-In-Use – A Conceptual Framework And Exploratory Study. Industrial Marketing Management 40(5), 671–682 (2011)

Macmillan, I., Putten, A.B. van, Mcgrath, R.G., Thompson, J.D.: Using Real Options Discipline For Highly Ucertain Technology Investments. Research Technology Mangement January-February, 29–37 (2006)

Mock, D.: The Qualcomm Equation. How A Fledgling Company Forced A New Path To Big Profits And Market Dominance. American Management Association Books, New York et al. (2005)

Mohr, J., Sengupta, S., Slater, S.: Marketing Of High-Technology Products And Innovations. Pearson, Upper Saddle River (2005)

Pisano, G.P.: Science Business – The Promise, The Reality And The Future Of Biotech. Harvard Business School, Boston (2006)

Quinn, J.B.: Outsourcing Innovation: The New Engine Of Growth. Sloan Management Review Summer, 13–28 (2000)

Rust, R., Zeithaml, V.A., Lemon, K.N.: Driving Customer Equity. How Customer Lifrtime Value Is Reshaping Corporate Strategy. The Free Press, New York et al. (2000)

Sautet, F.: An Entrepreneurial Theory Of The Firm. Routledge, London et al. (2000)

Frank Jacob und Jane S. Oguachuba

Transaktionsbezogenes Marketing für Gründungsunternehmen

Frank H. Jacob, Prof. Dr.
Inhaber des Lehrstuhls für Marketing
ESCP Europe Berlin Campus,
E-Mail: fjacob@escpeurope.eu.

Jane S. Oguachuba, Dr.
Geschäftsführerin
Younicorn Media GmbH
E-Mail: jane.oguachuba@younicornmedia.com.

1 Einführung

Die Gründungsforschung gehört zu den jüngeren Teildisziplinen der Betriebswirtschaftslehre. Bis in die 70er Jahre wurden sowohl ihre volkswirtschaftliche Bedeutung als auch die Besonderheiten kleiner bzw. junger Unternehmen weitgehend verkannt (*Sahlmann et al.* 1999, S. 1). Wenngleich das Interesse an Gründungs- und Frühentwicklungsthemen in Literatur und Praxis inzwischen deutlich gestiegen ist (*o.V.* 2012), werden die Erfordernisse an Unternehmensgründungen oftmals verkürzt dargestellt. Assoziationen, die die Figur des Unternehmers betreffen, wie etwa „die Initiative ergreifen“, „proaktiv sein“, „sich selbst verwirklichen“, zeichnen allzu oft ein euphemistisches Bild der neu ergriffenen Unternehmerrolle (*Bögenhold* 2002, S. 25). Die tatsächliche Situation ist häufig ernüchternder, handelt es sich doch im Einzelfall um höchst vielschichtige wirtschaftliche sowie soziale Prozesse, die eingehend analysiert und verstanden werden müssen.

Ein besonderes Augenmerk verdient dabei das Marketing für Gründungsunternehmen, da elaborierte Marketingmaßnahmen den Erfolg von Unternehmensgründungen entscheidend beeinflussen können (vgl. *Lodish et al.*, 2001, S. ix; *Grube*r 2004, S. 79). So zeigt eine Studie von Hills und LaForge, dass sich die Floprate neu gegründeter Unternehmen bis zu 60 % reduzieren lässt, wenn Unternehmer vor der Gründung eine dezidierte Markt- und Zielgruppenanalyse vornehmen und damit verstärkt Austauschbeziehungen anregen (vgl. *Hills/LaForg*e 1992, S. 33; s. auch *Hills/Hultman* 2013). Auf die Relevanz von Austauschbeziehungen für die praktische und akademische Auseinandersetzung mit Marketing weist implizit z. B. Bagozzi hin, indem er bemerkt: „*In particular it is assumed that marketing theory is concerned with two questions (1) Why do people and organizations engage in exchange relations? And (2) How are exchanges created, resolved, or avoided?*“ (*Bagozzi* 1975, S. 32). Während die erste Frage indirekt die Analyseaufgabe des Marketings anspricht, bezieht sich die zweite Frage auf dessen Gestaltungsaufgabe. Als zentrale Gestaltungsparameter der Bedingungen des marktlichen Austauschs gelten in der Regel die Marketing-Instrumente Produkt, Preis, Kommunikation und Distribution. Der vorliegende Beitrag orientiert sich jedoch an einer Systematik, die stärker an das Phänomen des Austauschs anknüpft. Grundlagen sind hier die Handlungsebenen des Marketing, die sich in die Ebene der Markttransaktion, die Ebene der Geschäftsbeziehung und die Ebene des Marktes bzw. Marktsegments untergliedern (vgl. *Kleinaltenkamp* 2000, S. 232).

Im Fokus des Beitrags steht die Handlungsebene einzelner Markttransaktionen, d. h. einzelner marktlicher Tauschakte. Wenngleich in der Literatur oftmals die Kundenbindung durch die Schaffung langfristiger Geschäftsbeziehungen postuliert wird, ist darauf hinzuweisen, dass Kundengruppen existieren, die eher transaktionale Beziehungen zu Unternehmen wünschen (vgl. *Krafft* 2002, S. 163). Derartige Kunden mit kurzen Kundenlebenszeiten können durchaus profitabel sein, was Krafft in einer empirischen Studie nachgewiesen hat (*Krafft* 2002). Obwohl gezielte Markttransaktionen in allen Unternehmensphasen erforderlich sind, sind sie in neu gegründeten Unternehmen besonders in der Frühentwicklungsphase zur Sicherung der Überlebensfähigkeit der Unternehmung essentiell. Mit Bezugnahme auf die Teilfrage auf Seite 3: „How are exchanges [...] resolved, or avoided?“ kristallisiert sich weiterhin die wahrgenommene Unsicherheit der Marktpartner als ein Beweggrund heraus.

Ziel des vorliegenden Beitrags ist es daher, das Transaktionsmarketing für Gründungsunternehmen unter besonderer Berücksichtigung der endogenen Unsicherheit bzw. Marktunsicherheit näher zu beleuchten. Diesem Ziel folgend wird in Kap. 2 zur Schaffung eines theoretischen Fundaments zunächst auf die Markttransaktion als solche (Abschn. 2.1) und schließlich auf die damit verbundene Unsicherheitsproblematik (Abschn. 2.2) eingegangen. Anschließend widmet sich Kap. 3 dem Transaktionsmarketing für Gründungsunternehmen. Es wird vorab die Ausgangssituation neu gegründeter Unternehmen beschrieben (Abschn. 3.1). Dies dient vor allem dazu, die nachfolgenden Überlegungen zu Bestimmungsfaktoren des Transaktionsmarketing im Unternehmensneugründungskontext plastischer zu machen (Abschn. 3.2). An dieser Stelle werden einige wenige Handlungsoptionen für Gründungsunternehmen zur Unsicherheitsminimierung skizziert. Kapitel 4 betrachtet diesen Aspekt schließlich gesondert und präsentiert ausgewählte Maßnahmen des Transaktionsmarketings zum Abbau von Unsicherheit. Dabei werden relationale Verträge (Abschn. 4.1) sowie Aspekte der Verkaufstechnik und Verkaufspsychologie (Abschn. 4.2) thematisiert. Während also in Kap. 2 die Nachfragerperspektive eingenommen wird, wird in den Kap. 3-4 die Anbieterperspektive gewählt. Der Beitrag schließt letztlich mit einer Schlussbetrachtung, welche dem Leser die wesentlichen Gedanken mit auf den Weg gibt.

2 Markttransaktion als Aufgabe des Marketing-Managements

Die Gestaltung von Markttransaktionen ist eine Aufgabe des Marketing-Managements. Um ein besseres Verständnis dafür zu erlangen, was eine solche Aufgabe mit sich bringt, wird zunächst auf die relevanten theoretischen Grundlagen eingegangen.

2.1 Gegenstand und Wesen der Markttransaktion

Der Gegenstand einer Markttransaktion wurde in der Literatur vielfach diskutiert. Dabei werden zwei Grundpositionen evident: Anhänger der ersten Position stellen den physischen Güterübergang beim marktlichen Austausch in den Mittelpunkt (vgl. u. a. *Williamson* 1990, S. 1); andere thematisieren die Übertragung von Verfügungsrechten (vgl. z. B. *Kleinaltenkamp* 1997, S. 89; *Jacob* 2013, S. 7). Bei näherer Betrachtung erweist sich die erstgenannte Sichtweise jedoch als wenig zweckmäßig. Hiernach könnten beispielsweise Dienstleistungen durch die ihnen inhärente Immaterialität nicht ausgetauscht werden. Versteht man eine Markttransaktion dagegen als Übergang von Verfügungsrechten an Gütern und Leistungen, so lassen sich reale Austauschprozesse besser abbilden. In diesem Zusammenhang spricht man auch von einer verhandelten Markttransaktion.

Im Hinblick auf die Illustration des Wesensinhalts einer (verhandelten) Markttransaktion kann eine frühere Definition des amerikanischen Autors *Commons* (1931, S. 652) sowie eine aktuelle von Plinke herangezogen werden: „Eine Transaktion ist eine Übereinkunft zwischen zwei Parteien über das jeweils zu Gebende und das zu Erhaltende" (*Plinke* 2000, S. 44, ähnlich *Kotler et al.* 2011). Anbieter und Nachfrager können folglich die Konditionen eines Geschäfts bestimmen, was zweierlei Konsequenzen mit sich bringt: Zum einen liegt die Management-Herausforderung weniger in der Ausführung logistischer Aktivitäten, sondern vielmehr im Herbeiführen einer Übereinkunft zwischen den unabhängigen Akteuren. Zum anderen muss zwischen dem physischen Güteraustausch und dem Austausch von Verfügungsrechten unterscheiden werden.

Es sind allerdings auch Transaktionen denkbar, die durch die Erbringung einer Leistung gegen die Entrichtung eines Preises getätigt werden, ohne dass die Marktakteure eine Vereinbarung treffen müssen. *Commons* (1931) z. B. unterscheidet die „Bargaining Transaction" und „Managerial Transaction", *Alderson* (1957) die „Strategic Transaction" und „Routine Transaction". Siehe Abb. 2.1.

Commons 1931:

- ‚Bargaining Transaction':
  - Festlegung von Leistung und Gegenleistung
  - Transaktionspartner handeln autonom und sind nicht gebunden
- ‚Managerial Transaction':
  - Erbringung von Leistung und Gegenleistung
  - Transaktionspartner handeln auf der Basis von Rechten und Pflichten

Alderson 1957:

- ‚Strategic Transactions'
  - Rahmenbedingungen für Routinetransaktionen werden ausgehandelt
  - einmalig
- ‚Routine Transactions'
  - Durchführung des Güterübergangs unter den vorher ausgehandelten Bedingungen
  - mehrmalig

Abb. 2.1: Formen der Transaktion
Quelle: *Eigene Darstellung*

Während die Bargaining Transaction und die Managerial Transaction den Übergang an Verfügungsrechten abbilden, beziehen sich die Strategic Transaction und die Routine Transaction auf den Güter- bzw. Leistungstransfer. Zur Explikation dieses Unterschieds kann das Beispiel der Anmietung von Geschäftsräumen dienen: Die Bargaining bzw. Strategic Transaction erfolgen hier einmalig zum Zeitpunkt des Aushandelns der Mietkonditionen. Die Managerial und Routine Transaction finden aufgrund der Nutzung der Geschäftsräume und der Entrichtung des Mietzinses dagegen regelmäßig statt. Eine Markttransaktion liegt folglich nur dann vor, wenn der Übergang von Verfügungsrechten stattfindet, nicht allerdings bei der monatlichen Abwicklung der Übereinkunft.

2.2 Verhandelte Markttransaktion und wahrgenommene Unsicherheit

Geht man nun von einer verhandelten Markttransaktionen aus, so verursacht diese beim Nachfrager häufig Unsicherheit über das Ergebnis des Austauschs (vgl. u. a. *Dittrich* 2000, S. 21). Denn die Vereinbarung zwischen den Marktpartnern, die zu einem gegebenen Zeitpunkt getroffen wird, kann zum gleichen Zeitpunkt noch nicht überprüft werden. Aus Nachfragersicht hat dies zur Folge, dass der Kundenvorteil für diesen nicht immer einschätzbar ist. Abbildung 2.2 illustriert die eingeschränkte Wahrnehmung des Nutzens aus der Transaktion aufgrund diverser exemplarisch aufgeführter Ursachen.

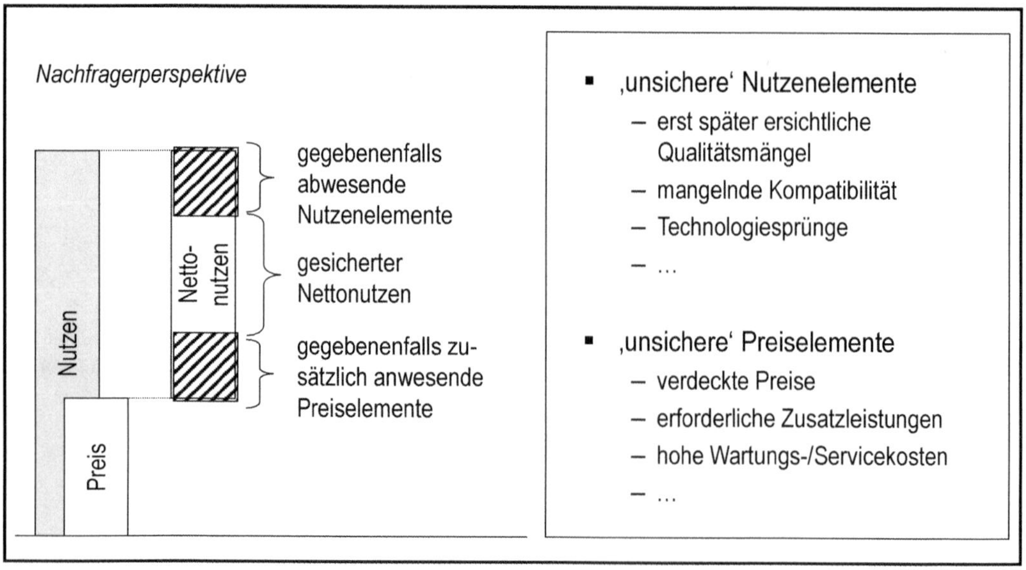

Abb. 2.2: Kundenvorteil in der verhandelten Markttransaktion unter Unsicherheit
Quelle: *Jacob* 2009, S. 132

Die Unsicherheit in der verhandelten Markttransaktion bezieht sich sowohl auf den erwarteten Nutzen als auch auf den zu verhandelnden Preis. Dadurch verringert sich der Nettonutzen eines Angebots, was im Extremfall dazu führen kann, dass der Nachfrager von einem marktlichen Austausch Abstand nimmt. Derartige Kundenvorteile, die durch den Einfluss der Unsicherheit in den Augen der Nachfrager beeinträchtigt werden, bezeichnet man auch als pathologische Kundenvorteile. Um Markttransaktionen vor dem vorzeitigen Scheitern zu bewahren, sollte der Anbieter entsprechende Maßnahmen einleiten, die die wahrgenommene Unsicherheit des Nachfragers reduzieren helfen (s. Abschn. 4).

Das Fazit für diesen Teil unseres Beitrags besteht also darin, dass die einzelne Markttransaktion spezifische Besonderheiten aufweist, die eine eigenständige Betrachtung – neben der Geschäftsbeziehung und dem Marktsegment – erforderlich macht. Im Zentrum dieser Besonderheiten steht die Unsicherheit des Nachfragers, im Zentrum des Transaktionsmarketings stehen die Maßnahmen des Anbieters zur Bewältigung dieser Unsicherheit.

3 Transaktionsmarketing für Gründungsunternehmen

Das Transaktionsmarketing erfährt jedoch nicht nur allein aufgrund der wahrgenommenen Unsicherheit des Nachfragers bei Markttransaktionen mit einem jungen Unternehmen seine Legitimation. Auch aus der Perspektive des Anbieters gibt es Unsicherheitsaspekte, die ein transaktionsbezogenes Marketing nahelegen – z. B. solche, die aus dem Phänomen der Unternehmensgründung selbst erwachsen oder ökonomischen Bestimmungsfaktoren unterliegen. Neben der wahrgenommenen Unsicherheit lassen sich zudem weitere Faktoren anführen. Zur Abrundung der Thematik erfolgt in diesem Kapitel ebenfalls die ergänzende Darstellung verhaltenswissenschaftlicher Bestimmungsfaktoren.

3.1 Ausgangssituation neu gegründeter Unternehmen

Zu dem, was genau unter einer Unternehmensgründung zu verstehen ist, existiert keine einheitliche Definition. Im engeren Sinne wird die Unternehmensgründung als formaljuristischer Akt verstanden, welcher zum Zeitpunkt der Handelsregistereintragung gültig ist (*Dietz* 1989, S. 24). Gängiger ist jedoch eine prozessbezogene Sichtweise, wonach die Gründung neuer Unternehmen z. B. als ein Prozess „der Schaffung eines gegenüber der Umwelt qualitativ abzugrenzenden und vorher in gleicher Struktur nicht existierenden Systems“ (*Szyperski/Nathusius* 1977, S. 25) interpretiert wird. Resultiert aus der Gründung eine wirtschaftlich selbstständige Einheit bzw. ein Unternehmen, so spricht man von einer Unternehmensgründung. Im Rahmen dieses Beitrags wird aus Zweckmäßigkeitserwägungen der letztgenannten Definition gefolgt.

Die wahrgenommene Unsicherheit des Anbieters kann nun in den Charakteristika eines jungen Unternehmens begründet sein. Dazu gehören unter anderem die bekannten Merkmale der „liabilities of newness, smallness and adolescence" (vgl. *Brüdel/Schüssler* 1990, S. 530 ff.; *Gruber* 2002, S. 18). Demnach handelt es sich bei jungen Wachstumsunternehmen um neue wirtschaftliche Akteure (liability of newness), die diverse Herausforderungen wie z. B. das Definieren von Aufgaben, Prozessen und Verantwortlichkeiten im Unternehmen bewältigen müssen (vgl. *Stinchcombe* 1965). Dazu kann aus der Novität der Unternehmung beispielsweise eine schlechte Informationslage der Entscheidungsträger resultieren, die Unsicherheit beim Unternehmer in Bezug auf die Entscheidungsfindung im Gründungsprozess hervorruft. Weiterhin zeichnen sich Gründungsunternehmen durch eine geringe Größe (liability of smallness) aus, was unter anderem knappe Ressourcen wie etwa ein geringes Risikokapital, eingeschränkte personelle Ressourcen oder ein niedriges Marketing-Know-how implizieren kann. Der Mangel an finanziellen Mitteln begrenzt beispielsweise sowohl die Fähigkeit junger Unternehmen, wirtschaftliche Krisen zu bewältigen, als auch deren Marktmacht und damit einhergehend das Repertoire an verfolgbaren Strategien (vgl. *Romanelli* 1989, S. 373). Eine geringe Mitarbeiteranzahl kann ferner dazu führen, dass junge Unternehmen mit Personalengpässen konfrontiert werden. Die Vielfalt der im Unternehmen verfügbaren Fähigkeiten ist demnach vielfach eingeschränkt (*McGrat*h 1996, S. 5 ff.). Fehlt es Mitarbeitern z. B. an Marketing-Know-how, so sind sich diese unter Umständen der Effizienz und Effektivität diverser Marketingmaßnahmen unsicher. Im Extremfall verzichten sie zur Gänze auf die Durchführung etwaiger Maßnahmen. Schließlich benötigen neu gegründete Unternehmen eine gewisse Anlaufzeit, um Unternehmensstrukturen und -positionen zu etablieren (liability of adolescence). Je länger in jungen Unternehmen die Phase des „Erwachsenwerdens" dauert, desto höher ist das Sterberisiko in der Nachgründungsphase, da auf Markterfordernisse eventuell nur langsam oder nicht adäquat reagiert werden kann (vgl. *Brüderl et al.* 1996, S. 61).

3.2 Bestimmungsfaktoren des Transaktionsmarketings

3.2.1 Ökonomische Bestimmungsfaktoren

Zur Illustration ökonomischer Bestimmungsfaktoren lässt sich der neoinstitutionalistische Ansatz heranziehen (s. auch Abschn. 4.1). Dieser umfasst unter anderem die Transaktionskostentheorie, die Principal-Agent-Theorie und die Informationsökonomik. Diese zeigen Wege auf, wie Unsicherheit als Kernproblem von Neuerungsprozessen durch eine optimale Nutzung institutioneller Arrangements abgebaut werden kann (*Pinkwart* 2002, S. 61).

Ausgangspunkt der Transaktionskostentheorie ist die Feststellung, dass nicht nur das Tauschobjekt mit Nutzen und Kosten für Anbieter und Nachfrager verbunden ist, sondern ebenfalls der Austauschprozess an sich. Die Principal-Agent-Theorie widmet sich dagegen im Wesentlichen dem Umstand, dass der Informationsstand der an einer Transaktion Beteiligten nicht nur unvollständig, sondern in vielen Fällen auch asymmetrisch verteilt ist (*Jacob* 2013, S. 4). Es gibt somit grundsätzlich Beteiligte (Agenten), die einen Informationsvorsprung haben und solche, die sich einem Informationsnachteil (Prinzipale) gegenübersehen. Beispielsweise kann der Anbieter in der Rolle des Prinzipals nicht sicher sein, ob der Nachfrager die Zahlung des Kaufobjekts herauszögert, reduziert oder eventuell gar nicht leistet. Möglich ist auch, dass der Nachfrager vom Anbieter Güter oder Dienstleistungen minderer Qualität erhält. Demzufolge liegen Markttransaktionen alle Arten von Agency-Problemen wie etwa hidden intention, hidden characteristics und hidden action zugrunde, auf die an dieser Stelle allerdings nicht näher eingegangen werden soll (vgl. dazu z. B. ausführlich *Bergen et al.* 1992). Die Informationsökonomik unterscheidet schließlich drei Typen von Gütern bzw. Gütereigenschaften: Güter bzw. Gütereigenschaften können demnach durch Such-, Erfahrungs- und Vertrauenseigenschaften gekennzeichnet sein (*Darby/Karni* 1973,S. 68 ff.). Sucheigenschaften („search qualities") beziehen sich auf Güter, deren Eigenschaften bei entsprechender Informationssuche schon vor dem Kauf ersichtlich sind. Erfahrungseigenschaften („experience qualities") dagegen bezeichnen den Umstand, dass sich die Gütereigenschaften erst nach dem Kauf durch Ge- und Verbrauch beurteilen lassen. Vertrauenseigenschafen („credence qualities") sind schließlich weder vor noch nach dem Kauf vollständig bewertbar.

Gründungsunternehmen sind nicht zuletzt aufgrund ihrer Kleinheit und Neuheit durch hohe Transaktionskosten und eine asymmetrische Informationsverteilung gekennzeichnet. Auch dominieren im Falle eines neuen, erklärungsbedürftigen Leistungsangebots in der Regel Vertrauenseigenschaften, da der Nachfrager auf keinerlei Erfahrungen zurückgreifen kann. Was die Transaktionskostennachteile neu gegründeter Unternehmen betrifft, so findet man in der Literatur dazu einige wenige Vorschläge, wie sich sowohl Transaktionskosten als auch die damit verbundene Unsicherheit reduzieren lassen. Unter anderem Hundsiek schlägt in diesem Zusammenhang die Spin-Off-Gründung als Organisationsform mit den geringsten Transaktionskosten für den Markteintritt vor (*Hundsiek* 1987, S. 140). Schneider widmet sich indessen einer transaktionskosten- und informationstheoretisch fundierten Analyse ökonomischer Konsequenzen der unternehmerischen Produktion von Einmaligkeit (*Schneider* 1991). Zudem zeigt er in einem Beitrag mit Zieringer Vor- und Nachteile der Integration oder Desintegration von F&E in Gründungsunternehmen auf (*Schneider/Zieringer* 1991, S. 62 ff.). Von *Picot et al.* stammt letztlich eine empirische Studie, in der transaktionskostengünstige Abwicklungs- und Organisationsformen unter besonderer Berücksichtigung von Koordinationsunsicherheit analysiert werden (*Picot et al.* 1989, S. 366 ff.). Im Rahmen dieser Untersuchung empfehlen die Autoren insbesondere heterogen besetzte Gründerteams mit Branchenerfahrung, Marktwissen und kaufmännischer Ausbildung (*Picot et al.* 1989, S. 384). Eine gute Branchenerfahrung und ein ausgeprägtes Marktwissen sind besonders für markt- und ressourcenkoordinierende Unternehmen entscheidende Faktoren; dazu erleichtert eine kaufmännische Ausbildung die Vertragsgestaltung mit den Marktpartnern. Die marktliche Koordination von Teilleistungen unter geringen Transaktionskosten wird damit erleichtert. Auch die Principal-Agent-Theorie und die Informationsökonomik offerieren Vorschläge zu Reduktion von Unsicherheit mit Hilfe entsprechender Transaktionsdesigns. So lassen sich z. B. Garantien, Vereinbarung von Konventionalstrafen, Informationen oder erfolgsbezogene Entgeltstrukturen (*Ripperger* 1998, S. 162) zur Schaffung vertrauensbildender Anreizstrukturen anführen.

3.2.2 Verhaltenswissenschaftliche Bestimmungsfaktoren

Neben ökonomischen Bestimmungsfaktoren des Transaktionsmarketings spielen auch verhaltenswissenschaftliche Bestimmungsfaktoren eine große Rolle. Die Ursache der Bestrebungen von Gründungsunternehmern, Unsicherheit abzubauen, liegt neben der kurzfristigen Forcierung von Markttransaktionen häufig auch in dem Generieren von (Kunden)zufriedenheit. Für die Kundenzufriedenheit wird allgemein unterstellt, dass sie über die Kundenbindung einen indirekten Einfluss auf objektive Messgrößen des Unternehmenserfolgs wie Profitabilität und Umsatz hat (vgl. *Heskett et al.* 1994, S. 166). Während Unsicherheit den marktlichen Austausch determiniert, kann Kundenzufriedenheit – unter der Prämisse eines wirkungsvollen Transaktionsmarketings – aus einer Austauschbeziehung resultieren. Die gewonnene Kundenzufriedenheit kann zu einem späteren Zeitpunkt als notwendige Bedingung für die Aufnahme einer langfristigen Geschäftsbeziehung auf der nächsthöheren Handlungsebene des Marketings fungieren.

Diesem Anliegen folgend haben neu gegründete Unternehmen aufgrund ihrer Charakteristika (s. Abschn. 3.1) jedoch einigen Hürden im Vergleich zu bereits etablierten Unternehmen zu überwinden. Denn gemäß dem Confirmation/Disconfirmation-Paradigma (C/D-Paradigma), welches der gängigen Konzeptionalisierung der Kundenzufriedenheit entspricht, wird Kundenzufriedenheit als Ergebnis wahrgenommener Unterschiede zwischen einem Vergleichsstandard – in der Regel sind dies Erwartungen – und der wahrgenommenen Leistung definiert (vgl. *Tse/Wilton* 1988, S. 206; *Homburg/Stock* 2012, S. 20). Dabei werden Erwartungen in Erfahrungen umgewandelt, die die spätere Interpretation von Situationen beeinflussen (*Groß-Engelmann* 1999, S. 29). Ergebnis dieses kognitiven Bewertungsprozesses ist die Bestätigung oder positive bzw. negative Nicht-Bestätigung der Erwartung (*Kaiser* 2002, S. 68 ff.). Bei einem zufriedenen Kunden ist der Saldo aus aktuellen Erfahrungen und Erwartungen mit der Leistung positiv, während er bei einem unzufriedenen Kunden negativ ist (*Groß-Engelmann* 1999, S. 17). Ist das Verhältnis ausgeglichen, besteht Indifferenz (vgl. z. B. *Hill* 1986, S. 311).

(Potenzielle) Kunden junger Wachstumsunternehmen haben tendenziell keine oder wenige Erfahrungen mit den angebotenen Produkten bzw. Dienstleistungen. Ihre Erwartungen sind häufig diffus. Auch sind das Erwartungskonstrukt Vertrauen und die Handlungsintention Commitment in Bezug auf den Anbieter in der Regel schwach ausgeprägt.

Dabei ist besonders das Vertrauen in die Liefer- und Leistungsfähigkeit der jungen Gründungsunternehmung notwenige Bedingung für den ersten Vertragsabschluss (*Boersch/Elschen* 2002, S. 279). Da all diese Aspekte als Grundlage der Markttransaktion bei Gründungsunternehmen nicht oder nur zum Teil gegeben sind, müssen sie durch den Anbieter aufgebaut werden. Nicht wenige Gründungsunternehmen erhalten den notwenigen Vertrauensvorschuss bei ihren ersten Kunden durch Kontakte aus einer früheren Anstellung. Kunden werden somit „übernommen". Das Anwerben unbekannter Kunden gestaltet sich jedoch schwieriger. An dieser Stelle greift abermals das Transaktionsmarketing zur Schaffung eines „Vertrauensbeweises" bzw. zur Förderung von Kundenzufriedenheit und Commitment.

Das Fazit zu diesem Teil besteht darin, dass die strukturellen Besonderheiten von Gründungsunternehmen der Einzeltransaktion ein besonderes Gewicht verleihen und damit einhergehende Verhaltensimplikationen die vom Nachfrager wahrgenommene Unsicherheit zusätzlich erhöhen. Transaktionsmarketing ist daher für Gründungsunternehmen eine zentrale Herausforderung.

4 Ausgewählte Maßnahmen des Transaktionsmarketings zur Bewältigung von Unsicherheit in Gründungsunternehmen

In dem vorangegangenen Kapitel wurden bereits einige Hinweise offeriert, welche Maßnahmen des Transaktionsmarketings junge Unternehmen ergreifen können, um die wahrgenommene Unsicherheit der Marktpartner zu verringern. Im Folgenden soll nun näher auf ausgewählte Maßnahmen zur Ausgestaltung des Transaktionsmarketings für Gründungsunternehmen eingegangen werden.

4.1 Relationale Verträge

Einen umfassenden theoretischen Ansatz zur Ausgestaltung des Transaktionsmarketings in Gründungsunternehmen gibt es bislang noch nicht. Um jedoch Wege zur Lösung des Kernproblems der Unsicherheit bei Neuerungsprozessen und Markttransaktionen aufzuzeigen, eignet sich unter anderem die Vertragstheorie. Sie postuliert Verträge als institutionelle Arrangements im Kontext der Neo-institutionalistischen Ansätze (*Pinkwart* 2002, S. 63). Die Vertragstheorie unterscheidet klassische, neoklassische und relationale Verträge. Der klassische Vertrag, wie etwa der Kauf- Miet-, oder Werkvertrag, versucht durch seine Standardform alle zukünftigen Eventualitäten vollständig abzudecken. Dies gelingt jedoch aufgrund der Komplexität der Realität in den seltensten Fällen. Dieses

Problem soll durch den neoklassischen Vertrag reduziert werden, indem nicht die Eventualitäten selbst, sondern der Umgang mit den selbigen in Form von Schiedsklauseln aufgeführt wird. Dennoch bleibt auch hier das Regelwerk lückenhaft. Relationale Verträge verzichten nun gänzlich auf eine explizite Ausformulierung der Inhalte des Vertragswerks. Stattdessen werden die Marktpartner durch den Austausch von Pfändern, z. B. in Gestalt einer Bürgschaft, zum vertragskonformen Handeln animiert (*Jacob* 2002, S. 70 ff.). Relationale Verträge erscheinen somit am besten geeignet, um Markttransaktionen vorzubereiten. Bei der Ausgestaltung relationaler Verträge bietet sich unter anderem die Berücksichtigung der Prinzipien des ‚Schattens der Zukunft' und der ‚Reputation als Geisel' an.

4.1.1 Schatten der Zukunft

Die Unsicherheit von Nachfragern bezieht sich vor allem auf die Gefahr, dass Informationsasymmetrien vom Anbieter opportunistisch ausgenutzt werden. Eine Option, die der Anbieter besitzt, um den Nachfrager von seiner Unsicherheit zu „befreien", ist ihm glaubhaft zu machen, dass sich kurzfristiger Opportunismus nicht auszahlt, da dadurch Gewinne aus zukünftigen Transaktionen mit demselben Nachfrager gefährdet wären. Im Kontext der Spieltheorie bedient man sich zur Umschreibung dieses Prinzips der Metapher des ‚Schattens der Zukunft' (vgl. *Axelrod* 1995, S. 11). Antizipiert der Anbieter demnach das wiederholte Aufeinandertreffen der Austauschpartner, so ergeben sich für die „Spieler" Steuerungsmöglichkeiten, die bei einem einmaligen „Spiel" irrelevant wären (vgl. *Axelrod* 1995, S. 7). Während bei einem einmaligen „Spiel" aufgrund der Struktur der Situation nur eine Handlungsstrategie – meist Opportunismus – die beste Antwort auf sämtliche „Spielzüge" des Gegners ist, ergeben sich für den Akteur, bei der Annahme weiterer Spielzüge mehrere Handlungsoptionen. Dazu zählt unter anderem die Kooperation. Die Wahrscheinlichkeit einer Kooperation steigt schließlich, wenn sich die Spieler nicht darüber im Klaren sind, wann genau ihre Interaktion endet. Die Zukunft wirft einen Schatten auf die Gegenwart und übt demnach Einfluss auf die strategische Situation aus (*Axelrod* 1995, S. 11). In der Tendenz erachten die Akteure die Zukunft als weniger wichtig im Vergleich zur Gegenwart. Spieler bewerten aktuelle Auszahlungen somit nicht selten höher als zukünftige Auszahlungen. Letztlich besteht immer die Möglichkeit, dass Spieler in der Zukunft nicht aufeinandertreffen (vgl. *Axelrod* 1995, S. 11). Je länger also der Schatten der Zukunft ist, desto höher die wahrgenommene Wichtigkeit der künftigen Spielzüge bzw. die Wahrscheinlichkeit einer Kooperation (vgl. *Axelrod* 1995, S. 12 ff.)

Der Anbieter sollte daher bestrebt sein, die Markttransaktion vorzubereiten, indem er dem Nachfrager glaubhaft macht, dass sein Interesse an einer langfristigen Austauschbeziehung hinreichend groß ist und er künftige Geschäfte wertschätzt. Gründungsunternehmen können in Kundengesprächen, bei Angebotspräsentationen, auf Messen oder in ihrer Werbung die Langfristigkeit ihrer Ambitionen kommunizieren. Dies ist auch deshalb sinnvoll, da die Akquisition von Neukunden in der Regel höhere Investitionen erfordert, als die Pflege von Stammkunden (vgl. *Lübke/Petersen* 1996, S. 29). Selbst wenn Gründungsunternehmen am Anfang ihrer Geschäftstätigkeit stehen, sollten sie diesen Aspekten Beachtung schenken, um eine erfolgreiche Unternehmensentwicklung zu konsolidieren.

4.1.2 Reputation als Geisel

Von der marktlichen Reputation des Anbieters geht ein ähnlicher unsicherheitsreduzierender Effekt aus. Unter der Reputation des Anbieters versteht man allgemein den guten Ruf im relevanten Markt (vgl. *Wiedmann/Buxel* 2006, S. 146). Dabei zeichnet sich die gute Reputation durch zwei wesentliche Charakteristika aus: einerseits handelt es sich beim Aufbau von Reputation um einen langwierigen und kostenintensiven Prozess. Anderseits ist sie z. B. aufgrund negativer Mund-zu-Mund-Propaganda besonders anfällig. *Kaas* (1992) bezeichnet die Reputation aus diesem Grunde als Geisel, welche die Nachfrager gegenüber den Anbietern in der Hand halten.

Eng mit dem Aufbau von Reputation sind unter anderem Maßnahmen verbunden, die sich unter dem Begriff ‚Cause related Marketing' subsumieren lassen (*Cone et al.* 2003, S. 96 ff.). Darunter fasst man alle Maßnahmen zusammen, die darauf abzielen, durch das Kommunizieren des sozialen und gesellschaftlichen Engagements ohne direkten Bezug zu Produkten und Leistungen eine gute Reputation des Anbieters zu generieren (vgl. u. a. *Pritzl/Lauer* 2003, S. 366). Dies kann unter anderem durch Aktivitäten wie etwa Kultursponsoring erfolgen. Letztlich können sich Unternehmen durch entsprechende Anstrengungen unter Umständen in sogenannten Reputations-Rankings (wie etwa dem RQ-Report von Harris Interactive Inc.) wiederfinden (vgl. *Wiedmann* 2006).

Da die Kapitalbasis bei Gründungsunternehmen in der Regel anfangs gering ist, sind hohe Finanzinvestitionen in den Aufbau von Reputation oft nicht möglich. Trotz dieses Umstands lässt sich bei näherer Betrachtung eruieren, dass es viele kostenlose bzw. kostengünstige Aktionen gibt, die die Reputation fördern. Treten Mitarbeiter des neu gegründeten Unternehmens ihren Marktpartnern gegenüber freundlich und hilfsbereit auf, resultieren daraus keine höheren Personalaufwendungen, als wenn man diesen lustlos oder demotiviert begegnet. Auch können Gründungsunternehmen beispielsweise durch regionales, gesellschaftliches oder branchenspezifisches Engagement, Mitgliedschaften in sozialen Stiftungen oder Pro-Bono-Maßnahmen einen Schritt in Richtung Reputationsaufbau tun. Schließlich können Partnerschaften mit renommierten Personen oder Institutionen genutzt werden, um deren Reputation auf das junge Unternehmen zu ‚übertragen' (*Gruber* 2002, S. 142).

4.2 Persönlicher Verkauf

Auch die Optimierung des persönlichen Verkaufs vermag es, Akquisitionserfolge in Unternehmen im Allgemeinen und Gründungsunternehmen im Speziellen zu fördern. Dabei umfasst der Begriff des persönlichen Verkaufs im Sinne einer betrieblichen Funktion die Gestaltung und Durchführung des Interaktionsprozesses mit Nachfragern in der verhandelten Markttransaktion (vgl. *Fließ* 2006, S. 556 ff.; *Kotler et al.* 2011). In jungen Unternehmen sind akzeptable Verkaufszahlen besonders zu Beginn der Geschäftstätigkeit für die Überlebensfähigkeit unabdingbar. Beispielsweise konstatiert Hills: „Entrepreneurship represents continuous change in an organization, and many people are threatened by change. In sales, entrepreneurial change means on-going pressure to develop new ways to find customers and make sales happen, and new approaches to all of the tasks of sales management." (*Hills* 1994, S. 199). Die Umsetzung einer solchen Marketingmaßnahme hat zum Ziel, die Interaktionsprozesse mit Nachfragern so zu gestalten, dass ein Verkaufserfolg, d. h. ein Kaufabschluss durch den Nachfrager, zustande kommt. Zur Erklärung des Verkaufserfolgs in Markttransaktionen können verschiedene Ansätze wie etwa traditionelle, interaktionstheoretische, kommunikationstheoretische Ansätze sowie Strukturmodelle herangezogen werden. Siehe Abb. 4.1.

	Traditioneller Ansatz	**Interaktions-theoretischer Ansatz**	**Kommunikations-theoretischer Ansatz**	**Struktur-modelle**
Erfolgs-faktoren	▪ Eigenschaften des Verkaufspersonals ▪ (psychologische) Reize	▪ Käufer/Verkäufer Ähnlichkeit ▪ Soziodemografie, Psychologie, Rollen/ Rollenerwartungen	▪ verbale und non-verbale Kommunikation ▪ Kommunikations-ablauf	▪ komplexe Kausal-modelle ▪ Merkmale des Käufers, Verkäufers, Unternehmens, der Situation
Bewertung	▪ einseitige Ausrichtung auf Verkäufer	▪ dyadische Ausrichtung ▪ statische Ausrichtung	▪ dyadische und dynamische Ausrichtung ▪ normative Prägung	▪ Operationalisierung von Verkaufserfolg ▪ Aufzeigen von Wirkprinzipien
Autoren	▪ Webster 1968	▪ Evans 1963 ▪ Schoch 1969	▪ Heibsch 1989	▪ Walker et al. 1977 ▪ Spiro et al. 1977 ▪ Weitz 1978

Abb. 4.1: Perspektiven für die Erforschung des Verkaufserfolgs
Quelle: *Schuchert-Güler* 1991, S. 31 ff.

Traditionelle Ansätze versuchen, Verkaufserfolg über Eigenschaften des Verkaufspersonals wie Alter, Geschlecht, Ausbildung etc. zu erklären. Interaktionstheoretische Ansätze sehen stattdessen in der Ähnlichkeit zwischen Käufer und Verkäufer einen Erfolgsparameter. Kommunikationstheoretische Ansätze offerieren wiederum einen anderen Erklärungsansatz, indem sie den Verkauf als Kommunikationsprozess interpretieren, aus dessen zielgerichteter Gestaltung Verkaufserfolge resultieren. Strukturmodelle erklären diesen letztlich über komplexe Kausalmodelle. Aufgrund diverser Limitationen, wie etwa der einseitigen Ausrichtung traditioneller Ansätze auf die Anbieterseite, der ausschließlichen statistischen Betrachtung der Ähnlichkeit zwischen Käufer und Verkäufer im Rahmen interaktionstheoretischer Ansätze oder der normativen Prägung kommunikationstheoretischer Ansätze, können Verkaufserfolge lediglich durch Strukturmodelle realitätsnah erklärt werden (*Schuchert-Güler* 2001, S. 68 f.). Das Verlaufsmodell von *Weitz* (1978) bietet eine Grundlage zur Explikation von Verkaufserfolg. Siehe Abb. 4.2.

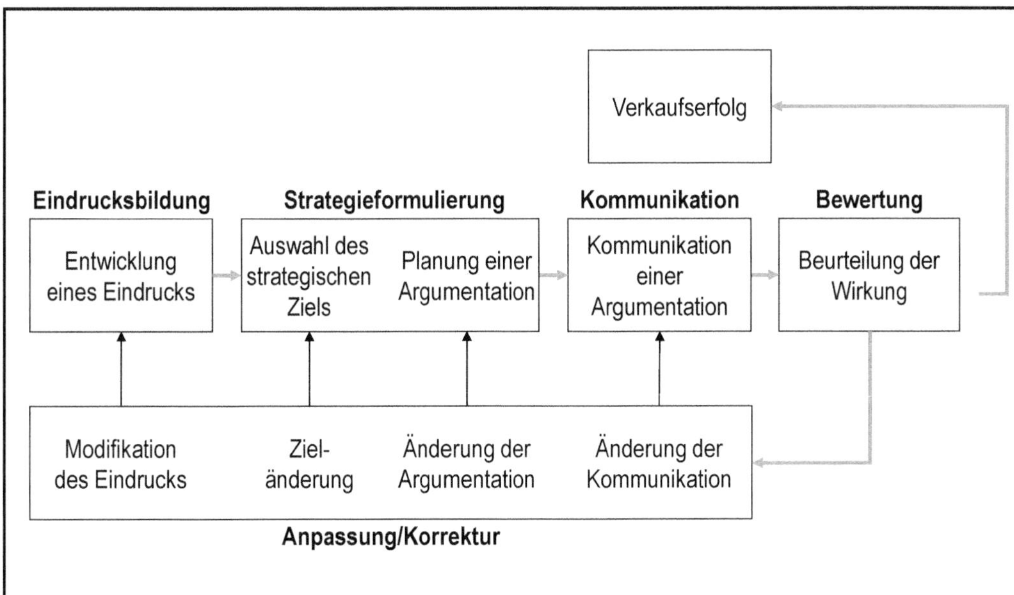

Abb. 4.2: Verkaufsprozessmodell
Quelle: *Weitz* 1978, S. 502; *Schuchert-Güler* 2001, S. 62

Das Verlaufsmodell beginnt damit, dass sich der Verkäufer bzw. der Vertriebsmitarbeiter einen Eindruck vom Käufer macht. Orientierungsgröße dieses Eindrucks ist das Entscheidungsverhalten des Käufers unter der Annahme der multiattributiven Nutzenwahrnehmung und Produktbeurteilung. Für die Wahl seiner Argumentationsstrategie betrachtet der Verkäufer Merkmale, die für den Käufer relevant sind. Er berücksichtigt zudem die vom Käufer suggerierte Gewichtung und die wahrgenommene Ausprägung der unterschiedlichen Produkt- und Dienstleistungsmerkmale. Dieses Vorgehen ermöglicht es dem Verkäufer, in seiner Argumentation auf Merkmale aus dem Entscheidungskalkül des Käufers hinzuweisen, sowie dessen in Betracht gezogene Produkt- und Dienstleistungsalternativen (consideration set) weiter zu ergänzen, zu verändern oder auszulassen. Erzielen gewählte Strategie und Argumentationstechnik keinen Effekt, so müssen diese unter Umständen modifiziert werden. Der Verkaufserfolg ist umso höher, je genauer die Eindrucksbildung und je zweckmäßiger die gewählte Strategie ist (vgl. *Weitz* 1978, *Schuchert-Güler* 2001).

Obwohl die Schulung von Verkaufsmitarbeitern oftmals in das Aufgabengebiet von Unternehmensberatern und Verkaufstrainern fällt, ist es Unternehmensgründern zu empfehlen, sich dieser Thematik frühzeitig zu widmen. Aufgrund der meist innovativen Produkte und Dienstleistungen besteht in der Regel hoher Erklärungsbedarf. Präsentationsmappen, Produktmuster, Kataloge etc. können unterstützend eingesetzt werden (vgl. *Jacob* 2013, S. 28).

5 Schlussbetrachtung

Ziel dieses Beitrags war es, das transaktionsbezogene Marketing für Gründungsunternehmen mit besonderer Berücksichtigung der Unsicherheitsproblematik zu diskutieren. Unternehmerisches Handeln bzw. Markttransaktionen sind zwangsläufig mit Unsicherheit behaftet und stellen sowohl an den Anbieter als auch an den Nachfrager erhöhte Anforderungen.

Denn warum sollten Nachfrager Produkte und Dienstleistungen von einem neu gegründeten Unternehmen kaufen? Nicht allzu selten haben potentielle Kunden Vorbehalte aufgrund der geringen Markterfahrung von Gründungsunternehmen oder der jungen, unter Umständen störanfälligen Produkte (*Gruber* 2002, S. 141). Junge Unternehmen stehen damit vor der Herausforderung, solche Vorbehalte zu entkräften. Die Berücksichtigung der Prinzipen des „Schattens der Zukunft" und der „Reputation als Geisel" sowie der Verkaufstechnik und -psychologie können dem neu gegründeten Unternehmen zu einem soliden Image verhelfen, welches Kompetenz, Seriosität und Zuverlässigkeit glaubhaft macht. Dabei handelt es sich bei den in diesem Beitrag vorgestellten Ratschlägen lediglich um Leitlinien, die im Einzelfall geprüft werden müssen.

Allerdings dürfen unsere Ausführungen nicht so verstanden werden, dass das Transaktionsmarketing seine Bedeutung verliert, wenn das Gründungsunternehmen reift und die Gründungsphase verlässt. Es besteht dann die Neigung, das Management von Markttransaktionen der Sphäre des Operativen zuzuordnen und ihm weniger Bedeutung zuzumessen als etwa dem Management von Geschäftsbeziehungen oder Marktsegmenten, weil diese Handlungsebenen vermeintlich einen stärker strategischen Charakter haben. Neuere Ansätze im Bereich des strategischen Management belegen aber die große Bedeutung etablierter Basis-Routinen zur Nutzung organisationaler Ressourcen, was auch als „Core Micro-strategies" bezeichnet wird (vgl. *Salvato* 2003, S. 92). Solche Basis-Routinen sind sicherlich charakteristisch für das Transaktionsmarketing. Sie erfordern zu jedem Zeitpunkt die gleiche Beachtung durch das Management wie eine übergreifende Marktstrategie und können in gleicher Weise eine Erfolgsquelle darstellen.

Literaturverzeichnis

Alderson, W.: Marketing Behavior and Executive Action. Richard D. Irwin, Homewood, Ill. (1957)

Axelrod, R.: Evolution der Kooperation. 3. Aufl., Oldenbourg, München/Wien (1995).

Bagozzi, R.P.: Marketing as exchange. Journal of Marketing 39(4), 32–39 (1975)

Bergen, M., Dutta, S.,Walker, O.C. Jr.: Agency relationship in marketing – a Review of the implication and applications of agency and related theories. Journal of Marketing 56(7), 1–24 (1992)

Boersch, C., Elschen, R.: Erster Eintritt in den Markt. In: Hommel, U., Knecht, T.C. (Hrsg.) Wertorientiertes Start-up Management – Grundlagen, Konzepte, Strategien, 272–292. Vahlen, München (2002)

Bögenhold, D.: Theoriepfade und -traditionen der Gründungsforschung – Auf dem Weg zu einer einheitlichen Theorie. In: Heinze, R.G. (Hrsg.) Unternehmensgründungen, 25–45. Westdeutscher Verlag, Wiesbaden (2002)

Brüderl, J., Schüssler, R.: Organizational Mortality: The Liabilities of Newness and Adolescence. Administrative Science Quarterly 35, 530–547 (1990)

Brüderl, J., Preisendörfer, P., Ziegler, R.: Der Erfolg neugegründeter Betriebe – Eine empirische Studie zu den Chancen und Risiken von Unternehmensgründungen, Betriebswirtschaftliche Schriften 140. Berlin (1996)

Commons, J.R.: Institutional Economics. American Economic Review 21(4), 648–657 (1931)

Cone, C.L., Feldman, M.A., DaSilva, A.T.: Causes and Effects. Harvard Business Review 81(7), 95–101 (2003)

Darby, M., Karni, E.: Free competition and the optimal amount of fraud. Journal of Law and Economics 16(1), 67–88 (1973)

Dietz, J.-W.: Gründung innovativer Unternehmen. Gabler, Wiesbaden (1989).

Dittrich, S.: Kundenbindung als Kernaufgabe im Marketing, Verlag Thexis, St. Gallen (2006).

Fließ, S.: Persönlicher Verkauf. In: Kleinaltenkamp, M., Plinke, W., Jacob, F., Söllner, A. (Hrsg.) Markt- und Produktmanagement, 546–627. 2. Aufl., Gabler, Wiesbaden (2006)

Groß-Engelmann, M.: Kundenzufriedenheit als psychologisches Konstrukt. Eul-Verlag, Lohmar/Köln (1999)

Gruber, M.: Kunden gesucht. In: Gruber, M., Henkel, J., Witzler, R. (Hrsg.) Gründungsmanagement, 141–143. Frankfurter Allgemeine Buch, Frankurt am Main (2002)

Gruber, M.: Entrepreneurial Marketing. Die Betriebswirtschaft 64(1), 78–100 (2004)

Heskett, J.L., Jones, T.O., Loveman, G.W., Sasser Jr., W.E., Schlesinger, L.A.: Putting the service-profit chain to work. Harvard Business Review 72(2), 164–170 (1994)

Hill, D.J.: Satisfaction and Consumer Services. In: Lutz, R.J. (Hrsg.) Advances on Consumer Research, 311–315. Provo, Utah (1986)

Hills, G.E.: Marketing and Entrepreneurship: Research ideas and opportunities. Quorum Books, Westport, Conn. (1994)

Hills, G.E., Hultman, C.: Entrepreneurial Marketing: Conceptual and Empirical Research Opportunities. Entrepreneurship Research Journal 3(4), 437–448 (2013)

Hills, G., LaForge, R.W.: Research at the Marketing Interface to Advance Entrepreneurship Theory. Entrepreneurship Theory and Practice 16, 33–59 (1992)

Homburg, C., Stock, R.: Theoretische Perspektiven zur Kundenzufriedenheit. In: Homburg, C. (Hrsg.) Kundenzufriedenheit, 17–51. 8. Aufl., Gabler, Wiesbaden (2012)

Hundsiek, D.: Unternehmensgründung als Folgeinvestition – Struktur, Hemmnisse und Erfolgsbedingungen der Gründung industrieller innovativer Unternehmen, Schriften zur Mittelstandsforschung 16, NF, Stuttgart (1987)

Jacob, F.: Geschäftsbeziehungen und die Institutionen des marktlichen Austauschs. DUV, Wiesbaden (2002)

Jacob, Frank: Marketing. Eine Einführung für das Master-Studium. Kohlhammer-Verlag, Stuttgart (2009)

Jacob, F.: Auftragsmanagement. In: Kleinaltenkamp, M., Plinke, W., Geiger, I. (Hrsg.) Auftrags und Projektmanagement, 1–57. 2. Aufl., Springer Gabler, Wiesbaden (2013)

Kaas, K.P.: Marketing und Neue Institutionenlehre, Arbeitspapier Nr. 1 aus dem Forschungsprojekt Marketing und ökonomische Theorie, Frankfurt/M. (1992)

Kaiser, M.-O.: Erfolgsfaktor Kundenzufriedenheit – Dimensionen und Messmöglichkeiten. Erich Schmidt Verlag, Berlin (2002)

Kleinaltenkamp, M.: Integrativität als Kern einer umfassenden Leistungslehre. In: Backhaus, K., Günther, B., Kleinaltenkamp, M., Plinke, W. (Hrsg.): Marktleistung und Wettbewerb, 83–114. Gabler, Wiesbaden (1997)

Kleinaltenkamp, M. (2000): Einführung in das Business-to-Business Marketing. In: Kleinaltenkamp, M., Plinke, W. (Hrsg.) Technischer Vertrieb, 171–247. 2. Aufl., Springer, Berlin et al. (2000)

Kotler, P., Armstrong, G., Wong, V., Saunders, J.: Grundlagen des Marketing. 5. Aufl., Pearson Studium, München (2011)

Krafft, M.: Kundenbindung und Kundenwert. Physica, Heidelberg (2002)

Lodish, L.M., Morgan, H., Kallianpur, A.: Entrepreneurial Marketing. Wiley, New York (2001)

Lübke, D., Petersen, R.: Business-to-Business-Marketing. Schäffer-Poeschel, Stuttgart (1996)

McGrath, R.G.: Options and the Entrepreneur – Towards a strategic Theory of Entrepreneurial Behaviour, Working Paper Columbia University, New York (1996)

o.V.: Can Start-Ups Help Turn the Tide? Harvard Business Review 90(9), 30–31 (2012)

Picot, A., Laub, U.-D., Schneider, D.: Innovative Unternehmensgründungen – Eine empirische Analyse. Zeitschrift für betriebswirtschaftliche Forschung 41(5), 358–386 (1989)

Pinkwart, Andreas: Die Unternehmensgründung als Problem der Risikogestaltung. Zeitschrift für betriebswirtschaftliche Forschung Ergänzungsheft 5, 55–83 (2002)

Plinke, W.: Grundlagen des Marktprozesses. In: Kleinaltenkamp, M., Plinke, W. (Hrsg.) Technischer Vertrieb, 3–99. 2. Aufl., Springer, Berlin et al. (2000)

Pritzl, R., Lauer, A.: Kundenbindung und Kundenloyalitätsmanagement. In: Fink, D. (Hrsg.) Management Consulting Fieldbook, 333–368. 2. Aufl., Vahlen, München (2003)

Ripperger, T.: Ökonomik des Vertrauens: Analyse eines Organisationsprinzips. Mohr Siebeck, Tübingen (1998)

Romanelli, E.: Environments and Strategies of Organization Start-Ups. Administrative Science Quarterly 34, 369–387 (1989)

Sahlmann, W.A., Stevenson, H.H., Roberts, M.J., Bhidé, A.: The Enterpreneurial Venture. Harvard Business School Press, Boston, Mass (1999)

Salvato, C.: The role of micro-strategies in the engineering of firm evolution. Journal of Management Studies 40(1), 83–108 (2003)

Schneider, D.: Die unternehmerische Produktion von Einmaligkeit und ihre Konsequenzen für die Evolution ökonomischer Transaktionsbeziehungen. In: Laub, U.D., Schneider, D. (Hrsg.) Innovation und Unternehmertum, 342–367. Gabler, Wiesbaden (1991)

Schneider, D., Zieringer, C.: Interorganisatorisches F&E-Management und F&E Integration als Herausforderung innovativen Unternehmertums – F&E zwischen E&F. In: Laub, U.D., Schneider, D. (Hrsg.) Innovation und Unternehmertum, 53-78. Gabler, Wiesbaden (1991)

Schuchert-Güler, P.: Kundenwünsche im persönlichen Verkauf. Deutscher Universitäts-Verlag, Wiesbaden (2001)

Stinchcombe, A.L. (1965): Social Structure and Organizations. In: March, J.G. (Hrsg.) Handbook of Organizations, 153-193. Rand McNally, Chicago (1965)

Szyperski, N., Nathusius, K.: Probleme der Unternehmensgründung – eine betriebswirtschaftliche Analyse unternehmerischer Startbedingungen. Schäffer-Poeschel, Stuttgart (1977)

Tse, D.K., Wilton, P.C.: Models of Customer Satisfaction Formation. An Extension. Journal of Marketing Research 25(2), 204–212 (1988)

Weitz, B.A.: Relationship between salesperson performance and understanding of customer decision making. Journal of Marketing Research 15(4), 501–516 (1978)

Wiedmann, K.-P.: RQ-Messkonzept als Basis einer differenzierten Erfassung der Unternehmensreputation. Wirtschaftswissenschaftliches Studium 35(3), 147–154 (2006)

Wiedmann, K.-P., Buxel, H.: Corporate reputation management in Germany – results of an empirical study. Corporate Reputation Review 8(2), 145–163 (2006)

Williamson, O.E.: Die ökonomischen Institutionen des Kapitalismus – Unternehmen, Märkte, Kooperationen. Mohr, Tübingen (1990)

Teil VII: Entrepreneurial Marketing Assets

Christoph Burmann, Rico Piehler, Michael Schade und
Corinna S. Beckmann

Identität und Marke im Entrepreneurial Marketing

Christoph Burmann, Prof. Dr.
Inhaber des Lehrstuhls für
innovatives Markenmanagement
Universität Bremen
E-Mail: burmann@uni-bremen.de.

Rico Piehler, Dr.
Habilitand am Lehrstuhl für
innovatives Markenmanagement
Universität Bremen
E-Mail: rico.piehler@uni-bremen.de.

Michael Schade, Dr.
Habilitand am Lehrstuhl für
innovatives Markenmanagement
Universität Bremen
E-Mail: mschade@uni-bremen.de.

Corinna S. Beckmann, M. Sc.
Wissenschaftliche Mitarbeiterin am Lehrstuhl
für innovatives Markenmanagement
Universität Bremen
E-Mail: c.s.beckmann@uni-bremen.de.

1 Einführung

Gründungsunternehmen stehen vor dem Problem, ihre „liability of newness" (*Witt/Rode* 2005, S. 273) zu überwinden. Eine Strategie, diese Herausforderung zu bewältigen, ist der Aufbau einer Marke, die das Gründungsunternehmen bzw. sein(e) Produkt(e) im relevanten Markt bekanntmacht, vom Wettbewerb differenziert und letztendlich zur Kundengewinnung und -bindung beiträgt. Wenngleich es zum Markenmanagement sowie zur Unternehmensgründung zahlreiche Beiträge in der Wissenschaft gibt, stellt die Schnittmenge beider Bereiche, d. h. das Markenmanagement bei Gründungsunternehmen, ein Forschungsfeld dar, das bisher nicht besonders intensiv bearbeitet wurde (vgl. *Merrilees* 2007, S. 403; *Bresciani/Eppler* 2010, S. 356). So werden in der Markenmanagementforschung vielfach bereits etablierte Marken großer internationaler Unternehmen als Beispiele diskutiert, während die Forschung im Bereich der ersten Entwicklungsphasen von Unternehmen und Marken bisher nur begrenzte Aufmerksamkeit auf sich gezogen hat (vgl. *Rode/Vallaster* 2005, S. 121; *Merrilees* 2007, S. 403; *Juntunen et al.* 2010, S. 116): „Open practically any management book at random and it is a good bet that you will find Coca Cola, Nike, Philips, Unilever, Shell or Procter & Gamble used as the practical examples" (*Krake* 2005, S. 228). Dies steht allerdings im Gegensatz dazu, dass in Deutschland 99,5 % (in der EU-27 99,8 %) aller Unternehmen zu KMUs, d. h. zu kleinen und mittleren Unternehmen, gehören und in Deutschland immerhin 81,7 % (in der EU-27 92,1 %) zu den Kleinstunternehmen mit weniger als 10 Mitarbeitern (vgl. *Generaldirektion Unternehmen und Industrie der Europäischen Kommission (Hrsg.)* 2013, S. 2). Damit werden in Deutschland von den KMUs 62,2 % (in der EU-27 66,5 %) sowie von Kleinstunternehmen immerhin 18,5 % (in der EU-27 28,7 %) der Beschäftigten repräsentiert (vgl. *Generaldirektion Unternehmen und Industrie der Europäischen Kommission (Hrsg.)* 2013, S. 2). Zwar sind diese nicht mit Gründungsunternehmen gleichzusetzen, haben mit diesen in Bezug auf die Rahmenbedingungen für das Markenmanagement jedoch eher Gemeinsamkeiten als mit Großunternehmen.

Diese Rahmenbedingungen für Gründungsunternehmen sind erstens durch ihre kurze Historie und damit durch das Fehlen einer bekannten und etablierten Marke gekennzeichnet (vgl. *Rode/Vallaster* 2005, S. 124). Zweitens sind gerade Gründungsunternehmen mit einer Ressourcenknappheit konfrontiert, insbesondere finanzielle und personelle Ressourcen betreffend (vgl. *Krake* 2005, S. 228; *Bresciani/Eppler* 2010, S. 356; *Juntunen et al.* 2010, S. 116). Drittens verfügen Gründungsunternehmen noch nicht über gefestigte interne Strukturen und Prozesse (vgl. *Rode/Vallaster* 2005, S. 124). Schließlich ist darüber hinaus ein starker persönliche Einfluss der Gründer festzuhalten (vgl. *Rode/Vallaster* 2005, S. 124), die einer komplexen Umwelt gegenüberstehen, in der sie mit ihrer begrenzten Erfahrung agieren (vgl. *Rode/Vallaster* 2005, S. 122). Unter diesen Rahmenbedingungen stehen Gründungsunternehmen vor der Herausforderung, in einem relativ kurzen Zeitfenster eine starke Marke aufzubauen, um Kunden zu gewinnen und zu binden und somit das Überleben des Unternehmens sicherzustellen (vgl. *Rode/Vallaster* 2005, S. 122; *Bresciani/Eppler* 2010, S. 356).

Ziel dieses Aufsatzes ist es, den Markenaufbau von Gründungsunternehmen unter Berücksichtigung der genannten Rahmenbedingungen zu erläutern und daraus Handlungsempfehlungen für junge Unternehmen abzuleiten. Die Basis der folgenden Ausführungen stellt dabei das Konzept der identitätsbasierten Markenführung dar (vgl. *Meffert/Burmann* 1996; *Burmann et al.* 2012), denn dieser Ansatz berücksichtigt neben der klassischen Outside-in-Perspektive auch die Inside-Out-Perspektive (Selbstbild der internen Zielgruppen) und kann als state-of-the-art der Markenführung angesehen werden. Mit der Berücksichtigung von Markenidentität und Markenimage ist auch der Anschluss an frühere Auseinandersetzungen mit dem Markenmanagement bei Gründungsunternehmen sichergestellt (vgl. *Witt/Rode* 2005; *Rode/Vallaster* 2005; *Juntunen et al.* 2010). Im folgenden Kapitel wird der Ansatz der identitätsbasierten Markenführung vorgestellt. Anhand des Managementprozesses der identitätsbasierten Markenführung wird in Kap. 3 der Markenaufbau von Gründungsunternehmen dargestellt. Die zentralen Erkenntnisse des Beitrags werden in einem abschließenden Kap. 4 zusammenfassend dargestellt.

2 Grundlagen der identitätsbasierten Markenführung

2.1 Markendefinition

Im Rahmen des entscheidungsorientierten Marketingverständnisses dient die identitätsbasierte Markenführung der gezielten Beeinflussung des Nachfrager- und Mitarbeiterverhaltens. Dies setzt die positive Differenzierung der Marke von Konkurrenzangeboten voraus. Aus diesem Grund wird Marke u. a. in Anlehnung an *Meffert/Burmann* (1996) folgendermaßen definiert:

„Die Marke ist ein Nutzenbündel mit spezifischen Merkmalen, die dafür sorgen, dass sich dieses Nutzenbündel gegenüber anderen Nutzenbündeln, welche dieselben Basisbedürfnisse erfüllen, aus Sicht relevanter Zielgruppen nachhaltig differenziert" (*Burmann et al.* 2003, S. 3).

Damit grenzt sich das Markenverständnis im identitätsbasierten Ansatz deutlich von anderen Verständnissen ab, die eine Marke lediglich als Zeichenbündel (vgl. *Welling* 2006), als gewerbliches Schutzrecht (vgl. *Schröder* 2001) oder als Vorstellungsbild im Kopf der Konsumenten (vgl. *Mellerowicz* 1963) verstehen.

2.2 Grundidee der identitätsbasierten Markenführung

Bei der identitätsbasierten Markenführung wird die Outside-in-Perspektive der Marke um eine Inside-out-Perspektive ergänzt. Damit geht der Ansatz über die einseitige Ausrichtung auf die Wahrnehmung der Marke beim Nachfrager (Markenimage) hinaus, da er zusätzlich das Selbstbild der Marke aus Sicht der internen Zielgruppen (Markenidentität) analysiert (vgl. *Meffert/Burmann* 1996, S. 13 ff.).

Im Ansatz der identitätsbasierten Markenführung stehen sich demnach die Markenidentität auf Seiten der internen Zielgruppen und das Markenimage auf Seiten der externen Zielgruppen gegenüber. Während die Markenidentität im Unternehmen aktiv entwickelt und verankert werden kann, formt sich das Markenimage bei den externen Zielgruppen der Marke erst mit zeitlicher Verzögerung und über einen längeren Zeitraum hinweg als Reaktion auf die Markenführungsaktivitäten des Unternehmens (vgl. *Meffert/Burmann* 1996, S. 34). Den Zusammenhang zwischen Markenidentität und Markenimage zeigt Abb. 2.1.

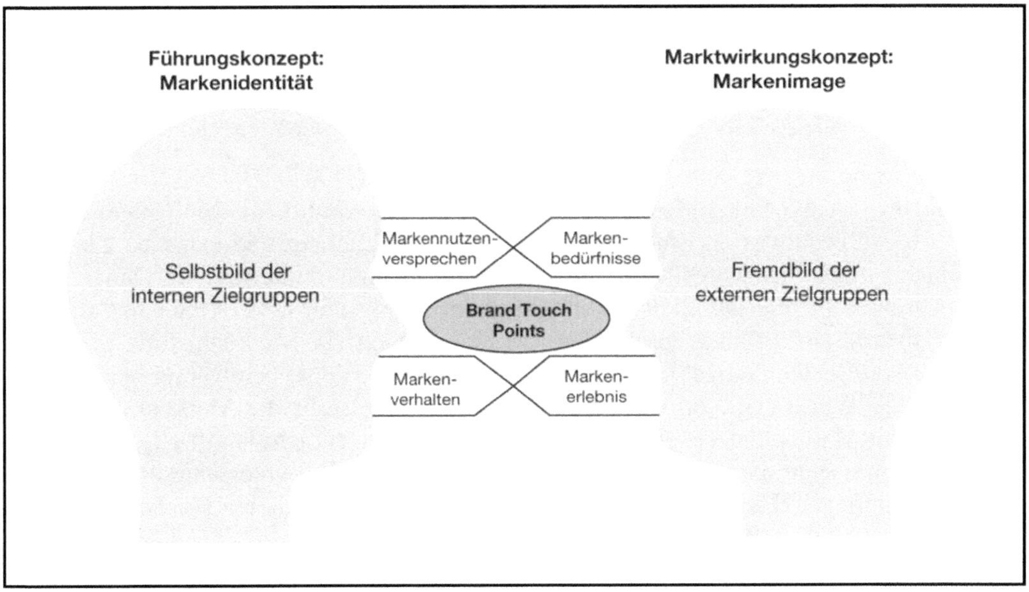

Abb. 2.1: Grundidee der identitätsbasierten Markenführung
Quelle: In Anlehnung an *Meffert/Burmann* 1996, S. 35

Die Ausgestaltung der Markenidentität bestimmt das Markennutzenversprechen. Es repräsentiert denjenigen kaufverhaltensrelevanten Nutzen, der gegenüber den externen Zielgruppen erbracht werden soll. Dieses kommunizierte Nutzenversprechen sollte die wichtigsten Markenbedürfnisse der Nachfrager adressieren. Das tatsächliche Markenverhalten umfasst insbesondere die Produkt- und Serviceleistungen der Marke, das Verhalten sämtlicher Mitarbeiter einer Marke im Kontakt zum Nachfrager und darüber hinaus alle weiteren Kontakte des Nachfragers mit der Marke an allen Brand Touch Points. Dem tatsächlichen Markenverhalten steht unmittelbar das Markenerlebnis des Nachfragers, also seine Eindrücke bei der Interaktion mit der Marke, gegenüber. Damit die Markenerlebnisse an sämtlichen Brand Touch Points den Bedürfnissen entsprechen, muss das Markenverhalten mit dem Markennutzenversprechen übereinstimmen. Entspricht das Markenverhalten nicht den Bedürfnissen, führt dies zu einer Verschlechterung des Markenimages, negativer Mund-zu-Mund Propaganda und einer Abwanderung der Nachfrager zur Konkurrenz.

2.3 Markenidentität

Die Markenidentität bringt die wesensprägenden Merkmale einer Marke, für welche die Marke zunächst nach innen und später auch nach außen stehen soll, zum Ausdruck. Definiert werden unter Markenidentität diejenigen raumzeitlich gleichartigen Merkmale der Marke, die aus Sicht der internen Zielgruppen in nachhaltiger Weise den Charakter der Marke prägen (vgl. *Meffert/Burmann* 1996, S. 31). Dabei lassen sich auf Basis sozialwissenschaftlicher und psychologischer Identitätsforschung (vgl. *Haußer* 1995; *Frey/Haußer* 1987; *Erikson* 1973) sechs konstitutive Komponenten identifizieren (vgl. Abb. 2.2).

Das Fundament der Markenidentität bildet die Markenherkunft, die die Frage „Woher kommen wir?" beantwortet. Eine Marke wird von den internen und externen Zielgruppen zunächst im Kontext ihres Ursprungs wahrgenommen und interpretiert. Daher ist die Markenherkunft für die identitätsbasierte Markenführung von hoher Relevanz und eng mit der Historie einer Marke verbunden. Im Unterschied zur Markenhistorie greift die Markenherkunft jedoch einzelne Facetten der Markengeschichte heraus und betont diese in besonderer Weise (vgl. *Blinda* 2007, S. 104). Damit stellt die Markenherkunft im Gegensatz zur Markenhistorie eine durch das Markenmanagement langfristig gestaltbare Identitätskomponente dar. Die Markenherkunft basiert auf drei unterschiedlichen Facetten: der räumlichen Herkunft, der Unternehmensherkunft und der Branchenherkunft (vgl. *Becker* 2012, S. 59).

Eine langfristige Entwicklungsrichtung einer Marke wird durch die Markenvision und durch die Beantwortung der Frage: „Wohin wollen wir?" vorgegeben. Die Markenvision kann als langfristig realisierbare Wunschvorstellung der Marke angesehen werden, die wichtige Motive von Nachfragern und Mitarbeitern ansprechen soll. Gegenüber den Markenzielen weist sie einen geringeren Konkretisierungsgrad auf, ist aber durch einen längeren Zeithorizont (i. d. R. fünf bis zehn Jahre) geprägt.

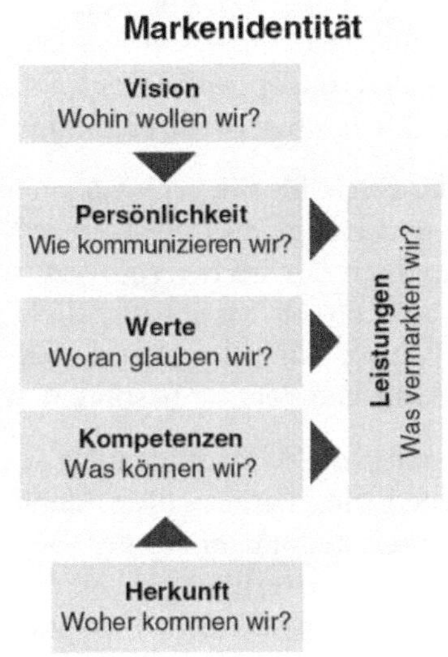

Abb. 2.2: Komponenten der Markenidentität
Quelle: In enger Anlehnung an *Burmann et al.* 2003, S. 7

Die Markenkompetenzen verkörpern die spezifischen organisationalen Fähigkeiten eines Unternehmens zur marktgerechten Identifikation, Veredlung und Kombination von Ressourcen. Sie beantworten die Frage: „Was können wir?" und prägen in besonderer Weise das Selbstverständnis der Markenmitarbeiter und die Glaubwürdigkeit der Marke bei den Nachfragern. Markenkompetenzen können dabei in Veredlungs-, Marktzufuhr- und Meta-Kompetenzen eingeteilt werden (vgl. *Blinda* 2007, S. 320; *Burmann et al.* 2012, S. 50 ff.).

Die Markenwerte repräsentieren die Grundüberzeugungen von Management und Mitarbeitern und bilden die symbolische Essenz der Markenidentität. Zusätzlich bringen sie wichtige emotionale Komponenten der Markenidentität zum Ausdruck und beantworten damit die Frage „Woran glauben wir?". Fokussiert auf wenige Aussagen sollen sie einen Bezug zu dem durch die Marke versprochenen Nutzen aufweisen. Insbesondere für die Authentizität der Marke spielen die Markenwerte eine wichtige Rolle (vgl. *Burmann/Schallehn* 2010, S. 48; *Schallehn* 2012, S. 64).

Die Markenpersönlichkeit findet ihren Ausdruck im verbalen und non-verbalen Kommunikationsstil einer Marke. Sie beantwortet die Frage: „Wie kommunizieren wir?". *Aaker* (1997, S. 347) definiert das Konstrukt als „a set of human characteristics associated with a brand". Zur Erfassung dieser „menschlichen" Persönlichkeitsmerkmale von Marken wurden in der Literatur zahlreichen Skalen vorgeschlagen. Den bislang prominentesten, wenngleich auch stark kritisierten, Ansatz lieferte *Aaker* (1997) mit der von ihr entwickelten Brand Personality Scale. Da eine Allgemeingültigkeit insbesondere für verschiedene Länder bis heute nicht nachgewiesen werden konnte, existieren heute zahlreiche Markenpersönlichkeitsskalen, die spezifisch auf einzelne Länder oder Produktkategorien ausgerichtet sind (vgl. *Burmann et al.* 2012, S. 55; *Schade* 2012, S. 67).

Die Markenkompetenz stellt die Basis für die grundsätzliche Art und Form der Markenleistungen, d. h. der Produkte und Dienstleistungen einer Marke, dar. Durch Beantwortung der Frage: „Was vermarkten wir?“ wird determiniert, wie eine Marke für den Nachfrager nutzbar wird. Da eine Marke stets als ganzheitliches Konstrukt wahrgenommen wird, ist für ihre Glaubwürdigkeit ein hoher Fit zwischen den Markenleistungen und den übrigen fünf Komponenten der Markenidentität besonders wichtig.

Es lässt sich zusammenfassend für die Markenidentität festhalten, dass Aussagen über die Bedeutung der verschiedenen hier vorgestellten Identitätskomponenten für die tatsächliche Ausprägung der Markenidentität nur unter Berücksichtigung der jeweiligen Rahmenbedingungen im Einzelfall zu treffen sind. So hängt der Stellenwert einzelner Identitätskomponenten u. a. von der betrachteten Produktkategorie, der Zielgruppe, der Art des zentralen Markennutzens, der Markenidentität der Hauptwettbewerber sowie der Struktur des Markenportfolios ab (vgl. *Burmann et al.* 2012, S. 58).

2.4 Markenimage

Das Markenimage ist das Ergebnis der individuellen, subjektiven Wahrnehmung und Dekodierung aller von der Marke ausgesendeten Signale. Insbesondere bezieht sich dies auf die subjektiv wahrgenommene Eignung dieser Marke zur Befriedigung der Bedürfnisse des Individuums. Definitionsgemäß handelt es sich beim Markenimage um ein mehrdimensionales Einstellungskonstrukt, welches das in der Psyche relevanter externer Zielgruppen fest verankerte, verdichtete, wertende Vorstellungsbild von einer Marke wiedergibt (vgl. *Burmann et al.* 2012, S. 59; *Foscht/Swoboda* 2011, S. 126; *Trommsdorff* 2011, S. 133).

Das Markenimage besteht aus den Markenattributen sowie den funktionalen und symbolischen Nutzen. Grundsätzliche Voraussetzung für die Bildung eines Markenimages bei den externen Zielgruppen ist die Markenbekanntheit (vgl. Abb. 2.3). Die Markenbekanntheit misst die Fähigkeit potentieller Nachfrager, sich an eine Marke zu erinnern (ungestützte Markenbekanntheit) oder diese nach akustischer und/oder visueller Stützung wieder zu erkennen (gestützte Markenbekanntheit) und diese Kenntnisse einer Produktkategorie zuzuordnen (vgl. *Aaker* 1991, S. 61; *Burmann et al.* 2012, S. 59). Da die Markenbekanntheit die notwendige Voraussetzung für die Entstehung eines Vorstellungsbildes im Kopf der Zielgruppen ist, kann sie definitorisch keine Komponente des Markenimages sein. Markenimage und Markenbekanntheit werden zusammen als Markenwissen bezeichnet (vgl. *Keller* 2013, S. 72).

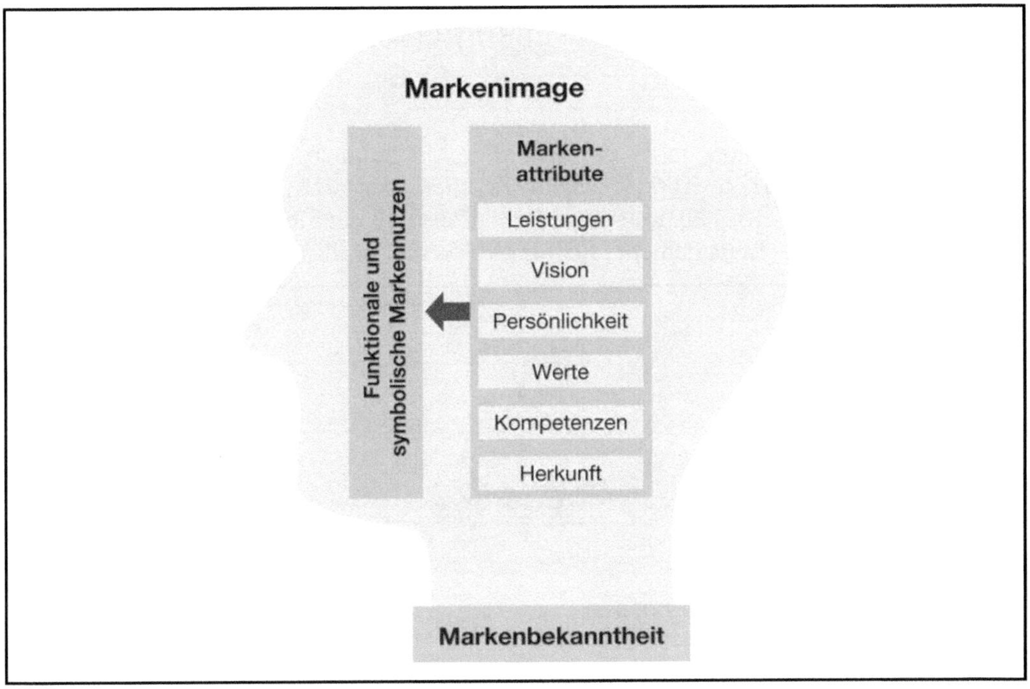

Abb. 2.3: Komponenten des Markenimages
Quelle: In enger Anlehnung an *Burmann et al.* 2012, S. 60

Aus den Markenattributen lassen sich die beiden anderen Markenimagekomponenten funktionaler und symbolischer Nutzen der Marke für den jeweiligen Nachfrager ableiten (vgl. *Vershofen* 1950; *Keller* 1993, S. 17, *Meffert/Burmann* 1996, S. 34 f.; *Keller* 2013, S. 77). Dabei stellen die Markenattribute, zu denen beispielsweise Herkunft, Werte, oder Persönlichkeit gehören, die beschreibenden und charakterisierenden Merkmale einer Marke dar. Demgegenüber stellen die Markennutzen den sich für Nachfrager aus den Markenattributen ergebenden Grad der Befriedigung von Bedürfnissen dar. Im Zuge der in vielen Branchen auf funktionaler Ebene zu beobachtenden abnehmenden Differenzierung zwischen Marken kommt insbesondere dem symbolischen Nutzen heute eine dominante Stellung zur Erklärung und Steuerung des Kaufverhaltens der Nachfrager zu (vgl. *Burmann et al.* 2007, S. 10).

Der vom Nachfrager wahrgenommene funktionale Nutzen umfasst sämtliche Nutzendimensionen, die sich aus den physikalisch-funktionellen Merkmalen der Marke ergeben. Wenn eine Marke neben ihrer funktionalen Nutzenstiftung dem Nachfrager einen zusätzlichen Nutzen, wie z. B. Prestige, stiftet, entsteht ein symbolischer Nutzen. Hierbei steht die Marke symbolhaft für die Befriedigung wichtiger Motive der Nachfrager (vgl. hierzu weiterführend: *Bielefeld* 2012, S. 19 f.; *Burmann et al.* 2012, S. 59 ff.; *Stolle* 2013, S. 72).

2.5 Managementprozess der identitätsbasierten Markenführung

Zur Planung, Koordination und Kontrolle aller Maßnahmen, die den Aufbau starker Marken bei relevanten Zielgruppen verfolgen, dient der in Abb. 2.4 dargestellte Managementprozess der identitätsbasierten Markenführung, der sich aus dem strategischen und operativen Markenmanagement und dem Markencontrolling zusammensetzt.

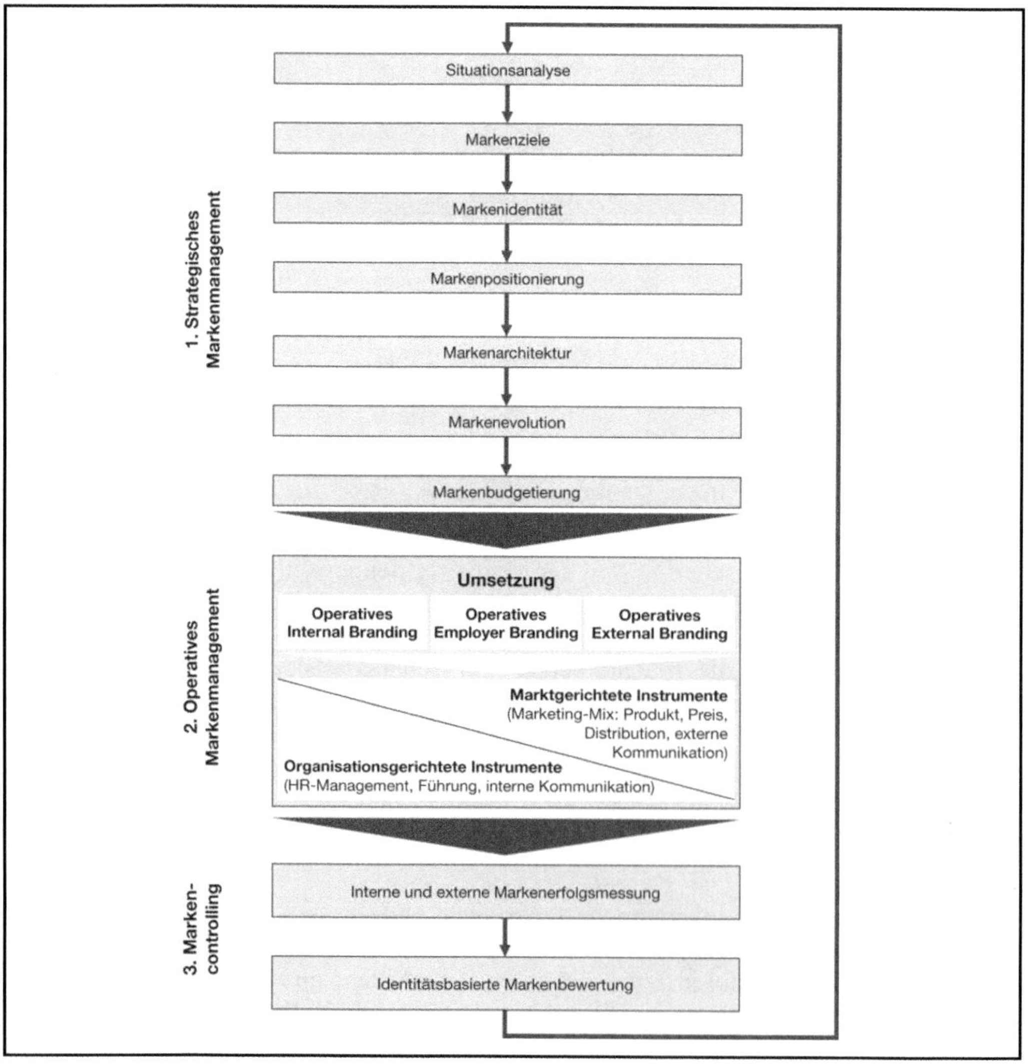

Abb. 2.4: Managementprozess der identitätsbasierten Markenführung
Quelle: In Anlehnung an *Burmann et al.* 2012, S. 92; *Burmann/Piehler* 2013, S. 236

Im folgenden Kapitel wird unter Berücksichtigung der Rahmenbedingungen bei Gründungsunternehmen der Markenaufbau bei jungen Unternehmen entlang des Managementprozesses der identitätsbasierten Markenführung beschrieben.

3 Markenaufbau bei Gründungsunternehmen

3.1 Zielgruppen des Markenmanagements

Bevor auf die einzelnen Schritte des Markenmanagementprozesses eingegangen werden soll, sind zunächst die zentralen Zielgruppen des Markenmanagements bei Gründungsunternehmen zu bestimmen. Zum einen ist hier natürlich die externe Zielgruppe der Nachfrager zu nennen, die im Rahmen des klassischen nachfragerorientierten External Branding bearbeitet wird. Allerdings stellen gerade bei Gründungsunternehmen die personellen Ressourcen in Form der Mitarbeiter einen zentralen Erfolgsfaktor dar, so dass sich bereits Gründungsunternehmen mit Internal Branding sowie Employer Branding auseinandersetzen sollten. Theoretisch kann die Relevanz der Mitarbeiter als Zielgruppe aus ressourcenorientierten Ansätzen abgeleitet werden, nach denen Mitarbeiter eine Quelle für nachhaltige Wettbewerbsvorteile darstellen (vgl. *Backhaus/Tikoo* 2004, S. 503 f.; *Moroko/Uncles* 2008, S. 160 f.). Dementsprechend sollten als unternehmensexterne Zielgruppen neben Nachfragern auch potentielle Mitarbeiter sowie als unternehmensinterne Zielgruppe aktuelle Mitarbeiter im Fokus der Markenmanagementaktivitäten von Gründungsunternehmen stehen.

Internal Branding – synonym auch als interne Markenführung (vgl. *Piehler* 2011), innengerichtete Markenführung (vgl. *Burmann/Zeplin* 2005) oder Behavioral Branding (vgl. *Tomczak et al.* 2012) bezeichnet – stellt ein Konzept dar, mit dem die Marke kognitiv, affektiv und verhaltensbezogen bei den aktuellen Mitarbeitern verankert wird (vgl. *Burmann/Piehler* 2013, S. 228 ff.). Gerade für Gründungsunternehmen ist es aufgrund der Ressourcenknappheit bei finanziellen und personellen Ressourcen essentiell, dass Mitarbeiter die Marke, die Markenidentität und das aus dieser abgeleitete Markennutzenversprechen kennen, sich mit der Marke emotional verbunden fühlen und sich als Folge dessen besonders für die Marke engagieren.

Demgegenüber ist das Employer Branding „mit der Entwicklung sowie internen und externen Umsetzung und Kontrolle des an aktuelle und potentielle Mitarbeiter gerichteten, aus der Markenidentität abgeleiteten Markennutzenversprechens“ (*Burmann/Piehler* 2013, S. 227) befasst. Zielgruppe des Employer Branding sind demnach aktuelle und potentielle Mitarbeiter. Die Relevanz des Employer Branding ergibt sich aufgrund von Kosten- und Produktivitätsvorteilen (vgl. *Burmann/Piehler* 2013, S. 224). Gerade für Gründungsunternehmen mit ihren knappen finanziellen und personellen Ressourcen sind Kostenvorteile aufgrund geringer Fluktuation (vgl. *Kucherov/Zavyalova* 2012, S. 90;

Elving et al. 2013, S. 360) sowie Produktivitätsvorteile aufgrund höherer Leistung (vgl. *Backhaus/Tikoo* 2004, S. 510; *Forster et al.* 2012, S. 287 f.) ein zentraler Erfolgsfaktor für das erfolgreiche Bestehen am Markt. Daher sollten insbesondere Gründungsunternehmen versuchen, im Rahmen von Employer Branding leistungsfähige Mitarbeiter, die zum Unternehmen passen, zu gewinnen, zu binden und zu halten.

3.2 Strategisches Markenmanagement

Der Prozess der identitätsbasierten Markenführung beginnt mit einer fundierten Analyse der Ausgangssituation der eigenen Marke. Im Rahmen der externen Situationsanalyse sind die Bedürfnisse der Nachfrager, die Identifikation relevanter Wettbewerber und die Wahrnehmung der Wettbewerbsmarken aus Sicht der Nachfrager zu erfassen (vgl. *Burmann et al.* 2012, S. 97). Diese Analyse bildet die Grundlage zur späteren Ableitung eines relevanten und differenzierenden Markennutzenversprechens. Jedoch sind die personellen und finanziellen Mittel zur Durchführung einer externen Situationsanalyse bei Gründungsunternehmen sehr begrenzt. Daher ist der Rückgriff auf Sekundärdaten zu empfehlen (bspw. amtliche Statistiken oder Trendstudien). Bei kostenpflichtigen Sekundärdaten sollten diese jedoch nur erworben werden, wenn eine äußerst relevante Fragestellung durch die Daten beantwortet werden kann. Darüber hinaus können durch Sekundärdaten oftmals nur erste Hinweise gewonnen werden, denn es sind zumeist nicht alle notwendigen Informationen enthalten. Die Erhebung von Primärdaten ist jedoch zumeist mit hohen Kosten verbunden. Möglichkeiten zur Kostenreduzierung sind u. a. gemeinsame Umfragen mit anderen KMUs, Kooperationen mit Hochschulen und Universitäten (bspw. im Rahmen von gemeinsamen Projekten oder Abschlussarbeiten) oder die Durchführungen eigener explorativer Studien mit kleineren Fallzahlen. Trotz der möglichen Schwierigkeiten bei der Durchführung der externen Situationsanalyse sollte diese von Gründungsunternehmen durchgeführt werden, da ohne eine solche Analyse die Informationsgrundlage für die weiteren Schritte des Managementprozesses fehlt (vgl. zur externen Situationsanalyse auch ausführlich den Aufsatz „Marktforschung als Aufgabe für Gründungsunternehmen" in diesem Herausgeberband).

Über die externe Situationsanalyse hinaus ist auch eine interne Situationsanalyse vorzunehmen. Diese betrifft bei Gründungsunternehmen insbesondere die Analyse der sich entwickelnden Strukturen und Prozesse, um suboptimale Entwicklungen möglichst frühzeitig zu unterbinden. Gerade bei Gründungsunternehmen sind optimierte Strukturen und Prozesse und die damit verbundene Freisetzung von finanziellen und personellen Ressourcen für die Behauptung im Wettbewerbsumfeld essentiell. Aufgrund der Ressourcenknappheit haben nicht effiziente Strukturen und Prozesse einen stärkeren Einfluss auf die Geschäftstätigkeit von Gründungsunternehmen als bei etablierten Großunternehmen, die partielle Ineffizienzen in einigen Bereichen durch andere Unternehmensbereiche kompensieren können. Darüber hinaus sollte die interne Situationsanalyse insbesondere den Abgleich von für die zukünftige Geschäftstätigkeit notwendigen mit bei aktuellen

Mitarbeitern vorhandenen Kompetenzen umfassen, um Anhaltspunkte für die zielgerichtete Personalpolitik zu gewinnen. Schließlich sind aufgrund der starken Prägung junger Unternehmen durch den oder die Gründer u. a. die Kompetenzen, die Stärken und Schwächen, die Persönlichkeit sowie die Zielvorstellungen der Gründer zu ermitteln. Für eine möglichst objektive Ermittlung des Selbstbildes ist häufig die Unterstützung externer Berater (bspw. Existenzgründungsberater) erforderlich. Diese Analyse des Selbstbildes bildet die Grundlage zur Definition der Markenidentität.

Die Situationsanalyse ermöglicht die Ableitung der Markenziele. Sie sind durch einen ein- bis fünfjährigen Zeithorizont gekennzeichnet und lassen sich in ökonomische sowie vorökonomische verhaltensbezogene und psychographische Zielkategorien einteilen. Die ökonomischen Markenziele wie bspw. Markenwert, Kundenstammwert, Umsatz und Deckungsbeitrag sind zumeist eng mit den Unternehmenszielen verknüpft, welche die Gründer bereits im Business Plan definiert haben. Im Laufe des Unternehmenswachstums sollten darüber hinaus auch mitarbeiterbezogene ökonomische Ziele wie Akquisitions- und Bindungskosten bzw. Fluktuationskosten (vgl. *Burmann/Piehler* 2013, S. 224) formuliert werden. Vorökonomische verhaltensbezogene Zielgrößen sind für die Zielgruppe der Nachfrager z. B. der Kauf oder die Weiterempfehlung der Marke, für die Zielgruppe der potentiellen Mitarbeiter z. B. die Bewerbung bei einer Marke und für die Zielgruppe der aktuellen Mitarbeiter z. B. das Brand Citizenship Behavior als Verhaltensweisen von Mitarbeitern, die im Einklang mit der Markenidentität und dem Markennutzenversprechen stehen und in Summe die Marke stärken, sowie die verhaltensbezogene Loyalität gegenüber der Marke (vgl. *Burmann/Piehler* 2013, S. 228 ff.; *Piehler* 2011, S. 295 ff., S. 302 ff. und S. 333).

Diesen verhaltensbezogenen Zielgrößen wiederum vorgelagerte psychographische Zielgrößen sind für die Zielgruppe der Nachfrager z. B. Kauf- und Weiterempfehlungsintention, Kundenzufriedenheit (vgl. *Skala-Gast* 2012), Markenvertrauen (vgl. *Hegner* 2012), Markenimage sowie Markenbekanntheit. Für Gründungsunternehmen stellen insbesondere die Markenbekanntheit als Voraussetzung für den Aufbau eines Markenimages sowie das Markenimage selbst zentrale Zielgrößen dar. Sind Bekanntheit und Image aufgebaut und erste Kunden gewonnen, stellt die Marke-Kunde-Beziehung eine weitere zentrale Zielgröße für Gründungsunternehmen dar. Diese misst den Grad der subjektiv wahrgenommenen, kognitiven und affektiven Verbundenheit eines Nachfragers mit einer Marke (vgl. *Burmann et al.* 2012, S. 74). Im Gegensatz zur kostenintensiven Akquise neuer Kunden erfordert die Pflege eines bestehenden Kundenstamms deutlich geringere Investitionen (vgl. hierzu ausführlich: *Breusch* 2009). Die Stärke der Marke-Kunde-Beziehung spiegelt sich meist direkt im Verhalten der Nachfrager wider. So konnte empirisch nachgewiesen werden, dass die Stärke der Marke-Kunde-Beziehung einen signifikanten Erklärungsanteil für die Kauf-, Cross-Selling- und Weiterempfehlungsintention, sowie für die Preisbereitschaft besitzt (vgl. *Stichnoth* 2008, S. 94; *Wenske* 2008, S. 208 ff.). Als neue Teilnehmer am Markt sowie aufgrund der begrenzten Möglichkeiten für Kommunikationsmaßnahmen sind Gründungsunternehmen in besonderem Maße auf die Weiterempfehlung ihrer ersten Kunden angewiesen. Mit dem Wachstum der Mitarbeiteranzahl sind auch psychographische Zielgrößen für die Zielgruppe der Mitarbeiter zu formulieren. Für potentielle Mitarbeiter sind dies z. B. die Bewerbungs- und Annahmeabsicht, ein positives, differenzierendes Markenimage (als attraktiver Arbeitgeber) bzw. die Arbeitgeberattraktivität sowie die Bekanntheit der Marke des Arbeitgebers (vgl. *Burmann/Piehler* 2013, S. 228 f.). Für die Zielgruppe der aktuellen Mitarbeiter sind dies z. B. das Brand Commitment, die Markenidentifikation, das Markenwissen sowie die Intention, bei der Marke zu bleiben (vgl. *Burmann/Piehler* 2013, S. 229 f.; *Piehler* 2011, S. 333).

Im Rahmen der Festlegung der Markenidentität werden die einzelnen Komponenten der Markenidentität inhaltlich definiert. Die Markenidentität wird bei Gründungsunternehmen vor allem durch die Identität der Gründer determiniert, d. h. beispielsweise durch ihre Biografie, Kompetenzen, Werte und Persönlichkeit. So wird die Markenherkunft von Gründungsunternehmen nicht durch die (noch nicht vorhandene) Historie des Unternehmens sondern durch die persönliche Biografie der Gründer bestimmt. Hier haben die Gründer die Möglichkeit, geeignete Aspekte aus ihrer eigenen Biografie (z. B. eine wissenschaftliche Ausbildung) als Bestandteil der Markenidentität zu verwenden.

Im nächsten Schritt gilt es, die angestrebte Markenpositionierung (Markennutzenversprechen) festzulegen (vgl. dazu ausführlich den Aufsatz „Die Ideenumsetzung im Rahmen der Marktpositionierung (Start-up Phase)“ in diesem Herausgeberband). Diese wird als die Planung, Umsetzung, Kontrolle und Weiterentwicklung einer an den Idealvorstellungen der Nachfrager ausgerichteten, vom Wettbewerb differenzierten und von der eigenen Ressourcen- und Kompetenzausstattung darstellbaren, markenidentitätskonformen Position im Wahrnehmungsraum relevanter Zielgruppen verstanden (vgl. *Feddersen* 2010, S. 29; *Recke* 2011, S. 44; *Burmann et al.* 2012, S. 101 ff.).

Entscheidungen im Hinblick auf die Markenarchitektur, die über die bisherige singuläre Markenbetrachtung hinausgeht und die sich mit der Koordination eines Markenportfolios befasst (vgl. *Bräutigam* 2004; *Strebinger* 2010; *Burmann et al.* 2012, S. 115 ff.; *Kanitz* 2013, S. 75 ff.), sind für Gründungsunternehmen in der Regel noch nicht zu treffen, da diese zumeist nicht über ein Markenportfolio verfügen.

Der nächste Prozessschritt betrifft Entscheidungen zur Markenevolution. Eine Markenevolutionsstrategie ist ein langfristiger, bedingter und globaler Verhaltensplan, der die Weiterentwicklung einer Marke für die kommenden zwei bis fünf Jahre festlegt (vgl. *Burmann et al.* 2012, S. 129 ff.). Dabei gilt es, Markenexpansionen in eine gleiche oder verwandte Produktkategorie (Line Extensions) und/oder in eine neue, nicht verwandte Produktkategorie (Category Extensions) zu planen. Category Extensions sind für Gründungsunternehmen i. d. R. noch nicht realistisch, da die eigene Marke zunächst in einer Produktkategorie etabliert werden muss. Allerdings sollten mögliche Line Extension schon frühzeitig geplant werden. Viele Gründungsunternehmen vernachlässigen es, die zukünftige Expansion zu planen (vgl. *Bresciani/Eppler* 2010, S. 362). Wird die Planung möglicher Markenerweiterungen unterlassen, kann dies bspw. zu einer zu eng auf ein

Leistungsangebot ausgerichteten Markenpositionierung führen, welche ein zukünftiges Wachstum der Marke und damit des Unternehmens behindert.

Die Markenbudgetierung stellt die letzte Stufe des strategischen Managementprozesses dar. Ihr obliegt es, ein Budget zur Erreichung der Markenziele festzulegen. Die Budgetierung ermöglicht somit die Überführung strategischer Pläne in konkrete, operative Maßnahmen (vgl. *Burmann et al.* 2012, S. 157 ff.). Trotz geringer finanzieller Möglichkeiten sollten junge Unternehmen ein ausreichendes Markenbudget zur Verfügung haben. Insbesondere in den ersten Jahren sind ausreichende Mittel notwendig, um bspw. einen gewissen Bekanntheitsgrad bei der Zielgruppe aufzubauen. Das Markenbudget wird deshalb häufig nach der „All-You-Can-Afford"-Methode festgelegt.

3.3 Operatives Markenmanagement

Bevor im Rahmen des operativen Markenmanagements auf die operative Umsetzung gegenüber internen (aktuelle und potentielle Mitarbeiter) und externen Zielgruppen (insbesondere aktuelle und potentielle Kunden) eingegangen wird, ist zunächst auf die Entwicklung von Markenname und -logo als essentielle Teile der Marke einzugehen.

Es lassen sich grundsätzlich bedeutungslose (non-meaningful) und bedeutungshaltige (meaningful) Typen von Markennamen unterscheiden (vgl. *Kohli et al.* 2005, S. 1507). Bedeutungslose Markennamen sind mit der Produktkategorie nicht zusammenhängende existierende Begriffe wie u. a. die Namen der Gründer (bspw. Siemens oder Gillette) oder erfundene Begriffe (bspw. Xerox oder Häagen-Dazs). Dahinter steht das sogenannte „Julia Prinzip", nach dem ein Markenname keine intrinsische Bedeutung haben sollte, sondern Bedeutung erst im Laufe der Zeit durch die Kommunikation der Marke und die dadurch aufgebauten Assoziationen der Nachfrager erhält (vgl. *Kohli et al.* 2005, S. 1507). Vorteile dieser Strategie sind einfacherer rechtlicher Schutz sowie höhere Flexibilität, so dass auch spätere Markenexpansionen in andere Produktkategorien einfach umsetzbar sind (vgl. *Kohli et al.* 2005, S. 1514). Wird der Name der Gründer eingesetzt, ist ein weiterer Vorteil eine größere Authentizität der Marke. Nachteil der Verwendung bedeutungsloser Namen ist die längere Zeit, die der Aufbau der Assoziationen beim Nachfrager dauert.

Im Gegensatz dazu sind bedeutungshaltige Markennamen mit der Produktkategorie zusammenhängende Begriffe, die generisch (bspw. Seife als generischer Begriff für das Produkt), deskriptiv (bspw. Laser Jet für Laserdrucker oder Pizza Hut für Pizza-Restaurants) oder suggestiv (bspw. DieHard für Batterien oder SlimFast für Diätdrinks) sein können. Dahinter steht das sogenannte „Joyce Prinzip", nach dem ein Markenname bereits eine intrinsische Bedeutung haben sollte (vgl. *Kohli et al.* 2005, S. 1507). Vorteil dieser Strategie ist, dass Nachfrager bereits gelernte Assoziationen mit dem Begriff sofort mit der neuen Marke verbinden, was zu höherem Recall und höherer Recognition sowie zu höherer Markenpräferenz führt (vgl. *Kohli et al.* 2005, S. 1507). Dies ist auch der Grund, warum sich Gründungsunternehmen häufig für bedeutungshaltige Namen entscheiden, um das noch unbekannte Leistungsangebot schnell an die Zielgruppe zu vermitteln. Tatsächlich konnten zahlreiche Studien zeigen, dass bedeutungshaltige Markennamen von Nachfragern besser beurteilt werden als bedeutungslose Markennamen (vgl. *Kohli et al.* 2005, S. 1507 f. und S. 1512). Es wird allerdings vermutet, dass dieser anfängliche Nachteil bedeutungsloser Markennamen im Zeitablauf wettgemacht werden kann (vgl. *Kohli et al.* 2005, S. 1513). Nachteil der Verwendung bedeutungshaltiger Markennamen ist die Gefahr, dass der Name zu restriktiv ist und zukünftige Markenexpansionen erschwert werden. Wird eine Marke bspw. „Juicy Juice" genannt, ist es unter diese Marke kaum möglich das Leistungsangebot von Fruchtsäften auf bspw. Cola-Getränke zu erweitern (vgl. *Keller* 2013, S. 149). Gründungsunternehmen sollten daher bei der Entscheidung für einen bedeutungshaltigen Namen die potentielle Entwicklung der eigenen Marke berücksichtigen (vgl. *Kapferer* 2012, S. 186; *Bresciani/Eppler* 2010, S. 362).

Neben der Vermittlung des Nutzenversprechens sollten sich Markennamen zudem von den Wettbewerben differenzieren (Negativbeispiel: Quick-Burger, Burger King etc.; Positivbeispiel: McDonald's), leicht auszusprechen und zu merken sein (Negativbeispiel: Faconnable; Positivbeispiel: Google), Aufmerksamkeit erregen (Positivbeispiel: Häagen-Dazs), Gefallen erzielen und rechtlich schutzfähig sein. Der Auswahl eines geeigneten Namens der möglichst viele der zuvor genannten Anforderungen erfüllt, stellt eine große Herausforderung dar. Die Namensgebung beginnt mit der Generierung potentieller Namen. Dazu werden zumeist Brainstorming-Techniken verwendet. In diesen Prozessschritt können auch Mitarbeiter sowie aktuelle oder potentielle Kunden eingebunden werden. Im zweiten Schritt sollten alle ungeeigneten Namen eliminiert werden (bspw. zu wenig differenzierende, zweideutige oder nicht zur Positionierung passende Namen). Die rechtliche Schutzfähigkeit kann zumeist nur mit der Unterstützung eines spezialisierten Anwalts überprüft werden. In einem dritten Schritt sollten die noch verbliebenen Namen (max. 10) bei der Zielgruppe getestet werden. Aufgrund der Ressourcenknappheit können junge Unternehmen an dieser Stelle zumeist keine umfassende Marktforschung durchführen. Allerdings sollte zumindest eine explorative Studie bei ausgewählten aktuellen oder potentiellen Kunden erfolgen, um zu vermeiden, die knappen Mittel in einen ungeeigneten Markennamen zu investieren.

Der ausgewählte Markenname wird im Idealfall gemeinsam mit einem Bildlogo präsentiert, denn die Imageryforschung belegt, dass Begriffe eine wesentlich bessere Gedächtnisleistung erzielen, wenn diese zusammen mit einem visuellen Stimulus gezeigt werden (vgl. *Paivio* 1971). In der Markenmanagementforschung konnte belegt werden, dass Markenlogos als erste visuelle Repräsentation des Markenimages dienen und Einstellung, Intention und Verhalten von Nachfragern beeinflussen (vgl. *Park et al.* 2012, S. 180 sowie die dort zitierte Literatur). Markenlogos haben das Potential, sowohl funktionalen als auch symbolischen Nutzen der Marken zu transportieren. So stehen beispielsweise das „Swoosh" Logo von Nike für die überlegene physische Form, nach der Athleten streben, und das Markenlogo von Red Bull mit den beiden aufeinander zulaufenden Bullen vor einer hellen Sonne für das Versprechen, Körper und Geist zu beleben (vgl. *Park et al.* 2012, S. 182). Auf symbolischer Ebene können Markenlogos Kernwerte der Marke transportieren und damit eine Verbindung zwischen Nachfragern und Marken schaffen, der Marke ein Gesicht geben und damit die Markenauthentizität erhöhen sowie ästhetische Bedürfnisse befriedigen und damit eine emotionale Bindung zu Nachfragern aufbauen (vgl. *Park et al.* 2012, S. 182). Forschung zur Ausgestaltung von Markenlogos hat ergeben, dass Markenlogos, die zusätzlich zum Markennamen auch visuelle Symbole beinhalten, besser geeignet sind, funktionale und symbolische Nutzen zu transportieren (vgl. *Park et al.* 2012, S. 186). Allgemein sollten Markenlogos folgende Anforderungen erfüllen: eine Integration mit dem Namen ermöglichen, positionierungsrelevante Merkmale vermitteln, Aufmerksamkeit erregen, Gefallen erzielen, sich von den Wettbewerbern differenzieren, sowie leicht wahrnehmbar und erinnerbar sein. Gründungsunternehmen sind zumeist finanziell nicht in der Lage, das Logo von einer professionellen Agentur gestalten zu lassen. Sollten die eigenen Kompetenzen und Fähigkeiten zur Gestaltung des Logos jedoch nicht ausreichen, können junge Unternehmen bspw. mit Designstudenten zusammenarbeiten.

Nachdem der Markenname und das Markenlogo entwickelt wurden, folgt die Umsetzung des Nutzenversprechens im Rahmen des operativen Internal Branding, des operativen Employer Branding sowie des klassischen operativen External Branding. Im Rahmen des operativen Internal Branding soll mit geeigneten Maßnahmen die Marke kognitiv (Markenwissen), affektiv (Brand Commitment) und verhaltensbezogen (Brand Citizenship Behavior) bei den aktuellen Mitarbeitern verankert werden, um die mitarbeiterbezogenen Internal Branding-Ziele zu erfüllen (vgl. *Burmann/Piehler* 2013, S. 228 ff.).

Grundsätzlich stehen Unternehmen im Rahmen des operativen Internal Branding die organisationsgerichteten Instrumente des markenorientierten HR-Managements, der markenorientierten Führung und der internen Markenkommunikation sowie das marktgerichtete Instrument der externen Markenkommunikation zur Verfügung (vgl. *Burmann/Piehler* 2013, S. 231 ff.). Da zumeist eine enge Zusammenarbeit zwischen Gründern und Mitarbeitern besteht, ist die markenorientierte Führung bei jungen Unternehmen von besonderer Bedeutung. Die Gründer müssen die Identität der Marke in ihrem täglichen Verhalten vorleben. Dies ist fast automatisch der Fall, wenn die Markenidentität aus der Identität der Gründer hervorgeht. Neben der markenorientierten Führung ist auch das markenorientierte HR-Management für junge Unternehmen wichtig, denn Gründungsunternehmen sollten bei der Auswahl von Mitarbeitern darauf achten, dass diese hinsichtlich ihres persönlichen und fachlichen Hintergrunds zur Identität der Marke passen. Darüber hinaus sollte neuen Mitarbeitern zu Beginn des Beschäftigtenverhältnisses die Markenidentität und das Nutzenversprechen bspw. durch Einstiegstrainings vermittelt werden. Ansonsten besteht die Gefahr, dass das kommunizierte Nutzenversprechen an den Brand-Touch-Points (bspw. im Kundenservice) von den Mitarbeitern nicht eingelöst wird. Die interne Markenkommunikation (bspw. Mitarbeiterzeitschriften) und externe Markenkommunikation (bspw. klassische TV Werbung) sind aufgrund der engen Zusammenarbeit zwischen Gründern und Mitarbeitern bei jungen Unternehmen weniger relevant. Sobald allerdings die Mitarbeiterzahl des Unternehmens steigt kommt auch diesen Instrumenten der internen Markenführung eine entsprechende Bedeutung zu (vgl. dazu ausführlich *Piehler* 2011; *Burmann/Piehler* 2013).

Im Rahmen des operativen Employer Branding geht es in Zeiten des „war for talent" für Unternehmen darum, auch in Zukunft leistungsfähige Mitarbeiter, die zum Unternehmen passen, zu gewinnen, zu binden und zu halten. Dazu müssen sie sich durch die Instrumente des operativen Employer Branding als attraktive Arbeitgeber profilieren, was insbesondere für Gründungsunternehmen eine mindestens ebenso große Herausforderung darstellt wie die Gewinnung und Bindung von Nachfragern. Mit Hilfe der Maßnahmen des operativen Employer Branding sollen die in der jeweiligen Phase des Mitarbeiterlebenszyklus relevanten mitarbeiterbezogenen Employer Branding-Zielgrößen wie Bekanntheit des Arbeitgebers bzw. der Marke, Arbeitgeberattraktivität, positives, differenzierendes Markenimage (als attraktiver Arbeitgeber), Bewerbungs- und Annahmeabsicht, Bewerbung und Zusage, Bindung bzw. Commitment, Identifikation, Zufriedenheit, Leistungs- und Loyalitätsabsicht sowie Leistung und Loyalität beeinflusst werden (vgl. *Burmann/Piehler* 2013, S. 228 f.).

Da Employer Branding wie Internal Branding auch auf Mitarbeiter abzielt, kommen grundsätzlich ebenfalls Instrumente des HR-Managements, der Mitarbeiterführung sowie der internen und externen Kommunikation zum Einsatz (vgl. *Burmann/Piehler* 2013, S. 231). Für Gründungsunternehmen sollte bei aktuellen Mitarbeitern auch hier ganz klar die Mitarbeiterführung im Vordergrund stehen (vgl. *Barrow/Mosley* 2006, S. 19; *Mosley* 2007, S. 131). Bei potentiellen Mitarbeitern ist vor allem das HR-Management und hier insbesondere die Personalrekrutierung (vgl. *Barrow/Mosley* 2006, S. 97 ff.; *Mosley* 2007, S. 129 ff.; *Foster et al.* 2010, S. 403 f.; *Elving et al.* 2013, S. 360 f.) sowie die externe Kommunikation von Relevanz (vgl. *Barrow/Mosley* 2006, S. 169 ff.; *Mosley* 2007, S. 129 ff.; *Edwards* 2010, S. 5 ff.; *Foster et al.* 2010, S. 403 f.). Da Gründungsunternehmen keine finanziellen und personellen Ressourcen für große, medienübergreifende Employer-Branding-Kampagnen, wie sie bei Großunternehmen inzwischen üblich sind, haben, allerdings der zahlenmäßige Bedarf an Mitarbeitern bei weitem auch nicht so groß ist, sollten Gründungsunternehmen weniger Instrumente der Above-the-line-Kommunikation, sondern eher Instrumente der Below-the-line-Kommunikation einsetzen. Im Vordergrund sollten dabei insbesondere Instrumente der Direktkommunikation stehen. So sollten Gründungsunternehmen direkten Kontakt zu potentiellen Mitarbeitern suchen, indem sie sich auf Praxisbörsen, Messen sowie an Universitäten engagieren. Kostengünstige Zusammenarbeit mit Studenten im Rahmen von Abschlussarbeiten oder Projektarbeiten kann ebenfalls einen Pool an potentiellen Mitarbeitern eröffnen.

Das operative External Branding hat zur Aufgabe, die Markenidentität und das Markennutzenversprechen in die vier klassischen Instrumente des Marketing-Mix zu übersetzen und damit an die externen Zielgruppen (vor allem aktuelle und potentielle Kunden) zu vermitteln (vgl. *Burmann et al.* 2012, S. 185). Da in diesem Herausgeberband zu Produkt, Preis, Distribution und Kommunikation von Gründungsunternehmen eigene Beiträge vorliegen, werden an dieser Stelle nur kurz die wesentlichen Inhalte wiedergegeben.

Die Produktpolitik beinhaltet alle Entscheidungstatbestände, die sich auf die Gestaltung der vom Unternehmen im Absatzmarkt anzubietenden Leistungen beziehen (vgl. *Burmann et al.* 2012, S. 185; *Meffert et al.* 2015, S. 361 ff.). Ziel ist es, die Produkte optimal an die Bedürfnisse der Nachfrager anzupassen (vgl. zur Produktpolitik bei Gründungsunternehmen ausführlich den Aufsatz „Produktpolitik für Gründungsunternehmen" in der ersten Auflage dieses Herausgeberbandes: *Bergmann et al.* 2008, S. 467 ff.).

Die Distributionspolitik umfasst alle Entscheidungen, welche die Verteilung von Leistungen vom Hersteller zum Endkäufer betreffen (vgl. *Burmann et al.* 2012, S. 186; *Meffert et al.* 2015, S. 511 ff.). Während das Selektionskonzept die vertikale und horizontale Struktur des Absatzkanals der Marke bestimmt, legt das Kontraktkonzept den Grad der vertraglichen Bindung mit den Absatzmittlern fest (vgl. zur Distributionspolitik bei Gründungsunternehmen ausführlich den Aufsatz „Vertrieb in Gründungsunternehmen" in diesem Herausgeberband).

Entscheidungen im Rahmen der Preispolitik umfassen die Festlegung über das Entgelt der Markenleistung, über mögliche Rabatte und darüber hinausgehende Lieferungs-, Zahlungs-, und Kreditierungsbedingungen sowie die Preisdurchsetzung am Markt (vgl. *Burmann et al.* 2012, S. 185 f.; *Meffert et al.* 2015, S. 437 ff.). Gründungsunternehmen müssen zunächst die grundsätzliche preispolitische Strategie festlegen. Dabei ist zu beachten, dass Nachfrager die Qualität der Produkte auch nach der Höhe des Preises beurteilen (preisabhängige Qualitätsbeurteilung). Junge Unternehmen, die hochqualitative Produkte anbieten, sollten daher eine Niedrigpreisstrategie vermeiden, da sonst der Aufbau eines hochqualitativen Images erschwert und ein zentraler Bestandteil der Positionierung nicht vermittelt wird. Eine spätere Erhöhung der Preise ist dann nicht mehr möglich und das Unternehmen kann seine hochqualitativen Produkte nicht rentabel anbieten. Die Festlegung der grundsätzlichen Preisstrategie hat zudem Auswirkungen auf die übrigen Elemente des Marketing-Mix. Eine Hochpreisstrategie für eine Luxusmarke hat bspw. zur Folge, dass auch Produkte, Distributionskanäle sowie Kommunikation dem hochpreisigen Luxusanspruch gerecht werden müssen (vgl. zur Preispolitik bei Gründungsunternehmen ausführlich den Aufsatz „Die Preis- und Kontrahierungspolitik für Gründungsunternehmen" in diesem Herausgeberband).

Von zentraler Bedeutung für die Vermittlung des Markennutzenversprechens, für die Steigerung der Markenbekanntheit und für den Aufbau eines Markenimages ist die Kommunikationspolitik (vgl. *Burmann et al.* 2012, S. 187). Diese umfasst „die systematische Planung, Ausgestaltung, Abstimmung und Kontrolle aller Kommunikationsmaßnahmen des Unternehmens im Hinblick auf alle relevanten Zielgruppen, um die Kommunikationsziele und damit die nachgelagerten Marketing- und Unternehmensziele zu erreichen" (*Meffert et al.* 2015, S. 569). Gründungsunternehmen stehen hierbei vor drei großen von Herausforderungen: 1) geringe personelle und finanzielle Ressourcen, 2) technologische Entwicklungen und die daraus resultierende Dichte neuer Medien haben eine hohe Komplexität bei der Auswahl geeigneter Kommunikationsinstrumente zur Folge und 3) Nachfrager werden mit einer großen Fülle an Informationen konfrontiert (Informationsüberlastung), was die Schaffung von Aufmerksamkeit erschwert. Nach einer Studie von *Bresciani* und *Eppler* (2010, S. 360) nutzen erfolgreiche Schweizer Gründungsunternehmen vor allem nicht-klassische Kommunikationsinstrumente wie die eigene Internetseite, Events (z. B. Messen), Newsletter und PR. Diese Instrumente ermöglichen eine zielgruppenspezifische Ansprache, sind im Vergleich zur klassischen Kommunikation relativ kostengünstig und können häufig auch ohne oder mit nur geringer Unterstützung von externen Dienstleistern eingesetzt werden. Klassische Kommunikationsinstrumente (z. B. TV-Werbung) werden von den befragten Unternehmen dagegen kaum genutzt, da die häufig kleinen Zielgruppen mittels dieser Instrumente nur mit großen Streuverlusten zu erreichen sind. Darüber hinaus kommt die Studie zu dem Ergebnis, dass Gründungsunternehmen die Potentiale der Social Media-Kommunikation nutzen sollten. Denn dieses Medium ist ebenfalls relativ kostengünstig, ermöglicht eine zielgruppenspezifische Ansprache v. a. bei internetaffinen Nachfragern und bietet einen großen Multiplikatoreffekt (vgl. zur Kommunikationspolitik bei Gründungsunternehmen ausführlich den Aufsatz „Kommunikationspolitik für Gründungsunternehmen“ in diesem Herausgeberband).

3.4 Markencontrolling

Zum Aufbau einer starken Marke müssen Gründungsunternehmen häufig einen erheblichen Anteil ihrer personellen und finanziellen Ressourcen einsetzen. Es ist daher von großer Bedeutung, den Erfolg der Markenmanagementaktivitäten zu überprüfen, um bei eventuellen Fehlentwicklungen rechtzeitig handeln zu können. Die entsprechenden Informationen liefert das Markencontrolling. Das Markencontrolling unterstützt die strategische und operative Markenführung in allen Planungsschritten und kann in die interne und externe Markenerfolgsmessung sowie die identitätsbasierte Markenbewertung unterteilt werden (vgl. *Burmann et al.* 2012, S. 217 ff.).

Die interne Markenerfolgsmessung überprüft, inwieweit mit denen in Kap. 3.3 genannten Maßnahmen die in Kap. 3.2 beschrieben internen Markenziele erreicht wurden. Bei Gründungsunternehmen ist die interne Markenerfolgsmessung aufgrund der zumeist geringen Mitarbeiteranzahl noch weniger relevant. Dennoch sollten die Gründer überprüfen, ob die diesbezüglich bereits gesetzten Markenziele tatsächlich erreicht wurden und inwieweit das Verhalten der Mitarbeiter konform mit dem Markennutzenversprechen ist. Ansonsten besteht die Gefahr, dass das Nutzenversprechen gegenüber den externen Zielgruppen nicht eingehalten wird und Erwartungen aktueller und potentieller Kunden enttäuscht werden.

Die externe Markenerfolgsmessung analysiert, inwieweit mit denen in Kap. 3.3 genannten Maßnahmen die in Kap. 3.2 beschrieben externen Markenziele erreicht wurden. Wie bereits in Kap. 3.2 erläutert sind bei Gründungsunternehmen vor allem die Steigerung der Markenbekanntheit und der Aufbau des Markenimages (Vermittlung des Nutzenversprechens) wichtige Ziele. Trotz begrenzter Ressourcen sollte der Erreichungsgrad dieser Ziele regelmäßig (möglichst einmal im Jahr) überprüft werden. Ansonsten besteht die Gefahr, dass knappe Ressourcen in einen nicht erfolgversprechenden Markenaufbau investiert werden. Neben der Überprüfung des Zielerreichungsgrades sollten im Rahmen des Markencontrollings auch Informationen über die Ursachen gewonnen werden. Liegt bspw. der Bekanntheitsgrad deutlich unter dem gesetzten Ziel, stellt sich die Frage, ob die Zielgruppe mittels der eingesetzten Kommunikationsinstrumente effizient erreicht wurde und ob der Einsatz der Kommunikationsinstrumente gegebenenfalls anzupassen ist.

Die identitätsbasierte Markenbewertung ermöglicht die Ermittlung eines ökonomischen Wertes der Marke (vgl. *Burmann et al.* 2012, S. 229 ff.). Da die Durchführung einer Markenbewertung jedoch große Herausforderungen mit sich bringt und Gründungsunternehmen auf Grund der fehlenden Historie einen noch sehr geringen Markenwert aufweisen, ist der Aufwand einer Markenbewertung in dieser frühen Phase der Unternehmensentwicklung (noch) nicht gerechtfertigt. Nach einer erfolgreichen Gründungsphase kann die Markenbewertung jedoch auch für KMUs von hoher Relevanz sein. Denn der Markenwert ist häufig ein wesentlicher Bestandteil des Unternehmenswertes und bspw. bei Unternehmensakquisitionen, Lizensierungen oder der Kreditsicherung von großer Bedeutung.

4 Fazit

Gründungsunternehmen müssen sich möglichst schnell am Markt etablieren. Daher ist es zwingend notwendig, dass auch Gründungsunternehmen aktives Markenmanagement betreiben, um eine starke Marke aufzubauen, die die Gründungsunternehmen bzw. ihre Produkte im relevanten Markt bekanntmacht, vom Wettbewerb differenziert und letztendlich zur Kundengewinnung und -bindung beiträgt. Dabei können sich Gründungsunternehmen am allgemeinen Managementprozess des identitätsbasieren Markenmanagementansatzes orientieren. Jedoch gilt es für Gründungsunternehmen, spezifische Besonderheiten bei einigen Prozessschritten zu beachten, die sich aufgrund der Rahmenbedingungen bei Gründungsunternehmen ergeben. Diese Rahmenbedingungen bestehen (1) in der kurze Historie der Unternehmen und damit durch das Fehlen einer bekannten und etablierten Marke, (2) in der Ressourcenknappheit, insbesondere finanzielle und personelle Ressourcen betreffend, (3) im Fehlen gefestigter interner Strukturen und Prozesse sowie (4) im starken persönlichen Einfluss der Gründer, die trotz begrenzter Erfahrung in einer komplexen Umwelt agieren müssen. Wenngleich die zentrale Zielgruppe für Gründungsunternehmen die Nachfrager darstellen, sollten die Unternehmen auch (aktuelle und potentielle) Mitarbeiter nicht unbeachtet lassen, sondern im Rahmen von Internal Branding und Employer Branding berücksichtigen. Wichtige Prozessschritte des strategischen Markenmanagements von Gründungsunternehmen sind die Situationsanalyse, die Ableitung der Markenziele, die Entwicklung der Markenidentität sowie die Festlegung der Markenpositionierung bzw. des Markennutzenversprechens. Auf operativer Ebene stehen insbesondere die Festlegung des Markennamens und -logos, die Mitarbeiterführung und das HR-Management im Rahmen des operativen Internal und Employer Branding sowie die Ausgestaltung des Marketing-Mix im Rahmen des operativen External Branding im Fokus. Schließlich sind die durchgeführten Maßnahmen im Hinblick auf die Erreichungsgrad der festgelegten Markenziele im Rahmen des Markencontrollings zu überprüfen, um gegebenenfalls die knappen Ressourcen effektiver und effizienter einsetzen zu können

Literaturverzeichnis

Aaker, D.A.: Managing brand equity – Capitalizing on the value of a brand name. Free Press, New York (1991)

Aaker, J.L.: Dimensions of brand personality. Journal of Marketing Research 34(8), 347–356 (1997)

Backhaus, K., Tikoo, S.: Conceptualizing and researching employer branding. Career Development International 9(5), 501–517 (2004)

Barrow, S., Mosley, R.: The employer brand – Bringing the best of brand management to people at work. Wiley, Chichester (2006)

Becker, C.: Einfluss der räumlichen Markenherkunft auf das Markenimage – Kausalanalytische Untersuchung am Beispiel Indiens. Springer Gabler, Wiesbaden (2012)

Bergmann, H., Fueglistaller, U., Herrmann, A.: Produktpolitik für Gründungsunternehmen. In: Freiling, J., Kollmann, T. (Hrsg.) Entrepreneurial Marketing, 467–479. Gabler, Wiesbaden (2008)

Bielefeld, K.W.: Consumer Neuroscience – Neurowissenschaftliche Grundlagen für den Markenerfolg. Springer Gabler, Wiesbaden (2012)

Blinda, L.: Markenführungskompetenzen eines identitätsbasierten Markenmanagements – Konzeptualisierung, Operationalisierung und Wirkungen. Gabler, Wiesbaden (2007)

Bräutigam, S.: Management von Markenarchitekturen – Ein verhaltenswissenschaftliches Modell zur Analyse und Gestaltung von Markenportfolios. Dissertation, Gießen (2004)

Bresciani, S., Eppler, M.J.: Brand new ventures? Insights on start-up‘s branding practices. Journal of Product & Brand Management 19(5), 356–366 (2010)

Breusch, A.: Customer-Equity-Management in einem dynamischen Wettbewerbsumfeld – Konzeption und Anwendung eines Customer-Equity-Wettbewerbsmodells. Gabler, Wiesbaden (2009)

Burmann, C., Piehler, R.: Employer Branding vs. Internal Branding – Ein Vorschlag zur Integration im Rahmen der identitätsbasierten Markenführung. Die Unternehmung 67(3), 223–245 (2013)

Burmann, C., Schallehn, M.: Konzeptualisierung von Marken-Authentizität. In: Burmann, C. (Hrsg.) Arbeitspapier Nr. 44 des Lehrstuhls für innovatives Markenmanagement (LiM). Universität Bremen, Bremen (2010)

Burmann, C., Zeplin, S.: Building brand commitment – A behavioural approach to internal brand management. Journal of Brand Management 12(4), 279–300 (2005)

Burmann, C., Blinda, L., Nitschke, A.: Konzeptionelle Grundlagen des identitätsbasierten Markenmanagements. In: Burmann, C. (Hrsg.) Arbeitspapier Nr. 1 des Lehrstuhls für innovatives Markenmanagement (LiM). Universität Bremen, Bremen (2003)

Burmann, C., Meffert, H., Feddersen, C.: Identitätsbasierte Markenführung. In: Florack, A., Scarabis, M., Primosch, E. (Hrsg.) Psychologie der Markenführung, 3–30. Vahlen, München (2007)

Burmann, C., Halaszovich, T.F., Hemmann, F.: Identitätsbasierte Markenführung – Grundlagen - Strategie - Umsetzung - Controlling. Springer Gabler, Wiesbaden (2012)

Edwards, M.R.: An integrative review of employer branding and OB theory. Personnel Review 39(1), 5–23 (2010)

Elving, W.J.L., Westhoff, J.J.C., Meeusen, K., Schoonderbeek, J.: The war for talent? The relevance of employer branding in job advertisements for becoming an employer of choice. Journal of Brand Management 20(5), 355–373 (2013)

Erikson, E.H.: Ich-Entwicklung und geschichtlicher Wandel. In: Erikson, E.H. (Hrsg.) Identität und Lebenszyklus, S. 11–54. Suhrkamp, Frankfurt am Main (1973)

Feddersen, C.: Repositionierung von Marken: Ein agentenbasiertes Simulationsmodell zur Prognose der Wirkungen von Repositionierungsstrategien. Gabler, Wiesbaden (2010)

Forster, A., Erz, A., Jenewein, W.: Employer Branding. In: Tomczak, T., Esch, F.-R., Kernstock, J., Herrmann, A. (Hrsg.) Behavioral Branding – Wie Mitarbeiterverhalten die Marke stärkt, 277–294. 3. Aufl., Gabler, Wiesbaden (2012)

Foscht, T., Swoboda, B.: Käuferverhalten – Grundlagen, Perspektiven, Anwendungen. 4. Aufl., Gabler, Wiesbaden (2011)

Foster, C., Punjaisri, K., Cheng, R.: Exploring the relationship between corporate, internal and employer branding. Journal of Product & Brand Management 19(6), 401–409 (2010)

Frey, H.-P., Haußer, K.: Entwicklungslinien sozialwissenschaftlicher Identitätsforschung. In: Frey, H.-P., Haußer, K. (Hrsg.) Identität – Entwicklungslinien psychologischer und soziologischer Forschung, 3–26. Enke, Stuttgart (1987)

Generaldirektion Unternehmen und Industrie der Europäischen Kommission: 2013 SBA Fact Sheet Germany. http://ec.europa.eu/enterprise/policies/sme/facts-figuresanalysis/performance-review/files/countries-sheets/2013/germany_en.pdf (2013). Zugegriffen: 02. April 2014

Haußer, K.: Identitätspsychologie. Springer, Berlin (1995)

Hegner, S.: Die Relevanz des Vertrauens für das identitätsbasierte Management globaler Marken – Ein interkultureller Vergleich zwischen Deutschland, Indien und Südafrika. Springer Gabler, Wiesbaden (2012)

Juntunen, M., Saraniemi, S., Halttu, M., Tähtinen, J.: Corporate brand building in different stages of small business growth. Journal of Brand Management 18(2), 115–133 (2010)

Kanitz, C.: Gestaltung komplexer Markenarchitekturen – Die Verhaltensrelevanz von Marken unterschiedlicher Hierarchieebenen. Springer Gabler, Wiesbaden (2013)

Kapferer, J.N.: The new strategic brand management – Advanced insights & strategic thinking. Kogan Page, London (2012)

Keller, K.L.: Conceptualizing, measuring, and managing customer-based brand equity. Journal of Marketing 57(1), 1–22 (1993)

Keller, K.L.: Strategic brand management – Building, measuring and managing brand equity. Pearson, Essex (2013)

Kohli, C.S., Harich, K.R., Leuthesser, L.: Creating brand identity – A a study of evaluation of new brand names. Journal of Business Research 58(11), 1506–1515 (2005)

Krake, F.B.G.J.M.: Successful brand management in SMEs: A a new theory and practical hints. Journal of Product & Brand Management 14(4), 228–238 (2005)

Kucherov, D., Zavyalova, E.: HRD practices and talent management in the companies with the employer brand. European Journal of Training and Development 36(1), 86–104 (2012)

Meffert, H., Burmann, C.: Identitätsorientierte Markenführung: Grundlagen für das Management von Markenportfolios. In: Meffert, H., Wagner, H., Backhaus, K. (Hrsg.) Arbeitspapier Nr. 100. Marketing Centrum Münster, WWU, Münster (1996)

Meffert, H., Burmann, C., Kirchgeorg, M.: Marketing – Grundlagen marktorientierter Unternehmensführung. 12. Aufl., Gabler, Wiesbaden (2015)

Mellerowicz, K.: Markenartikel – Die ökonomischen Gesetze ihrer Preisbildung und Preisbindung. 2. Aufl., Beck, München (1963)

Merrilees, B.: A theory of brand-led SME new venture development. Qualitative Market Research – An International Journal 10(4), 403–415 (2007)

Moroko, L., Uncles, M.D.: Characteristics of successful employer brands. Journal of Brand Management 16(3), 160–175 (2008)

Mosley, R.W.: Customer experience, organisational culture and the employer brand. Journal of Brand Management 15(2), 123–134 (2007)

Paivio, A.: Imagery and verbal processes. Holt, Rinehart & Winston, New York (1971)

Park, C.W., Eisingerich, A.B., Pol, G., Park, J.W.: The role of brand logos in firm performance. Journal of Business Research 66(2), 180–187 (2012)

Piehler, R.: Interne Markenführung – Theoretisches Konzept und fallstudienbasierte Evidenz. Gabler, Wiesbaden (2011)

Recke, T.: Die Bestimmung der Repositionierungsintensität von Marken – Ein entscheidungsunterstützendes Modell auf Basis von semantischen Netzen, Gabler, Wiesbaden (2011)

Rode, V., Vallaster, C.: Corporate branding for start-ups. Corporate Reputation Review 8(2), 121–135 (2005)

Schade, M.: Identitätsbasierte Markenführung professioneller Sportvereine – Eine empirische Untersuchung zur Ermittlung verhaltensrelevanter Markennutzen und der Relevanz der Markenpersönlichkeit. Gabler, Wiesbaden (2012)

Schallehn, M.: Marken-Authentizität – Konstrukt, Determinanten und Wirkungen aus Sicht der identitätsbasierten Markenführung. Springer Gabler, Wiesbaden (2012)

Schröder, H.: Neue Entwicklungen des Markenschutzes. In: Köhler, R., Majer, W., Wiezorek, H. (Hrsg.) Erfolgsfaktor Marke – Neue Strategien des Markenmanagements, S. 309–322. Vahlen, München (2001)

Skala-Gast, D.: Zusammenhang zwischen Kundenzufriedenheit und Kundenloyalität – Eine empirische Analyse am Beispiel der deutschen Automobilindustrie, Springer Gabler, Wiesbaden (2012)

Stichnoth, F.: Virtuelle Brand Communities zur Markenprofilierung – Der Einsatz virtueller Brand Communities zur Stärkung der Marke-Kunde-Beziehung. In: Burmann, C. (Hrsg.) Arbeitspapier Nr. 35 des Lehrstuhls für innovatives Markenmanagement (LiM), Universität Bremen, Bremen (2008)

Stolle, W.: Global Brand Management – Eine konzeptionell-empirische Analyse von Automobil-Markenimages in Brasilien, China, Deutschland, Russland und den USA. Springer Gabler, Wiesbaden (2013)

Strebinger, A.: Markenarchitektur – Strategien zwischen Einzel- und Dachmarke sowie lokaler und globaler Marke. 2. Aufl., Gabler, Wiesbaden (2010)

Tomczak, T., Esch, F.-R., Kernstock, J., Herrmann, A.: Behavioral Branding – Wie Mitarbeiterverhalten die Marke stärkt. 3. Aufl., Gabler, Wiesbaden (2012)

Trommsdorff, V.: Konsumentenverhalten. 8. Aufl., Kohlhammer, Stuttgart (2011)

Vershofen, W.: Wirtschaft als Schicksal und Aufgabe. Necessitas, Wiesbaden (1950)

Welling, M.: Ökonomik der Marke: Ein Beitrag zum Theorienpluralismus in der Markenforschung. Gabler, Wiesbaden (2006)

Wenske, V.: Management und Wirkungen von Marke-Kunden-Beziehungen im Konsumgüterbereich – Eine Analyse unter besonderer Berücksichtigung des Beschwerdemanagements und der Markenkommunikation. Gabler, Wiesbaden (2008)

Witt, P., Rode, V.: Corporate brand building in start-ups. Journal of Enterprising Culture 13(3), 273–294 (2005)

Michael Bernecker

Social Media Marketing als Asset für Existenzgründer

Bernecker, Michael, Prof. Dr.
Professor für Marketing an der Hochschule Fresenius,
Geschäftsführer des Deutschen Instituts für Marketing in Köln
E-Mail: mb@marketinginstitut.biz.

1 Einleitung

Für viele Existenzgründer ist die Gründungsphase eine schwierige Zeit: Die Idee des Start-ups ist im Kopf gereift, das Unternehmen frisch gegründet, die Homepage ist gerade online gegangen, doch für weitere Marketingmaßnahmen fehlt das Geld.

Insbesondere für digitale Entrepreneure stehen Marketingmaßnahmen oft an letzter Stelle. Produktentwicklung, -planung, und -prototyping, erforderliche Sach- und Stammeinlagen sowie neues Personal belasten das Budget des Existenzgründers. Für richtiges bzw. strukturiertes Marketing fehlen oft die Zeit, das Budget und die nötige Erfahrung.

Gleichzeitig zeigen zahlreiche Studien, dass unter den Gründen einer Insolvenz von Existenzgründern in aller Regel marktbedingte Ursachen zu finden sind (*Egeln et al.* 2010, S. 45 ff.).

Bedingt durch die systemimmanenten Strukturen bieten sich für Existenzgründer heute andere Möglichkeiten als noch vor 20 Jahren. Durch die fortschreitende Digitalisierung der Kommunikationskanäle besteht die Option, eigene Kommunikationskanäle zu Kunden und potenziellen Kunden zu etablieren und zu nutzen. Diese direkten Kommunikationskanäle haben einen essenziellen unternehmerischen Wert und bieten gute Möglichkeiten, die Hoheit über den Kundenkontakt zu erlangen und diesen als echten Unternehmenswert zu etablieren.

2 Marketing Assets – Grundverständnis

Marketing Assets sind marktbasierte, gesellschaftliche oder ökologische Vermögenswerte, die mit einem Unternehmen oder einer Marke assoziiert werden können. In den letzten Jahren ist dabei das Bewusstsein geschärft worden, dass auch intangible Assets einen wesentlichen Wert haben und diese Assets auch immer häufiger im Marketing abgebildet werden (vgl. z. B. *Kalafut/Low* 2001).

Beispielweise gehören zu den marktbasierten Assets die Brand Equity, die Brand Performance oder der Customer Lifetime Value. Zu den marktbezogenen unternehmerischen Assets gehören Reputation, Vertrauen, oder die Integrität des Unternehmens bei den Stakeholdern.

Durch die Operationalisierung und modellierte Quantifizierung dieser Vermögenswerte kann auch bei Start-ups ein Markenwert bzw. Unternehmenswert ermittelt werden (*Bentele et al.* 2009).

Eine etablierte Marke, mit einer breiten Kundenbasis, die regelmäßig gepflegt wird und dadurch auch kontinuierliche Umsätze generiert, ist damit wertvoller als eine Marke, die dies nicht nachweisen und dokumentieren kann bzw. nicht aufweist.

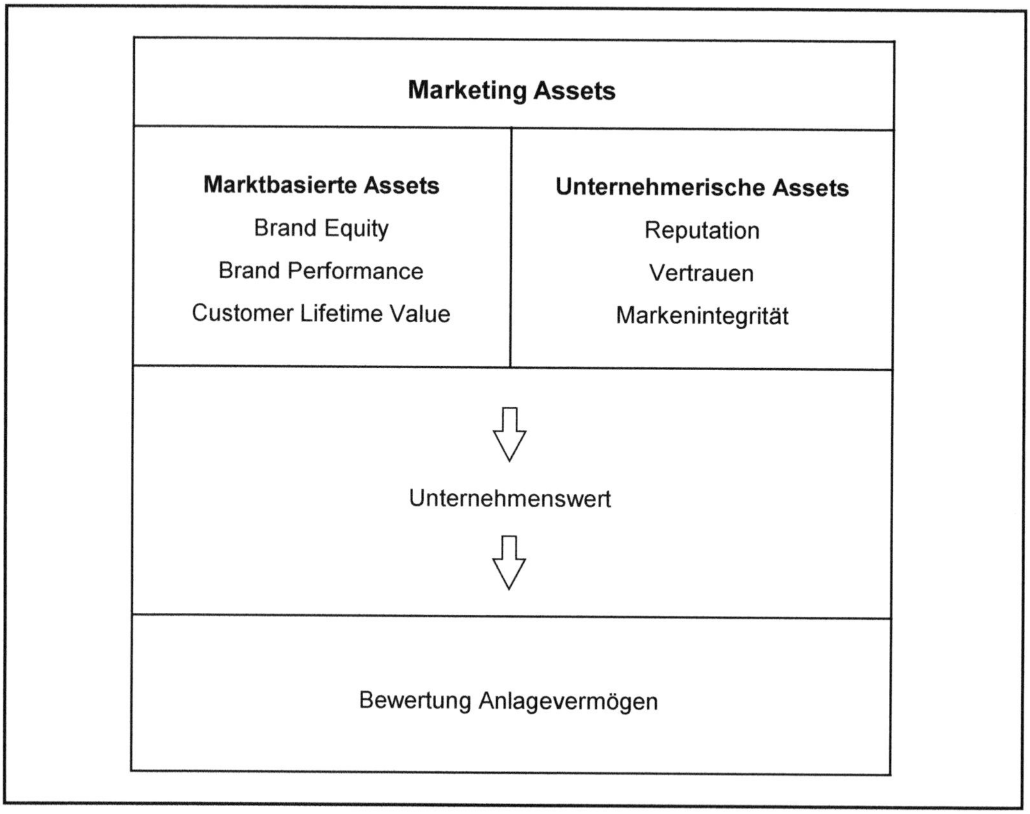

Abb. 2.1: Zuordnung von Marketing Assets
Quelle: *Bentele et al.* 2009

3 Übersicht zu Online Marketing Assets

Analog zu den oben beschrieben Marketing Assets („offline"), sind Online Marketing Assets Ressourcen, die in digitalen Medien aufgebaut, genutzt und kommerzialisiert werden können.

Zu den klassischen Online Marketing Assets gehören die eigene Unternehmens- oder Markenhomepage, der Unternehmensblog, Mobile Apps, der Newsletter oder verschiedene Online Events, mit deren Hilfe Kontakt zu den relevanten Zielgruppen aufgebaut und gepflegt wird (*Cohen* 2013).

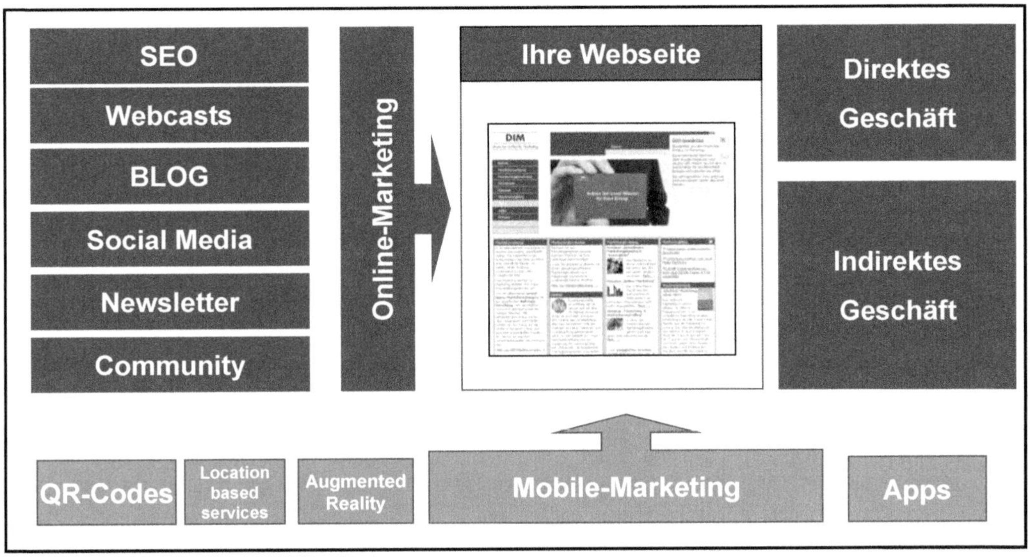

Abb. 3.1: Konzept der Online Marketing Assets eines Unternehmens
Quelle: *Eigene Darstellung*

Konzeptionell bauen alle Online Konzepte auf der Fragestellung auf, inwieweit das Geschäftsmodell des Unternehmens auf direktem oder indirektem Weg zu digitalen Kundenbeziehungen führt.

- Direkte Geschäftsmodelle führen die eigentliche Transaktion auf der Online Plattform aus. Dies sind zum Beispiel Internetshops oder Webseiten mit einer Buchungsengine.
- Indirektes Geschäft wird ausgelöst, wenn die Website Leads generiert, die dann zu einem stationären Geschäft (offline) führt. Prinzipiell eignen sich dazu die nachfolgend beschriebenen Instrumente.

Die **eigene Webseite** ist Ausgangspunkt des Unternehmens im Netz. Sie ist für die Organisation und Darstellung der Produkte und Dienstleistungen zuständig. Folglich enthält die Seite daher mindestens detaillierte Informationen über das Unternehmen sowie deren Produkte und Marken. Das Asset ist in diesem Fall das Design, der Domainname und der auf der Seite befindliche Content (*Bernecker/Beilharz* 2012, S. 52 ff.; *Edmond* 2014).

In aller Regel wird auf einer Unternehmenswebseite auch ein Blog gepflegt, der es ermöglicht, gemäß der Positionierung des Unternehmens kontinuierlich mit Kunden zu kommunizieren und damit eine Verstärkung der Kundenbindung zu erreichen. Je häufiger mit relevantem Content für die Zielgruppe gebloggt wird, desto höher ist der Blog-Asset (*Bernecker/Beilharz* 2012, S. 37).

Die **Mobile App** dient dazu, interessierten Personen Zugang zu Unternehmensinformationen zu geben, wenn diese nicht zu Hause oder an ihrem Arbeitsplatz sind. Stellt die Mobile App speziellen zielgruppenrelevanten Content zur Verfügung, können hier essenzielle Markenwerte geschaffen werden. Ein weiterer Asset kann durch online abrufbare Produktanleitungen, Tipps & Tricks sowie How-To's entstehen, wenn dadurch der Produktnutzen und die Kundenzufriedenheit verbessert werden können. Bedingt durch ein verändertes Nutzungsverhalten scheint dies aktuell im B2C-Bereich ein Trend zu sein.

Der **Newsletter** hat zwei bedeutende Vermögenswerte für den Existenzgründer. Erstens kann über originellen Content ein Mehrwert für interne und externe Stakeholder geschaffen werden, wenn der Newsletter genau die Bedürfnisse der Anspruchsgruppe trifft. Dabei kann der Content völlig verschieden sein. Wichtig ist nur, dass er von den Empfängern als außergewöhnlich empfunden wird.

Der zweite Asset, ist die Liste der E-Mail-Adressaten. Je größer die Liste, desto wichtiger ist der Newsletter für den Existenzgründer. Der Newsletter hat den großen Vorteil, dass mit wenig finanziellem Aufwand unternehmensrelevante Informationen schnell an verschiedene Anspruchsgruppen versendet werden können. Der Wert eines Newsletters berechnet sich über die Anzahl der Abonnenten und die konkrete Beschreibung bzw. Definition der Newsletterzielgruppe. Je besser diese zum Unternehmen passt und je klarer sie definiert ist, umso wertvoller ist sie.

Das **Gründer-Video** ist ein weiteres Instrument im Rahmen eines Online Konzepts. Viele erfolgreiche Start-ups profitieren von der Vermarktung ihrer eigenen Person. Starke Gründer-Videos bauen bei den Betrachtern das unmittelbare Gefühl auf, dass man den Gründer persönlich kennt. Das steigert bei jungen Unternehmen ungemein das Vertrauen in die neue Marke und somit den Markenwert.

Transparente Events spielen gerade in der Startphase, wenn es um Produktentwicklung, -planung, und -prototyping geht, eine entscheidende Rolle. Durch Webcasts (z. B. Live-Streams, Webinare, Chats, Onlineradio-Broadcasts.) stellt sich das Unternehmen transparent und offen dar. Potenzielle Kunden bekommen nicht nur das Gefühl, dass sie aktiv in den Entwicklungsprozess einbezogen werden, sie werden es auch wirklich. Webcasts verbleiben nach der Aufzeichnung im World Wide Web und sind Meilensteine für die Unternehmensgeschichte.

Der **Gründer-Podcast** ist eine zusammenfassende Berichterstattung über die jüngsten Unternehmenstätigkeiten und kann als ein offenes Tagebuch angesehen werden. Im Vergleich zum Blog hört man die Ideen und Gedanken des Gründers direkt mit dessen eigenen Worten. Dies baut Nähe auf und schafft Vertrauen in das Unternehmen und dessen Produkte. Gerade wenn es um digitale Produkte geht, wo die Produktentwicklung nicht immer ganz nachvollziehbar und transparent ist, hilft ein persönliches Wort ungemein weiter. Podcasts sind Assets, die auch nach der Aufnahme im Netz verbleiben.

4 Social Media Marketing Assets

Social Media Marketing Assets sind im Vergleich zu den Online Marketing Assets nicht direkt von dem Unternehmen erzeugte Vermögenswerte, sondern ihr Wert entsteht erst durch die Interaktion mit den Mitgliedern in einem sozialen Netzwerk. Dieser sogenannte Earned Content ist in den letzten Monaten in der Online Szene vielfältig diskutiert worden (*Bullas* 2013; *Für-Gründer.de GmbH* 2014).

Basis Content ist Content, der sich mit dem Kerngeschäft des Unternehmens auseinandersetzt. Naturgemäß ist dieser bei Existenzgründern noch nicht in einem so großen Umfang vorhanden, kann aber gerade über soziale Medien einfacher produziert und gestreut werden als in der Vergangenheit. Als Basis Content gelten Testimonials, Case Studies, Infografiken, Präsentationen, Dokumentationen über den Arbeitsalltag (Videos, Text, Bildmaterial etc.) und Informationen zu den Mitarbeitern (*Smith* 2012).

Viraler Content entsteht als erstes dadurch, dass das Unternehmen ein digitales Gut erzeugt. Dieses Gut kann völlig unterschiedlicher Natur sein, beispielsweise eine Mini-Seite, ein Blog-Beitrag, ein Tweet, eine Infografik, ein Video oder eine Statusmitteilung auf Facebook. Erst durch die blitzartige Verbreitung in verschiedenen Netzwerken kann von viralem Content gesprochen werden. Durch die demografische Struktur des Internets ist diese Art der Verbreitung etwas ganz Alltägliches geworden und kann eine Vielzahl von Menschen erreichen. Durch eine virale Verbreitung wird nicht nur der erreichte Kundenanteil größer, auch bisherige Nicht-Kunden werden sehr gut erreicht. So kann die Markenintegrität und -bekanntheit genauso gesteigert werden wie der Markenwert. Viraler Content integriert die gleichen Faktoren, die für die Steigerung des Unternehmenswertes zuständig sind wie die klassischen Marketing-Assets (*Bauer* 2012).

Der bedeutungsvollste Punkt von viralem Content ist die erreichte Omnipräsenz im Internet, die erst über Jahre abnimmt, denn viraler Content ist sehr lange auffindbar und teilbar, wird häufig rezitiert und wird auf unterschiedlichste Weise neu verarbeitet.

So hatte Volvo Trucks auf ihrem Youtube-Kanal am 13.11.2013 ein Video mit der Bezeichnung „Volvo Trucks – The Epic Split feat. Van Damme (Live Test 6)“ hochgeladen. Mit über 70 Millionen Aufrufen gilt das Video als der erfolgreichste B2B-Werbespot im Netz. Volvo Trucks zeigt auf verblüffende Weise, dass auch eine unkonventionelle Marke mit einer B2C-Strategie für ein B2B-Produkt erfolgreich sein kann. Das Video wurde unzählige Male parodiert und viele B2C-Marken entschieden sich für das gleiche Story-Telling, um ihre eigenen Marken und Produkte zu bewerben. Volvo Trucks rechnet dem Video einen Online-Mediawert von 70 Millionen Euro zu.

Die **Markenfans** in der Online-Welt sind ein weiteres bedeutendes Asset. Marken- oder Unternehmens-Fans (Follower) sind Personen, die einen Marken- oder Unternehmensauftritt auf einer sozialen Plattform verfolgen.

Je größer die Zahl der Fans oder Follower auf Plattformen wie Facebook, Tumblr, Google+ oder YouTube, desto mehr Personen können durch die Verbreitung einer Statusmitteilung, von Videos oder Tweets erreicht werden. Nach Fanpagekarma.com haben die 16,6 Millionen Facebook-Fans von BMW einen Werbewert von ca. 235.000 €. Der Wert errechnet sich daraus, wie viele Menschen mit Werbung auf anderen Kanälen in den letzten 28 Tagen erreicht werden mussten, um die aktuelle Anzahl an Fans zu erhalten. Allerdings ist die absolute Anzahl an Fans oder Followern nicht besonders aussagekräftig, denn diese Zahlen geben keine Aussagen darüber, wie viele Personen tatsächlich von den Inhalten des sozialen Kanals erreicht werden. Wichtiger ist die Quote aus der Anzahl der Personen die Beiträge teilen durch die Gesamtanzahl von Followern und Fans. So lässt sich eine Kennzahl berechnen, die aussagt, wie viele echte Markenfans sich unter den Fans und Followern befinden.

Eine wachsende Fanbase hilft automatisch und kostenlos dabei, wichtige Informationen über das Unternehmen zu streuen. Eine große Fanbase hat vor allem den Vorteil, dass der Content, der über eine soziale Plattform von einem Unternehmen geteilt wird, durch die Fanbase in ihr eigenes Netzwerk getragen wird, das ähnliche demografische Merkmale aufweist. Dadurch werden Streuverluste vermieden und potenzielle Kunden aus dem sozialen Netzwerk der Fanbase erreicht. Der Asset der Markenfans besteht also in der Quote aus echten Markenfans und der Gesamtheit an Personen, die das Unternehmen oder die Marke verfolgen. Je näher dieser Wert bei 1 liegt, desto größer ist der Vermögenswert der Markenfans.

Außerdem ist die **Community-Präsenz** in Konsumenten-Portalen, Online-Foren oder sozialen Medien für Unternehmensgründer sehr wichtig. Sie hilft nicht nur, relevante Informationen von den Kunden für die Prototypentwicklung zu sammeln, sondern zeigt auch Interesse an den Bedürfnissen der Portalbenutzer. Durch eine häufige Interaktion zwischen Unternehmen und potenziellen Kunden kann dadurch ein Expertenstatus in dem Online-Portal oder Forum entstehen. Dieser entwickelt sich hauptsächlich dadurch, dass man häufig auf Fragen hilfesuchender Personen eingeht, Informationen sammelt, diese sortiert und neu aufbereitet an die Community zurück gibt (*Schwede* 2013).

Hierbei ist darauf zu achten, dass nicht nur die Vermarktung des eigenen Unternehmens im Vordergrund steht, sondern das Interesse an der Community. Erst wenn auch produkt- oder unternehmensfremde Beiträge von Community-Mitgliedern mit der gleichen Weise beachtet werden wie die eigenen, kann ein wertschätzender Experten-Status entstehen, der für das Unternehmen und die Kunden unersetzbar ist. Ein Händler, der in einem Fachforum für seine speziellen Angelruten wirbt, sollte beispielsweise nicht nur seine Angelsysteme verkaufen, sondern der Community Tipps geben, welche Bücher über das Hochseefischen besonders empfehlenswert sind, welche Ausrüstung man braucht, welche Gewässer zu bevorzugen sind und wo man am besten als Tourist angeln gehen kann.

Unter dem **erweiterten Online-Publikum** sind Experten, Opinion Leaders sowie Unterstützer und Kooperationspartner einzuordnen. Das erweiterte Online-Publikum greift Informationen an den verschiedensten Ecken des Online-Auftrittes ab, verarbeitet diese weiter und teilt sie mit einem entfernten Publikum. Dieses setzt sich wiederum aus weiteren Brancheninsidern und Fachexperten zusammen. So entsteht ein Wissensnetzwerk von Experten und Meinungsführen rund um das Start-up-Unternehmen, das stetig Informationen über aktuelle Produkt- oder Unternehmensentwicklungen teilt. Geteilt werden diese Informationen häufig über Experten-Blogs oder Branchen-Portale aus der Gründerszene. Je größer dieses Netzwerk ist und je häufiger Informationen über das Unternehmen geteilt werden, desto größer ist hier der Asset, da kostenfrei Publicity betrieben wird und dadurch das Image der Marke oder des Unternehmens gesteigert werden kann (*Schwede* 2013).

Über Kooperationen mit anderen Unternehmen erhält der Existenzgründer zusätzliche Aufmerksamkeit durch das Einblenden seines Logos auf den Seiten der Kooperationspartner.

Beim **Crowdsourcing** werden durch einen Online-Aufruf des Existenzgründers unbekannte Akteure aufgefordert, interne Teilaufgaben kollaborativ zu übernehmen. Dabei können die von der Community übernommenen Aufgaben völlig unterschiedlich sein. Wichtig ist, dass die Aufgaben, die an die Community übergeben werden, auch von dem Existenzgründer wertgeschätzt werden und in die Entwicklung der Produkte miteinfließen (*Thiel* 2012).

Crowdfunding bezeichnet eine Art der Finanzierung, bei dem die Kapitalgeber meist Internetnutzer sind und über eine befristete Aktion aufgerufen werden, eine Produktidee zu unterstützen. Dabei wird von dem Existenzgründer eine Mindestkapitalmenge festgelegt, die erreicht werden muss, bevor die Entwicklung einer Geschäftsidee oder eines Produktes beginnen kann. Bei einer erfolgreichen Finanzierung erhalten die Kapitalgeber als Gegenwert z. B. Rechte an den Produkten, Sachleistungen wie exklusive Produkteditionen oder Provisionen verschiedenster Art.

Wie erfolgreich Crowdfunding und -sourcing-Projekte sein können, zeigt das Unternehmen Slightly Mad Studios. Um ihr Videospiel „Project Cars“ entwickeln und veröffentlichen zu können, starteten die Entwickler eine eigene Crowdfunding-Plattform namens „World of Mass Development“ unter www.wmdportal.com. Mit der Hilfe der Plattform und 80.000 Unterstützern konnte eine Summe von 3,75 Millionen Euro realisiert werden. Dabei hatten die Unterstützer nicht nur die Möglichkeit, bei der Veröffentlichung des Videospiels einen Rabatt zu bekommen, sie konnten auch je nach gespendeter Summe aktiv am Entwicklungsprozess teilhaben und eigene Ideen einbringen. Zusätzlich gab es Nebenleistungen wie die vergünstigte oder kostenlose Teilnahme an Rennsport-Veranstaltungen.

5 Online Marketing Assets managen

Entscheidend für die Erzeugung von Online Assets im Social Media Bereich ist grundsätzlich die klassische Unternehmensstrategie. Hat der Existenzgründer seine Zielmärkte nicht ausreichend evaluiert und falsche Positionsentscheidungen getroffen, so können auch mit einer ausgereiften Social Media Strategie keine Vermögenswerte und Erfolge erzielt werden.

Mit Hilfe eines strukturierten Konzeptes lassen sich diese konzipieren und umsetzen.

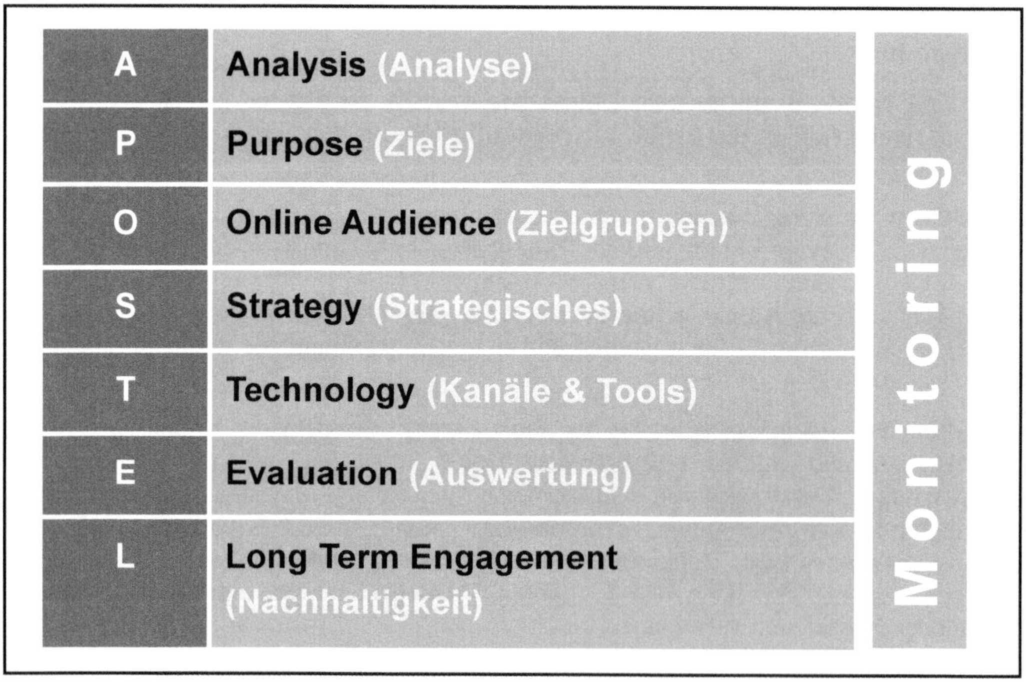

Abb. 5.1: Online Asset Management Konzept
Quelle: *Eigene Darstellung*

Analyse

Ausgangspunkt für die Entwicklung von Online Marketing Assets ist die Analyse der aktuellen IST-Situation des Unternehmens. Dazu bietet sich der folgende Fragenkatalog an:

Eigene Ressourcen

- Welche Social Media Kanäle bestehen bereits?
- Was wurde in der Vergangenheit durchgeführt? Gibt es ein aktuelles Engagement?

- Welche Kanäle, Maßnahmen etc. haben gut funktioniert? Welche weniger gut?
- Welche Ressourcen und Prozesse stehen uns aktuell zur Verfügung?

Wettbewerber

- Welche Kanäle und Maßnahmen nutzen Wettbewerber?
- Welcher Content funktioniert bei diesen gut?

Kunden / Partner

- Welche Partner sind in den Social Media erfolgreich?
- Welche Themen/Inhalte funktionieren dort besonders gut?

Diese Fragestellungem lassen sich mit Hilfe diverser Onlinetools beantworten. Exemplarisch sind dort aktuell zu nennen: www.socialyser.de, www.socialbench.de oder www.fanpagekarma.com.

Ziele festlegen

Konkret müssen sich Existenzgründer natürlich intensiv Gedanken über ihre Ziele und die Zielausrichtung machen. Online Marketing Ziele ergeben sich zwangsläufig aus den übergeordneten Business Zielen. Dabei sind diese Ziele SMART, also spezifisch, messbar, attraktiv, realistisch und terminiert zu bilden (*Bernecker/Beilharz* 2012, S. 28).

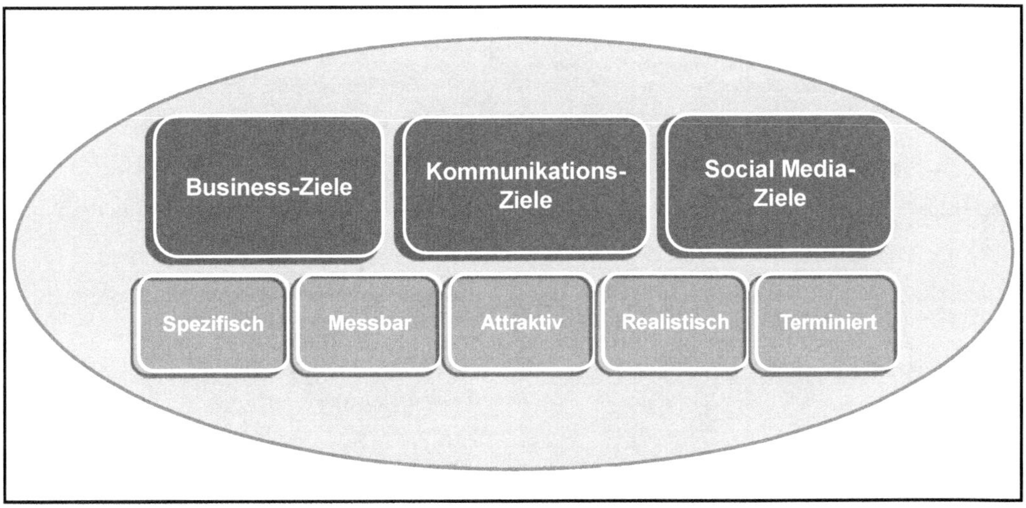

Abb. 5.2: Zielkontext für den Aufbau von Assets
Quelle: *Eigene Darstellung*

Zielgruppe

Die konzeptionell anzusprechende Zielgruppe des Unternehmens leitet sich aus dem Businessplan bzw. Businesscase ab. Unter Berücksichtigung dieser spezifischen Abgrenzung ergibt sich jedoch noch die Fragestellung, wie sich diese Zielgruppen in den sozialen Medien verhalten und wie sie Online-Medien für die Kommunikation nutzen. Forrester Research hat hier eine praktikable Typologie entwickelt: Die Social Technographics Profiles.

Wird die Zielgruppe verfehlt, können keine Vermögenswerte erzielt werden, da die Informationen bzw. der Content keine Aufmerksamkeit und Verteilung erfährt. Im Rahmen der Online-Aktivitäten sind weitere Anspruchsgruppen für den Existenzgründer interessant, die als Multiplikatoren genutzt werden. Dies können sein: Blogger, Twitterati, Website-Betreiber, (Fach-)Journalisten, XING-Gruppen-Betreiber, Branchenexperten, Wissenschaftler, exponierte Mitarbeiter bekannter Unternehmen etc. Zur Identifikation dieser Personen können verschiedene Online-Tools eingesetzt werden:

www.klout.com, http://labs.ebuzzing.de, www.tweetranking.com, www.socialbench.de, www.google.com/blogsearch.

Social Media Nutzertypen (Social Technographics Profiles nach Forrester)		
Nutzertyp	**Beschreibung**	**Was tun?**
Schöpfer	sehr aktive Social Media-Nutzer, Blogger, YouTube-Nutzer, potenzielle Multiplikatoren	Blogger-Aktion, Kreativwettbewerb, User generated Videos etc.
Kritiker	kritische Nutzer, Foren-User, Erfahrungsberichte, Bewertungen etc.	Forum, XING-Gruppe, Bewertungsfunktion, Messeberichte einholen, Kommentarfunktion im Blog etc.
Sammler	Sammler, Abonnenten, RSS-Nutzer, (passive) Twitterati	RSS-Feeds, Twitter-Feeds, Tagging-Funktionen, event. Social Bookmarking, Newsletter
Mitmacher	Social Networker, großes Netzwerk, Community	eigenes Social Network, Facebook-Page, Facebook-Gruppe, Forum, XING-Gruppe, etc.
Zuschauer	passive Zuschauer, Konsumenten, Leser	alle Social Media-Kanäle ohne Notwendigkeit (intensiver) Interaktion (z.B. Blog, YouTube)
Inaktive	nicht über Social Media zu erreichen	Website, Blogs, eingebundene Videos, Online-PR

Abb. 5.3: Social Technographics Profiles nach Forrester
Quelle: *Li/Bernoff* 2008

Strategisches

Beim Aufbau von Online Marketing Assets sollten sich Existenzgründer eine strategische Vorgehensweise aneignen. Social Media Aktivitäten können ansonsten sehr leicht ausufern und verfehlen damit ihre Wirkung. Nicht alle Aktivitäten mitmachen ist da die klügere Entscheidung.

Technology

Die Auswahl der richtigen Kanäle für die Ansprache der Zielgruppe ist abhängig vom Kontext, in dem sich das Unternehmen befindet. Bei der Auswahl sollte man sich an den folgenden Fragestellungen orientieren:

- Nutzt die Zielgruppe die Plattform?
- Finden dort bereits Diskussionen statt?
- Eignet sich die Plattform zur Erreichung der angestrebten Ziele?
- Entspricht die Plattform dem Image bzw. der strategischen Ausrichtung?
- Verfügt der Kanal über die entsprechende Reichweite?
- Entsprechen die anfallenden Kosten den Budgetvorgaben?

Evaluation

Zur kontinuierlichen Optimierung der Maßnahmen und Ansprachen sollte eine Evaluierung stattfinden. Hierzu müssen zunächst die konkreten KPI´s (Key Performance Indicators) festgelegt werden und diese dann mit den richtigen Verfahren kontinuierlich gemessen werden. So ist ein Abgleich der Maßnahmen und der Zielerreichung möglich.

Nachhaltige Entwicklung

Der nachhaltige Aufbau von Assets ist nur möglich, wenn die Bearbeitung der Kanäle nicht nur kurzfristig, sondern auch mit der notwendigen Kontinuität erfolgt. Es ist daher bereits bei den einzelnen Kampagnen zu klären, wie daraus ein langfristiges Engagement der Nutzer entstehen kann. Einige Leitfragen dazu:

- Wie können Userdaten in sonstige Kanäle überführt werden (insb. Validierung und Ergänzung der Userdaten)?
- Wie kann ein effizientes Social Customer Relationship Management sichergestellt werden?
- Wie kann „tote Zeit“, beispielsweise zwischen einzelnen Events, überbrückt werden?

Das Management von digitalen Assets kann strategisch gemanaged echte Unternehmenswerte generieren, die es ermöglichen, das Geschäftsmodell sinnvoll und profitabel zu betreiben.

Literaturverzeichnis

Bauer, M.: Tipps und Tricks für Facebook- bzw. Social Media-Marketing. DS Media GmbH. http://www.deutsche-startups.de/2010/09/10/tipps-und-tricks-fuer-facebook-bzw-social-media-marketing-gastbeitrag-von-markus-bauer (2010). Zugegriffen: 13.08.2014

Bentele, G., Buchele, M.-S., Hoepfner, J., Liebert, T.: Markenwert und Markenwertermittlung. Eine systematische Modelluntersuchung und -bewertung. Gabler, Wiesbaden (2009)

Bernecker, M., Beilharz, F.: Online-Marketing. 2. Aufl., Johanna-Verlag, Köln (2012)

Boonghee, Y., Naveen, D.: Developing and Validating a Multidimensional Consumer-Based Brand Equity Scale. Journal of Business Research 52, 1–14 (2001)

Bullas, J.: What is the Value of Your Social Media Assets and is it Worth Measuring? Jeffbullas's Blog. http://www.jeffbullas.com/2011/07/06/what-is-the-value-of-your-social-media-assets-and-is-it-worth-measuring (2011). Zugegriffen: 12. August 2014

Cohen, H.: Is Your Business Building Content Marketing Assets? 7 Content Marketing Assets Every Business Needs. http://heidicohen.com/is-your-business-building-content-marketing-assets (2013). Zugegriffen: 11. August 2014

Edmond, D.: 6 Underrated Content Marketing Assets For B2B SEO. Third Door Media. http://searchengineland.com/6-underrated-content-marketing-assets-for-b2b-seo-134919 (2012). Zugegriffen: 11. August 2014

Egeln, J., Falk, U., Diana, H., Daniel, H., Georg, M.: Ursachen für das Scheitern junger Unternehmer in den ersten fünf Jahren ihres Bestehens. Zentrum für Europäische Wirtschaftsforschung GmbH, Mannheim (2010)

Für-Gründer.de GmbH: Mit Social Media Marketing neue Kunden gewinnen und binden. Für-Gründer.de GmbH. http://www.fuer-gruender.de/wissen/unternehmen-fuehren/marketingkonzept/social-media-marketing (2012). Zugegriffen: 12. August 2014

Kalafut, P. C., Low, J.: The value creation index – quantifying intangible value. Strategy & Leadership 29, 9–15 (2001)

Li, C., Bernoff, J.: Groundswell: Winning in a world transformed by social technologies. Forrester Research. Harvard Business Press, Cambridge (2008)

Schulz, R., Brandmayer, K.: Die Marken-Bilanz – Ein Instrument zur Bestimmung und Steuerung von Markenwerten. Markenartikel 7, 364–371 (1989)

Simon, C. J., Sullivan, M.: The Measurement and Determinants of Brand Equity: A Financial Approach. Marketing Science 12, 28–52 (1993)

Rajendra, K.S., Shocker, A.D.: Brand Equity – A Perspective on its Meaning and Measurement. Marketing Science 9, 91–124 (1991)

Rodolfo, V., Belen Del Rio, A., Iglesias, V.: Consumer-Based Brand Equity – Development and Validation of a Measurement Instrument. Journal of Marketing Management 18, 27–48 (2002)

Schwede, M.: Social Media für Startups: Was wie nutzen? LinkedIn Corporation. http://de.slideshare.net/mikeschwede/social-media-fr-startups (2013). Zugegriffen: 13. August 2014

Smith, S.: 5 Content Marketing Assets You Forgot You Had. Convince & Convert. http://www.convinceandconvert.com/content-marketing/5-content-marketing-assets-you-forgot-you-had (2012). Zugegriffen: 12. August 2014

Thiel, J.: Warum Start-ups Social Media Marketing betreiben sollten. Halalati. http://www.halalati.com/blog/warum-start-ups-social-media-marketing-nutzen-sollten (2010). Zugegriffen: 12. August 2014

Winters, L.C.: Brand Equity Measures – Some Recent Advances. Marketing Research 3, 70–73 (1991)

Zymann, S., Miller, S.: Building Brandwidth – Closing the Sale Online. HarperCollins Publishers, New York (2001)

Jens Pöppelbuß und Michael Bur am Orde

Market Intelligence für E-Commerce-Gründungsunternehmen

Jens Pöppelbuß, Prof. Dr.
Juniorprofessor für Industrienahe Dienstleistungen
Universität Bremen
E-Mail: jens.poeppelbuss@uni-bremen.de.

Michael Bur am Orde
BLmedia GmbH
E-Mail: m.buramorde@blmedia.de.

1 Einleitung

Der Online-Handel zeichnet sich durch einen sehr stark umkämpften Wettbewerb aus und dennoch werden immer weitere E-Commerce-Unternehmen gegründet, bei denen ein Online-Shop der Kern des Geschäftsmodells ist. Dies hat verschiedene Gründe. Erstens besteht für den Online-Handel ein großes und weiterhin wachsendes Marktpotenzial. Studien belegen, dass die Umsätze im Online-Handel in den vergangenen Jahren stetig zugenommen haben (*EHI* 2013). Im Jahr 2013 wuchs der Umsatz mit Waren im Internet um 41,7 % auf fast 40 Millionen Euro (*Geisler* 2014). Inzwischen kaufen 94 % der deutschen Internetnutzer über 14 Jahren online ein, was 51 Millionen Personen entspricht (*BITKOM* 2014). Zweitens können Unternehmensgründer, die ausreichend Kapital, Know-how und Professionalität mitbringen, auch als sogenannte Follower (und nicht First Mover) noch einen Markt erobern (*INTERNETHANDEL* 2012; *Halberstadt* 2014). Drittens ist es vergleichsweise leicht, einen Onlineshop zu eröffnen, da mittlerweile viele ausgereifte Software-Lösungen existieren, die für den Aufbau eines Online-Shops genutzt werden können. Ansprechende Online-Shops lassen sich bereits mit Investionen von wenigen tausend Euro technisch realisieren. Durch die Internationalisierung eines Online-Shops und der Zusammenarbeit mit geeigneten Logistikpartnern kann der Zielmarkt außerdem im Vergleich zum stationären Handel leicht und schnell erweitert werden. Die Harmonisierung von Verbraucherrechten innerhalb der Europäischen Union erleichtert dies zusätzlich.

Eine Vielzahl von Insolvenzen im Online-Handel verdeutlicht jedoch auch, dass es nicht leicht ist, sich als E-Commerce-Gründungsunternehmen im Markt zu etablieren und einen Online-Shop langfristig erfolgreich zu betreiben (*Kolbrück* 2014). Trotz der zuvor genannten günstigen Rahmenbedinungen für Unternehmensgründungen im Online-Handel ist zu beobachten, dass auch dieser zunehmend durch große und etablierte Player wie bspw. Amazon dominiert wird (*EHI* 2013; *markt intern* 2014; *Höschl* 2014). Neu gegründete Online-Shops sehen sich mit den sogenannten „liabilities of newness" (*Stinchcombe* 1965) und „liabilities of smallness" (*Baum* 1996) konfrontiert, da sie i. d. R. noch über keine Reputation im Markt, nur wenig Know-how im Bereich des Online-Marketing und nur begrenzte finanzielle und personelle Ressourcen verfügen. Die begrenzten Ressourcen werden zu einem Problem, wenn der mit einem Online-Shop verbundene Aufwand, gerade auch was die Marktbeobachtung und -bearbeitung angeht, durch Unternehmensgründer unterschätzt wird. Die hohe Dynamik im Online-Handel erfordert ein schnelles Agieren der Gründer, insbesondere im Hinblick auf Online-Marketing-Maßnahmen. Während vor wenigen Jahren viele Marketing-Kanäle noch im Haus von einer einzelnen Person betreut und überwacht werden konnten, haben die damit verbundenen Aufgaben stark an Komplexität gewonnen. Ein stets aktueller Überblick über das Marktgeschehen im Sinne einer „Market Intelligence" ist daher für Gründungsunternehmen im Online-Handel überlebenswichtig.

Der Begriff Market Intelligence beschreibt die Beschaffung und Auswertung von Informationen über Marktbedingungen, die eigene Marktposition, Wettbewerber und Nachfrager aus verschiedenen, unternehmensinternen und -externen Quellen (*Grooms* 1988; *Song/Thieme* 2009) zum Zwecke der Entscheidungsunterstützung des Online-Shop-Betreibers. Eine Entscheidungsunterstützung benötigen Betreiber von Online-Shops im Kontext des Entrepreneurial Marketing insbesondere bei der Auswahl und Steuerung von Maßnahmen, die der Kundengewinnung und Kundenbindung dienen. Zentrale Bestandteile ihrer Market Intelligence sind daher zum einen die Wettbewerbsanalyse, die Informationen über die (potenzielle) Sichtbarkeit und den Erfolg des Online-Shops im Vergleich zur Konkurrenz liefern, und zum anderen das Controlling der eigenen Online-Marketing-Maßnahmen, um die bei E-Commerce-Gründungsunternehmen in der Regel nur beschränkt verfügbaren personellen und finanziellen Mittel zur Kundengewinnung und -bindung möglichst effektiv einzusetzen (*Kollmann* 2013). Die Zielgruppe dieses Beitrags sind kleinere und mittlere E-Commerce-Gründungsunternehmen, die trotz beschränkter Ressourcen ihren Online-Shop professionell betreiben und dementsprechend die „Profiklasse" (*Graf* 2014) des E-Commerce erreichen wollen.

2 Wettbewerbsanalyse

2.1 Überblick

Mit einem Online-Shop wagen sich E-Commerce-Gründungsunternehmen in der Regel in einen bereits bestehenden und sich schnell weiterentwickelnden Markt (*Kollmann* 2013). Um sich in einem derartigen Markt behaupten zu können, ist bereits vor der Gründung eine Wettbewerbsanalyse, bei dem relevante Konkurrenten mit einem vergleichbaren Leistungsangebot identifiziert und analysiert werden, notwendig. Die im Rahmen der Market Intelligence durchgeführten Analysen zur Wettbewerbssituation sind jedoch keineswegs einmalige Projekte in der Gründungsphase, sondern sie sind aufgrund der Dynamik im Online-Handel periodisch bzw. kontinuierlich durchzuführen. Aktuelle Informationen zur Markt- und Wettbewerbssituation bilden die Basis für die Planung von weiteren Marketingaktivitäten und sind zudem eine Grundlage dafür, den Aufwand für den Aufbau und dauerhaften Betrieb eines erfolgreichen Online-Shops abschätzen zu können.

Das Five-Forces-Modell von *Porter* (1985) kann einen sinnvollen Rahmen für die Wettbewerbs- und Marktanalyse bieten. Dieses Modell unterscheidet fünf Wettbewerbskräfte: der Wettbewerb innerhalb der eigenen Branche, die Verhandlungsstärke der Kunden, die Verhandlungsstärke der Lieferanten, potenziell neu eintretende Wettbewerber und Substitute. Aus Sicht des Online-Handels sind insbesondere drei Gruppen von Wettbewerbern von besonderer Relevanz für eine nähere Betrachtung. Hierzu zählen vorhandene Wettbewerber, die bereits vergleichbare Online-Shops betreiben, möglicherweise neu in den Markt eintretende Wettbewerber sowie Lieferanten, die verstärkt versuchen, mit eigenen Online-Shops ihre Kunden direkt anzusprechen.

Ziel der Wettbewerbsanalyse sollte es sein, die besonders einflussreichen, direkten Mittbewerber zu bestimmen, ihre Stärken und Schwächen zu ermitteln sowie einen generellen Überblick über die Marktentwicklung zu erhalten. Hierbei ist es wichtig, sich ein möglichst umfassendes und differenziertes Bild von den einzelnen Wettbewerbern zu verschaffen. Im Online-Handel haben Schwächen in Teilbereichen auch negative Auswirkungen auf alle anderen vor- bzw. nachgelagerten Aktivitäten. Demnach sind Wettbewerber, die in einem Teilbereich sehr stark sind (z. B. durch die Schaltung von bezahlten Werbeanzeigen mit großen Budget), jedoch einen aus Benutzbarkeitsgesichtspunkten veralteten Onlineshop haben, mittelfristig eine vergleichsweise geringe Gefahr und kurzfristig lediglich ein Preistreiber im Bereich der bezahlten Schlagwort-Werbung auf Suchmaschinen.

2.2 Vorgehen

Im Folgenden wird ein mögliches Vorgehen zur Wettbewerbsanalyse vorgestellt, das drei wesentliche Phasen umfasst. Zunächst sind die Wettbewerber aus den oben genannten Gruppen zu identifizieren. Diese werden im Anschluss einzeln hinsichtlich verschiedener Kriterien beurteilt und schließlich in einer Gesamtübersicht zusammengetragen.

Während im stationären Handel Faktoren wie die Lage des Ladenlokals bzw. die Marketing-Aktivitäten in regionalen (Print-)Medien eine wesentliche Rolle bei der **Identifizerung von Wettbewerbern** spielen, haben im Online-Handel Schlagwörter (sogenannte Keywords) eine große Bedeutung. Dies hängt u. a. mit einem grundlegenden Wandel des Kaufverhaltens der Konsumenten zusammen, die sich zunächst mit Hilfe des Internets für ein Produkt entscheiden und dann einen Händler suchen, der das Produkt liefern kann (*Latschar* 2011). Bei dieser Suche geben die Konsumenten bestimmte Schlagworte (sowohl bei Google als auch bei Marktplätzen wie Ebay und Amazon) ein, um mögliche Online-Händler zu finden. Diese Schlagwörter bzw. Schlagwort-Ketten (Kombinationen von Schlagwörtern, sogenannte Long-Tail Keywords) inklusive Suchvolumen (d.h. wie oft wird nach diesem Schlagwort im Monat gesucht) sind je angebotene Warengruppe zusammenzustellen. Mit Hilfe dieser Schlagwörter können dann die Wettbewerber im Online-Handel sowie auf elektronischen Marktplätzen ermittelt werden.

Die nächste Phase sieht eine **kriterienbasierte Bewertung der identifizierten Wettbewerber** vor. Das eigene E-Commerce-Unternehmen sollte ebenso hinsichtlich der Kriterien bewertet werden, um einen Vergleich mit der Konkurrenz zu ermöglichen. Wichtige Kriterien sind der vermutliche Marktanteil der Wettbewerber, deren Zielsetzung und Strategie (Cashflow-orientiert oder stark wachstumsorientierte Category-Killer) sowie Alleinstellungsmerkmale, die ihr jeweiliges Geschäftsmodell für die Kunden bereitstellt

(*Kollmann* 2011, S. 217 ff.). Tabelle 2.2 gibt einen Überblick über mögliche Kriterien und damit verbundene Fragestellungen, die für die Wettbewerber beantwortet werden sollten.

Schritt	Informationsquellen
Je Warengruppe Schlagworte (Head-Keywords) bzw. Schlagwort-Ketten (Long-Tail-Keywords) bestimmen.	Google Adwords Keyword Planer, ubersuggest.org, semrush.com, keywordeye.com
Suchvolumen, Preisniveau je Schlagwort und Suchtrend prüfen.	Google Adwords Keyword Planer, Google Trends
Wettbewerber identifizieren, die bei Google unter den Schlagworten gelistet sind (sowohl bezahlte Werbung als auch organisches Listing), Marktplätze (Ebay, Amazon, Rakuten) auf Handelsaktivitäten überprüfen.	Google-Suche, terapeak.de
Prüfen, ob eigene Lieferanten/Hersteller Aktivitäten im Online-Handel betreiben bzw. planen.	Internetseiten der Hersteller

Tab. 2.1: Identifizierung von Wettbewerbern
Quelle: *Eigene Darstellung*

Die Kennzahl Marktanteil liefert Aufschluss über die Marktposition und den Brancheneinfluss des eigenen Online-Shops im Vergleich Konkurrenz. Angaben zu Marktanteilen sind in der Regel nicht leicht zugänglich, eine Schätzung sollte dennoch versucht werden. Handelsvolumen können auch gezielt auf Online-Marktplätzen analysiert werden. Spezialisierte Dienstleister wie TeraPeak (terapeak.de) überschlagen anhand der Bewertungsprofile von Wettbewerbern aktuelle Marktvolumen und Marktanteile.

Von zentraler Bedeutung für den Online-Handel ist außerdem die sogenannte „Sichtbarkeit" eines Online-Shops. Die Sichtbarkeit wird zumeist durch einen Index angegeben, der diverse unterschiedliche Kennzahlen gewichtet und zu einem Wert verdichtet. Basis für diese aggregierte Kennzahlen zur Sichtbarkeit sind in der Regel die Anzahl der Links von fremden Seiten, die auf die Webseite des Online-Shops verweisen, die Anzahl bzw. die Verteilung der Rankings, in denen die Webseite mit Schlagwörtern unter den ersten (bspw. 50 bis 100) Treffern bei Google gelistet ist, die Anzahl bei Google indexierter Seiten sowie die Popularität in sozialen Netzwerken (wie z. B. Twitter, Facebook, Google+, Pinterest) gemessen an der Anzahl von „Followers", „Likes", „Shares", „Tweets" und dergleichen. Die Indexierung und das Ranking durch Google ist für die Sichtbarkeit von besonderer Bedeutung, da mehr als 90 % der Suchanfragen der Internetnutzer über diese Suchmaschine abgewickelt werden (*Statista* 2014). Nur eine Nennung unter den ersten Plätzen auf der ersten Ergebnisseite bringen letztendlich viele Besucher zum Online-Shop.

Kriterien	Fragestellungen
Marktanteil	Wie hoch ist er Anteil des Wettbewerber am relevanten Online-Marktvolumen?
Finanzstärke	Wie ist die Bilanz (Bundesanzeiger)? Welche Wachstumsstrategie wird verfolgt (Category-Killer oder eher konservatives Wachstum)?
Sichtbarkeit	Wie ist die allgemeine Sichtbarkeit auf Google und wie entwickelt sich diese im Zeitverlauf? Ist im Google Ranking ein kontinuierliches Wachstum zu sehen bzw. gab es Ranking-Einbrüche in der Vergangenheit (bspw. durch Updates der Google-Suchmaschine wie Pinguin 2.0 und 3.0, Panda 4.0)? Wie ist die Sichtbarkeit bei Google für wichtige Schlagworte? Welche Aktivitäten werden in sozialen Netzwerken betrieben?
E-Commerce-Professionalität	Wird eine zukunftsfähige Shopsoftware eingesetzt? Wie werden Prozesse (Retouren, Kundenservice, Callcenter) abgebildet (z. B. zu erheben durch Mystery-Shopping)? Gibt es Multi-Channel-Aktivitäten? Wie viele Produkte sind gelistet bzw. wie viele Kundenbewertungen liegen je Kanal vor? Wird eine professionelle Middleware eingesetzt?
Kategorie-management	Wird auf Trends reagiert? Gibt es Neuheiten? Von welchen Lieferanten wird Ware bezogen? Wie erfolgt die Preisgestaltung?
Reputations-management	Werden Siegel eingesetzt (z. B. Trusted Shops, Ekomi)? Sind Kunden bzw. Produktbewertungen vorhanden? Wie ist die Qualität von Produktbildern bzw. -beschreibungen? Wie ist der Kundenservice?
Bezahlte Werbung	Wie ist das Adwords-Budget (Ermittlung z. B. mit Hilfe von spyfu.com)? Welche und wie viele Schlagworte werden gebucht? Sind die Anzeigen mit passenden Zielseiten (Landingpages) verknüpft oder wird alles auf die Startseite weitergeleitet?
Individualisierte Kunden-ansprache	Werden die Adwords-Kampagnen aktiv gemanaged? Existieren separate Landingpages für unterschiedlichen Kampagnen? Gibt es einen Newsletter mit Linktracking bzw. mit personalisierten Inhalten?

Tab. 2.2: Bewertung von Wettbewerbern
Quelle: *Eigene Darstellung*

Im Allgemeinen sind detaillierte Kennzahlen zu Rankings und Webseitenzugriffen der Konkurrenz ebenfalls nicht öffentlich zugänglich, so dass zum Teil nur Annahmen getroffen werden können. Gut vergleichbar und zugänglich sind in der Regel Social-Media Follower, ungefähres Adwords-Budget, und die Sichtbarkeit bzw. das Ranking in den Suchmaschinen (z. B. ermittelt über www.similarweb.com). Diverse Dienstleister veröffentlichen aggregierte Kennzahlen zur Sichtbarkeit von Webseiten (z. B. sistrix.com, xovi.de oder seolytics.de), wobei i. d. R. jeder Anbieter unterschiedliche Gewichtungen vornimmt und eigene Index-Werte berechnet. Darüber hinaus existieren weitere Anbieter (u. a. www.similarweb.com, www.alexa.com), die die Sichtbarkeit von Webseiten einschätzen, dabei jedoch nur auf Hochrechnungen zurückgreifen. Die Entwicklung von Suchhäufigkeiten nach bestimmten Schlagwörtern (darunter auch Namen von den Online-Shops selbst) sind über Google Trends verfügbar. SpyFu (spyfu.com) bietet außerdem Informationen zu den Online-Marketing-Maßnahmen der Konkurrenz inklusive Hochrechnungen zu entsprechenden Budgets.

In der letzten Phase werden die Bewertungen der einzelnen Wettbewerber in einer **Gesamtübersicht** zusammengetragen. Es ist sinnvoll, die Wettberber nach Warengruppen differenziert auszuweisen. Eine mögliche Darstellungsform ist eine Matrix mit Warengruppen und Anbieter als Achsen und einer Einschätzung zur Wettbewerbskraft in den Zellen (ggf. aufgeschlüsselt nach Kriterien). Denkbar ist hier auch, mit unterschiedlichen Farben bzw. unterschiedlich großen Symbolen zu arbeiten.

	Eigener Online-Shop	Wettbewerber A	Wettbewerber B
Warengruppe 1	XXX	XXX	O
Warengruppe 2	XX	X	XX
Warengruppe 3	X	X	O
Warengruppe 4	XX	XXX	X

XXX = stark, XX = solide; X = lückenhaft; O = nicht vorhanden

Tab. 2.3: Mögliche Struktur einer Gesamtübersicht
Quelle: *Eigene Darstellung*

3 Controlling von Online-Marketing-Maßnahmen

3.1 Überblick

Es ist ein wesentlicher Erfolgsfaktor für einen Online-Shop, dass das Angebot im Internet überhaupt gefunden wird und so neue Kunden gewonnen werden können. Ein weiterer Erfolgsfaktor ist die Kundenbindung, um mit einer steigenden Wiederkäufer-Quote den Bedarf nach einem beständigen Zufluss von Neukunden zu senken. Aus beiden Faktoren ergibt sich die Notwendigkeit für Online-Marketing-Maßnahmen von E-Commerce-Gründungsunternehmen, deren Erfolg durch ein geeignetes Controlling zu überwachen ist. Die folgende Aufzählung stellt eine Auswahl von Instrumenten des Online-Marketings vor, die für E-Commerce-Gründungsunternehmen relevant sind und im Rahmen der Market Intelligence Berücksichtigung finden sollten:

- Unter **Suchmaschinen-Marketing** werden Maßnahmen zur Gewinnung potenzieller Besucher für einen Online-Shop über Suchmaschinen verstanden. Zu den zwei Instrumenten des Suchmaschinen-Marketings gehören einerseits die Suchmaschinenoptimierung (Search Engine Optimization, SEO) und andererseits die bezahlte Platzierung von Werbung in Suchmaschinen (Search Engine Advertising, SEA, bzw. Search Engine Marketing, SEM).
- Beim **Affiliate-Marketing** wird zwischen einem Affiliate und einem Merchant eine Vereinbarung getroffen, die vorsieht, dass der Affiliate für die Vermittlung von Besuchern und darauf folgende gültige Transaktionen (d.h. bereinigt um Stornierungen und Retouren) eine Vergütung erhält. Die Bereitstellung von Werbemitteln sowie die Erfassung von Besuchern und Provisionen erfolgt durch eine Software, die entweder durch einen Dienstleister (Affiliate-Netzwerke wie z. B. Superclix, Affilinet, Belboon, Zanox) oder selbst betrieben wird.
- Weit verbreitet ist inzwischen das sogenannte **Retargeting** sowohl über Affiliate-Marketing-Netzwerke als auch über Werbenetzwerke wie Google, Criteo oder Sociomatic. Mit Hilfe von kleinen Javascript-Snippets wird der Aufruf von (und damit das potentielle Interesse an) Produkten in einem Online-Shop erfasst und der Besucher mit einem speziellen Cookie markiert. Diese Informationen werden dann später dafür verwendet, um auf fremden Internetseiten (i. d. R. redaktionelle Seiten wie z. B. Spiegel Online) interaktive Werbung für das bereits einmal betrachtete Produkt machen zu können. Da diese Form der „verfolgenden" Werbung von Kunden auch sehr schnell negativ aufgefasst werden kann, wird je nach Zielgruppe das sogenannte Frequency Capping eingesetzt, d.h. es wird eine Quote festgelegt, wie oft die Produkte erneut beworben werden.
- Das **E-Mail-Marketing** als ein traditionelles Instrument des Online-Marketings ermöglicht durch das Versenden von E-Mails (Newsletter oder ähnliche Werbefor-

men) an eine ausgewählte Kundengruppe eine direkte und personalisierte Kundenansprache. Hierfür benötigt das werbende Unternehmen einen eigenen Adressbestand. Beim Newsletter-Sponsorship platziert ein Unternehmen eine Werbebotschaft innerhalb eines Newsletters eines Dritten. Während früher i. d. R. ein statischer Newsletter an alle Kunden verschickt wurde, geht der Trend immer mehr in Richtung einer professionellen Personalisierung, die Surfverhalten im Onlineshop bzw. Klickverhalten in vorherigen Newslettern mit einbezieht.

- Das **Social Media Marketing** auf Plattformen wie bspw. Facebook, Google+ und Twitter ist heutzutage Grundbestandteil von Marketing-Maßnahmen. Hauptziel ist in der Regel eine Markenbildung bzw. die Bindung von Kunden an das eigene Unternehmen. Fans, die sich einer Seite angeschlossen haben, werden mit relevanten Inhalten versorgt und dazu motiviert, sich im Sinne der „Many-To-Many"-Kommunikation sich selbst mit Beiträgen zu beteiligen.
- Der Ansatz des **Multi-Channeling** ist keine Online-Marketing-Maßnahme im engeren Sinne, bietet aber ein weiteres wichtiges Handlungsfeld von E-Commerce-Gründungsunternehmen. Multi-Channeling ermöglicht es, den Online-Handel über mehrere Kanäle bzw. Plattformen parallel zu betreiben. Hierzu zählen verschiende Online-Shops, sogenannte Multishops, mit jeweils eigenen Teilsortimenten, exklusive Vertriebskooperationen mit anderen Online-Händlern sowie B2C-Marktplätze wie Ebay, Amazon Marketplace, Rakuten und Yatego. Die Aktivitäten auf verschiedenen Kanälen und die damit verbundenen Marketing-Maßnahmen sind sinnvoll aufeinander abzustimmen.

Das Controlling entsprechender Online-Marketing-Maßnahmen deckt idealerweise einen großen Teil möglicher „Customer Journeys" ab. Eine Customer Journey bezeichnet den Weg eines potenziellen Kunden über verschiedene Kontaktpunkte mit dem Online-Shop und den dort angebotenen Produkten bis er schließlich einen Kauf durchführt (*Bockhorni* 2014). Dieser Weg kann in verschiedene Phasen gegliedert werden, bspw. gemäß dem populären AIDA-Modell (Attention, Interest, Desire, Action; s. Tab. 3.1).

Einen detaillierteren Blick auf das Nutzerverhalten im Online-Shop geben sogenannte Konversionspfad-Analysen (auch als Trichter- bzw. Funnel-Analysen bezeichnet). Der Konversionspfad ist eine Abfolge von Webseiten, die ein Besucher innerhalb des Online-Shops bis zum Kauf durchläuft und umfasst typischerweise die folgenden Schritte:

1. Startseite des Online-Shops,
2. Kategorieseiten,
3. Detailseiten,
4. Warenkorb,
5. Registrierung, Login oder Eingabe persönlicher Daten,
6. Auswahl der Zahlungsweise und Versand,
7. Prüfen und Absenden der Bestellung,
8. Abgeschlossene Bestellung, Bestätigung und Danke-Seite.

Phasen der Customer Journey	**Beispiele für wirksame Online-Marketing-Maßnahmen**
Attention (Aufmerksamkeit erregen)	Der E-Mail-Newsletter hat die Aufmerksamkeit des Kunden erregt.
Interest (Interesse wecken)	Die Auffindbarkeit in den Suchmaschinen (SEO) in Kombination mit der guten Produktdarstellung auf der Unternehmenswebsite hat Interesse geweckt.
Desire (den Wunsch bestärken)	Kommentare in sozialen Medien haben den Kaufwunsch bestärkt.
Action (zur Aktion bewegen)	Das Retargeting, eingeblendet in einem sozialen Netzwerk, hat schließlich den Impuls zum Kauf (Transaktion) ausgelöst.

Tab. 3.1: Phasen der Customer Journey
Quelle: In Anlehnung an *Bockhorni* 2014

Im Idealfall verlässt der Besucher diesen Pfad nicht und schließt seinen Besuch im Online-Shop mit einem Kauf ab. Je mehr Besucher von dem einem Schritt zum nächsten konvertiert werden, desto höher ist die Wahrscheinlichkeit, dass eine höhere Zahl der Besucher auch den Kaufprozess erfolgreich abschließt. Hohe Abbruchquoten von einem Schritt zum nächsten sollten hinsichtlich ihrer Ursachen analysiert werden. Diese können vielfältig sein und bspw. in der fehlerhaften Leadgenerierung durch unpassende Werbemittel bzw. die Ansprache falscher Zielgruppen, in der mangelnden Überzeugung der Kunden über die angebotenen Leistungen, in dem mangelnden Vertrauen der Kunden in den Online-Shop, in der unzureichenden Lenkung der Kunden zu einer Bestellung oder in einer nicht nutzerfreudlichen Gestaltung der Webseiten liegen. Den Weg des Kunden über verschiedene Kontaktpunkte zum Online-Shop und dessen Verhalten im Online-Shop selbst zu verstehen ist notwendig, um Online-Marketing-Maßnahmen hinsichtlich ihres Erfolgs bewerten zu können.

Um entsprechende Informationen zur Customer Journey und zum Kaufprozess zu generieren, werden Instrumente des Web-Controllings und des Marketing-Controllings genutzt. Das Web-Controlling dient vorrangig der Erfolgskontrolle und Steuerung bzw. Optimierung von Webauftritten, während das Marketing-Controlling primär die Erfolgskontrolle von Online-Marketing-Aktivitäten im engeren Sinne zum Ziel hat (*Lammenett* 2014). Eine klare Trennung dieser beiden Controlling-Bereiche fällt in der E-Commerce-Praxis jedoch schwer. Web-Controlling-Systeme werden längst nicht nur für die Überwachung von Webauftritten, sondern zu einem Großteil auch für die Erfolgskontrolle von Online-Marketing-Maßnahmen eingesetzt (*Zumstein* 2011). Idealerweise werden beide Bereiche sinnvoll miteinander verknüpft, indem bspw. Marketing-Maßnahmen mit Auswertungen aus Web-Controlling-Systemen in Verbindung gesetzt werden.

3.2 Kennzahlen

Ein zentrales Instrument für das Controlling von Online-Marketing-Maßnahmen sind Kennzahlen. Kennzahlen sind quantitative Daten, die über zahlenmäßig erfassbare Sachverhalte informieren und dabei bewusst eine Verdichtung der komplexen Realität vornehmen (*Weber and Schäffer* 2011, S. 171). *Hienerth* (2010) bietet eine umfassende Sammlung von insgesamt 101 Kennzahlen für verschiedene Facetten des E-Commerce, gegliedert die drei Hauptbereiche Struktur-, Wirtschaflichkeits- und Lageanalyse. *Lammenett* (2014, S. 310 ff.) listet 22 Kennzahlen zur Erfolgsmessung von Online-Marketing-Maßnahmen auf. Mit 21 Kennzahlen schlägt die E-Performance-Scorecard von McKinsey eine ähnliche Anzahl vor (*Agrawal et al.* 2001; *Kollmann* 2013). Sie gliedert diese in die drei grundlegenden Bereiche Attraction (Kundengewinnung), Conversion (Umwandlung von Besuchern zu Käufern) und Retention (Kundenbindung). Aufgrund knapper Ressourcen sollten Betreiber eines kleinen Online-Shops sich zunächst auf eine für sie handhabare Anzahl von Kennzahlen beschränken, diese dann aber auch konsequent und regelmäßig (täglich oder zumindest wöchentlich) überwachen. Im Folgenden werden daher einzelne Kennzahlen aus dem Web- und Marketing-Controlling hervorgehoben, deren Überwachung aus praktischer Sicht besonders erstrebenswert erscheint.

Aus der Perspektive des **Web-Controllings** zählt hierzu die Kennzahl **Anzahl der Besucher** (bzw. Users oder Visitors). Diese gibt an, wie viele Internetnutzer den Online-Shop innerhalb eines bestimmten Zeitraums aufgerufen haben und leistet hierdurch eine Attraktivitätsbewertung des Online-Shops (*Hienerth* 2010). Bei Abfällen bzw. Anstiegen von Besucherzahlen, die keinem erkennbaren saisonalen Trend folgen, ist unbedingt die Ursache zu ermitteln. Um einschätzen zu können, ob möglicherweise generell die Nachfrage nach einer Warengruppe zurückgegangen ist, kann auf Google Trends zurückgegriffen werden. Die Kennzahl lässt sich weiter differenzieren, bspw. in die **Anzahl neuer (oder analog: wiederkehrender)** Besucher, um ein genaueres Bild über das Nutzerverhalten und die Effektivität der Besucherakquise zu erhalten (*Hienerth* 2010) (Tab. 3.2).

Informationen zum Nutzerverhalten im Online-Shop selbst liefert die Kennzahl **Konversionsrate.** Sie lässt sich mit Hilfe detaillierterer Kennzahlen zum Bestelltrichter (bspw. Click-to-Basket-Rate, Basket-to-Buy-Rate; *Hienerth*, 2010) auf den Übergang zwischen einzelnen Schritten des Konversionspfads herunterbrechen. Hieraus lässt sich erkennen, ob Kunden einen Kauf häufig abbrechen, weil sie vielleicht an technischen Problemen scheitern oder einfach die nächsten Schritte nicht erkennen können. Die Koversionsrate lässt sich außerdem in Abhängigkeit von bestimmten Nutzeraktionen vergleichen (z. B. Impressum-Seite angehen ja/nein, Zahlungsweise im Check-Out gewechselt ja/nein). Ein Blick auf die **Absprungrate** kann verdeutlichen, ob möglicherweise Besucher aquiriert werden, die mit einer anderen Erwartungshaltung in den Online-Shop kommen und ihn daher direkt wieder verlassen. Google selbst analyisiert die Absprungrate ebenfalls und lässt diese in das Ranking einer Seite bzw. auch in die Preisgestaltung der Adwords mit einfließen. Eine hohe Absprungrate gilt für Google als Indiz dafür, dass Inhalte vorgetäuscht werden bzw. qualitativ minderwertig sind.

Kennzahl	Erläuterung	Einheit
Anzahl der Besucher	Anzahl der Internet-Nutzer, die den Online-Shop innerhalb eines bestimmten Zeitraums aufgerufen haben.	Zahl pro Zeiteinheit (bspw. Stunde, Wochentag, Monat, Jahr)
Anzahl neuer/wiederkehrender Besucher	Anzahl der Internet-Nutzer, die den Online-Shop zum ersten/wiederholten Mal innerhalb eines bestimmten Zeitraums aufgerufen haben.	Zahl pro Zeiteinheit (bspw. Stunde, Wochentag, Monat, Jahr)
Konversionsrate	Anzahl der Käufer des Online-Shops geteilt durch die Anzahl der Besucher des Online-Shops, ggf. heruntergebrochen auf Kampagne, Baustein einer Kampagne oder einzelnes Werbemittel.	Prozentwert
Absprungrate	Anteil der Besucher, die den Online-Shop gleich wieder verlassen.	Prozentwert

Tab. 3.2: Mögliche Kennzahlen des Web-Controllings
Quelle: *Eigene Darstellung*

Das **Marketing-Controlling** ist in der Idealvorstellung erfolgsorientiert ausgestaltet. Budgets für Online-Marketing-Maßnahmen werden als Investitionen und nicht nur als Ausgaben gesehen, so dass sich schließlich ein Return on Investment (ROI) errechnen lässt (*Lammenett* 2014). Zur Ermittlung des ROI müssen Kosten und Nutzen von Online-Marketing-Kampagnen angemessen betrachtet werden. Sofern möglich, sollte die ROI-Betrachtung sogar auf Kampagnenbausteine bzw. einzelne Marketingelemente heruntergebrochen werden, um diese im Sinne einer permanenten Optimierung gezielt steuern zu können (*Lammenett* 2014).

Die Kosten von Online-Marketingmaßnahmen sind vergleichsweise leicht zu ermitteln, da sie häufig von Partnern und Dienstleistern in Rechnung gestellt werden. Zu berücksichtigen sind aber zusätzlich auch die Kosten, die durch eventuelle Retouren und Reklamationen sowie die interne Kampagnenbetreuung entstehen. Der Nutzen von Online-Marketingmaßnahmen lässt sich durch den **Kundenwert** (Customer Lifetime Value, CLV) beschreiben. Häufig lässt sich dieser Wert nur als Durchschnittswert auf der Basis von vergangenen Bestellungen sowie angenommenen zukünftigen Bestellungen von

Kunden schätzen (*Lammenett* 2014). In einem Wettbewerbsumfeld mit sehr preissensitiven Kunden, die vor jedem Kauf Preise vergleichen und wenig Loyalität gegenüber einem einzelnen Anbieter entwickeln, kann tendenziell nur der erste Kauf berücksichtigt werden. Ähnliches gilt für Produkte mit langen Nutzungsdauern (z. B. Haushaltsgeräte, Koffer oder Matratzen).

Ein Beispiel könnte wie folgt lauten: Ein Kunde hat im Durchschnitt einen Warenkorb von 80 € und kauft durchschnittlich dreimal in seinem Kundenleben wieder im Online-Shop ein. Aus diesen drei Käufen in Höhe von insgesamt 240 € ergibt sich ein Deckungsbeitrag von 50 €, der sich als Kundenwert verstehen ließe. Im Sinne einer ROI-Betrachtung bestimmt der Kundenwert schließlich das Marketing-Budget je Kunde. Aus dem skizzierten Beispiel folgt, dass maximal 50 € in die Anwerbung des Kunden investiert werden kann, um keinen negativen ROI zu erzielen (unter Vernachlässigung weiterer Parameter wie bspw. den kalkulatorischen Zinssatz). Daraus folgt wiederum das gesamte Budget für Online-Marketing-Maßnahmen, das das E-Commerce-Gründungsunternehmen einsetzen könnte, um sich gegen Wettbewerber zu behaupten. Während das vorgenannte Beispiel stark vereinfacht ist, sollten bei einer reellen Berechnung des Kundenwerts diverse weitere quantitative wie qualitative Faktoren berücksichtig werden, wie z. B. das Cross-Selling-Potential für andere Warengruppen, der Informationswert des Kundenkontaktes (unabhängig vom Kauf), das Weiterempfehlungspotential und vieles mehr. In jedem Fall ist jedoch die Reaktivierung von Kunden günstiger als die Generierung von Neukunden. Da der Kundenwert sich nur eingeschränkt durch einzelne Online-Marketing-Maßnahmen beeinflussen lässt bzw. als übergeordnete Kennzahl angesehen werden kann, eignet er sich nur eingeschränkt für ein tägliches Controlling. In der Praxis werden daher häufig greifbarere Kennzahlen wie **Cost-per-Click** oder **Cost-per-Order** betrachtet (*Lammennett* 2014) (Tab. 3.3).

Kennzahl	Erläuterung	Einheit
Kundenwert (Customer Lifetime Value)	Geschätzter abgezinster Gewinn, der durch sämtliche Bestellungen eines Kundens unter Berücksichtigung der Ausgaben für den Kunden im Laufe seines Kundenlebens erzielt wird.	Zahl in Geldeinheiten
Cost-per-Click	Kosten, die für einen neuen Besucher (Klick) gezahlt werden.	Zahl in Geldeinheiten
Cost-per-Order	Kosten, die je Bestellung anfallen; ggf. heruntergebrochen auf Kampagne, Baustein einer Kampagne oder einzelnem Werbemittel.	Zahl in Geldeinheiten

Tab. 3.3: Mögliche Kennzahlen des Marketing-Controllings
Quelle: *Eigene Darstellung*

Für ein E-Commerce-Gründungsunternehmen sollte es nicht das Ziel sein, einzelne dieser Kennzahlen blind zu optimieren, sondern die gesamte Customer Journey der Kunden zu überwachen und zielgerichtet zu steuern. Wenn die Kennzahlen einen starken Rückgang der Besucherzahlen anzeigen, ist es notwendig, neue Besucher zu generieren. Die Verbesserung von Detailseiten des Online-Shops oder die Senkung von Verkaufspreisen und Versandkosten hilft hingegen wenig, wenn es dem Online-Shop grundlegend an Besuchern mangelt. Eine Zielorientierung der verwendeten Kennzahlen lässt sich durch ihre strukturierte Ableitung aus Zielen und Maßnahmen des E-Commerce-Gründungsunternehmens erreichen. Tabelle 3.4 zeigt dies beispielhaft für zwei mögliche Ziele.

Ziele	**Maßnahmen**	**Kennzahlen**	**Zielwerte**
Effektivität der Marketingmaßnahmen verbessern	Einträge in Kundendatenbank erhöhen	Anzahl Nutzerregistrierungen pro Monat	300 pro Monat
Passende Zielgruppe ansprechen	Bezahlte Keyword-Werbung	Konversionsrate	3 % der Besucher, die per Keyword-Werbung kamen

Tab. 3.4: Auswahl von Kennzahlen ausgehend von Zielen und Maßnahmen
Quelle: *Eigene Darstellung*

4 Informationstechnische Unterstützung der Market Intelligence

4.1 Überblick

Um Kennzahlen im Rahmen der Market Intelligence zu ermitteln, sind Daten aus verschiedenen, unternehmensinternen und -externen Quellen notwendig. Unternehmensexterne Quellen werden vor allem für die Wettbewerbsanalyse benötigt. Hierzu zählen Suchmaschinen, elektronische Marktplätze und verschiedene weitere Dienstleister. Unternehmensintern dienen ebenfalls verschiedene Systeme als Informationsquellen, bspw. das Shop-System, operative Systeme der Warenwirtschaft und der Versandabwicklung sowie Web-Controlling-Werkzeuge. Daten aus diesen Systemen sind inbesondere für das Controlling der Online-Marketing-Maßnahmen relevant. Viele dieser Systeme werden von kleinen und mittelständischen Unternehmen zunehmend in der Form von Software-as-a-Service-Lösung genutzt, so dass die Detaildaten beim Anbieter liegen und nur vom

Anbieter definierte Schnittstellen für die systemübergreifende Integration von Daten verfügbar sind.

4.2 E-Commerce-Plattform

Für E-Commerce-Gründungsunternehmen stellt das Shop-System in der Regel die zentrale Plattform dar und definiert nicht nur die Möglichkeiten im operativen Verkauf, sondern auch für Controlling-Auswertungen. Shop-Systeme, die als Standardsoftware verfügbar sind, bieten in der Regel bereits vordefinierte Auswertungen zum Kaufprozess. Das Angebot an Shop-Systemen ist umfangreich und reicht von Software-as-a-Service-Angeboten, über Open-Source-Entwicklungen bis hin zu komplexen Enterprise-Lösungen (*BVDW* 2013). Während große E-Commerce-Unternehmen (wie z. B. Amazon oder About You von Otto) bewusst auf aufwändige Eigentwicklungen setzen, um mit dem Online-Shop möglichst passgenau ihre Strategien und Geschäftsprozesse zu unterstützen, ist der damit verbundene Aufwand für kleine und mittelständische Unternehmen in der Regel nicht leistbar. Die verfügbaren Systeme lassen sich grob in verschiedene Klassen unterscheiden, wobei die Übergänge gerade zwischen der Profiklasse und der Enterprise Klasse fließend sind (Tab. 4.1). Eine Checkliste für die Systemauswahl (*BVDW* 2013) bietet der Bundesverband Digitale Wirtschaft (BVDW). Zu berücksichtigen sind bei der Auswahl auch Abhängigkeiten zu Backoffice-Systemen wie eine Versandhandelslösung oder ein ERP-System.

Klasse	**Beschreibung**
Einsteigerklasse	Überschaubare Software-as-a-Service-Angebote mit geringen Anpassungsmöglichkeiten (z. B. Rakuten, Shopify, SeoShop).
Profiklasse	Systeme, die sich für mittelgroße E-Commerce-Projekte eignen und bereits hohe Anforderungen an Funktionsvielfalt, Schnittstellen und Performance erfüllen (z. B. Shopware, Oxid, Magento, Presta Shop, xt:Commerce).
Enterpriseklasse	Namhafte Systeme mit sehr großem Funktionsumfang, die in der Regel von großen Unternehmen in aufwändigen Projekten eingeführt werden (z. B. Hybris, Demandware, Intershop, commercetools.com).
Pure-Play-Klasse	Ambitionierte Eigenentwicklungen, die aufgebaut werden, wenn Standardsysteme der vorangegangenen Klassen die Anforderungen an das Geschäftsmodell nicht mehr erfüllen (z. B. Plattformen von Amazon, Otto und Zalando).

Tab. 4.1: Klassen von Shop-Systemen
Quelle: In Anlehnung an *Graf* (2014)

Unabhängig von der Systemklasse ist i. d. R. eine Basis-Anbindung an Web-Controlling-Systeme möglich. Sofern jedoch fortgeschrittene Funktionen wie vergleichende Experimente zur Messung der Effektivität verschiedener Webseiten-Inhalte oder Banner im laufenden Betrieb erwartet werden, stoßen gerade die Software-as-a-Service-Lösungen an ihre Grenzen.

4.3 Web-Controlling-System

Ein Web-Controlling-System erfasst die Nutzung von Online-Shops, indem sie das Surf-, Klick- und Scrollverhalten der Besucher auswerten und auf dieser Basis Kennzahlen zur Verfügung stellen. Hierfür kommen verschiedene technische Verfahren zum Einsatz, wie bspw. die Logfile-Analyse und verschiedene Tracking-Ansätze (*Lammenett* 2014). Bei der **Logfile-Analyse** werden Daten analysiert, die der Webserver, auf dem der Online-Shop betrieben wird, mitprotokolliert hat. Bei den **Tracking-Ansätzen** wird mit Hilfe von Cookies, Pixel-Grafiken, Javascript-Snippets und an URLs angehängte Parametern das Nutzerverhalten überwacht.

Es gibt eine Vielzahl von Softwarepaketen und Software-as-a-Service-Lösungen, die zur Implementierung dieser Verfahren genutzt werden können. Weit verbreitet bei kleinen und mittleren Unternehmen, da kostenlos, ist die Web-Controlling-Lösung *Google Analytics* (google.com/analytics). Deutlich geringere Marktanteile haben alternative Systeme wie z. B. von *Econda* (econda.de) und *Etracker* (etracker.de), sie bieten jedoch einen sehr guten Funktionsumfang (*Albrecht* 2014). Neben den genannten Lösungen existieren viele weitere. Für größere E-Commerce-Unternehmen bieten höherpreisige Lösungen wie Google Analytics Premium oder Adobe Analytics einen größeren Funktionsumfang. Neben diesen durch Dienstleister gehosteten Lösungen erfreut sich außerdem die Open-Source-Lösung *Piwik* (piwik.org) einer wachsenden Beliebheit. Piwik wird direkt auf dem Server des Online-Shops installiert. Es bietet eine bessere Kontrolle über die anfallenden Daten, erzeugt aber auch zusätzlichen administrativen Aufwand (Sicherheitsupdates, hohes Datenvolumen) auf Seiten des E-Commerce-Gründungsunternehmens.

Ergänzend zu diesen Web-Controlling-Systemen sind weitere, ergänzende Werkzeuge für E-Commerce-Gründungsunternehmen hilfreich, die ihren Fokus auf Teilbereiche setzen. Usability-Analysen lassen sich mit clicktale.com, Loop11, Testhub.com oder Google Website Optimizer umsetzen. Eine Personalisierung von Inhalten kann durch die Verwendung von z. B. Peerius, Epoq oder Prudsys erzielt werden. Kommunikationslösungen wie interaktive Chatsysteme (z. B. Olark, Liveperson) unterstützen die Interaktion mit dem Kunden. Hilfreich sind auch die Google Webmaster Tools (WMT), die sich mit dem eigenen Online-Shop verknüpfen lassen. Sie bieten wertvolle Information dazu, wie Google bzw. der Google Bot den Online-Shop wahrnimmt. Die WMTs enthalten Fehlermeldungen des Google Bot (z. B. Fehler 404, 501), Informationen zu Keywords und Suchanfragen sowie zu der Anzahl an Seiten, die im Google Index vorgehalten werden. Relativ neu hinzugekommen ist der Bereich der semantischen Auszeichnung von Webseiteninhalten, um deren maschinelle Verarbeitung, bspw. durch Suchmaschinen-Bots, zu erleichtern. Google zeigt einerseits, welche Informationen im Online-Shop erkannt wurden. Andererseits kann mit Hilfe des Google „Data-Highlighter" interaktiv markiert werden, welche Stellen im Online-Shop welche Elemente enthalten.

4.4 Integration

Die Daten aus verschiedenen Quellen wie dem Shop-System und ergänzenden Web-Controlling-Systemen zu verknüpfen, stellt gerade E-Commerce-Gründungsunternehmen vor Herausforderungen. Häufig erstellen sie kombinierte Auswertungen zunächst selbst und von Hand, bspw. unter Verwendung von Tabellenkalkulationen wie Microsoft Excel oder mit Hilfe von individuell programmierter Software. Integrierte Management-Cockpits, die einen stets aktuellen Überblick über alle relevanten Kennzahlen geben, finden sich sehr selten in E-Commerce-Gründungsunternehmen.

Inzwischen gibt es aber auch erste Software-as-a-Service-Lösungen für Business Intelligence im Online-Handel (z. B. minubo.com und rjmetrics.com). Diese bieten Online-Händlern eine Plattform für die Sammlung aller relevanten Daten sowie für umfangreiche Analysen zu Online-Marketing-Maßnahmen. Vordefinierte Kennzahlen, Visualisierungen und Dashboards werden bereitgestellt und erleichtern E-Commerce-Gründungsunternehmen den Aufbau eines Berichtswesens.

5 Organisatorische Herausforderungen

Die Implementierung und Integration von Shop-System, Web-Controlling-System und weiteren Werkzeugen ist nur ein Teilaspekt der Implementierung einer Market Intelligence. Die Verbreitung solcher Werkzeuge nimmt stetig zu, jedoch ist dies noch kein Beleg dafür, dass diese tatsächlich auch sinnvoll für Marketing-Aufgaben eingesetzt werden (*Albrecht* 2014). Ebenso wichtig ist es daher, dass Mitarbeiter ausreichend geschult werden und ein festes monatliches Zeitbudget für die zu erstellenden Auswertungen und die Betreuung von Online-Marketing-Maßnahmen eingeplant wird. Insbesondere die sehr leistungsfähigen Marketing-Kanäle der bezahlten Google-Werbung sowie generell Retargeting-Maßnahmen müssen tagesaktuell überwacht werden. Ein fehlendes Controlling kann hier zu einer „Verschwendung" des Marketing-Budgets führen. Eine besondere Aufmerksamkeit der Geschäftsführung für das Controlling der Online-Marketing-Maßnahmen ist notwendig.

Online-Marketing wird sowohl technologisch als auch intellektuell immer komplexer und fordert daher zunehmend Expertenwissen (*Lammenett* 2014). Da kleine und mittlere

Gründungsunternehmen häufig (noch) nicht die kritische Masse erreichen, um mehrere Experten für das Online Marketing bzw. für die Informationsbeschaffung und -auswertung im Sinne einer Market Intelligence vorzuhalten, bietet es sich an, externe Dienstleister einzubinden. Neben klassischen Online-Agenturen gibt es heutzutage eine Fülle an Dienstleistern, die einem die operative Durchführung von Teilbereichen mit Hilfe von Software-as-a-Service-Angeboten erleichtern (bspw. hootsuite.com für die zentrale Koordination von Social-Media-Maßnahmen).

Mit jeder ausgelagerten Aufgabe steigt jedoch auch die Komplexität für die Überwachung und die Zusammenführung der extern erbrachten Leistungen. Für E-Commerce-Gründungsunternehmen besteht daher die Herausforderung darin, einen richtigen Mix bzw. eine Balance zwischen internen und extern vergebenen Aktivitäten zu entwickeln. Intern muss das Unternehmen, ggf. unter Einbezug einer neutralen externen Beratung, in der Lage sein, geeignete Dienstleister zu suchen, auszuwählen und zu überwachen. Jede Zusammenarbeit mit externen Partnern sollte dabei darauf ausgelegt sein, möglichst wenig (einseitige) Abhängigkeiten zu schaffen und eine maximale Transparenz für alle Beteiligten sicherzustellen. Externe Agenturen sind dabei auf die Einhaltung von Vorgaben in Bezug auf das Web-Controlling zu überprüfen. Bei der Beauftragung von AdWords-Agenturen ist bspw. darauf zu achten, dass der Kunde selbst Zugriff auf das Google-AdWords-Konto erhält und eine Anbindung an das Web-Controlling des Kunden erfolgt ist. Die Glaubwürdigkeit von Leistungsversprechungen (wie etwa bestimmte Platzierungen auf den Google-Ergebnisseiten) sind zu hinterfragen. Es ist außerdem sinnvoll, bei Verhandlungen mit Dienstleistern einen unabhängigen Experten zu Rate zu ziehen.

Gerade am Anfang dürfte für E-Commerce-Gründungsunternehmen die Auswahl von starken Partnern problembehaftet sein, da etablierte Agenturen erst ab einem bestimmten Mindestvolumen aktiv werden. Darüber hinaus gewähren größere Marketing-Dienstleister inbesondere im Bereich des Retargeting (z. B. Criteo oder SocioMantic) bzw. Affiliate-Marketing bestehenden Kunden einen Bestandsschutz bzw. erwarten von Neukunden ein Mindestvolumen in Bezug auf monatliche Besucherzahlen.

Egal welche Partner gefunden werden, sie sollten penibel überwacht werden. Während das in anderen Bereichen wie der Logistik vergleichsweise einfach ist, da harte Kriterien (wie bspw. taggleicher Versand, Geschwindigkeit beim Wareneingang, Fehlerquote je 100 Pakete) vereinbart werden können, ist dies für viele Marketing-Maßnahmen in der Regel schwieriger, da nur eingeschränkt Soll-/Ist-Vergleiche erfolgen können.

6 Fazit

Der Aufbau von Market Intelligence erfordert von E-Commerce-Gründungsunternehmen die Durchführung von Wettbewerbsanalysen sowie ein Controlling der eigenen Online-Marketing-Maßnahmen. Darüber hinaus sind auch weitere angrenzende Controlling-Bereiche relevant, auch wenn sie in diesem Beitrag nicht gezielt behandelt wurden, wie z. B. das Handelscontrolling (*Becker/Winkelmann* 2008). Im Rahmen der Wettbewerbsanalyse sind regelmäßig Wettbewerber zu identifizieren, zu bewerten und in einer Gesamtübersicht festzuhalten. Im Rahmen des Controllings von Online-Marketing-Maßnahmen sind Kennzahlen auszuwählen und Daten zur Bestimmung dieser Kennzahlen zu sammeln und aufzubereiten. Die Auswahl von Kennzahlen sollte vor allem von den Zielsetzungen des Unternehmens bestimmt sein, wird aber auch durch praktische Aspekte (Verfügbarkeit der zugrundeliegenden Daten, handhabbare Anzahl von Kennzahlen) beeinflusst. Eine wesentliche Datenquelle bilden Web-Controlling-Werkzeuge, ergänzt um Auswertungen unternehmensinterner Daten (wie z. B. aus Shop-System und Warenwirtschaft).

Die Vielzahl und Heterogenität der Datenquellen, auf die im Rahmen der Market Intellingence zurückgegriffen wird, stellt E-Commerce-Gründungsunternehmen vor besondere Herausforderungen. Beschränkte finanzielle Ressourcen und beschränktes Know-how ermöglichen es ihnen i. d. R. nicht, komplexe Management-Cockpits, die einen stets aktuellen Überblick über alle relevanten Kennzahlen geben, zu implementieren. Als Alternative bleiben zunächst die Standardauswertungen der genutzten Systeme und die Verwendung von Tabellenkalkulationen wie Microsoft Excel für eigene integrierte Auswertungen. Die steigende Dynamik und Komplexität im Online-Handel erfordert zudem eine geeignete Balance aus interner und externer Aufgabenverteilung, eine kontinuierliche Weiterentwicklung des internen Know-hows sowie ein professionelles Partnermanagement.

Die Erhebung von Kennzahlen und Anwendung von Controlling-Werkzeugen im Rahmen der Market Intellingence ist auf verschiedenen Anspruchsniveaus möglich. Eine Datengrundlage lässt sich häufig bereits durch einfaches Ablesen ermitteln, z. B. von „Likes“ auf Facebook oder Webseitenzugriffen. Gebührenfrei nutzbare Tools senken gerade für E-Commerce-Gründungsunternehmen die Hürde zum Einstieg in das Web-Controlling. Anspruchsvoller wird es, wenn Marktanteile, Kundenzufriedenheiten oder Kampagnenerfolge realistisch bewertet werden sollen, da hierfür kombinierte Verfahren und zusätzliche Erhebungen bzw. Befragungen notwendig sind. Auch wenn der Einstieg vermeintlich leicht ist, so muss er überhaupt gemacht werden. Bei kleinen Online-Shop-Betreibern kommt es immer noch vor, dass ein Web-Controlling-System entweder nicht vorhanden ist oder das notwendige Know-how fehlt, die Analysen von Web-Controlling-Systemen zu lesen, zu verstehen und Handlungsempfehlungen für Online-Marketing-Maßnahmen sowie für die Gestaltung des Online-Shops daraus abzuleiten. Darüber hinaus sind die im Rahmen der Market Intelligence durchgeführten Analysen keineswegs einmalige Projekte in der Gründungsphase, sondern sie sind aufgrund der hohen Dynamik periodisch bzw. kontinuierlich durchzuführen, um Veränderungen am Markt schnell erkennen zu können.

Für E-Commerce-Gründungsunternehmen gilt es letztlich, die anfänglichen personellen und finanziellen Restriktionen zu überwinden und gerade durch eine professionelle Market Intelligence bestmögliche Voraussetzungen für Erfolg zu schaffen. Ziel sollte es sein, das Potenzial eines Online-Shops maximal auszuschöpfen (Best-in-Class-Prinzip) und nicht nur aus den bestehenden, häufig beschränkten Voraussetzungen das Bestmögliche zu machen (Best-Effort-Prinzip) (*Rotax* 2013).

Literaturverzeichnis

Agrawal, V., Arjona, L.D., Lemmens, R.: E-Performance – The Path to Rational Exuberance. The McKinsey Quarterly 1, 20–32 (2001)

Albrecht, P.: Web Analytics in der Schweiz: Marktübersicht 2014. http://static.yourposition.ch/1397654815/web-analytics-studie-2014.pdf (2014). Zugegriffen: 31. Mai 2014

Baum, J.A. Organizational Ecology. In: Clegg, S.R., Harcy, C. (Hrsg.) Studying Organization – Theory and Method, 71–108. (1996)

Becker, J., Winkelmann, A.: Handelscontrolling: Optimale Informationsversorgung mit Kennzahlen. 2. Aufl., Springer, Berlin (2008)

BITKOM: 51 Millionen Deutsche kaufen Waren im Internet. http://www.bitkom.org/de/markt_statistik/64038_79299.aspx (2014). Zugegriffen: 31. Mai 2014

Bockhorni, M.: Customer Journey optimieren – Touchpoint-Analyse im Multichannel-Marketing. http://www.onlinemarketing-praxis.de/web-controlling/customer-journey-optimieren-touchpoint-analyse-im-multichannel-marketing (2014). Zugegriffen: 31. Mai 2014

BVDW: Checkliste Online-Shop. http://www.bvdw.org/mybvdw/media/download/bvdw-checkliste-online-shops.pdf?file=2667 (2013). Zugegriffen: 31. Mai 2014

EHI: E-Commerce: Wachstum hält an. http://www.ehi.org/fileadmin/assets/Forschung/E Commerce/Pressemitteilung_EHI-Studie_E-Commerce-Markt_Deutschland_2013.pdf (2013). Zugegriffen: 31. Mai 2014

Geisler, B.: Wachstum im Onlinehandel beschleunigt sich. Hamburger Abendblatt. http://www.abendblatt.de/wirtschaft/article124961817/Wachstum-im-Onlinehandel-beschleunigt-sich.html (2014). Zugegriffen: 4. Juni 2014

Graf, A.: Das beste Shopsystem 2014 – Erwartung vs. Wirklichkeit | Kassenzone. http://www.kassenzone.de/2014/02/20/das-beste-shopsystem-2014-erwartung-vs-wirklichkeit/ (2014). Zugegriffen: 31. Mai 2014

Grooms, T.F.: Official Definition of Market Intelligence. http://www.mkintel.org/wp-content/uploads/2012/03/Official-Definition-of-Market-Intelligence.pdf (1988). Zugegriffen: 31. Mai 2014

Halberstadt, J.: Globale und nationale First-Mover-Vorteile internetbasierter Geschäftsmodelle. Springer Gabler, Wiesbaden (2014)

Hienerth, C.: Kennzahlenmodell zur Erfolgsbewertung des E-Commerce – Analyse am Beispiel eines Mehrkanaleinzelhändlers. Gabler, Wiesbaden (2010)

Höschl, P.: Online-Händler sind die neuen Tante-Emma-Läden, sie laufen Gefahr auszusterben. http://www.shopanbieter.de/news/archives/7796-online-haendler-sind-die-neuen-tante-emma-laeden-sie-sterben-aus.html (2014). Zugegriffen: 1. Juni 2014

INTERNETHANDEL: Mut zur Lücke – So erobern Sie Märkte mit geklonten Nischenkonzepten. http://www.internethandel.de/vnl/Nischenkonzepte-erfolgreich-klonen (2012). Zugegriffen: 31. Mai 2014

Kolbrück: Erste Pleiten – Achtung Blase? http://etailment.de/thema/e-commerce/Erste-Pleiten-Achtung-Blase-2102 (2014). Zugegriffen: 31. Mai 2014

Kollmann, T.: E-Business – Grundlagen elektronischer Geschäftsprozesse in der Net Economy. 5. Aufl., Gabler, Wiesbaden (2013)

Kollmann, T.: E-Entrepreneurship – Grundlagen der Unternehmensgründung in der Net Economy. 4. Aufl., Gabler, Wiesbaden (2011)

Lammenett, E.: Praxiswissen Online-Marketing. 4. Aufl., Gabler, Wiesbaden (2014)

Latschar, W.: Online-Kundenverhalten und Kaufprozesse verändern sich durch E-Commerce DIGITALHANDELN. http://www.digitalhandeln.de/analysen/online-kundenverhalten-und-kaufprozesse-veraendern-sich-durch-e-commerce (2011). Zugegriffen: 3. Juni 2014

Markt intern: Alarmierende Konzentration im Onlinehandel. http://www.markt-intern.de/nc/presse/newsdetails-mi/datum////alarmierende-konzentration-im-onlinehandel/ (2014). Zugegriffen: 31. Mai 2014

Porter, M.E.: Competitive Advantage – Creating and Sustaining Superior Performance. The Free Press, New York (1985)

Rotax, O.: Erfolgsfaktoren von Online- Projekten – Beobachtungen und Erfahrungen aus der Praxis. Digitalisierung des Handels mit ePace. Springer Gabler, Wiesbaden (2013)

Song, M., Thieme, J.: The Role of Suppliers in Market Intelligence Gathering for Radical and Incremental Innovation. Journal of Product Innovation Management 26, 43–57 (2009)

Statista: Suchmaschinenverteilung in Deutschland im Februar 2014. http://de.statista.com/statistik/daten/studie/167841/umfrage/marktanteile-ausgewaehlter-suchmaschinen-in-deutschland/ (2014). Zugegriffen: 31. Mai 2014

Stinchcombe, A.L. Social Structure and Organizations. In: J.G. March (Hrsg.) Handbook of Organizations, 142–193. Rand Mc Nally, Chicago (1965)

Weber, J., Schäffer, U.: Einführung in das Controlling. 12. Aufl., Schäffer-Poeschel, Stuttgart (2011)

Zumstein, D., Züger, D., Meier, A.: Web Analytics in Unternehmen. http://www.feld-m.de/studie_wa.pdf (2011). Zugegriffen: 3. Juni 2014

Teil VIII: Entrepreneurial Marketing: Die Instrumente

Manfred Bruhn

Kommunikationspolitik für Gründungsunternehmen

Manfred Bruhn, Prof. Dr.
Ordinarius für Betriebswirtschaftslehre,
insb. Marketing und Unternehmensführung
Universität Basel
Honorarprofessor an der TU München
E-Mail: manfred.bruhn@unibas.ch.

1 Notwendigkeit und Bedeutung der Kommunikation

Die wirtschaftliche Situation vieler Branchen ist dadurch gekennzeichnet, dass alle Unternehmen sich mit verändernden, schwierigeren Wettbewerbsbedingungen auseinanderzusetzen haben. Dies gilt für bereits am Markt etablierte Marktteilnehmer, aber verstärkt für neu eintretende Unternehmen. Bei ständig steigendem Angebot an Produkten und Leistungen, zunehmend homogenen Leistungsangeboten sowie hohen Sättigungsgraden auf Seiten der (potenziellen) Konsumenten tritt ein Gründungsunternehmen nicht nur in einen Leistungswettbewerb ein, sondern auch in einen **Kommunikationswettbewerb** (ausführlich *Bruhn* 2014a). Wichtige kommunikative Herausforderungen und Aufgaben stellen für Entrepreneurs die Darstellung einer neuartigen und einzigartigen Idee, die Differenzierung gegenüber der Konkurrenz sowie das Erzeugen von Präferenzen für die unternehmenseigenen Leistungen dar. Das Erlangen von Aufmerksamkeit der unterschiedlichen Zielgruppen und das Schaffen von Vertrauen in die unternehmerische Leistung gehört somit zu den primären Kommunikationszielen von Gründungsunternehmen.

Diese Kommunikationsaufgaben sind unter verschärften Bedingungen der Medien- und Kommunikationsmärkte zu erfüllen. Das Kommunikationsangebot hat sich beispielsweise durch den drastischen Anstieg der Werbeinvestitionen, das zunehmende Medienangebot bzw. die Atomisierung der Medien stark verändert (vgl. *ZAW* 2013). Zudem ergeben sich Veränderungen seitens der Kommunikationsnachfrager aufgrund der steigenden Zahl an Werbe- und Kommunikationsimpulsen. Durch zeitliche Restriktionen sowie begrenzte Aufnahme- und Verarbeitungskapazitäten führt die Vielzahl der Kommunikationsstimuli zu einer **Informationsüberlastung** der Konsumenten (*Kroeber-Riel/Esch* 2011, S. 19 ff.). Sinkendes Interesse oder sogar Reaktanzen gegenüber der Werbung, z. B. in Form von Werbevermeidung durch „Zapping" (ähnliche Phänomene gibt es für sämtliche unternehmensgesteuerte Kommunikationsinstrumente), stellen weitere Folgen des gestiegenen Kommunikationsaufkommens dar. Zudem besteht die Gefahr des **Macht- und Kontrollverlusts** in Bezug auf die Kommunikationsinhalte. Durch die Entwicklung von Social Media nehmen die Konsumenten eine aktive Rolle im Kommunikationsprozess ein. Über Soziale Netzwerke, Bewertungsportale usw. haben die Konsumenten die Möglichkeit, ihre Erfahrungen mit einem Produkt oder einem Unternehmen mit einer Vielzahl von Nutzern aktiv zu teilen. Diese Kommunikationsinhalte liegen somit außerhalb des Einflussbereichs der Unternehmen und können nur schwer kontrolliert werden (zu den Besonderheiten der Social Media-Kommunikation *Bruhn* 2013, S. 473 ff.).

Als Konsequenz dieser Gegebenheiten entsteht die Notwendigkeit, seine eigenen Kommunikationsbemühungen derart zu gestalten, dass sich für den Rezipienten ein konsistentes, widerspruchsfreies und glaubwürdiges **Erscheinungsbild** ergibt und dadurch die Aufnahme der Kommunikationsbotschaft erleichtert und die Wahrnehmung des Unternehmens gefördert wird. Nicht nur die reine Übermittlung von Informationen und Bedeutungsinhalten, sondern vielmehr die Steuerung von Meinungen, Einstellungen, Erwartungen und Verhaltensweisen der Zielgruppen stellen primäre Zielsetzungen der Kommunikation dar (*Bruhn* 2013, S. 179 ff.). Die Kommunikation gewinnt zunehmend an Relevanz im Marketingmix und hat sich inzwischen zu einem **strategischen Erfolgsfaktor** für Unternehmen entwickelt (*Bruhn* 2013, S. 27). Für Gründungsunternehmen ist eine **systematische Kommunikationsplanung** ebenfalls unerlässlich und die Vermittlung eines professionellen Unternehmensbildes gehört zu den wichtigsten Erfolgsfaktoren von Start-up-Unternehmen (*Brinckmann* 2004, S. 12). Durch eine abgestimmte, einheitliche, kontinuierliche und ganzheitliche Kommunikation kann ein neu gegründetes Unternehmen bzw. eine neue Unternehmensidee effektiv und effizient in der Öffentlichkeit, bei möglichen Investoren, potenziellen Kunden, Mitarbeitenden und anderen Zielgruppen dargestellt werden (*Bruhn* 2014, S. 4 f.).

2 Besonderheiten von Gründungsunternehmen

Gründungsunternehmen sehen sich vergleichsweise vielen Risiken und Herausforderungen gegenübergestellt, jedoch bieten sich auch Chancen, die es zu nutzen gilt. Diese Gegebenheiten (s. Abb. 2.1) sind genauer zu analysieren, um einen effektiven und effizienten Einsatz der Kommunikation zu gewährleisten. Es lassen sich hierbei finanzielle, personelle, fachliche sowie strukturelle **Besonderheiten** unterscheiden.

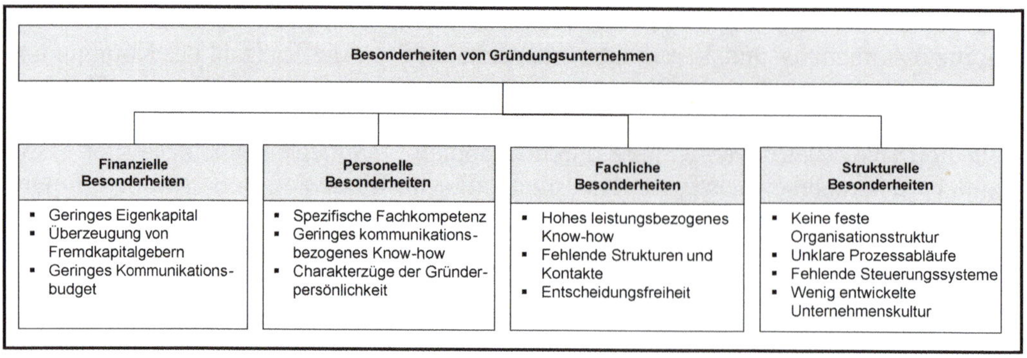

Abb. 2.1: Kommunikationspolitikrelevante Besonderheiten von Gründungsunternehmen
Quelle: *Eigene Darstellung*

Ein zentrales Merkmal von Start-up-Unternehmen stellen die **finanziellen Besonderheiten** dar, d. h. die geringe Verfügbarkeit finanzieller Ressourcen (*Gruber* 2004, S. 166 f.; *Klandt* 2006, S. 62). Das verfügbare Eigenkapital reicht oftmals nicht aus, um die notwendigen Anfangsinvestitionen vollständig aufzubringen, vergangene Erlöse fehlen gänzlich (*Grichnik et al.* 2010, S. 244). Die Sicherstellung der Startfinanzierung erfordert deshalb eine Akquisition von Investoren. Eine intensive, glaubwürdige und vertrauenswürdige Informationsvermittlung wirkt sich positiv auf die Beziehungsbildung zu Fremdkapitalgebern[1] (Investor Relations) aus (vgl. *Kollmann* 2005, S. 164 f.). Der Kommunikation kommt demnach schon in einer frühen Phase der Unternehmensgründung eine zentrale Aufgabe zu. Aufgrund der geringen Finanzkraft von Start-up-Unternehmen stehen für den Einsatz von Marketing- und Kommunikationsinstrumenten ebenfalls nur geringe finanzielle Mittel zu Verfügung (*Zanger* 2003, S. 22). Existenzgründer haben den Einsatz von Kommunikationsinstrumenten und -maßnahmen somit stets nach Wirtschaftlichkeitsaspekten zu beurteilen und kostengünstige Alternativen auszuwählen.

Die **personellen Besonderheiten** lassen sich anhand des Wissens und der Kompetenzen des Entrepreneurs untergliedern. Existenzgründer verfügen oftmals über sehr spezifische Fähigkeiten und Kenntnisse, auf deren Grundlage ihre Geschäftsidee entsteht und umgesetzt wird. Das Marketing- und Kommunikations-Know-how ist dagegen häufig gering (*Gierl/Helm* 2003, S. 76). Die Fachkompetenzen im Bereich Marketing und insbesondere die Vertriebsaktivitäten des Entrepreneurs begründen jedoch maßgeblich den Erfolg von Gründungsunternehmen (*Brinckmann* 2004, S. 11 f.; *Grichnik et al.* 2010, S. 276). Unternehmensgründer sehen sich der Herausforderung gegenübergestellt, sämtliche dieser Aufgabenbereiche selbst zu übernehmen, da sie – bedingt durch die geringen finanziellen Mittel – meist nicht auf externes Personal bzw. kompetentes Know-how zurückgreifen können. Bei der Bewältigung dieser vielfältigen Aufgabenstellungen wirkt sich die Gründerpersönlichkeit positiv aus. Entrepreneurs weisen oftmals eine extrem hohe Motivation und ein starkes Engagement auf, verfügen über eine große Flexibilität und Anpassungsfähigkeit sowie über ein gewisses Maß an Risikobereitschaft (vgl. *Kollmann* 2006, S. 38 f.). Zudem sind sie kreativ und haben innovative Ideen. Diese Charaktereigenschaften wirken sich positiv auf die Gestaltung der Kommunikation aus (vgl. zu typischen Charaktereigenschaften von Unternehmensgründern auch *Klandt* 2006, S. 18 ff.).

Primärer Bestandteil der **fachlichen Besonderheiten** stellt das hohe leistungsbezogene Know-how, d. h. die eigentliche innovative Leistungsidee bzw. das innovative Geschäftsmodell dar. Durch den neuartigen Charakter weist die Leistung jedoch ein hohes Maß an Erklärungsbedarf auf. Als Konsequenz ergibt sich für die Kommunikation die Notwendigkeit der Informationsübertragung, d. h., den verschiedenen Zielgruppen ist der entsprechende Nutzen der Geschäftsidee zu vermitteln (vgl. *Gierl/Helm* 2003, S. 88). Für den Transport der Nutzenbotschaft können Entrepreneurs nicht auf bestehende Strukturen und Kontakte zurückgreifen, es liegen weder ein ausgeprägtes Unternehmen-

---

[1] In dem vorliegenden Beitrag geht es um die Akquisition von finanziellen Mitteln, sodass der Begriff Investoren synonym zu Fremdkapitalgebern verwendet wird, selbst wenn es sich im finanzorientierten Sinne um die Zuführung von externem Eigenkapital (z. B. in Form von Business Angels oder Venture-Capital-Gesellschaften) handelt.

simage noch Referenzen zur Vermittlung von Qualität und Vertrauenswürdigkeit vor (*Hans/Hüser* 2001, S. 16). Dies bedingt, dass ein Großteil möglicher Kommunikationskanäle noch ungenutzt bleibt, z. B. die Verwendung des Markennamens und -logos als Qualitätssignal, positive Mund-zu-Mund-Kommunikation usw. Neben diesen unternehmensinternen Besonderheiten von Start-up-Unternehmen sind ebenfalls externe Umfeldfaktoren zu berücksichtigen. Die rechtlichen, technologischen, politischen, ökologischen und ökonomischen Bedingungen haben einen entscheidenden, nicht direkt steuerbaren Einfluss auf die Unternehmensentwicklung und deren Erfolg (*Zanger* 2003, S. 22). Eine Chance besteht für Gründungsunternehmen in ihrer Unabhängigkeit und der Entscheidungsflexibilität (*Gruber* 2004, S. 167). Existenzgründer können von den externen Faktoren profitieren, indem sie den optimalen Zeitpunkt des Markteintritts wählen, den relevanten Markt festlegen bzw. die interessanten Zielgruppen definieren oder technologische Neuerungen ausnutzen.

Darüber hinaus ist bei der Neugründung eines Unternehmens auf strukturelle Maßnahmen zur Erarbeitung von leistungsfähigen Strukturen, Systemen und einer Unternehmenskultur zu achten (vgl. *Drumm* 2003, S. 201 ff.). Eine vierte Kategorie stellen deshalb die **strukturellen Besonderheiten** von Gründungsunternehmen dar. Start-up-Unternehmen verfügen meist über keine feste Organisationsstruktur und es existieren keine klaren Prozessabläufe. Häufig wachsen neu gegründete Unternehmen sehr schnell und integrieren neue Mitarbeitende, wodurch Delegations- und Koordinationsprobleme entstehen. Ebenfalls sind häufig keine Informations- und Kommunikationssysteme (wie z. B. regelmäßige Meetings, Newsletter usw.) vorhanden, die eine Abstimmung zwischen den Mitarbeitenden sowie einen Wissens- und Informationsaustausch erleichtern. Eine einheitliche Denk- und Verhaltensweise in den Köpfen der Mitarbeitenden, die von allen Unternehmensangehörigen verstanden und gelebt wird, also eine Unternehmenskultur, ist bei Gründungsunternehmen wenig entwickelt.

Der Identifikation und genauen Analyse der gründungsspezifischen Charakteristika schließt sich die Ausarbeitung der Kommunikationsarbeit an. Eine strukturierte und systematische Kommunikationsplanung, die den aufgezeigten Besonderheiten von Start-up-Unternehmen Rechnung trägt, ist erforderlich.

3 Planungsprozess der Kommunikation für Gründungsunternehmen

Der Einsatz des kommunikationspolitischen Instrumentariums erfordert eine **strategische und taktische Kommunikationsplanung**. Die strategische Planung legt verbindlich den mittel- bis langfristigen Schwerpunkt für die Kommunikation fest. Ein Unternehmensgründer hat sich dementsprechend schon frühzeitig mit der Frage auseinanderzusetzen, wie und in welchem Bereich die Leistung zu positionieren ist. Der strategischen Positionierung und Festlegung eines Unternehmensleitbildes werden eine hohe Relevanz für den frühen unternehmerischen Erfolg beigemessen (vgl. *Achleitner et al.* 2001, S. 139). Im Rahmen der kurzfristigen, taktischen Planung sind spezifische Kommunikationsmaßnahmen zu entwerfen und umzusetzen (*Bruhn* 2014b). Es sind konkrete Aktivitäten zu planen, um z. B. Investoren zu gewinnen, Kunden anzusprechen und die Bekanntheit zu steigern.

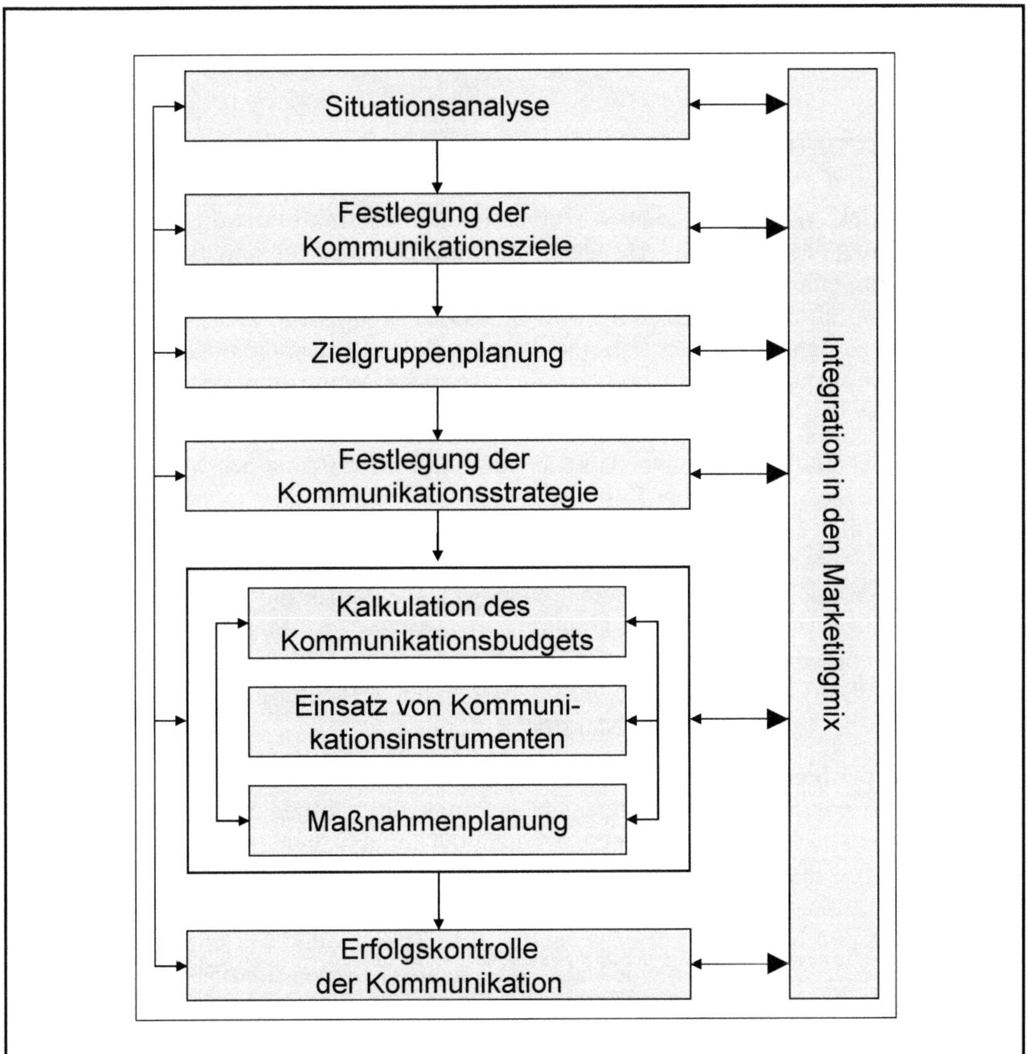

Abb. 3.1: Planungsprozess der Kommunikationspolitik
Quelle: *Bruhn* 2013, S. 54

Eine erfolgreiche Unternehmensgründung erfordert eine fundierte und konsequente Planung aller unternehmerischen Aufgabenstellungen, d. h. auch der Kommunikationspolitik. Die **Kommunikationsplanung** stellt einen systematisch-methodischen sowie integrativen Prozess der Erkenntnis und Lösung kommunikationspolitischer Problemstellungen dar (*Bruhn* 2013, S. 69). Abbildung 3.1 gibt die Phasen eines idealtypischen **kommunikationspolitischen Planungsprozesses** wieder. In den folgenden Abschnitten werden die gründungsrelevanten Besonderheiten der jeweiligen Planungsphase (exemplarisch für ein in den Konsumgütermarkt eintretendes Unternehmen) herausgearbeitet.

3.1 Analyse der Kommunikationssituation

Basis einer effektiven und effizienten Kommunikationspolitik bildet die **Situationsanalyse**. Im Rahmen dessen hat eine Bestandsaufnahme aller internen und externen Faktoren zu erfolgen, um eine systematische und strukturierte Datenbasis für die kommunikativen Entscheidungen zu schaffen (*Bruhn* 2013, S. 133). Primäres Ziel der Situationsanalyse besteht in der Beschreibung der kommunikationsrelevanten Rahmenbedingungen sowie in der Bewertung der internen und externen kommunikationspolitischen Stärken und Schwächen sowie Chancen und Risiken.

Im Rahmen der **marktbezogenen Analyse** hat eine Einschätzung des Marktes hinsichtlich Größe und voraussichtlicher Entwicklung zu erfolgen. Handelt es sich um ein völlig neuartiges Produkt bzw. eine innovative Leistung, beruht die Zahl potenzieller Kunden bzw. der Kundensegmente auf reinen (subjektiven) Schätzungen. Dagegen lassen sich für gleichartige oder nutzenverwandte Leistungen, die Substitute zu bestehenden Produkten darstellen, Angaben aus Sekundärdaten heranziehen (*Heucher et al.* 2002, S. 75 f.). Kommunikative Fragestellungen beziehen sich z. B. auf die optimale Festlegung des relevanten Marktes, bestehende Anforderungen und (Handlungs-) Motive der einzelnen Zielgruppen, das erschließbare Marktpotenzial usw.

Die **zielgruppenbezogene Analyse** umfasst primär die (potenziellen) Kunden sowie mögliche Investoren. Existenzgründer haben stets eine kundenbezogene Sichtweise beizubehalten. Hierfür ist das Kundensegment zu untersuchen und zu durchdringen. Folgende Fragestellungen sind beispielsweise relevant: Wie kann der Kunde über das neue Angebot bzw. die innovative Leistung informiert werden? Nimmt der Kunde den Mehrwert und den Nutzenvorteil der neuartigen Leistung wahr? Welche Kommunikationsbedürfnisse der Rezipienten sind dabei zu beachten? Stehen innovative und kreative Kommunikationsmethoden zur Verfügung, um die Aufmerksamkeit der Kunden zu gewinnen? Welche Kaufmotive liegen der Kaufentscheidung zugrunde? (*Gruber* 2002, S. 144; *Faßnacht/Köse* 2002, S. 168 f.). Für Start-up-Unternehmen stellt die Gewinnung von Kapitalgebern ebenfalls eine Notwendigkeit dar. Eine detaillierte Analyse der potenziellen Investoren ist deshalb erforderlich. Relevante kommunikative Fragestellungen betreffen die Erwartungen und Investitionsmotive der Anleger, die Informationsasymmetrie zwischen Existenzgründer und Kapitalgebern, Mittel zur Reduktion hoher Unsicherheiten bezüglich zukünftiger Gewinne und Renditen, Möglichkeiten des Aufbaus dauerhafter, vertrauensvoller Kommunikationsbeziehungen zu den Investoren usw. (*Kollmann* 2005, S. 156 ff.; *Ebel/Hofer* 2003, S. 19 f.).

Agiert das Gründungsunternehmen als Pionier, ist es unabhängig von direkten Wettbewerbern. Eine **konkurrenzbezogene** Analyse ist dennoch substanziell. Im Interesse stehen insbesondere die Fragen, ob und wie schnell neue Anbieter mit verwandten Leistungen den Nutzenvorteil nachahmen können, in welchem Zeitraum und mit welchem Aufwand das Geschäftsmodell imitierbar ist, wie die innovative Leistung positioniert werden kann, um einen dauerhaften Wettbewerbsvorteil zu generieren usw. (*Heucher et al.* 2002, S. 78). Ebenfalls sind für den Entrepreneur Überlegungen relevant, inwieweit Anbieter komplementärer Leistungen auf dem Markt agieren, ob diese über das Potenzial für (Vertriebs-) Kooperationen verfügen, ob deren Kundenstamm für die Kundenakquisition und die Bekanntmachung genutzt werden kann oder sich positive Ausstrahlungseffekte ergeben.

Die **unternehmensbezogene Analyse** weist eine hohe Abhängigkeit zu den Besonderheiten von Start-up-Unternehmen auf. Fragestellungen betreffen beispielsweise das im Unternehmen bzw. vom Existenzgründer vorhandene kommunikationsbezogene Expertenwissen, die Kreativität und Entwicklung innovativer Kommunikationsmöglichkeiten, die Komplexität der unternehmerischen Leistung und damit verbunden der notwendige Erklärungsaufwand, die geschätzten Kommunikationskosten und das hierfür verfügbare Kommunikationsbudget.

Das Fehlen vergangener Werte und entsprechender Erfahrung sowie umfeldbedingte Unsicherheiten führen dazu, dass eine quantitative Analyse oftmals unterbleibt. Viele Entrepreneurs laufen Gefahr, den Markt und die gegebenen Bedingungen unvollständig oder falsch einzuschätzen (*Achleitner et al.* 2001, S. 31 f.; *Hofert* 2005). Unterbleibt eine intensive Markterforschung bzw. basiert die Analyse auf unrealistischen Annahmen, mindert dies die Erfolgschancen des Gründungsunternehmens (*Dowling/Drumm* 2003, S. 369).

Im Ergebnis ist die zentrale **kommunikative Problemstellung** eines Unternehmens bzw. des Bezugsobjektes (z. B. spezifische Leistungen) herauszuarbeiten (*Bruhn* 2013, S. 139 f.). Als kommunikative Problemstellungen ergeben sich für Gründungsunternehmen insbesondere ein Bekanntmachungsproblem der eigenen Leistung, des Geschäftsmodells bzw. des eigenen Namens sowie die Überzeugung hinsichtlich der unternehmenseigenen Vertrauenswürdigkeit. Die Ableitung der kommunikativen Problemstellung bildet die Basis für die Formulierung von Kommunikationszielen und die Festlegung der unternehmensrelevanten Zielgruppen (*Bruhn* 2013, S. 174).

3.2 Bestimmung von Kommunikationszielen

Das langfristige Ziel von (Gründungs-) Unternehmen stellt das Realisieren dauerhafter Unternehmensgewinne dar. Für das Erreichen monetärer Zielsetzungen und die unternehmerische Wertschöpfung sind bestimmte vorgelagerte, vorökonomische Zielarten zu beachten (*Beck* 2003, S. 282). Die vorökonomischen Ziele lassen sich in kognitive, affektive und konative Ziele untergliedern.

Im Rahmen der **kognitiv-orientierten** Ziele steht primär die Vermittlung von Informationen im Vordergrund. Für ein Start-up-Unternehmen ist es notwendig, die Unternehmensleistung bzw. die Geschäftsidee bekannt zu machen und im Bewusstsein der potenziellen Kunden zu verankern. Konkrete Zielsetzungen bestehen vor allem in der Generierung von Aufmerksamkeit und der Vermittlung notwendiger Informationen, um die Zielgruppen über den Nutzenvorteil der innovativen Leistung bzw. der Geschäftsidee in Kenntnis zu setzen (*von Collrepp* 2011, S. 312 ff.).

Affektiv-orientierte Ziele betreffen die Emotionen der Rezipienten. Aus Sicht von Gründungsunternehmen zählen hierzu das Schaffen einer spezifischen Reputation bzw. eines Unternehmens- oder Markenimages, um sich von zukünftigen Konkurrenten zu differenzieren und dauerhaft zu positionieren (*Gierl/Helm* 2003, S. 75). Eine Abgrenzung des eigenen Leistungsangebots dient der Nutzenvermittlung, um hierdurch Präferenzen gegenüber der Leistung zu schaffen, Sympathie gegenüber dem Gründungsunternehmen zu wecken und langfristig ein bestimmtes Qualitätsimage aufzubauen (*Gierl/Helm* 2003, S. 75).

Die Steuerung des Verhaltens steht im Vordergrund der **konativ-orientierten Ziele**. Gründungsunternehmen werden z. B. versuchen, das Informationsverhalten potenzieller Kunden positiv zu beeinflussen. Kommunikationsmaßnahmen mit konkreten Rückkopplungsmöglichkeiten (Faxabruf, Angabe einer Telefonnummer für Rückfragen, Eintrag in einen Email-Newsletter, Beitritt in Facebook-Gruppen, Folgen des Twitter-Accounts eines Unternehmens usw.) bieten beispielsweise die Gelegenheit, dass der Rezipient aktiv weiterführende Informationen anfragt. Für Start-up-Unternehmen ist es wichtig, neue Kunden zu akquirieren, z. B. mittels der Anregung zum Probierkauf. Längerfristig ergibt sich die Zielsetzung, Kunden zu binden und zu positivem Weiterempfehlungsverhalten zu motivieren.

Die formulierten Ziele sind derart zu konkretisieren und auf die entsprechenden Zielgruppen herunterzubrechen, dass ihre Umsetzbarkeit gewährleistet ist. Gleichzeitig werden die Zielgruppen erst im Folgenden ausgewählt, entsprechend der Ziele des Unternehmens. Dieses „widersprüchliche“ Vorgehen verdeutlicht, dass die Planungsentscheidungen nicht unabhängig voneinander sind. Vielmehr wird von einem Unternehmen – insbesondere in der Startphase, in der alle kommunikationspolitischen Entscheidungen neu zu treffen sind – verlangt, eine **konsequente Markt- und Kundenorientierung** ständig im Blick zu behalten.

3.3 Zielgruppenplanung

Sind die Kommunikationsziele festgelegt, hat eine **Zielgruppenplanung** zu erfolgen, d. h., es sind jene Gruppen zu bestimmen, die durch die Kommunikation anzusprechen sind (*Bruhn* 2005a, S. 177 ff.). Nur wenn die Kommunikationsaktivitäten zielgruppenspezifisch geplant und gestaltet werden, können die jeweils entscheidungsrelevanten Informationen vermittelt werden (*Gierl/Helm* 2003, S. 88). Die Zielgruppenplanung untergliedert sich in die drei Teilbereiche der Zielgruppenidentifikation, -beschreibung und -erreichbarkeit.

Im Rahmen der **Zielgruppenidentifikation** findet die Ermittlung aller Personen bzw. Organisationen statt, die für die Realisierung der Kommunikationsziele relevant sind. Für Gründungsunternehmen mit innovativen Leistungen kommt beispielsweise ein bestimmtes Marktsegment als Kunden in Betracht. Als Kapitalgeber eignen sich auch nicht uneingeschränkt alle Investoren, sondern es ist eine spezifische Klientel anzusprechen. Weitere Zielgruppen stellen potenzielle Mitarbeiter, geeignete Absatzmittler sowie die Öffentlichkeit dar.

Zielgruppen-identifikation	Zielgruppenbeschreibung	Zielgruppenerreichbarkeit
Kunden	▪ Junge (Ehe-)Paare, (vor-)städtische Wohngegenden ▪ Höherer Bildungsstand, 1-2 mittlere bis höhere Einkommen ▪ Offene Einstellung gegenüber technischen Neuerungen, Motive: Gönnen von Luxus, Vereinfachung der alltäglichen Haushaltsarbeit ▪ Qualitätsorientiertes Preisverhalten, bewusste Nutzung von Kommunikation/ Information, Einkaufsstättenwahl gemäß dem Qualitätsstandard	▪ Aufmerksamkeitsstarke und informationshaltige Kommunikationsinstrumente, z.B. Direct Marketing, Multimediakomm., Social Media und Mobile Marketing ▪ Glaubwürdige/vertrauenswürdige Informationsmittel, z.B. Public Relations
Absatzmittler	▪ Hohes Qualitätsimage, Vertrieb technischer Produkte ▪ Breites Vertriebsnetz bzw. guter Kundenstamm gemäß der Zielgruppe Kunde ▪ Bereitschaft, während der Start-up-Phase die Handelsmargen gering zu halten/umsatzanteilige Entlohnung	▪ Beziehungs-/Dialogorientierte Kommunikationsmittel, z.B. persönliche Kommunikation
Investoren	▪ Langfristige Anlageziele, hohe Renditeerwartungen ▪ Mittlere bis hohe Risikobereitschaft, Offen gegenüber neuartigen Ideen ▪ Eigene Managementerfahrung, Bereitschaft zum sozialen und fachlichen Austausch	▪ Beziehungs-/Dialogorientierte Kommunikationsmittel, z.B. persönliche Kommunikation ▪ Informationshaltige Instrumente, z.B. Public Relations, Print (Fachzeitung) ▪ Online-Präsenz für Investoren (Investor Relations)
Mitarbeiter	▪ Hoher Bildungsstand, Erfahrungen in dem entsprechendem Arbeitsbereich, ▪ Kreativität, Ideenreichtum ▪ Bereitschaft der Einkommensvergütung gemäß der Möglichkeiten eines Gründungsunternehmens (z.B. relativ geringes Festgehalt plus variable Anteile am Unternehmensgewinn)	▪ Glaubwürdige/vertrauenswürdige Kommunikationsinstrumente, z.B. Public Relations, Fachzeitung ▪ Instrumente zur Kontaktanbahnung/ Dialogorientierung, z.B. interne Kommunikation, persönliche Kommunikation, Jobmessen, Events ▪ Mitarbeiter-Newsletter
Öffentlichkeit	▪ Breite Masse, insbesondere TV-und Pressevertreter, Meinungsführer usw. mit Interesse an Innovationen ▪ Hohe Stellung/Entscheidungsmacht im Unternehmen und/oder Einfluss in der Gesellschaft	▪ Mediawerbung, insbesondere Print, z.B. Tagespresse/Wochenzeitungen, nationale/regionale Erscheinungsweise, ▪ Fachzeitschriften (z.B. Managermagazine, Kapitalmarktberichte, usw.)

Abb. 3.2: Beispielhafte Zielgruppenplanung für Gründungsunternehmen
Quelle: *Eigene Darstellung*

Die anschließende **Zielgruppenbeschreibung** erfordert detaillierte Informationen, um eine möglichst genaue Charakterisierung der unterschiedlichen Zielgruppeninteressen und -bedürfnisse herauszuarbeiten. Ein innovatives Produkt erfordert beispielsweise eine offene Einstellung potenzieller Kunden gegenüber Neuerungen. Eine mittlere bis hohe Preisbereitschaft ist bei neuartigen Leistungen ebenfalls unabdingbar. Von Kapitalgebern wird ein gewisses Maß an Risikobereitschaft gefordert, da die erwarteten Umsätze und Gewinne eine hohe Unsicherheit aufweisen. Für Unternehmensgründer ist ein Investor ebenfalls von Interesse, falls dieser über Managementerfahrungen verfügt und diese in das neu gegründete Unternehmen einbringt (z. B. in Form von Business Angels oder Capital-Venture-Gesellschaftern).

Schließlich ist die **Zielgruppenerreichbarkeit** sicherzustellen. Hier ist herauszuarbeiten, mit welchen Medien die jeweiligen Zielgruppen optimal anzusprechen sind. Beispielsweise ist zur Steigerung des Bekanntheitsgrades bei den potenziellen Kunden der Einsatz eines tendenziell eher massengerichteten Mediums sinnvoll. Für die Ansprache potenzieller Kapitalgeber eignet sich eine persönliche, zweiseitige Kommunikation (*Hofer* 2003, S. 47 f.). Abbildung 3.2 liefert einen Überblick über die einzelnen Schritte im Rahmen der Zielgruppenplanung, beispielhaft für ein Gründungsunternehmen, das eine technische Produktinnovation auf dem Konsumgütermarkt einführen möchte.

3.4 Entwicklung von Kommunikationsstrategien

Die Gründungsidee besteht vorwiegend in einer einzigen innovativen Leistung bzw. in einem neuartigen Geschäftsmodell, sodass das **Bezugsobjekt** der Kommunikation i. d. R. bereits vorgegeben ist.

Die anvisierte Kommunikationsstrategie legt die inhaltlichen, **strategischen Schwerpunkte** fest. Für Gründungsunternehmen sind insbesondere die Bekanntmachung, die Neukundenakquisition sowie die Abgrenzung gegenüber (potenziellen) Konkurrenten von Relevanz:

- Die Einführung einer neuen, innovativen Leistung erfordert eine **Bekanntmachungsstrategie**, um Aufmerksamkeit zu generieren, die Bekanntheitswerte zu steigern sowie Kenntnisse über das Produkt bzw. die Leistung zu schaffen.
- Ein Start-up-Unternehmen kann noch nicht auf einen bestehenden Kundenstamm zurückgreifen, sodass eine **Neukundenakquisitionsstrategie** notwendig ist, um erste Abverkäufe zu generieren.
- Im Rahmen einer **Konkurrenzabgrenzungsstrategie** hat sich das Gründungsunternehmen von Beginn an gegenüber Wettbewerbern zu profilieren bzw. spezifische Nutzendimensionen aufzubauen, um Markteintrittsbarrieren für zukünftige Konkurrenten zu bilden.

Das strategische Kommunikationskonzept ist nicht nur auf Ebene des Gesamtunternehmens zu entwickeln, sondern ebenfalls auf **Ebene der Kommunikationsinstrumente** festzulegen. Aus Kosten-Nutzen-Überlegungen eignen sich für Gründungsunternehmen insbesondere aufmerksamkeitsstarke und informative Instrumente mit gleichzeitig geringen Kosten, wie das Direct Marketing, Public Relations sowie die Persönliche Kommunikation. Zudem erweist sich die Social Media-Kommunikation als geeignetes Kommunikationsinstrument für Unternehmen in der Gründungsphase. Über die verschiedenen Social Media-Plattformen besteht die Möglichkeit, innerhalb kurzer Zeit und mit einem geringen Kommunikationsbudget eine sehr breite Zielgruppe zu erreichen. Gelingt es zudem, die Nutzer solcher Plattformen dazu zu bewegen, Informationen über das neue Unternehmen bzw. dessen Produkte zu propagieren, potenziert sich dieser Effekt.

Für jedes eingesetzte Instrument sind sechs Elemente bzw. **Dimensionen der Kommunikationsstrategie** zu konkretisieren (s. Abb. 3.3).

Die Festlegung des **Kommunikationsobjekts** ist bei Start-up-Unternehmen aufgrund einer noch geringen Leistungsvielfalt verhältnismäßig einfach. Die Leistung bzw. der Markenname (ggf. mit einem Logo und Slogan) tritt – über alle Kommunikationsinstrumente hinweg – als Absender der Kommunikation in Erscheinung.

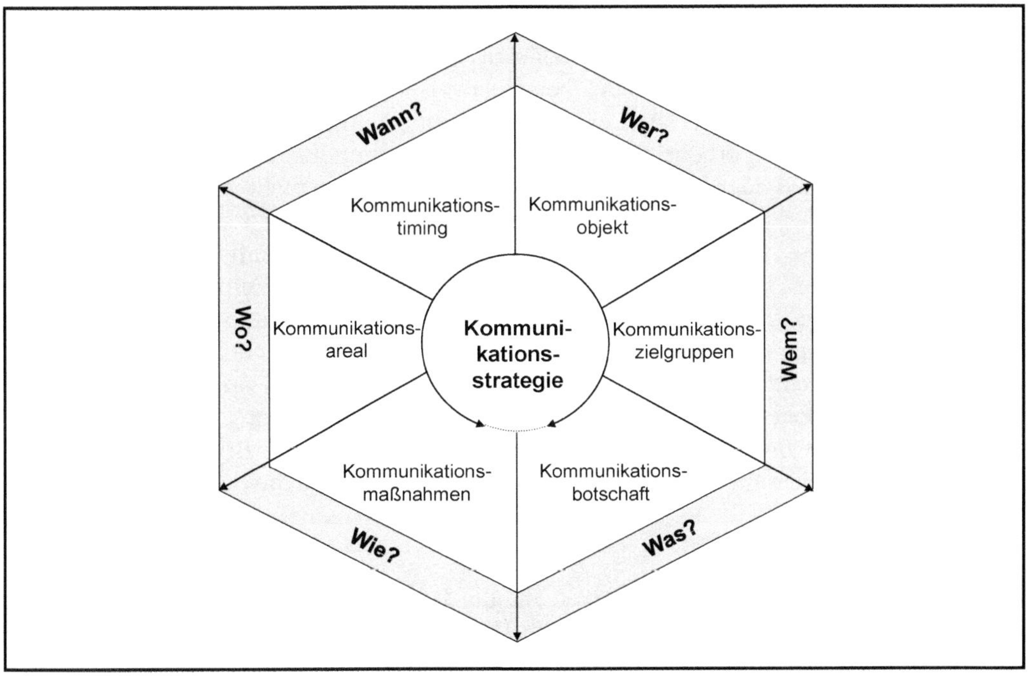

Abb. 3.3: Elemente einer Kommunikationsstrategie
Quelle: *Bruhn* 2013, S. 246

In einem nächsten Schritt sind die durch die kommunikativen Maßnahmen anzusprechenden **Kommunikationszielgruppen** zu bestimmen. Der Einsatz von Direct Marketing eignet sich beispielsweise verstärkt zur Bekanntmachung und zur Ansprache potenzieller Kunden. Das Instrument der persönlichen Kommunikation wird für die Kontaktanbahnung sowie den Beziehungsaufbau zu Investoren genutzt. Weitere Zielgruppen der Persönlichen Kommunikation stellen z. B. Absatzmittler oder potenzielle Mitarbeiter dar. Das Kommunikationsinstrument Public Relations eignet sich zur Ansprache verschiedener Zielgruppen, insbesondere gegenüber der Öffentlichkeit, Kapitalgebern und einem interessierten Kundensegment. Social Media-Maßnahmen eignen sich für eine kostengünstige Verbreitung und breite Streuung von Kommunikationsinhalten an verschiedene Zielgruppen, sowohl auf Seiten der Kunden als auch der Investoren.

Die innovative Leistungsidee bzw. das neuartige Geschäftsmodell ist durch die Festlegung von geeigneten **Kommunikationsbotschaften** in eine Unique Communication Proposition (UCP) umzusetzen. Die instrumentespezifische Ausgestaltung der Kommunikationsinhalte ist sehr stark abhängig von der verfolgten strategischen Stoßrichtung. Das Direct Marketing eignet sich beispielsweise zur Bekanntmachung und Neukundenakquisition, indem spezifische Leistungseigenschaften und Nutzenvorteile aus Kundensicht vermittelt werden. Im Rahmen der Persönlichen Kommunikation bietet sich die Möglichkeit, den Kapitalgebern die langfristigen Erfolgs- und Renditeaussichten des Start-up-Unternehmens eigenhändig zu erläutern. Die Inhalte eines Einsatzes von Public Relations variieren in großem Maße, beispielsweise werden durch dieses Instrument allgemeine Informationen über die Leistung transportiert und somit die Bekanntmachung und das Leistungswissen erhöht. Die Social Media-Kommunikation eignet sich zunächst für eine breite Streuung der Kommunikationsbotschaft an eine nicht weiter differenzierte Zielgruppe, z. B. über Filesharing-Plattformen wie Youtube oder soziale Netzwerke wie Xing, Facebook usw. Für eine inhaltliche Vertiefung der Botschaft können Corporate Weblogs, Microblogs sowie die aktive Präsenz in einschlägigen Webforen in Erwägung gezogen werden. Zudem eignet sich die Social Media-Kommunikation über das Weiterempfehlungsverhalten und den so genannten User Generated Contents, die Kommunikationsbotschaft über unternehmensexterne Personen zu verbreiten (vgl. zu den einzelnen Instrumenten der Social Media-Kommunikation und deren Eignung zur Botschaftsgestaltung ausführlich *Bruhn* 2014b, S. 1036 ff.). Beziehen sich die Botschaften auf Hintergrundinformationen über den Existenzgründer oder die Ideenentwicklung, kann in der Gesellschaft ein Goodwill aufgebaut werden, der das Unternehmen von zukünftigen Konkurrenten differenziert.

Die Übertragung dieser kommunikativen Inhalte findet mit Hilfe der **zentralen Kommunikationsmaßnahmen** und **-mittel** statt. Der Einsatz kostengünstiger Direct Marketing-Maßnahmen erfolgt beispielsweise effizient per Email oder über Hauswurfsendungen und Flyer. Pressemitteilungen mit Informationen über die Leistung und die Hintergründe sowie deren redaktionelle Berichterstattung bieten eine effektive und effiziente Möglichkeit der Public Relations, um die informativen Inhalte glaubwürdig zu transportieren. Im Rahmen der Persönlichen Kommunikation dienen direkte, face-to-face Gespräche mit den in Frage kommenden Kapitalgebern der Vermittlung von Zuverlässigkeit und Vertrauenswürdigkeit. Im Rahmen der Social Media-Kommunikation sind Beiträge in einschlägigen Sozialen Netzwerken (z. B. branchenspezifische Gruppen in dem Business-Netzwerk Xing) dazu geeignet, die Leistungen des eigenen Unternehmens an eine geeignete Zielgruppe zu kommunizieren. Der Aufbau eines Corporate Weblogs ist zudem geeignet, Kunden und Investoren über regelmäßige Updates in Bezug auf die Entwicklungen des Unternehmens auf dem Laufenden zu halten.

Durch die Bestimmung des **Kommunikationsareals** ergibt sich die lokale Ausrichtung der kommunikativen Aktivitäten. Direct Marketing-Aktivitäten sowie Public Relations-Maßnahmen lassen sich sowohl regional als auch national durchführen. Eine eher regionale Ausrichtung ist aus Kostengründen beim Einsatz der Persönlichen Kommunikation im Zeitablauf eher wahrscheinlich. Generell ist die Bestimmung des zu bearbeitenden Marktes bei Gründungsunternehmen abhängig von der Geschäftsidee, aber auch von Faktoren wie dem bereitstehenden Vertriebsnetz oder dem verfügbaren Kommunikationsbudget.

Im Rahmen des **Kommunikationstimings** bestimmt der Existenzgründer den Zeitrahmen sowie die Intensität des Einsatzes einzelner Maßnahmen. Die persönliche Kommunikation mit den Kapitalgebern wird schon vor Markteintritt erforderlich und eine konsequente Aufrechterhaltung der persönlichen Beziehung ist notwendig. Spätestens mit dem Markteintritt sind weitere Instrumente einzusetzen, z. B. das Direct Marketing zur Bekanntmachung der innovativen Leistung und die Öffentlichkeitsarbeit zur allgemeinen Informationsvermittlung. Für Start-up-Unternehmen ist es instrumenteübergreifend wichtig, über einen längeren Zeitraum und regelmäßig zu werben, um bei den Zielgruppen Erinnerungseffekte und ein spezifisches Unternehmensbild zu generieren (*von Collrepp* 2011, S. 315). Diese permanente Kommunikation wird vor allem durch den Einsatz von Social Media-Aktivitäten ermöglicht. Social Media-Plattformen wie YouTube, Twitter usw. ermöglichen es, mit geringen Kosten eine dauerhafte Präsenz sicherzustellen. Allerdings ist darauf zu achten, dass diese in regelmäßigen Abständen aktualisiert und auf dem neuesten Stand gehalten werden.

3.5 Budgetierung und Budgetallokation in der Kommunikationspolitik

Im Rahmen der Budgetierung ist über die **Höhe des Kommunikationsbudgets** zu entscheiden. Etablierte Unternehmen können hierzu auf eine Vielzahl verschiedener Verfahren zurückgreifen. Start-up-Unternehmen stehen meist nur geringe finanzielle Mittel zur Verfügung, sodass die Bestimmung des Kommunikationsbudgets oftmals mit Hilfe der „All-You-Can-Afford“-Methode erfolgt. Als Residualgröße der Gewinn- und Aufwandsplanung verbleiben nach Abzug aller übrigen Kosten die noch verfügbaren Finanzmittel, die für die Kommunikationsarbeit vakant sind (*Bruhn* 2013, S. 274). Das maximale Kommunikationsbudget ist somit vielfach vorgegeben. Für Gründungsunternehmen ist darauf zu achten, dass das Werbebudget nicht zu knapp bemessen wird. Insbesondere zu Anfang hat der Kommunikationsumfang größer zu sein und ist als Investition in die Zukunft anzusehen (von *Collrepp* 2011, S. 315). In den ersten Jahren ist erfahrungsgemäß ein Wert von circa 5 bis 15 Prozent der unternehmerischen Gesamtkosten für die Kommunikation anzusetzen.

Der Schwerpunkt kommunikationsrelevanter ökonomischer Entscheidungen liegt für Entrepreneurs in der **Budgetallokation**, d. h. in der Aufteilung des verfügbaren Budgets auf die Kommunikationsinstrumente und die einzelnen Kommunikationsträger. Die Auswahl kostengünstiger Alternativen und ein effektiver und effizienter Einsatz von Kommunikationsinstrumenten ist aufgrund meist knapper Mittel notwendig (*Gruber* 2004, S. 184 f.). Für Gründungsunternehmen sind aufmerksamkeitsstarke, informative Instrumente auszuwählen, um die relevanten Informationen über eine (erklärungsbedürftige) Leistung zu vermitteln. Diese Eigenschaften treffen auf die Instrumente der Mediawerbung, Messen/Ausstellungen, Direct Marketing, Sponsoring, Persönliche Kommunikation und Public Relations zu, abhängig von ihrer jeweiligen Ausgestaltung. Der damit verbundenen Zielerreichung sind die Kosten sowie die Reichweite gegenüberzustellen. Instrumente, wie z. B. die verhältnismäßig teure Mediawerbung, haben deshalb für Entrepreneurs i. d. R. nur eine geringe Bedeutung. Anschließend erfolgt die Verteilung des instrumentespezifischen Budgets auf die einzelnen Erscheinungsformen (Intermediaselektion) und die Festlegung einzelner Kommunikationsträger (Intramediaselektion). Im Rahmen des Direct Marketing ist z. B. der Versand einer kreativen und bildbetonten Email kostengünstiger als die Verteilung von aufwändig gestalteten, gedruckten Dokumenten.

Im Zeitablauf gewinnt das Gründungsunternehmen an Bekanntheit und akquiriert Neukunden. Ist die Start-up-Phase erfolgreich überstanden, werden andere Kommunikationsziele für die weiteren **Phasen in der Unternehmensentwicklung** (Unternehmenslebenszyklus, wie z. B. Wachstumsphase) relevant. Das Kommunikationsbudget ist deshalb weiterhin auf einem relativ konstant hohen Level zu halten. Der Aufbau langfristiger Kundenbeziehungen, dauerhafter Kundenbindung sowie die Sicherstellung des zukünftigen Absatzes stellen zentrale Ziele für eine notwendige kommunikative Investition der Zukunft dar. Hierzu haben ein systematischer Ausbau der Unternehmensaktivitäten, d. h. der Einsatz zusätzlicher Kommunikationsinstrumente sowie die fortwährende Weiterentwicklung im produkttechnischen Bereich (z. B. durch Verbesserungen, Modifizierungen oder Erweiterung der Leistungspalette) zu erfolgen. Besondere Relevanz kommt in der Wachstumsphase den massengerichteten Kommunikationsinstrumenten (z. B. Mediawerbung) zu, die auf die Verbreitung der Leistung und eine Abgrenzung gegenüber auftretenden Konkurrenten abzielen.

3.6 Operative Planung der Kommunikationsmaßnahmen

Im kontinuierlichen Planungsprozess findet nun die operative Gestaltung der Kommunikationspolitik statt. Diese beinhaltet die Auswahl der einzusetzenden Kommunikationsinstrumente sowie die Maßnahmenplanung zur Gestaltung der einzelnen Instrumente.

Die **Auswahl der Kommunikationsinstrumente** erfolgt für Gründungsunternehmen anhand ihrer Qualifikation zur Erreichung kommunikativer Zielsetzungen unter simultaner Beachtung der Wirtschaftlichkeit der Instrumente. Im Mittelpunkt stehen der Aufbau eines Dialogs mit Interessenten zur Neukundenakquisition, die Generierung von Vertrauen, der Aufbau von Reputation sowie die Vermittlung von Informationen über relevante Leistungsspezifika sowie die daraus resultierenden Nutzenvorteile. Instrumente der Dialogkommunikation im Allgemeinen weisen die gewünschten Charakteristika auf und eignen sich somit besonders gut für Gründungsunternehmen. Das Direct Marketing, die Persönliche Kommunikation, die Online-Kommunikation, Social Media-Kommunikation u. a. gehören dieser Kategorie an. Des Weiteren stellen das Kreieren eines positiven Unternehmensimages, der Aufbau von Glaubwürdigkeit sowie die öffentliche Demonstration von Kompetenz wichtige Zielsetzungen von Entrepreneurs dar, sodass ebenfalls Instrumente der Unternehmenskommunikation (z. B. Corporate Public Relations) zum Einsatz kommen können. Weniger tauglich sind Instrumente, die sehr kostenintensiv sind, wie beispielsweise die Mediawerbung oder das Sponsoring großer Ereignisse.

Die gewählten Kommunikationsinstrumente sind in einem nächsten Schritt entsprechend einzusetzen, um eine bestimmte **Kommunikationsbotschaft** an die Zielgruppen zu vermitteln. Zunächst gilt es für Gründungsunternehmen, eine Reputation bei den externen Anspruchsgruppen, d. h. bei potenziellen Kunden und Investoren, aufzubauen. In Abhängigkeit der umworbenen Leistung eignet sich hierfür eine eher rationale oder emotionale Gestaltung des Botschaftsinhalts. In der Gründungsphase hat die Kernbotschaft in erster Linie die Unique Selling Proposition des Unternehmens widerzuspiegeln. Dabei ist darauf zu achten, inhaltliche Kernbotschaften präzise zu formulieren und über alle Kommunikationsinstrumente konsistent einzusetzen, um die Bekanntheit des Unternehmens nachhaltig zu erhöhen. Darüber hinaus empfiehlt es sich, so genannte „Lead User", die bereits erste Erfahrungen mit dem Unternehmen und dessen Leistungen gesammelt haben, zu aktivieren, selbst über das Unternehmen und dessen Leistungen zu sprechen. Dies ermöglicht es, z. B. über Social Media-Plattformen die Bekanntheit und den Namen des noch unbekannten Unternehmens zu relativ geringen Kosten zu streuen. Zudem wird die Glaubwürdigkeit der Informationen erhöht, da diese nicht von dem Unternehmen selbst verbreitet werden, sondern von unabhängigen Dritten, die keinen direkten Bezug zum Unternehmen haben. Im Zusammenhang mit der Botschaftsgestaltung wird häufig von Communication Content gesprochen. Ziel des Communication Content-Ansatzes ist es, mit den einzelnen Kommunikationsinstrumenten eine Geschichte zu erzählen (Storytelling), die die Kunden aufnehmen und über die sie sprechen wollen (vgl. *Bruhn* 2014a). Dabei rückt die Mehrweg-Kommunikation in Form von Social

Media verstärkt in den Fokus. Durch die Existenz von User Generated Contents tragen die Kunden aktiv zur Gestaltung und Formulierung dieser Geschichten bei. Dies geschieht z. B. in Form von Erfahrungsberichten eines Kunden in Zusammenhang mit einem Unternehmen oder dessen Leistungen.

In Abhängigkeit der gewählten Kommunikationsinstrumente und der festgelegten Kommunikationsbotschaft ist die **Maßnahmenplanung** vorzunehmen, d. h., es sind die einzusetzenden Kommunikationsmittel und träger zu bestimmen. Setzt ein Gründungsunternehmen beispielsweise das Instrument des Direct Marketing ein, kommen gedruckte oder elektronische Medien zum Einsatz. Die Maßnahmen des Direct Marketing sind stets im Hinblick auf Rückkoppelungsmöglichkeiten zu beurteilen. Ziel dieser Aktivitäten hat es zu sein, auf Seiten des Kunden eine direkte Reaktion auszulösen. Als Beispiele für Direct Marketing-Maßnahmen mit Responsefunktion sind die Internetwerbung mit der Aufforderung zum Abonnement eines Corporate Weblogs oder eines Email-Newsletters zu nennen. Abbildung 3.4 liefert einen Überblick der zur Verfügung stehenden Kommunikationsmittel des Direct Marketing.

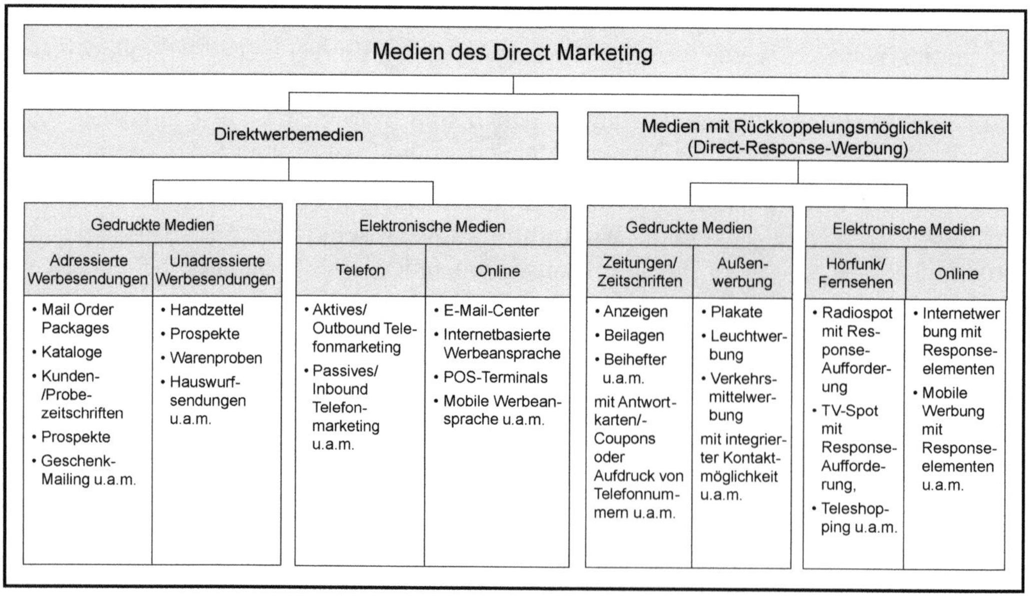

Abb. 3.4: Auswahl von Medien im Rahmen des Direct Marketing
Quelle: In Anlehnung an *Holland* 2001, S. 39; *Bruhn* 2014b, S. 644

Für Existenzgründer ist die Bestimmung solcher Maßnahmen relevant, die zum einen die wünschten Kommunikationsbotschaften am besten transportieren, zum anderen möglichst kostengünstig sind. Im Rahmen des Direct Marketing sind das beispielsweise der Versand von Emails oder elektronischen Newslettern. Beinhaltet dgeie Botschaft Rückkopplungsmöglichkeiten (z. B. durch Angabe einer Telefonnummer, einer Email-Adresse usw.), wird die Interaktion zwischen potenziellen Kunden und dem Gründungsunternehmen zusätzlich gefördert. Im Rahmen der Public Relations bietet z. B. die Pressearbeit (die Versendung von Pressemitteilungen oder das Abhalten von Pressekonferenzen) den Entrepreneurs die Möglichkeit, Informationen zum Unternehmen, dem Existenzgründer sowie zur innovativen Leistungsidee bereitzustellen. Deren redaktionelle Berichterstattung stellt ein glaubwürdiges und äußerst kostengünstiges Mittel der Kommunikation dar.

Sind die Auswahl der einzusetzenden Kommunikationsinstrumente getroffen sowie die konkreten Maßnahmen gestaltet, besteht ein weiterer Planungsaspekt in der Abstimmung der kommunikativen Aktivitäten. Gründungsunternehmen haben ihre Kommunikationsarbeit bereits frühzeitig auf Basis einer **Integrierten Kommunikation** zu entwickeln (*Bruhn* 2014a). Die Vermittlung einer einheitlichen, widerspruchsfreien Leitidee (zentrale Botschaften) und deren charakteristische Darstellung in Form eines Corporate Design tragen wesentlich zur Wertschöpfung bei (*Hans/Hüser* 2001, S. 27; S. 100 f.). Für Start-up-Unternehmen ist die Verfolgung einer konsequenten **Markenführung** ebenfalls von Bedeutung, da Marken den unternehmerischen Erfolg fördern (*Beck* 2003, S. 282 ff.). Gemäß des Branding-Dreiecks sind der Markenname, das Markenlogo sowie der Markenslogan zu bestimmen (in Anlehnung an *Langner* 2003, S. 27). Diese Elemente fungieren als erste Kontaktpunkte zwischen einem Unternehmen sowie den anzusprechenden Zielgruppen und beinhalten somit die Möglichkeit, positive Assoziationen zu dem Unternehmen bzw. der innovativen Leistung zu generieren.

3.7 Erfolgskontrolle der Kommunikation

Eine Erfolgskontrolle der Kommunikation bedeutet die systematische Überprüfung der Kommunikationsaktivitäten. Diese dient der Ermittlung des Zielerreichungsgrades der durchgeführten Kommunikationsmaßnahmen sowie der Ableitung von Handlungsempfehlungen für den zukünftigen Einsatz der Kommunikationsinstrumente (*Bruhn* 2005a, S. 487). Für Gründungsunternehmen kommen wegen des knappen Budgets lediglich relativ einfache, kostengünstige **Methoden der Erfolgskontrolle** in Frage, z. B. qualitative Interviews, die Durchführung einfacher (Kunden-) Befragungen oder einfache Verhaltensbeobachtungen. Die sinnvollen Verfahren können anhand ihrer erzielten Wirkung (gemäß der Kommunikationsziele) und der Art der Messung (Beobachtung vs. Befragung) kategorisiert werden (vgl. Abb. 3.5).

Zur Überprüfung von **kognitiven Kommunikationswirkungen** lassen sich beispielsweise Recall- und Recognition-Tests durchführen. Mit ihrer Hilfe wird überprüft, ob die Kommunikationsaktivitäten die Bekanntheit steigern oder zumindest bestimmte Wiedererkennungswerte generieren konnten. Eine Kenntnisabfrage kann aufzeigen, ob Gründungsunternehmen die Informationen bezüglich spezifischer Leistungseigenschaften und insbesondere der Nutzenvorteile erfolgreich vermittelt haben.

Affektive Kommunikationswirkungen, beispielsweise die Einstellung oder die Wahrnehmung des Unternehmensimages, lassen sich anhand bestimmter Skalen (Rating-Skala, Likert-Skala usw.) abfragen. Für Start-up-Unternehmen, die z. B. Direct Marketing einsetzen, bietet sich die Möglichkeit, eine Email-Befragung durchzuführen oder bestimmte Fragestellungen in einer gedruckten Mailingvariante beizufügen. Im Rahmen von Inhaltsanalysen werden sehr große Datenmengen generiert, die manuell nicht mehr auszuwerten sind. Diese kommen vor allem im Zusammenhang mit der Social Media-Kommunikation zum Einsatz. Mit Hilfe computerbasierter Verfahren werden Texte oder Textabschnitte gemäß ihrer Stimmung in positive oder negative Texte klassifiziert beziehungsweise der Grad der positiven und negativen Wörter identifiziert oder auch unterschiedliche Themen und häufig vorkommende Wörterkombinationen analysiert (*Tuten/Solomon* 2013, S. 190 ff.).

Art der Messmethode / Kategorien der Kommunikationswirkung	Beobachtung	Befragung
Kognitive Wirkungen	• Aktivierungsmessung • Blickaufzeichnung • Beobachtung des Aufnahmeverhaltens • u.a.m.	• Recall- und Recognition-Tests • Wahrnehmungs- und Verständnismessungen • Assoziations- und Satzergänzungstests • u.a.m.
Affektive Wirkungen	• Aktivierungsmessung • Aufzeichnung der Gesichtsmimik oder des Blickes • Bildgegebene Verfahren (z.B. MRT) • Sonstige apparative Verfahren • Inhaltsanalysen • u.a.m.	• (Online-) Befragung der Kunden und potenzieller Interessenten • Ratingskalen • Rangordnungsverfahren • Einstellungs- und Imageskalen • Conjoint-Analysen • Verbale und Nonverbale Erlebnismessungen
Konative Wirkungen	• Registrierung von Anfragen nach weiterführenden Informationen (z.B. per Telefax, Newsletteranmeldung, Follower auf Twitter, Abonnieren eines Corporate Weblogs usw.) • Häufigkeit des Anklickens von Links im Newsletter • Registrierung der Zugriffe im Internet • Einkauf von Paneldaten • u.a.m.	• Befragung nach erinnertem Verhalten und Verhaltensabsicht • Befragung nach Produkt-, Banner- oder Website-Präferenzen • Flächenskalen, verbale Skalen • Konstantsummenverfahren • Befragung nach Produktpräferenz und Verhaltensabsicht • u.a.m.

Abb. 3.5: Beispielhafte Messmethoden zur Erfolgskontrolle der Kommunikation
Quelle: in Anlehnung an *Bruhn* 2013, S. 552

Im Rahmen der **konativen Kommunikationswirkungen** lässt sich der Erfolg für Entrepreneurs nicht nur abfragen, sondern auch beobachten. Beispielsweise können die Reaktionen auf eine Mailingaktion, die Abfrage von Zusatzinformationen, das Anklicken von

Bannerwerbung, das Surfverhalten auf der unternehmenseigenen Homepage, usw. automatisch registriert und von dem Existenzgründer ausgewertet werden. Spezifische Ansätze für eine Social Media-Kontrolle der konativen Kommunikationswirkung ergeben sich primär aus der Auswertung der Systemkontakte, dem Nutzungsverhalten und anderen Verhaltenswirkungen im Zusammenhang mit den Kommunikationsaktivitäten des Unternehmens. Dazu zählen z. B. das Interaktionsverhalten auf den Social Media-Plattformen des Unternehmens oder Einträge der Kunden auf Corporate Weblogs, aber auch die Erstellung von externen Kommunikationsinhalten durch die Kunden über die Produkte und Leistungen des Unternehmens.

Um das Kosten-Nutzen-Verhältnis von Kommunikationsinstrumenten zu bewerten, ist ebenfalls die **Effizienz** der einzelnen Maßnahmen im Hinblick auf ihre Wirtschaftlichkeit zu beurteilen. Beispielsweise ist eine Direct Marketing-Aktion einfach und kostengünstig anhand der Break-Even-Analyse zu beurteilen. Im Rahmen der Break-Even-Analyse wird jene Rücklaufquote ermittelt, bei der die Kosten einer Direct Marketing-Maßnahme gedeckt werden (*Holland* 2009, S. 366; *Wirtz* 2012, S. 298). Im Rahmen der Social Media-Kommunikation gestaltet sich eine Analyse der Effizienz der eingesetzten Maßnahmen als schwierig, da eine genaue Erfassung des entstandenen Nutzens häufig nur grob mit den angeführten Kennzahlen der Wirkungskontrolle ermittelt werden kann.

Eine Kontrolle der eingesetzten kommunikativen Aktivitäten zeigt Schwachstellen bzw. Verbesserungspotenzial der einzelnen Kommunikationsmittel und maßnahmen auf. Für Existenzgründer, die oftmals über geringe kommunikationspolitische Erfahrung verfügen, stellt die Erfolgskontrolle somit die Basis zur Ableitung erster Erfolgsfaktoren und konkreter Handlungsempfehlungen dar (*Hans/Hüser* 2001, S. 90).

4 Zentrale Erfolgsfaktoren der Entrepreneurial Communication

Die vorangegangenen Ausführungen haben wesentliche Aspekte der Kommunikationsarbeit für Gründungsunternehmen aufgezeigt. Obwohl es kein „Patentrezept" für den erfolgreichen Einsatz der Kommunikationspolitik gibt, lassen sich verschiedene **Erfolgsfaktoren** herausarbeiten. Hier werden vier Aspekte besonders hervorgehoben:

1. Start-up-Unternehmen unterscheiden sich sehr stark hinsichtlich ihrer Geschäftsidee, dem Produkt- bzw. Dienstleistungsangebot, der Unternehmerpersönlichkeiten, dem verfügbaren Kommunikationsbudget usw. Dies ist bei der Analyse, Planung und Umsetzung der Kommunikation zu berücksichtigen, sodass eine individuelle planerische Fundierung der Kommunikationsarbeit notwendig ist.

2. Aufgrund der Vielfältigkeit der anzusprechenden Personen bzw. Organisationen und der Unterschiedlichkeit hinsichtlich ihrer Kommunikationsbedürfnisse kommt einer

umfassenden und präzisen Zielgruppenidentifikation und -beschreibung eine hohe Relevanz für Gründungsunternehmen zu. Hieraus lassen sich Handlungsimplikationen bezüglich des Instrumente- und Maßnahmeneinsatzes ableiten.

3. Bei einer zunehmenden Ausdifferenzierung der Kommunikationsinstrumente und Medien wird es für Gründungsunternehmen darauf ankommen, bereits in der Startphase ein zielgruppenspezifisches Kommunikations- und Medienmix zu finden. Dies beinhaltet neben klassischen Medien der (unternehmensgesteuerten) Kommunikation vor allem die Einbindung der vielfältigen Formen der (nutzergetriebenen) Sozialen Medien.

4. Kommunikative Aktivitäten erfordern auch von Entrepreneurs eine regelmäßige Erfolgskontrolle. Hierdurch lassen sich Fehlentwicklungen frühzeitig erkennen und korrigieren sowie Erfolgsfaktoren identifizieren, um dadurch Hinweise für die zukünftige Kommunikationsarbeit zu gewinnen.

Insbesondere in der Gründungsphase eines Unternehmens ist der Wettbewerb um die Aufmerksamkeit der Kunden von besonderer Relevanz. Der Entrepreneurial Communication kommt vor dem Hintergrund der bestehenden Veränderungen und zukünftig zu erwartender Entwicklungen auf den Kommunikations- und Medienmärkten sowie auf Konsumentenseite eine wichtige Bedeutung zu. Sowohl Existenzgründer in der Praxis als auch die Wissenschaft – in unterstützender Funktion – haben weiterhin Möglichkeiten innovativer und wertschöpfungsgenerierender Kommunikationsformen zu generieren bzw. diese in der Gründungspraxis zu erproben.

Literaturverzeichnis

Achleitner, A.-K., Bassen, A., Pietzsch, L.: Kapitalmarktkommunikation von Wachstumsunternehmen – Kriterien zur effizienten Ansprache von Finanzanalysten. Schäffer-Poeschel, Stuttgart (2001)

Barth, S.: Existenzgründer in den neuen Bundesländern. Deutscher Universitätsverlag, Wiesbaden (1995)

Beck, J.: Patent- und Markenstrategie für Unternehmensgründer. In: Dowling, M., Drumm, H.J. (Hrsg.) Gründungsmanagement – Vom erfolgreichen Unternehmensstart zu dauerhaftem Wachstum, 261–290. 2. Aufl., Springer, Berlin u. a. (2003)

Brinckmann, J.: Studie zur Entwicklung junger Technologieunternehmen – Ergebnisse für die Teilnehmer 2004. http://www.uni-graz.at/tim/files/1111500518.pdf (2004). Zugegriffen: 14. November 2006

Brüderl, J., Preisendörfer, P., Ziegler, R.: Der Erfolg neugegründeter Betriebe. 2. Aufl., Duncker & Humblot, Berlin (1998)

Bruhn, M.: Kommunikationspolitik – Systematischer Einsatz der Kommunikation für Unternehmen. 7. Aufl., Vahlen, München (2005)

Bruhn, M.: Integrierte Unternehmens- und Markenkommunikation. Strategische Planung und operative Umsetzung. 6. Aufl., Schäffer-Poeschel, Stuttgart (2014a)

Bruhn, M.: Unternehmens- und Marketingkommunikation. Handbuch für ein integriertes Kommunikationsmanagement. 3. Aufl., Vahlen, München (2014b)

Dowling, M., Drumm, H.J.: Wachstumsstrategien für Neugründungen und Wachstumsfehler. In: Dowling, M., Drumm, H.J. (Hrsg.) Gründungsmanagement. Vom erfolgreichen Unternehmensstart zu dauerhaftem Wachstum, 359–375. 2. Aufl., Springer, Berlin (2003)

Drumm, H.J.: Organisation für Gründer. In: Dowling, M., Drumm, H.J. (Hrsg.) Gründungsmanagement – Vom erfolgreichen Unternehmensstart zu dauerhaftem Wachstum, 201–218. 2. Aufl., Springer, Berlin (2003)

Ebel, B., Hofer, M.B.: Investor Marketing als Herausforderung. In: Ebel, B., Hofer, M.B. (Hrsg.) Investor Marketing. Aktionäre erfolgreich gewinnen, Investoren langfristig binden, Börsenkurse nachhaltig steigern, 17–25. Gabler, Wiesbaden (2003)

Faltz, F.: Investor Relations und Shareholder Value – Die Kommunikation zwischen Unternehmen und Investoren. Deutscher Universitätsverlag, Wiesbaden (1999)

Fassnacht, M., Köse, I.: Marketingstrategie und Preisfindung für Unternehmensgründer. In: Corsten, H. (Hrsg.): Dimensionen der Unternehmensgründung – Erfolgsaspekte der Selbständigkeit, 159–199. Erich Schmidt Verlag, Berlin (2002)

Gierl, H., Helm, R.: Marktexploration, Marketingstrategie und Preisfindung. In: Dowling, M., Drumm, H.J. (Hrsg.) Gründungsmanagement – Vom erfolgreichen Unternehmensstart zu dauerhaftem Wachstum, 73–90. 2. Aufl., Springer, Berlin u. a. (2003)

Grichnik, D., Brettel, M., Koropp, C., Mauer, R.: Entrepreneurship – Unternehmerisches Denken, Entscheiden und Handeln in innovativen und technologieorientierten Unternehmungen. Schäffer-Poeschel, Stuttgart (2010)

Gruber, M.: Guerilla-Marketing – offensiv mit geringem Budget. In: Gruber, M., Henkel, J., Witzler, R. (Hrsg.) Gründungsmanagement. Wie Jungunternehmer Ideen finden, Strategien entwickeln und Wachstum erzielen, 144–146. Frankfurter Allgemeine Buch, Frankfurt am Main (2002)

Gruber, M.: Marketing in New Ventures – Theory and Empirical Evidence. Schmalenbach Business Review 56, 164–199 (2004)

Hans, T., Hüser, T.: Public Relations für Start-ups – Unternehmenskommunikation für Gründer. Schäffer-Poeschel, Stuttgart (2001)

Heucher, M., Ilar, D., Kubr, T., Marchesi, H., Waldner, M.: Planen, gründen, wachsen – Mit dem professionellen Businessplan zum Erfolg. 3. Aufl., Ueberreuter, Frankfurt/Main (2002)

Hofer, M.B.: Instrumente des Investor Marketing. In: Ebel, B., Hofer, M.B. (Hrsg.) Investor Marketing – Aktionäre erfolgreich gewinnen, Investoren langfristig binden, Börsenkurse nachhaltig steigern, 37–50. Springer, Wiesbaden (2003)

Hofert, S.: Kopfsache: Existenzgründung will gelernt sein – Interview mit Cao Tuan Lam vom 20.05.2005, URL: http://www.akademie.de/existenzgruendung/

arbeitslosigkeit/tipps/gruendung/kopfsache-existenzgruendung-will-gelernt-sein.html (2005). Zugegriffen: 14. November 2006

Holland, H.: Direktmarketing-Aktionen professionell planen – Von der Situationsanalyse bis zur Erfolgskontrolle. Gabler, Wiesbaden (2001)

Holland, H.: Direktmarketing. 3. Aufl., Vahlen, München (2009)

Klandt, H.: Aktivität und Erfolg des Unternehmensgründers – Eine empirische Analyse unter Einbeziehung des mikrosozialen Umfeldes. Eul Verlag, Bergisch Gladbach (1984)

Klandt, H.: Gründungsmanagement – Der integrierte Unternehmensplan. 2. Aufl., Oldenbourg, München (2006)

Kollmann, T.: Investor Relations für Start-up-Unternehmen – Eine Analyse der Kommunikationsbedürfnisse von Venture-Capital-Gebern. Marketing ZFP 27, 155–167 (2005)

Kollmann, T.: E-Entrepreneurship – Grundlagen der Unternehmensgründung in der New Economy. 2. Aufl., Gabler, Wiesbaden (2006)

Kroeber-Riel, W., Esch, F.-R.: Strategie und Technik der Werbung – Verhaltenswissenschaftliche Ansätze. 7. Aufl., Kohlhammer, Stuttgart (2011)

Kuipers, M.: Erfolgsfaktoren der Unternehmensgründung. difo-druck schmacht, Bamberg (1990)

Langner, T.: Integriertes Branding. Baupläne zur Gestaltung erfolgreicher Marken. Deutscher Universitätsverlag, Wiesbaden (2003)

Tuten, T.L., Solomon, M.R.: Social Media Marketing. Prentice Hall, New Jersey (2013)

Von Collrepp, F.: Handbuch Existenzgründung – Sicher in die dauerhaft erfolgreiche Selbständigkeit. 6. Aufl., Schäffer-Poeschel, Stuttgart (2011)

Wirtz, B.: Direktmarketing-Management – Grundlagen - Instrumente - Prozesse. 3. Aufl., Gabler, Wiesbaden (2012)

Zanger, C.: Zur Bedeutung des Marketing bei Existenzgründungen. TU Spektrum 2, 22–23 (2003)

ZAW (Zentralverband der deutschen Werbewirtschaft): Werbung in Deutschland 2013. Bonn (2013)

Günter Specht

Vertrieb in Gründungsunternehmen

Günter Specht, Prof. Dr.
Emeritus des Fachgebiets
Technologiemanagement & Marketing
Technische Universität Darmstadt
E-Mail: guenter.specht@bwl.tu-darmstadt.de.

1 Problemstellung

Viele empirische Studien zu Gründungsproblemen zeigen es. Der Vertrieb gehört offenbar nicht zu den wichtigsten Gründungsproblemen. In ihrer Bedeutung rangieren aus der Sicht der Befragten vor dem Absatz bzw. dem Vertrieb i. d. R. die Finanzierung, die steuerliche Belastung, die Fülle und Kompliziertheit rechtlicher Vorschriften. Auch bei den Insolvenzursachen tauchen in empirischen Studien Mängel im Vertrieb i. d. R. explizit nicht auf. Meist verbergen sich derartige Mängel in den Insolvenzursachen „mangelhaftes Management" oder „mangelhafte Unternehmerqualifikation". In Büchern zum Thema „Entrepreneurship" wird der Vertrieb und speziell der Verkauf ebenfalls stark vernachlässigt, obwohl das Thema Marketing intensiv behandelt (vgl. z. B. *Kuratko/ Hodgetts* 1989).

Diese Geringschätzung des Vertriebs für den Erfolg oder Misserfolg von Gründungsunternehmen ist erstaunlich, denn der Vertrieb ist ein zentraler, aber problembehafteter Prozess zur Erzielung von Umsatz. Ohne Umsatz gibt es kein Wachstum und kein Überleben von Unternehmen.

Möglicherweise ergibt sich die Geringschätzung des Vertriebs als Erfolgs- oder Misserfolgsfaktor von Gründern auch aus der Ansicht der Befragten, dass sich im Blick auf den Vertrieb Gründungsunternehmen nicht von anderen Unternehmen unterscheiden. Diese Auffassung ist unzutreffend, weil in der Startphase eines Unternehmens wesentliche Vertriebserfolgsfaktoren kaum oder nicht vorhanden sind, so dass es besonderer Vertriebsanstrengungen bedarf, um erfolgreich zu sein (vgl. *Jung* 2004).

Vertrieb erfordert vom Gründer Vertriebskompetenz in hohem Maße und in spezifischen Ausprägungen. Ohne hohe Kompetenz im Vertrieb können die Ziele von Gründungsunternehmen nicht erreicht werden, denn es geht im Vertrieb nicht nur um die möglichst perfekte Erfüllung von Kundenwünschen, sondern zugleich um deutliche Wettbewerbsvorteile und wegen äußerst knapper Ressourcen um höchste Produktivität.

Gründungsunternehmen befinden sich im Blick auf den Vertrieb in einer besonderen Situation. Die Besonderheiten des Vertriebs in Gründungsunternehmen sollen herausgearbeitet werden, um darauf aufbauend Schlussfolgerungen für die Gestaltung des Vertriebs in Gründungsunternehmen ableiten zu können.

Dieser Leitgedanke beeinflusst den Aufbau der Arbeit. Nach der begrifflichen und konzeptionellen Grundlegung werden die generellen und unternehmensspezifischen Besonderheiten in Gründungsunternehmen aufgezeigt. Im Anschluss daran geht es um die Gestaltungsdimensionen im Vertrieb, um Ziele und strategische Basisentscheidungen sowie um Überlegungen zu spezifischen Vertriebsfragen in einzelnen Stadien eines Gründungsunternehmens.

2 Begriffliche und konzeptionelle Grundlegung

2.1 Gründungsunternehmen und Gründungsprozess

Eine Unternehmensgründung liegt vor, wenn eine Person, mehrere Personen, oder eine Institution anderen Personen und/oder Institutionen (Finanzamt, Ordnungsamt, potenziellen Kunden) erstmals anzeigen, dass Leistungen (Sachen und/oder Dienste) erstellt und auf Märkten gegen Entgelt angeboten werden (vgl. ähnlich *Palupski* 2001, S. 557). Im Folgenden konzentrieren sich die Überlegungen auf Unternehmen, die von Personen gegründet werden, die erstmals unternehmerisch tätig werden.

Der Gründungsakt ist in einen Gründungsprozess eingebettet, der Aktivitäten vor, während und nach der Gründung aufweist. Die erstmalige unternehmerische Tätigkeit bringt es mit sich, dass ein großer Teil der Aktivitäten im Unternehmen und beim Austausch auf Märkten subjektiv neu ist. Je höher der Neuheitsgrad für die Gründer, desto höher ist das Risiko des Misslingens der Aktivitäten.

2.2 Vertrieb und Vertriebsmanagement

Unter *Vertrieb* werden i. d. R. Aktivitäten verstanden, die mit der Planung und Durchführung des Absatzes von Leistungen zu tun haben (vgl. *Bonart* 1999, S. 20-21; *Dehr/Donath* 1999, S. 10; *Kuhlmann* 2001, S. 15; *Bruhn/Homburg* 2004, S. 864). Das Vertriebsmanagement betrifft speziell die Führungsaktivitäten im Bereich des Vertriebs. Meist geht es um zwei Aktivitätsbereiche, nämlich um den Verkauf und um die Distribution (vgl. *Homburg* 2012, S. 540). Bei Albers und Krafft steht der persönliche Verkauf im Zentrum (vgl. *Albers/Krafft* 2013, S. 2).

Der *Verkauf* hat für den Übergang der Verfügungsrechte über Leistungen an Käufer zu sorgen (vgl. *Schröder/Diller* 2001, S. 1749). Organe des Verkaufs sind die Verkaufsleitung, der Verkaufsinnendienst (Back Office) und der Verkaufsaußendienst. Die Verkaufsorgane haben die Verkaufsprozesse operativ durchzuführen. Wichtigstes Ziel des Verkaufs ist die Gewinnung von Aufträgen mit akzeptablem Deckungsbeitrag und die Erzielung von profitablem Umsatz. Zu den sonstigen Aufgaben des Verkaufs gehören die Gewinnung von Marktinformationen, die Verkaufsplanung und die Steuerung der Verkaufsmitarbeiter.

Im Blick auf die Gestaltung von Kundenbeziehungen sind wesentliche Aufgaben des Verkaufs die Bestimmung der Verkaufsform (persönlicher Verkauf, semipersönlicher Verkauf und unpersönlicher Verkauf (vgl. *Hesse/Huckemann* 2002, S. 70), die Gewinnung von Neukunden, die Pflege bestehender Geschäftsbeziehungen, die Stärkung der Kundenbindung, die Erhöhung des Lieferanteils bei den Kunden, die Erhöhung der

Verwendungshäufigkeit, die Förderung des Cross Selling bei den Kunden sowie das Management der Zusammensetzung des Kundenportfolios (z. B. nach dem Kundenwert; vgl. zum Account Management *Rapp et al.* 2002).

Zur *Distribution* gehören das Absatzwegemanagement und das Management der Distributionslogistik einschließlich der Gestaltung der dazugehörigen Informationssysteme. Das Absatzwege- bzw. Absatzkanalmanagement betrifft das Management des Designs bzw. der organisatorischen Struktur der Absatzwege (d. h. des Wegs des Produkts zum Endkunden), die strukturelle Aufgabenverteilung unter den Partnern in Absatzwegen, den Integrationsgrad in den Absatzwegen, die rechtliche Absicherung des Designs der Absatzwege, die innerbetriebliche Organisation des Absatzwegemanagements, die Planung, Koordination und Kontrolle von Aktionen und Events im Absatzweg, die Steuerung und Motivation der Organe in Absatzwegen und das Management der Redistribution. Die Distributionslogistik umfasst die Bereiche Lagerung, Transport, Versandverpackung und Auftragsabwicklung. Zentrale Ziele der Distributionslogistik sind ein optimaler Lieferservice bei relativ niedrigen Logistikkosten (vgl. *Specht/Fritz* 2005, S. 116).

Vertriebsaktivitäten sind kaum von sonstigen Marketingaktivitäten abzugrenzen, weil die Begriffe Distribution und Verkauf ganzheitlich-integrativ interpretiert werden müssen, wenn die Begriffe etwas funktionsfähiges Ganzes betreffen sollen. Die Koordination des Vertriebs mit anderen Sub-Mixes des Marketings speziell mit der Produkt- und Produktprogrammgestaltung (einschließlich zugehöriger Dienstleistungen), mit der Preis- und Konditionengestaltung, mit der Absatzfinanzierung sowie mit der Kommunikation ist zwingend erforderlich. Jede isolierte Betrachtung einzelner Elemente im Marketing-Mix führt zu Suboptima, die dem Gesamtsystem schaden.

Abzustimmen sind Vertriebsaktivitäten auch mit übergeordneten Aufgaben des Marketingmanagements wie der Bestimmung der relevanten Märkte, der Identifikation und Auswahl der Marktsegmente, der Bestimmung der Marktpositionierungsziele, der Bestimmung übergeordneter Kunden- und Wettbewerbsstrategien (z. B. Markenstrategie und Wettbewerbsvorteilsstrategie) sowie der Umsetzung der Strategien. Hinzu kommt der Abstimmungsbedarf mit dem Strategischen Management des Unternehmens, mit der Produktion, der Beschaffung, der vertriebsexternen Logistik, der Forschung und Entwicklung, den Informations- und Kommunikationstechnologien, der Markt- und Technikforschung, dem Controlling sowie dem Personal- und Finanzmanagement.

3 Situation des Vertriebs in Gründungsunternehmen

3.1 Branchenunabhängige Situation des Vertriebs in Gründungsunternehmen

Grundsätzlich müssen in Gründungsunternehmen Vertriebsaufgaben, wie sie in allen Unternehmen vorkommen, wahrgenommen werden. Ihre Gestaltung und Gewichtung weisen allerdings gründungspezifische Besonderheiten auf, die auf folgende vertriebsrelevanten Merkmale von Gründungsunternehmen zurückzuführen sind:

- Das Unternehmen ist zunächst unbekannt. Potenzielle Kunden suchen nicht aktiv nach Angeboten des neuen Unternehmens, wenn sie den Gründer und sein Unternehmen nicht kennen.
- Das Unternehmen besitzt beim Start kein Image. Potenzielle Kunden haben keine Einstellungen gegenüber dem Unternehmen und seinen Leistungen, sofern die potenziellen Kunden den Gründer nicht schon vor der Gründung kannten.
- Das Unternehmen besitzt beim Start keine Kunden und vor allem keine loyalen Kunden in stabilen Geschäftsbeziehungen, sofern der Gründer nicht schon vor der Gründung nebenberuflich unternehmerisch tätig war.
- Neukundengewinnung ist die primäre Aufgabe, während in bestehenden Unternehmen vor allem die Kundenbindung mit der Geschäftsausweitung bei den gebundenen Kunden im Vordergrund stehen.
- Das Gründungsunternehmen besitzt i. d. R. keine Erfahrungen, es hat keine Lernprozesse durchlaufen. Viele wichtige Informationen über die Märkte und ihre Umfelder fehlen. Speziell die Informationen über Bedürfnisse der Kunden sind i. d. R. wenig konkret.
- Das Vertrauen in die Leistungsfähigkeit des Unternehmens ist i. d. R. noch nicht vorhanden. Es fehlen i. d. R. Referenzen. Der bisherige Lieferant wird trotz vergleichbarer Leistungen grundsätzlich attraktiver erlebt als der Noch-Nicht-Lieferant (vgl. *Specht* 2002a, S. 485; *Heinemann* 2001, S. 15).
- Bei Wettbewerbern, Lieferanten, Banken und potenziellen Arbeitnehmern ist das Unternehmen unbekannt. Speziell für qualifizierte Arbeitnehmer im Vertrieb, für selbstständige Vertreter und für Handelsbetriebe ist das neue Unternehmen ceteris paribus nicht sehr attraktiv.
- Die Erfolgspotenziale des neuen Unternehmens hängen in relativ starkem Maße von den Gründern und ihren Umfeldern ab. Die Netzwerke des Gründers sind zentrale Ansatzpunkte für die Unternehmensaktivitäten. Dies wirkt sich vor allem bei der

Mitarbeitergewinnung, bei der Finanzierung des Unternehmens und auf die Chancen der Auftragsgewinnung positiv oder negativ aus.

- Die Ressourcenausstattung für den Vertrieb ist i. d. R. im Blick auf die Anforderungen äußerst begrenzt und schlecht angepasst.

Gründungsunternehmen unterscheiden sich nicht nur generell gegenüber etablierten Unternehmen, sondern sie weisen auch untereinander große Unterschiede auf, die in hohem Maße vertriebsrelevant sind. Die Ausgangssituation der Gründungsunternehmen wird insbesondere durch die Qualifikation der Gründer geprägt. Im Blick auf den Vertrieb ist es zweckmäßig, Gründungstypen nach der Position des Unternehmens auf einem Qualifikationskontinuum zu unterscheiden. Dabei ist z. B. an folgende Typen von Gründungssituationen zu denken:

- Gründungstyp 1: Das Unternehmen wird durch einen hoch qualifizierten, erfahrenen Praktiker gegründet.

  Zahlreiche Gründungen ergeben sich daraus, dass unternehmerisch motivierte Mitarbeiter eines Unternehmens bemerken, dass ihr persönliches Leistungspotenzial für den Erfolg ihres bisherigen Arbeitgebers von relativ großer Bedeutung ist. Sie besitzen reichhaltige Erfahrungen und Kontakte in und außerhalb des bisherigen Unternehmens, die für das neu gegründete Unternehmen wesentliche Erfolgsfaktoren sind. Nicht selten können diese Gründer auf einschlägige Erfahrungen aus selbstständiger nebenberuflicher Tätigkeit zurückgreifen. Die Gründung durch erfahrene Praktiker wird oft auch dadurch ausgelöst, dass der bisherige Arbeitgeber seine Geschäftstätigkeit ganz oder teilweise aufgibt. Speziell unternehmerisch denkende Mitarbeiter in einem wenig erfolgreichen Unternehmen warten den drohenden Niedergang des Unternehmens nicht ab, sondern sie scheiden frühzeitig aus dem Unternehmen aus und machen sich selbstständig. Denkbar ist auch, dass ein Mitarbeiter den maßgeblichen Beitrag seiner Arbeit zum Erfolg seines Unternehmens erkennt und deshalb ein eigenes Unternehmen gründet. Gelegentlich ist das Ausscheiden des Gründers aus dem bisherigen Unternehmen mit einer Kapitalbeteiligung des bisherigen Arbeitgebers am neuen Unternehmen des Gründers verbunden. Auch ein Management Buy Out ist denkbar. Gemeinsam sind diesen verschiedenen Gründungsanlässen Situationsmerkmale, die einen schnellen Start des gegründeten Unternehmens begünstigen, weil das erforderliche Qualifikationsspektrum im Blick auf Breite und Tiefe in relativ hohem Maße durch den Gründer abgedeckt wird.

- Gründungstyp 2: Das Unternehmen wird durch einen technisch hoch qualifizierten Absolventen einer Universität, einer Fachhochschule oder einer Forschungseinrichtung gegründet.

  Vor allem im Bereich technologieorientierter Gründungen kommt es häufig vor, dass junge Forscher mit Qualifikationen in neuen Technologien und u.U. eigenen Patenten den Schritt in die Selbstständigkeit wagen. Dabei stützen sie sich oft auf Förderprogramme staatlicher Institutionen, die ihnen helfen, ihr Wissen in Produkte umzusetzen. So wurde z. B. in Deutschland das Programm „Existenzgründungen aus der Wissenschaft" neu konzipiert und verstärkt (*o.V.* 2007b, S. 25). Nicht selten ist es möglich, relativ niedrige Mieten und andere kostengünstige Leistungen eines öffentlich finanzierten Gründerzentrums bzw. eines Technologie- und Innovationszentrums in Anspruch zu nehmen. Bei derartigen Gründern ist i. d. R. relativ hohes technisches Wissen über Theorien und Technologien vorhanden; ihr Wissen über konkrete Produktionstechnik, über Märkte, Marketing und Vertrieb ist dagegen i. d. R. relativ schwach ausgeprägt. Sie besitzen Erfahrungen aus einer Forschungseinrichtung, sind in überwiegend technisch-wissenschaftlich geprägte soziale Netze eingebunden und haben i. d. R. nur rudimentäre Praxiskontakte. Es fehlen vor allem Praxiserfahrungen. Das bei Gründungen erforderliche Qualifikationsspektrum ist in dieser Situation nur partiell abgedeckt.

- Gründungstyp 3: Das Unternehmen wird durch eine Person gegründet, die weder technisch noch kaufmännisch qualifiziert ist.

  Angeregt durch staatliche Förderprogramme wie z. B. Starthilfen der Agentur für Arbeit, verbilligte Gründungskredite und/oder Existenzgründerseminare oder angestoßen durch persönliche Lebensumstände (z. B. durch drohende Arbeitslosigkeit, Überschätzung der eigenen Leistungsmöglichkeiten, Erwartungen in seinem persönlichen Umfeld) entschließt sich eine weder technisch noch kaufmännisch erfahrene Person zur Gründung eines Unternehmens. Ihr technisches und marktbezogenes Wissen und einschlägige Erfahrungen sind im Blick auf das erforderliche Anforderungsspektrum faktisch nicht oder nicht in ausreichendem Maße vorhanden. Es ist deshalb nicht erstaunlich, dass derartige Gründer sehr schnell scheitern. Dennoch kommen solche Fälle relativ häufig vor.

Es ist unmittelbar zu erkennen, dass diese Typen von Gründungsunternehmen unterschiedlich hohe und verschiedenartige Barrieren in der Startphase des Unternehmens überwinden müssen, wenn ihr Unternehmen Erfolg haben soll. Darauf wird im Folgenden zu achten sein, wobei sich die Überlegungen auf die Gründungstypen 1 und 2 konzentrieren. Grundsätzlich gilt, dass normative Aussagen zum Vertrieb in hohem Maße von der Situation im Einzelfall abhängig sind.

3.2 Branchenspezifische Besonderheiten des Vertriebs in Gründungsunternehmen

Anforderungen an den Vertrieb sind stark von der Branche abhängig. Vertrieb in einem Großhandelsunternehmen ist z. B. mit dem Vertrieb in einem Unternehmen, das kundenindividuelle Software für einen Industriebetrieb produziert, kaum vergleichbar. Ein Handelsunternehmen muss im Blick auf Vertrieb anders agieren als z. B. ein Industriebetrieb oder ein Finanzdienstleistungsunternehmen.

Das Spektrum möglicher Geschäftstypen reicht von fast reinen Sachleistungsanbietern bis hin zu fast reinen Dienstleistungsunternehmen, es kann um Konsumgüter oder um Industriegüter gehen. Im Bereich der Industriegüter ist z. B. an die unterschiedliche Situation von Unternehmen im Zuliefergeschäft, Produktgeschäft, Anlagengeschäft und Systemgeschäft zu denken (*Backhaus/Voeth* 2009, S. 206-207; *Albers/Krafft* 2013, S. 22-26).

Es wird deshalb im Folgenden zum einen ein Abstraktionsgrad gewählt, der möglichst viele Branchen abdeckt; zum anderen wird an einen Geschäftstyp angeknüpft, der dem eigenen Erfahrungsbereich entspricht. Im Vordergrund werden Industriegüterhersteller stehen, die primär im Bereich des Zuliefergeschäfts und des Produktgeschäfts tätig sind. Dabei kann es sich um Sach- und Dienstleistungen oder um Kombinationen dieser Güter handeln. Die anderen Arten der Geschäftstätigkeit werden nicht im Vordergrund stehen.

4 Gestaltungsdimensionen im Vertrieb eines Gründungsunternehmens

4.1 Kernprozesse und unterstützende Prozesse im Vertrieb

Fragen des Vertriebs werden wie andere Aktivitäten im Unternehmen zunehmend unter prozessorientiertem Aspekt behandelt (vgl. *Schmelzer* 2005, S. 47). Prozesse sind als wertschöpfende Bündel von Aktivitäten zu verstehen, die für interne oder externe Abnehmer relativ eigenständige Werte darstellen. Zu unterscheiden sind Kernprozesse und unterstützende Prozesse. Kernprozesse sind die Schlüsselprozesse für den Erfolg des Unternehmens. Die unterstützenden Aktivitäten bieten Hilfestellung bei der Durchführung der Kernprozesse. In Prozessen werden Ressourcen genutzt; die Prozessresultate sollen Nutzen bei internen oder externen Kunden führen.

Kernprozesse des Vertriebs sind z. B. in Industriebetrieben normalerweise:

- der Kundenakquisitionsprozess, der bei Erfolg mit dem Eingang einer Anfrage abschließt,
- der Anfragen- und Angebotsbearbeitungsprozess, der bei Erfolg zu einem Auftrag führt,
- der Auftragsbearbeitungs- und -abwicklungsprozess, der mit der Auslieferung des bestellten Produkts an den Kunden und mit der Fakturierung endet,
- der Kundenbindungsprozess in der Verbrauchs- und Nutzungsphase beim Kunden mit Zahlungsabwicklung, Service- und Reparaturleistungen und sonstigen Maßnahmen zur Erhaltung und zum Ausbau der Geschäftsbeziehung,

- der Redistributionsprozess, der mit der Zuführung der Altprodukte zu Recycling- und Entsorgungsunternehmen endet. Dieser Prozess ist allerdings häufig kein Gegenstand vertrieblicher Tätigkeiten; insbesondere Distributionsorgane sind jedoch nicht selten in diesen Prozess eingebunden.

Diese Kernprozesse sind in ein **Geschäftsbeziehungsmanagement** eingebettet (vgl. Abb. 4.1). Hauptziele sind unter diesem Aspekt die Neukundengewinnung, die Kundenbindung, die Kundenaufgabe oder -abgabe[1] und die Kundenrückgewinnung.

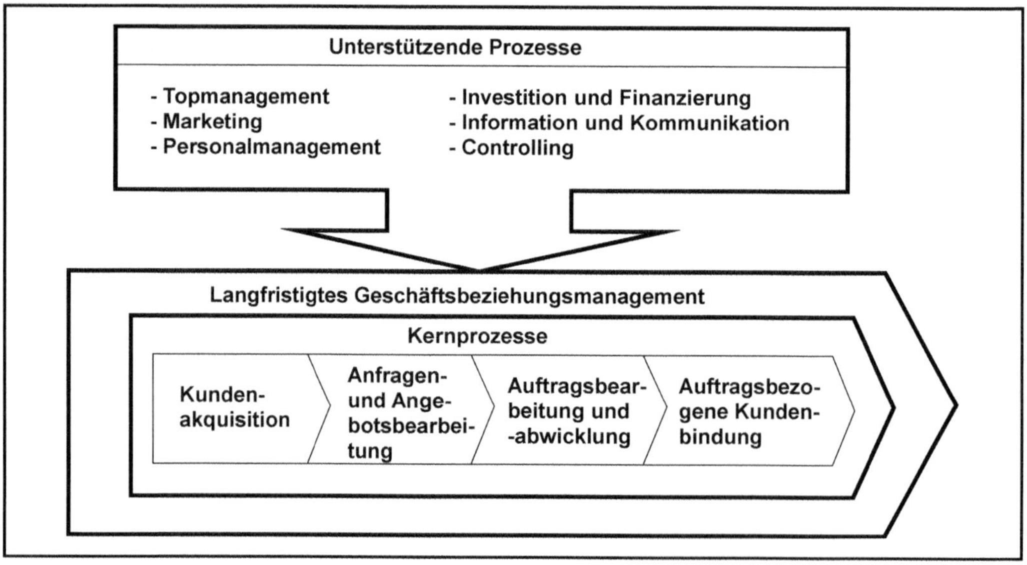

Abb. 4.1: Kernprozesse und unterstützende Prozesse im Vertrieb
Quelle: vgl. *Specht* 2003, S. 346

Zu den **unterstützenden Prozessen** gehören im Vertrieb Aktivitäten in den Bereichen:

- Topmanagement,
- Marketingunterstützung (z. B. die Marketingplanung, das Produktmanagement, die Werbeplanung und Marktforschung)
- Personalmanagement,
- Management der Investitionen und der Finanzierung,

---

[1] Kundenaufgabe oder -abgabe kann zweckmäßig sein, wenn der Kundenwert negativ ist (vgl. zum Kundenwertmanagement *Eberling* 2002)

- Management der technischen Informations- und Kommunikationsinfrastruktur,
- Management der Planungs- und Informationssysteme und -prozesse inklusive Controlling (vgl. *Küpper* 1995, Sp. 2623-2633).

Kernprozesse und unterstützende Prozesse des Vertriebs sind im Gründungsunternehmen strategisch und operativ zu planen. Kernprozesse weisen unternehmensspezifische Merkmale auf.

In Gründungsunternehmen sind sowohl die Kernprozesse als auch die unterstützenden Prozesse vielfach nur partiell strukturiert. „Durchwursteln" bzw. „Muddling Through" (*Lindblohm* 1964, S. 155-165) ist vor allem in Randbereichen der Geschäftstätigkeit in jungen Unternehmen fast normaler Verhaltensstil, weil der Zeitdruck mit dem Zwang zur Setzung von Prioritäten oft eine Vernachlässigung von Organisationsfragen mit sich bringt. Damit ist einerseits ein hohes Maß an Flexibilität verbunden. Andererseits beeinflusst die geringe Regelungsdichte mit zunehmender Mitarbeiterzahl vor allem Qualität und Kosten negativ. Mit dem Aufbau des Unternehmens müssen deshalb die Prozessstrukturen möglichst schnell und anforderungsgerecht verfeinert werden. Ziel muss es sein, die Prozesse im Vertrieb zusammen mit einer Prozesslandschaft für das ganze Unternehmen bestmöglich zu entwickeln, damit die in der Startphase kaum vorhandenen Schnittstellenprobleme auch im wachsenden Unternehmen nicht zu gravierenden Problemen führen. Eine geordnete Prozesslandschaft ist ohnehin Voraussetzung für die Zertifizierung nach vorherrschenden Normen, auf die auch junge Unternehmen kaum verzichten können.

4.2 Ressourcen im Vertrieb

Ressourcen sind die Einsatzmittel eines Unternehmens. Sie ermöglichen wertschöpfende Prozesse und Aktivitäten und sind die Basis der Kompetenz eines Unternehmens. Im Sinne des kompetenzorientierten Ansatzes in der Literatur zum Strategischen Management sind Ressourcen nachhaltige, unternehmensspezifische, historisch einzigartige, schwer durchschaubare, meist sozial komplexe, kaum imitierbare, schwer transferierbare wettbewerbsrelevante Bündel von Inputgütern (vgl. *Freiling* 2001, S. 11-27; *Specht* 2002b, S. 6; *Freiling et al.* 2006, S. 55; zu Kernkompetenzen vgl. *Prahalad/Hamel* 1990, S. 79-91; *Rasche* 1994).

In einem Gründungsunternehmen sind die Ressourcen stark durch den Gründer geprägt. Die soziale Komplexität der Ressourcensituation hat geringes Gewicht. Mit dem Wachstum des Unternehmens entwickeln sich die Ressourcen mehr oder weniger unternehmensindividuell. Es kommt darauf an, die Ressourcenentwicklung doppelt auszurichten, nämlich zum einen in Richtung zunehmender Kunden- und Wettbewerbsorientierung und zum anderen in Orientierung an den eigenen Möglichkeiten zur Weiterentwicklung der Leistungspotenziale. Dabei darf nicht übersehen werden, dass es sich um interne und externe Ressourcen des Unternehmens handelt.

Interne Ressourcen im Vertrieb eines Gründungsunternehmens sind vor allem:

- der geschäftsführende Gründer und evtl. die sonstigen Mitarbeiter, die primär oder teilweise im Vertrieb tätig sind, mit ihrer Kompetenz, ihrer Motivation und speziell ihrer Freundlichkeit und Vertrauenswürdigkeit im Umgang mit anderen Personen,
- die verfügbaren Betriebsmittel (z. B. Standort, Gebäude, Fahrzeuge, Informations- und Kommunikationstechnologie, verfügbare Informationen über den Markt, Finanzmittel),
- die verfügbare vertriebsunterstützende Organisation (wie z. B. nutzbare Vertriebssoftware, die Kultur im Vertrieb) sowie
- die implizit oder explizit verfolgte Vertriebsstrategie im status nascendi des Unternehmens.

Externe Ressourcen im Vertrieb eines Gründungsunternehmens sind z. B.:

- die verfügbaren sozialen Netze (Familie, Freundeskreis, Bekannte),
- bereits aufgebaute, nutzbare Absatzwege,
- die Bonität und Zufriedenheit erster Kunden,
- das erreichte Maß der Kundenbindung in den Geschäftsbeziehungen mit ersten Kunden, die Attraktivität des bisherigen Kundenportfolios,
- erste Geschäftsbeziehungen mit Lieferanten sowie sonstigen Geschäftspartnern und Behörden,
- die Attraktivität des Unternehmens bei leistungsfähigen potenziellen Vertriebsmitarbeitern und externen Dienstleistungspartnern und die
- nutzbaren externen Betriebsmittel (wie z. B. verfügbare Betriebsmittel in einem Gründerzentrum).

Die externen und internen Ressourcen im Vertrieb weisen in hohem Maße spezifische, vielfach intangible Kompetenzen auf. Als Schnittstelle zum Kunden ist der Vertrieb mit seinen Ressourcen ein zentraler Erfolgsfaktor des Unternehmens. Probleme an dieser Schnittstelle beeinflussen den Wert des Unternehmens insgesamt.

In einem Gründungsunternehmen haben sich häufig noch nicht jene Ressourcenbündel herausgebildet, die ein etabliertes Unternehmen i. d. R. historisch einzigartig machen und nachhaltigen Erfolg bewirken. Außerdem ist Gründern häufig unklar, wie ihre ressourcenbedingten Stärken und Schwächen aussehen. Es ist deshalb von großer Bedeutung für das Unternehmen, die Qualität und Quantität der Ressourcen im Blick auf die Anforderungen in den bearbeiteten Märkten und Marktsegmenten zu überprüfen, erkennbare Schwächen zu vermindern und die Stärken auszubauen. Dies gilt vor allem für die Merkmale und das Verhalten der Vertriebspersonen, für die Struktur des Vertriebssystems bzw. für die Absatzwege zum Kunden, für die Verteilung des Zeit- und Finanzbudgets auf den Vertrieb und andere betriebliche Prozesse. Zu fragen ist z. B., wie fehlende Ressourcen z. B. durch die Kooperation mit anderen Unternehmen kompensiert werden können. Letztlich geht es um eine optimale Infrastruktur für die Abwicklung von Vertriebsprozessen. Dieses Problem verschärft sich bei industriellen Gründungsunternehmen durch die Internationalisierung der Märkte.

4.3 Leistungsprogramme des Vertriebs

Leistungsprogramme des Vertriebs sind die geplanten Resultate bzw. Leistungen des Vertriebs, die gegenüber internen und externen Kunden erbracht und von diesen wahrgenommen werden oder wahrgenommen werden sollen. In erster Linie kommt es dabei auf Leistungen gegenüber externen Kunden an. Dabei ist sowohl an Leistungen für Endkunden, als auch an Leistungen für Absatzmittler (Groß- und Einzelhändler) zu denken. Die Vertriebsleistungen sind so zu gestalten, dass die Unternehmensziele bestmöglich erreicht werden.

Zu den erwünschten **Leistungsergebnissen** des Vertriebs gehören z.B:

- anforderungsgerechte Sach- und Dienstleistungsprogramme mit der Möglichkeit zur Erfüllung von Sonderwünschen individueller Kunden,
- anforderungsgerechter Lieferservice der Distributionslogistik auf jeder Stufe der Absatzkanäle,
- im Markt akzeptierte Preise, Konditionen, Zahlungsmodalitäten, die ausreichende Deckungsbeiträge zulassen,
- kunden- und wettbewerbsgerechte Vertriebswege,
- anforderungsgerechte Vertriebsformen,
- kundenfreundliche, kompetente, motivierte Verkaufspersonen,
- Einsatzmodalitäten für Reisende und Vertreter, die Kunden- und Anbieteranforderungen genügen,
- anforderungsgerechte Betreuung der Kunden, speziell der Schlüsselkunden,
- anforderungsgerechte integrierte Kommunikation mit einem funktionsfähigen Beschwerde- und Reklamationsmanagement,
- anforderungsgerechte Absatzfinanzierung,
- anforderungsgerechte Vertragsgestaltung,

- anforderungsgerechte Auftrags- und Zahlungsabwicklung und einen Kundenservice, der die Kunden nicht nur zufrieden stellt, sondern gelegentlich positiv überrascht (vgl. *Specht* 2003, S. 348).

Die Leistungsergebnisse des Vertriebs dürfen aber nicht nur im Blick auf derart allgemeine Resultate analysiert und geplant werden; wichtig ist auch eine nach Kernprozessen im Vertrieb und nach unterstützenden Aktivitäten differenzierte Sicht. So muss z. B. nach tatsächlichen oder erwünschten Leistungsresultaten im Kundenakquisitionsprozess, im Anfragen- und Angebotsbearbeitungsprozess, im Auftragsbearbeitungs- und Abwicklungsprozess, im Zahlungsabwicklungs- und Gewährleistungsprozess und im Redistributionsprozess gefragt werden. Erst dann kann die Suche nach Verbesserungspotenzialen erfolgreich sein.

Auch im Bereich der Leistungsprogramme der Unternehmen ist in erheblichem Maße mit spezifischen Kompetenzen zu rechnen, die zu einem großen Teil zu den "tacit assets" des Unternehmens gehören. In Gründungsunternehmen ist darauf zu achten, dass die Leistungsprogramme derart gestaltet werden, dass sie nachhaltigen Erfolg ermöglichen.

5 Ziele im Vertrieb eines Gründungsunternehmens

Die zentralen inhaltlichen Zieldimensionen im Vertrieb betreffen auch in Gründungsunternehmen die kundenbezogenen Ziele, die Vertriebsprozessziele und ressourcenbezogenen Ziele.

Kundenbezogene Ziele im Gründungsunternehmen beziehen sich auf alle bereits genannten Komponenten des Leistungsprogramms im Vertrieb (vgl. Kap. 4.3). Besonders wichtig sind vor allem die schnelle Steigerung des Bekanntheitsgrads und des angestrebten Wissens bei den Kundenzielgruppen, die Erreichung definierter Einstellungs- bzw. Imageziele bei potenziellen Kunden, die Erzielung von Kaufabsichten bei potenziellen Kunden, definierte Auftragseingangs- und Umsatzziele, quantifizierte Deckungsbeitragsziele, Kundenzufriedenheitsziele und Kundenbindungsziele.

Im Blick auf *Vertriebsprozessziele* interessieren vor allem relativ niedrige Prozesskosten, nachhaltig hohe Prozessqualität, hohe Flexibilität und hohe Prozessgeschwindigkeit im Vertrieb.

Ressourcenbezogene Ziele betreffen den Aufbau der Leistungspotenziale für den Vertrieb, nämlich das Team der Verkaufspersonen im eigenen Unternehmen und in Partnerunternehmen im Vertrieb, die Verkaufsorganisation des eigenen Unternehmens, das System der Vertriebskanäle, die Informationssysteme für den Vertrieb. Es gilt, bei der Ressourcenentwicklung ein Leistungspotenzial zu generieren, das in bestmöglicher Weise für die Erreichung von Prozesszielen und Zielen beim Kunden geeignet ist.

Letztlich kommt es im Vertrieb auf die Erfüllung von Anforderungen externer Kunden an. Vertriebsprozesse müssen vom Kunden her und auf den Kunden hin geführt werden (vgl. *Schmelzer* 2005, S. 48). Die Leistungen des Vertriebs müssen kontrolliert werden. Zielabweichungen sind zu analysieren, die Realisierung von Verbesserungen ist eine ständige Aufgabe. Es geht generell um Effektivität und Effizienz der Maßnahmen im Vertrieb.

Kunden	
Neukundengewinnung	- Zahl neuer Kunden pro Periode
Zufriedenheit	- Erfüllungsgrade von Anforderungen
Kundenbindung	- Zahl verlorener Aufträge - Wiederkaufindex
Interne Prozesse	
Produktivität	- Mitarbeiterproduktivität - Effizienz im Vertrieb - Umschlagshäufigkeit
Kosten	- Vertriebskostenindikator - Logistikkostenindikator
Leistungen	- Zahl der Kundenbesuche - Zahl der Angebote

Finanzen	
Liquidität	- Liquiditätsgrad - Cash Flow
Rentabilität	- Eigenkapitalrentabilität - Umsatzrentabilität - Deckungsbeiträge
Wachstum	- Abgesetzte Stückzahlen - Umsatzwachstum
Lernen und Innovation	
Innovation	- Zahl der Verbesserungsvorschläge - Anteil realisierter Verbesserungsvorschläge
Lernen	- Zahl der Schulungen - Zahl der Lerngruppen

Strategie

Abb. 5.1: Beispiel für einen vertriebsorientierten Auszug aus einer Balanced Score Card

Quelle: *Eigene Darstellung*

Handlungsrelevant können Ziele nur dann sein, wenn ihr Inhalt, ihr Umfang und ihr zeitlicher Bezug operational formuliert werden. Ein geeignetes Instrument zur Umsetzung strategischer Ziele ist die *Balanced Score Card*. Die Balanced Score Card überführt die Unternehmensstrategie in ein integriertes Zielsystem für verschiedene Zielbereiche, in Kennzahlen und Planwerte und schließlich in Handlungsanweisungen. Im Verlauf der Realisierung werden entsprechende Istwerte registriert (vgl. *Balderjahn/Specht* 2011, S. 126; *Albers/Krafft* 2013, S. 323-325).

Die Balanced Score Card kann die Vertriebsziele in einen Gesamtzusammenhang aller wichtigen Ziele des Unternehmens integrieren. Dies gilt speziell für die kundenbezogenen Ziele, die Ziele im Blick auf die internen Prozesse, die Ziele im Bereich Lernen und Innovation sowie für die finanziellen Ziele. Damit ist zugleich eine Konzentration der Zielverfolgung auf besonders wichtige Ziele verbunden. Ein Beispiel ist in Abb. 5.1 zu finden.

6 Strategische Basisentscheidungen im Vertrieb

Strategische Basisentscheidungen im Vertrieb sind Rahmenentscheidungen, die i. d. R. auf lange Sicht getroffen werden; sie sind ohne starke Gefährdung des Unternehmens nur schwer oder nicht revidierbar. Änderungen bei Basisentscheidungen verursachen relativ hohe Kosten, relativ hohen Einsatz neuer Finanzierungsmittel und erheblichen Zeitaufwand. In vielen Fällen scheitern junge Unternehmen an notwendigen Änderungen strategischer Art.

Strategische Entscheidungen im Vertrieb müssen übergeordnete strategische Entscheidungen für das gesamte Unternehmen unterstützen. Sie werden in enger Abstimmung mit der Entwicklung von Marketingkonzepten im Blick auf das angestrebte Image bei den Kunden und im Blick auf nachhaltig angestrebte Wettbewerbsvorteile der Sach- und Dienstleistungen des Unternehmens getroffen. Vertriebsstrategien und Strategien in anderen Komponenten des Marketing-Mix müssen ganzheitlich konzipiert sein. Dies gilt speziell für die Verknüpfung mit Kommunikations-, Verkaufsförderungs- und Preisstrategien.

Vertriebsstrategien betreffen speziell die Art und Intensität der Bearbeitung der Geschäftsfelder und der Marktsegmente des Unternehmens, den Aufbau von Vertriebswegen als direkte und/oder indirekte Vertriebswege, als Einkanal- und/oder Mehrkanalsysteme, als autonomen und/oder kooperativen Vertrieb sowie als Offline- und/oder OnlineVertrieb (vgl. *Specht/Fritz* 2005, S. 162-216), die Weiterentwicklung des Kundenportfolios, den strategischen Einsatz und die strategische Weiterentwicklung von Vertriebspersonen und der Vertriebsorganisation, das Anreizsystem im Vertrieb zur Steigerung der Motivation von Vertriebsmitarbeitern, die strategische Umsetzung übergeordneter Preisstrategien, den Aufbau eines Vertriebsinformations- und Controllingsystems und die Weiterentwicklung der Vertriebskultur.

Besonders hervorzuheben ist die hohe Bedeutung der Persönlichkeitsmerkmale, der sozialen und der fachlichen Kompetenz sowie der Identifikation der Vertriebsmitarbeiter mit dem Unternehmen sowie ihre Motivation (vgl. *Homburg et al.* 2012, S. 261-283). Diesem Aspekt muss speziell in jungen Unternehmen mit strategischen Entscheidungen entsprochen werden. Personalentscheidungen im Vertrieb haben in Gründungsunternehmen wegen der geringen Mitarbeiterzahl ein relativ großes Gewicht für die Unternehmensentwicklung. Die optimale Gestaltung der Schnittstelle zu den Kunden erfordert meist intensiven persönlichen Einsatz des Gründers im Vertrieb. „Technikverliebte“ Gründer, die sich gerne mit Produktentwicklung und Produktion beschäftigen und den persönlichen Einsatz im Vertrieb vernachlässigen, vielleicht sogar meiden, kommen nicht selten vor.

Gerade in den Gründungsunternehmen werden die Weichen für die Zukunft gestellt. Gründlichkeit der Planung bei diesen Entscheidungen ist deshalb besonders angebracht. Dennoch bleibt das Risiko relativ hoch, weil nahezu alle diese Entscheidungen in Gründungsunternehmen in hohem Maße innovativen Charakter besitzen; Routineentscheidungen in diesen Problemfeldern sind in Gründungsunternehmen nicht zu erwarten. All diese Entscheidungen prägen die Ressourcensituation in Zukunft.

7 Vertrieb in einzelnen Stadien eines Gründungsunternehmens

1. Vertrieb vor dem Start des Unternehmens

Bereits vor dem Start des Unternehmens muss der Gründer vertriebliche Initiativen ergreifen. Dabei geht es nicht nur um einen angemessenen Stellenwert des Vertriebs im Businesskonzept bzw. im Geschäftsmodell, sondern um konkrete vorbereitende Maßnahmen für den Vertrieb. Dabei spielen der gezielte Ausbau des sozialen Netzes des Gründers und die Kontaktaufnahme mit Unternehmen eine große Rolle. Regionale und/oder fachliche Cluster können dabei sehr hilfreich sein. Ein Beispiel ist das Zentrum für Satellitennavigation Hessen (Cesah), das als Galileo-Cluster und zugleich als Gründerzentrum konzipiert ist. Diese Initiative wird von etwa 15 fachlich kompetenten, kapitalstarken Unternehmen und Behörden getragen, die an der Entwicklung von Hard- und Software für Galileo interessiert sind. Diese Initiatoren sind zumindest zum Teil potenzielle Kunden für Gründungsunternehmen. Schon drei Monate nach der Gründung von Cesah im Oktober 2006 haben sieben Gründer aus dem In- und Ausland ihr Interesse an diesem Cluster angemeldet (*o.V.* 2007a, S. 52). Die lange Anlaufphase von Galileo ist nur mit finanzieller Unterstützung der Initiatoren zu überstehen.

Dem Gründungstyp 1 fällt die Nutzung und Ausweitung von Netzwerken deutlich leichter als dem Gründungstyp 2 (vgl. Kap. 3.1). Um so mehr muss beim Gründungstyp 2 getan werden. Zu denken ist z. B. auch an die systematische Suche nach geeigneten „Gründungspaten“ bzw. Förderern. Sie können helfen, Interesse bei potenziellen Kunden zu wecken, Referenzen zu schaffen und erste Aufträge zu akquirieren. Ein Beispiel für ein geeignetes Hilfsangebot ist die Aktion „Alt hilft Jung“, ein Zusammenschluss von Seniorenexperten in Deutschland, die junge Existenzgründer mit Rat und Tat helfen und dabei oft von örtlichen Banken und Kammerorganisationen unterstützt werden. Hilfreich sind in erster Linie Personen, die über zahlreiche, sehr gute persönliche Kontakte zu potenziellen Erstkunden verfügen. Naheliegend ist es, den bisherigen Arbeitgeber davon zu überzeugen, dass die Auftragsvergabe an einen Mitarbeiter, der in Zukunft selbstständig sein wird, für das bisherige Unternehmen eine gute Lösung ist.

2. Vom Start des Unternehmens zu interessierten Kunden

Intensive Kommunikation von Anfang an muss für schnelle Steigerung des Bekanntheitsgrads des Unternehmens und seiner Leistungen sorgen. Dazu gehören nicht nur eine auffallend gut gestaltete Homepage oder z. B. die gezielte Werbung in geeigneten Fachmedien, sondern vor allem intensive persönliche Kommunikation sowohl über das Telefon als auch von Angesicht zu Angesicht. Die Massenmedien sind für die Kommunikation eines Gründungsunternehmens kaum geeignet. Bestenfalls kommen ins Auge springende Kleinanzeigen in Frage. Das schmale Budget eines Gründers muss durch Originalität und Innovativität der Kommunikation kompensiert werden. Dazu gehören z. B. die stets kundenorientierte persönliche Kommunikation, innovative Formen der Online-Kommunikation, innovative Messestände, attraktive Ausstellungen im eigenen Hause, interessante Präsentationen beim Kunden, auffallende Verkaufsförderungsmaßnahmen und attraktive Events (vgl. *Bruhn* 2013, S. 250-263).

Speziell durch die intensive persönliche Kommunikation mit potenziellen Kunden kann das Gründungsunternehmen auf sehr kostengünstige Weise erfahren, welche Wünsche der Kunde besitzt, ob der Kunde die angebotenen Leistungen attraktiv empfindet und wie sein Angebot im Vergleich zu Konkurrenzangeboten eingeschätzt wird. Die in „Muster-Businessplänen" gelegentlich empfohlene Durchführung repräsentativer Marktforschungsstudien ist durch Gründungsunternehmen i. d. R. kaum finanzierbar. Erfolgversprechender sind speziell bei technologieorientierten Gründungen intensive persönliche Kontakte zu Lead-User-Kunden (vgl. *von Hippel* 1988). Lead-User gehören nicht nur zu den ersten Käufern von Innovationen, sondern sie geben sich nicht mit den im Markt angebotenen Produkten zufrieden; sie sind bereit, zusammen mit einem Anbieter bestehende Lösungen weiter zu entwickeln. Daraus können sich nachhaltige Wettbewerbsvorteile ergeben, wenn das Gründungsunternehmen nicht nur die Lead-User im Blick hat, sondern auch die später kaufenden frühen Übernehmer sowie die frühe Mehrheit der Übernehmer.

3. Vom interessierten Kunden zum Erstkauf

Interessierten Kunden müssen Kanäle angeboten werden, über die sie ihr Interesse dem Anbieter mitteilen können. Die Interessenten wenden sich normalerweise über E-Mail, über Telefon, per Brief oder persönlich an den Anbieter, um weitere Informationen über die angebotenen Leistungen und über das Unternehmen zu erhalten. Damit besteht für das Gründungsunternehmen die Chance, bei der Konkretisierung des Bedarfs des potenziellen Kunden mitzuwirken. Zugleich kann beim potenziellen Kunden Vertrauen aufgebaut und ein Commitment, eine zunehmende Selbstverpflichtung gegenüber dem Gesprächspartner, bewirkt werden. Diese Prozesse müssen speziell in Gründungsunternehmen durch die Angabe überzeugender Referenzen unterstützt werden. Wird diese Chance erfolgreich genutzt, so erhält der Anbieter in der Regel eine mehr oder weniger konkrete Anfrage. Die eingehenden Anfragen müssen einer eingehenden Prüfung unterzogen werden. Dabei sind viele erfolgsrelevante Kriterien zu berücksichtigen. Zu denken ist vor allem an die Bonität des potenziellen Kunden, an die Machbarkeit des Auftrags in der zulässigen Lieferzeit, an die Kosten der Auftragsabwicklung, an den Spielraum bei der Preis- und Konditionengestaltung, an den Aufwand bei der Angebotserstellung und an die Serviceanforderungen. Erst nach einer derartigen Anfragenselektion, die mit vefügbaren Checklisten unterstützt werden kann (vgl. *Backhaus/Voeth* 2009, S. 334-350), beginnt die Ausarbeitung eines Angebots.

Anschließend wird das Angebot erarbeitet und übergeben. Mit diesem Angebot präsentiert sich das Unternehmen gegenüber dem Kunden in aussagefähiger Form. Der potenzielle Kunde muss aus dem Angebot alle ihn interessierenden Informationen entnehmen können und zugleich muss er den Eindruck haben, dass der Anbieter das Angebot mit größtem Einfühlungsvermögen in die Probleme des Anfragenden und mit höchster Sorgfalt angefertigt hat. Bilder des Kaufgegenstands, Muster, Vorführungen der Leistungen und ähnliche Konkretisierungen der zu erwartenden Leistungen können die attraktive Wirkung des Angebots verstärken.

Es ist speziell in Gründungsunternehmen nicht angebracht, in erster Linie über den niedrigsten Angebotspreis aufzufallen. Damit werden die kurz- und langfristig verfügbaren Preisspielräume unangemessen eingeengt. Es ist nicht zu erwarten, dass ein Gründungsunternehmen in einem zunehmend globalen Wettbewerb nachhaltig den niedrigsten Preis durchhalten kann. Ein Gründungsunternehmen ohne nicht-preisliche Wettbewerbsvorteile ist kaum überlebensfähig.

Wichtig ist, eine Chance zu Verhandlungen über das Angebot zu erhalten, wenn Verhandlungen nach Angebotsabgabe üblich sind. Strategien und Taktiken des Verhandlungsverhaltens müssen geplant und realisiert werden. Das Lernen aus Erfolgen und Misserfolgen bei solchen Verhandlungen ist ein normaler Vorgang.

Beim Abschluss des Kaufvertrags ist daran zu denken, dass die Chancen und Risiken in der Auftragsabwicklung vollständig berücksichtigt und im Rahmen der vereinbarten Preise und Konditionen vertretbar sind. Erkennbare Risiken dürfen das Unternehmen nicht gefährden. Zu einem erfolgreichen Risikomanagement gehört es außerdem, den Umsatzanteil einzelner Kunden im Kundenportfolio zu begrenzen. In Gründungsunternehmen ist dies ein Problem, das nur im Laufe der Zeit zu lösen ist, weil anfangs einzelne Kunden ein großes Gewicht haben. Die Bonität der ersten Kunden ist deshalb von zentraler Bedeutung.

4. Vom Erstkauf zum zufriedenen Kunden

Das Gründungsunternehmen muss alles tun, um aus dem Erstkäufer einen zufriedenen, evtl. sogar positiv überraschten, begeisterten Kunden zu machen. Zufriedene Kunden sind nur dann möglich, wenn aus Sicht des Kunden alle Leistungen vor dem Kauf, während des Kaufvorgangs und nach dem Kauf ein Höchstmaß an Qualität aufweisen. Da mit der Zahl wahrgenommener Mängel die Kundenzufriedenheit sinkt und mit sinkender

Kundenzufriedenheit die Loyalität gegenüber dem Unternehmen abnimmt, kommt es darauf an, keine relevanten Fehler zu verursachen.

Dieser Ursache-Wirkungs-Zusammenhang gilt auch für den Vertrieb. Spezifische Anforderungen im Vertrieb sind z. B. Anforderungen an Vertriebspersonen, logistische Anforderungen und Anforderungen an den Service in der Nutzungsphase von Produkten. Zu den Anforderungen an die Vertriebspersonen gehören vor allem die fachkundige Beratung, die gute Erreichbarkeit, die Schnelligkeit der Reaktion auf Anfragen, die Zuverlässigkeit und Qualität der Zusagen, die Bereitschaft zur Zusammenarbeit und die Freundlichkeit gegenüber den Kunden in allen Situationen. Logistische Anforderungen betreffen die Lieferzeit, die Lieferzuverlässigkeit, die Liefergenauigkeit, den Zustand der gelieferten Produkte sowie die Lieferflexibilität. Die Flexibilität bezieht sich speziell auf die Kompatibilität der Logistiksysteme, auf die Liefermodalitäten und auf die Versorgung der Kunden mit Informationen zur Auftragsabwicklung (vgl. *Pfohl* 2004, S. 36). Serviceanforderungen beziehen sich auf die Montage, die Bedienungsanleitungen, die Benutzerschulung, die Wartung, die Ersatzteilversorgung, das Umtauschrecht und die Zahlungsmodalitäten.

Die Einhaltung all dieser Anforderungen an den Vertrieb ist nur durch differenzierte Kontrolle der Kundenzufriedenheit mittels Befragungen, durch ein aktives Beschwerde- und Reklamationsmanagement und durch ein funktionierendes Qualitätsmanagement zu erreichen.

5. Vom zufriedenen Kunden zum Wiederkäufer

Zufriedene, evtl. begeisterte Kunden sind nicht nur bereit, bei gleichartigem Bedarf erneut beim gleichen Lieferanten zu kaufen; solche Kunden sind darüber hinaus potenzielle Referenzen und Meinungsführer. Nur ein relativ hoher Anteil zufriedener Kunden ermöglicht eine überdurchschnittliche Rentabilität des Unternehmens, weil die Akquisitionskosten sinken, die Chance für Cross-Selling-Verkäufe an den gleichen Kunden zunimmt, die allgemeinen Vertriebs- und Verwaltungskosten sinken, der Kunde kostenlose Mund-zu-Mund-Werbung betreibt und bei Wiederkäufern ein Preis realisiert werden kann, der deutlich über den Preisen von Wettbewerbern liegt (vgl. *Lehmann* 1993, S. 14). Loyale Wiederkäufer sind normalerweise bereit, im Vergleich mit Wettbewerbern einen zwischen 5 % und 10 % höheren Preis zu zahlen, weil sie die Risiken eines Lieferantenwechsels in der Bewertung der verschiedenen Angebote entsprechend berücksichtigen.

Wachstum des Unternehmens erfordert i. d. R. auch im Vertrieb zusätzliches Personal. Hervorragende Verkäufer sind äußerst selten. Der Gründer muss sich deshalb ständig nach guten Mitarbeitern umschauen. Ihre Identifikation mit dem Unternehmen und ihre Motivation erfordert höchste Aufmerksamkeit des Gründungsunternehmers.

8 Schlussbemerkung

Vertrieb ist in vielfältiger Weise mit anderen Prozessen im Unternehmen verbunden. Gründungsunternehmen haben den Vorteil, dass die Komplexität dieser Beziehungen relativ gering ist, weil das Unternehmen normalerweise eine gut überschaubare Größe aufweist. Diese Stärke ermöglicht Schnelligkeit und Zuverlässigkeit in allen Kernprozessen des Vertriebs und auch bei den unterstützenden Prozessen. Daraus ergeben sich strukturelle Vorteile gegenüber älteren und größeren Wettbewerbern. Alters- und größenbedingte Nachteile von Gründungsunternehmen lassen sich kompensieren, wenn das vorhandene Vorteilspotenzial genutzt wird. Der relative Erfolg vieler kleiner Unternehmen im Wettbewerb mit großen Unternehmen spricht dafür, dass vielen Gründungsunternehmen die Umsetzung der spezifischen Leistungsmöglichkeiten in Wettbewerbsvorteile gelingt.

Literaturverzeichnis

Albers, S., Krafft, M.: Vertriebsmanagement – Organisation - Planung - Controlling - Support. Springer Gabler, Wiesbaden (2013)

Backhaus, K., Voeth, M.: Industriegütermarketing. 9. Aufl., Vahlen, München (2009)

Balderjahn, I., Specht, G.: Einführung in die Betriebswirtschaftslehre. 6. Aufl., Schäffer-Poeschel, Stuttgart (2005)

Bonart, T.: Industrieller Vertrieb. Gabler, Wiesbaden (1999)

Bruhn, M.: Kommunikationspolitik. 7. Aufl., Vahlen, München (2013)

Bruhn, M., Homburg, C.: Gabler Marketing Lexikon. 2. Aufl., Gabler, Wiesbaden (2004)

Dehr, G., Donath, P.: Vertriebs-Management. Hanser, München (1999)

Eberling, G.: Kundenwertmanagement – Konzept zur wertorientierten Analyse und Gestaltung von Kundenbeziehungen. Deutscher Universitätsverlag, Wiesbaden (2002)

Freiling, J.: Resource-based View und ökonomische Theorie – Grundlagen und Positionierung des Ressourcenansatzes. Deutscher Universitätsverlag, Wiesbaden (2001)

Freiling, J., Gersch, M., Goeke, C.: Eine „Competence-based Theory of the Firm“ als marktprozesstheoretischer Ansatz. In: Schreyögg, G., Conrad, P. (Hrsg.) Management von Kompetenz, 37–82. Gabler, Wiesbaden (2006)

Heinemann, F.: Da weiß man, was man hat. Frankfurter Allgemeine Zeitung, Samstag 2. Juni 2001 127(15) (2001)

Hesse, J., Huckemann, M.: Erfolgsfaktoren des Vertriebs. In: Ahlert, D., Evanschitzky, H., Hesse, J. (Hrsg.) Exzellenz in Dienstleistung und Vertrieb, 61–88. Springer Gabler, Wiesbaden (2002)

Homburg, C.: Marketingmanagement – Strategie - Instrumente - Umsetzung – Unternehmensführung. 4. Aufl., Gabler, Wiesbaden (2012)

Homburg, C., Schäfer, H., Schneider, J.: Sales Excellence – Vertriebsmanagement mit System. 7. Aufl., Gabler, Wiesbaden (2012)

Jung, V.: Markteintrittsgestaltung neugegründeter Unternehmen. Lang, Frankfurt am Main (2004)

Küpper, H.-U.: Vertriebs-Controlling. In: Tietz, B., Köhler, R., Zentes, J. (Hrsg.) Handwörterbuch des Marketing, 2623–2633. 2. Aufl., Schäffer-Poeschel, Stuttgart (1995)

Kuhlmann, E.: Industrielles Vertriebsmanagement. Vahlen, München (2001)

Kuratko, D.F., Hodgetts, R.M.: Entrepreneurship – A Contemporary Approach. Harcourt College Publishers, San Diego (1989)

Lehmann, A.: Dienstleistungsmanagement – Strategien und Ansatzpunkte zur Schaffung von Servicequalität. Schäffer-Poeschel, Stuttgart (1993)

Lindblohm, C.E.: The Science of Muddling Through. In: Gore, W.J., Dyson, J.W. (Hrsg.) The Making of Decisions – A Reader in Administrative Behavior. Free Press of Glencoe, Glencoe (1964)

o.V.: Galileo nimmt Konturen an. Frankfurter Allgemeine Zeitung, 12. Januar 2007 10(52) (2007a)

o.V.: Wir wollen ein gutes Gründungsklima schaffen. Interview mit Michael Glos. VDMA Nachrichten 1(25) (2007b)

Palupski, R.: Gründungsmarketing. In: Diller, H. (Hrsg.) Vahlens großes Marketing Lexikon, 557–558. Vahlen, München (2001)

Pfohl, H.-C.: Logistiksysteme – Betriebswirtschaftliche Grundlagen. 7. Aufl., Springer, Berlin (2004)

Prahalad, C.K., Hamel, G.: The Core Competence of the Corporation. Harvard Business Review 3, 79–91 (1990)

Rapp, R., Storbacka, K., Kaario, K.: Strategisches Account Management – Mit CRM den Kundenwert steigern. Gabler, Wiesbaden (2002)

Rasche, C.: Wettbewerbsvorteile durch Kernkompetenzen – ein ressourcenorientierter Ansatz. Deutscher Universitätsverlag, Wiesbaden (1994)

Schmelzer, H.J.: Prozessorientiertes F&E-Management in der Industrie. In: Amelingmeyer, J., Harland, P.E. (Hrsg.) Technologiemanagement & Marketing, 45–62. Deutscher Universitätsverlag, Wiesbaden (2005)

Schröder, H., Diller, H.: Verkauf. In: Diller, H. (Hrsg.) Vahlens Großes Marketing Lexikon, 1749–1751. 2. Aufl., Vahlen, München (2001)

Specht, G. (2002a): Integration von Demand-Pull und Technology-Push im Innovationsmanagement. In: Böhler, S. (Hrsg.) Marketing-Management und Unternehmensführung, 481–502. Schäffer-Poeschel, Stuttgart (2002)

Specht, G.: Strategisches Kompetenzmanagement – Anspruch und Wirklichkeit. In: Specht, G., Amelingmeyer, J. (Hrsg.) Vorträge zum Symposium Strategische Kompetenzmanagement, 3–10. Darmstadt (2002b)

Specht, G.: Gestaltungsdimensionen und Intensität der Integration industrieller Vertriebssysteme bei internationalen Unternehmensakquisitionen. In: Wurl, H.-J.

(Hrsg.) Industrielles Beteiligungscontrolling, 337–363. Schäffer-Poeschel, Stuttgart (2003)

Specht, G., Fritz, W.: Distributionsmanagement. Kohlhammer, Stuttgart (2005)

Specht, G., Beckmann, C., Amelingmeyer, J.: F&E-Management – Kompetenz im Innovationsmanagement. Schäffer-Poeschel, Stuttgart (2002)

Von Hippel, E.: The Sources of Innovation. Oxford University Press, Oxford (1988)

Martin Reckenfelderbäumer

Die Preis- und Kontrahierungspolitik für Gründungsunternehmen - Entrepreneurial Contracting

Reckenfelderbäumer, Martin, Prof. Dr.
Inhaber des Lehrstuhls für Allgemeine BWL / Marketing
WHL Wissenschaftliche Hochschule Lahr
E-Mail: martin.reckenfelderbaeumer@whl-lahr.de.

1 Die Bedeutung der Preis-, Konditionen- und Kontrahierungspolitik im Rahmen von Unternehmensgründungen

1.1 Begriffsklärungen

Die Begriffe „Preispolitik", „Konditionenpolitik" und „Kontrahierungspolitik" sowie ihr Verhältnis zueinander werden im Schrifttum nicht immer einheitlich verwendet. Daher soll das dem vorliegenden Beitrag zu Grunde liegende Verständnis dieser elementaren Termini zunächst kurz erläutert werden, um Missverständnisse zu vermeiden.

Die Preispolitik beinhaltet die Festlegung des Leistungsentgelts (in der Regel monetärer Art), das Kunden zu zahlen haben, wenn sie eine bestimmte Leistung kaufen oder in Anspruch nehmen wollen. Neben der Festlegung eines Grundpreises umfasst die Preispolitik aber auch sämtliche Maßnahmen zur Differenzierung und Variation von Entgelten (*Freiling/Reckenfelderbäumer* 2010, S. 421).

Eng verbunden mit der Preispolitik ist die Konditionenpolitik. Zum Teil wird sie auch als deren Bestandteil gesehen (z. B. bei *Marschner* 1995, Sp. 1212). So werden im Rahmen der Konditionenpolitik z. B. Rabatte festgelegt, Skontovereinbarungen getroffen oder auch Lieferungs- und Zahlungsbedingungen fixiert. Da eine strikte Trennung von Preis- und Konditionenpolitik vor diesem Hintergrund kaum möglich erscheint, kann auch der Terminus „Gegenleistungspolitik" als Zusammenfassung aller preis- und konditionenpolitischen Maßnahmen verwendet werden (vgl. z. B. *Scheuch* 2007, S. 289 ff.). Wenn im Folgenden vereinfachend von „Preispolitik" die Rede ist, geschieht das, weil dieser Begriff verbreiteter ist als derjenige der Gegenleistungspolitik; er beinhaltet aber zumindest implizit immer auch die Gestaltung der Konditionen.

Der Begriff der Kontrahierungspolitik wird zum Teil synonym zu dem eben angesprochenen der Gegenleistungspolitik, also als Zusammenfassung von Preis- und Konditionenpolitik, verwendet. Abweichend davon soll Kontrahierungspolitik hier im Sinne von Vertragspolitik verstanden werden, die die Gestaltung und den Einsatz von Verträgen im Hinblick auf die Erfüllung angestrebter Unternehmensziele umfasst (*Engelhardt* 1990, S. 103). Aufgabe der Kontrahierungspolitik ist dabei konkret die vertragliche Festlegung von Leistung und Gegenleistung, wodurch sie eine Klammer um alle sonstigen Marketing-Instrumente schließt.

Eine wichtige Grundvoraussetzung für eine erfolgreiche Entgeltgestaltung liegt in der Erkenntnis, dass Preis- (und Konditionen-) politik niemals losgelöst von der Leistungspolitik gesehen werden sollten, denn potenzielle Nachfrager orientieren sich bei ihrer Kaufentscheidung an ihrem subjektiv wahrgenommenen Preis-Leistungs-Verhältnis.

Teilweise wird daher in der neueren Literatur sogar gefordert, eine leistungsorientierte Definition der Preispolitik im Sinne einer „Preis-Leistungs-Politik“ zu verwenden, wonach die Preispolitik dann „alle von den Zielen des Anbieters geleiteten und gesteuerten Aktivitäten zur Suche, Auswahl und Durchsetzung von Preis-Leistungs-Relationen und damit verbundenen Problemlösungen für Kunden“ beinhalten würde (*Diller* 2007, S. 180). Die weiteren Ausführungen werden zeigen, dass preispolitische Entscheidungen immer auch leistungspolitische Konsequenzen nach sich ziehen können – und auch umgekehrt. Im Sinne der Schwerpunktsetzung des vorliegenden Beitrags soll dennoch die Gegenleistungskomponente im Vordergrund stehen. Dabei können aus Raumgründen nicht alle relevanten Fragestellungen angesprochen werden. Ziel des Beitrags ist es vielmehr, einen systematischen Überblick zu den wichtigsten preis- und kontrahierungspolitischen Fragestellungen aus der Sicht von Gründungsunternehmen zu geben.

An Stelle von „Preispolitik“ ist in neuerer Zeit schließlich mehr und mehr mit synonymer Bedeutung von „Preismanagement“ die Rede, wodurch zum Ausdruck gebracht werden soll, dass die Preispolitik einen starken Wandel durchlaufen hat: „War es ursprünglich ‚nur' eine Rechenaufgabe, aus entsprechend differenzierten Kosteninformationen Entgelte zu ‚kalkulieren', so erweist sich Preispolitik heute als eine hoch komplexe Managementaufgabe, ja als umfassender Managementbereich mit einer großen Zahl strategischer und operativer Entscheidungsparameter und mit entsprechend umfassenden Planungs- und Kontrollaufgaben“ (*Diller* 2003, S. 5). Ein solches Preismanagement kann z. B. in drei Instrumentalbereiche unterteilt werden (vgl. *Pechtl* 2005, S. 11): die Preiskalkulation, die Preisdurchsetzung und das Preis-Controlling. Im vorliegenden Beitrag steht dabei die Preiskalkulation bzw. Preisbildung im Mittelpunkt, da diese für Unternehmensgründer zunächst einmal die größte Herausforderung darstellt. Am Rande werden allerdings auch die beiden anderen Aufgabenfelder des Preismanagements angesprochen.

1.2 Preis- und kontrahierungspolitische Herausforderungen im Kontext der Unternehmensgründung

Eine der wichtigsten Fragen, die im Rahmen der Unternehmensgründung beantwortet werden muss, ist diejenige nach dem „richtigen“ bzw. optimalen Preis für die angebotenen Leistungen. Der Preis ist ein nahezu jederzeit einsetzbares und oft sehr stark und kurzfristig wirkendes Marketing-Instrument: Ein Preis kann grundsätzlich jederzeit geändert werden (z. B. über individuelle Rabatte in einem Verkaufsgespräch) und damit den Absatz erleichtern bzw. in der jeweiligen Situation überhaupt erst ermöglichen. Derartig kurzfristig durchführbare und gleichermaßen wirksame Maßnahmen sind etwa in der Kommunikationspolitik (z. B. Änderung der Werbung) oder in der Distributionspolitik (z. B. Erschließung neuer Vertriebswege) kaum möglich. Damit wird die Preispolitik zu einem wichtigen, aber auch nicht ungefährlichen Instrument für den Anbieter, denn kurzfristig getroffene preispolitische Entscheidungen sind oft im Falle des Irrtums kaum ebenso kurzfristig wieder revidierbar. So kann eine Preisvereinbarung, bei der der Anbieter dem Kunden entgegengekommen ist, nicht einfach wieder zurückgenommen werden, wenn der Anbieter den Eindruck hat, die Zahlungsbereitschaft des Kunden hätte eigentlich doch höher gelegen. Vor diesem Hintergrund sind die folgenden weiteren Besonderheiten zu beachten, die die Preispolitik im Vergleich zu den anderen Marketing-Instrumenten aufzuweisen hat (*Simon* 1995, Sp. 2070):

- Preisänderungen haben häufig eine überproportional starke Auswirkung auf Absatz und Marktanteil. So wurde beispielsweise in empirischen Untersuchungen herausgefunden, dass eine Änderung des Preises um 10 Prozent die zehn- bis zwanzigfache Wirkung auf den Absatz hat wie eine Änderung des Werbebudgets um 10 Prozent.
- Die Kunden reagieren in der Regel schneller auf preispolitische Maßnahmen als auf Aktionen im Bereich der übrigen Marketing-Instrumente. Dies ist durch eine in vielen Bereichen hohe Preissensibilität zu erklären.
- Häufig reagieren auch die Konkurrenten sehr schnell und intensiv auf Preisänderungen (prägnantes Beispiel: Benzinpreise an Tankstellen). Aus diesem Grund ist es nur sehr eingeschränkt möglich, allein über den Preis dauerhafte Wettbewerbsvorteile zu erzielen, denn Preise können sehr leicht „kopiert“ werden und stellen nur dann ein langfristig wirksames Alleinstellungsmerkmal dar, wenn ein Anbieter wirklich dauerhaft zu konkurrenzlos günstigen Preisen anbieten kann, was in den wenigsten Fällen gegeben ist.

Daher sollten preispolitische Entscheidungen wohlüberlegt und auf der Basis zuverlässiger Informationen systematisch getroffen werden. Gerade Unternehmungsgründer stehen häufig vor dem Problem, dass sie nicht wissen, welchen Preis sie ansetzen sollen, um nicht entweder zu teuer zu sein, was die Unverkäuflichkeit der Leistungen nach sich ziehen könnte, oder aber eventuell auch „zu billig“, wodurch mögliche positive Ergebnisbeiträge gleichsam „verschenkt“ würden. Immer wieder werden daher bei der Preisbildung in in Gründung befindlichen und jungen Unternehmen Fehler gemacht, wie sie etwa in der folgenden Darstellung zum Ausdruck kommen.

Diese Fehler in der Preispolitik fließen zwangsläufig auch in die Vertragsgestaltung ein, so dass immer auch die Kontrahierungspolitik betroffen ist: Suboptimale Preise führen immer auch zu inhaltlich suboptimalen vertraglichen Vereinbarungen. Auf Grund dieser Kausalität erfolgt im folgenden Kapitel zunächst eine Fokussierung auf die Preispolitik von Gründungsunternehmen, bevor in Kap. 3 die Kontrahierungspolitik Gegenstand der Betrachtung sein wird.

In einer nicht-repräsentativen Umfrage in Kooperation mit dem Bundesverband der Deutschen Unternehmensberater (BDU) unter Beratern seines Fachverbandes „Management + Marketing" haben die GründerZeiten die wichtigsten Fehler ermittelt, die Existenzgründern und jungen Unternehmern bei der Preisgestaltung unterlaufen:

- **Keine Kalkulation**: Sie legen ihre Preise unsystematisch „aus dem Bauch heraus" fest, ohne detaillierte Kalkulation.
- **Kein Kostenüberblick**: Sie kennen ihre tatsächlichen Kosten nicht und schätzen diese bei der Preiskalkulation nur „über den Daumen" ab.
- **Personalkosten nicht berücksichtigt**: Sie grenzen ihren Leistungsumfang nicht genau genug ab und liefern mehr, als sie bezahlt bekommen. Sie kalkulieren vor allem den Faktor „Zeit" nicht oder nicht ausreichend ein. Er ist wichtig für die eigenen Personalkosten und die der Mitarbeiter.
- **Nur Kostenpreis**: Sie denken nur an die Kostenpreise und kalkulieren auf der Grundlage ihres Rechnungswesens. Dabei vernachlässigen sie aber die Marktpreise.
- **Keine Marktinformationen**: Sie haben zu wenig Informationen darüber, welche Preise im Wettbewerb auf dem Markt akzeptiert werden (Testkunden!).
- **Konkurrenz imitiert**: Sie „fahren" keine eigene Preisstrategie, mit der sie sich am Markt positionieren können. Sie ahmen „blind" die Preisstrategien ihrer Konkurrenten nach.
- **Falsche Erwartungen**: Sie orientieren sich bei der Preisgestaltung an zu hohen Umsatz- und Gewinnerwartungen.
- **Ohne Sicherheit**: Sie sichern ihre Preise nicht ab. Das heißt: Sie haben eventuelle Forderungsausfälle, auf den Markt kommende Nachahmer, Konkurrenten, die ihre Preise „aggressiv" unterbieten, oder auch notwendige Rabatte nicht einkalkuliert. Sie unterschätzen Belastungen, die erst nach einem gewissen Zeitraum anfallen, wie z.B. Steuern, Kreditrückzahlungen, Lohnkosten, Verwaltungsaufwand usw.
- **Angebot vernachlässigt**: Sie gestalten ihr Angebot allein „um den Preis herum". Das heißt: Sie vernachlässigen die Kostensituation und/oder die Qualität von Produkt oder Dienstleistung.
- **Fehlende Argumente**: Bei hochpreisigen Angeboten fehlen überzeugende Argumente für die Hochwertigkeit von Produkt oder Dienstleistung.

Abb. 1.1: Typische Fehler bei der Preisgestaltung
Quelle: *Bundesministerium für Wirtschaft und Technologie* 2010, S. 4

2 Grundlagen der Preispolitik für Gründungsunternehmen

2.1 Der Preisbildungsprozess im Überblick

Um zu möglichst zuverlässigen, gleichermaßen wirtschaftlich tragfähigen wie im Markt durchsetzbaren Preis zu gelangen, sollten Unternehmensgründer von Beginn an einem systematischen Preisbildungsprozess folgen, der sich über mehrere Stufen erstreckt. Dieser Prozess ist in Abb. 2.1 dargestellt.

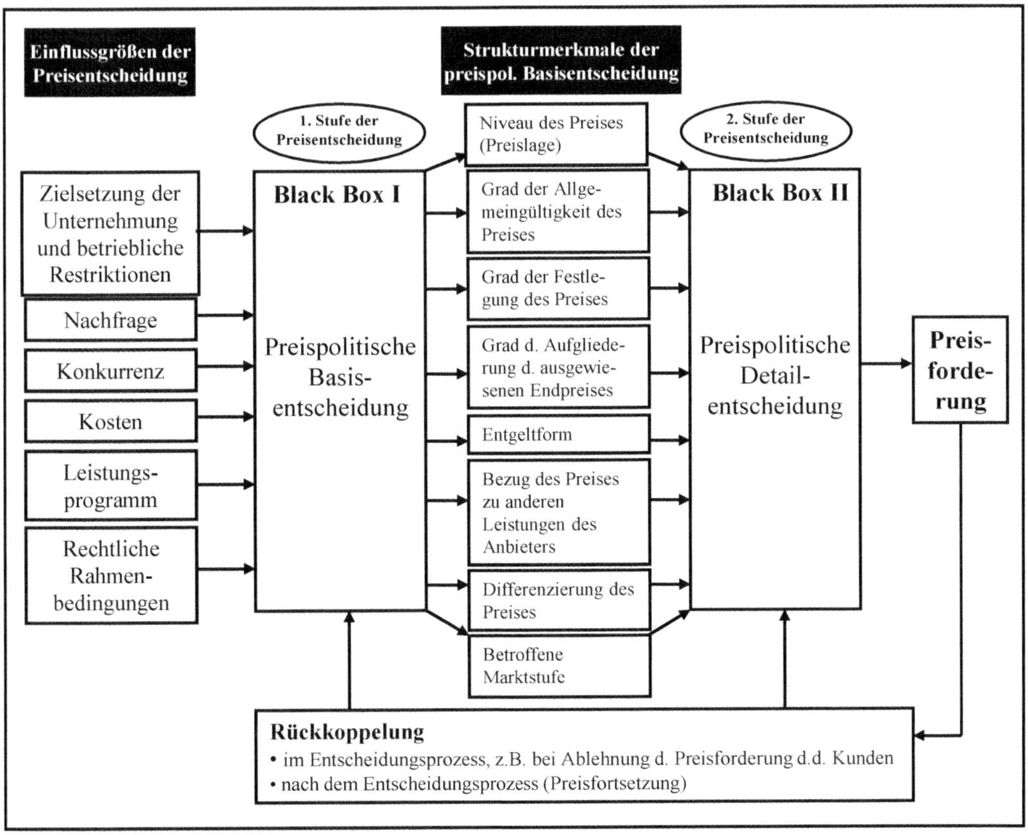

Abb. 2.1: Der Preisbildungsprozess
Quelle: *Engelhardt* 1990, S. 84

Die beiden Kernstufen des Preisbildungsprozesses sind zum einen die preispolitische Basisentscheidung und zum anderen die preispolitische Detailentscheidung. Im Rahmen der Basisentscheidung, die ein Unternehmensgründer zu treffen hat, muss er zunächst die relevanten Einflussgrößen auf die Preishöhe identifizieren und analysieren, wobei – anders als bei bestehenden Unternehmungen – ein Rückgriff auf in der Unternehmung bereits vorhandene Informationen (z. B. Statistiken, Rechnungsweseninformationen) regelmäßig nicht möglich ist, denn all diese Informationen müssen – insbesondere mit Hilfe einer Markt- und Unternehmungsanalyse – erst einmal beschafft werden, wobei viele Gründer nicht sorgfältig genug agieren (s. Abschn. 1.2). Die preispolitische Basisentscheidung liefert dann auf dieser Basis eine erste Grobfestlegung der Preishöhe (im Sinne eines Ausgangspreises für die weitere preispolitische Feinsteuerung) und der Modalitäten der Preissetzung.

Im Rahmen der preispolitischen Detailentscheidung geht es dann darum, im Einzelfall zu einer konkreten Preisforderung zu kommen, die es erlaubt, die Zahlungsbereitschaft der jeweiligen Nachfrager möglichst vollständig „abzuschöpfen". Dafür stehen im Rahmen der Preispolitik unterschiedliche Instrumente einer Feinsteuerung zur Verfügung, die in Abb. 2.1 als Strukturmerkmale der preispolitischen Basisentscheidung eingeordnet sind: Im Rahmen der Basisentscheidung sind Festlegungen darüber zu treffen, welche dieser Strukturmerkmale in welcher Form zum Einsatz innerhalb der späteren preispolitischen Detailentscheidungen gelangen sollen.

Einflussgrößen und Strukturmerkmale der Preisentscheidung werden in den folgenden Abschnitt erläutert. Dabei ist zu beachten, dass Unternehmensgründer die sich daraus ergebenden Methoden der Preisfindung in der Gründungsphase oft auch deshalb nicht anwenden, weil sie sie gar nicht kennen oder sie ihnen „fremd" und zu komplex erscheinen. So kann sich etwa der Gründer eines Transportdienstes mit einem Fahrzeug kaum in die Gestaltung der Tarifstrukturen einer großen Fluggesellschaft hineinversetzen, die computergestützt und unter Berücksichtigung aller denkbaren Informationen abläuft. Dennoch: Die Grundprinzipien der Preisgestaltung sind bei der Fluggesellschaft dieselben wie bei dem Kleinbetrieb. Daher sollten Unternehmensgründer von vornherein alle in Abb. 2.1 genannten Aspekte beachten, auch wenn noch nicht jede Gestaltungsoption von Anfang an genutzt wird.

2.2 Die grundlegenden Einflussgrößen der Preisentscheidung

Als erste Einflussgröße sind die Zielsetzungen zu nennen, die der Unternehmensgründer verfolgt und die nicht zuletzt in seinem Business Plan zum Ausdruck kommen sollten: Die angestrebte Absatzmenge sowie Umsatzziele sind hier in der Gründungsphase von besonderer Bedeutung, denn deren Realisierbarkeit hängt maßgeblich vom Preis ab, der für die Leistungen verlangt wird. Der Preis muss insofern aber auch auf die Gesamtstrategie des Gründungsunternehmens abgestimmt werden und sich an den Restriktionen orientieren, die bei der Strategieformulierung zu berücksichtigen sind, so z. B. Liquiditätsaspekte und Kapazitätsbeschränkungen: Ein „zu niedriger" Preis beim Markteintritt, der zu einer unerwartet hohen Nachfrage führt, kann etwa Kapazitäts- und Lieferengpässe zur Folge haben, die zum Verlust von Kunden führen, bevor sie überhaupt richtig gewonnen waren. Da hilft es dann wenig, wenn die Nachfrage die gesetzten Absatzziele übersteigt – im Gegenteil.

Fatale Folgen kann es haben, wenn bei der Preissetzung die Seite der Nachfrage unberücksichtigt bleibt, denn letzten Endes sind es immer die Abnehmer, die einen Preis akzeptieren müssen, damit ein Austauschprozess überhaupt zu Stande kommt. Dabei sind drei zentrale Aspekte von Bedeutung:

- Preiswahrnehmung: Nimmt der Nachfrager den Preis korrekt wahr oder hat er eventuelle falsche Vorstellungen?
- Preisbereitschaft: Ist der Nachfrager bereit und in der Lage, den geforderten Preis zu bezahlen?
- Preiswürdigkeit: Stimmt aus der Perspektive des Nachfragers das Preis-Leistungs-Verhältnis?

Vor diesem Hintergrund ist es für das Gründerunternehmen von entscheidender Bedeutung, herauszufinden, welche Absatzmenge bei welchem Preis realisiert werden kann, denn die Zahlungsfähigkeit und –bereitschaft kann bei unterschiedlichen Kunden oder Kundengruppen sehr unterschiedlich ausgeprägt sein. Es wird kaum gelingen, die Preis-Absatz-Funktion (s. zu deren Ermittlung z. B. *Sander* 2011, S. 476 ff.), die für alle alternativen Preise die jeweiligen Absatzmengen angibt, vollständig zu bestimmen. Sehr wohl aber ist es möglich, mit Hilfe der Marktforschung verwertbare Anhaltspunkte dafür zu bekommen, wie sich die Nachfrage bei alternativen Preisen verändern würde. Eine wichtige Rolle spielt in diesem Zusammenhang die Preiselastizität der Nachfrage. Darunter ist das Verhältnis der relativen Änderung der Absatzmenge (in der Regel gemessen in Prozent) zu einer relativen Preisänderung (ebenfalls in Prozent) zu verstehen. Die Preiselastizität kann somit auch als ein Maß für die Preissensibilität der Nachfrager interpretiert werden. Je preisunsensibler die Nachfrager sind, desto eher ergeben sich Spielräume für höhere Preise, denn desto weniger würde ein höherer Preis zu einem Absatzrückgang führen. Gleichzeitig würde ein niedrigerer Preis lediglich einen unterproportionalen Anstieg der Absatzmenge nach sich ziehen. Abbildung 2.2 zeigt beispielhaft, welche Faktoren tendenziell auf die Preissensibilität der Kunden einwirken können, wobei hier die Empfindlichkeit gegenüber höheren Preisen im Vordergrund steht.

Eine große Bedeutung für die Abschätzung der Absatzmengen bei alternativen Preisen hat die Frage, ob ein Gründungsunternehmen auf Märkten für Investitionsgüter (bzw. investive Dienstleistungen) oder auf Konsumgütermärkten (bzw. Märkten für konsumtive Dienstleistungen) tätig sein will. Im ersten Fall sind die Kunden Unternehmungen oder sonstige Organisationen (z. B. Behörden), bei denen die Zahl der potenziellen Abnehmer oft überschaubar ist, d. h. das Gründungsunternehmen kann die Preisbereitschaft der Kunden nicht selten unmittelbar durch Gespräche mit denselben herausfinden. Schwieriger ist es in den meisten Fällen im Konsumgüterbereich, da die Zahl der potenziellen Kunden deutlich höher ist und die Unternehmung zudem in einem „anonymen Massenmarkt“ agiert, bei dem die Endkunden nicht persönlich bekannt sind. Um hier zu Anhaltspunkten für die Preis-Absatz-Funktion zu kommen wird häufig die Conjoint-Analyse als Methode der Marktforschung vorgeschlagen (vgl. dazu z. B. *Hammann/Erichson* 2000, S. 373 ff.). Dieses Verfahren ist allerdings für Gründungsunternehmen vergleichsweise aufwendig.

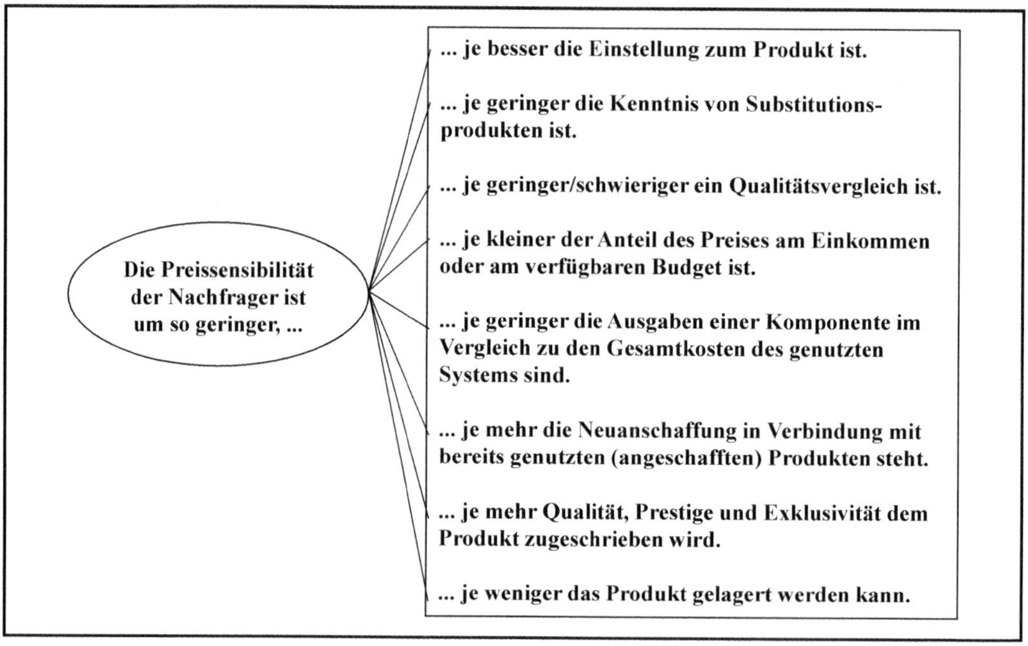

Abb. 2.2: Einflussfaktoren auf die Preisempfindlichkeit der Kunden
Quelle: *Rüggeberg* 2003, S. 14

Eine weitere Einflussgröße von erheblicher Bedeutung ist die Konkurrenz mit ihren Preisen. Nur selten wird ein Gründungsunternehmen einen neuen Markt schaffen, in dem es eine Monopolstellung einnehmen und dann die Preise ohne Berücksichtigung des aktuellen Wettbewerbs setzen könnte. In den weitaus meisten Fällen treten Unternehmensgründer in Märkte ein, die schon bestehen und in denen sich entsprechend bereits andere Anbieter engagieren. Die Nachfrager in diesen Märkten werden daher das Preis-Leistungs-Verhältnis des neuen Anbieters mit demjenigen der bestehenden vergleichen, um zu einer Kaufentscheidung zu gelangen. Je ähnlicher dabei die Leistungen des Newcomers im Vergleich zu den schon existierenden Angeboten sind, desto leichter fällt den Kunden dieser Vergleich. Desto stärker muss sich das Gründungsunternehmen entsprechend an den Konkurrenzpreisen orientieren, um sich nicht durch im Konkurrenzvergleich zu hohe Preise den erforderlichen Absatz zu verbauen, aber auch, um seine Leistungen nicht durch zu niedrige Preise nicht zu deutlich unter dem Wert zu verkaufen, den die Kunden bei Konkurrenzprodukten zu zahlen bereit sind. Wichtig ist, dass in diesem Zusammenhang nicht nur die aktuellen Wettbewerber, die sich schon im Markt befinden, berücksichtigt werden, sondern auch weitere potenzielle Neulinge, die in den Markt drängen und möglicherweise mit „Kampfpreisen“ Marktanteile zu gewinnen versuchen. Zudem sollte berücksichtigt werden, dass die etablierten Konkurrenten auf den Markteintritt des Gründungsunternehmens reagieren können, indem sie ihre Größen- und damit verbundenen Kostenvorteile im Preiswettbewerb zur Geltung bringen.

Ein häufiger Fehler in der Praxis der Unternehmensgründung besteht – wie schon in Abschn. 1.2 hervorgehoben – darin, dass eine einseitige Orientierung der Preisbildung an den Kosten erfolgt. Dabei ist es unstrittig, dass die Kosten bei der Preisbildung berücksichtigt werden müssen: Schließlich kann eine Unternehmung langfristig nur dann existieren, wenn es ihr gelingt, mittels der auf Basis der im Markt durchgesetzten Preise erzielten Erlöse die Kosten der Unternehmung zumindest abzudecken, besser noch einen gewissen Gewinnaufschlag zu erzielen. Danach sollte auch eine junge Unternehmung selbstverständlich streben. Allerdings darf vor dem Hintergrund der erforderlichen Marktorientierung der Unternehmensführung eines nicht übersehen werden: Die Kosten sind keine marktorientierte, sondern eine primär interne Größe, die im Extremfall keinerlei Bezüge zur Situation im Markt hat. Den Kunden interessiert es letztlich nicht, ob die Preise, die ein Anbieter verlangt, dessen Kosten decken oder nicht. Er gleicht diese Preise einzig und allein mit seiner Zahlungsfähigkeit und –bereitschaft unter Berücksichtigung der Konkurrenzpreise ab und fällt dann seine Kaufentscheidung. Ein Preis, der zwar die Kosten des Anbieters deckt, aus Sicht der Kunden aber zu hoch ist, wird den Absatz der Leistungen verhindern, so dass die angestrebten Erlöse nicht erzielt werden können. Umgekehrt kann es aber auch sein, dass ein kostenorientierter Preis so niedrig liegt, dass die Zahlungsbereitschaft der Nachfrager gar nicht ausgeschöpft wird, so dass der Unternehmung Erlöse entgehen, die sie relativ sicher hätte erzielen können, wenn sie einen „marktgerechten“ Preis gesetzt hätte. Darüber hinaus bedürfen weitere Schwächen der kostenorientierten Preissetzung (vgl. dazu grundlegend z. B. *Pechtl* 2005, S. 76 ff.) der Erwähnung (*Freiling/Reckenfelderbäumer* 2010, S. 422 f.):

- Die Kosten beruhen in der Regel auf Vergangenheitswerten und sagen nichts über zukünftige Marktbedingungen aus. Da Unternehmensgründer selbst über diese Vergangenheitsdaten häufig gar nicht verfügen, fehlt es regelmäßig an einer adäquaten Informationsbasis für eine kostenbasierte Preisbildung.
- Auf Basis einer Vollkostenrechnung kalkulierte Preise unterliegen allen Ungenauigkeiten, die dieses Rechenverfahren mit sich bringt: Schlüsselungen und zum Teil sogar willkürliche Zurechnungen verfälschen das wahre Bild, so dass ein vermeintlich kostendeckender Preis dies in Wirklichkeit vielleicht gar nicht ist.
- Erfolgt im Zuge einer Teilkostenrechnung eine Orientierung an Deckungsbeiträgen, können Schlüsselungen zwar vermieden werden, aber der entsprechende Preis fällt möglicherweise viel zu niedrig aus, da erhebliche Kostenblöcke unberücksichtigt bleiben.

So verlockend es gerade für Unternehmensgründer möglicherweise sein mag, die Preise auf der Basis der trotz aller Probleme im Vergleich zur Beschaffung von Nachfrage- und Konkurrenzinformationen relativ leicht zu ermittelnden Kosten zu setzen, so gefährlich kann dies mit Blick auf den Unternehmenserfolg somit sein. Die Kosten sollten daher weniger als Planungsbasis, sondern eher als Kontrollgröße dienen: Sofern die an Hand marktbezogener Informationen festgelegten Preise nicht ausreichen, um die Kosten zu decken, kann dann analysiert werden, wo möglicherweise Kosten eingespart werden können (z. B. durch günstigere Beschaffungsquellen) und/oder auf welche Weise die Zahlungsbereitschaft der Nachfrager erhöht werden kann (z. B. durch mehr Freundlichkeit und Beratungskompetenz im Kundenkontakt).

Nachfrage, Konkurrenz und Kosten sind sicherlich im Normalfall die wichtigsten Einflussgrößen, wenn es darum geht, eine Grundlage für die preispolitische Detailentscheidung zuschaffen. Entsprechend ausführlich werden in der Marketing-Literatur auch nachfrage-, konkurrenz- und kostenorientierte Verfahren der Preisfindung behandelt, was ein Blick in die gängige Lehrbuchliteratur nachdrücklich zeigt (z. B. *Homburg* 2012, S. 702 ff., S. 719 ff.; *Meffert et al.* 2012, S. 513 ff.; *Nieschlag et al.* 2002, S. 810 ff.). Auch im gründungsspezifischen Kontext werden diese Faktoren immer wieder herausgestellt (z. B. *Fassnacht/Köse* 2002, S. 180 ff.; *Gierl/Helm* 2003, S. 84). Neben den bereits eingangs dieses Abschnitts angesprochenen Zielsetzungen und Restriktionen der Unternehmung sollten aber auch zwei weitere Aspekte nicht außer Acht gelassen werden. Immer dann, wenn eine Unternehmung nicht nur mit einer, sondern mit mehreren unterschiedlichen Leistungen in den Markt eintritt, gilt es, bei der Festlegung des Preises für eine einzelne Leistung auch die Preise des weiteren Leistungsprogramms zu berücksichtigen, damit die Preispolitik insgesamt in sich stimmig ist. Zudem spielen in vielen Bereichen rechtliche Rahmenbedingungen eine Rolle, durch die die preispolitischen Spielräume eingeschränkt werden (z. B. in Form von Gebührenordnungen).

Unter Berücksichtigung aller genannten Einflussgrößen, die zum Teil durchaus divergierende Informationen liefern können (z. B. im Spannungsverhältnis zwischen dem Ziel der Kostendeckung des Anbieters und der Zahlungsbereitschaft der Nachfrager), ist die preispolitische Basisentscheidung zu treffen, die dann den Ausgangspunkt für den weiteren Preisbildungsprozess bis hin zur preispolitischen Detailentscheidung bildet. Dabei sind die im folgenden Abschnitt zu behandelnden Strukturmerkmale als Gestaltungsfelder der Preispolitik zu beachten, die dem Gründungsunternehmen die Möglichkeit bieten, sein preispolitisches Instrumentarium zu verfeinern.

2.3 Strukturmerkmale der preispolitischen Basisentscheidung

Die Strukturmerkmale der preispolitischen Basisentscheidung beschreiben, welche Modalitäten bei der Preissetzung zum Einsatz gelangen sollen, um dann letztlich die preispolitische Detailentscheidung für die konkrete Preisforderung im jeweiligen Anwendungsfall treffen zu können.

Art der Preisstrategie	Charakterisierung der Preisstrategie	Vorteile	Nachteile	Beispiele
■ Typ I: **Dauerhafte Hochpreisstrategie**	Eingangs hoher Preis wird dauerhaft aufrechterhalten.	▪ hohe Stückdeckungsbeiträge ▪ grundsätzliche Möglichkeit späterer Preissenkungen ▪ Vermittlung eines exklusiven Images	▪ niedrige Absatzzahlen ▪ Kostennachteile	Rolex, Rolls-Royce, Bang & Olufsen, Dom Perignon
■ Typ II: **Skimmingstrategie**	Eingangs hoher Preis wird sukzessive gesenkt.	▪ Abschöpfung von Zahlungsbereitschaft möglich ▪ risikoarme Preisstrategie, da später Preissenkungen möglich und auch vorgesehen sind	▪ bei sehr raschem Absenken des Preises Verärgerung von Kunden, die sehr früh gekauft haben ▪ Absatzsteigerung tritt erst allmählich ein ▪ Kostensenkung erst später bei erhöhten Absatzmengen	CD-Player, Digitalkameras, Autonavigationssyst eme
■ Typ III: **Dauerhafte Normalpreisstrategie**	Mittlerer Preis wird auf Dauer beibehalten.	▪ Angebot einer „bewährten" Qualität gegenüber dem Abnehmer ▪ Erzielung durchschnittlicher (aber u.U. stabiler) Gewinne möglich	▪ Problem einer fehlenden eindeutigen Preis- (und Qualitäts-) Positionierung ▪ leicht angreifbare Wettbewerbsposition	Handelsmarken im Lebensmittelbereich, nicht-exklusive Markenartikel
■ Typ IV: **Penetrationsstrategie**	Niedriger Einführungspreis wird sukzessive angehoben.	▪ schnelle Erzielung von Kostenvorteilen durch rasches Absatzwachstum (Erfahrungskurveneffekte, economies of scale) ▪ hohe Gewinne möglich, insbesondere wenn Kunden trotz späterer Preissteigerungen an der Marke festhalten	▪ keine weiteren Preissenkungen möglich bei (nicht erwarteten) geringen Absatzmengen in der Anfangsphase ▪ risikoreiche Strategie ▪ u.U. keine Vermittlung einer guten Produktqualität wegen anfänglicher Niedrigspreispositionierung	Japanische Autos auf dem deutschen Automobilmarkt
■ Typ V: **Dauerhafte Niedrigpreisstrategie**	Eingangs niedriger Preis wird dauerhaft beibehalten	▪ eindeutige Preispositionierung ▪ hohe Gewinne trotz niedriger Stückdeckungsbeiträge möglich, wenn Absatzzahlen entsprechend hoch sind	▪ geringe Stückdeckungsbeiträge ▪ u.U. schlechte Qualitätsvermutungen aus Sicht der Konsumenten wegen sehr niedriger Preise	Aldi, No-Name-Produkte (Die Weißen, A&P, Ja usw.)

Abb. 2.3: Charakterisierung alternativer Preisstrategien
Quelle: *Sander* 2011, S. 472

Zunächst geht es darum, das grundsätzlich angestrebte Preisniveau bzw. die Preislage festzulegen, wobei die im vorhergehenden Abschnitt behandelten Einflussgrößen die entscheidenden Orientierungspunkte liefern. Das Preisniveau, mit dem ein Unternehmensgründer in den Markt eintritt, muss dabei allerdings nicht in der Zukunft dauerhaft

Bestand haben, sondern kann sich ändern, je nachdem welche Preisstrategie verfolgt werden soll. Abbildung 2.3 zeigt grundlegende Typen von Preisstrategien im Vergleich und nennt deren Hauptvor- und –nachteile.

Welche der aufgeführten Strategien für ein Gründungsunternehmen die am besten passende ist, lässt sich nicht generell sagen. Dies hängt von Art und Neuigkeitsgrad der Leistung ebenso ab wie von der Konkurrenzsituation. Je nach Marktlage kann jede der Strategien erfolgreich sein, aber auch zum Misserfolg führen.

Als zweites Strukturmerkmal ist der Grad der Allgemeingültigkeit des Preises zu beachten. Das Spektrum der Möglichkeiten reicht dabei von festen Listenpreisen über verschiedene Formen der Rabattgewährung (z. B. auftragsmengen- oder marktlagenabhängig) bis hin zu frei ausgehandelten Preisen. Je individueller die Leistungen sind, die angeboten werden sollen, desto eher wird sich das Gründungsunternehmen der Verhandlungspreise bedienen müssen, die aber den Vorteil haben, dass der Anbieter im Zuge der konkreten Verhandlungen ein besseres Gespür für die Zahlungsbereitschaft des individuellen Kunden entwickeln kann. Listenpreise erfordern dagegen weitgehend standardisierte Leistungen oder doch zumindest standardisierte Leistungsmodule, die separat bepreist werden können.

Beim Grad der Preisfestlegung als dem nächsten Strukturmerkmal lassen sich drei zentrale Fälle unterscheiden, die immer dann relevant werden können, wenn der Austausch von Leistung und Gegenleistung nicht unmittelbar zum Zeitpunkt des Vertragsabschlusses vollzogen wird:

- Orientierung des zu zahlenden Preises am Marktpreis am Liefertag;
- Rahmenaufträge über die Lieferung bestimmter Mengen zu bestimmten Zeitpunkten, bei denen der Preis bei jeder Lieferung separat bestimmt wird;
- Preisgleitklauseln, bei denen sich der zu zahlende Preis an einem bei Vertragsabschluss vereinbarten Basispreis orientiert, der um bestimmte Preisänderungsraten modifiziert wird (z. B. in Abhängigkeit von der Entwicklung bestimmter Kosten des Lieferanten, etwa für Energie).

Besonders bedeutsam sind die letztgenannten Regelungen im Investitionsgüterbereich, so z. B. im Anlagengeschäft, in dem sich ein Projekt häufig über mehrere Jahre erstreckt. Daraus resultiert für den Anbieter ein hohes Maß an Unsicherheit bei der Beurteilung der Wirtschaftlichkeit eines Auftrags, da zukünftige Preisänderungen auf der Beschaffungsseite (z. B. für benötigte Materialien) das Auftragsergebnis entscheidend beeinflussen können – positiv, aber eben auch negativ. Daher betreiben die Anbieter über Preisgleitklauseln und ähnliche Regelungen eine so genannte „Preissicherung" (vgl. dazu ausführlich *Backhaus/Voeth* 2010, S. 371 ff.).

Mit Blick auf die Aufgliederung des Preises kann zwischen Gesamtpreisen (Preisbündelung) und Einzelpreisen (entbündelte Preise) unterschieden werden. Daneben ist es denkbar, im Rahmen eines „Mixed Bundling" Mischformen aus Gesamt- und Einzelpreisen zu bilden, so z. B. im Falle eines Pkw mit einer festgelegten Grundausstattung, für die ein Gesamtpreis zu zahlen ist, während darüber hinausgehende Extras separat bepreist werden. Das Instrument der Preis- in Verbindung mit einer Leistungsbündelung (ausführlich s. *Priemer* 2003) kann z. B. eingesetzt werden, um die Kunden von der Vorteilhaftigkeit eines Komplettangebotes zu überzeugen und damit den Absatz auch solcher (Teil)Leistungen zu unterstützen, die bei Einzelpreisen schwer zu verkaufen sind. Umgekehrt kann der Kunde aber auch bei einer entsprechenden Machtposition das Offenlegen der Einzelpreise verlangen, was ihm die Möglichkeit bietet, die günstigsten Teile aus einem Gesamtangebot auszuwählen und für die übrigen benötigten (Teil)Leistungen eventuell mit anderen Lieferanten zusammen zu arbeiten („Rosinenpicken").

Hinsichtlich der Entgeltform lassen sich monetäre und nicht-monetäre Entgelte unterscheiden, wobei in der heutigen Zeit monetäre Zahlungen den Normalfall darstellen. Immerhin sind für Gründungsunternehmen auch nicht-monetäre Gegenleistungen zumindest denkbar, z. B. wenn ein junges EDV-Unternehmen das Netzwerk einer großen Anwaltskanzlei optimiert und dafür nicht in Geld, sondern durch juristische Beratungsleistungen honoriert wird.

Der Bezug des Preises für ein Produkt oder eine Dienstleistung zu den Preisen anderer Leistungen desselben Anbieters spielt in vielen Fällen eine besonders wichtige Rolle und sollte daher durch Unternehmensgründer, die nicht nur mit einer Art von Leistung starten, berücksichtigt werden. Oft ist es so, dass zwischen verschiedenen Leistungen eines Anbieters Verbundeffekte bestehen, sei es in Form eines Angebotsverbundes (z. B. Drucker plus Druckerpatronen), sei es in Form eines Nachfrageverbundes (z. B. Nachfrage nach Bleistift plus Anspitzer plus Radiergummi). Die zwischen den verschiedenen Leistungen bestehenden Interdependenzen müssen wiederum im Rahmen der Preisbildung berücksichtigt werden. Im Ergebnis sollte ein derartiger Abstimmungsprozess zu einem höheren Gesamterlös führen als die isolierte Preissetzung. Dieses Vorgehen wird als preispolitischer Ausgleich bezeichnet: „Darunter versteht man die Tatsache, dass von zwei oder mehr Leistungen (Produkten, Produktgruppen, Aufträgen, Projekten, Kunden etc.) bzw. Leistungsbereichen (Abteilungen, Betriebseinheiten) ein Teil einen verhältnismäßig geringen, ein anderer Teil einen verhältnismäßig hohen Beitrag zum Gesamtergebnis liefert" (*Engelhardt* 1990, S. 99). Erstgenannte Gruppe wird „Ausgleichsnehmer", die letztgenannte Gruppe „Ausgleichsträger" genannt. Für ein Gründungsunternehmen kann der preispolitische Ausgleich ein interessantes Konzept sein, um im Markt Fuß zu fassen: So beispielsweise eine Maschine als neues Angebot zu einem vergleichsweise niedrigen Preis mit entsprechend geringem oder sogar negativem Ergebnisbeitrag angeboten werden, um dann über zwingend notwendige Serviceleistungen und das Ersatzteilgeschäft entsprechend höhere Gewinnbeiträge zu realisieren. Dies wird aber nur funktionieren, wenn der Nachfrager diese relativ höheren Preise zu zahlen bereit ist, was um so eher der Fall sein wird, je weniger ihm Alternativen zur Verfügung stehen.

Eine besonders herausgehobene Position nimmt unter den Strukturmerkmalen der preispolitischen Basisentscheidung die Preisdifferenzierung ein. Preisdifferenzierung liegt vor, wenn (*Fassnacht* 2003, S. 486):

- ein Anbieter eine Leistung, die hinsichtlich der räumlichen, zeitlichen, sachlichen (leistungsbezogenen) und mengenbezogenen Dimensionen identisch ist, zu unterschiedlichen Preisen vermarktet oder
- ein Anbieter Varianten einer Leistung[1], die sich in mindestens einer der vier genannten Dimensionen unterscheiden, ohne dass dadurch eine neue Art von Leistung entsteht, zu unterschiedlichen Preisen vermarktet.

Das primäre Ziel der Preisdifferenzierung besteht darin, die unterschiedliche Zahlungsbereitschaft einzelner Nachfrager oder Nachfragergruppen bzw. Marktsegmente auszuschöpfen. Im Wesentlichen können die in Abb. 2.4 aufgeführten Grundformen der Preisdifferenzierung unterschieden werden.

Der Einsatz der Preisdifferenzierung ist in der Praxis heute eher die Regel als die Ausnahme. Sie bietet auch Gründungsunternehmen die Möglichkeit, das Instrument des Preises gezielter einzusetzen, als es bei einem Einheitspreis der Fall wäre. Allerdings darf nicht übersehen werden, dass auch dieses Instrument nur sinnvoll und zielgerichtet verwendet werden kann, wenn Unternehmensgründer die dafür erforderlichen Informationen zur Zahlungsbereitschaft der Nachfrager systematisch erheben und auswerten.

Schließlich bleibt als letztes Strukturmerkmal die betroffene Marktstufe zu beachten, die mit der Preispolitik angesprochen werden soll: So ist zu entscheiden, ob der anvisierte Preis nur gegenüber den unmittelbaren Abnehmern durchgesetzt werden soll, was definitiv immer der Fall sein wird, wenn die Leistungen an Endverwender abgesetzt werden. Es kann aber auch sein, dass der Preis auch über die nächste(n) Marktstufe(n) hinweg wirken soll, was z. B. gegenüber dem Handel in einer unverbindlichen Preisempfehlung zum Ausdruck kommen kann. Allerdings ist es gerade für junge Unternehmungen nicht immer ganz einfach, entsprechende Vorstellungen durchzusetzen.

---

[1] Der Begriff der „Variante“ ist dabei nicht nur auf die Leistung im engeren Sinne beschränkt bzw. nur leistungsbezogen zu verstehen, sondern Varianten ergeben sich auch durch ein zeitlich, räumlich und mengenmäßig verändertes Angebot; vgl. zu Erläuterung *Fassnacht* (2003), S. 486.

Implementationsform	Definition der Implementationsform
Personenbezogene Preisdifferenzierung	Ein Anbieter bietet eine Leistung, die bezüglich der räumlichen, zeitlichen, sachlichen und mengenbezogenen Dimensionen identisch ist, unterschiedlichen Nachfragern aufgrund personenbezogener Merkmale zu unterschiedlichen Preisen an. Beispiele: Studenten- oder Seniorentarife im Unterschied zu Normaltarifen
Räumliche Preisdifferenzierung	Ein Anbieter bietet Varianten einer Leistung, die bezüglich der zeitlichen, sachlichen und mengenbezogenen Dimensionen identisch sind, in unterschiedlichen Gebieten zu unterschiedlichen Preisen an. Beispiele: unterschiedliche Preise in städtischen und ländlichen Gebieten oder im In- und im Ausland
Zeitliche Preisdifferenzierung	Ein Anbieter bietet Varianten einer Leistung, die in räumlicher, sachlicher und mengenbezogener Hinsicht identisch sind, im zeitlichen Verlauf einer bestimmten Periode zu unterschiedlichen Preisen an. Beispiele: Vor-, Haupt- und Nachsaisonpreise im Tourismus, tageszeitlich gestaffelte Tarife in der Telekommunikation
Sachliche (leistungsbezogene) Preisdifferenzierung	Ein Anbieter offeriert Varianten einer Leistung, die hinsichtlich der zeitlichen, räumlichen und mengenmäßigen Dimension identisch sind, aber leistungsmäßige (produktpolitische)Unterschiede aufweisen, zu unterschiedlichen Preisen an. Beispiele: verschiedene Preise für unterschiedliche Sitzplatzklassen bei Bahn- oder Flugreisen
Preisbündelung	Auch die Preisbündelung kann als Fall der Preisdifferenzierung eingeordnet werden: Ein Anbieter bietet eine Leistung innerhalb eines Leistungsbündels zu einem anderen Preis an als Einzelleistung. Im Prinzip handelt es sich um einen Spezialfall der sachlichen Preis-differenzierung. Beispiel: günstigerer Bündelpreis eines mit vielen Extras ausgestatteten Pkw-Sondermodells im Vergleich zum Preis für ein identisch ausgestattetes Fahrzeug, das auf Kundenwunsch die entsprechend separat berechneten Extras enthält
Mengenbezogene Preisdifferenzierung	Ein Anbieter offeriert in Abhängigkeit von der Abnahmemenge räumlich, zeitlich und sachlich identische Leistungen zu unterschiedlichen Durchschnittspreisen je Einheit der Leistung. Beispiel: günstigerer Preis je Literflasche eines Erfrischungsgetränks bei Abnahme einer Kiste mit 12 Flaschen im Vergleich zur Einzelflasche
Mehr-Personen-Preisbildung	Der Anbieter macht den Preis einer Leistung von der Anzahl der nachfragenden Personen abhängig. Dieser Fall kann auch als ein Spezialfall der mengenmäßigen Preisdifferenzierung eingeordnet werden. Beispiel: (Ehe)Partner-Tarife von Fluggesellschaften oder Kreditkartenorganisationen

Abb. 2.4: Definitionen von Implementationsformen der Preisdifferenzierung
Quelle: In Anlehnung an *Fassnacht* 2003, S. 494

Mit Hilfe der geschilderten Strukturmerkmale kann dann abschließend die preispolitische Detailentscheidung getroffen werden, die in eine konkrete Preisforderung gegenüber dem bzw. (in anonymen Massenmärkten) den Nachfragern mündet. Diese Entscheidung muss dann gegebenenfalls im Rahmen von Rückkopplungsprozessen noch einmal modifiziert werden, etwa im laufenden Entscheidungsprozess, wenn der angestrebte Preis in den Verkaufsverhandlungen z. B. doch nicht gegenüber dem Kunden durchgesetzt werden kann, oder aber auch nach dem Entscheidungsprozess im Rahmen der so genannten „Preisfortsetzung“, die dann für folgende Austauschprozesse relevant wird. Insofern bedarf der Preisbildungsprozess, der hier in seinem idealtypischen Verlauf dargestellt wurde, einer ständigen Weiterführung und Anpassung, um auf Dauer wettbewerbsfähige Preise zu haben. Es ist eben nicht damit getan, dass ein Gründungsunternehmen die Preisentscheidung für seine Leistungen einmalig trifft, sondern die Preisbildung und auch –durchsetzung ist als ein ständig laufender Prozess zu sehen.

3 Ausgewählte Aspekte der Kontrahierungspolitik für Gründungsunternehmen

Wie eingangs in Abschn. 1.1 erwähnt, umfasst die Kontrahierungspolitik die Gestaltung und den Einsatz von Verträgen im Hinblick auf die Erfüllung angestrebter Unternehmensziele (*Engelhardt* 1990, S. 103). Die vielfältigen rechtlichen Fragestellungen, die mit dem Abschluss von Verträgen grundsätzlich verbunden sind, können und sollen dabei an dieser Stelle nicht behandelt werden. Vielmehr sollen nur einige wichtige Aspekte herausgestellt werden, die im Rahmen des Entrepreneurial Marketing von besonderer Relevanz zu sein scheinen.

Im Rahmen des Marketings sind zunächst zwei grundlegende Arten von Verträgen von Interesse:

- Vertikale Vertragsvereinbarungen, die die Beziehungen zwischen Vertragsparteien auf verschiedenen Wirtschaftsstufen regeln, die also zwischen Anbietern und Nachfragern abgeschlossen werden. Dies können je nach Branche, in der eine Unternehmung tätig ist bzw. sein will, und je nach den gegebenen Leistungseigenschaften u. a. Kauf-, Miet-, Dienst- oder Werkverträge sein, die im Hinblick auf einzelne Austauschprozesse geschlossen werden. Unternehmensgründer sollten sich mit den entsprechenden gesetzlich festgelegten Besonderheiten der einzelnen für sie relevanten Vertragstypen intensiv vertraut machen, insbesondere im Hinblick auf die daraus resultierenden Rechte und Pflichten. Kernpunkte einer derartigen, zusammenfassend auch als „Absatzvertrag“ zu kennzeichnenden Vereinbarung sind – unabhängig von den Besonderheiten der Leistung – folgende Aspekte (*Kirnberger* 2003, S. 69): Definition der Leistung, so dass sie auch ein Dritter nachvollziehen kann; Höhe und Fälligkeit der Gegenleistung; Dauer und Kündigungsmöglichkeiten des Vertrags; Verfahren bei Leistungsstörungen; Nebenrechte (Wohlverhaltensregeln, Wettbewerbsregeln etc.). Daneben gibt es aber auch vertragliche Regelungen, die für eine Mehr- bzw. Vielzahl von Austauschprozessen gelten, z. B. Allgemeine Geschäftsbedingungen (AGB) oder auch die vertragliche Fixierung grundlegender Lieferungs- und Zahlungsbedingungen. Gleiches gilt für Rahmenlieferverträge.

- Horizontale Vertragsvereinbarungen sind ebenfalls von einer gewissen Bedeutung im Rahmen des Marketing-Instrumentariums. Sie werden von Unternehmungen auf der gleichen Wirtschaftsstufe geschlossen, um in erster Linie das Verhalten zu koordinieren. Beispiele für derartige Verträge sind etwa Vereinbarungen über die Gestaltung eines Gemeinschaftsabsatzes oder zur Etablierung einer Strategischen Allianz.

Die Kontrahierungspolitik bildet insofern alle im Rahmen des Austausches von Leistung und Gegenleistung vereinbarten Vertragsbestandteile ab. Sie dient aber auf der horizontalen Ebene auch dazu, bestimmte Austauschprozesse durch Kooperationen überhaupt erst zu ermöglichen oder zu erleichtern. Ziel der Kontrahierungspolitik ist es, allen Beteiligten weitgehende rechtliche Sicherheit im Hinblick auf die beiderseitigen Rechte und Pflichten zu geben und damit in erheblichem Maße dem Abbau von Unsicherheit zu dienen. Praktisch wird sie aber niemals abschließend verhindern können, dass dennoch Zweifelsfälle auftreten, denn in keinem noch so sorgfältig aufgesetzten und ausgefeilten Vertrag können alle Eventualitäten geregelt werden. Häufig ist auch für die Vertragspartner eine gewisse Flexibilität nach Vertragsabschluss sogar durchaus wünschenswert, um auf sich unerwartet ergebende Chancen und Risiken unternehmerisch reagieren zu können. Gerade bei langfristigen Austauschprozessen, z. B. im Großanlagengeschäft, kann das der Fall sein.

Zu beachten ist schließlich, dass die Rechtsbeziehung zu vorhandenen und potenziellen Kunden für den Anbieter nach dem Abschluss des Austauschprozesses noch nicht beendet ist. Gewährleistungsverpflichtungen oder auch Ansprüche auf Basis des Produkthaftungsgesetzes können dafür sorgen, dass sich für den Anbieter auch lange nach dem vollzogenen Leistungsaustausch noch vertraglich begründete Verpflichtungen ergeben (vgl. *Kirnberger* 2003, S. 70), die die Unternehmung nicht gänzlich unvorbereitet treffen sollten. So ist es z. B. empfehlenswert, einen finanziellen Puffer für derartige Fälle aufzubauen, was allerdings gerade sehr jungen Unternehmungen angesichts der regelmäßig gegebenen knappen finanziellen Mittel häufig sehr schwer fällt.

4 Schlussbetrachtung

Damit soll der Überblick zur Preis- und Kontrahierungspolitik für Gründungsunternehmen, dem „Entrepreneurial Contracting“, abgeschlossen sein. Diesen werdenden oder noch jungen Unternehmungen stehen grundsätzlich die gleichen Instrumente zur Verfügung wie älteren, etablierten Anbietern. Letztere verfügen allerdings über einen sehr viel reichhaltigeren Erfahrungsschatz in der Handhabung dieser Instrumente und Konzepte als die Newcomer. Diese können insbesondere oft die Relevanz der Preispolitik noch gar nicht richtig einschätzen, da sie ihre ganze Aufmerksamkeit der Entwicklung ihrer Leistungen bis hin zur Marktreife widmen und darüber die Märkte mit Kunden und Konkurrenten weitgehend ausblenden. Das macht es dann schwierig, beim Markteintritt auf Anhieb den „richtigen" bzw. optimalen Preis zu finden. Es sei daher hier noch einmal nachdrücklich darauf hingewiesen, dass eine noch so gute Leistungspolitik (incl. Distribution und Kommunikation) nur wenig wert ist, wenn nicht auch die Gegenleistungspolitik als ihr Pendant stimmig ist: Leistung und Preis sind entscheidend dafür, ob die Kunden die angebotenen Leistungen akzeptieren und dafür zu zahlen bereit sind. Erfolgreich im Markt sind dementsprechend auch nicht immer diejenigen Unternehmungen, die den niedrigsten Preis oder die höchste Qualität anbieten, sondern diejenigen, bei denen die Relation zwischen Preis und Leistung aus Sicht der Nachfrager am besten ist.

Literaturverzeichnis

Backhaus, K., Voeth, M.: Industriegütermarketing. 9. Aufl., Vahlen, München (2010)

Bundesministerium für Wirtschaft und Technologie: GründerZeiten Nr. 28: Thema Preisgestaltung. Berlin (2010)

Diller, H.: Aufgabenfelder, Ziele und Entwicklungstrends der Preispolitik. In: Diller, H., Herrmann, A. (Hrsg.) Handbuch Preispolitik, 3–32. Gabler, Wiesbaden (2003)

Diller, H.: Grundprinzipien des Marketing. 2. Aufl., WiGIM, Nürnberg (2007)

Engelhardt, W.H.: Aktionsparameter des Marketing. Ruhr-Universität Bochum (1990) (unveröffentlichtes Manuskript).

Fassnacht, M.: Preisdifferenzierung. In: Diller, H., Herrmann, A. (Hrsg.) Handbuch Preispolitik, 483–502. Gabler, Wiesbaden (2003)

Fassnacht, M., Köse, I.: Marketingstrategie und Preisfindung für Unternehmungsgründer. In: Corsten, H. (Hrsg.) Dimensionen der Unternehmungsgründung, 159–199. Erich Schmidt, Berlin (2002)

Gierl, H., Helm, R.: Marktexploration, Marketingstrategie und Preisfindung. In: Dowling, M., Drumm, H.J. (Hrsg.) Gründungsmanagement, 73–90. 2. Aufl., Springer, Berlin et al. (2003)

Freiling, J., Reckenfelderbäumer, M.: Markt und Unternehmung. 3. Aufl., Gabler, Wiesbaden (2010)

Hammann, P., Erichson, B.: Marktforschung. 4. Aufl., Lucius & Lucius, Stuttgart (2000)

Homburg, C.: Marketingmanagement. 4. Aufl., Gabler, Wiesbaden (2012)

Kirnberger, C.: Rechtliche Aspekte der Unternehmensgründung. In: Dowling, M., Drumm, H.J. (Hrsg.) Gründungsmanagement, 53–72. 2. Aufl., Springer, Berlin et al. (2003)

Marschner, H.F. (1995): Konditionenpolitik. In: Tietz, B., Köhler, R., Zentes, J. (Hrsg.) Handwörterbuch des Marketing, 1211–1226. 2. Aufl., Schäffer-Poeschel, Stuttgart (1995)

Meffert, H., Burmann, C., Kirchgeorg, M.: Marketing. 11. Aufl., Gabler, Wiesbaden (2012)

Nieschlag, R., Dichtl, E., Hörschgen, H.: Marketing. 19. Aufl., Duncker & Humblot, Berlin (2002)

Pechtl, H.: Preispolitik. UTB; Stuttgart (2005)

Priemer, V.: Preisbündelung. In: Diller, H., Herrmann, A. (Hrsg.) Handbuch Preispolitik, 503–519. Gabler, Wiesbaden (2003)

Rüggeberg, H.: Marketing für Unternehmensgründer. Gabler, Wiesbaden (2003)

Sander, M.: Marketing-Management. 2. Aufl., UTB, Stuttgart (2011)

Scheuch, F.: Marketing. 6. Aufl., Vahlen, München (2007)

Simon, H.: Preispolitik. In: Tietz, B., Köhler, R., Zentes, J. (Hrsg.): Handwörterbuch des Marketing, 2068–2085. 2. Aufl., Schäffer-Peoschel, Stuttgart (1995)

Teil IX: Ausblick

Jörg Freiling und Tobias Kollmann

Thesen zur Entwicklung des Entrepreneurial Marketings in Wissenschaft und Praxis

Jörg Freiling, Prof. Dr.
Inhaber des Lehrstuhls für Mittelstand,
Existenzgründung und Entrepreneurship
Universität Bremen
E-Mail: freiling@uni-bremen.de.

Tobias Kollmann, Prof. Dr.
Inhaber des Lehrstuhls für
E-Business und E-Entrepreneurship
Universität Duisburg-Essen
E-Mail: tobias.kollmann@uni-due.de.

1 Überblick

Die Beiträge des vorliegenden Buches haben erkennen lassen, dass das Entrepreneurial Marketing in Wissenschaft und Praxis noch immer nicht hinreichend erschlossen ist, obwohl es allmählich zunehmend Beachtung findet. Es stellt sich die Frage, ob dieser Zustand überwunden wird bzw. werden kann und wohin die Entwicklungen gehen (können). Wenngleich sich Wissenschaft und Praxis wie in vielen Teilbereichen des Entrepreneurships und des Marketings stark gegenseitig beeinflussen, sollen aus didaktischen Gründen beide Bereiche separat betrachtet werden, wobei sodann in einem Schlussschritt eine stärker integrierende Sichtweise eingenommen wird.

Zunächst werden jedoch in Anknüpfung an die Beiträge dieses Buches einige übergeordnete Thesen und Entwicklungen kurz diskutiert, die sich mit der Disziplin „Entrepreneurial Marketing" insgesamt beschäftigen:

- Das Entrepreneurial Marketing wird – wie andere Teildisziplinen des Marketings auch – sein Profil vor allem durch die Art der Ausrichtung der betreffenden Jungunternehmen auf die Nachfrage und somit durch den Fokus auf die Bedienung der Absatzmärkte gewinnen. Wie in Anbetracht knappster Mittel und oftmals fehlender Erfahrung spezifische Ansätze zur Kundenakquisition und -bindung entwickelt werden können, wird somit im Vordergrund des Interesses stehen. Dies allein schließt in vielen Fällen „Deep-Pocket-Ansätze" aus, was durchaus zu kreativeren Vorgehensweisen führen kann. Auch lehrt die Gründungsrealität, dass gerade Gründende typischerweise nicht die übliche Form von Markt- und Kundenorientierung an den Tag legen, die eine starke Anlehnung der Leistungsangebote an die Wünsche des Marktes impliziert. Typische Denkroutinen von Gründenden sind oft Mischungen aus Anbieter-, Geschäftsidee- und Technologieorientierung einerseits, Marktorientierung andererseits. Dieses Amalgam näher zu erforschen und bezüglich seiner Erfolgsimplikationen zu verstehen, könnte eine interessante Aufgabe für die Zukunft sein.

- Weiterhin stellt sich die Frage, ob Jungbetrieben neben der grundsätzlichen Ausrichtung des Marketingkonzepts (*Meffert et al.* 2012; *Kotler et al.* 2006) das gleiche Instrumentarium wie auch etablierten Betrieben zur Verfügung steht. Die Antwort auf diese Frage ist zu differenzieren. So erscheint es in vielen Fällen für Jungunternehmen schwierig, die volle Bandbreite in Anbetracht der o.g. Mittelrestriktionen von Beginn der Tätigkeit an zu nutzen. Der Einsatz finanzierungspolitischer Maßnahmen ist ein Beispiel für die engen Grenzen, die Gründern beim Einsatz der Aktionsparameter des Marketings gesetzt sind. Zugleich zeigen heute unterschiedlichste Crowd-Ansätze (Crowdfunding, Crowdinvesting etc., vgl. *Lawton/Marom* 2013), wie kreativ Gründende mit solchen Situationen umzugehen wissen und sich damit auch Spielräume für finanzierungspolitische Maßnahmen erschließen können. Daher ist in der Zukunft die Frage zu stellen, ob und wie sich aus der spezifischen Situation von Jungbetrieben heraus neue Instrumente des Marketings ergeben oder zumindest neue

Impulse gesetzt werden können (vgl. z. B. *Kollmann* 2002 zum „Viral Marketing" und die Ausführungen zur Kontrahierungspolitik im Abschn. 2 dieses Beitrags).

- Wenngleich die Kunden als Zielgruppe des Gründungsmarketings im Vordergrund stehen, ist im vorliegenden Band betont worden, dass andere – vornehmlich, aber nicht ausschließlich externe – Stakeholder mit Mitteln des Marketings und der marketingbezogenen Denkweise angesprochen werden können (und oftmals müssen). Auch aus dem Umgang mit einer bestimmten Stakeholdergruppe lassen sich Erkenntnisse generieren, die auf andere Gruppen übertragen werden können. Hier sei exemplarisch auf das Finanzmarketing verwiesen, das Gründer – in anderer Spielform und zumeist weitaus intensiver als etablierte Unternehmen – betreiben (müssen). Die gegenseitige Befruchtung der auf Stakeholder ausgerichteten Ansätze des Gründungsmarketings kann ebenfalls zu weiterführenden Impulsen führen.
- Das Marketing im Gründungskontext ist in besonderer Weise innovationsbezogen, da ein neuer Betrieb entsteht, der neue Leistungskonzeptionen vermarktet. Die Verknüpfung von Innovations- und Marktorientierung stellt jedoch für das Marketing selbst vielfach noch ein wenig befriedigend gelöstes Problem dar, was einschlägige Beiträge zum allgemeinen Verhältnis von F&E/Innovation und Marketing belegen (z. B. *Benkenstein* 1987, 1992). Im Gründungskontext lassen sich womöglich neue Ansätze zur Lösung der Probleme generieren, zumal gerade innovative Jungbetriebe im Kontext ihrer Überlegungen zur Gestaltung ihrer strategischen Produktarchitekturen in besonderer Weise den Blick auf die langfristige Veränderung der Kundenbedürfnisse richten müssen (*Freiling* 2006).

Die aufgezeigten Entwicklungen betreffen Praxis und Wissenschaft gleichermaßen und eröffnen die Auseinandersetzung um wissenschaftliche und praxeologische Trends und Implikationen.

2 Thesen zur Entwicklung des Entrepreneurial Marketings in der Wissenschaft

Eine interessante Frage im vorliegenden Kontext betrifft die Herausbildung eines eigenständigen Ansatzes des Gründungsmarketings. Es lässt sich aufgrund der augenblicklichen wissenschaftlichen Erschließung des Entrepreneurial Marketings kein klarer Trend erkennen. Die Beiträge in diesem Buch befassen sich zum Teil explizit, zum Teil implizit mit dieser Frage. Stellenweise wird das Argument vertreten, dass die Übertragung der beträchtlichen vorhandenen Erkenntnisse der Marketingwissenschaft im Allgemeinen in (leicht) modifizierter Weise auch auf den Gründungskontext erfolgen könne. Derartige Überlegungen werfen unmittelbar die Anschlussfrage auf, wie prägend und herausfordernd die Profil bildenden Merkmale des Gründungskontexts sind und wie weit sie unter Marketinggesichtspunkten Relevanz aufweisen.

Es erscheint verfrüht, auf diese Frage in dem immer noch recht jungen Stadium der Erschließung des Fachgebiets eine Antwort geben zu wollen. Stattdessen sollen Katalysatoren und Restriktoren benannt werden, die bezüglich der Beantwortung der Ausgangsfrage eine Weichen stellende Funktion haben könnten. In diesem Zusammenhang sind exemplarisch und somit ohne den Anspruch auf Vollständigkeit folgende Katalysatoren eines eigenständigen Ansatzes des Gründungsmarketings zu nennen, wobei deren Ordnung sich an der Unterscheidung von Managementphänomenen nach *Pettigrew* (1992) in eine Context-, Process- und Content-Dimension anlehnt:

- Die psychologische Dimension tritt in Marktprozessen, an denen Jungunternehmen beteiligt sind, besonders hervor. In diesem Zusammenhang ist auch, aber weniger auf die Käuferpsychologie zu verweisen, die dem Tatbestand Rechnung tragen muss, dass der Kunde auf einen noch (weitgehend) unbekannten Betrieb trifft, was mit spezifischen Risiken einhergeht. Besonders interessant ist die psychologische Situation seitens des Jungunternehmens, die durch den Zwang zum Abschluss erster Geschäfte eine Zuspitzung erfährt. Übermotivation und/oder die Neigung zu einer anbieter- bzw. technologieorientierten Vorgehensweise führen etwa zu Ausgangssituationen, die sich maßgeblich auf den Interaktionsprozess zwischen den beiden Marktseiten auswirken können. Allmählich besser erforscht werden Wahrnehmungsverzerrungen (Biases), die etwa dann entstehen, wenn Gründende auf anerkennendes Feedback seitens potenzieller Zielkunden stoßen, dies euphorisch und handlungswirksam interpretieren, aber weder Kaufprozessphase (oft frühe Stadien) noch Kaufkontext (keine explizite Konkurrenzberücksichtigung bei spontanen Meinungsäußerungen des Kunden) realistisch einschätzen. Dieses Auseinanderklaffen von subjektiver Wahrnehmung des Gründenden und faktischer Kaufsituation kann für Ventures fehlentscheidungsbedingt in existenzbedrohliche Krisen überleiten (*Freiling/Wessels* 2010).
- Ein weiterer Kontextfaktor, der zu einer Profilierung des Entrepreneurial Marketings beitragen kann, ist die spezifische Risikosituation von Ventures. Aufgrund vielfältiger Geschäftsrisiken strategischer und operativer Art (*Schefczyk/Pankotsch* 2003; *Freiling* 2006) muss gerade im Marketing das mitunter beträchtliche Marktrisiko von Ventures kontrolliert werden. Eine wesentliche Stellschraube in diesem Bereich stellt die Kontrahierungspolitik dar, die im Gründungskontext durchaus in einem weiter gefassten Kontext verstanden werden kann und dann nicht nur die leistungsbezogenen Konditionen einer Markttransaktion regelt (Leistungsebene), sondern zugleich auch z. B. Fragen des Schutzes kritischer Potenziale des Jungunternehmens zum Gegenstand hat (Potenzialebene). Da die Kontrahierungspolitik im Marketing generell noch über Entwicklungspotenzial verfügt, könnte auch die Marketingwissenschaft im Allgemeinen von diesbezüglichen Erkenntnissen im Gründungskontext profitieren.
- Ein Spezifikum des gründungsbezogenen Marketings stellt die Prozesskomponente dar. Gründungsprozesse verlaufen im Allgemeinen diskontinuierlich, weil sich so-

wohl die internen als auch die externen Rahmenbedingungen schnell und durchgreifend ändern können. Die oftmals rasch verlaufenden Prozesse der Etablierung im Markt gehen mit Wachstum einher, welches zumeist Änderungen im Marketing erfordert, die in kurzen Zeitabständen zu erfolgen haben. Hier ergeben sich zum Teil erhebliche Unterschiede im Vergleich zu etablierten Betrieben. Diesen Wandel im operativen und zum Teil auch im strategischen Marketing so zu steuern, dass die für den Aufbau marktrelevanter Assets erforderliche Kontinuität im Außenauftritt gewahrt bleibt, stellt eine schmale Gratwanderung dar, die im Falle von etablierten Betrieben so nur in seltenen Fällen zu beobachten sein dürfte.

- Bezüglich der inhaltlichen Herausforderungen des gründungsbezogenen Marketings kann von einem „Zero-Base-Marketing“ gesprochen werden. Im Gegensatz zu etablierten Betrieben verfügen neu gegründete Betriebe weder über bekannte Produkte noch über einen mit Reputation verbundenen Namen, der als Surrogat die Vermarktung erleichtern könnte. Der völlige Neuaufbau marktrelevanter Assets kann als große Herausforderung betrachtet werden, wobei sich dadurch auch Chancen eröffnen, die etablierten Betrieben in dieser Form nicht offen stehen. Insofern kann von Flexibilitätsvorteilen im gründungsbezogenen Marketing gesprochen werden. Die Berücksichtigung der Bedeutung von Kooperationen mit etablierten Marktteilnehmern über verschiedene Absatzkanäle hinweg (vgl. *Kollmann/Häsel* 2006) stellt einen möglichen ersten Schritt zur Überwindung dieses Dilemmas innerhalb des Entrepreneurial Marketings dar.

Zu den genannten Katalysatoren eines spezifischen Ansatzes für das Entrepreneurial Marketing konträr wirken folgende Restriktoren, die zum Teil pragmatischen Überlegungen entspringen:

- Die Zahl der Forscher, die sich dem Entrepreneurial Marketing widmet, ist – ungeachtet der praxeologischen Relevanz des Themas – noch sehr klein, wenngleich wachsend (*Kraus et al.* 2011). Da ein spezifischer Ansatz auch eine „kritische Masse“ an Forschern benötigt, die sich dem Ansatz verpflichtet fühlt, kann an dieser Stelle ein Engpass auftreten.

- Das Entrepreneurial Marketing ist curricular noch immer unzureichend verankert. Es gibt kaum auf das Gründungsmarketing spezialisierte Lehrveranstaltungen. Auch Weiterbildungskonzepte existieren nur sehr sporadisch und verfügen nur bedingt über eine konzeptionelle Eigenständigkeit. Das Ergebnis überrascht kaum, da nur wenig Austausch zwischen der Marketing- und Entrepreneurship-Community besteht.

- Die Reichweite der ausdifferenzierten Erkenntnisse der Marketingforschung gibt einen tragfähigen Rahmen vor, der das Entrepreneurial Marketing maßgeblich zu unterstützen vermag. Es bedarf daher in noch stärkerer Weise der Herausarbeitung einer Agenda von Fragen, die erkennbar über das bestehende Wissen hinausgehen und damit zur Rechtfertigung der Eigenständigkeit des Gründungsmarketings beitragen.

- Es fehlt noch an einer spezifischen Denkweise, die ein Entrepreneurial Marketing erkennbar von anderen Marketing-Ansätzen abhebt und auszeichnet. Eine solche Denkweise könnte in einer neuen, noch nicht perfekt ausformulierten Synthese von Markt- und Neuerungsorientierung bestehen. Man müsste dann Konstrukte wie die Entrepreneurial Orientation (*Lumpkin/Dess* 1996) noch konsequenter zur Marketing Orientation (*Kohli/Jaworski* 1990) in Beziehung setzen. Diese Brücke ist jedoch noch nicht geschlagen.

Angesichts der zunehmenden institutionellen Verankerung der Entrepreneurshipforschung an deutschen Hochschulen ist jedoch davon auszugehen, dass der Einfluss der Katalysatoren den der Restriktoren übersteigen wird. Innerhalb der Betriebswirtschaftslehre stellt die Entrepreneurshipforschung generell einen noch immer rasch wachsenden Teilbereich dar – dies wird nicht ohne quantitative und qualitative Auswirkungen auf funktionale Perspektiven wie das Entrepreneurial Marketing innerhalb dieses jungen Forschungsstrangs bleiben.

3 Thesen zur praxeologischen Entwicklung des Entrepreneurial Marketings

Die zentrale Herausforderung für das Gründungsmarketing in der Praxis stellt die Professionalisierung der Marketingfunktion dar. Es erscheint nicht auf den ersten Blick ersichtlich, wie eine Professionalisierung rasch voranschreiten kann, wenn eine erhebliche Mittelknappheit besteht und ferner das gründende Management in aller Regel nicht über Spezialkenntnisse im Marketingbereich verfügt (vgl. etwa *Lowski et al.* 2006 für den Bereich der Necessity-Gründungen). Entsprechend sind auch die Möglichkeiten für Entrepreneure begrenzt, Marketing-Expertise von außen zuzukaufen. Folgende Punkte könnten einen Professionalisierungsschub begünstigen:

- Die Tätigkeiten im Bereich Corporate Entrepreneurship könnten auch für Jungbetriebe, wie sie im Sinne dieses Buches überwiegend behandelt worden sind, einen Akzent setzen. Wenngleich die entsprechenden Vermarktungsvoraussetzungen unter Mittelgesichtspunkten im Corporate Entrepreneurship-Sektor in vielerlei Hinsicht nicht mit denen von Jungbetrieben vergleichbar sein dürften, so können doch von den grundsätzlichen Herangehensweisen Signalfunktionen ausgehen.
- Daneben findet zurzeit der Bereich des Serial Entrepreneurships sowie der so genannten Portfolio-Entrepreneure zunehmend Beachtung (z. B. *Westhead et al.* 2005). Serial Entrepreneurs sind Personen, die über die Zeit hinweg an der Gründung mehrerer Unternehmen beteiligt sind. Bei Portfolio-Entrepreneuren findet ebenfalls eine Beteiligung an mehreren Gründungsprozessen statt, was jedoch zeitlich vergleichsweise parallel erfolgt. Derartige Gründer eignen sich über die Zeit hinweg im Zuge

der Verbreitung ihres Fähigkeitsprofils beachtliche Marketingkenntnisse an, die sie auf neue Gründungsvorhaben projizieren. Auf diesem Wege lassen sich praxistaugliche Ansatzpunkte identifizieren, die für alle Jungbetriebe von Relevanz sein können. Die weitergehende Erschließung von Serial und Portfolio Entrepreneurship ist maßgeblich für die Frage, in welchem Umfang die Gründungspraxis von MarketingVorbildern in diesen Bereichen profitieren kann.

- Ein Professionalisierungsschub könnte sich auch dadurch ergeben, dass noch viel intensiver als bislang gescheiterte Gründungen ausgewertet werden, um daraus Lehren zu gewinnen. Augenblicklich ist die Bereitschaft noch begrenzt, derartiges „pathologisches Lernen“ zu betreiben. Führt man sich aber vor Augen, dass Probleme im Gründungsmarketing oftmals gefährliche Krisen nach sich ziehen (*Freiling/Wessels* 2010), ist diese Zurückhaltung zumindest aus übergeordneter Perspektive schwer verständlich. Zu lernen, wie man Dinge nicht tun sollte, ist zuweilen lehrreicher als das Betrachten von Vorbildern.

Ob ein Professionalisierungsschub indes eintreten wird, ist unsicher. Nicht unwahrscheinlich ist daher auch eine Entwicklung, die als Fortschreibung von Vergangenheit und Gegenwart verstanden werden kann und bei der die Marketing-Funktion im Rahmen des betrieblichen Wachstums allmählich professionalisiert wird. Eine solche Entwicklung ist allerdings nicht unproblematisch, da – wie oben bemerkt – sich viele gescheiterte Gründungen auf Probleme zurückführen lassen, die im engeren oder zumindest im weiteren Sinne dem Marketing zuzuschreiben sind. Je mehr sich dieser Eindruck bestätigt, desto mehr Aufmerksamkeit muss dem Marketing zufallen. Dies schlägt sich vor allem nieder in:

- einer frühzeitigen marktorientierten Denkweise, die insbesondere das Problem des Marktzugangs berücksichtigt (*Kollmann* 2006),
- einer Umsetzung ausgereifter Marketingkonzepte in der Start-up-Phase von Gründungen sowie
- einer Durchdringung von Pre-Seed- und Seed-Phase durch ein Marketing, welches der Vorstellung eines Vorfeld-Marketings/Prä-Marketings (*Möhrle* 1995) nahe kommt.

Vor diesem Hintergrund wird ersichtlich, dass das Marketing im Gründungskontext vor dem Problem der Marketing-Implementierung (*Hilker* 1993) steht, welches sich jedoch im Gegensatz zu etablierten Betrieben durch eine andere Problemlage mit Blick auf die Ursachen darstellt.

4 Abschließender Überblick

Nach der Diskussion sowohl wissenschaftlicher als auch praxeologischer Fragen des Entrepreneurial Marketings stellt sich auf übergreifender Ebene die Frage, welcher Bereich die inhaltliche Ausgestaltung dominieren könnte. Generell wird von einer Nachlaufwissenschaft gesprochen, wenn die disziplinäre Auseinandersetzung maßgeblich durch Fragen und Lösungen bestimmt wird, die von der Praxis ausgehen und von wissenschaftlicher Seite aufgegriffen werden. Bei einer Vorlaufwissenschaft identifiziert der akademische Bereich weitsichtig Herausforderungen, die sich der Praxis stellen (werden), und entwickelt auf präventivem Wege Lösungskonzepte. Das Marketing wurde etwa noch in den 1990er Jahren als Nachlaufwissenschaft bezeichnet (vgl. die Diskussion bei *Tietz* 1993 und *Engelhardt* 1998). Allerdings hat sich das Bild seitdem zumindest in bestimmten Bereichen gewandelt (vgl. hierzu *Skiera* 1999 in Vertretung für mehrere Beiträge dieser Art). Im Entrepreneurship-Bereich ist das Bild diffuser, was sich auch dadurch erklären lässt, dass unterschiedlichste betriebswirtschaftliche Teildisziplinen ihr Know-how einbringen, was etwa im Bereich der Entrepreneurial Finance zu maßgeblichen Impulsen geführt hat, die von der Wissenschaft ausgegangen sind. Für den Bereich des Gründungsmarketings ist aufgrund dessen unzureichender Erschließung noch kein eindeutiger Trend erkennbar. Dies wiederum lässt zumindest einen spannenden Wettbewerb zwischen Wissenschaft und Praxis erwarten, der aber zunächst noch zu eröffnen ist. Es wäre wünschenswert, wenn der vorliegende Sammelband hierzu einen Impuls geben könnte.

Literaturverzeichnis

Benkenstein, M.: F&E und Marketing – Eine Untersuchung zur Leistungsfähigkeit von Koordinationskonzeptionen bei Innovationsentscheidungen. Springer, Wiesbaden (1987)

Benkenstein, M.: Strategisches Marketing-Management in High-Tech-Branchen. Thexis 9, 8–14 (1992)

Engelhardt, W.H.: Zum „State of the Art" im Investitionsgüter-Marketing. In: Büschken, J., Meyer, M., Weiber, R. (Hrsg.) Entwicklungen des Investitionsgütermarketing, S. 11–38, Wiesbaden (1998)

Freiling, J.: Entrepreneurship. Vahlen, München (2006)

Freiling, J., Wessels, J.H.: Das Scheitern junger Unternehmen im Spiegel der Entrepreneurship-Theorie. Wirtschaftspolitische Blätter 57, 315–332 (2010)

Hilker, J.: Marketing-Implementierung. Deutscher Universitätsverlag, Wiesbaden (1993)

Kohli, A.K., Jaworski, B.J.: Market Orientation – The Construct, Research Propositions, and Managerial Implication. Journal of Marketing 54(2), 1–18 (1990)

Kollmann, T.: Viral-Marketing – ein Kommunikationskonzept für virtuelle Communities. In: Merten, K., Zimmermann, R. (Hrsg.) Handbuch der Unternehmenskommunikation, 60–66. Hermann Luchterhand Verlag, Neuwied (2001)

Kollmann, T.: E-Entrepreneurship – Grundlagen der Unternehmensgründung in der Net Economy. Springer Gabler, Wiesbaden (2006)

Kollmann, T., Häsel, M.: Cross-Channel Cooperation. Deutscher Universitätsverlag, Wiesbaden (2006)

Kotler, P., Keller, K.L., Bliemel, F.: Marketing-Management – Analyse, Planung, Umsetzung und Steuerung. Addison-Wesley Verlag, München (2006)

Lawton, K., Marom, D.: The crowdfunding revolution – How to raise venture capital using social media. Mcgraw Hill Book, New York (2013)

Lowski, B., Rodewald, I., Scholz, T., Soffel, J.: Existenzgründung aus Arbeitslosigkeit, Bremer Arbeitspapiere zur Mittelstandsforschung 7. Bremen (2006)

Lumpkin, G.T., Dess, G.G.: Clarifying the Entrepreneurial Orientation Construct and Linking It to Performance. Academy of Management Review 21(1), 135–172 (1996)

Meffert, H., Burmann, C., Kirchgeorg, M.: Marketing – Grundlagen marktorientierter Unternehmensführung. Springer Gabler, Wiesbaden (2012)

Möhrle, M.: Prämarketing. Gabler, Wiesbaden (1995)

Pettigrew, A.M.: Researching Strategic Change. In: Pettigrew, A.M. (Hrsg.): The Management of Strategic Change,1–13. Blackwell Publishers, Oxford (1992)

Schefczyk, M., Pankotsch, F.: Betriebswirtschaftslehre junger Unternehmen. Schäffer-Poeschel, Stuttgart (2003)

Skiera, B.: Mengenbezogene Preisdifferenzierung bei Dienstleistungen. Deutscher Universitätsverlag, Wiesbaden (1999)

Tietz, B.: Die bisherige und zukünftige Paradigmatik des Marketing in Theorie und Praxis. Marketing ZFP 15(3), 149–163 (1993)

Westhead, P., Ucbasaran, D., Wright, M., Binks, M.: Novice, Serial and Portfolio Entrepreneur Behaviour and Contributions. Small Business Economics 25(2), 109–132 (2005)

Printed in Germany
by Amazon Distribution
GmbH, Erfurt

10830152R00366